21世纪高等院校电气信息类系列教材

信号与系统

第2版

许　波　毛彦欣　和　阳　编著

机 械 工 业 出 版 社

本书系统地介绍了信号与系统的基本概念、基本理论和基本分析方法。全书共8章,内容包括:信号与系统的基本概念;连续时间系统的时域分析;连续时间信号的频域分析;连续时间系统的频域分析;连续时间信号与系统的复频域分析;离散时间信号与系统的时域分析;离散时间信号与系统的 z 域分析;系统的状态变量分析等。

本书采用数学概念与物理概念并重的处理方式,阐述了连续时间信号和离散时间信号通过线性时不变系统的时域分析与变换域分析,引入MATLAB软件作为信号与系统分析的工具,来实现原理、方法与应用三方面的结合。书中配有大量的例题和习题,并在每章末附有部分参考答案的二维码,扫码即可查看,以利于读者对基本内容的理解和自学。

本书可作为高等院校电子信息工程、通信工程、自动化、电子信息科学与技术、生物医学工程、计算机科学与技术等专业“信号与系统”课程的教材,也可供从事相关专业的科技工作人员参考。

本书配有电子教案,需要的读者可登录www.cmpedu.com免费注册,审核通过后下载,或联系编辑索取(微信:18515977506,电话:010-88379753)。

图书在版编目(CIP)数据

信号与系统/许波,毛彦欣,和阳编著.—2版.—北京:机械工业出版社,2024.1(2025.1重印)

21世纪高等院校电气信息类系列教材

ISBN 978-7-111-74347-7

Ⅰ.①信… Ⅱ.①许… ②毛… ③和… Ⅲ.①信号系统-高等学校-教材 Ⅳ.①TN911.6

中国国家版本馆CIP数据核字(2023)第227435号

机械工业出版社(北京市百万庄大街22号 邮政编码100037)
策划编辑:李馨馨 责任编辑:李馨馨 尚 晨
责任校对:牟丽英 责任印制:郜 敏
中煤(北京)印务有限公司印刷
2025年1月第2版第2次印刷
184mm×260mm · 24.75印张 · 613千字
标准书号:ISBN 978-7-111-74347-7
定价:79.80元

电话服务	网络服务
客服电话:010-88361066	机 工 官 网:www.cmpbook.com
010-88379833	机 工 官 博:weibo.com/cmp1952
010-68326294	金 书 网:www.golden-book.com
封底无防伪标均为盗版	机工教育服务网:www.cmpedu.com

出版说明

党的二十大报告提出，推进新型工业化，加快建设制造强国。加强工业自动化能力是我国从制造大国向制造强国转变的关键环节。随着科学技术的不断进步，整个国家自动化水平和信息化水平的长足发展，社会对电气信息类人才的需求日益迫切、要求也更加严格。电气信息类(Electrical and Information Science and Technology)包括电气工程及其自动化、自动化、电子信息工程、通信工程、计算机科学与技术、电子科学与技术、生物医学工程等专业。这些专业的人才培养对社会需求和经济发展都有着非常重要的意义。

在电气信息类专业及学科迅速发展的同时，也给高等教育工作带来了许多新课题和新任务。在此情况下，只有将新知识、新技术、新领域逐渐融合到教学和实践环节中去，才能培养出优秀的科技人才。为了配合高等院校教学的需要，机械工业出版社组织了这套“21世纪高等院校电气信息类系列教材”。

本套教材是在对电气信息类专业教学情况和教材情况调研与分析的基础上组织编写的，其间，与高等院校相关课程的主讲教师进行了广泛的交流和探讨，旨在构建体系完善、内容全面新颖、适合教学的专业教材。

本套教材涵盖多层面专业课程，定位准确，注重理论与实践、教学与教辅的结合，在语言描述上力求准确、清晰，适合各高等院校电气信息类专业学生使用。

机械工业出版社

前　言

“信号与系统”课程是高等工科院校电子信息工程、通信工程、自动化、电子信息科学与技术、生物医学工程、计算机科学与技术等专业的一门重要的技术基础课程。该课程的应用领域非常广泛,几乎遍及电类及非电类的各个工程技术学科。随着信息科学与技术的迅速发展,新的信号处理和分析技术不断涌现。由于信号是信息的载体,系统是信息处理的手段,因此,作为研究信号与系统基本理论和方法的“信号与系统”课程,必须与信息科学技术的发展趋势相一致。党的二十大报告指出:教育、科技、人才是全面建设社会主义现代化国家的基础性、战略性支撑。我们要坚持教育优先发展、科技自立自强、人才引领驱动,加快建设教育强国、科技强国、人才强国。为了适应这种新形势和新要求,编者在结合了多年的教学改革与实践成果,并参阅国内外最新优秀教材的基础上,编写了本书。

本书是根据高等工科院校“信号与系统课程教学基本要求”,并贯彻工科专业基础课教材“加强基础,精选内容;结合实际,逐步更新;突出重点,利于教学”的指导思想而精心编排的。在内容结构上,采用先“信号分析”后“系统分析”、先“连续信号与系统分析”后“离散信号与系统分析”、先“时域分析”后“变换域分析”的安排,既体现了两者之间在理论分析上相对独立、内容上相互并行的特点,又遵循了先易后难、循序渐进的教学原则。

本书主要讨论确定性信号的特性和线性时不变系统的基本理论和基本分析方法,建立信号分析与系统分析之间的逻辑关系,明确时域分析与变换域分析的相互关系和各自的适用范畴。在时域分析中,着重于基本信号的数学定义和性质、信号的变换与运算以及系统的描述与时域特性等的讲述;在变换域分析中,突出了傅里叶变换、拉普拉斯变换和 Z 变换的数学概念、基本性质和工程应用背景等,淡化了其数学运算和技巧以及建立信号频谱与系统函数的概念。

在辅助教学工具上,本书引入了具有强大计算功能的 MATLAB 软件。在各章中通过例题的方式,借助 MATLAB 这种现代计算工具加深读者对基本概念、基本原理和基本方法的理解和应用,实现了经典理论与现代计算技术相结合,从而为更有效地学习和理解新知识提供了有效的方法。

本书内容丰富,论述清楚,系统性和实践性较强。结构上注重重点突出、难点分散,强调数学概念与物理概念并重,力求实现原理、方法与应用三方面的结合。本书还精心选编了大量的例题和习题,并配备了部分参考答案,使之与正文有机结合,有利于培养学生分析问题和解决问题的能力。

考虑到大学本科阶段的教学特点,我们在编写本书时注意了教材的教学适用性,在总体结构上力求简明，章节内容安排上既考虑了课程体系的连贯性，又保持了一定的独立性，以适应不同的教学要求和教学计划，便于对本书内容进行裁剪。

参加本书编写工作的有：许波（第3、4、6章）、毛彦欣（第1、2章和各章中有关MATLAB的内容）、和阳（第5、7、8章）。许波、毛彦欣负责全书内容的选定和统稿。西安电子科技大学张永瑞教授主审了本书并提出了宝贵的修改意见，在此表示衷心的感谢！

相较于第1版，第2版对第1版的内容做了适量的增删调整，对MATLAB实现部分的程序进行了更新，对例题与习题进行了优化。在本书编写过程中，得到了江苏大学电气信息工程学院有关领导的支持与指导，陈晓平教授、周新云教授给予了热情帮助和支持，在此一并表示衷心的感谢！

由于作者水平有限，书中难免有不妥之处，敬请读者批评指正。

作　者

目　录

第1章　信号与系统的基本概念

人们在日常生活和生产实践中,总是不断地以各种方式发出或接收消息。从古代利用烽火台的狼烟来传送警报、利用击鼓、鸣金产生声音来传达命令或利用信鸽、旗语、驿站等传送消息,到现代社会利用手机移动数据或无线通信网络等进行语音/图像/数据等各种消息的传输与接收、利用灯塔或各种信号灯指挥海陆交通,等等。那么,消息究竟是什么呢?通俗地说,消息是指人们得到的原来所不知道的知识,消息是自然界和人类社会中需要提取、传输、交换、存储或使用的抽象内容。消息普遍存在于一切事物中,并伴随着事物的运动和变化而产生。

消息是抽象的,一般不方便直接传输和处理,因此需要转换形式或需要用某种物理方法表达出来。消息是各种各样、丰富多彩的,它们具体的物理形态也千差万别。例如,语音消息(话音或音乐)是以声压的形式表示的;视觉消息是以亮度和色彩的形式表示的;文字和数据消息则是以字符串的形式表示的。通常,人们把消息的具体表现形式或传送载体称为信号,消息则是信号的具体内容。例如,古代烽火台上的狼烟是光信号,载体是光波,传递的内容是外敌来犯;古代战场上的鼓声传递的是声信号,载体是声波,传递的内容是进攻命令;手机、电视等传递和接收的是电信号,载体是电磁波,内容是信息、数据、语音等。这些通过声、光、电等的变化形式来表示和传送消息,就形成了声信号、光信号和电信号。在各类信号中,电信号是应用最广泛的物理量,例如电路中的电压或电流。另外,力、速度、转矩、温度、流量、声音等一些非电信号也可以通过相应的传感器转换成电信号。

系统是指由若干个相互依赖、相互独立的单元组合而成的,具有特定功能的整体。系统的概念非常宽泛,可以是自然系统或人工系统,也可以是物理系统或非物理系统。系统可以小到一个电阻或一个细胞,也可以大到一个复杂电路、整个人体,乃至整个宇宙。例如,在信息科学与技术领域中的通信系统、控制系统、计算机系统、网络系统等,此外,还有运输系统、生态系统、神经系统、机械系统、经济系统等。系统与信号是相互依存、密切相关的,信号是由系统产生、发送、传输或接收的,没有孤立存在的信号,系统的重要功能就是对信号进行加工、变换或处理,脱离信号孤立存在的系统没有任何意义。

本章将首先介绍信号的描述与分类、常见的基本连续时间信号以及信号的运算和变换;接着,介绍系统的描述与分类、线性时不变系统的基本性质;最后,简要介绍连续线性时不变系统的分析方法。

1.1　信号的描述与分类

1.1.1　信号的描述

信号常常表现为随着一个或多个变量变化的某种物理量。在数学上,信号可以表示为一个或多个变量的函数,它一般包含了某个或多个现象的消息,用不同的函数描述信号就意味着它们包含了不同的消息。忽略不同自变量本身的物理意义,本书统一将自变量看作时间。描述信号最基本的方法是写出它的数学表达式,该表达式是一个时间的函数,依据该函数绘出的

图像称为信号的波形。例如，图 1.1a 所示为一个正弦信号的波形，其表达式为

$$f(t)=K\sin(\omega t+\theta) \tag{1.1}$$

式中，K、ω 和 θ 分别表示正弦信号的幅度、角频率和初始相位。自变量 t 的定义区间一般需要在表达式中加以注明，如果表达式中不注明 t 的定义区间，则默认为信号表达式在自变量 t 的无限区间上都成立。如果自变量 t 在不同的区间上服从不同的变化规律，则该信号可以用分段函数来表示，例如，图 1.1b 所示的矩形脉冲信号可表示为

$$f(t)=\begin{cases}2 & -1<t<2\\ 0 & t<-1,t>2\end{cases} \tag{1.2}$$

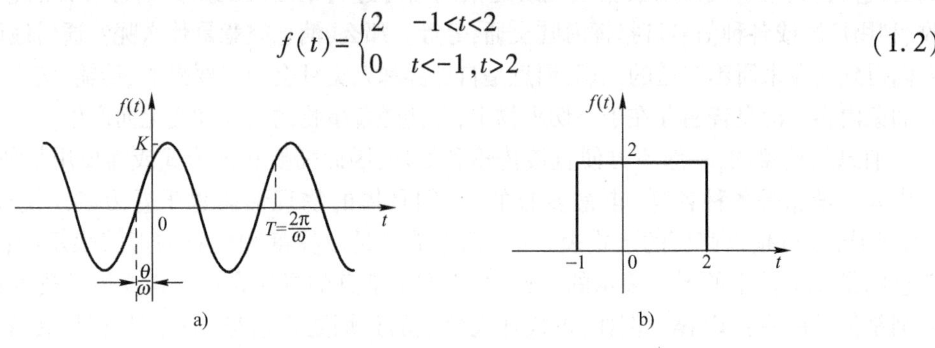

图 1.1　信号的波形

a）正弦信号　b）矩形脉冲信号

为了方便讨论，本书中“信号”与“函数”两个名词术语可以通用，即信号可以表示为时间的函数，而一个时间的函数也可以代表一个信号。除了用数学表达式和波形描述信号以外，随着问题的深入，还需要引用频谱分析、各种变换等方式来对信号进行描述和研究。

1.1.2　信号的分类

按照信号不同的物理属性、用途和数学特征，可以将信号划分为多种不同种类。例如，按其物理属性，可分为声信号、光信号和电信号等；按照不同的用途，可分为雷达信号、电视信号和通信信号等；按照数学特征，又有奇信号和偶信号之分，等等，这里就不一一列举了。在信号与系统分析中常用的分类方法如下。

1. 确定性信号与随机信号

按照信号变化服从的规律来分，可以把信号分为确定性信号与随机信号。

如果信号可以被表示为某一确定的时间函数，即对于某一指定时刻 t，有一确定的函数值与之对应，这类信号称为确定性信号。例如，我们熟知的正弦信号、余弦信号等就是确定性信号。

如果不能用某一确定的时间函数来描述的信号，称为随机信号。也就是说，对于每一个自变量的取值，函数值具有某种不确定性或不可预知性。通常，信号在传输过程中，会不可避免地受到各种干扰和噪声的影响，这些干扰和噪声都具有随机性，因此被称为随机信号。由于无法确定其时间函数，故一般采用统计规律方法对其进行研究。本书只讨论确定性信号及其通过系统的基本概念和基本分析方法，对于随机信号的分析是后续课程的任务。

2. 连续时间信号与离散时间信号

按照自变量 t 的变化或取值方式，可以将信号分为连续时间信号与离散时间信号两大类。如果信号的自变量 t 是连续取值的，即信号在自变量 t 的某个连续范围内都有定义，则该信号

是连续时间信号,简称连续信号,如图 1.2 所示。但要注意,自变量的取值连续,并不是在所有区间上都连续,自变量的取值可以允许存在有限个间断点,如图 1.2b 所示的脉冲信号,在 $t=3$ 时函数值 $f(t)$ 发生了跳变,但它是一种连续信号。应当指出,连续信号的函数值可以是连续的,也可以是离散的。对时间和函数值取值都连续的信号又称为模拟信号。

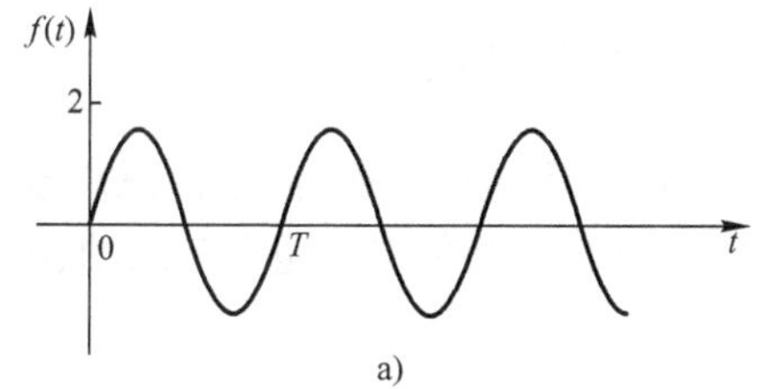

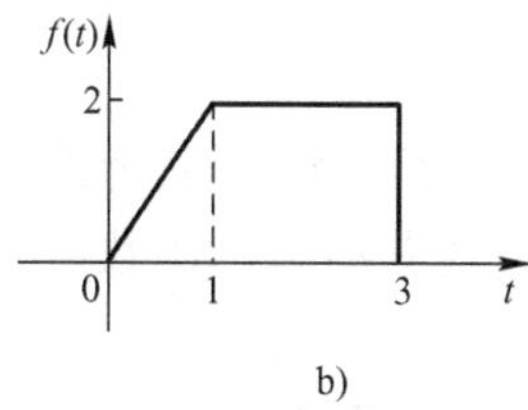

图 1.2　连续时间信号

如果信号的自变量 t 只在某些离散的时刻取值(这些离散点在时间轴上可以是均匀分布,也可以不均匀分布),在其他时刻没有定义,则该信号是离散时间信号,简称离散信号。离散信号的自变量常用整数 k 表示,如图 1.3 所示。离散信号的函数值取值可以连续,也可以离散。如果离散时间信号的函数值只能取某些不连续的数值,则又称为数字信号,如图 1.3b 所示,函数值 $f(k)$ 只能取 0 或 1 两个数值,因此它是数字信号。

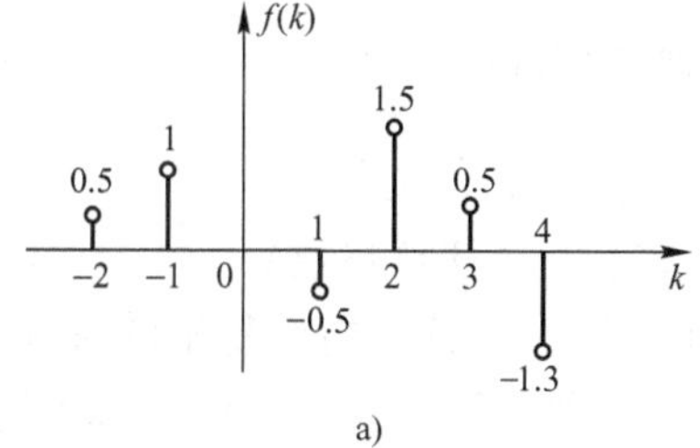

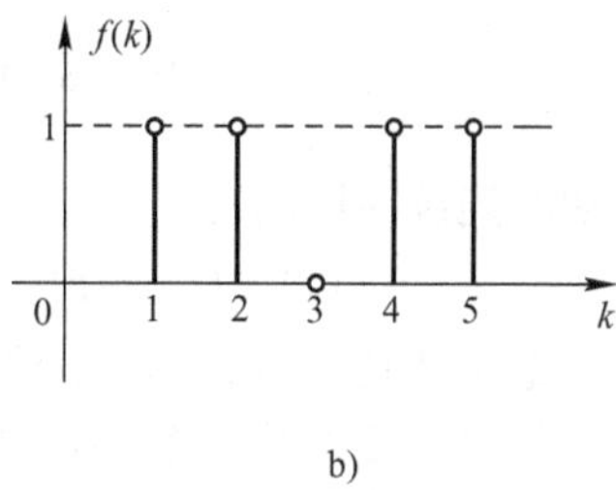

图 1.3　离散时间信号

在生产实际中,如银行发布的存款利率、按年度或月份统计的人口数量等都是典型的离散时间信号。另外,离散时间信号还可以是连续时间信号的抽样值,如图 1.4 所示,$f_s(t)$ 是在 $t=kT_s$ 各点的 $f(t)$ 值,称 $f_s(t)$ 为 $f(t)$ 的抽样信号,其中,T_s 为抽样周期,$1/T_s$ 为抽样频率。一般将 $f_s(t)=f(kT_s)$ 简记为 $f(k)$,称为序列,其中 k 为整数,表示函数值的序号。

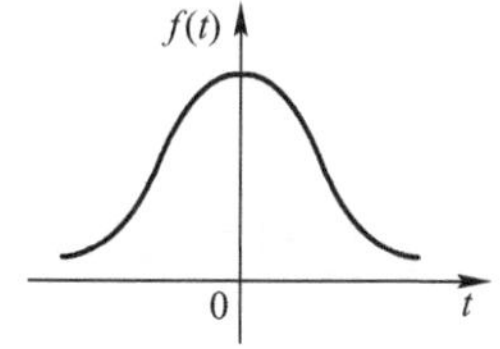

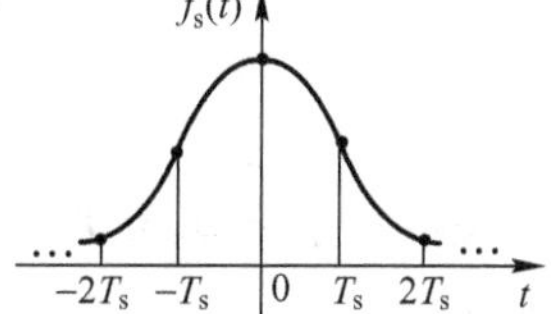

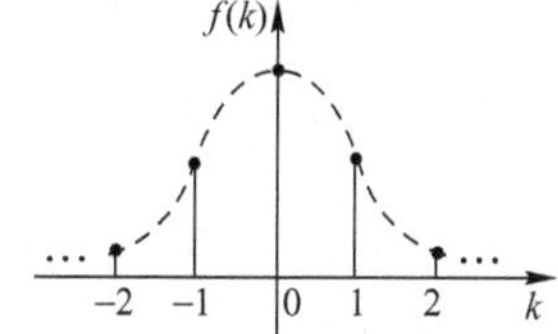

图 1.4　连续时间信号与抽样信号

例 1.1　如图 1.5 所示,判断下列信号是否为连续时间信号或离散时间信号,如果是离散时间信号,进一步判断其是否为数字信号。

解　判断某信号是连续信号还是离散信号,关键看时间变量 t 是否连续。很明显,信号

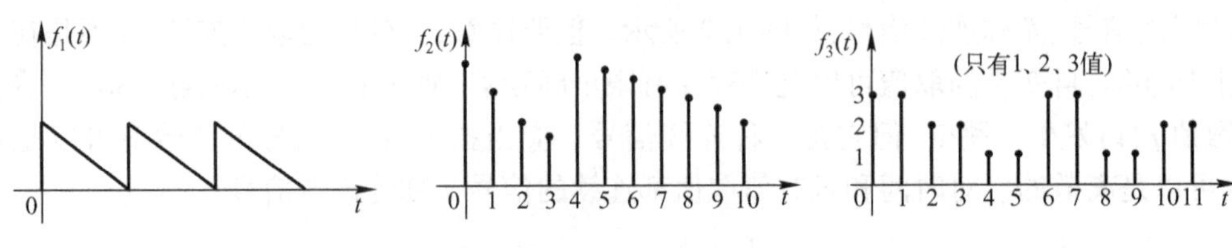

图 1.5 例 1.1 中的信号波形图

$f_1(t)$ 的时间 t 取值连续,因此为连续时间信号。$f_2(t)$ 和 $f_3(t)$ 的时间取值是离散的,因此属于离散时间信号,其中 $f_3(t)$ 的函数值只有 1、2、3 三个值,函数值取值也是离散的,因此 $f_3(t)$ 是数字信号。

3. 周期信号与非周期信号

在确定性信号中,又有周期信号与非周期信号之分。若信号按一定时间间隔周而复始地重复着某一规律,则称之为周期信号。例如周期方波和周期三角波,其波形如图 1.6 所示。

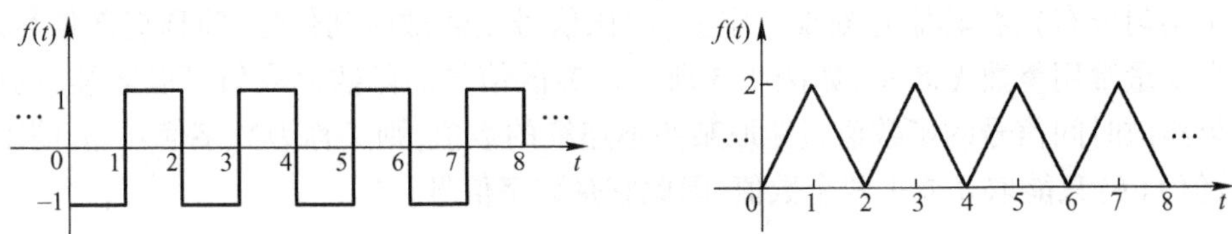

图 1.6 周期方波和周期三角波信号

对于周期的连续时间信号

$$f(t)=f(t+nT) \qquad n=0,\pm1,\pm2,\cdots \text{(任意整数)} \tag{1.3}$$

满足此关系的最小 T 值称为信号的周期。若信号在时间上不具有周而复始的特性,则称之为非周期信号。如果令周期信号的周期 T 趋于无穷大,则周期信号就演变成了非周期信号。实际上,真正的周期信号是不存在的,所谓周期信号是指在相当长的时间内按某一规律重复变化的信号。

这里要注意两个周期信号相加之后构成的复合信号的周期性。假设 $f_1(t)$、$f_2(t)$ 都是周期信号,且周期分别为 T_1、T_2,当且仅当 T_1/T_2 为有理数时,$f_1(t)+f_2(t)$ 才是周期的,且周期是 T_1、T_2 的最小公倍数;当 T_1/T_2 为无理数时,$f_1(t)+f_2(t)$ 是非周期的。

例 1.2 判断下列信号的周期性。

(1) $f_1(t)=\cos(2\pi t)+3\sin(t)$

(2) $f_2(t)=\cos\left(\dfrac{2}{3}t\right)+3\sin\left(\dfrac{1}{2}t\right)$

解 (1) $\cos(2\pi t)$ 的周期为 $T_1=1$,$\sin(t)$ 的周期为 $T_2=2\pi$,则 $T_1/T_2=1/2\pi$,为无理数,因此信号 $f_1(t)$ 没有公共周期,是非周期信号。

(2) $\cos\left(\dfrac{2}{3}t\right)$ 的周期为 $T_1=3\pi$,$\sin\left(\dfrac{1}{2}t\right)$ 的周期为 $T_2=4\pi$,则 $T_1/T_2=3/4$,为有理数,因此信号 $f_2(t)$ 是周期信号,且周期为 12π。

4. 能量信号与功率信号

按照信号的总能量 E 和平均功率 P 划分,可以将信号分为能量信号、功率信号和非功非

能信号。连续时间信号 $f(t)$ 的总能量 E 和平均功率 P 分别为

$$E=\lim_{T\to\infty}\int_{-T}^{T}|f(t)|^2\mathrm{d}t \tag{1.4}$$

$$P=\lim_{T\to\infty}\frac{1}{2T}\int_{-T}^{T}|f(t)|^2\mathrm{d}t \tag{1.5}$$

如果信号 $f(t)$ 的总能量 E 有限，此时平均功率 P 为零，则称信号 $f(t)$ 为能量信号；如果信号 $f(t)$ 的总能量 E 无限，平均功率 P 有限，则称信号 $f(t)$ 为功率信号；如果信号 $f(t)$ 的总能量 E 和平均功率 P 均无限，则称信号为非功非能信号。

对于周期为 T 的周期信号，信号的平均功率是它每个周期上的平均功率，即

$$P=\frac{1}{T}\int_{0}^{T}|f(t)|^2\mathrm{d}t \tag{1.6}$$

一般地，周期信号的能量随着时间的增加可以趋于无限，但平均功率可以是有限的，所以，无限时间上的周期信号是功率信号。而非周期信号按照其能量与平均功率可以分为能量信号、功率信号和非功非能信号三种。

例 1.3　判断下列信号是否为能量信号或功率信号。

（1）$f_1(t)=\begin{cases}1 & t>0\\ 0 & t<0\end{cases}$

（2）$f_2(t)=\mathrm{e}^{-2|t|}$

（3）$f_3(t)=\mathrm{e}^{-2t}$

（4）$f_4(t)=\mathrm{e}^{\mathrm{j}\omega_0 t}$

解　（1）信号 $f_1(t)$ 波形如图 1.7a 所示，由式（1.4）和式（1.5）可求得信号的总能量和平均功率分别为

$$E=\lim_{T\to\infty}\int_{-T}^{T}|f_1(t)|^2\mathrm{d}t=\lim_{T\to\infty}\int_{0}^{T}\mathrm{d}t=\lim_{T\to\infty}T\to\infty$$

$$P=\lim_{T\to\infty}\frac{1}{2T}\int_{-T}^{T}|f_1(t)|^2\mathrm{d}t=\lim_{T\to\infty}\frac{1}{2T}\int_{0}^{T}\mathrm{d}t=\lim_{T\to\infty}\frac{1}{2T}T=\frac{1}{2}$$

可见，信号的能量无限，平均功率有限，因此信号 $f_1(t)$ 为功率信号。

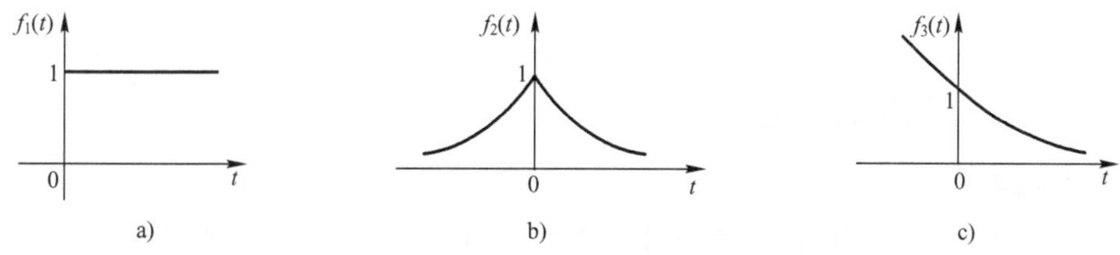

图 1.7　例 1.3 中信号波形图

（2）信号 $f_2(t)$ 波形如图 1.7b 所示，同理可求得信号的总能量和平均功率分别为

$$E=\lim_{T\to\infty}\int_{-T}^{T}|f_2(t)|^2\mathrm{d}t=\lim_{T\to\infty}\int_{-T}^{0}\mathrm{e}^{4t}\mathrm{d}t+\lim_{T\to\infty}\int_{0}^{T}\mathrm{e}^{-4t}\mathrm{d}t=2\int_{0}^{\infty}\mathrm{e}^{-4t}\mathrm{d}t=\frac{1}{2}$$

$$P=\lim_{T\to\infty}\frac{1}{2T}\int_{-T}^{T}|f_2(t)|^2\mathrm{d}t=2\lim_{T\to\infty}\frac{1}{2T}\int_{0}^{T}\mathrm{e}^{-4t}\mathrm{d}t=\lim_{T\to\infty}\frac{1-\mathrm{e}^{-4T}}{4T}\to 0$$

信号的能量有限,平均功率为零,因此信号 $f_2(t)$ 为能量信号。

(3) 信号 $f_3(t)$ 波形如图 1.7c 所示,同理可求得信号的总能量和平均功率分别为

$$E=\lim_{T\to\infty}\int_{-T}^{T}|f_3(t)|^2\mathrm{d}t=\lim_{T\to\infty}\int_{-T}^{T}\mathrm{e}^{-4t}\mathrm{d}t=\lim_{T\to\infty}\left(-\frac{1}{4}\right)\mathrm{e}^{-4t}\Big|_{-T}^{T}=\lim_{T\to\infty}\frac{\mathrm{e}^{4T}-\mathrm{e}^{-4T}}{4}\to\infty$$

$$P=\lim_{T\to\infty}\frac{1}{2T}\int_{-T}^{T}|f_3(t)|^2\mathrm{d}t=\lim_{T\to\infty}\frac{1}{2T}\int_{-T}^{T}\mathrm{e}^{-4t}\mathrm{d}t=\lim_{T\to\infty}\frac{\mathrm{e}^{4T}-\mathrm{e}^{-4T}}{8T}\to\infty$$

信号的能量和平均功率均无限,因此信号 $f_3(t)$ 为非功非能信号。

(4) 同理可求得信号 $f_4(t)$ 的总能量和平均功率分别为

$$E=\lim_{T\to\infty}\int_{-T}^{T}|f_4(t)|^2\mathrm{d}t=\lim_{T\to\infty}2T\to\infty$$

$$P=\lim_{T\to\infty}\frac{1}{2T}\int_{-T}^{T}|f_4(t)|^2\mathrm{d}t=\lim_{T\to\infty}\frac{1}{2T}\cdot 2T=1$$

信号的总能量无限,平均功率有限,因此信号 $f_4(t)$ 为功率信号。

5. 一维信号与多维信号

从数学表达式来看,若信号表示为一个自变量的函数,则该信号为一维信号。反之,若信号表示为两个或两个以上自变量的函数,则该信号为多维信号。本书中着重讨论的是一维信号。

一维信号的自变量可以是时间变量,也可以是空间或其他变量,例如高度、位移、温度或其他统计分布的坐标变量。

6. 实信号与复信号

按照信号值是实数还是复数,信号又有实信号与复信号之分。实信号就是数学中的实值函数,复信号即复值函数。显然,实信号是复信号的一种特殊情况。

信号除了上述分类外,还有其他类型之分,这里就不一一介绍了。

1.2 基本的连续时间信号

1.2.1 正弦信号与指数信号

1. 正弦信号

正弦信号和余弦信号两者仅在相位上相差 90°,可通过三角函数互相转换,故经常将两者统称为正弦信号,其一般表达式为

$$f(t)=K\sin(\omega t+\theta) \tag{1.7}$$

式中,K 为振幅;ω 是角频率;θ 为初相位。

正弦信号的波形如图 1.8 所示。由于正弦信号是周期信号,则其周期 T 与角频率 ω、频率 f 之间的关系满足

$$T=\frac{2\pi}{\omega}=\frac{1}{f}$$

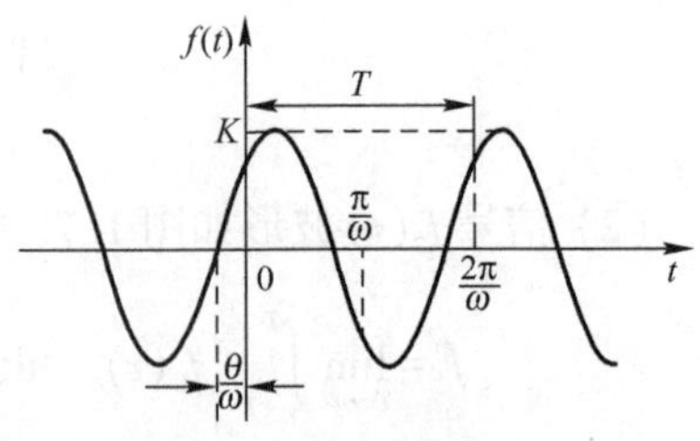

图 1.8　正弦信号

2. 指数信号

指数信号的数学表达式为

$$f(t)=K\mathrm{e}^{at} \tag{1.8}$$

式中,K、a 为常数。K 表示指数信号在 $t=0$ 点的初始值。当 a 为实常数时,若 $a>0$,信号 $f(t)$ 随时间单调增长;若 $a<0$,信号 $f(t)$ 则随时间单调衰减;当 $a=0$ 时,$f(t)=K$,信号不随时间而变化,为直流信号。指数信号的波形如图 1.9 所示。

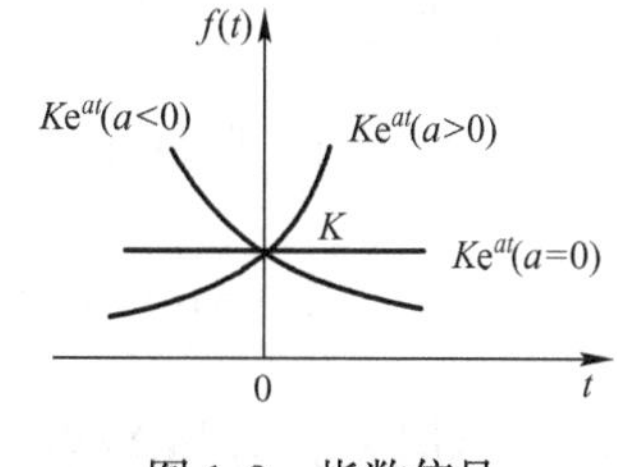

图 1.9　指数信号

通常定义 $\tau=\dfrac{1}{|a|}$ 为指数信号的时间常数,τ 值越大,指数信号增长或衰减的速率越慢。指数信号的一个重要特性是其对时间的微分或积分仍然是指数信号。

实际上,用得较多的是单边指数信号,其表达式为

$$f(t)=\begin{cases}K\mathrm{e}^{-\frac{1}{\tau}t} & t\geqslant 0\\ 0 & t<0\end{cases} \tag{1.9}$$

3. 复指数信号

复指数信号的数学表达式为

$$f(t)=K\mathrm{e}^{st} \tag{1.10}$$

式中,$s=\sigma+\mathrm{j}\omega$,$\sigma$ 是复数 s 的实部,ω 是其虚部;K 一般为实数,也可以为复数。

借助欧拉公式可将式(1.10)展开为

$$f(t)=K\mathrm{e}^{st}=K\mathrm{e}^{\sigma t}\cos(\omega t)+\mathrm{j}K\mathrm{e}^{\sigma t}\sin(\omega t) \tag{1.11}$$

式(1.11)表明,复指数信号可分解为实部和虚部两部分,其中实部含有余弦信号,虚部则含有正弦信号。指数因子的实部 σ 表征了正弦和余弦函数的振幅随时间变化的情况。若 $\sigma>0$,正弦、余弦信号是增幅振荡,若 $\sigma<0$,正弦、余弦信号是减幅振荡,正弦减幅振荡信号如图 1.10 所示。指数因子的虚部 ω 则表示了正弦、余弦信号的角频率。

若 $\sigma=0$,即 s 为虚数时,则正弦、余弦信号为等幅振荡,复指数信号变为虚指数信号。

图 1.10　正弦减幅振荡信号

若 $\omega=0$,即 s 为实数时,则复指数信号成为一般的实指数信号。

若 $\sigma=0$ 且 $\omega=0$,即 $s=0$ 时,则复指数信号的实部与虚部均与时间无关,变为直流信号。

尽管实际上不能产生复指数信号,但在信号分析理论中,可以利用它来描述各种基本信号。复指数信号的微分或积分仍然为复指数信号,利用复指数信号可以使许多运算和分析简化。因此,它也是一种非常重要的信号。

1.2.2　抽样信号

抽样信号的数学表达式为

$$\mathrm{Sa}(t)=\frac{\sin t}{t} \tag{1.12}$$

其波形如图 1.11 所示。它是一个偶函数,在时间轴 t 的正、负两方向上都衰减振荡。在 $t=0$ 时函数值最大,$\mathrm{Sa}(t)=1$;在 $t=k\pi(k=\pm1,\pm2,\pm3,\cdots)$ 处,$\mathrm{Sa}(t)=0$。除此以外,抽样信号还具有以下性质:

$$\int_0^{+\infty}\mathrm{Sa}(t)\,\mathrm{d}t=\frac{\pi}{2} \tag{1.13}$$

$$\int_{-\infty}^{+\infty}\mathrm{Sa}(t)\,\mathrm{d}t=\pi \tag{1.14}$$

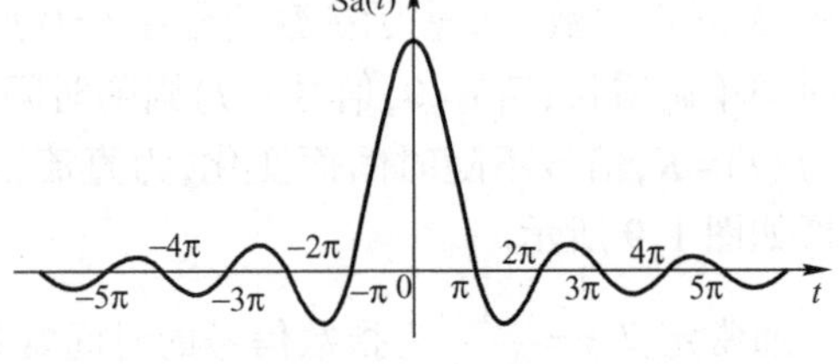

图 1.11　抽样信号

1.2.3　阶跃信号与冲激信号

1. 单位阶跃信号

单位阶跃信号 $\varepsilon(t)$ 的数学表达式为

$$\varepsilon(t)=\begin{cases}1 & t>0\\ 0 & t<0\end{cases} \tag{1.15}$$

在 $t=0$ 处,函数值发生了跳变,函数没有定义,或者也可以定义为 $\varepsilon(0)=\frac{1}{2}$。单位阶跃信号波形如图 1.12 所示。单位阶跃信号描述了某些实际对象从一个状态到另一个状态可以瞬间完成的过程。如图 1.13 所示,一个无源二端网络接入 1 V 直流电压源的情况,相当于端口处的电压为单位阶跃信号 $\varepsilon(t)$。

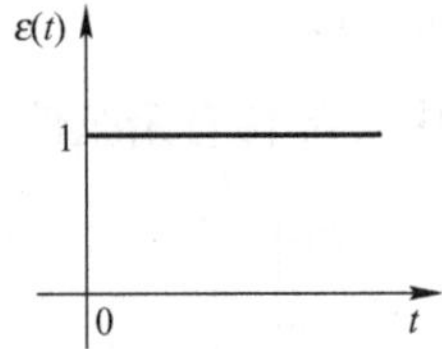

图 1.12　单位阶跃函数

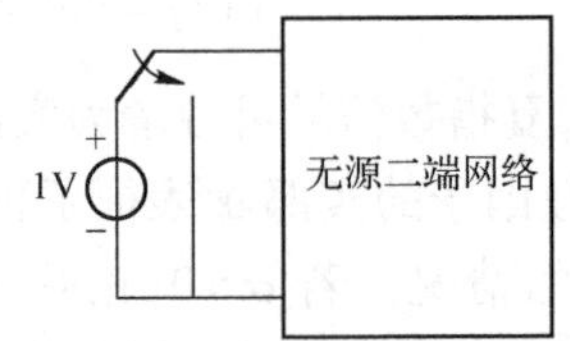

图 1.13　单位阶跃函数的产生

如果推迟到 $t_0(t_0>0)$ 时刻接入电压源,则可以用一个延时的单位阶跃函数表示为

$$\varepsilon(t-t_0)=\begin{cases}1 & t>t_0\\ 0 & t<t_0\end{cases} \tag{1.16}$$

波形如图 1.14 所示。

利用单位阶跃信号 $\varepsilon(t)$ 还可以方便地表示其他信号。例如图 1.15 所示的矩形脉冲信号,该脉冲信号通常称为门函数或窗函数,用 $G_\tau(t)$ 表示,其中下标 τ 表示矩形脉冲的宽度。由图 1.15 可见,门函数是偶函数,用单位阶跃信号 $\varepsilon(t)$ 可表示为

$$G_\tau(t)=\varepsilon\left(t+\frac{\tau}{2}\right)-\varepsilon\left(t-\frac{\tau}{2}\right) \tag{1.17}$$

利用阶跃信号还可以表示图 1.16 所示的信号 $f(t)$,该信号称为符号函数,通常标记为 $\mathrm{sgn}(t)$。可以看出,符号函数是奇函数,可以用单位阶跃信号表示为

$$\mathrm{sgn}(t)=\varepsilon(t)-\varepsilon(-t)\quad 或\quad \mathrm{sgn}(t)=2\varepsilon(t)-1 \tag{1.18}$$

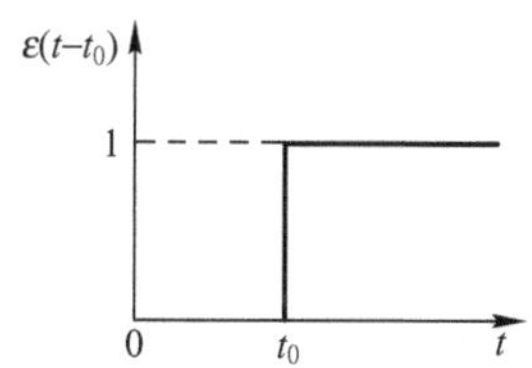

图 1.14　延时的单位阶跃函数

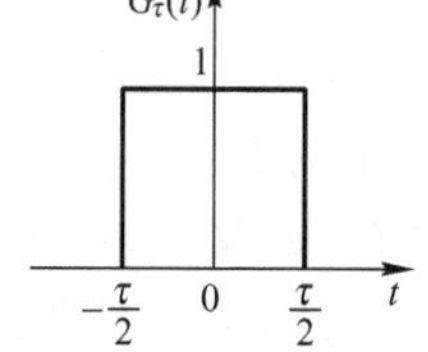

图 1.15　门函数

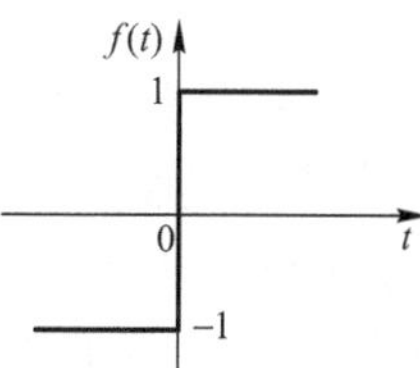

图 1.16　符号函数

利用单位阶跃信号还可以表示信号的单边性，如图 1.17 所示波形的数学表达式可写为

$$f(t)=K\sin(\omega_0 t)\cdot\varepsilon(t) \tag{1.19}$$

图 1.18 所示波形的数学表达式可写为

$$f(t)=\mathrm{e}^{-t}\cdot\varepsilon(t) \tag{1.20}$$

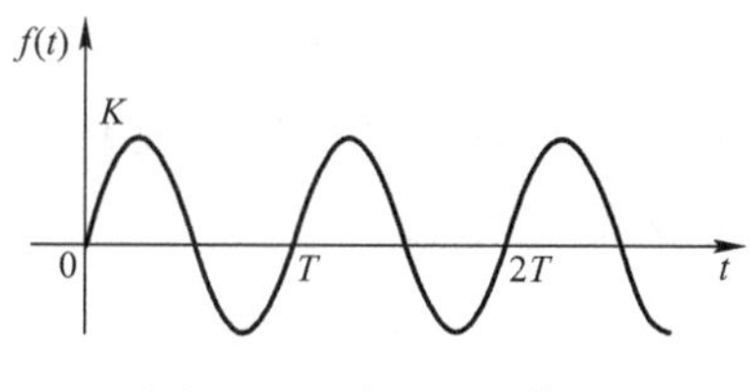

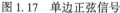

图 1.17　单边正弦信号

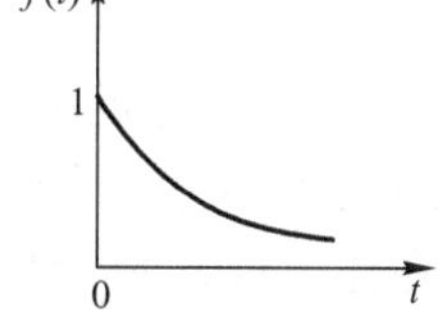

图 1.18　单边指数信号

2. 单位冲激信号

单位冲激信号可以看成是作用时间极短，但具有单位强度（或大小）的信号的数学抽象，"冲激信号"便由此得名。例如，力学中瞬间作用的冲击力、电学中的雷击放电、模拟信号到数字信号（A-D 转换器）中的单个抽样脉冲等，它们都可以用单位冲激信号来描述。

（1）单位冲激信号的定义

单位冲激信号可以有不同的定义方式，下面分别叙述。

① 脉冲的极限定义。

这里以矩形脉冲的极限形式为例来定义单位冲激函数。在图 1.19 所示图形中，矩形脉冲 $p(t)$ 的宽度为 τ，幅度为 $1/\tau$，面积为 1。如果保持矩形脉冲的面积不变，当脉宽 τ 趋于零时，脉冲幅度 $1/\tau$ 必将趋于无穷大，此极限即为单位冲激信号，通常记为 $\delta(t)$，又称为 δ 函数。用箭头表示，如图 1.20 所示。

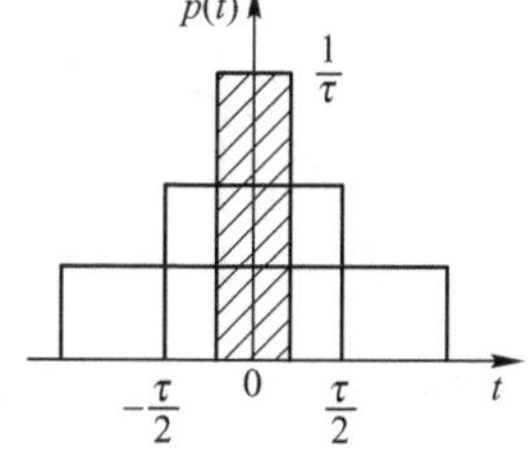

图 1.19　矩形脉冲的极限为冲激函数

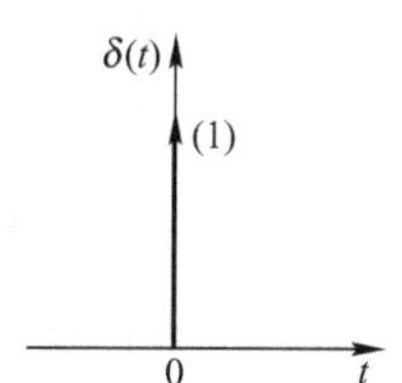

图 1.20　单位冲激函数

$$\delta(t)=\lim_{\tau\to 0}p(t)=\lim_{\tau\to 0}\frac{1}{\tau}\left[\varepsilon\left(t+\frac{\tau}{2}\right)-\varepsilon\left(t-\frac{\tau}{2}\right)\right] \tag{1.21}$$

单位冲激信号 $\delta(t)$ 只在 $t=0$ 处有一个幅值无限大的“冲激”，其他各处均为零，图 1.19 中矩形脉冲的面积称为单位冲激信号的冲激强度。如果矩形脉冲的面积为 E，表明冲激强度为 $\delta(t)$ 的 E 倍，记为 $E\delta(t)$。

除了矩形脉冲外，还可以利用抽样函数、具有对称波形的三角形脉冲、钟形脉冲等的极限来定义，同样保持其曲线下的面积为 1，并使其宽度趋于零，均可得到单位冲激信号，图 1.21 所示为三角形脉冲到单位冲激信号的演变。

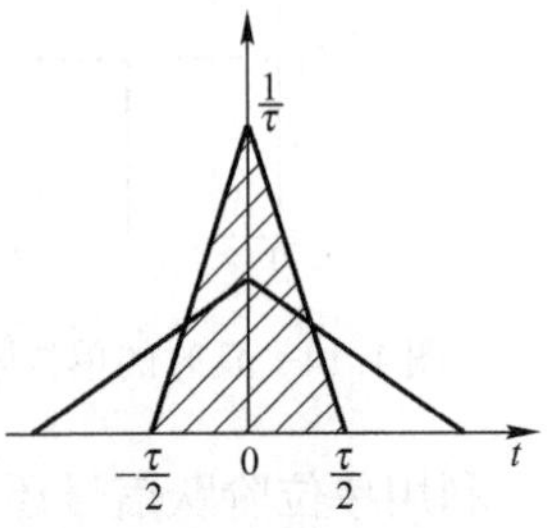

图 1.21　三角形脉冲演变为冲激函数

② 狄拉克函数定义。

狄拉克(Dirac)给出了 δ 函数的另一种定义，称为狄拉克函数定义，即

$$\begin{cases}\int_{-\infty}^{\infty}\delta(t)\,\mathrm{d}t = 1\\ \delta(t) = 0 \qquad t \neq 0\end{cases} \tag{1.22}$$

该定义表明，除 $t=0$ 是它的一个不连续点外，其余点的函数值均为零，且整个函数下的面积为 1。显然，狄拉克函数定义和上面的脉冲极限定义是一致的。

如果冲激是在任一点 $t=t_0$ 处出现，则其定义为

$$\begin{cases}\int_{-\infty}^{\infty}\delta(t-t_0)\,\mathrm{d}t = 1\\ \delta(t-t_0) = 0 \qquad t \neq t_0\end{cases} \tag{1.23}$$

$\delta(t-t_0)$ 函数的图形如图 1.22 所示。

(2) 单位冲激信号的性质

① 加权性。

如图 1.23 所示，如果连续时间信号 $f(t)$ 在 $t=0$ 处连续，由于 $\delta(t)$ 只在 $t=0$ 时有值，则

$$f(t)\delta(t)=f(0)\delta(t) \tag{1.24}$$

这表明，任意连续时间信号 $f(t)$ 与单位冲激信号 $\delta(t)$ 相乘，得到的仍然是一个冲激信号，但被 $t=0$ 时刻的函数值 $f(0)$ 加权。

如果连续时间信号 $f(t)$ 在 $t=t_0$ 处连续，则加权性可以扩展为

$$f(t)\delta(t-t_0)=f(t_0)\delta(t-t_0) \tag{1.25}$$

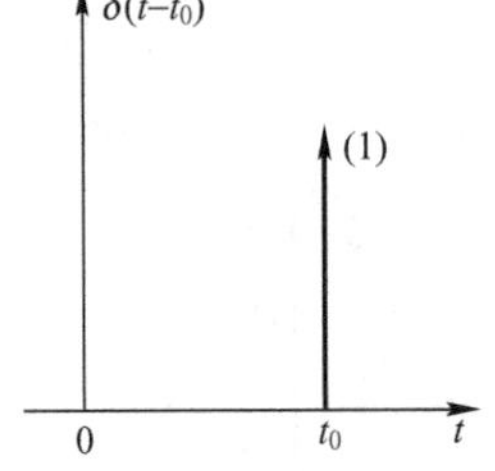

图 1.22　延时的冲激函数 $\delta(t-t_0)$

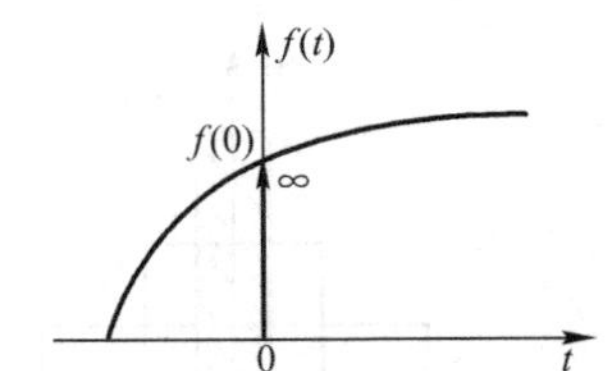

图 1.23　单位冲激信号的加权性

② 抽样性。

若 $f(t)$ 为连续时间信号，则有

$$\int_{-\infty}^{\infty} f(t)\delta(t)\,\mathrm{d}t = f(0) \tag{1.26}$$

证明　因为 $\delta(t)$ 只有在 $t=0$ 处不为零，在 $t\neq0$ 处均为零，故有

$$\begin{aligned}\int_{-\infty}^{\infty} f(t)\delta(t)\,\mathrm{d}t &= \int_{-\infty}^{\infty} f(0)\delta(t)\,\mathrm{d}t \\ &= f(0)\int_{-\infty}^{\infty}\delta(t)\,\mathrm{d}t \\ &= f(0)\end{aligned}$$

同样有

$$\int_{-\infty}^{\infty} f(t)\delta(t-t_0)\,\mathrm{d}t = f(t_0) \tag{1.27}$$

式(1.26)和式(1.27)表明了冲激函数的抽样性(或筛选性)。将连续时间函数 $f(t)$ 与单位冲激函数 $\delta(t)$ 的乘积在 $-\infty$ 到 $+\infty$ 时间内积分，可以得到在 $t=0$ 处 $f(t)$ 的函数值 $f(0)$，即抽取出 $f(0)$。若将单位冲激移到 t_0 时刻，则抽取出 $f(t_0)$。

③ 奇偶性。

单位冲激信号是偶函数，即

$$\delta(t)=\delta(-t) \tag{1.28}$$

证明　对 $\int_{-\infty}^{\infty} f(t)\delta(-t)\,\mathrm{d}t$ 进行换元，令 $t=-\tau$，则

$$\begin{aligned}\int_{-\infty}^{\infty} f(t)\delta(-t)\,\mathrm{d}t &= \int_{+\infty}^{\infty} f(-\tau)\delta(\tau)\,\mathrm{d}(-\tau) \\ &= \int_{-\infty}^{\infty} f(0)\delta(\tau)\,\mathrm{d}(\tau) \\ &= f(0)\end{aligned}$$

将上式结果与式(1.26)进行比较，可得出 $\delta(t)$ 是偶函数。另外，利用单位冲激信号的脉冲极限定义，也可以很容易地看出 $\delta(t)$ 是偶函数。

④ 尺度变换性。

$$\delta(at)=\frac{1}{|a|}\delta(t) \tag{1.29}$$

证明　令 $at=x$，则

$$\begin{aligned}\int_{-\infty}^{\infty} f(t)\delta(at)\,\mathrm{d}t &= \int_{-\infty}^{\infty} f\left(\frac{x}{a}\right)\delta(x)\,\mathrm{d}\,\frac{x}{|a|} \\ &= \frac{f(0)}{|a|} \\ &= \int_{-\infty}^{+\infty} f(t)\,\frac{\delta(t)}{|a|}\mathrm{d}t\end{aligned}$$

⑤ 单位冲激与单位阶跃之间的关系。

$$\varepsilon(t)=\int_{-\infty}^{t}\delta(\tau)\,\mathrm{d}\tau \tag{1.30}$$

由式(1.22)可知

$$\int_{-\infty}^{t}\delta(\tau)\,\mathrm{d}t = \begin{cases}1 & t>0\\ 0 & t<0\end{cases}$$

将上式与 $\varepsilon(t)$ 的定义式(1.15)进行比较，可得出单位冲激函数的积分即为单位阶跃函数。

反之，单位阶跃函数的微分等于单位冲激函数，即

$$\frac{\mathrm{d}}{\mathrm{d}t}\varepsilon(t)=\delta(t) \tag{1.31}$$

例 1.4　求下列各表达式的值。

(1) $f_1(t)=\int_{-\infty}^{\infty}\cos(2\pi t)\delta\left(t-\frac{1}{2}\right)\mathrm{d}t$

(2) $f_2(t)=\int_{0}^{\infty}(t^3+3)\delta(t+5)\mathrm{d}t$

(3) $f_3(t)=\int_{t_0}^{\infty}(t^3+3)\delta(t+5)\mathrm{d}t$

(4) $f_4(t)=\int_{-2}^{2}(2t^2+t-5)\delta(2t-3)\mathrm{d}t$

解　(1) 由单位冲激的抽样性得

$$f_1(t)=\int_{-\infty}^{\infty}\cos(2\pi t)\delta\left(t-\frac{1}{2}\right)\mathrm{d}t=\cos(2\pi t)\big|_{t=\frac{1}{2}}=-1$$

(2) 因为单位冲激信号 $\delta(t+5)$ 只在 $t=-5$ 时有值,所以由单位冲激的抽样性知

$$f_2(t)=\int_{0}^{\infty}(t^3+3)\delta(t+5)\mathrm{d}t=0$$

(3) 因为单位冲激信号 $\delta(t+5)$ 只在 $t=-5$ 时有值,所以

$$f_3(t)=\int_{t_0}^{\infty}(t^3+3)\delta(t+5)\mathrm{d}t=\begin{cases}0 & t_0>-5\\ t^3+3\big|_{t=-5}=-122 & t_0<-5\end{cases}$$

(4) 根据单位冲激的抽样性和尺度变换性得

$$\begin{aligned}f_4(t)&=\int_{-2}^{2}(2t^2+t-5)\delta(2t-3)\mathrm{d}t\\&=\int_{-2}^{2}(2t^2+t-5)\ \frac{1}{2}\delta\left(t-\frac{3}{2}\right)\mathrm{d}t\\&=\frac{1}{2}(2t^2+t-5)\big|_{t=\frac{3}{2}}\\&=\frac{1}{2}\end{aligned}$$

3. 冲激偶

(1) 冲激偶的定义

单位冲激函数对时间的导数称为冲激偶,是呈现出正、负极性的一对冲激信号,用$\delta'(t)$表示,即

$$\delta'(t)=\frac{\mathrm{d}}{\mathrm{d}t}\delta(t) \tag{1.32}$$

其波形如图 1.24 所示。

冲激偶也可以利用规则函数取极限的方式引出。例如,图 1.24a 中,三角形脉冲$f(t)$,其底宽为 2τ,高度是 $1/\tau$。当 $\tau\to0$ 时,三角形脉冲变为冲激信号 $\delta(t)$,如图 1.24b 所示,对三角形脉冲求导可得到正、负极性的两个矩形脉冲,称为脉冲偶对,如图 1.24c 所示。当 $\tau\to0$ 时,脉冲偶对就变成了正、负极性的两个冲激信号,其强度均为无穷大,这就是冲激偶 $\delta'(t)$,如图 1.24d 所示。

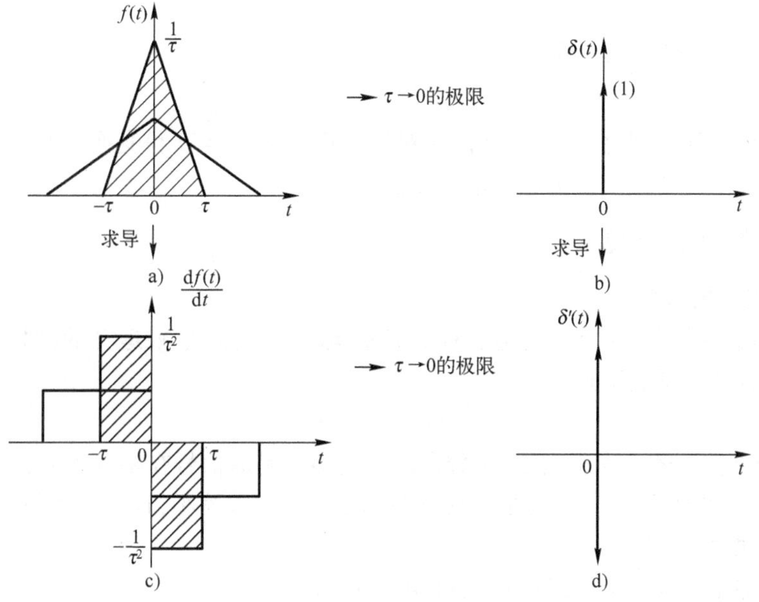

图 1.24　冲激偶的形成

(2) 冲激偶的性质

性质 1:加权性　　$$f(t)\delta'(t)=f(0)\delta'(t)-f'(0)\delta(t) \tag{1.33}$$

性质 2:抽样性　　$$\int_{-\infty}^{\infty} f(t)\delta'(t)\,\mathrm{d}t=-f'(0) \tag{1.34}$$

对延迟 t_0 的冲激偶 $\delta'(t-t_0)$,同样有

$$\int_{-\infty}^{\infty} f(t)\delta'(t-t_0)\,\mathrm{d}t=-f'(t_0) \tag{1.35}$$

性质 3:　　$$\int_{-\infty}^{+\infty} \delta'(t)\,\mathrm{d}t=0 \tag{1.36}$$

式(1.36)表明,冲激偶所包含区域的面积等于零,这是因为正、负两个冲激的面积相互抵消了。

例 1.5　计算下列表达式的值。

(1) $f_1(t)=\mathrm{e}^{-2t}\delta'(t)$

(2) $f_2(t)=\int_{-\infty}^{\infty} \mathrm{e}^{-\alpha t^2}\delta'(t-10)\,\mathrm{d}t$

(3) $f_3(t)=\int_{-\infty}^{\infty} [5\delta(t)+\mathrm{e}^{-(t-1)}\delta'(t)+\cos(5\pi t)\delta(t)]\,\mathrm{d}t$

解　(1) 由冲激偶的加权性得

$$f_1(t)=\mathrm{e}^{-2t}\delta'(t)=\delta'(t)-(-2)\delta(t)=\delta'(t)+2\delta(t)$$

(2) 根据冲激偶的抽样性得

$$f_2(t)=\int_{-\infty}^{\infty} \mathrm{e}^{-\alpha t^2}\delta'(t-10)\,\mathrm{d}t=-\frac{\mathrm{d}}{\mathrm{d}t}\mathrm{e}^{-\alpha t^2}\bigg|_{t=10}=2\alpha t\mathrm{e}^{-\alpha t^2}\bigg|_{t=10}=20\alpha\mathrm{e}^{-100\alpha}$$

(3) 根据单位冲激和冲激偶的抽样性得

$$f_3(t)=\int_{-\infty}^{\infty} [5\delta(t)+\mathrm{e}^{-(t-1)}\delta'(t)+\cos(5\pi t)\delta(t)]\,\mathrm{d}t=5-\frac{\mathrm{d}}{\mathrm{d}t}\mathrm{e}^{-(t-1)}\bigg|_{t=0}+1=6+\mathrm{e}$$

1.3　信号的运算与变换

在信号的传输和处理过程中，往往需要对信号进行各种运算和变换。本节将介绍信号的一些基本运算和由自变量变换引起的信号变换。

1.3.1　信号的基本运算

1. 信号的数乘运算

连续时间信号乘以一个常数的运算称为数乘运算。显然，数乘运算的结果仍然是连续时间信号。其运算的数学表达式为

$$y(t)=kf(t) \tag{1.37}$$

其中，k 一般为常数。若 k 为正实数，则数乘运算的结果是原信号在幅度上放大($k>1$)，或缩小($k<1$)；若 k 为负实数，则结果不仅是原信号在幅度上放大或缩小，且极性也与原信号相反。

2. 信号的相加运算

信号的相加是指若干个连续信号之和，可表示为

$$y(t)=f_1(t)+f_2(t)+\cdots+f_n(t) \tag{1.38}$$

如图1.25所示是两个正弦信号相加的例子。

3. 信号的相乘运算

信号的相乘是指若干信号的乘积，可表示为

$$y(t)=f_1(t)\cdot f_2(t)\cdot\cdots\cdot f_n(t) \tag{1.39}$$

如图1.26所示是两个正弦信号相乘的例子。

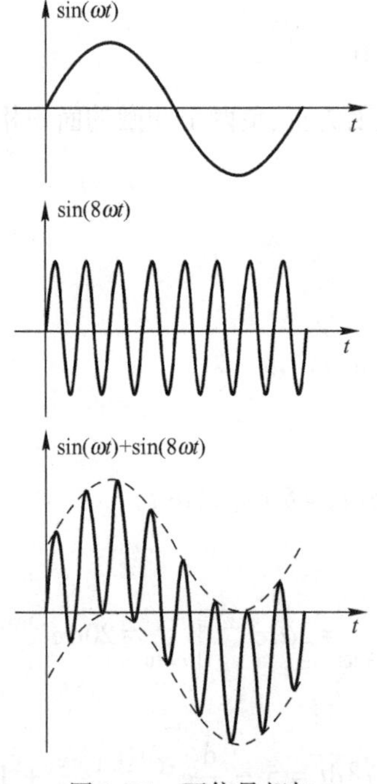

图1.25　两信号相加

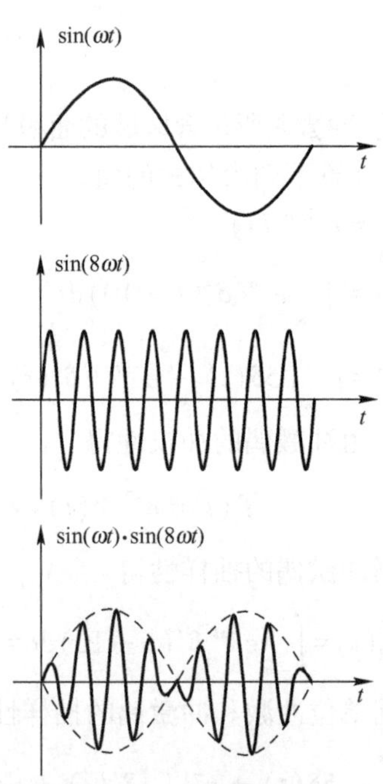

图1.26　两信号相乘

4. 信号的微分运算

信号的微分是指信号对时间的微分运算，信号 $f(t)$ 的一阶微分为

$$f'(t)=\frac{\mathrm{d}}{\mathrm{d}t}f(t) \tag{1.40}$$

信号 $f(t)$ 的高阶微分为

$$f^{(n)}(t)=\frac{\mathrm{d}^n}{\mathrm{d}t^n}f(t) \tag{1.41}$$

信号经微分后，可突出显示它的变化部分。注意：如果连续信号 $f(t)$ 含有跳变，则跳变点处的导数为冲激信号，冲激方向与跳变方向一致，跳变的高度即为冲激信号的冲激强度。

例 1.6　已知 $f(t)$ 波形如图 1.27a 所示，求它的一阶导数 $f'(t)$ 并画出波形。

解　当 $-\frac{\tau}{2}<t<0$ 时，$f(t)=\frac{2}{\tau}\left(t+\frac{\tau}{2}\right)$，则 $f'(t)=\frac{2}{\tau}$。

当 $0<t<\frac{\tau}{2}$ 时，$f(t)=1$，则 $f'(t)=0$。但因为在 $t=\frac{\tau}{2}$ 处函数值有跳变，跳变值是 -1，所以 $f(t)$ 在该跳变点处的导数为冲激信号，即 $f'(t)=-\delta\left(t-\frac{\tau}{2}\right)$。$f'(t)$ 波形如图 1.27b 所示。

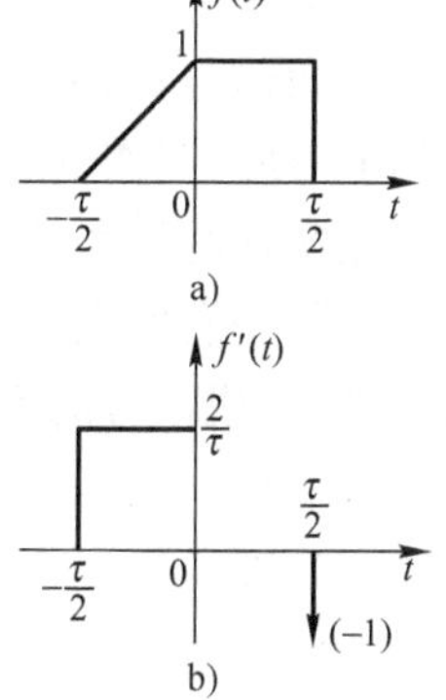

图 1.27　例 1.6 中信号波形

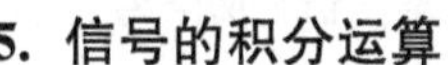

5. 信号的积分运算

信号的积分是指信号在区间 $(-\infty,t)$ 上的积分运算，其一次积分式为

$$f^{(-1)}(t)=\int_{-\infty}^{t}f(\tau)\,\mathrm{d}\tau \tag{1.42}$$

信号经积分运算后其效果与微分相反，信号的突变部分可变得平滑，利用这一作用可削弱信号中混入的毛刺（噪声）的影响。信号 $f(t)$ 的积分实际上是 $f(t)$ 所包围区域的面积。

注意，上述信号各种运算的结果为一个新的信号，而不是一个数值。

例 1.7　已知 $f(t)$ 波形如图 1.28a 所示，求它的一次积分 $f^{(-1)}(t)=\int_{-\infty}^{t}f(\tau)\,\mathrm{d}\tau$，并画出波形。

解　信号 $f(t)$ 用单位阶跃函数可以表示为

$$f(t)=\varepsilon\left(t+\frac{t_0}{2}\right)-\varepsilon\left(t-\frac{t_0}{2}\right)$$

对其积分得

当 $t<-\frac{t_0}{2}$ 时，$f^{(-1)}(t)=\int_{-\infty}^{t}f(\tau)\,\mathrm{d}\tau=0$

当 $-\frac{t_0}{2}\leqslant t<\frac{t_0}{2}$ 时，$f^{(-1)}(t)=\int_{-\frac{t_0}{2}}^{t}\mathrm{d}\tau=\tau\Big|_{-\frac{t_0}{2}}^{t}=t+\frac{t_0}{2}$

当 $t\geqslant\frac{t_0}{2}$ 时，$f^{(-1)}(t)=\int_{-\frac{t_0}{2}}^{\frac{t_0}{2}}\mathrm{d}\tau=\tau\Big|_{-\frac{t_0}{2}}^{\frac{t_0}{2}}=t_0$

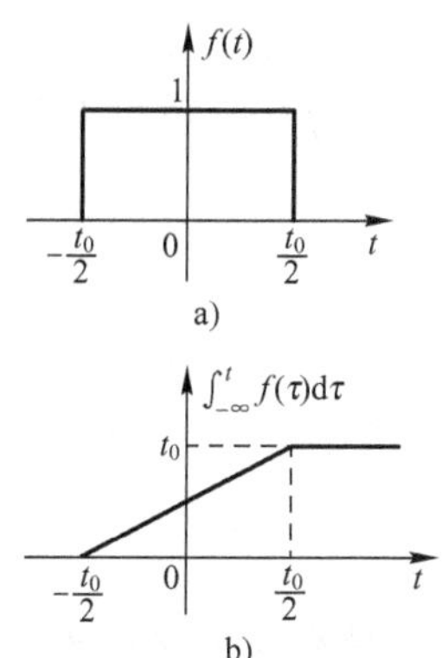

图 1.28　例 1.7 中信号波形

归纳整理可得

$$f^{(-1)}(t)=\begin{cases}0 & t<-\dfrac{t_0}{2}\\ t+\dfrac{t_0}{2} & -\dfrac{t_0}{2}\leqslant t<\dfrac{t_0}{2}\\ t_0 & t\geqslant\dfrac{t_0}{2}\end{cases}$$

$f^{(-1)}(t)$的波形如图 1.28b 所示。

1.3.2 自变量变换引起的信号变换

在信号与系统的分析过程中,常常需要对自变量进行变换,而自变量的变换又将引起信号的波形变换。下面将介绍几种常见的信号变换。

1. 信号的时移

若自变量是时间移位或平移,即时间 t 变换成 $t-t_0$,原连续时间信号 $f(t)$ 变成新的信号 $f(t-t_0)$，而信号$f(t-t_0)$相当于$f(t)$波形在t轴上的整体移动,当$t_0>0$时,信号波形右移,则导致时间上滞后,叫作延迟;若 $t_0<0$,则波形左移,是指时间上超前。信号时移的波形如图 1.29 所示。在实际的信号处理中,信号的时移是极为普遍的现象,例如,配置在不同地点的接收机,接收来自同一发射机的信号,由于各个接收点与发射机之间的距离不等,就造成信号传播延时上的差别,形成信号的不同延时。

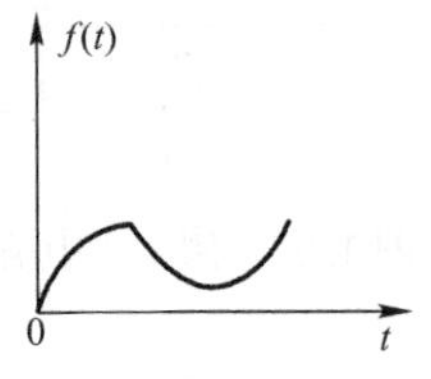

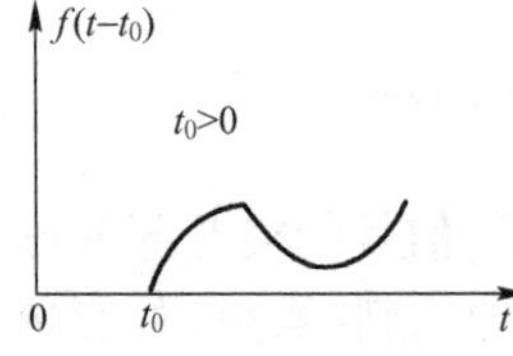

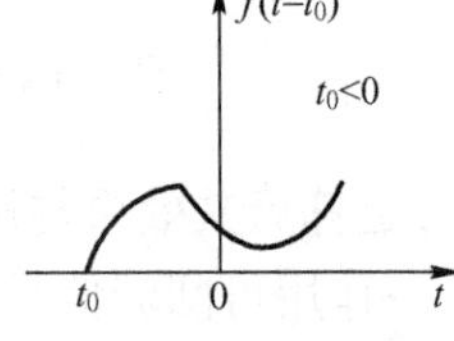

图 1.29　信号的时移

2. 信号的反转

若将连续时间变量 t 变换成$-t$,则连续时间信号 $f(t)$ 变成 $f(-t)$,信号 $f(-t)$ 是原信号 $f(t)$ 以纵轴为对称轴反折得到的新信号。这种由自变量反转导致的上述信号变换,称为信号的反转。图 1.30 给出了信号反转的例子。在实际中,如果$f(t)$代表一个录制在磁带上的声音信号,那么$f(-t)$就可以看成是将同一磁带从后向前倒放出来的声音信号。

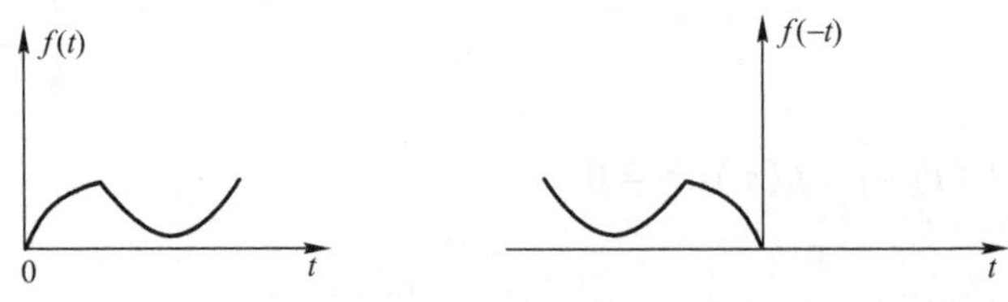

图 1.30　信号的反转

3. 信号的尺度变换

若将连续时间变量 t 变换成 at,a 为正实数,则信号波形 $f(at)$ 将是 $f(t)$ 波形以原点为中心,沿着时间轴将时间进行压缩($a>1$)或扩展($a<1$),这种运算称为时间轴的尺度倍乘或尺度变换,尺度变换的示例如图 1.31 所示。

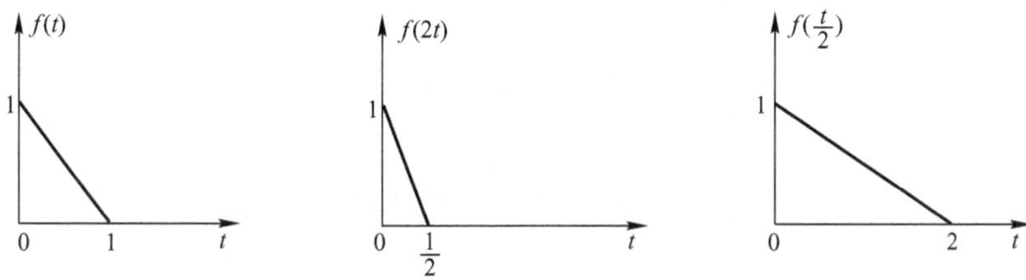

图 1.31　信号的尺度变换

如果$f(t)$表示一盘录音磁带上的信号,则$f(2t)$表示磁带以两倍速度快放的信号,$f\left(\dfrac{t}{2}\right)$则是以原来的一半速度慢放的信号。

综合以上三种变换情况,可实现信号的组合变换。若将信号$f(t)$的自变量t更换为($at+t_0$)(其中a、t_0是给定的实数),此时,$f(at+t_0)$相对于$f(t)$可以是扩展($|a|<1$)或压缩($|a|>1$),也可能出现时间上的反转($a<0$)或时间上的移位($t_0\neq 0$)。

例 1.8　已知信号$f(t)$的波形如图 1.32a 所示,试画出$f(1-3t)$的波形。

解　首先将$f(t)$的波形左移一个单位,得到$f(t+1)$的波形如图 1.32b 所示;再将$f(t+1)$的波形以纵轴为对称轴反转,得到$f(1-t)$的波形如图 1.32c 所示;最后将$f(1-t)$的波形沿t轴压缩$\dfrac{1}{3}$,且保持纵向大小不变,得到$f(1-3t)$的波形如图 1.32d 所示。

上述解法是按"时移→反转→尺度变换"的次序进行的。当然,也可以按照"反转→时移→尺度变换"的次序或"尺度变换→时移→反转"等次序进行,读者可自行分析。

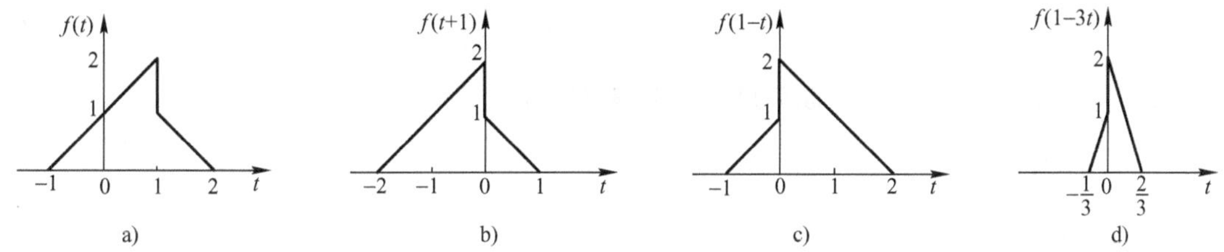

图 1.32　例 1.8 中信号波形

1.3.3　信号的分解

在信号与系统的分析过程中,为了便于研究信号传输与信号处理的问题,往往需要将一些复杂信号分解为几个简单的(基本的)信号分量之和,如同在力学问题中力的分解一样。从不同的角度可以对信号有不同的分解方式。

1. 直流分量与交流分量

信号的平均值即信号的直流分量,从原信号中去掉直流分量即得信号的交流分量。若原信号为$f(t)$,分解为直流分量f_D与交流分量$f_A(t)$后,可表示为

$$f(t)=f_D+f_A(t) \tag{1.43}$$

若$f(t)$为周期为T的电流信号,则在时间间隔T内流过单位电阻所产生的平均功率为

$$\begin{aligned}P&=\frac{1}{T}\int_{-\frac{T}{2}}^{\frac{T}{2}}f^2(t)\mathrm{d}t\\&=\frac{1}{T}\int_{-\frac{T}{2}}^{\frac{T}{2}}[f_{\mathrm{D}}+f_{\mathrm{A}}(t)]^2\mathrm{d}t\\&=\frac{1}{T}\int_{-\frac{T}{2}}^{\frac{T}{2}}[f_{\mathrm{D}}^2+2f_{\mathrm{D}}f_{\mathrm{A}}(t)+f_{\mathrm{A}}^2(t)]\mathrm{d}t\\&=f_{\mathrm{D}}^2+\frac{1}{T}\int_{-\frac{T}{2}}^{\frac{T}{2}}f_{\mathrm{A}}^2(t)\mathrm{d}t\end{aligned}\tag{1.44}$$

其中$f_{\mathrm{D}}f_{\mathrm{A}}(t)$的积分为零。由此可见,在分解的过程中,信号的平均功率是守恒的,即信号的平均功率等于直流功率与交流功率之和。

2. 偶分量与奇分量

偶分量的定义为

$$f_{\mathrm{e}}(t)=f_{\mathrm{e}}(-t)\tag{1.45}$$

奇分量的定义为

$$f_{\mathrm{o}}(t)=-f_{\mathrm{o}}(-t)\tag{1.46}$$

任何实信号都可以分解为偶分量和奇分量之和。这是因为任何实信号总可以写成

$$f(t)=\frac{1}{2}[f(t)+f(-t)]+\frac{1}{2}[f(t)-f(-t)]\tag{1.47}$$

显然,式(1.47)中第一部分是偶分量,第二部分是奇分量,即

$$f_{\mathrm{e}}(t)=\frac{1}{2}[f(t)+f(-t)]\tag{1.48}$$

$$f_{\mathrm{o}}(t)=\frac{1}{2}[f(t)-f(-t)]\tag{1.49}$$

图1.33给出了信号分解为偶分量和奇分量的例子。

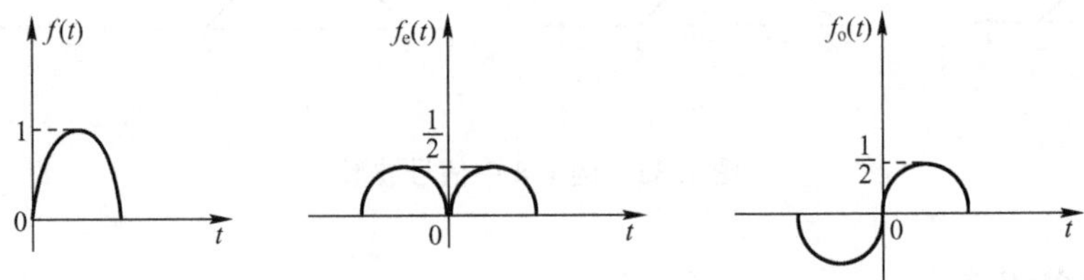

图1.33　信号的偶分量与奇分量

可以证明,信号的能量(或平均功率)等于它的偶分量能量(或平均功率)和奇分量能量(或平均功率)之和,即分解过程中,平均功率依然是守恒的。

3. 实分量与虚分量

瞬时值为复数的信号$f(t)$可分解为实部和虚部两个分量,即

$$f(t)=f_{\mathrm{r}}(t)+\mathrm{j}f_{\mathrm{i}}(t)\tag{1.50}$$

复信号$f(t)$的共轭复数为

$$f^*(t)=f_r(t)-\mathrm{j}f_i(t) \tag{1.51}$$

则实分量和虚分量与原信号$f(t)$的关系为

$$f_r(t)=\frac{1}{2}[f(t)+f^*(t)] \tag{1.52}$$

$$f_i(t)=\frac{1}{2\mathrm{j}}[f(t)-f^*(t)] \tag{1.53}$$

还可以利用原信号$f(t)$及其共轭信号$f^*(t)$来求复信号$f(t)$的模

$$|f(t)|=\sqrt{f(t)\cdot f^*(t)}=\sqrt{f_r^2(t)+f_i^2(t)} \tag{1.54}$$

事实上,实际产生的信号都是实信号,但在信号分析过程中,常常借助于复信号来研究某些实信号的问题,如此往往可以简化运算。例如,复指数信号常用于表示正弦和余弦信号等。

4. 正交函数分量

如果用正交函数集来表示一个信号,则组成信号的各分量就是正交的。例如,用各次谐波的正弦和余弦信号的叠加表示一个脉冲信号,那么各正弦和余弦信号就是此矩形脉冲信号的正交函数分量。

5. 脉冲分量

信号可以近似分解为许多脉冲分量之和。如图 1.34 所示,连续时间信号$f(t)$可以用窄脉冲分量的组合近似表示,这种组合的极限情况就是将$f(t)$表示为单位冲激信号的叠加。下面介绍应用广泛的单位冲激信号叠加的方法。

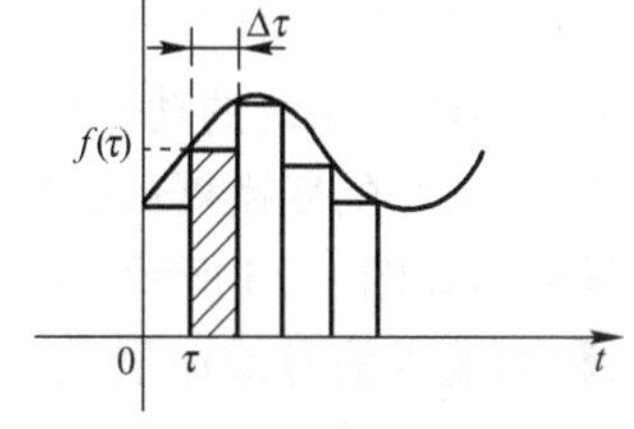

图 1.34　信号分解为矩形窄脉冲分量的叠加

按照图 1.34 的分解方式,将信号$f(t)$近似表示为一系列矩形窄脉冲信号的叠加,即$f(t)$可近似表示为图 1.34 中的折线。设$f(t)$在τ时刻被分解成的矩形脉冲(阴影部分)高度为$f(\tau)$,宽度为$\Delta\tau$,则该窄脉冲可表示为

$$f(\tau)[\varepsilon(t-\tau)-\varepsilon(t-\tau-\Delta\tau)] \tag{1.55}$$

将$\tau=(-\infty\sim\infty)$内所有的矩形窄脉冲进行叠加,即得到$f(t)$的近似表示式为

$$\begin{aligned} f(t) &\approx \sum_{\tau=-\infty}^{\infty} f(\tau)[\varepsilon(t-\tau)-\varepsilon(t-\tau-\Delta\tau)] \\ &= \sum_{\tau=-\infty}^{\infty} f(\tau)\frac{\varepsilon(t-\tau)-\varepsilon(t-\tau-\Delta\tau)}{\Delta\tau}\Delta\tau \end{aligned} \tag{1.56}$$

取$\Delta\tau\to 0$的极限,可以得到

$$\begin{aligned} f(t) &= \lim_{\Delta\tau\to 0}\sum_{\tau=-\infty}^{\infty} f(\tau)\frac{\varepsilon(t-\tau)-\varepsilon(t-\tau-\Delta\tau)}{\Delta\tau}\Delta\tau \\ &= \lim_{\Delta\tau\to 0}\sum_{\tau=-\infty}^{\infty} f(\tau)\delta(t-\tau)\Delta\tau \\ &= \int_{-\infty}^{\infty} f(\tau)\delta(t-\tau)\mathrm{d}\tau \end{aligned} \tag{1.57}$$

不难看出,此结果与冲激函数的抽样特性是一致的。式(1.57)可以记为

$$f(t)=f(t)*\delta(t) \tag{1.58}$$

称为卷积积分,其中,“ * ”表示卷积。

这说明任意连续时间信号$f(t)$可以表示为无限多个单位冲激函数$\delta(t)$的线性组合,这是非常重要的结论。因为式(1.57)表明,不同的信号$f(t)$都可以分解为冲激函数的移位加权和,只是它们的冲激强度不同。这样,当求解信号$f(t)$通过连续线性时不变系统所产生的响应时,只要求出单位冲激信号$\delta(t)$通过该系统的响应(称为单位冲激响应,通常用$h(t)$表示),然后利用线性时不变系统的性质即可求得信号$f(t)$产生的响应。因此,任意函数可以分解为单位冲激函数的线性组合是连续时间系统时域分析的基础。

1.4　系统的描述与分类

系统是指相互依赖、相互作用的若干单元组合而成的具有特定功能的整体。系统的含义非常广泛,可包括物理系统和非物理系统,人工系统和自然系统等。本书主要讨论的是物理系统。

信号总是跟系统联系在一起的,信号作为消息的表现形式和传送载体,必须由系统产生、传输和接收。系统的功能就是对信号进行某种加工、变换和分析,是信号的变换器或处理器。信号与系统的关系可以简单描述为如图1.35所示。图中,$f(t)$是从外部引入系统的变量,称为输入信号或激励信号;$y(t)$称为系统的输出信号或响应信号。系统可以表示为

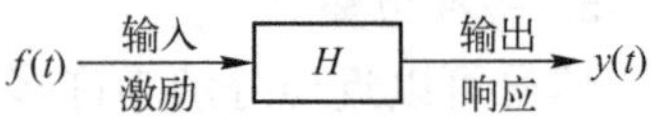

图1.35　信号与系统的关系

$$y(t)=H[f(t)]$$

式中,$H[\cdot]$表示该系统所决定的运算关系。

比如,在自动语音识别系统中,输入信号是语音信号,系统是计算机,而输出信号就是讲话者的身份。在通信系统中,输入信号是语音信号或者其他数据,系统则是由发射机、传输信道与接收机组成,输出信号是输入信号的还原。

1.4.1　系统的数学模型

为了对系统进行描述与分析,首先必须建立系统的数学模型。系统的数学模型是系统特定功能或物理特性的数学抽象或数学描述,具体地说,就是利用某种数学表达式或符号的组合来表征系统的物理特性。建立系统的数学模型通常有输入输出描述法和状态空间描述法两种。输入输出描述法只关心系统的输入和输出信号,不考虑系统内部变量的变化情况,通过建立系统输入和输出信号之间的关系,来描述系统的特性或行为。这种描述方法适合描述单输入单输出系统,采用这种方法建立的连续时间系统数学模型通常是微分方程。

对于图1.36a所示的单输入单输出系统,可用一阶或高阶微分方程描述。例如一个n阶系统的微分方程可能是

$$\begin{aligned}&a_n\frac{\mathrm{d}^n}{\mathrm{d}t^n}y(t)+a_{n-1}\frac{\mathrm{d}^{n-1}}{\mathrm{d}t^{n-1}}y(t)+\cdots+a_1\frac{\mathrm{d}}{\mathrm{d}t}y(t)+a_0y(t)\\&=b_m\frac{\mathrm{d}^m}{\mathrm{d}t^m}f(t)+b_{m-1}\frac{\mathrm{d}^{m-1}}{\mathrm{d}t^{m-1}}f(t)+\cdots+b_1\frac{\mathrm{d}}{\mathrm{d}t}f(t)+b_0f(t)\end{aligned}\tag{1.59}$$

一个二阶系统的微分方程可能是

$$a_2\frac{\mathrm{d}^2}{\mathrm{d}t^2}y(t)+a_1\frac{\mathrm{d}}{\mathrm{d}t}y(t)+a_0y(t)=b_0f(t) \tag{1.60}$$

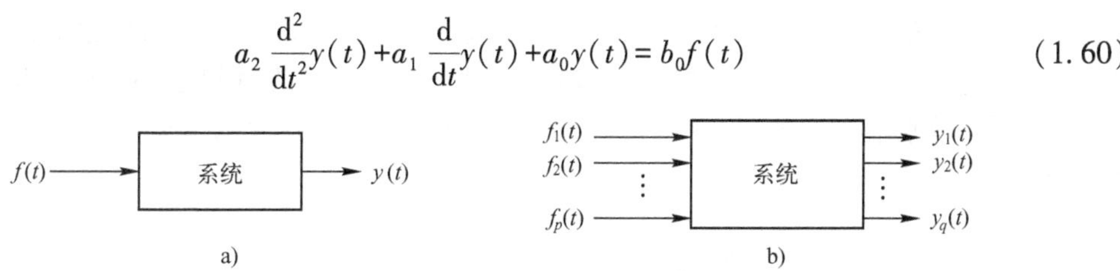

图 1.36　系统框图

a）单输入单输出系统　b）多输入多输出系统

在许多实际应用中，除了需要分析系统的输入和输出信号外，常常还需要研究系统内部变量对系统特性或输出信号的影响。这就需要一种能够对系统内部变量描述的方法，即状态空间描述法。这种描述方法建立的数学模型通常是状态方程和输出方程，其中状态方程是描述状态变量与输入信号之间关系的方程组，输出方程是描述输出信号与状态变量及输入信号之间关系的方程组。习惯上，状态方程和输出方程常用矩阵形式表示。状态空间描述法适合描述多输入多输出系统，也可以用来描述单输入单输出系统。对图 1.36b 所示的 p 个输入 q 个输出的 n 阶连续时间系统，其状态方程和输出方程一般形式为

$$\frac{\mathrm{d}}{\mathrm{d}t}\boldsymbol{x}=\boldsymbol{A}\boldsymbol{x}+\boldsymbol{B}\boldsymbol{f}\quad \boldsymbol{y}=\boldsymbol{C}\boldsymbol{x}+\boldsymbol{D}\boldsymbol{f} \tag{1.61}$$

式中，状态变量 $\boldsymbol{x}$ 是 n 维列向量；输入信号 $\boldsymbol{f}$ 为 p 维列向量；输出信号 $\boldsymbol{y}$ 为 q 维列向量；$\boldsymbol{A}$、$\boldsymbol{B}$、$\boldsymbol{C}$、$\boldsymbol{D}$ 均为系数矩阵。例如，某两输入两输出二阶系统的状态方程和输出方程可写成

$$\frac{\mathrm{d}}{\mathrm{d}t}\begin{bmatrix}x_1\\x_2\end{bmatrix}=\begin{bmatrix}a_{11}&a_{12}\\a_{21}&a_{22}\end{bmatrix}\begin{bmatrix}x_1\\x_2\end{bmatrix}+\begin{bmatrix}b_{11}&b_{12}\\b_{21}&b_{22}\end{bmatrix}\begin{bmatrix}f_1\\f_2\end{bmatrix} \tag{1.62}$$

$$\begin{bmatrix}y_1\\y_2\end{bmatrix}=\begin{bmatrix}c_{11}&c_{12}\\c_{21}&c_{22}\end{bmatrix}\begin{bmatrix}y_1\\y_2\end{bmatrix}+\begin{bmatrix}d_{11}&d_{12}\\d_{21}&d_{22}\end{bmatrix}\begin{bmatrix}f_1\\f_2\end{bmatrix} \tag{1.63}$$

从数学上看，高阶微分方程可以转换为一阶微分方程组，因此单输入单输出系统既可用高阶微分方程来描述，也可以用一阶方程组来描述。

从另一方面讲，对于不同的物理系统，经过抽象和近似，有可能得到形式上完全相同的数学模型。例如，由电阻 R、电容 C 和电感 L 组成的串联回路，若激励信号是电压源 $e(t)$，欲求电路中的电流 $i(t)$，则由元件的特性与 KVL（基尔霍夫电压定律）可建立如下微分方程式：

$$LC\frac{\mathrm{d}^2}{\mathrm{d}t^2}i(t)+RC\frac{\mathrm{d}}{\mathrm{d}t}i(t)+i(t)=C\frac{\mathrm{d}}{\mathrm{d}t}f(t) \tag{1.64}$$

这就是 RLC 串联组合系统的数学模型。

而根据网络对偶理论可知，一个电导 G、电容 C 和电感 L 组成的并联回路，在电流源激励下求其端电压的微分方程将与式（1.60）形式相同。还能找到对应的机械系统，其数学模型与这里的电路方程也可以完全相同。这表明，同一数学模型可以描述物理外貌截然不同的系统。

1.4.2　系统的模拟

除了利用数学表达式描述系统模型之外，还可以借助符号的组合来描述系统的数学模型，

即系统的框图描述,也称为系统模拟。这种方法能以图形的方式给出输出与输入信号的约束条件,表示各个单元在系统中的作用,比较直观地表示系统的功能。框图描述得到的数学模型能够与输入输出法建立的系统方程相互转换。对于线性微分方程描述的系统,其基本运算单元为加法器、数乘器和积分器。图1.37a、b、c分别给出了这三种基本运算单元的框图及其运算功能。

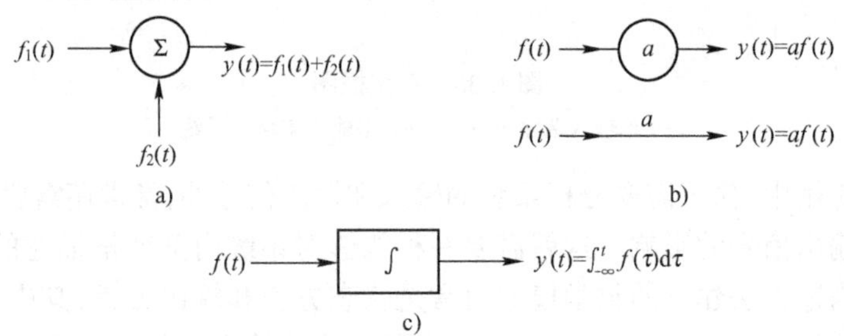

图1.37　三种基本运算单元

a）加法器　b）数乘器　c）积分器

如果某系统的一阶微分方程分别为

$$y'(t)+a_0y(t)=b_0f(t) \tag{1.65}$$

$$y'(t)+a_0y(t)=b_1f'(t) \tag{1.66}$$

将式(1.65)移项后,可很容易画出该方程所描述系统的时域模拟框图,如图1.38所示,箭头方向表示信号的方向。而对于式(1.66)所描述的系统,对方程两边各取一次积分后,也容易画出其对应的时域模拟框图,如图1.39所示。

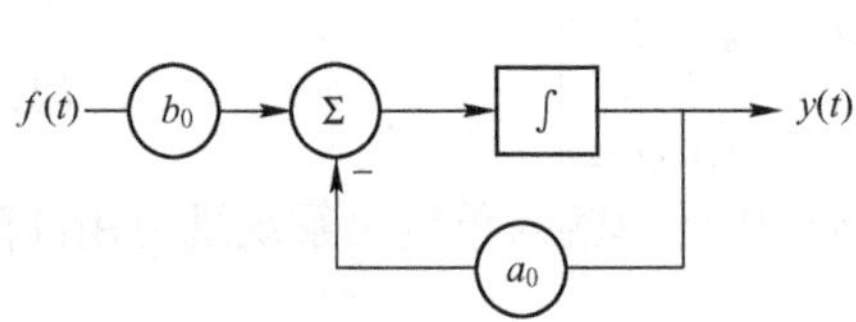

图1.38　式(1.65)所表示系统的模拟框图

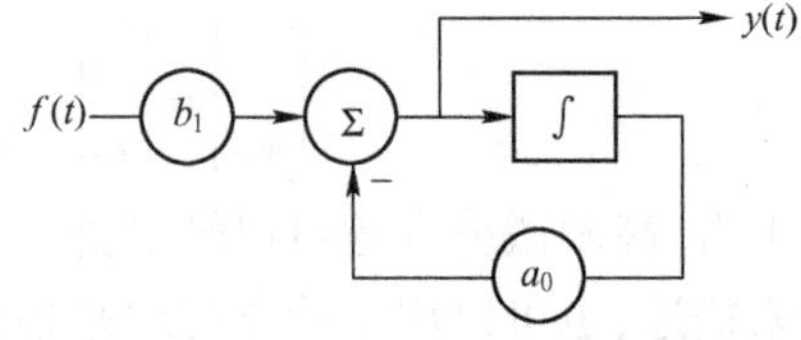

图1.39　式(1.66)所表示系统的模拟框图

例1.9　试画出以下微分方程所表示系统的框图。

(1) $y''(t)+a_1y'(t)+a_0y(t)=f(t)$

(2) $y''(t)+a_1y'(t)+a_0y(t)=b_1f'(t)+b_0f(t)$

解　(1) 方程左端只保留输出的最高阶导数项,得

$$y''(t)=-a_1y'(t)-a_0y(t)+f(t)$$

容易画出系统的模拟框图如图1.40所示。

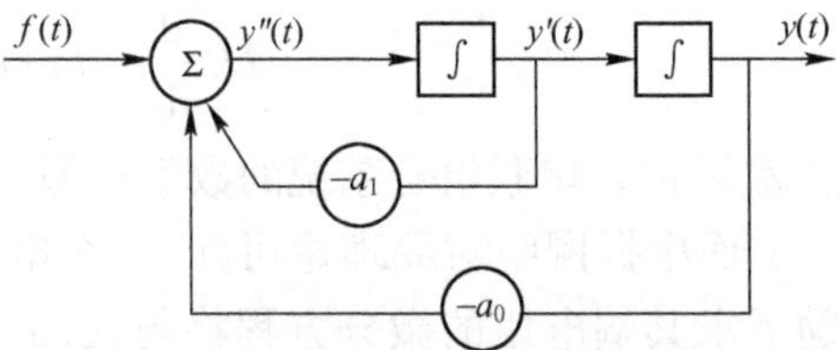

图1.40　例1.9(1)系统的模拟框图

(2) 设当方程右边为$f(t)$时,系统的输出为$q(t)$。因为该常系数线性微分方程所表示的系统是线性时不变系统,由系统的线性和时不变性质(将在1.5节中详细介绍)可得

$$q''(t)+a_1q'(t)+a_0q(t)=f(t)$$

$$y(t)=b_1q'(t)+b_0q(t)$$

由此可画出系统的模拟框图如图 1.41 所示。

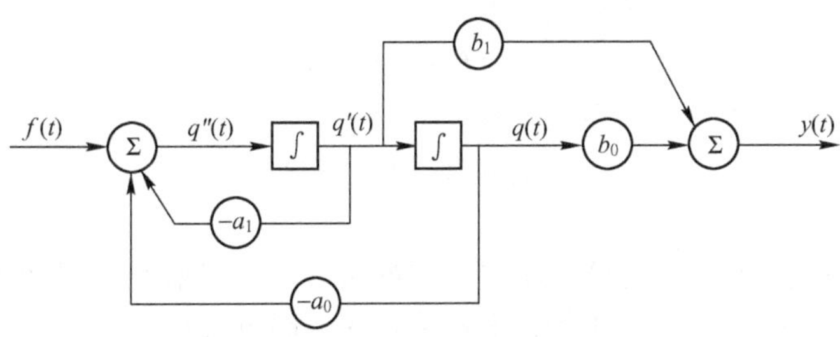

图 1.41　例 1.9(2)系统的模拟框图

例 1.9 是根据描述系统的微分方程画出的系统框图,反之,如果已知系统框图,则可以围绕加法器列写方程,转换成输入输出描述法得到的系统微分方程。

1.4.3　系统的分类

系统的分类有多种方式,常常以系统的数学模型和基本特性进行划分。系统可以分为连续时间系统与离散时间系统、线性系统与非线性系统、时不变系统与时变系统、因果系统与非因果系统、稳定系统与不稳定系统、可逆系统与不可逆系统等。

1. 连续时间系统与离散时间系统

如果系统的输入信号与输出信号都是连续时间信号(且其内部也为连续时间信号),则称该系统为连续时间系统,简称连续系统,其数学模型为微分方程。同理,如果系统的输入信号与输出信号都是离散时间信号,则该系统为离散时间系统,简称离散系统,其数学模型为差分方程。例如电阻 R、电感 L 和电容 C 组成的电路系统都是连续时间系统,而数字计算机则是一个典型的离散时间系统。在实际应用中,离散时间系统常常与连续时间系统联合使用,即构成了混合系统,如数字通信系统和实用的自动控制系统都属于混合系统。

2. 线性系统与非线性系统

线性系统是指具有线性特性的系统,线性特性包含齐次性和叠加性。一般来说,线性系统由线性元件组成。线性连续时间系统的数学模型是线性微分方程,线性离散时间系统的数学模型是线性差分方程。非线性系统是指不满足线性特性的系统,一般来说,非线性系统含有非线性元件。所谓系统的齐次性与叠加性将在 1.5 节中进行详细介绍。

3. 时不变系统与时变系统

如果系统的特性和行为不随时间而变化,则称此系统为时不变系统。如果系统的特性和行为随时间改变,则称该系统为时变系统。比如,*RLC* 电路系统,如果电阻 R、电感 L 和电容 C 的值不随时间而变化,它就是时不变的;反之,如果电阻 R、电感 L 和电容 C 的值随时间不断变化,则该 *RLC* 电路系统是时变的。系统的时不变性将在 1.5 节中详细介绍。

4. 因果系统与非因果系统

如果系统在某一时刻的输出仅仅取决于当前时刻或以前时刻的输入,与未来时刻的输入无关,则该系统称为因果系统,否则为非因果系统。因果系统往往也称为不可预测的系统,因为系统的输出无法预测未来的输入值。因此,对于一个因果系统而言,如果两个输入信号直到

某一个时刻 t_0 以前都是相同的,那么在这同一时间以前相应的输出也一定相等。对于一个因果系统,激励是产生响应的原因,响应是激励引起的后果。

例如,一个描述连续时间系统的微分方程为

$$y(t)=f(t)+f(t-2)$$

则此系统为因果系统;如果系统的微分方程为

$$y(t)=f(t)+f(t+2)$$

则为非因果系统。

一般的电路系统、机械系统等物理上可实现的系统都是因果系统,而在信号处理技术领域中涉及的信号压缩与扩展、求统计平均值等都将构成非因果系统。

5. 稳定系统与非稳定系统

当某一个系统的输入有界时(即输入信号的幅度不是无限增长的),系统的输出也是有界的,那么该系统是稳定的,称为稳定系统;否则为非稳定系统。简而言之,对于一个稳定系统,任何有界的输入信号总是产生有界的输出信号;反之,只要某个有界的输入能导致无界的输出,系统就非稳定。

6. 可逆系统与不可逆系统

一个系统如果在不同的输入下,产生不同的输出,就称该系统为可逆系统。在各种通信应用中的编码系统就是一个可逆系统。在编码系统中,要传送的信号首先加到编码器上,作为它的输入信号。对于无损编码来说,编码器的输入必须要从输出中准确无误地恢复出来,也就是说,编码器必须是可逆的。

除上述几种划分之外,还可以按照它们的参数是集总的或分布的而分为集总参数系统和分布参数系统;可以按照系统内是否含有记忆元件而分为即时系统和动态系统;可以按照系统内部是否含有有源器件而分为无源系统和有源系统。这些已为读者所熟悉,就不再赘述。

1.5　线性时不变系统的基本性质

本书着重讨论在确定性输入信号作用下的集总参数线性时不变系统,一般简称为 LTI 系统,包括连续时间系统和离散时间系统。下面将线性时不变系统的基本性质说明如下。

1.5.1　齐次性与叠加性

线性系统具有线性,即齐次性与叠加性。所谓齐次性是指当输入信号乘以某常数时,响应也倍乘相同的常数;而叠加性是指当几个激励信号同时作用于系统时,总的输出响应等于每个激励单独作用所产生的响应之和。线性系统的齐次性与叠加性如图 1.42 所示。

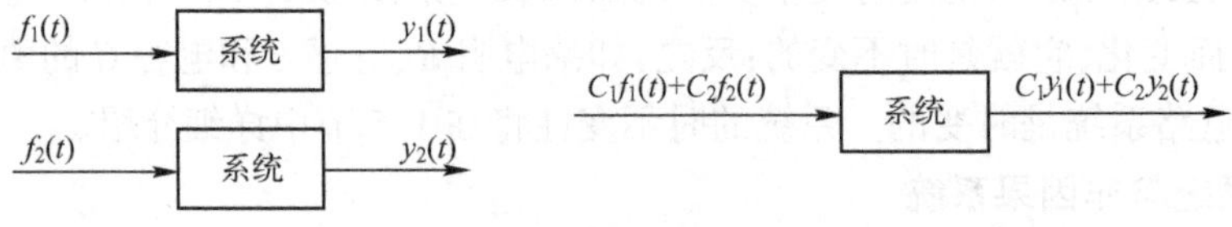

图 1.42　线性系统的齐次性与叠加性

可以看出,判断某系统是否为线性系统,可以通过下面的方法:如果激励信号先进行线性运算，再经过系统所得的响应，与激励信号先经过系统再进行线性运算得到的响应相等，则可以判定系统是线性的，否则系统是非线性的。

1.5.2　时不变性

从概念上讲，如果系统的特性和行为不随时间的改变而改变，那么称该系统为时不变系统。图 1.43 给出了时不变系统的示意图。从图中可以看出，在同样初始状态下，系统的响应与激励施加于系统的起始时刻无关。用数学表达式表示时，若系统的激励为 $f(t)$，产生的响应为 $y(t)$，则当激励为 $f(t-t_0)$ 时，响应为 $y(t-t_0)$，即如果激励延迟一段时间 t_0，系统的响应也跟着延迟 t_0，而波形不变。

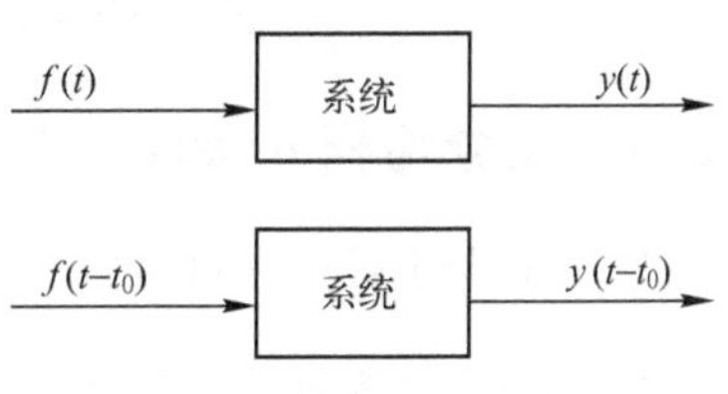

图 1.43　系统的时不变性

如果一个电路系统的元件参数是随时间变化的，那么该电路系统是时变的。一般来说，在系统方程中，如果输入信号 $f(t)$ 前面出现了随时间变化的系数，或者输入信号有反转、尺度变换，那么系统是时变的。

可以看出，判断某系统是否为时不变系统，可以通过下面的方法：如果激励信号先延时再经过系统所得的响应，与激励信号先经过系统再延时得到的响应相等，则可以判定系统是时不变的，否则系统是时变的。

例 1.10　设某连续 LTI 系统的微分方程为

$$y(t)=f(2t)$$

试判断该系统是否为时不变系统。

解　从系统的微分方程可以看出，输出是输入信号的尺度变换，因此系统是时变的。从系统的输入输出关系上也可以得到相同的结论。

由题意，信号 $f(t)$ 延时 t_0 后得

$$f_1(t)=f(t-t_0)$$

再经过系统，波形被压缩 2 倍，得到的输出为

$$y_1(t)=f(2t-t_0)$$

将 $f(t)$ 先经过系统，波形被压缩 2 倍，然后再延时 t_0，得到

$$y(t-t_0)=f_1(2t)=f(2t-2t_0)$$

可见，$y_1(t)\neq y(t-t_0)$，因此系统是时变系统。

例 1.11　判断系统 $y(t)=tf(t)$ 是否为线性时不变系统。

解　(1) 判断系统是否为线性系统

假设任意两个信号 $f_1(t)$ 和 $f_2(t)$ 分别经过该系统，得到的输出分别为 $y_1(t)$ 和 $y_2(t)$，则

$$f_1(t)\to y_1(t)=tf_1(t)$$

$$f_2(t)\to y_2(t)=tf_2(t)$$

根据系统方程，当系统输入信号为 $f_3(t)=C_1f_1(t)+C_2f_2(t)$ 时，系统的输出为

$$\begin{aligned}y_3(t)&=tf_3(t)\\&=t[C_1f_1(t)+C_2f_2(t)]\\&=C_1tf_1(t)+C_2tf_2(t)\\&=C_1y_1(t)+C_2y_2(t)\end{aligned}$$

其中，C_1、C_2 都是任意常数。可见系统满足线性特性，因此该系统是线性系统。

(2) 判断系统是否为时不变系统

根据系统方程，如果系统输入信号先延时 t_0，得

$$f_4(t)=f(t-t_0)$$

再经过系统，输出可以表示为

$$y_4(t)=tf(t-t_0)$$

而将输入信号先经过系统，然后再延时 t_0，得

$$y(t-t_0)=(t-t_0)f(t-t_0)$$

可见，$y_4(t)\neq y(t-t_0)$，系统不满足时不变性，因此是时变的。总之该系统为线性时变系统。

1.5.3　微分与积分特性

对于线性时不变(LTI)系统还满足以下微分与积分特性：

如果系统在激励 $f(t)$ 作用下产生响应 $y(t)$，则当激励为 $\frac{\mathrm{d}}{\mathrm{d}t}f(t)$ 时，响应为 $\frac{\mathrm{d}}{\mathrm{d}t}y(t)$。这一结果可扩展至高阶导数与多重积分，其示意图如图 1.44 所示。

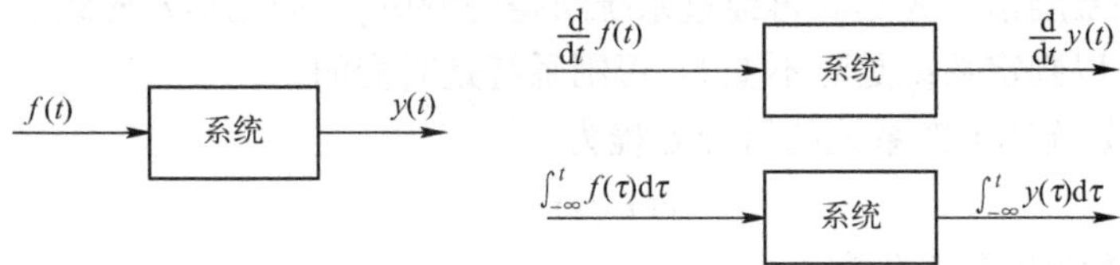

图 1.44　系统的微分与积分特性

1.5.4　因果性

1.4.3 节已经介绍过因果系统，即一个因果系统在任意时刻的输出只取决于现在和过去的输入值，而与未来的输入信号无关。也就是说，激励是产生响应的原因，响应是激励引起的后果。对于连续时间 LTI 系统，判断其因果性的充要条件是系统的冲激响应 $h(t)$ 应满足

$$h(t)=0\quad t<0 \tag{1.67}$$

虽然因果性只是系统的一个特性，但是一般也将 $t<0$ 时函数值为零的信号称为因果信号。可见，连续时间 LTI 系统的因果性就等效于它的冲激响应是因果信号。

例如，某连续 LTI 系统的冲激响应满足

$$h(t)=\mathrm{e}^{-\alpha t}\varepsilon(t)\quad \alpha>0$$

因为 $t<0$ 时，$h(t)=0$，满足式(1.67)，所以该 LTI 系统是因果的。

1.5.5　稳定性

1.4.3 节曾经提到，如果一个系统对于有界的输入，产生的输出也是有界的，就称该系统是稳定的。对于连续时间 LTI 系统，具备稳定性的充要条件是系统的冲激响应 $h(t)$ 满足绝对可积，即

$$\int_{-\infty}^{\infty}|h(t)|\,\mathrm{d}t<\infty \tag{1.68}$$

对于系统的稳定性，除了上述时域中的判断方法，还可以在变换域中判断，这部分内容将在后续章节中详细介绍。

1.5.6 可逆性

根据 1.4.3 节中的介绍，仅当存在一个逆系统，其与原系统级联后产生的输出等于第一个系统的输入时，这个系统才是可逆的。如果一个线性时不变系统是可逆的，那么它就是一个线性时不变的逆系统。因此，如图 1.45 所示，某给定系统的冲激响应为 $h_1(t)$，它的逆系统的冲激响应记为 $h_2(t)$，如果满足

$$h_1(t) * h_2(t) = \delta(t) \tag{1.69}$$

那么 $h_1(t)$ 与其逆系统 $h_2(t)$ 级联构成的复合系统，等价于一个恒等系统，即级联系统的输出 $y_2(t)$ 恒等于输入信号 $f(t)$。

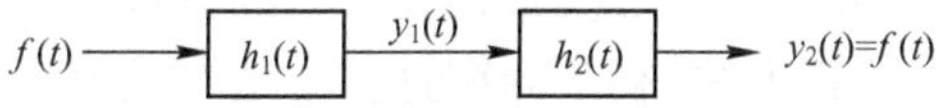

图 1.45　连续时间 LTI 系统的可逆性

1.5.7 记忆性与无记忆性

对于任意的输入信号，如果每一时刻的输出信号值仅取决于该时刻的输入信号值，则称该系统是没有记忆的，称为无记忆系统或即时系统；否则，该系统是有记忆的，称为有记忆系统或动态系统。通常，加法器和数乘器为无记忆系统，积分器为有记忆系统。

对于连续时间线性时不变系统，如果其冲激响应 $h(t)$ 满足

$$h(t) = 0 \quad t \neq 0 \tag{1.70}$$

则系统就是无记忆的，且这样一个无记忆线性时不变系统的输出为

$$y(t) = Kf(t)$$

其冲激响应为

$$h(t) = K\delta(t)$$

式中，K 为常数。注意，如果 $K=1$，则系统变成了恒等系统，即系统的输出恒等于输入信号，此时，冲激响应等于单位冲激函数。

1.6 连续时不变系统分析方法

线性时不变系统的分析方法已经形成了完整、严格的体系，并且日趋完善和成熟。在系统分析中，线性时不变系统的分析具有重要的意义。在实际应用中，许多时变线性系统或非线性系统，在一定条件下，遵循线性时不变的规律，因此可以运用线性时不变系统的分析方法对其进行分析研究。所以，学习研究线性时不变系统的分析方法也是研究时变系统或非线性系统的基础。

对线性时不变系统的分析，主要任务就是建立与求解系统的数学模型。其中，建立系统数学模型的方法通常可以分为输入输出描述法与状态空间描述法；而求解系统数学模型的方法可分为时域分析法与变换域分析法。

输入输出描述法侧重于系统的外部特性，一般不考虑系统内部变量的变化情况，直接建立系统输入与输出函数的关系。由此建立的系统方程直观、简单，适合于单输入单输出系统的分

析。状态空间描述法则侧重于系统的内部特性，不仅关心系统的输入、输出，还关心系统内部变量之间的变化，建立内部变量与输出之间的函数关系。状态空间描述法适合于多输入多输出系统，特别适合于计算机数值分析。

时域分析法是以时间 t 为变量，直接分析时间变量的函数，研究系统的时域特性。这一方法的优点是物理概念比较清楚，但计算较为烦琐。而变换域分析法是应用数学的映射理论，将时间变量映射为某个变换域的变量，从而使时间变量函数变换为某个变换域的某种变量的函数，使系统的动态方程式转化为代数方程式，从而简化了计算。连续时间系统的变换域分析方法有傅里叶变换、拉普拉斯变换，离散时间系统的变换域分析方法可以采用 Z 变换等。这些内容将在后面逐一介绍。

本书按照先输入输出描述法，后状态变量描述法，先时域后变换域，先连续后离散的顺序，研究线性时不变系统的基本分析方法，初步介绍这些方法在信号传输与处理方面的简单运用。虽然在实际生产和生活实践中，大多数系统是非线性或时变的，但是线性时不变系统的基本理论和基本分析方法是后续课程深入学习和研究实际复杂系统的基础。

1.7　信号运算与变换及系统判断的 MATLAB 实现

MATLAB 提供了大量的生成基本信号的函数。最常用的指数信号和正弦信号是 MATLAB 的内部函数，即可以直接调用的函数。本节举例说明连续时间信号和离散时间信号的 MATLAB 表示方法、信号的分解和变换，并用 MATLAB 编程验证线性系统的性质。

例 1.12　用 MATLAB 编程生成单边衰减指数信号 $y(t)=5\mathrm{e}^{-0.4t}\varepsilon(t)$。

解　指数信号可以由 MATLAB 内部函数 exp 生成。

[MATLAB 程序]

```
t=0:0.01:10;                  %设置时间 t 的范围
y=5*exp(-0.4*t);              %产生向量形式的单边衰减指数信号 y(t)
plot(t,y)                     %画出一个以向量 t 表示数据点的横轴坐标值
                              %以向量 y 表示数据点纵轴坐标值的点点相连的连续曲线
xlabel('t'),ylabel('y(t)')    %分别为图形的横轴和纵轴加上轴标签
grid on                       %显示坐标网格线
```

[程序运行结果]

得到单边衰减指数信号波形如图 1.46 所示。

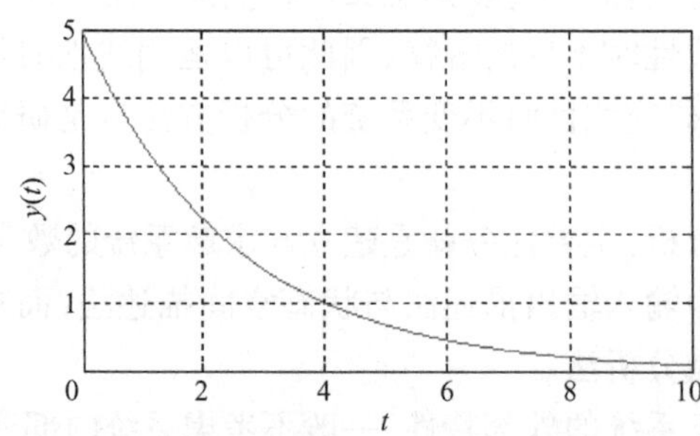

图 1.46　单边衰减指数信号波形

例 1.13　用 MATLAB 编程生成单位阶跃序列 $y(k)=\varepsilon(k)=\begin{cases}1 & k\in[-10,10]\\0 & 其他\end{cases}$。

解　[MATLAB 程序]

```
k0=0;k1=-10;k2=10;
k=[k1:k2];                              %取离散点的范围为[-10,10]
y=[(k-k0)>=0];                          %产生单位阶跃序列
stem(k,y)                               %画出离散信号图形
xlabel('k'),ylabel('y(k)')
title('Step Sequence')                  %显示图形标题
```

[程序运行结果]

单位阶跃序列波形如图 1.47 所示。

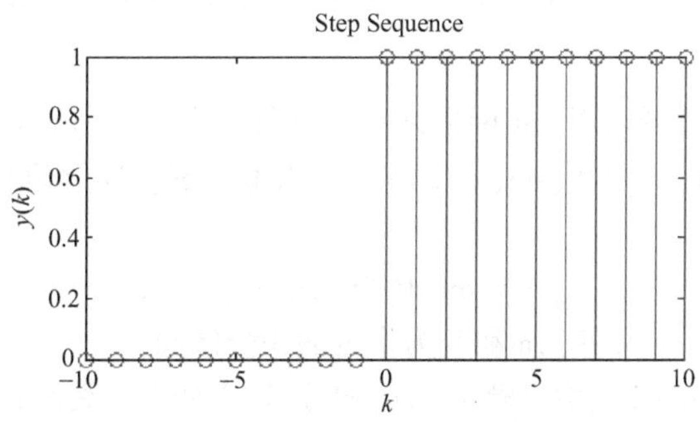

图 1.47　单位阶跃序列波形

例 1.14　编程生成一个最大幅度为 1、宽度为 4 的三角波 $y(t)$，函数值的非零范围为 $(-2,2)$，并画出 $y(2-2t)$ 的波形。

解　[MATLAB 程序]

```
t=-3:0.001:3;
width=4;                                %width 表示三角波的非零范围宽度
skew=0.5;                               %-1<skew<1,调节三角波的形状
                                        %当 skew=0 时为等腰三角波
y=tripuls(t,width,skew);                %产生三角波信号 y(t)
subplot(2,1,1),plot(t,y)                %将图形窗口分割为 2×1 的绘图区域
                                        %选择第一个区域为当前激活区域
xlabel('t'),ylabel('y(t)')
grid on
y1=tripuls(2-2*t,width,skew);           %产生三角波信号 y(2-2t)
subplot(2,1,2),plot(t,y1)               %选择第二个区域为当前激活区域
xlabel('t'),ylabel('y(2-2t)')
grid on
```

[程序运行结果]

得到的三角波信号 $y(t)$ 和 $y(2-2t)$ 如图 1.48 所示。

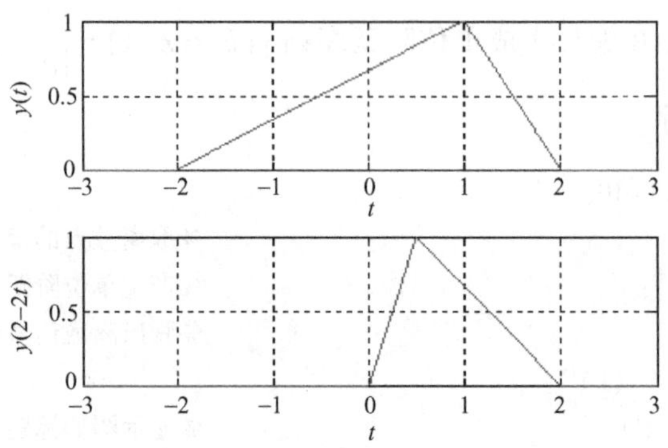

图1.48　三角波信号 $y(t)$ 和 $y(2-2t)$ 的波形图

例1.15　对例1.14中所示的三角波 $y(t)$，试利用MATLAB编程画出 $y'(t)$ 和 $\int_{-\infty}^{t} y(\tau)\mathrm{d}\tau$ 的波形。

解　连续信号的微分可以用diff函数来近似计算。如 $y=(\sin(x^2))'=2x\cos(x^2)$ 可由语句“h=0.002; x=0:h:pi; y=diff(sin(x.^2))/h;”近似实现。连续信号的定积分可用quad函数实现，其调用形式为

quad('fun',a,b)

其中fun为被积函数名(.m文件)，a和b为指定的积分区间。

本题为了方便利用quad函数求解 $y(t)$ 的积分，定义如下自编函数：

```
function yt=functri(t)
yt=tripuls(t,4,0.5);
```

然后利用diff函数和quad函数，并调用自编函数functri实现三角波信号 $y(t)$ 的微分和积分。

[MATLAB程序]

```
h=0.001;t=-3:h:3;
y1=diff(functri(t))/h;                          %求三角波信号y(t)的微分
subplot(2,1,1)
plot(t(1:length(t)-1),y1)
axis([-3,3,-1.5,0.5])
xlabel('t'),ylabel('y1(t)')
title('dy(t)/dt'),grid on
t=-3:0.1:3;
%for循环是求解三角波信号y(t)从-∞~t的定积分
for x=1:length(t)
    y2(x)=quad('functri',-3,t(x));              %求每个t点对应的三角波信号的积分值
end
subplot(2,1,2),plot(t,y2)
axis([-3,3,0,2.5])
xlabel('t'),ylabel('y2(t)')
title('Integral of y(t)'),grid on
```

[程序运行结果]

得到的三角波信号 $y(t)$ 的微分和积分波形分别如图 1.49a、b 所示。

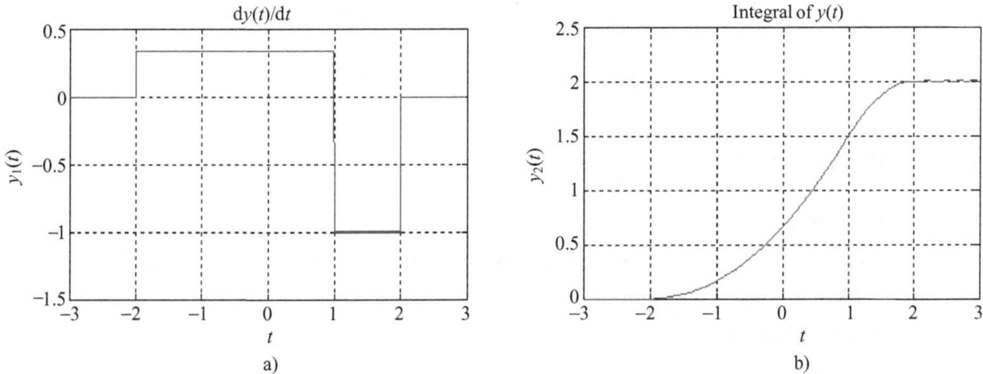

图 1.49　程序运行结果

a）三角波信号的微分波形图　b）三角波信号的积分波形图

例 1.16　试用 MATLAB 编程绘制信号 $y(t)=\mathrm{Sa}[\pi(t-2)]=\dfrac{\sin[\pi(t-2)]}{\pi(t-2)}$ 的波形。

解　MATLAB 软件内部没有提供直接生成 Sa 函数的命令，但是却提供了生成 sinc 函数的内部命令。因为 $y(t)=\mathrm{Sa}[\pi(t-2)]=\mathrm{sinc}(t-2)$，所以本程序借助 sinc 函数来实现。

[MATLAB 程序]

```
t=-6:0.001:9;
t1=t-2;y=sinc(t1);                    %借助 sinc 函数来生成 Sa 函数
plot(t,y),xlabel('t'),ylabel('y(t)')
axis([-6,9,-0.4,1]),grid on
```

[程序运行结果]

运行得到的信号波形如图 1.50 所示。

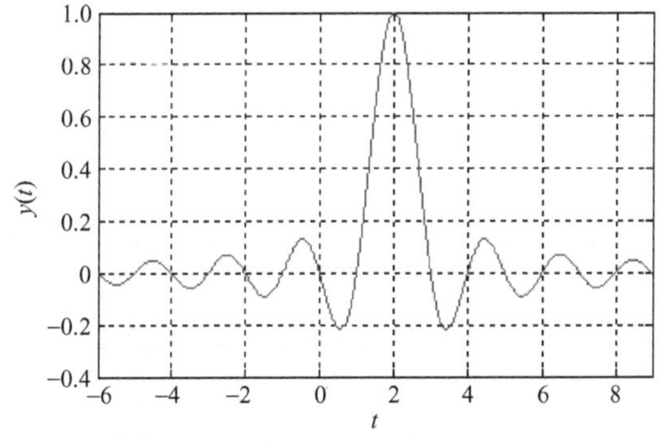

图 1.50　信号 $y(t)$ 波形图

例 1.17　已知梯形脉冲信号 $y(t)$ 波形如图 1.51 所示，试用 MATLAB 编程画出 $y(t)$ 的奇分量和偶分量。

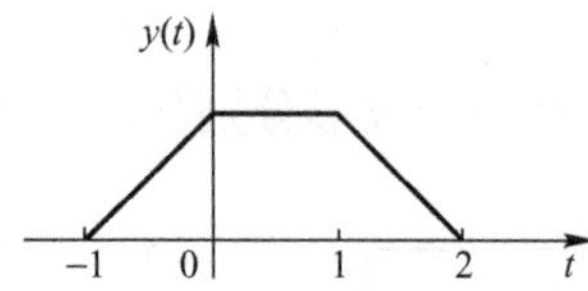

图 1.51　梯形脉冲信号波形

解　[MATLAB 程序]

```
t=-3:0.002:3;
y=(t+1).*(t>=-1)-t.*(t>=0)-(t-1).*(t>=1)+(t-2).*(t>=2);   %产生信号 y(t)
subplot(3,1,1),plot(t,y),grid on
xlabel('t'),ylabel('y(t)')
axis([-3,3,0,1.5])                                        %调整坐标轴
y1=fliplr(y);                                             %将信号 y(t)反褶
ye=(y+y1)/2;                                              %求信号 y(t)的偶分量
yo=(y-y1)/2;                                              %求信号 y(t)的奇分量
subplot(3,1,2),plot(t,ye),grid on
xlabel('t'),ylabel('ye(t)'),axis([-3,3,0,1.5])
subplot(3,1,3),plot(t,yo),grid on
xlabel('t'),ylabel('yo(t)'),axis([-3,3,-1,1])
```

[程序运行结果]

梯形脉冲信号 $y(t)$ 及其奇分量和偶分量如图 1.52 所示。

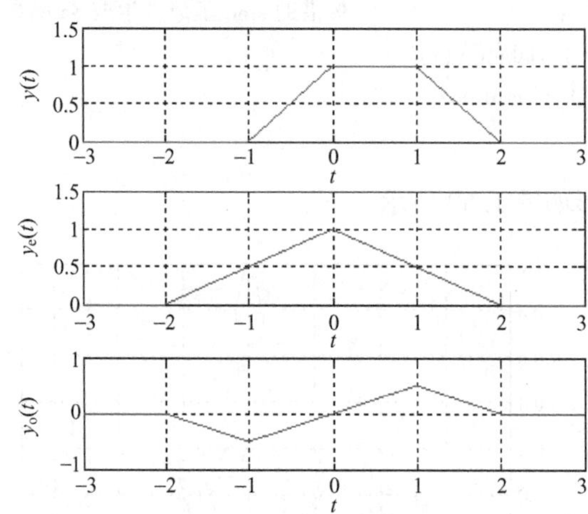

图 1.52　信号 $y(t)$ 及其奇分量和偶分量波形图

例 1.18　利用 MATLAB 计算下列信号的能量或功率,并判断信号是能量信号还是功率信号,画出信号波形。

(1) $x(t)=3\pi\sin(8\pi t+1.3)\cos(4\pi t-0.8)\mathrm{e}^{\sin(12\pi t)}$

(2) $y(t)=\begin{cases}x(t) & 0.2\leqslant t\leqslant 0.85\\ 0 & 其他\end{cases}$

解　(1) 将 $x(t)$ 利用三角函数积化和差公式化简可知,$x(t)$ 是一个周期信号,周期为 $T=0.5$。则 $x(t)$ 不是能量信号,因此计算它的功率。求周期信号的功率只需要计算它在一个周期内的功率即可。

为了方便计算,先定义以下语句的自编函数:

```
function x2=e18x2(t)
x=3*pi*sin(8*pi*t+1.3).*cos(4*pi*t-0.8).*exp(sin(12*pi*t));
x2=x.^2;
```

[MATLAB 程序]

```
t=0:0.001:1;
x=3*pi*sin(8*pi*t+1.3).*cos(4*pi*t-0.8).*exp(sin(12*pi*t));
plot(t,x) ,xlabel('t'),ylabel('x(t)')
Px=(1/0.5)*quad('e18x2',0,0.5)
```

[程序运行结果]

```
Px=54.7550
```

可见,信号 $x(t)$ 的功率 $P_x=54.7550$,信号是一个功率信号,能量 $E_x=\infty$。$x(t)$ 的波形如图 1.53 所示。

(2) 信号 $y(t)$ 在一个有限的时间区间内有限且非零,所以它是一个能量信号,功率 $P_y=0$。利用下列程序计算能量并画出波形:

[MATLAB 程序]

```
t=0:0.001:1;
x=3*pi*sin(8*pi*t+1.3).*cos(4*pi*t-0.8).*exp(sin(12*pi*t));
y=x.*(t>=0.2).*(t<=0.85);
plot(t,y),xlabel('t'),ylabel('y(t)')
Ey=quad('e18x2',0.2,0.85)
```

[程序运行结果]

```
Ey=30.2105
```

即信号 $y(t)$ 能量 $E_y=30.2105$,波形如图 1.54 所示。

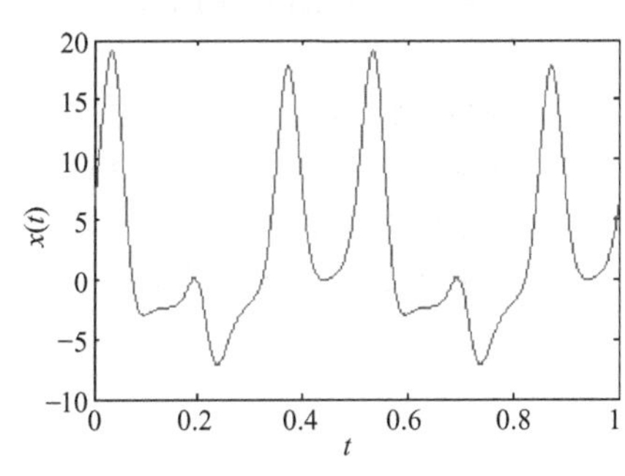

图 1.53　信号 $x(t)$ 的波形

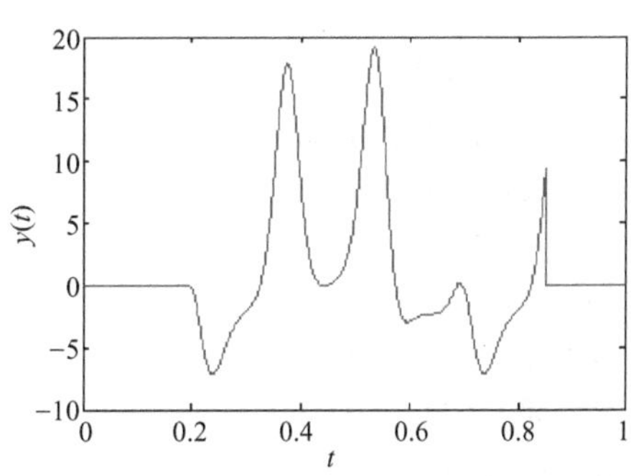

图 1.54　信号 $y(t)$ 的波形

例 1.19 已知离散时间系统方程为

$$y_1(kT)=\sum_{i=-10}^{10} f[(k-i)T]-f[(k-15)T]$$

其中,采样间隔是 $T=0.1$ s。计算每个系统对下列输入信号的响应并画出波形图:

$$f_1(kT)=0.8^{|k|}\quad f_2(kT)=0.7^{|0.5k-4|}\quad f(kT)=f_1(kT)+f_2(kT)$$

取 $|t|\leqslant 0.4$ s。判断系统对输出样本是否存在叠加性。

解 [MATLAB 程序]

```
%计算输入信号采样
ki=-20:20;
f1=0.8.^abs(ki);                                   %输入信号 f1(KT)
f2=0.7.^abs(0.5.*ki-4);                            %输入信号 f2(KT)
fs=f1+f2;
%计算输出信号采样
ze=zeros(size(1:9));                               %初始化输出信号向量为零
y11=ze;y12=ze;y1s=ze;
%计算每一个输出信号的取样
for k=-4:4
    for i=-10:10
        y11(k+5)=y11(k+5)+f1(k-i+21);
    end
    y11(k+5)=y11(k+5)-f1(k-15+21);                 %输入为 f1(KT)时的输出 y11
    for i=-10:10
        y12(k+5)=y12(k+5)+f2(k-i+21);
    end
    y12(k+5)=y12(k+5)-f2(k-15+21);                 %输入为 f2(KT)时的输出 y12
    for i=-10:10
        y1s(k+5)=y1s(k+5)+fs(k-i+21);
    end
    y1s(k+5)=y1s(k+5)-fs(k-15+21);                 %输入为 f1(KT)+f2(KT)时的输出 y1s
end
y1ss=y11+y12;                                      %输入为 f1(KT)时的输出 y11 之和
                                                   %输入为 f2(KT)时的输出 y12 之和

k=-4:4;T=0.1;
stem(k*T,y11,'^'),hold on                          %画出用三角形表示的离散值 y11
stem(k*T,y12,'*')                                  %画出用星号表示的离散值 y12
stem(k*T,y1s,'o')                                  %用小圆圈表示离散值 y1s
stem(k*T,y1ss,'x')                                 %用小叉号表示离散值 y1ss
xlabel('t'),ylabel('y1(kT)')
hold off
```

[程序运行结果]

系统对输入信号的响应如图 1.55 所示。

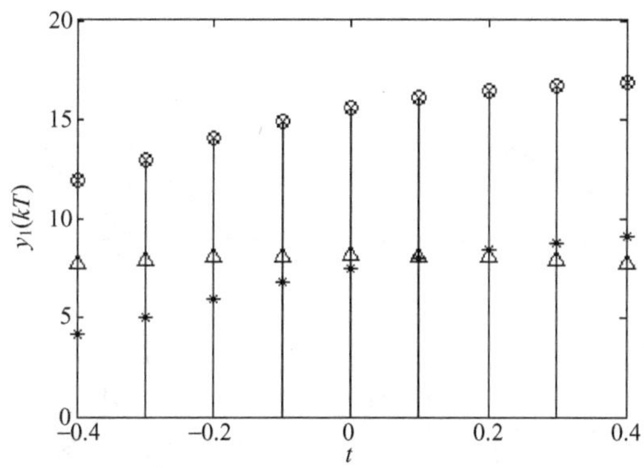

图 1.55　系统对输入信号的响应

由图 1.55 可见,系统计算的样本存在叠加性,因为系统对 $f_1(kT)$ 和 $f_2(kT)$ 的响应等于对 $f_1(kT)$ 的响应和对 $f_2(kT)$ 的响应之和。

习题 1

1. 试画出下列信号的波形。

(1) $f_1(t)=(1-e^{-2t})\varepsilon(t)$　　(2) $f_2(t)=\varepsilon(t)-2\varepsilon(t-1)+\varepsilon(t-2)$

(3) $f_3(t)=\cos\pi(t-1)\varepsilon(t+1)$　　(4) $f_4(t)=t[\varepsilon(t)-\varepsilon(t-1)]+\varepsilon(t-1)$

2. 指出题图 1.1 中各信号的类型。

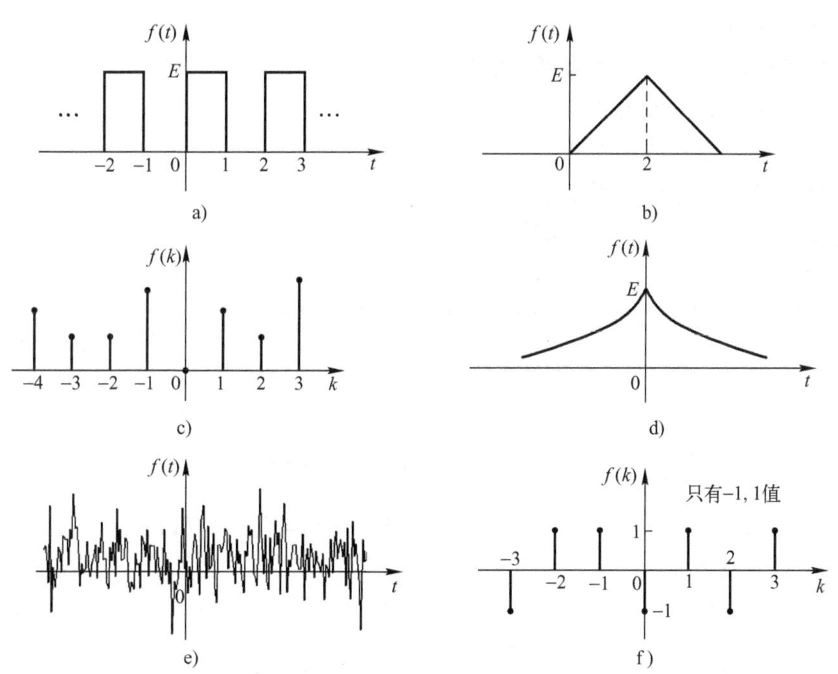

题图 1.1

3. 写出题图 1.2 中各信号的数学表达式。

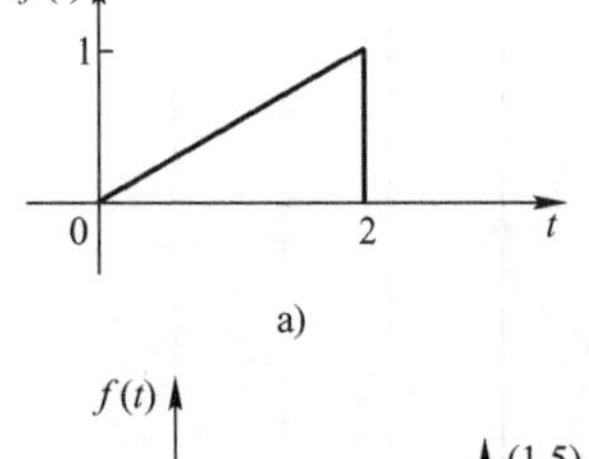

a)

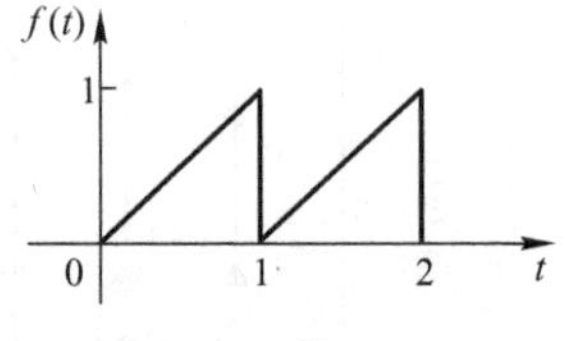

b)

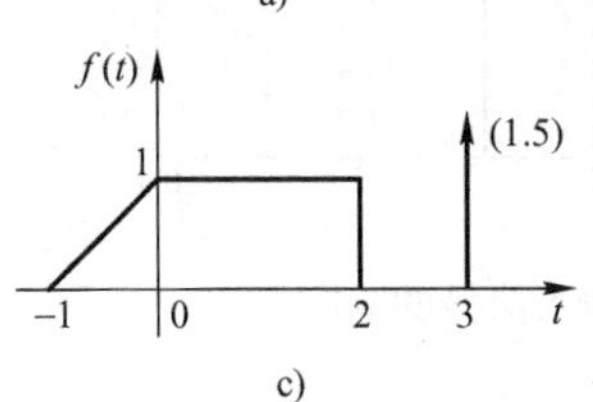

c)

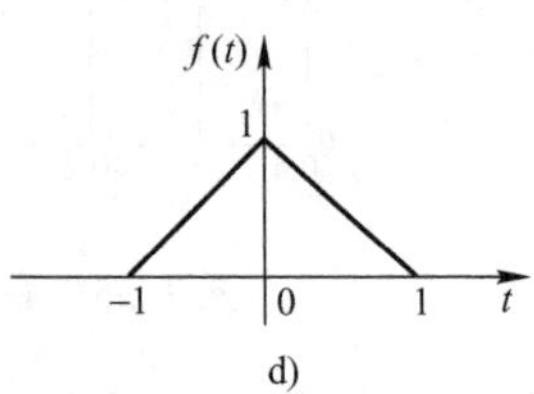

d)

题图 1.2

4. 判断下列信号是否为周期信号,若是周期信号,求其周期。

(1) $f_1(t)=5\cos\left(\frac{2\pi}{3}t\right)+\cos\left(\frac{\pi}{2}t\right)$　　(2) $f_2(t)=5\cos(2\pi t)+\cos(3t)$

(3) $f_3(t)=\mathrm{e}^{\mathrm{j}4t}$　　(4) $f_4(t)=\sin^2\left(t-\frac{\pi}{3}\right)$

(5) $f_5(t)=\cos(5\pi t)+2\cos(2\pi^2 t)$　　(6) $f_6(t)=10\mathrm{e}^{-5|t|}\cos(2\pi t)$

(7) $f_7(t)=10\mathrm{e}^{-3t}\varepsilon(t)$　　(8) $f_8(t)=5\cos(10\pi t)\varepsilon(t)$

5. 试判断下列论点是否正确。

(1) 两个周期信号之和仍然为周期信号。

(2) 所有非周期信号都是能量信号。

(3) 所有随机信号都是非周期信号。

(4) 所有能量信号都是非周期信号。

(5) 两功率信号之和仍为功率信号。

(6) 两功率信号之积仍为功率信号。

6. 已知信号$f(t)$波形如题图 1.3 所示,试画出下列信号的波形。

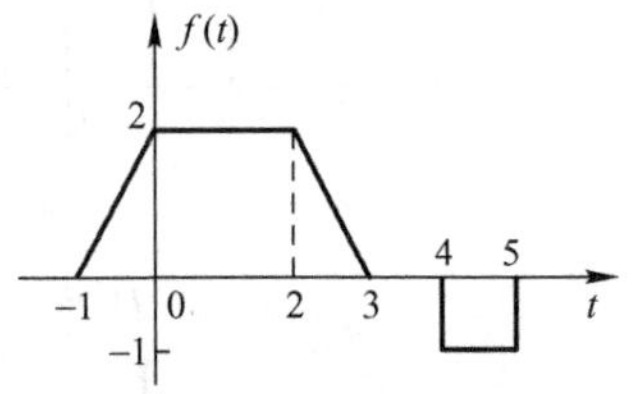

题图 1.3

(1) $f_1(t)=f(2t-1)$　　(2) $f_2(t)=2f(-t+1)$

(3) $f_3(t)=f\left(\frac{1}{2}t+\frac{3}{2}\right)$　　(4) $f_4(t)=f'(t)$

(5) $f_5(t)=f(t)\varepsilon(t-1)$　　(6) $f_6(t)=f(t-1)\delta(t-2)$

7. 计算下列各式的值。

(1) $f_1(t)=t\delta(t-1)$　　(2) $f_2(t)=\mathrm{e}^{-t}\delta(t)$

(3) $f_3(t)=\mathrm{e}^{-2t}\delta(2t+2)$　　(4) $f_4(t)=\frac{\mathrm{d}}{\mathrm{d}t}[\cos t\varepsilon(t)]$

(5) $f_5(t)=\mathrm{e}^{-t}\delta'(t)$　　(6) $f_6(t)=t\delta(2t-1)$

8. 试利用冲激函数的性质,求下列表达式的值。

(1) $\int_{-\infty}^{\infty} f(t-t_0)\delta(t)\mathrm{d}t$　　(2) $\int_{-\infty}^{\infty} f(t_0-t)\delta(t)\mathrm{d}t$

(3) $\int_{-\infty}^{\infty} \delta(t-t_0)\varepsilon\left(t-\frac{t_0}{2}\right)\mathrm{d}t$　　(4) $\int_{-\infty}^{\infty} \delta(t-t_0)\varepsilon(t-2t_0)\mathrm{d}t$

(5) $\int_{-\infty}^{\infty} \sin(\omega t+\theta)\delta(t)\mathrm{d}t$　　(6) $\int_{-\infty}^{\infty} \delta(-t-3)(t+4)\mathrm{d}t$

(7) $\int_{-\infty}^{\infty} \delta(2t-3)(3t^2+t-5)\mathrm{d}t$　　(8) $\int_{-\infty}^{\infty} \mathrm{e}^{-\mathrm{j}\omega t}[\delta(t)-\delta(t-t_0)]\mathrm{d}t$

9. 已知信号波形如题图 1.4 所示，试画出它们导数 $f'(t)=\frac{\mathrm{d}}{\mathrm{d}t}f(t)$ 和积分 $f^{(-1)}(t)=\int_{-\infty}^{t} f(\tau)\mathrm{d}\tau$ 的波形。

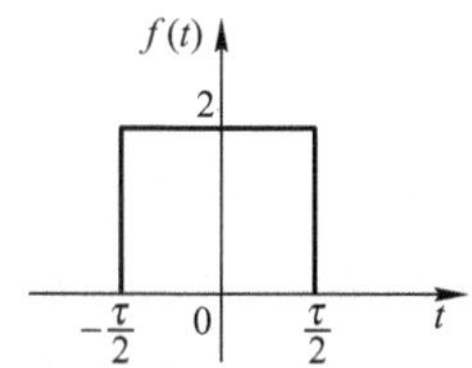

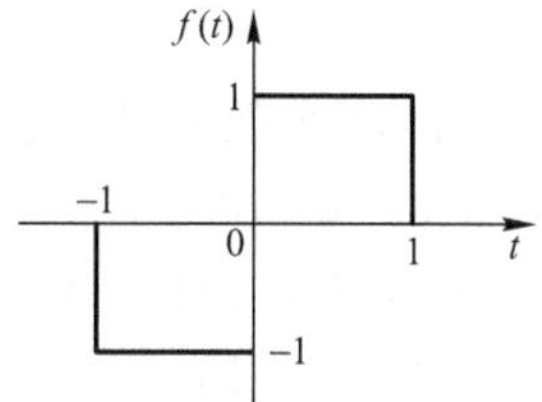

题图 1.4

10. 计算下列信号的奇分量和偶分量。

(1) $f_1(t)=\varepsilon(t)$　　(2) $f_2(t)=\sin\left(\omega_0 t+\frac{\pi}{4}\right)$　　(3) $f_3(t)=\mathrm{e}^{\mathrm{j}\omega_0 t}$

11. 判断下列系统是否为线性的、时不变的、因果的。

(1) $y(t)=f'(t)$　　(2) $y(t)=f(t)\varepsilon(t)$

(3) $y(t)=\sin[f(t)]\varepsilon(t)$　　(4) $y(t)=f(1-t)$

(5) $y(t)=f(2t)$　　(6) $y(t)=f^2(t)$

(7) $y(t)=\int_{-\infty}^{t} f(\tau)\mathrm{d}\tau$　　(8) $y(t)=\int_{-\infty}^{5t} f(\tau)\mathrm{d}\tau$

12. 判断下列系统是否可逆，若可逆，给出其逆系统；若不可逆，指出使系统产生相同输出的两个输入信号。

(1) $y(t)=f(t-6)$　　(2) $y(t)=f'(t)$

(3) $y(t)=\int_{-\infty}^{t} f(\tau)\mathrm{d}\tau$　　(4) $y(t)=f(3t)$

13. 某线性时不变系统，当激励 $f_1(t)=\varepsilon(t)$ 时，响应为 $y_1(t)=\mathrm{e}^{-\alpha t}\varepsilon(t)$，试求当激励 $f_2(t)=\delta(t)$ 时，响应 $y_2(t)$ 的表达式(假定起始时刻系统无储能)。

14. 已知某线性时不变系统对题图 1.5a 所示信号 $f_1(t)$ 的响应为 $y_1(t)$，如题图 1.5b 所示。画出该系统对题图 1.5c、d 所示输入信号 $f_2(t)$、$f_3(t)$ 的响应波形。

15. 描述某系统的微分方程为

$$y''(t)+a_0y(t)=b_1f'(t)+b_0f(t)$$

试画出该系统的时域模拟框图。

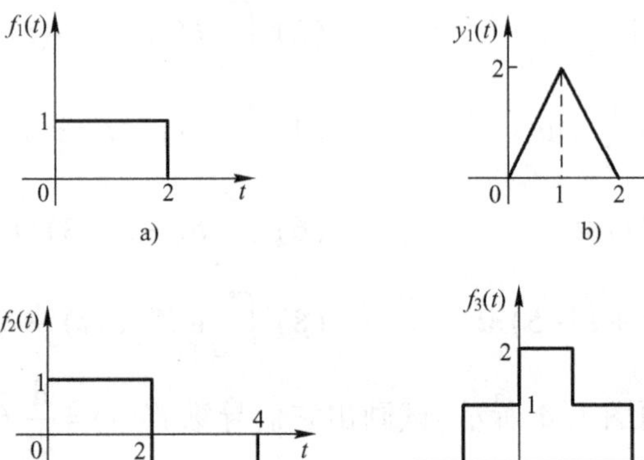

题图 1. 5

16. 利用 MATLAB 编程实现下列信号。

(1) $f(t)=t\varepsilon(t)$，取 $t=0\sim10$　　(2) $f(t)=10e^{-t}-5e^{-2t}$，取 $t=0\sim5$

(3) $f(t)=\text{Sa}(\pi t)\cos(20t)$，取 $t=0\sim5$　　(4) $f(k)=2\delta(k-1)$，取 $k=-8\sim8$

(5) $f(k)=2\varepsilon(k+2)-\varepsilon(k-1)$　　(6) $f(k)=5(0.8)^k\cos(0.9\pi k)$

17. 利用 tripuls 函数画出题图 1. 6 所示信号的波形。

18. 画出题图 1. 7 所示信号的奇分量和偶分量波形图。

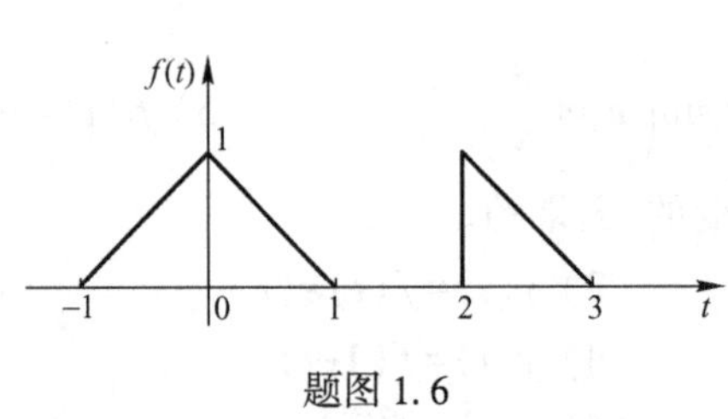

题图 1. 6

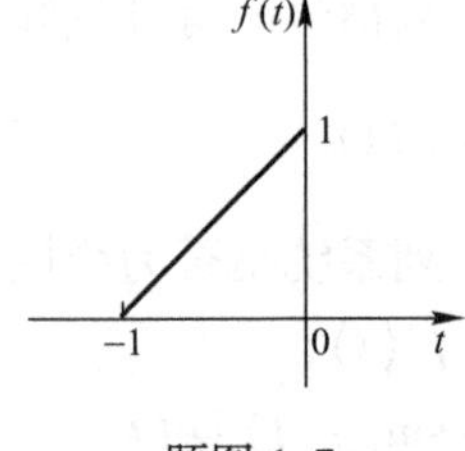

题图 1. 7

19. 信号 $f(t)$ 波形如题图 1. 8 所示，利用 MATLAB 编程画出 $f(t)$、$f(0.5t)$、$f(2t)$、$f(-2t+4)$ 的波形。

20. 利用 stem 函数，画出题图 1. 9 所示离散序列 $f(k)$ 的波形，并画出 $f(2k)$、$f(0.5k)$、$f(k+2)$、$f(k-4)$ 和 $f(-k)$ 序列的波形。

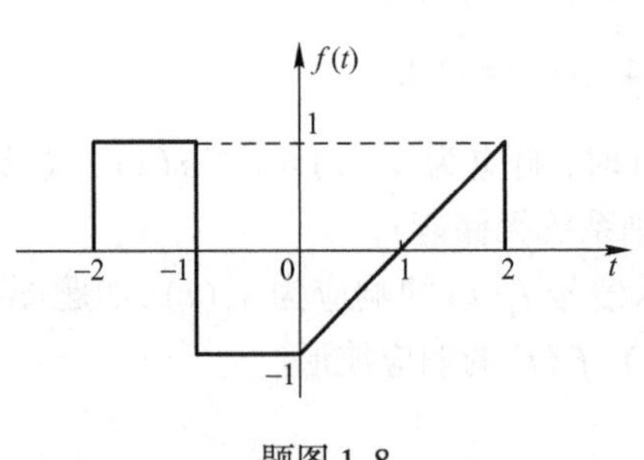

题图 1. 8

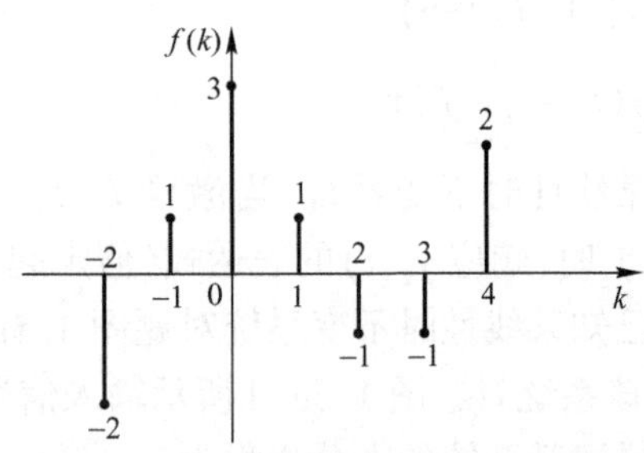

题图 1. 9

第 2 章　连续时间系统的时域分析

对系统的特性或功能进行研究时，最主要的任务就是研究系统的输入与输出之间的关系。对于连续时间系统的分析，归结为建立并求解微分方程，分析方法有时域分析法和变换域分析法两类。所谓系统的时域分析方法，就是不涉及任何变换，直接求解系统微分方程的方法。这种方法比较直观，物理概念比较清晰。如果将微分方程的时间变量变换为其他变量来分析，则称为变换域分析法。例如，在傅里叶变换中，将时间变量变换为频率变量，将信号从时域变换到频域去进行分析，就称为频域分析法。时域分析法是学习各种变换域分析法的基础。

本章将讨论线性时不变连续时间系统的时域分析方法——经典解法和双零解法。首先，复习微分方程的经典解，即齐次解与特解；然后，从物理概念出发，讨论线性时不变系统的双零解法，即零输入响应与零状态响应；最后，引入单位冲激响应的概念，并利用卷积求解系统的零状态响应。

2.1　连续时间系统的数学模型

对系统进行分析时，首先要建立系统的数学模型。连续时间系统是多种多样的，应用场合也各不相同，但是描述连续时间系统的数学模型却是相似的，都可以用微分方程来描述。对于电系统，只要利用理想的电路元件，根据基尔霍夫电压定律（KVL）和基尔霍夫电流定律（KCL），就可以列出一个或一组描述电路特征的线性微分方程。现以电系统为例来说明连续时间系统微分方程的建立方法。

例 2.1　图 2.1 所示为 *RLC* 串联电路，求电路中电流 $i(t)$ 与激励 $e(t)$ 之间的关系。

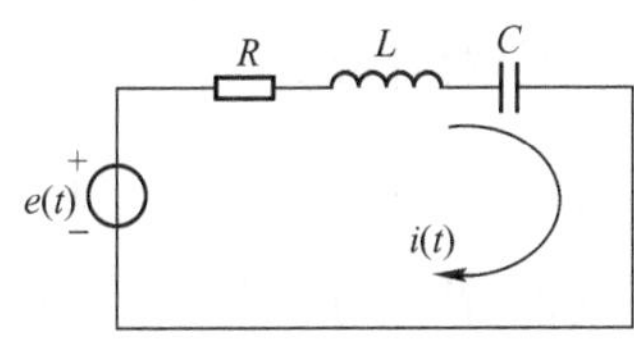

图 2.1　*RLC* 串联电路

解　首先列出回路的 KVL 方程如下：

$$Li'(t)+Ri(t)+\frac{1}{C}i^{(-1)}(t)=e(t)$$

再将上式两边求微分得

$$Li''(t)+Ri'(t)+\frac{1}{C}i(t)=e'(t)$$

例 2.2　图 2.2 所示的电路中，求 R_2 两端电压 $u(t)$ 与输入电压源 $e(t)$ 之间的关系。

解　设两回路中的电流分别为 $i_1(t)$ 和 $i_2(t)$，由 KVL 定律分别列出两回路的电压方程为

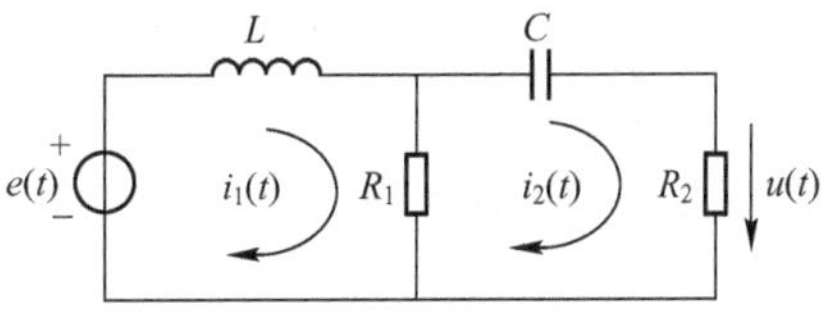

图 2.2　例 2.2 的电路图

由 $LCR_2e(t)$ 回路有　$Li_1'(t)+\frac{1}{C}i_2^{(-1)}(t)+R_2i_2(t)=e(t)$

由 $LR_1e(t)$ 回路有　$Li_1'(t)+R_1[i_1(t)-i_2(t)]=e(t)$

将 $i_2(t)=u(t)/R_2$ 代入上述两式得

$$L\left(\frac{1}{R_1}+\frac{1}{R_2}\right)u''(t)+\left(\frac{L}{R_1R_2C}+1\right)u'(t)+\frac{1}{R_2C}u(t)=e'(t)$$

通过以上两个例子说明了系统微分方程的建立方法，这种方法可以推广到一般情况。对于一

个输入信号为$f(t)$、输出信号为$y(t)$的n阶系统,其数学模型可以用n阶微分方程表示为

$$\begin{aligned}&y^{(n)}(t)+a_{n-1}y^{(n-1)}(t)+\cdots+a_1y'(t)+a_0y(t)\\&=b_mf^{(m)}(t)+b_{m-1}f^{(m-1)}(t)+\cdots+b_1f'(t)+b_0f(t)\end{aligned}\tag{2.1}$$

其中,系数$a_0\sim a_{n-1}$、$b_0\sim b_m$由电路的结构和元件参数决定,对此方程求解可以得到系统的响应。

2.2 连续时间系统的响应

2.2.1 微分方程的经典解

对于一个线性时不变连续时间系统,式(2.1)是一个常系数n阶线性微分方程。按照经典解法,此方程的完全解由齐次解与特解两部分组成,即

$$y(t)=y_h(t)+y_p(t)\tag{2.2}$$

式中,$y_h(t)$为齐次解;$y_p(t)$为特解。

1. 齐次解

齐次解的形式由齐次微分方程的特征根确定,对于式(2.1)所示的微分方程,令方程右端为零,得齐次方程

$$y^{(n)}(t)+a_{n-1}y^{(n-1)}(t)+\cdots+a_1y'(t)+a_0y(t)=0\tag{2.3}$$

该齐次方程对应的特征方程为

$$\lambda^n+a_{n-1}\lambda^{n-1}+\cdots+a_1\lambda+a_0=0\tag{2.4}$$

此方程有n个根$(\lambda_1,\lambda_2,\cdots,\lambda_n)$,称为微分方程的特征根。根据特征根的不同取值,微分方程的齐次解有以下三种类型:

(1) 特征方程有n个不同的单根$\lambda_1,\lambda_2,\cdots,\lambda_n$,则对应齐次解的形式为

$$y_h(t)=C_1\mathrm{e}^{\lambda_1t}+C_2\mathrm{e}^{\lambda_2t}+\cdots+C_n\mathrm{e}^{\lambda_nt}=\sum_{j=1}^{n}C_j\mathrm{e}^{\lambda_jt}\tag{2.5}$$

(2) 特征方程有k阶重根λ_1时,在齐次解中,对应于λ_1的重根部分将有k项,其形式为

$$(C_1t^{k-1}+C_2t^{k-2}+\cdots+C_{k-1}t+C_k)\mathrm{e}^{\lambda_1t}=\left(\sum_{j=1}^{k}C_jt^{k-j}\right)\mathrm{e}^{\lambda_1t}\tag{2.6}$$

则微分方程的齐次解为

$$y_h(t)=\left(\sum_{j=1}^{k}C_jt^{k-j}\right)\mathrm{e}^{\lambda_1t}+\sum_{i=k+1}^{n}C_i\mathrm{e}^{\lambda_it}\tag{2.7}$$

(3) 特征方程有共轭复根$\lambda_{1,2}=\alpha\pm\mathrm{j}\beta$时,共轭复根对应的齐次解的形式为

$$\mathrm{e}^{\alpha t}[C_1\cos(\beta t)+C_2\sin(\beta t)]\tag{2.8}$$

则微分方程的齐次解为

$$y_h(t)=\mathrm{e}^{\alpha t}[C_1\cos(\beta t)+C_2\sin(\beta t)]+\sum_{i=3}^{n}C_i\mathrm{e}^{\lambda_it}\tag{2.9}$$

齐次解表达式中的系数$C_1,C_2,\cdots,C_n$由给定的n个初始条件来确定。

例2.3 求微分方程$y''(t)+7y'(t)+6y(t)=f'(t)+2f(t)$的齐次解。

解 特征方程为

$$\lambda^2+7\lambda+6=0$$

特征根为 $$\lambda_1=-1 \quad \lambda_2=-6$$

则齐次解为 $$y_h(t)=C_1\mathrm{e}^{-t}+C_2\mathrm{e}^{-6t}$$

例 2.4　求微分方程 $y'''(t)+7y''(t)+16y'(t)+12y(t)=f(t)$ 的齐次解。

解　特征方程为

$$\lambda^3+7\lambda^2+16\lambda+12=0$$

特征根为 $$\lambda_1=\lambda_2=-2(\text{为 2 重根}) \quad \lambda_3=-3$$

则齐次解为 $$y_h(t)=(C_1t+C_2)\mathrm{e}^{-2t}+C_3\mathrm{e}^{-3t}$$

2. 特解

特解 $y_p(t)$ 的形式与激励信号的形式有关,表 2.1 列出了几种常见激励信号所对应的特解函数形式,便于求解时参考。求解方程特解的基本方法是:首先根据激励信号的形式写出特解函数表达式;然后将激励信号 $f(t)$ 和特解形式 $y_p(t)$ 代入原微分方程;通过对比方程两端同次项的系数求出特解函数表达式中的待定系数,即可得到微分方程的特解 $y_p(t)$。

表 2.1　几种常见激励信号所对应的特解函数形式

激励函数 $f(t)$	响应函数 $y(t)$ 的特解 $y_p(t)$
P(常数)	B(常数)
t^p	$B_pt^p+B_{p-1}t^{p-1}+\cdots+B_1t+B_0$
$\mathrm{e}^{\alpha t}$	$B\mathrm{e}^{\alpha t}$　　α 不是特征根 $(B_1t+B_0)\mathrm{e}^{\alpha t}$　　α 是一个特征单根 $(B_kt^k+B_{k-1}t^{k-1}+\cdots+B_1t+B_0)\mathrm{e}^{\alpha t}$　　α 是 k 重特征根
$\cos(\omega t)$ 或 $\sin(\omega t)$	$B_1\cos(\omega t)+B_2\sin(\omega t)$
$t^p\mathrm{e}^{\alpha t}\cos(\omega t)$ 或 $t^p\mathrm{e}^{\alpha t}\sin(\omega t)$	$(B_pt^p+B_{p-1}t^{p-1}+\cdots+B_1t+B_0)\mathrm{e}^{\alpha t}\cos(\omega t)+$ $(D_pt^p+D_{p-1}t^{p-1}+\cdots+D_1t+D_0)\mathrm{e}^{\alpha t}\sin(\omega t)$

注:表 2.1 中 B、D 均为待定系数。

例 2.5　某连续 LTI 系统微分方程式为

$$y''(t)+2y'(t)+3y(t)=f'(t)+f(t)$$

已知激励信号:(1) $f(t)=t^2$,(2) $f(t)=\mathrm{e}^t$,分别求两种情况下方程的特解。

解　(1) 激励信号为 $f(t)=t^2$,由表 2.1 知,特解的函数式为

$$y_p(t)=B_2t^2+B_1t+B_0$$

将激励信号和特解的函数式代入方程得

$$3B_2t^2+(4B_2+3B_1)t+(2B_2+2B_1+3B_0)=t^2+2t$$

根据等式两端各相同幂次项的系数相等的原则,有

$$3B_2=1$$
$$4B_2+3B_1=2$$
$$2B_2+2B_1+3B_0=0$$

联立求解得

$$B_2=\frac{1}{3} \quad B_1=\frac{2}{9} \quad B_0=-\frac{10}{27}$$

所以,特解为

$$y_p(t)=\frac{1}{3}t^2+\frac{2}{9}t-\frac{10}{27}$$

（2）激励信号为$f(t)=\mathrm{e}^t$，由表2.1知，特解的函数式为

$$y_p(t)=B\mathrm{e}^t$$

将特解的函数式与激励信号同时代入微分方程得

$$3B\mathrm{e}^t=\mathrm{e}^t \quad 即\ B=\frac{1}{3}$$

因此，特解为

$$y_p(t)=\frac{1}{3}\mathrm{e}^t$$

3. 全解

得到齐次解的表达式和特解后，将两者相加可以得到微分方程全解的表达式。将已知的n个初始条件(边界条件)代入全解中，确定齐次解中的待定系数，即可得到微分方程的全解。

一般来说，若激励信号$f(t)$是0时刻加入系统的，则求全解的待定系数所需要的边界条件为0_+时刻的初始值，即$y(0_+)$、$y'(0_+)$、$y''(0_+)$、…、$y^{(n-1)}(0_+)$。

例2.6 已知描述连续时间系统的微分方程为$y''(t)+7y'(t)+6y(t)=6f(t)$，初始条件为$y(0_+)=0$，$y'(0_+)=0$，若激励信号$f(t)=\sin(2t)\ (t\geqslant 0)$，求系统的全解$y(t)$。

解 （1）齐次解

系统的特征方程为

$$\lambda^2+7\lambda+6=0$$

特征根为 $\lambda_1=-1$，$\lambda_2=-6$

则齐次解为 $y_h(t)=C_1\mathrm{e}^{-t}+C_2\mathrm{e}^{-6t}$

（2）特解

查表2.1，可知特解函数的形式为

$$y_p(t)=B_1\cos(2t)+B_2\sin(2t)$$

代入原方程得

$$-14B_1+2B_2-6=0$$
$$2B_1+14B_2=0$$

解得

$$B_1=-\frac{21}{50} \quad B_2=\frac{3}{50}$$

于是，特解为

$$y_p(t)=-\frac{21}{50}\cos(2t)+\frac{3}{50}\sin(2t)$$

（3）全解

$$y(t)=C_1\mathrm{e}^{-t}+C_2\mathrm{e}^{-6t}-\frac{21}{50}\cos(2t)+\frac{3}{50}\sin(2t)$$

根据初始条件可得

$$C_1+C_2-\frac{21}{50}=0$$

$$-C_1-6C_2+\frac{6}{50}=0$$

联立求解得

$$C_1=\frac{24}{50}\quad C_2=-\frac{3}{50}$$

则全解为

$$y(t)=\frac{24}{50}e^{-t}-\frac{3}{50}e^{-6t}-\frac{21}{50}\cos(2t)+\frac{3}{50}\sin(2t)\quad t\geqslant 0$$

从例 2.6 中可以看出，常系数线性微分方程的全解由齐次解和特解组成。齐次解的形式与系统的特征根有关，仅依赖于系统本身的特性，而与激励信号的形式无关，因此，称为系统的固有响应或自由响应。而特解的形式是由激励信号确定的，称为强迫响应。也就是说，一般情况下，在系统的完全响应中，自由响应含有系统即特征根，强迫响应与系统外加激励的形式一致。此外，系统的响应还可以分解为暂态响应和稳态响应，所谓暂态响应是指随着时间的增长，将会渐渐消失的响应；稳态响应是指随着时间的增长，将会趋于稳定值的响应。对于稳定系统来说，其自由响应属于暂态响应，而受迫响应可能一部分属于暂态响应，一部分属于稳态响应。

例 2.7　已知连续 LTI 系统的微分方程为 $y''(t)+5y'(t)+6y(t)=f(t)$，当激励信号 $f(t)=e^{-t}\varepsilon(t)$ 时，求得系统的全响应 $y(t)=(0.5e^{-t}-4e^{-3t}+e^{-2t})\varepsilon(t)$，请指出全响应中的自由响应、强迫响应、暂态响应和稳态响应分量。

解　系统的特征方程为　　$\lambda^2+5\lambda+6=0$

特征根为　　$\lambda_1=-2\quad \lambda_2=-3$

因为自由响应是全响应中含有系统特征根的部分，而强迫响应与系统的激励信号形式相同，因此，自由响应分量为 $(-4e^{-3t}+e^{-2t})\varepsilon(t)$，受迫响应分量为 $0.5e^{-t}\varepsilon(t)$。系统的全响应 $(0.5e^{-t}-4e^{-3t}+e^{-2t})\varepsilon(t)$ 随着时间的增长逐渐衰减为零，因此都是暂态响应，不存在稳态响应分量。

采用经典解法分析系统响应时，存在许多局限。若描述系统的微分方程中激励项较复杂时，则难以设定相应的特解形式；若激励信号发生变化，则系统响应需全部重新求解；若初始条件发生变化，则系统响应也要全部重新求解。此外，经典解法是一种纯数学方法，无法突出系统响应的物理概念。

事实上，产生系统响应的原因有两个：系统的初始状态和系统的激励信号。因此，对于任何系统，依据产生系统响应的原因可以将完全响应分为零输入响应和零状态响应两部分，即

$$y(t)=y_{zi}(t)+y_{zs}(t)\tag{2.10}$$

式中，$y_{zi}(t)$ 为零输入响应；$y_{zs}(t)$ 为零状态响应。

2.2.2　零输入响应与零状态响应

1. 零输入响应

系统的零输入响应是指输入信号为零，仅由系统初始状态所产生的响应，用 $y_{zi}(t)$ 表示。根据零输入响应的定义，求解式(2.1)所示的 n 阶 LTI 系统的零输入响应，就是求解齐次方程

$$y_{zi}^{(n)}(t)+a_{n-1}y_{zi}^{(n-1)}(t)+\cdots+a_1y'_{zi}(t)+a_0y_{zi}(t)=0\tag{2.11}$$

的解，它是系统微分方程齐次解的一部分，其形式为

$$y_{zi}(t)=\sum_{j=1}^{n}C_{zij}e^{\lambda_j t}\tag{2.12}$$

其中，系数 C_{zij} 可以由初始状态 $y^{(k)}(0_-)$ 确定 $(k=0,1,2,\cdots,n-1)$。值得注意的是，系统的初始状态 $y^{(k)}(0_-)$ 是指系统没有外加激励信号时系统的固有状态，反映的是系统以往的历史信息。

而经典解法中的 $y^{(k)}(0_+)$ 是指 $t=0$ 时加入激励信号后系统的初始条件，是由激励信号和系统的固有状态共同决定的初始条件，若系统在激励信号加入的瞬间有跳变（不连续），则 $y^{(k)}(0_+)$ 不等于 $y^{(k)}(0_-)$。

例 2.8 已知某连续 LTI 系统的微分方程为

$$y''(t)+6y'(t)+8y(t)=f(t)$$

系统初始状态 $y(0_-)=1, y'(0_-)=2$，求系统的零输入响应 $y_{zi}(t)$。

解 系统的特征方程为

$$\lambda^2+6\lambda+8=0$$

可求得特征根为

$$\lambda_1=-2 \quad \lambda_2=-4$$

因此，系统的零输入响应可表示为

$$y_{zi}(t)=C_1\mathrm{e}^{-2t}+C_2\mathrm{e}^{-4t} \quad t\geqslant 0$$

代入零输入的初始状态 $y(0_-)=1$ 和 $y'(0_-)=2$，可得

$$C_1+C_2=1$$
$$-2C_1-4C_2=2$$

求解可得

$$C_1=3 \quad C_2=-2$$

因此，系统的零输入响应为

$$y_{zi}(t)=3\mathrm{e}^{-2t}-2\mathrm{e}^{-4t} \quad t\geqslant 0$$

由例 2.8 可见，系统的零输入响应的形式只由系统方程的特征根决定，与激励无关，系统的初始状态只影响零输入响应的系数。

2. 零状态响应

系统的零状态响应是指系统的初始状态为零，仅由外加激励信号所产生的响应，用 $y_{zs}(t)$ 表示。它满足方程

$$\begin{aligned} &y_{zs}^{(n)}(t)+a_{n-1}y_{zs}^{(n-1)}(t)+\cdots+a_1y'_{zs}(t)+a_0y_{zs}(t)\\ &=b_mf^{(m)}(t)+b_{m-1}f^{m-1}(t)+\cdots+b_1f'(t)+b_0f(t)\end{aligned} \tag{2.13}$$

及初始状态 $y^{(k)}(0_-)=0(k=0,1,2,\cdots,n-1)$，其形式为

$$y_{zs}(t)=\sum_{j=1}^{n}C_{zsj}\mathrm{e}^{\lambda_j t}+y_p(t) \tag{2.14}$$

其中，$y_p(t)$ 是特解。由式(2.14)可见，在激励信号作用下，零状态响应由固有响应的一部分及强迫响应 $y_p(t)$ 构成。

至此，系统的完全响应表达式为

$$\begin{aligned} y(t)&=\sum_{j=1}^{n}C_j\mathrm{e}^{\lambda_j t}+y_p(t)\\ &=\sum_{j=1}^{n}C_{zij}\mathrm{e}^{\lambda_j t}+\sum_{j=1}^{n}C_{zsj}\mathrm{e}^{\lambda_j t}+y_p(t)\end{aligned} \tag{2.15}$$

由式(2.15)可以看出，系统的零输入响应属于固有响应的一部分，而零状态响应中的齐次解部分属于固有响应，特解部分属于强迫响应。

例 2.9 已知某线性时不变连续时间系统，在相同初始条件下，当激励为 $f(t)$ 时，系统的

完全响应为 $y_1(t)=[2e^{-3t}+\sin(2t)]\varepsilon(t)$；当激励为 $2f(t)$ 时，系统的完全响应为 $y_2(t)=[e^{-3t}+2\sin(2t)]\varepsilon(t)$。试求：

（1）当初始条件不变，激励为 $f(t-t_0)$ 时，系统的全响应 $y_3(t)$，其中 t_0 为大于零的实常数。

（2）初始条件增大 1 倍，激励为 $0.5f(t)$ 时，系统的全响应 $y_4(t)$。

解　设仅由初始条件引起的系统的零输入响应为 $y_{zi}(t)$，仅由激励 $f(t)$ 引起的零状态响应为 $y_{zs}(t)$，则由线性时不变系统的线性和时不变性知

$$y_1(t)=y_{zi}(t)+y_{zs}(t)=[2e^{-3t}+\sin(2t)]\varepsilon(t)$$
$$y_2(t)=y_{zi}(t)+2y_{zs}(t)=[e^{-3t}+2\sin(2t)]\varepsilon(t)$$

两式联立可求得

$$y_{zi}(t)=3e^{-3t}\varepsilon(t)$$
$$y_{zs}(t)=[-e^{-3t}+\sin(2t)]\varepsilon(t)$$

（1）因为系统的初始条件不变，激励为 $f(t-t_0)$，所以系统的全响应为

$$\begin{aligned}y_3(t)&=y_{zi}(t)+y_{zs}(t-t_0)\\&=3e^{-3t}\varepsilon(t)+[-e^{-3(t-t_0)}+\sin(2t-2t_0)]\varepsilon(t-t_0)\end{aligned}$$

（2）当系统的初始条件增大 1 倍，激励为 $0.5f(t)$ 时，系统的全响应为

$$\begin{aligned}y_4(t)&=2y_{zi}(t)+0.5y_{zs}(t)\\&=6e^{-3t}\varepsilon(t)+0.5[-e^{-3t}+\sin(2t)]\varepsilon(t)\\&=[5.5e^{-3t}+0.5\sin(2t)]\varepsilon(t)\end{aligned}$$

2.3　冲激响应与阶跃响应

2.3.1　冲激响应

系统的单位冲激响应，简称冲激响应，定义为由单位冲激信号 $\delta(t)$ 激励系统所产生的零状态响应，用 $h(t)$ 表示。

由于系统冲激响应 $h(t)$ 是一种零状态响应，即系统在零状态条件下，且输入激励为单位冲激信号 $\delta(t)$，因而冲激响应 $h(t)$ 仅取决于系统的内部结构及其元件参数。即具有不同结构和元件参数的系统，将具有不同的冲激响应。因此，系统的冲激响应 $h(t)$ 可以完全表征系统本身的特性。换句话说，不同的系统就会有不同的冲激响应 $h(t)$。另外，冲激响应在求解系统的零状态响应 $y_{zs}(t)$ 时起着十分重要的作用。

冲激响应的求解方法有直接法和间接法两种。

1. 直接法

对于式(2.1)所描述的 n 阶系统，其冲激响应 $h(t)$ 满足

$$\begin{aligned}&h^{(n)}(t)+a_{n-1}h^{(n-1)}(t)+\cdots+a_1h'(t)+a_0h(t)\\=&b_m\delta^{(m)}(t)+b_{m-1}\delta^{(m-1)}(t)+\cdots+b_1\delta'(t)+b_0\delta(t)\end{aligned}\tag{2.16}$$

及初始状态 $h^{(k)}(0_-)=0(k=0,1,2,\cdots,n-1)$。由于 $\delta(t)$ 及其各阶导数在 $t\geqslant 0_+$ 时都等于零，因此式(2.16)的右端各项在 $t\geqslant 0_+$ 时恒等于零。此时式(2.16)为齐次方程，冲激响应 $h(t)$ 的形式与齐次解的形式相同。

如果 $n>m$ 时,可以表示为

$$h(t)=\left(\sum_{j=1}^{n}C_j e^{\lambda_j t}\right)\varepsilon(t) \tag{2.17}$$

式中,待定系数 $C_j(j=1,2,\cdots,n)$ 可以采用等式两端对应项相互平衡的方法来确定,即将式(2.17) 代入式(2.16)中,为保持系统对应的状态方程式恒等,方程式两边所具有的冲激信号 $\delta(t)$ 及其高阶导数必须相等,由此可求得系统冲激响应 $h(t)$ 中的待定系数。

如果 $n=m$ 时,此时冲激响应中将包含冲激信号 $\delta(t)$,可以表示为

$$h(t)=\left(\sum_{j=1}^{n}C_j e^{\lambda_j t}\right)\varepsilon(t)+D\delta(t) \tag{2.18}$$

式中,$D=b_m$ 是式(2.16)中 $\delta^{(m)}(t)$ 项的系数。

如果 $n<m$ 时,要使方程式两边所具有的冲激信号及其高阶导数相等,则表示式中还将含有 $\delta(t)$ 及其相应阶的导数 $\delta^{(m-n)}(t)$、$\delta^{(m-n-1)}(t)$、…、$\delta'(t)$ 等项。下面举例说明冲激响应 $h(t)$ 的求解过程。

例 2.10 设某 LTI 系统的微分方程为

$$y''(t)+5y'(t)+6y(t)=3f'(t)+2f(t)$$

试求其冲激响应 $h(t)$。

解 由冲激响应的定义,原方程改写为

$$h''(t)+5h'(t)+6h(t)=3\delta'(t)+2\delta(t)$$

首先,求出方程的特征根为

$$\lambda_1=-2 \quad \lambda_2=-3$$

由于 $n>m$,由式(2.17)知单位冲激响应为

$$h(t)=(C_1e^{-2t}+C_2e^{-3t})\varepsilon(t)$$

对上式求导,得

$$h'(t)=(C_1+C_2)\delta(t)+(-2C_1e^{-2t}-3C_2e^{-3t})\varepsilon(t)$$

$$h''(t)=(C_1+C_2)\delta'(t)+(-2C_1-3C_2)\delta(t)+(4C_1e^{-2t}+9C_2e^{-3t})\varepsilon(t)$$

将上述两式及 $f(t)=\delta(t)$ 代入原微分方程,经整理得

$$(C_1+C_2)\delta'(t)+(3C_1+2C_2)\delta(t)=3\delta'(t)+2\delta(t)$$

令等式两边 $\delta'(t)$ 和 $\delta(t)$ 的对应系数相等,有

$$C_1+C_2=3$$
$$3C_1+2C_2=2$$

解得

$$C_1=-4 \quad C_2=7$$

代入系统冲激响应解的形式中,得

$$h(t)=(-4e^{-2t}+7e^{-3t})\varepsilon(t)$$

例 2.11 设某系统的微分方程为

$$y'(t)+6y(t)=3f'(t)+2f(t)$$

试求其冲激响应 $h(t)$。

解 由冲激响应的定义,原方程改写为

$$h'(t)+6h(t)=3\delta'(t)+2\delta(t)$$

方程的特征根为

$$\lambda=-6$$

由于 $n=m$，由式(2.18)知其冲激响应为

$$h(t)=C\mathrm{e}^{-6t}\varepsilon(t)+D\delta(t)$$

式中，C、D 为待定系数。将 $h(t)$ 代入原方程，有

$$\frac{\mathrm{d}}{\mathrm{d}t}[C\mathrm{e}^{-6t}\varepsilon(t)+D\delta(t)]+6[C\mathrm{e}^{-6t}\varepsilon(t)+D\delta(t)]=3\delta'(t)+2\delta(t)$$

$$D\delta'(t)+(C+6D)\delta(t)=3\delta'(t)+2\delta(t)$$

则有

$$D=3$$

$$C+6D=2$$

解上述两方程，得

$$C=-16\quad D=3$$

系统的冲激响应为

$$h(t)=-16\mathrm{e}^{-6t}\varepsilon(t)+3\delta(t)$$

从以上例题可以看出，冲激响应 $h(t)$ 中是否含有冲激信号 $\delta(t)$ 及其高阶导数，是通过观察微分方程右边的导数最高阶次(m)与方程左边的导数最高阶次(n)来决定的。对于 $h(t)$ 中含 $\varepsilon(t)$ 的项，其形式由特征根决定，其设定形式与零输入响应的设定方式相同，即特征根分为无重根、有重根等几种情况分别设定。

2. 间接法

对于 n 阶线性时不变系统冲激响应的求解，除了用上述直接法求解外，还可以用间接法求解。如果某 n 阶线性时不变系统，其输入 $f(t)$ 与系统的输出 $y(t)$ 满足

$$\begin{aligned}&y^{(n)}(t)+a_{n-1}y^{(n-1)}(t)+\cdots+a_1y'(t)+a_0y(t)\\&=b_mf^{(m)}(t)+b_{m-1}f^{(m-1)}(t)+\cdots+b_1f'(t)+b_0f(t)\end{aligned}\tag{2.19}$$

间接法的求解思路是：首先，假设当方程右边为单纯的输入信号 $f(t)$ 时，系统的冲激响应为 $h_1(t)$；然后，利用线性时不变系统的性质可以求出系统的冲激响应 $h(t)$ 为 $h_1(t)$ 的线性组合，即 $h(t)=b_mh_1^{(m)}(t)+b_{m-1}h_1^{(m-1)}(t)+\cdots+b_1h_1'(t)+b_0h_1(t)$。下面将对间接法求解系统的冲激响应进行详细介绍。

假设式(2.19)右边为 $f(t)$ 时，系统的冲激响应为 $h_1(t)$，则 $h_1(t)$ 满足

$$h_1^{(n)}(t)+a_{n-1}h_1^{(n-1)}(t)+\cdots+a_1h_1'(t)+a_0h_1(t)=\delta(t)\tag{2.20}$$

因为当 $t\geqslant0_+$ 时，$\delta(t)=0$，所以当 $t\geqslant0_+$ 时式(2.20)右端恒等于零，变为齐次方程。因此，冲激响应 $h_1(t)$ 的形式与齐次解的形式相同，即

$$h_1(t)=\left(\sum_{j=1}^{n}D_j\mathrm{e}^{\lambda_jt}\right)\varepsilon(t)\tag{2.21}$$

式中，$D_j(j=1,2,\cdots,n)$ 为待定系数，由 $t=0_+$ 时刻的初始条件 $h_1^{(n)}(0_+)$、$h_1^{(n-1)}(0_+)$、…、$h_1'(0_+)$、$h_1(0_+)$ 来确定。那么这些 $t=0_+$ 时刻的初始条件又如何得到呢？

对式(2.20)方程两端同时取 $0_-\sim0_+$ 的积分

$$\int_{0_-}^{0_+}h_1^{(n)}(t)\,\mathrm{d}t+a_{n-1}\int_{0_-}^{0_+}h_1^{(n-1)}(t)\,\mathrm{d}t+\cdots+a_1\int_{0_-}^{0_+}h_1'(t)\,\mathrm{d}t+a_0\int_{0_-}^{0_+}h_1(t)=\int_{0_-}^{0_+}\delta(t)\,\mathrm{d}t\tag{2.22}$$

求解得到

$$\begin{aligned}&[h_1^{(n-1)}(0_+)-h_1^{(n-1)}(0_-)]+a_{n-1}[h_1^{(n-2)}(0_+)-h_1^{(n-2)}(0_-)]+\cdots+\\&a_1[h_1(0_+)-h_1(0_-)]+a_0[h_1^{(-1)}(0_+)-h_1^{(-1)}(0_-)]=1\end{aligned}\tag{2.23}$$

本书中所涉及的系统,如果不做特别说明,指的都是线性时不变因果系统。因此,由系统的因果性知,$t=0_-$时,$h_1(t)$及其各阶导数均为零,即

$$h_1^{(n-1)}(0_-)=h_1^{(n-2)}(0_-)=\cdots=h_1'(0_-)=h_1(0_-)=0\tag{2.24}$$

又由系统方程的连续性可得

$$\begin{cases}h_1^{(n-1)}(0_+)=1\\h_1^{(n-2)}(0_+)=\cdots=h_1'(0_+)=h_1(0_+)=0\end{cases}\tag{2.25}$$

式(2.25)就是所需要的$t=0_+$时刻的初始条件。将$t=0_+$时刻的初始条件代入式(2.21)可以求得待定系数$D_j(j=1,2,\cdots,n)$。

然后,利用系统的线性时不变性质,得到式(2.19)所代表的n阶系统的冲激响应

$$h(t)=b_mh_1^{(m)}(t)+b_{m-1}h_1^{(m-1)}(t)+\cdots+b_1h_1'(t)+b_0h_1(t)\tag{2.26}$$

例2.12 试用间接法求例2.11中系统的冲激响应$h(t)$。

解 设当系统微分方程右边为$f(t)$时,系统的冲激响应为$h_1(t)$。由冲激响应的定义知,冲激响应的形式与齐次解的形式相同,而方程的特征根为

$$\lambda=-6$$

因此,设

$$h_1(t)=D_1e^{-6t}\varepsilon(t)$$

将初始条件$h_1(0_+)=1$,代入上式冲激响应解的形式,得

$$D_1=1$$

因此

$$h_1(t)=e^{-6t}\varepsilon(t)$$

由线性时不变系统的性质,所求系统的冲激响应为

$$h(t)=3h_1'(t)+2h_1(t)=3\delta(t)-16e^{-6t}\varepsilon(t)$$

2.3.2 阶跃响应

系统的阶跃响应定义为由单位阶跃信号$\varepsilon(t)$激励系统所产生的零状态响应,用$g(t)$表示。系统的阶跃响应$g(t)$满足

$$\begin{aligned}&g^{(n)}(t)+a_{n-1}g^{(n-1)}(t)+\cdots+a_1g'(t)+a_0g(t)\\&=b_m\varepsilon^{(m)}(t)+b_{m-1}\varepsilon^{(m-1)}(t)+\cdots+b_1\varepsilon'(t)+b_0\varepsilon(t)\end{aligned}\tag{2.27}$$

及初始状态$g^{(k)}(0_-)=0(k=0,1,2,\cdots,n-1)$。可以看出方程右端含有$\delta(t)$及其各阶导数,同时还包含阶跃函数$\varepsilon(t)$,因而阶跃响应表示式中,除去含齐次解形式之外,还应增加特解项。

考虑到冲激信号$\delta(t)$与单位阶跃信号$\varepsilon(t)$间存在微分和积分关系,即

$$\delta(t)=\frac{d\varepsilon(t)}{dt}\qquad\varepsilon(t)=\int_{-\infty}^{t}\delta(\tau)d\tau$$

根据LTI系统的微积分性质,$h(t)$和$g(t)$之间也存在同样的微分和积分关系,即

$$h(t)=\frac{dg(t)}{dt}\tag{2.28}$$

$$g(t)=\int_{-\infty}^{t} h(\tau)\mathrm{d}\tau \tag{2.29}$$

例 2.13　若某系统的冲激响应为

$$h(t)=\delta'(t)+\delta(t)+\mathrm{e}^{-2t}\varepsilon(t)$$

求该系统的阶跃响应。

解　该系统的阶跃响应为

$$\begin{aligned}g(t)&=\int_{-\infty}^{t} h(\tau)\mathrm{d}\tau\\&=\int_{0}^{t}[\delta'(\tau)+\delta(\tau)+\mathrm{e}^{-2\tau}]\mathrm{d}\tau\\&=\delta(\tau)+\varepsilon(\tau)+\frac{1}{2}(1-\mathrm{e}^{-2\tau})\varepsilon(t)\\&=\delta(t)+\left(\frac{3}{2}-\frac{1}{2}\mathrm{e}^{-2t}\right)\varepsilon(t)\end{aligned}$$

2.4　卷积

如果将施加在 LTI 系统的激励信号分解,而且每一个分解分量作用下的系统响应都易于求解,则可以利用 LTI 系统的线性、时不变性以及系统的冲激响应,求解系统对任意激励信号作用时的零状态响应,这就是卷积积分的原理。在时域内,卷积是求解 LTI 系统零状态响应的重要方法。随着信号与系统理论的深入以及计算机技术的发展,卷积方法得到了日益广泛的应用,在诸如通信、地质勘探、超声诊断、光学成像等现代信号处理技术的多个领域都借助卷积或解卷积来解决问题。

2.4.1　卷积的定义

数学上,对任意两个信号 $f_1(t)$ 与 $f_2(t)$ 的卷积运算定义为

$$f(t)=\int_{-\infty}^{\infty} f_1(\tau)f_2(t-\tau)\mathrm{d}\tau \tag{2.30}$$

称为 $f_1(t)$ 与 $f_2(t)$ 的卷积积分,简称卷积,记为

$$f(t)=f_1(t)*f_2(t) \tag{2.31}$$

根据卷积的定义,设系统的激励信号为 $f(t)$,冲激响应为 $h(t)$,则系统的零状态响应为

$$y_{zs}(t)=f(t)*h(t)=\int_{-\infty}^{\infty} f(\tau)h(t-\tau)\mathrm{d}\tau \tag{2.32}$$

推导过程如下:

在第 1 章中,由式(1.57)知可以将任意连续信号 $f(t)$ 分解为无穷多个不同冲激强度的冲激信号的移位加权和,即

$$f(t)=\int_{-\infty}^{\infty} f(\tau)\delta(t-\tau)\mathrm{d}\tau$$

当连续信号 $f(t)$ 激励冲激响应为 $h(t)$ 的线性时不变系统时,根据系统的线性和时不变性知

$$
\begin{aligned}
y_{zs}(t) &= H[f(t)] \\
&= H\left[\int_{-\infty}^{\infty} f(\tau)\delta(t-\tau)\mathrm{d}\tau\right] \\
&= \int_{-\infty}^{\infty} f(\tau)H[\delta(t-\tau)]\mathrm{d}\tau \\
&= \int_{-\infty}^{\infty} f(\tau)h(t-\tau)\mathrm{d}\tau \\
&= f(t) * h(t)
\end{aligned}
\tag{2.33}
$$

可见，对于任意连续信号 $f(t)$ 作用下的系统 $h(t)$，其零状态响应 $y_{zs}(t)$ 可以用卷积积分来求解。

2.4.2　卷积的求解

在卷积积分定义式(2.30)中，积分限取 $-\infty \sim \infty$，这是一般情况，即对 $f_1(t)$ 和 $f_2(t)$ 的作用时间范围没有加以限制。事实上，由于系统的因果性或激励信号存在时间的局限性，其积分限也会有所变化，而卷积积分中积分限的确定在卷积计算中非常关键，可以利用阶跃函数或图解法确定积分限。

例 2.14　试求两信号 $f_1(t)=\mathrm{e}^{-\frac{t}{2}}[\varepsilon(t)-\varepsilon(t-2)]$ 和 $f_2(t)=\mathrm{e}^{-t}\varepsilon(t)$ 的卷积积分 $f(t)$。

解　根据卷积积分定义式

$$
\begin{aligned}
f(t) &= f_1(t) * f_2(t) \\
&= \int_{-\infty}^{\infty} f_1(\tau)f_2(t-\tau)\mathrm{d}\tau \\
&= \int_{-\infty}^{\infty} \mathrm{e}^{-\frac{\tau}{2}}[\varepsilon(\tau)-\varepsilon(\tau-2)]\mathrm{e}^{-(t-\tau)}\varepsilon(t-\tau)\mathrm{d}\tau \\
&= \mathrm{e}^{-t}\int_{-\infty}^{\infty} \mathrm{e}^{\frac{\tau}{2}}\varepsilon(\tau)\varepsilon(t-\tau)\mathrm{d}\tau - \mathrm{e}^{-t}\int_{-\infty}^{\infty} \mathrm{e}^{\frac{\tau}{2}}\varepsilon(\tau-2)\varepsilon(t-\tau)\mathrm{d}\tau \\
&= \left(\mathrm{e}^{-t}\int_{0}^{t}\mathrm{e}^{\frac{\tau}{2}}\mathrm{d}\tau\right)\cdot\varepsilon(t) - \left(\mathrm{e}^{-t}\int_{2}^{t}\mathrm{e}^{\frac{\tau}{2}}\mathrm{d}\tau\right)\cdot\varepsilon(t-2) \\
&= 2(\mathrm{e}^{-\frac{t}{2}}-\mathrm{e}^{-t})\varepsilon(t) - 2(\mathrm{e}^{-\frac{t}{2}}-\mathrm{e}^{1-t})\varepsilon(t-2)
\end{aligned}
$$

卷积积分除了可以直接利用式(2.30)进行计算外，还可以通过用图解法计算。下面通过图解法说明卷积的运算过程及积分限的确定。

若要实现函数 $f_1(t)$ 和 $f_2(t)$ 的卷积运算，从式(2.30)中可以看到，需要经过下列五个步骤：

(1) 换元：将变量 t 换成变量 τ，将 $f_1(t)$、$f_2(t)$ 变为 $f_1(\tau)$、$f_2(\tau)$，即以 τ 为积分变量。

(2) 反转：将 $f_2(\tau)$ 反转，变为 $f_2(-\tau)$。

(3) 时移：将 $f_2(-\tau)$ 平移 t，变为 $f_2(t-\tau)$，在此处 t 作为常数存在。

(4) 相乘：将 $f_1(\tau)$ 和 $f_2(t-\tau)$ 相乘。

(5) 积分：求 $f_1(\tau)f_2(t-\tau)$ 乘积下的面积，即为 t 时刻卷积积分结果 $f(t)$ 的值。

设函数 $f_1(t)$ 和 $f_2(t)$ 的波形分别如图 2.3a、b 所示，其卷积的图形解释如图 2.3c、d 所示。按上述步骤求解的卷积积分图解过程如图 2.4 所示。

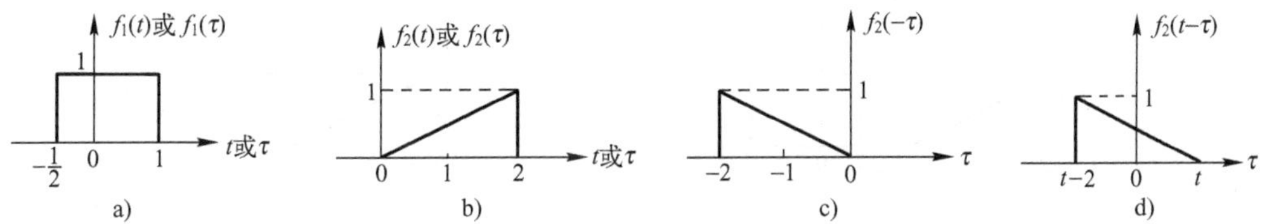

图 2.3　卷积的图形解释

(1) 当 $t<-\dfrac{1}{2}$时，如图 2.4a 所示，$f_1(\tau)$和$f_2(t-\tau)$没有重叠部分，因此卷积

$$f(t)=f_1(t)*f_2(t)=0$$

(2) 当$-\dfrac{1}{2}\leqslant t<1$ 时，如图 2.4b 所示，积分限为公共部分的时间轴范围，即

$$\begin{aligned}f(t)=f_1(t)*f_2(t)&=\int_{-\frac{1}{2}}^{t}1\times\frac{1}{2}(t-\tau)\,\mathrm{d}\tau\\&=\frac{1}{4}t^2+\frac{1}{4}t+\frac{1}{16}\end{aligned}$$

(3) 当 $1\leqslant t$ 且 $t-2<-\dfrac{1}{2}$，即 $1\leqslant t<\dfrac{3}{2}$时，如图 2.4c 所示，卷积积分

$$\begin{aligned}f(t)=f_1(t)*f_2(t)&=\int_{-\frac{1}{2}}^{1}1\times\frac{1}{2}(t-\tau)\,\mathrm{d}\tau\\&=\frac{3}{4}t-\frac{3}{16}\end{aligned}$$

(4) 当$-\dfrac{1}{2}\leqslant t-2<1$，即$\dfrac{3}{2}\leqslant t<3$ 时，如图 2.4d 所示，卷积积分

$$\begin{aligned}f(t)=f_1(t)*f_2(t)&=\int_{t-2}^{1}1\times\frac{1}{2}(t-\tau)\,\mathrm{d}\tau\\&=-\frac{1}{4}t^2+\frac{1}{2}t+\frac{3}{4}\end{aligned}$$

(5) 当 $1\leqslant t-2$，即 $3\leqslant t$ 时，如图 2.4e 所示，$f_1(\tau)$和$f_2(t-\tau)$此时也没有重叠部分，因此卷积

$$f(t)=f_1(t)*f_2(t)=0$$

卷积积分的结果为

$$f(t)=f_1(t)*f_2(t)=\begin{cases}0 & t<-\dfrac{1}{2}\\=\dfrac{1}{4}t^2+\dfrac{1}{4}t+\dfrac{1}{16} & -\dfrac{1}{2}\leqslant t<1\\=\dfrac{3}{4}t-\dfrac{3}{16} & 1\leqslant t<\dfrac{3}{2}\\=-\dfrac{1}{4}t^2+\dfrac{1}{2}t+\dfrac{3}{4} & \dfrac{3}{2}\leqslant t<3\\0 & 3\leqslant t\end{cases}$$

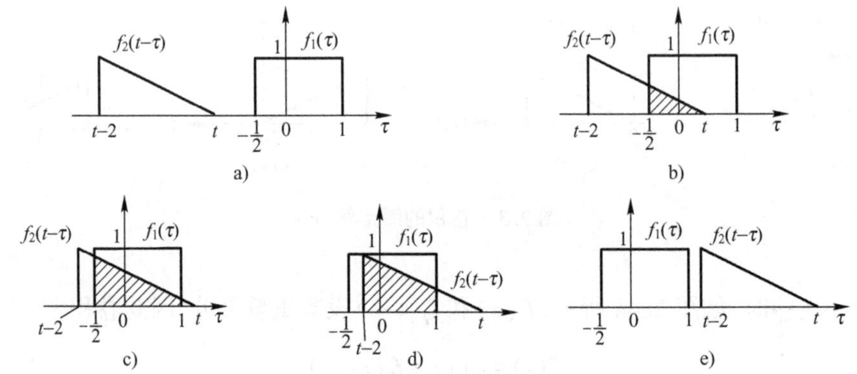

图 2.4 卷积积分的图解法过程

a) $-\infty<t<-\frac{1}{2}$ b) $-\frac{1}{2}\leqslant t<1$ c) $1\leqslant t<\frac{3}{2}$ d) $\frac{3}{2}\leqslant t<3$ e) $3\leqslant t<\infty$

波形如图 2.5 所示。

从上述卷积的图解过程可以看出,卷积中积分限的确定取决于两个图形重叠部分(公共部分)的时间轴范围。而且,卷积结果 $f(t)$ 的时间起点等于两信号 $f_1(t)$ 和 $f_2(t)$ 的时间起点之和;卷积结果 $f(t)$ 的时间终点等于两信号 $f_1(t)$ 和 $f_2(t)$ 的时间终点之和;卷积结果 $f(t)$ 的持续时间等于两信号 $f_1(t)$ 和 $f_2(t)$ 的持续时间之和。

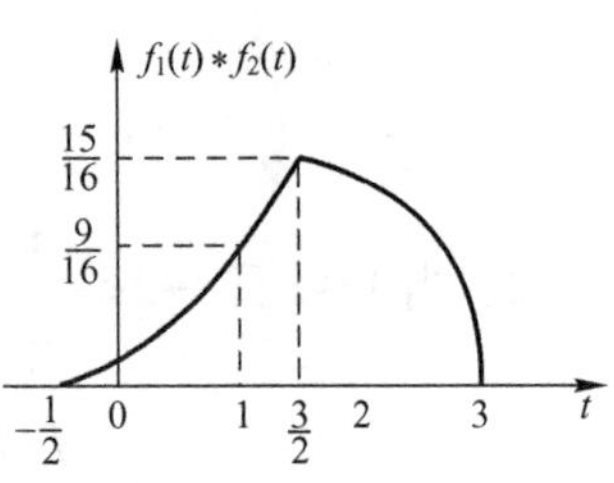

图 2.5 图 2.4 的卷积结果

2.5 卷积的性质

作为一种数学运算,卷积运算具有一些基本性质,利用这些性质一方面可以简化卷积运算,另一方面这些性质在信号与系统分析中也具有很重要的作用。

2.5.1 卷积的代数运算

1. 交换律

$$f_1(t)*f_2(t)=f_2(t)*f_1(t) \tag{2.34}$$

证明 将积分变量 τ 变换为 $t-\lambda$,得

$$\begin{aligned}f_1(t)*f_2(t)&=\int_{-\infty}^{\infty}f_1(\tau)f_2(t-\tau)\mathrm{d}\tau\\&=\int_{-\infty}^{\infty}f_1(t-\lambda)f_2(\lambda)\mathrm{d}\lambda\\&=f_2(t)*f_1(t)\end{aligned}$$

2. 分配律

$$f_1(t)*[f_2(t)+f_3(t)]=f_1(t)*f_2(t)+f_1(t)*f_3(t) \tag{2.35}$$

证明 根据卷积积分定义式

$$\begin{aligned} f_1(t)*[f_2(t)+f_3(t)] &= \int_{-\infty}^{\infty} f_1(\tau)[f_2(t-\tau)+f_3(t-\tau)]\mathrm{d}\tau \\ &= \int_{-\infty}^{\infty} f_1(\tau)f_2(t-\tau)\mathrm{d}\tau + \int_{-\infty}^{\infty} f_1(\tau)f_3(t-\tau)\mathrm{d}\tau \\ &= f_1(t)*f_2(t)+f_1(t)*f_3(t) \end{aligned}$$

分配律用于系统的分析中，可以体现系统的并联运算。如图 2.6a 所示两个子系统 $h_1(t)$ 和 $h_2(t)$ 并联，构成一个复合系统。该复合系统的冲激响应为

$$h(t)=h_1(t)+h_2(t)$$

也就是说，两个子系统并联得到的复合系统，其冲激响应为两个子系统冲激响应之和，等效的单个系统如图 2.6b 所示。

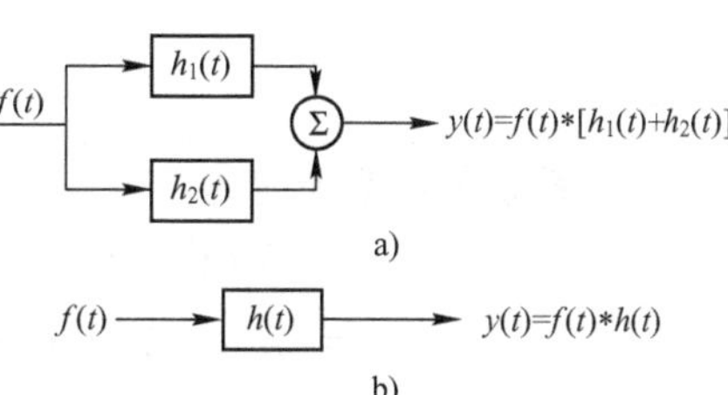

图 2.6　并联系统 $h(t)=h_1(t)+h_2(t)$

3. 结合律

$$[f_1(t)*f_2(t)]*f_3(t)=f_1(t)*[f_2(t)*f_3(t)] \tag{2.36}$$

证明

$$\begin{aligned} [f_1(t)*f_2(t)]*f_3(t) &= \int_{-\infty}^{\infty}\left[\int_{-\infty}^{\infty} f_1(\lambda)f_2(\tau-\lambda)\mathrm{d}\lambda\right]f_3(t-\tau)\mathrm{d}\tau \\ &= \int_{-\infty}^{\infty} f_1(\lambda)\left[\int_{-\infty}^{\infty} f_2(\tau-\lambda)f_3(t-\tau)\mathrm{d}\tau\right]\mathrm{d}\lambda \\ &= f_1(t)*[f_2(t)*f_3(t)] \end{aligned}$$

结合律用于系统的分析中，可以体现系统的串联运算。如图 2.7a 所示，两个子系统 $h_1(t)$ 和 $h_2(t)$ 串联，构成一个复合系统。该复合系统的冲激响应为

$$h(t)=h_1(t)*h_2(t)$$

也就是说，两个子系统串联得到的复合系统，其冲激响应为两个子系统冲激响应的卷积，等效的单个系统如图 2.7b 所示。

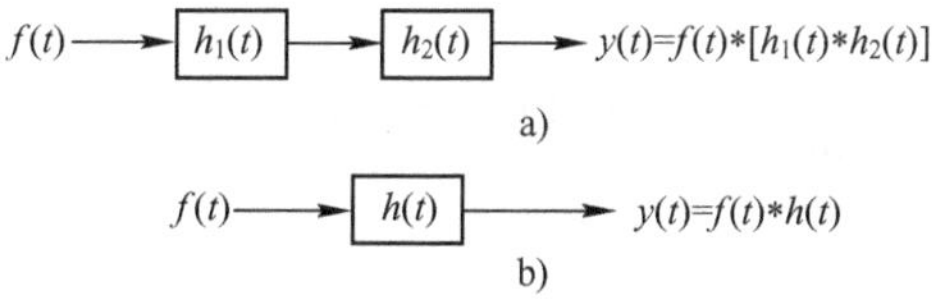

f(t) → h1(t) → h2(t) → y(t)=f(t)*[h1(t)*h2(t)]

a)

f(t) → h(t) → y(t)=f(t)*h(t)

b)

图 2.7　串联系统 $h(t)=h_1(t)*h_2(t)$

例 2.15　如图 2.8 所示系统，由几个子系统组成。各个子系统的冲激响应分别为

$$h_1(t)=\delta(t-1)\quad h_2(t)=\varepsilon(t)-\varepsilon(t-3)$$

试求该系统的冲激响应 $h(t)$。

解　系统的零状态响应为

$$\begin{aligned} y(t) &= [f(t)*h_1(t)+f(t)+f(t)*h_1(t)*h_2(t)]*h_1(t) \\ &= f(t)*[h_1(t)+\delta(t)+h_1(t)*h_2(t)]*h_1(t) \end{aligned}$$

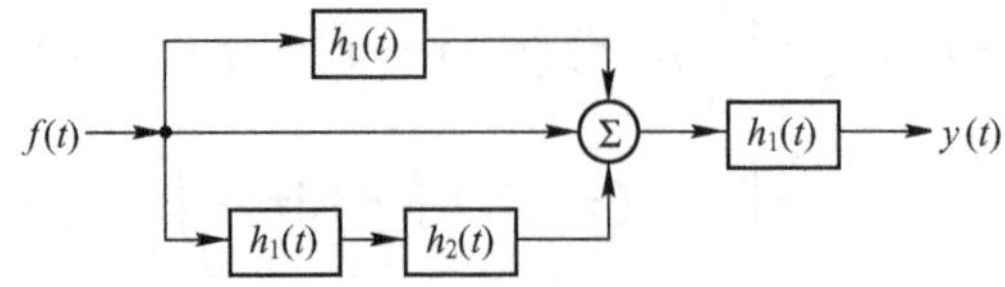

图 2.8　例 2.15 中的图

而
$$y(t)=f(t)*h(t)$$
因此,系统的冲激响应为
$$\begin{aligned}h(t)&=[h_1(t)+\delta(t)+h_1(t)*h_2(t)]*h_1(t)\\&=\{\delta(t-1)+\delta(t)+\delta(t-1)*[\varepsilon(t)-\varepsilon(t-3)]\}*\delta(t-1)\\&=\delta(t-2)+\delta(t-1)+\varepsilon(t-2)-\varepsilon(t-5)\end{aligned}$$

2.5.2　卷积的微分与积分

1. 卷积的微分特性

两个函数卷积后的导数等于对其中任意一个函数的导数与另一个函数的卷积,即
$$\begin{aligned}\frac{\mathrm{d}}{\mathrm{d}t}[f_1(t)*f_2(t)]&=f_1(t)*\frac{\mathrm{d}f_2(t)}{\mathrm{d}t}\\&=f_2(t)*\frac{\mathrm{d}f_1(t)}{\mathrm{d}t}\end{aligned}\tag{2.37}$$

证明
$$\begin{aligned}\frac{\mathrm{d}}{\mathrm{d}t}[f_1(t)*f_2(t)]&=\frac{\mathrm{d}}{\mathrm{d}t}\int_{-\infty}^{\infty}f_1(\tau)f_2(t-\tau)\mathrm{d}\tau\\&=\int_{-\infty}^{\infty}f_1(\tau)\frac{\mathrm{d}f_2(t-\tau)}{\mathrm{d}t}\mathrm{d}\tau\\&=f_1(t)*\frac{\mathrm{d}f_2(t)}{\mathrm{d}t}\end{aligned}$$

同理可以证明
$$\frac{\mathrm{d}}{\mathrm{d}t}[f_1(t)*f_2(t)]=f_2(t)*\frac{\mathrm{d}f_1(t)}{\mathrm{d}t}\tag{2.38}$$

2. 卷积的积分特性
$$\begin{aligned}\int_{-\infty}^{t}[f_1(\lambda)*f_2(\lambda)]\mathrm{d}\lambda&=f_1(t)*\int_{-\infty}^{t}f_2(\lambda)\mathrm{d}\lambda\\&=f_2(t)*\int_{-\infty}^{t}f_1(\lambda)\mathrm{d}\lambda\end{aligned}\tag{2.39}$$

证明
$$\begin{aligned}\int_{-\infty}^{t}[f_1(\lambda)*f_2(\lambda)]\mathrm{d}\lambda&=\int_{-\infty}^{t}\left[\int_{-\infty}^{\infty}f_1(\tau)f_2(\lambda-\tau)\mathrm{d}\tau\right]\mathrm{d}\lambda\\&=\int_{-\infty}^{\infty}f_1(\tau)\left[\int_{-\infty}^{t}f_2(\lambda-\tau)\mathrm{d}\lambda\right]\mathrm{d}\tau\\&=f_1(t)*\int_{-\infty}^{t}f_2(\lambda)\mathrm{d}\lambda\end{aligned}$$

同理可以证明

$$\int_{-\infty}^{t}[f_1(\lambda)*f_2(\lambda)]\mathrm{d}t=f_2(t)*\int_{-\infty}^{t}f_1(\lambda)\mathrm{d}\lambda$$

应用类似的推导可以导出卷积的高阶导数和多重积分的运算规律。

设

$$f(t)=f_1(t)*f_2(t)$$

则有

$$f^{(i)}(t)=f_1^{(i)}(t)*f_2(t)=f_1(t)*f_2^{(i)}(t) \tag{2.40}$$

$$f^{(i-j)}(t)=f_1^{(i)}(t)*f_2^{(-j)}(t)=f_1^{(-j)}(t)*f_2^{(i)}(t) \tag{2.41}$$

这里,当 i、j 取正整数时为导数的阶次,取负整数时为重积分的次数。当 $i=j$ 时,式(2.41)演变为

$$f(t)=f_1'(t)*f_2^{(-1)}(t) \tag{2.42}$$

$$f(t)=f_1^{(-1)}(t)*f_2'(t) \tag{2.43}$$

但是要特别注意,应用式(2.42)和式(2.43)的条件分别是

$$\int_{-\infty}^{t}f_1'(\tau)\mathrm{d}\tau=f_1(t)\quad 和 \quad\int_{-\infty}^{t}f_2'(\tau)\mathrm{d}\tau=f_2(t) \tag{2.44}$$

必须成立,即必须分别有

$$\lim_{t\to-\infty}f_1(t)=f_1(-\infty)=0\quad 和 \quad\lim_{t\to-\infty}f_2(t)=f_2(-\infty)=0 \tag{2.45}$$

否则不能应用。

2.5.3　与冲激函数的卷积

一个函数 $f(t)$ 与单位冲激函数 $\delta(t)$ 的卷积仍是这个函数 $f(t)$ 本身,即

$$f(t)*\delta(t)=f(t) \tag{2.46}$$

证明

$$\begin{aligned}f(t)*\delta(t)&=\int_{-\infty}^{\infty}f(\tau)\delta(t-\tau)\mathrm{d}\tau\\&=\int_{-\infty}^{\infty}f(\tau)\delta(\tau-t)\mathrm{d}\tau\\&=f(t)\end{aligned}$$

这里运用了 $\delta(t)$ 为偶函数的性质。同理可以证明

$$f(t)*\delta(t-t_0)=f(t-t_0) \tag{2.47}$$

也即,任意函数 $f(t)$ 与时移后的冲激函数 $\delta(t-t_0)$ 的卷积,其结果等于函数 $f(t)$ 本身的时移。

另外,利用卷积的微分和积分特性,还可以得到以下结论:

对冲激偶 $\delta'(t)$,有

$$f(t)*\delta'(t)=f'(t) \tag{2.48}$$

推广到一般情况,有

$$f(t)*\delta^{(k)}(t)=f^{(k)}(t) \tag{2.49}$$

$$f(t)*\delta^{(k)}(t-t_0)=f^{(k)}(t-t_0) \tag{2.50}$$

对单位阶跃函数,有

$$f(t)*\varepsilon(t)=\int_{-\infty}^{t}f(\lambda)\mathrm{d}\lambda \tag{2.51}$$

例 2.16　已知信号 $f(t)$ 和 $h(t)$ 波形分别如图 2.9a、b 所示,试求 $y(t)=f(t)*h(t)$,并画出 $y(t)$ 的波形。

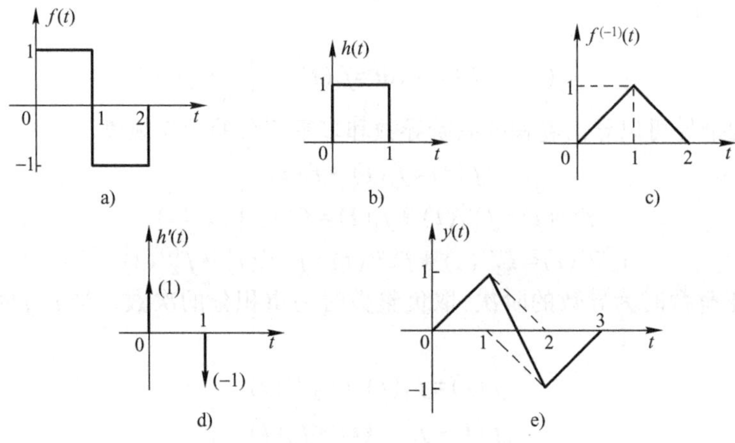

图 2.9　例 2.16 中波形

解　如图 2.9d 所示，$h(t)$ 的导数是两个冲激函数，即

$$h'(t)=\delta(t)-\delta(t-1)$$

由卷积的微、积分性质知

$$\begin{aligned}y(t)&=f(t)*h(t)\\&=f^{(-1)}(t)*h'(t)\\&=f^{(-1)}(t)*[\delta(t)-\delta(t-1)]\\&=f^{(-1)}(t)-f^{(-1)}(t-1)\end{aligned}$$

由图 2.9e 可以得到 $y(t)$ 表达式为

$$y(t)=\begin{cases}t & 0\leqslant t<1\\3-2t & 1\leqslant t<2\\t-3 & 2\leqslant t<3\\0 & t<0,t\geqslant 3\end{cases}$$

在例 2.16 中，因为 $h(t)$ 是矩形脉冲，满足式(2.44)，所以可以用卷积的微、积分性质

$$y(t)=f(t)*h(t)=f^{(-1)}(t)*h'(t)$$

进行求解，否则不能用微、积分性质。例如：

$$\mathrm{sgn}(t)*\delta(t)=\mathrm{sgn}(t)$$

而
$$\mathrm{sgn}'(t)*\delta^{(-1)}(t)=2\delta(t)*\varepsilon(t)=2\varepsilon(t)$$

因此
$$\mathrm{sgn}(t)*\delta(t)\neq\mathrm{sgn}'(t)*\delta^{(-1)}(t)$$

可见，此时式(2.42)所示的微、积分性质不成立。

2.5.4　卷积的时移性质

两个函数经过延时后的卷积，等于它们卷积后再延时，延时量等于这两个函数各自延时量之和。即

若
$$f(t)=f_1(t)*f_2(t)$$

则
$$f_1(t-t_1)*f_2(t-t_2)=f(t-t_1-t_2) \tag{2.52}$$

证明
$$f_1(t-t_1)*f_2(t-t_2)=\int_{-\infty}^{\infty}f_1(\tau-t_1)f_2(t-\tau-t_2)\,\mathrm{d}\tau$$

令 $\tau-t_1=x$，则

$$f_1(t-t_1)*f_2(t-t_2)=\int_{-\infty}^{\infty}f_1(x)f_2(t-t_1-t_2-x)\mathrm{d}x$$
$$=f(t-t_1-t_2)$$

例 2.17　如图 2.10a 所示的系统由两个子系统构成，两个子系统的单位冲激响应分别为 $h_1(t)$ 和 $h_2(t)$，如图 2.10b、c 所示，求复合系统的冲激响应 $h(t)$，并画出 $h(t)$ 的波形。

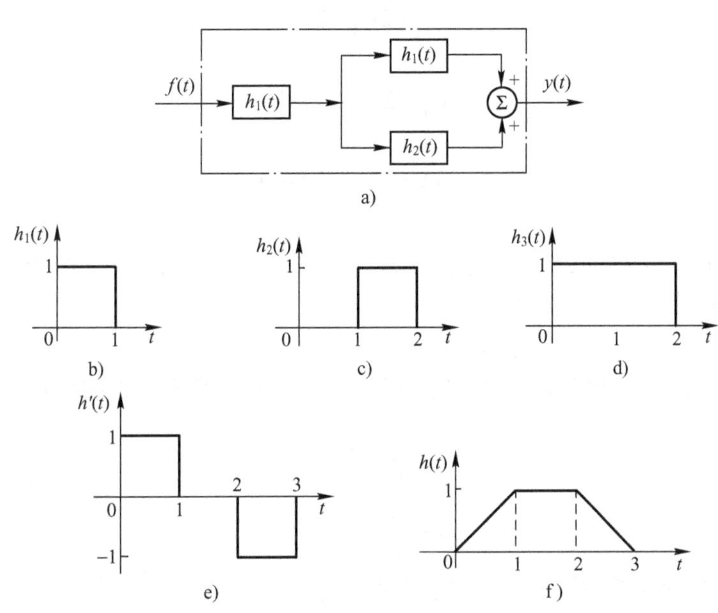

图 2.10　例 2.17 中的图

解　图 2.10a 所示复合系统的冲激响应为

$$h(t)=h_1(t)*[h_1(t)+h_2(t)]$$

由 $h_1(t)$ 和 $h_2(t)$ 的波形，很容易得到 $h_3(t)=h_1(t)+h_2(t)$ 的波形，如图 2.10d 所示。

由卷积的微分性质得

$$h'(t)=h_1(t)*h_3'(t)=h_1(t)*[\delta(t)-\delta(t-2)]=h_1(t)-h_1(t-2)$$

$h'(t)$ 的波形如图 2.10e 所示，对其积分得 $h(t)$，即

$$h(t)=\int_0^t[h_1(\tau)-h_1(\tau-2)]\mathrm{d}\tau$$

得到复合系统冲激响应 $h(t)$ 的波形如图 2.10f 所示。

例 2.18　已知某连续线性时不变系统微分方程为

$$y''(t)+2y'(t)=2f(t)$$

激励信号 $f(t)=2\mathrm{e}^{-t}\varepsilon(t)$，初始状态 $y(0_-)=1$，$y'(0_-)=2$，试求系统的零输入响应 $y_{zi}(t)$、冲激响应 $h(t)$、零状态响应 $y_{zs}(t)$ 和全响应 $y(t)$，并指出全响应中的固有响应、强迫响应、暂态响应和稳态响应分量。

解　(1) 求系统的零输入响应 $y_{zi}(t)$

系统的特征方程为

$$\lambda^2+2\lambda=0$$

求得特征根为

$$\lambda_1=0 \quad \lambda_2=-2$$

因此,可设系统的零输入响应为

$$y_{zi}(t)=C_1+C_2e^{-2t} \quad t\geqslant 0$$

代入初始状态 $y(0_-)=1$ 和 $y'(0_-)=2$ 得

$$C_1+C_2=1$$
$$-2C_2=2$$

求得

$$C_1=2 \quad C_2=-1$$

因此,零输入响应为

$$y_{zi}(t)=(2-e^{-2t})\varepsilon(t)$$

(2) 求冲激响应

由冲激响应的定义可知,冲激响应的形式与零输入的形式相同,因此,设当系统微分方程右边为 $f(t)$ 时,系统的冲激响应为

$$h_1(t)=(D_1+D_2e^{-2t})\varepsilon(t)$$

由间接法求解,可知初始条件 $h_1'(0_+)=1$,$h_1(0_+)=0$,代入冲激响应解的形式,得

$$D_1=\frac{1}{2} \quad D_2=-\frac{1}{2}$$

因此

$$h_1(t)=\frac{1}{2}(1-e^{-2t})\varepsilon(t)$$

由线性时不变系统的性质,系统的冲激响应为

$$h(t)=2h_1(t)=(1-e^{-2t})\varepsilon(t)$$

(3) 求系统的零状态响应

利用卷积可以求解系统的零状态响应,即

$$\begin{aligned}
y_{zs}(t)&=f(t)*h(t)\\
&=\int_{-\infty}^{\infty}f(\tau)h(t-\tau)\mathrm{d}\tau\\
&=\int_{-\infty}^{\infty}2e^{-\tau}\varepsilon(\tau)(1-e^{-2(t-\tau)})\varepsilon(t-\tau)\mathrm{d}\tau\\
&=\int_0^t 2e^{-\tau}(1-e^{-2(t-\tau)})\mathrm{d}\tau\\
&=\int_0^t 2e^{-\tau}\mathrm{d}\tau-\int_0^t 2e^{-\tau}e^{-2(t-\tau)}\mathrm{d}\tau\\
&=(2-4e^{-t}+2e^{-2t})\varepsilon(t)
\end{aligned}$$

(4) 求全响应

系统的全响应为

$$\begin{aligned}
y(t)&=y_{zi}(t)+y_{zs}(t)\\
&=(2-e^{-2t})\varepsilon(t)+(2-4e^{-t}+2e^{-2t})\varepsilon(t)\\
&=(4-4e^{-t}+e^{-2t})\varepsilon(t)
\end{aligned}$$

(5) 因为系统的固有响应含有特征根,强迫响应与外加激励信号形式一致,所以系统的固

有响应为$(4+e^{-2t})\varepsilon(t)$,强迫响应为$-4e^{-t}\varepsilon(t)$。

在全响应中,随着时间的增长而趋于零的项为暂态响应,随着时间的增长将趋于稳定值的项为稳态响应,因此,系统的暂态响应为$(-4e^{-t}+e^{-2t})\varepsilon(t)$,稳态响应为$4\varepsilon(t)$。

一些常用函数卷积积分的结果列于表 2.2,供读者参考。

表 2.2　卷积表

序号	$f_1(t)$	$f_2(t)$	$f_1(t)*f_2(t)$
1	$f(t)$	$\delta(t)$	$f(t)$
2	$f(t)$	$\varepsilon(t)$	$\int_{-\infty}^{t} f(\lambda)\mathrm{d}\lambda$
3	$f(t)$	$\delta'(t)$	$f'(t)$
4	$\varepsilon(t)$	$\varepsilon(t)$	$t\varepsilon(t)$
5	$\varepsilon(t)-\varepsilon(t-t_1)$	$\varepsilon(t)$	$t\varepsilon(t)-(t-t_1)\varepsilon(t-t_1)$
6	$\varepsilon(t)-\varepsilon(t-t_1)$	$\varepsilon(t)-\varepsilon(t-t_2)$	$t\varepsilon(t)-(t-t_1)\varepsilon(t-t_1)-(t-t_2)\varepsilon(t-t_2)+(t-t_1-t_2)\varepsilon(t-t_1-t_2)$
7	$e^{\alpha t}\varepsilon(t)$	$\varepsilon(t)$	$-\frac{1}{\alpha}(1-e^{\alpha t})\varepsilon(t)$
8	$e^{\alpha t}\varepsilon(t)$	$\varepsilon(t)-\varepsilon(t-t_1)$	$-\frac{1}{\alpha}(1-e^{\alpha t})[\varepsilon(t)-\varepsilon(t-t_1)]-\frac{1}{\alpha}(e^{-\alpha t_1}-1)e^{\alpha t}[\varepsilon(t)-\varepsilon(t-t_1)]$
9	$e^{\alpha t}\varepsilon(t)$	$e^{\alpha t}\varepsilon(t)$	$te^{\alpha t}\varepsilon(t)$
10	$e^{\alpha_1 t}\varepsilon(t)$	$e^{\alpha_2 t}\varepsilon(t)$	$\frac{1}{\alpha_1-\alpha_2}(e^{\alpha_1 t}-e^{\alpha_2 t})\varepsilon(t)\quad \alpha_1\neq\alpha_2$
11	$e^{\alpha t}\varepsilon(t)$	$t^n\varepsilon(t)$	$\frac{n!}{\alpha^{n+1}}e^{\alpha t}\varepsilon(t)-\sum_{j=0}^{n}\frac{n!}{\alpha^{j+1}(n-j)!}t^{n-j}\varepsilon(t)$
12	$t^m\varepsilon(t)$	$t^n\varepsilon(t)$	$\frac{m!n!}{(m+n+1)!}t^{m+n+1}\varepsilon(t)$
13	$t^m e^{\alpha_1 t}\varepsilon(t)$	$t^m e^{\alpha_2 t}\varepsilon(t)$	$\sum_{j=0}^{m}\frac{(-1)^j m!(m+j)!}{j!(m-j)!(\alpha_1-\alpha_2)^{n+j+1}}t^{m-j}e^{\alpha_1 t}\varepsilon(t)+\sum_{k=0}^{n}\frac{(-1)^k n!(m+k)!}{k!(n-k)!(\alpha_1-\alpha_2)^{m+k+1}}t^{n-k}e^{\alpha_2 t}\varepsilon(t)$ $\alpha_1\neq\alpha_2$
14	$e^{-\alpha t}\cos(\beta t+\theta)\varepsilon(t)$	$e^{\lambda t}\varepsilon(t)$	$\frac{\cos(\theta-\phi)}{\sqrt{(\alpha+\lambda)^2+\beta^2}}e^{\lambda t}\varepsilon(t)-\frac{e^{-\alpha t}\cos(\beta t+\theta-\phi)}{\sqrt{(\alpha+\lambda)^2+\beta^2}}\varepsilon(t)$ 其中,$\phi=\arctan\left(\frac{-\beta}{\alpha+\lambda}\right)$

2.6　连续时间系统时域分析的 MATLAB 实现

常微分方程的求解可以借助 MATLAB 的符号工具箱 SYMBOLIC 中的 dsolve 函数,而卷积积分主要是采用数值求解方法。dsolve 函数的调用格式为

```
S=dsolve('eq1,eq2,...','cond1,comd2,...','Name')
```

其中,'eq1,eq2,...'表示微分方程或微分方程组;'cond1,comd2,...'表示初始条件或边界条件;'Name'表示微分方程的自变量,没有指定变量时,默认为 t。其中微分方程是必不可少的内容,其余根据实际求解需要可以省略,且输入变量必须以字符形式编写。对函数 y(t)求一阶、二阶、三阶导数分别用 Dy,D2y,D3y 等表示,依此类推。

下面举例分析对连续时间线性时不变系统各种响应的求解。

例 2.19 求解下列齐次微分方程在给定初始条件下的零输入响应。

(1) $y''(t)+4y(t)=0$,给定 $y(0_-)=1, y'(0_-)=1$;

(2) $y'''(t)+2y''(t)+y'(t)=0$,给定 $y(0_-)=1, y'(0_-)=1, y''(0_-)=2$。

解 [MATLAB 程序]

```
eq1='D2y+4*y=0';ic1='y(0)=1,Dy(0)=1';                      %设定方程(1)及其初始条件
eq2='D3y+2*D2y+Dy=0';ic2='y(0)=1,Dy(0)=1,D2y(0)=2';   %设定方程(2)及其初始条件
ans1=dsolve(eq1,ic1);yzi1=simplify(ans1)
ans2=dsolve(eq2,ic2);yzi2=simplify(ans2)
```

[程序运行结果]

```
yzi1=1/2*sin(2*t)+cos(2*t)
yzi2=5-4*exp(-t)-3*exp(-t)*t
```

即零输入响应分别为 $y_{zi1}(t)=\frac{1}{2}\sin(2t)+\cos(2t)$ 和 $y_{zi2}(t)=5-(4+3t)e^{-t}$,其中 $t\geqslant0$。

例 2.20 已知系统的微分方程为 $y''(t)-5y'(t)+6y(t)=f(t)$,激励信号为 $f(t)=e^{-2t}\varepsilon(t)$,求该系统的零状态响应。

解 [MATLAB 程序]

```
eq1='D2y-5*Dy+6*y=exp(-2*t)';
ic1='y(0)=0,Dy(0)=0';
ans=dsolve(eq1,ic1);
yzs=simplify(ans)
```

[程序运行结果]

```
yzs=exp(-2*t)/20-exp(2*t)/4+exp(3*t)/5
```

例 2.21 给定系统微分方程

$$y''(t)+3y'(t)+2y(t)=3f(t)$$

若激励信号为 $f(t)=e^{-3t}\varepsilon(t)$,初始状态为 $y(0_-)=1, y'(0_-)=2$,试求解系统的零输入响应、零状态响应和全响应。

解 [MATLAB 程序]

```
eq1='D2y+3*Dy+2*y=0';
ic1='y(0)=1,Dy(0)=2';
yzi=dsolve(eq1,ic1)              %求零输入响应
```

```
eq2='D2y+3*Dy+2*y=3*exp(-3*t)';
ic2='y(0)=0,Dy(0)=0';
yzs=dsolve(eq2,ic2)          %求零状态响应
y=yzi+yzs                    %全响应
```

[程序运行结果]

```
yzi=4*exp(-t)-3*exp(-2*t)
yzs=(3*exp(-t))/2-3*exp(-2*t)+(3*exp(-3*t))/2
y=(11*exp(-t))/2-6*exp(-2*t)+(3*exp(-3*t))/2
```

上述例题中求解系统响应是利用符号工具箱中的函数进行求解。另外,MATLAB 的控制系统工具箱中也提供了一个求解零状态响应数值解的函数 lsim。其调用方式为

y=lsim(sys,f,t)

式中,t 表示计算系统响应的抽样点向量;f 是系统输入信号向量;sys 是 LTI 系统模型,用来表示微分方程、差分方程或状态方程。在求解微分方程时,微分方程的系统模型要借助于 tf 函数获得,其具体调用方式为

sys=tf(b,a)

式中,a 和 b 分别表示微分方程左边和右边各项的系数向量。例如,三阶微分方程

$$a_3y'''(t)+a_2y''(t)+a_1y'(t)+a_0y(t)=b_3f'''(t)+b_2f''(t)+b_1f(t)+b_0f(t)$$

可用 a=[a3,a2,a1,a0];b=[b3,b2,b1,b0];sys=tf(b,a)得到该微分方程的 LTI 系统模型。注意,微分方程中为零的系数也一定要写入向量 a 和 b 中。

例 2.22　已知 LTI 系统的微分方程为

$$y''(t)+2y'(t)+3y(t)=f'(t)+2f(t)$$

系统的激励信号为 $f(t)=5\sin(2\pi t)$,试用 MATLAB 编程求解系统的零状态响应。

解　[MATLAB 程序]

```
sys=tf([1,2],[1,2,3]);
t=0:0.01:5;
f=5*sin(2*pi*t);
y=lsim(sys,f,t);
plot(t,y)
xlabel('t'),ylabel('y(t)'),grid on
```

[程序运行结果]

得到系统的零状态响应如图 2.11 所示。

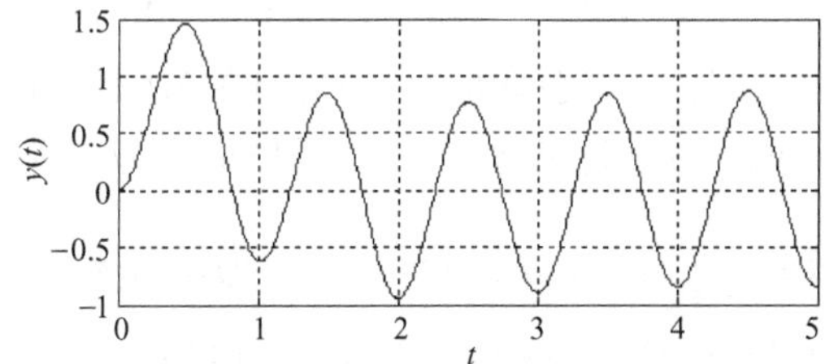

图 2.11　系统零状态响应曲线

在 MATLAB 中,控制系统工具箱中还提供了数值求解系统冲激响应的函数 impulse 和求解阶跃响应的函数 step。其调用方式为

y = impulse(sys,t)

y = step(sys,t)

式中,t 表示计算系统响应的抽样点向量;sys 表示 LTI 系统的系统模型。

例 2.23 已知 LTI 系统的微分方程为

$$y''(t)+2y'(t)+100y(t)=f(t)$$

系统的激励信号为$f(t)$,试用 MATLAB 编程求解系统的冲激响应和阶跃响应。

解 [MATLAB 程序]

```
t1=0;t2=5;dt=0.01;
sys=tf([1],[1,2,100]);                    %定义 LTI 系统的系统模型
t=t1:dt:t2;
yh=impulse(sys,t);                        %求解系统的冲激响应
subplot(2,1,1),plot(t,yh)
xlabel('t'),ylabel('yh(t)'),grid on
yr=step(sys,t);                           %求解系统的阶跃响应
subplot(2,1,2),plot(t,yr)
xlabel('t'),ylabel('yr(t)'),grid on
```

[程序运行结果]

运行得到的系统冲激响应和阶跃响应如图 2.12 所示。

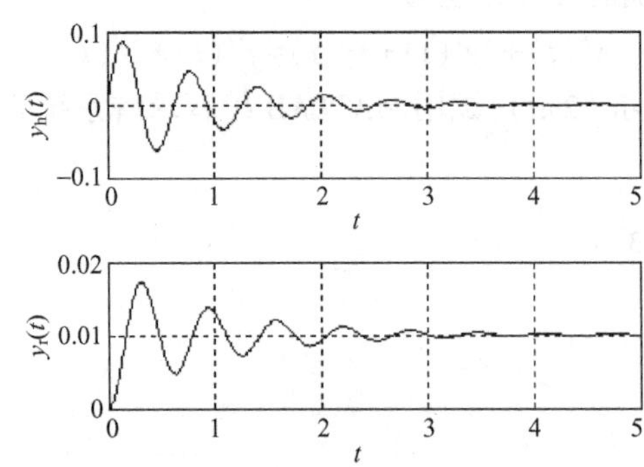

图 2.12 系统的冲激响应和阶跃响应曲线

两个信号的卷积为

$$f_1(t)*f_2(t)=\int_{-\infty}^{\infty}f_1(\tau)f_2(t-\tau)\,\mathrm{d}\tau$$

对于两个不规则波形信号的卷积,依靠手算是困难的,但在 MATLAB 中却变得十分简单。

对连续时间信号$f_1(t)$和$f_2(t)$进行离散采样,设采样周期为 T,则卷积积分为

$$f(nT)\approx T\sum_{m=-\infty}^{\infty}f_1(m)f_2(n-m)=Tf_1(n)*f_2(n)$$

例 2.24 已知信号$f_1(t)=\varepsilon(t)-\varepsilon(t-2)$,$f_2(t)=\varepsilon(t+1)-\varepsilon(t-1)$,试求这两个信号的卷积$f(t)=f_1(t)*f_2(t)$,并画出波形。

解　[MATLAB 程序]

```
T=0.001;t1=-5:T:5;
f1=rectpuls(t1-1,2);              %生成信号f1(t)
f2=rectpuls(t1,2);                %生成信号f2(t)
f=T*conv(f1,f2);                  %两个信号进行卷积
t=-10:T:10;
subplot(3,1,1),plot(t1,f1)
xlabel('t'),ylabel('f1(t)'),axis([-5,5,-1,2])
subplot(3,1,2),plot(t1,f2)
xlabel('t'),ylabel('f2(t)'),axis([-5,5,-1,2])
subplot(3,1,3),plot(t,f)
xlabel('t'),ylabel('f(t)'),axis([-4,6,-1,2])
```

[程序运行结果]

运行得两信号及其卷积的波形如图 2.13 所示。

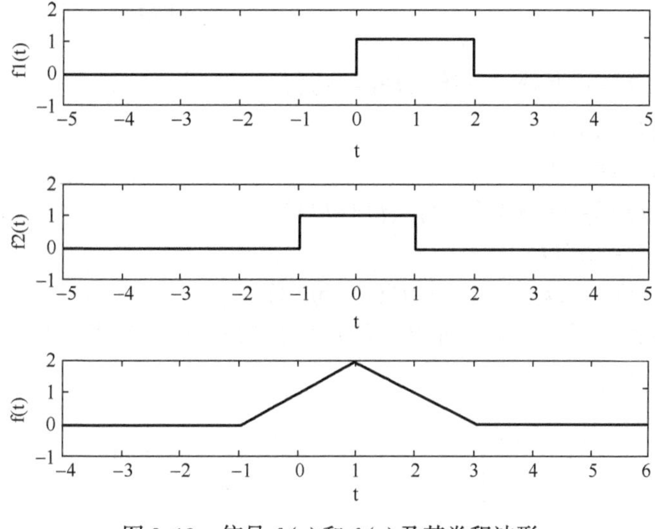

图 2.13　信号 $f_1(t)$ 和 $f_2(t)$ 及其卷积波形

习题 2

1. 已知系统相应的齐次方程及其对应的初始条件分别为

(1) $y''(t)+2y'(t)+2y(t)=0, y(0)=1, y'(0)=2$

(2) $y''(t)+2y'(t)+y(t)=0, y(0)=1, y'(0)=2$

(3) $y'''(t)+2y''(t)+y'(t)=0, y(0)=y'(0)=0, y''(0)=1$

求系统的零输入响应。

2. 给定系统微分方程为

$$y''(t)+3y'(t)+2y(t)=f'(t)+3f(t)$$

若激励信号和初始状态分别为以下两种情况：

(1) $f(t)=\varepsilon(t), y(0^-)=1, y'(0^-)=2$

(2) $f(t)=e^{-3t}\varepsilon(t), y(0^-)=1, y'(0^-)=2$

试分别求它们的完全响应,并指出其零输入响应、零状态响应、自由响应和强迫响应各分量。

3. 题图 2.1 所示电路中,各元件参数为 $L_1=L_2=M=1\text{H}, R_1=4\Omega, R_2=2\Omega$,响应电流为 $i_2(t)$,求冲激响应 $h(t)$ 及阶跃响应 $g(t)$。

4. 题图 2.2 所示电路中,元件参数为 $C_1=1\text{F}, C_2=2\text{F}, R_1=1\Omega, R_2=2\Omega$,响应电压为 $u_2(t)$,求其冲激响应与阶跃响应。

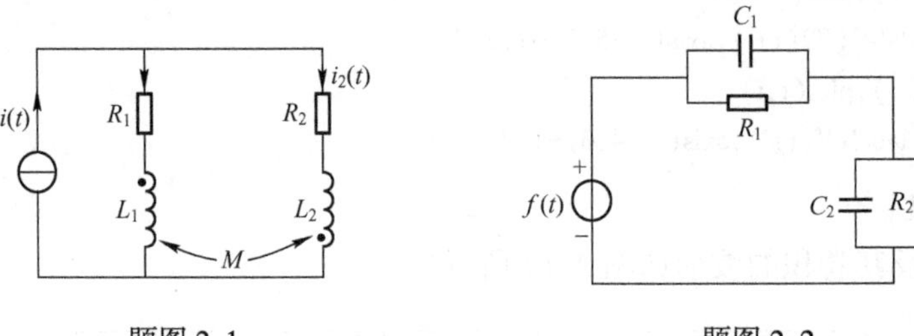

题图 2.1　　　　题图 2.2

5. 求取下列微分方程所描述系统的冲激响应。

(1) $y'(t)+2y(t)=f(t)$

(2) $2y''(t)+8y(t)=f(t)$

(3) $y'''(t)+y''(t)+2y'(t)+2y(t)=f''(t)+2f(t)$

(4) $y'(t)+3y(t)=2f'(t)$

(5) $y''(t)+3y'(t)+2y(t)=f'''(t)+4f''(t)-5f(t)$

6. 用图解法求解题图 2.3 所示各组信号的卷积 $f_1(t)*f_2(t)$,并绘出所得结果的波形。

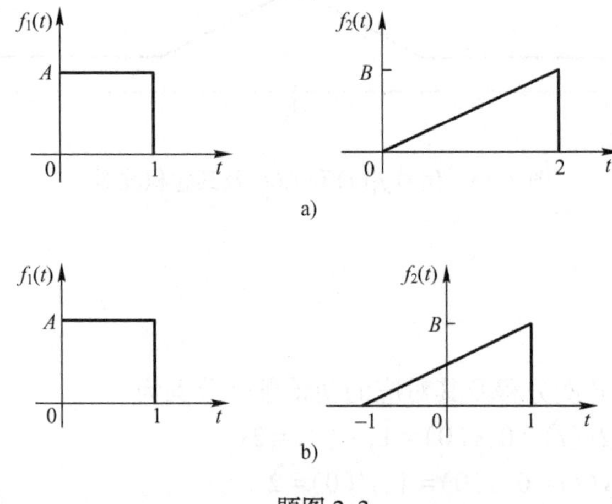

题图 2.3

7. 求下列各函数 $f_1(t)$ 与 $f_2(t)$ 的卷积 $f_1(t)*f_2(t)$。

(1) $f_1(t)=\varepsilon(t), f_2(t)=e^{-\alpha t}\varepsilon(t)$

(2) $f_1(t)=\delta(t), f_2(t)=\cos(\omega t+45°)$

(3) $f_1(t)=(1+t)[\varepsilon(t)-\varepsilon(t-1)], f_2(t)=\varepsilon(t-1)-\varepsilon(t-2)$

(4) $f_1(t)=\cos(\omega t)$, $f_2(t)=\delta(t+1)-\delta(t-1)$

(5) $f_1(t)=e^{-\alpha t}\varepsilon(t)$, $f_2(t)=\sin(t)\varepsilon(t)$

8. 用卷积的微、积分性质求下列函数的卷积。

(1) $f_1(t)=\varepsilon(t)$, $f_2(t)=\varepsilon(t-1)$

(2) $f_1(t)=\varepsilon(t)-\varepsilon(t-1)$, $f_2(t)=\varepsilon(t-1)-\varepsilon(t-2)$

(3) $f_1(t)=\sin(2\pi t)[\varepsilon(t)-\varepsilon(t-1)]$, $f_2(t)=\varepsilon(t)$

(4) $f_1(t)=e^{-t}\varepsilon(t)$, $f_2(t)=\varepsilon(t-1)$

9. 用卷积的微、积分性质，计算题图 2.3 所示各信号的卷积，并画出卷积结果波形。

10. 利用卷积积分性质计算题图 2.4 所示信号的卷积 $f_1(t)*f_2(t)$，并画出结果波形。

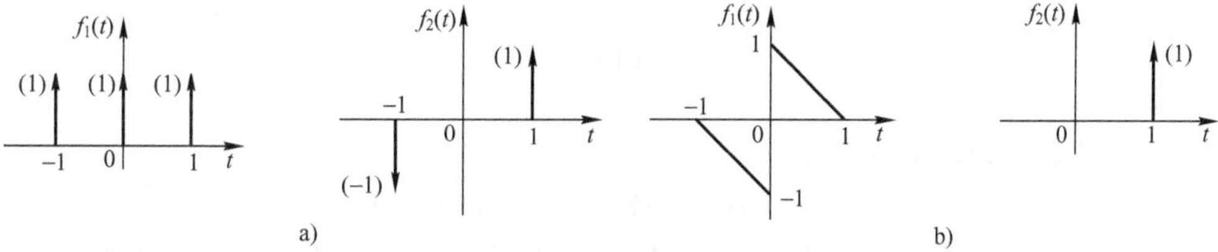

题图 2.4

11. 某线性系统如题图 2.5 所示，由各个子系统组合而成，设子系统的冲激响应分别为 $h_1(t)=\delta(t)$, $h_2(t)=\varepsilon(t)-\varepsilon(t-3)$，求该系统的冲激响应。

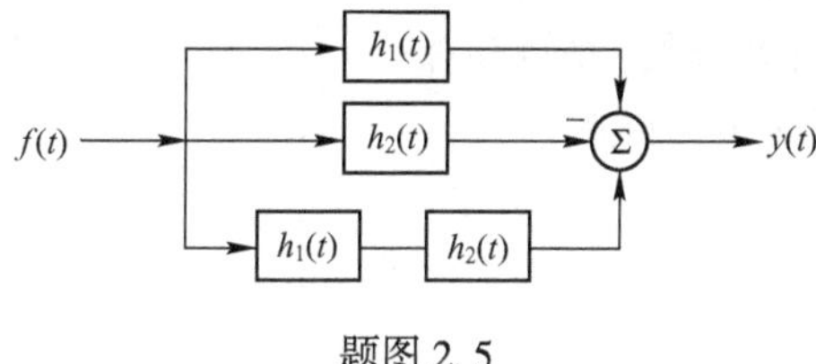

题图 2.5

12. 已知某线性时不变系统的单位阶跃响应为 $g(t)=(2e^{-2t}-1)\varepsilon(t)$，试利用卷积的性质求题图 2.6 所示波形信号激励下的零状态响应。

13. 求阶跃响应为 $g(t)=(e^{-3t}-2e^{-2t}+1)\varepsilon(t)$ 的 LTI 系统对输入 $f(t)=e^{t}\varepsilon(t)$ 的响应。

14. 线性时不变系统输入 $f(t)$ 与零状态响应 $y_{zs}(t)$ 之间的关系为

$$y_{zs}(t)=\int_{-\infty}^{t} e^{-(t-\tau)}f(\tau-2)\,d\tau$$

(1) 求系统的冲激响应 $h(t)$。

(2) 求当 $f(t)=\varepsilon(t+1)-\varepsilon(t-2)$ 时的零状态响应。

15. 已知系统的冲激响应 $h(t)=e^{-2t}\varepsilon(t)$，则

(1) 若激励信号为 $f(t)=e^{-t}[\varepsilon(t)-\varepsilon(t-2)]+\beta\delta(t-2)$，式中 β 为常数，试确定响应 $y(t)$。

(2) 若激励信号为 $f(t)=x(t)[\varepsilon(t)-\varepsilon(t-2)]+\beta\delta(t-2)$，式中 $x(t)$ 为任意 t 函数，若要系统在 $t>2$ 时响应为零，试确定 β 值。

16. 证明：

$$f(t)\delta''(t)=f(0)\delta''(t)-2f'(0)\delta'(t)+f''(0)\delta(t)$$

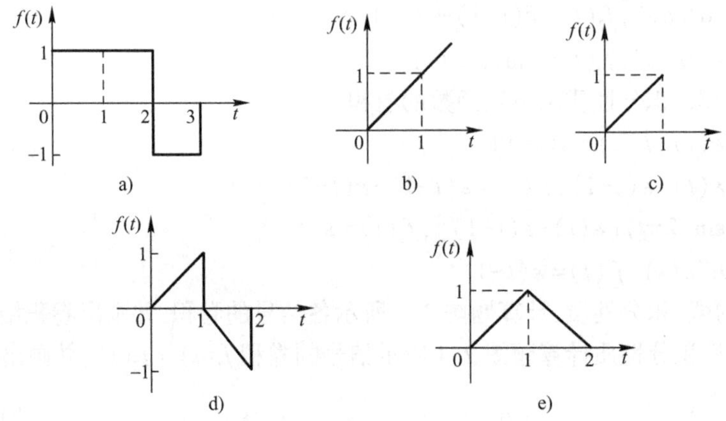

题图 2.6

17. 已知 LTI 系统的微分方程为

$$5y''(t)+4y'(t)+8y(t)=f'(t)+f(t)$$

激励信号 $f(t)=\mathrm{e}^{-2t}\varepsilon(t)$，初始条件 $y(0_-)=1, y'(0_-)=2$，利用 MATLAB 符号工具箱中的相应函数，求解系统的零输入响应、零状态响应及全响应。

18. 如题图 2.7 所示电路中，$L=1\mathrm{H}, C=1\mathrm{F}, R_1=1\Omega, R_2=2\Omega$，$f(t)$ 是该电路系统的输入信号，$y(t)$ 为电路的输出响应。

（1）建立描述该电路系统的微分方程。

（2）用 impulse 函数求解系统的冲激响应。

（3）用 step 函数求解系统的阶跃响应。

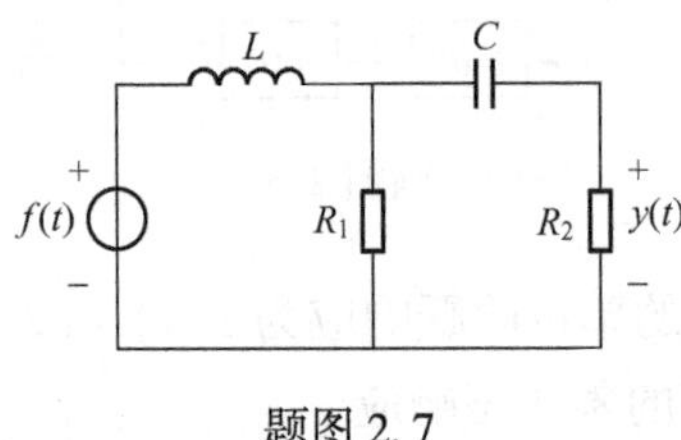

题图 2.7

19. 利用 conv 函数计算 $f_1(t)=\varepsilon(t-t_1)-\varepsilon(t-t_2), t_2>t_1$ 和 $f_2(t)=\mathrm{e}^{-t}\varepsilon(t)$ 的卷积。

20. 利用 conv 函数验证卷积积分的交换律、分配律和结合律。

第3章 连续时间信号的频域分析

由第2章的讨论可知,连续信号可以分解为一系列冲激函数或阶跃函数的线性组合,这种分解方法不仅是信号时域分析的基础,同时也为求解系统的零状态响应带来了很大的方便。信号分解的方法不是唯一的,本章将介绍信号的另一种分解方式,即将连续信号分解为一系列正交函数的线性组合。当正交函数是正弦函数或虚指数函数时,这种分解方式称为信号的傅里叶分解。由于分解后的变量是频率,因此这种信号分解方式也称为信号的频域分析或傅里叶分析。

傅里叶分析的研究与应用至今已经历了一百余年。1822年,法国数学家傅里叶(J. Fourier,1768—1830)在研究热传导理论时提出并证明了将周期信号展开为正弦级数的原理,奠定了傅里叶级数的理论。其后,泊松(Poisson)、高斯(Gauss)等把这一成果应用到电学中。如今,傅里叶分析作为信号与系统分析的最强有力的工具之一,广泛地应用于电子工程、无线电、力学、光学、量子物理等众多科学和工程领域。

本章首先介绍信号的正交分解原理、周期信号的傅里叶级数分解,由此引出傅里叶变换及信号频谱的概念。然后,重点讨论典型信号的频谱及傅里叶变换性质,从频域角度研究信号的特性。最后简要介绍帕塞瓦尔定理及功率谱和能量谱的概念。

3.1 信号的正交分解

把信号分解为某些基本信号的线性组合,是分析线性系统的基本出发点,而信号的正交分解在某种意义上与矢量的正交分解有相似之处。本节首先从矢量的正交分解入手,再用类比的方法介绍信号的正交分解。

3.1.1 矢量的正交分解

两个矢量正交,在几何意义上是指两个矢量相互垂直,如图3.1a所示。两矢量 $\boldsymbol{V}_1$ 和 $\boldsymbol{V}_2$ 相互正交时,其夹角为90°,点积为零,即

$$\boldsymbol{V}_1 \cdot \boldsymbol{V}_2 = |\boldsymbol{V}_1|\,|\boldsymbol{V}_2|\cos 90° = 0 \tag{3.1}$$

在二维空间上,相互正交的矢量 $\boldsymbol{V}_1$ 和 $\boldsymbol{V}_2$ 构成一个正交矢量集,而且是完备的正交矢量集,这样,平面空间上的任意矢量 $\boldsymbol{A}$ 就可以精确地分解为 $\boldsymbol{V}_1$ 和 $\boldsymbol{V}_2$ 的线性组合,如图3.1b所示,用数学表示为

$$\boldsymbol{A} = C_1\boldsymbol{V}_1 + C_2\boldsymbol{V}_2 \tag{3.2}$$

式中,$\boldsymbol{V}_1 \cdot \boldsymbol{V}_2 = 0$;$C_1$、$C_2$ 为各分量的加权系数,且有

$$C_1 = \frac{\boldsymbol{A} \cdot \boldsymbol{V}_1}{\boldsymbol{V}_1 \cdot \boldsymbol{V}_1} = \frac{|\boldsymbol{A}|\cos\theta_1}{|\boldsymbol{V}_1|} \tag{3.3}$$

$$C_2 = \frac{\boldsymbol{A} \cdot \boldsymbol{V}_2}{\boldsymbol{V}_2 \cdot \boldsymbol{V}_2} = \frac{|\boldsymbol{A}|\cos\theta_2}{|\boldsymbol{V}_2|} \tag{3.4}$$

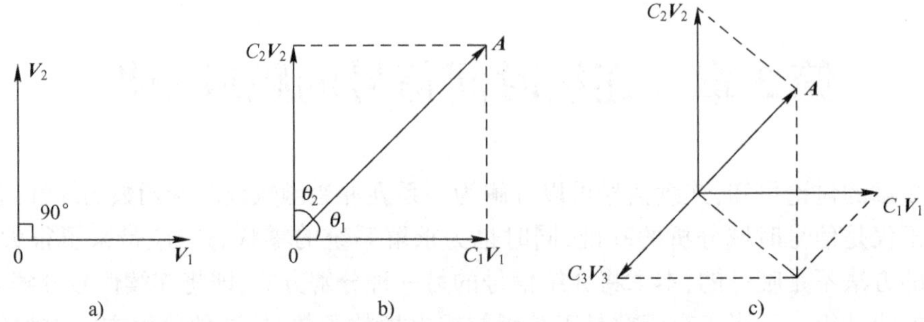

图 3.1　正交矢量与矢量分解

a）两个矢量正交　b）平面矢量的正交分解　c）三维空间矢量的正交分解

同样,对于一个三维空间的矢量 $\boldsymbol{A}$,可以用一个三维正交矢量集 $\{\boldsymbol{V}_1,\boldsymbol{V}_2,\boldsymbol{V}_3\}$ 中各分量的线性组合来表示,即

$$\boldsymbol{A}=C_1\boldsymbol{V}_1+C_2\boldsymbol{V}_2+C_3\boldsymbol{V}_3 \tag{3.5}$$

如图 3.1c 所示。这里应该注意的是,对于一个三维的空间矢量,要准确无误地表示它,就不能只用一个二维的正交矢量集,而必须用一个三维的正交矢量集。在三维空间中,三维的正交矢量集是一个完备的正交矢量集,而二维的则不是完备的。

依次类推,对于 n 维矢量空间, n 个互相正交的矢量组成一个 n 维的完备正交矢量集 $\{\boldsymbol{V}_1,\boldsymbol{V}_2,\cdots,\boldsymbol{V}_n\}$,$n$ 维空间中的任意矢量 $\boldsymbol{A}$,都可以精确地表示为这 n 个互相正交的矢量的线性组合,即

$$\boldsymbol{A}=C_1\boldsymbol{V}_1+C_2\boldsymbol{V}_2+\cdots+C_n\boldsymbol{V}_n \tag{3.6}$$

式中,$\boldsymbol{V}_i\cdot\boldsymbol{V}_j=0(i\neq j)$,且第 i 分量的加权系数为

$$C_i=\frac{\boldsymbol{A}\cdot\boldsymbol{V}_i}{\boldsymbol{V}_i\cdot\boldsymbol{V}_i}=\frac{|\boldsymbol{A}|\cos\theta_i}{|\boldsymbol{V}_i|} \tag{3.7}$$

上述空间矢量正交分解的概念可以推广到信号空间。在信号空间中,若能够找到若干个相互正交的信号作为基本信号,使得任意信号都可以表示成这些基本信号的线性组合,那么就可以实现信号的正交分解。

3.1.2　正交函数与正交函数集

仿照上述两个矢量正交的概念,可以按照如下的方式来定义两个信号的正交。

若有定义在(t_1,t_2)区间的两个实信号 $g_1(t)$、$g_2(t)$满足

$$\int_{t_1}^{t_2}g_1(t)\cdot g_2(t)\,\mathrm{d}t=0 \tag{3.8}$$

则称 $g_1(t)$、$g_2(t)$在区间(t_1,t_2)内正交。

与空间矢量的正交分解类似,要将任意信号$f(t)$进行正交展开,仅有两个正交函数是不够的,必须建立一个正交函数集,而且若要使得信号能够精确、无误差地展开,还必须要求这个函数集是完备的。下面给出正交函数集与完备正交函数集的概念。

设有 n 个实函数 $g_1(t),g_2(t),\cdots,g_n(t)$ 构成一个函数集 $\{g_1(t),g_2(t),\cdots,g_n(t)\}$,这个函数集在区间$(t_1,t_2)$内满足如下的正交特性:

$$\int_{t_1}^{t_2}g_i(t)\cdot g_j(t)\,\mathrm{d}t=\begin{cases}0 & i\neq j\\ K_i & i=j\end{cases} \tag{3.9}$$

式中，K_i 为常数，则称此实函数集为正交函数集。如果 $K_i=1(i=1,2,\cdots,n)$，则称此函数集为归一化正交函数集。区间(t_1,t_2)内相互正交的 n 个函数构成正交信号空间。

若在正交函数集$\{g_1(t),g_2(t),\cdots,g_n(t)\}$之外，不存在函数 $\varphi(t)$，$t\in(t_1,t_2)$ $\left(0<\int_{t_1}^{t_2}\varphi^2(t)\mathrm{d}t<\infty\right)$，满足

$$\int_{t_1}^{t_2}g_i(t)\varphi(t)\mathrm{d}t=0\quad i=1,2,\cdots,n \tag{3.10}$$

则称此函数集为完备正交函数集。此定义意味着定义于(t_1,t_2)上的所有平方可积函数均可用该函数集线性表示。

除了实函数集之外，信号还可以展开为复变正交函数集的线性组合。复变的正交函数和正交函数集的定义如下：

若在(t_1,t_2)区间内，两个复变函数 $g_1(t)$、$g_2(t)$ 正交，则 $g_1(t)$、$g_2(t)$ 满足

$$\int_{t_1}^{t_2}g_1(t)g_2^*(t)\mathrm{d}t=\int_{t_1}^{t_2}g_1^*(t)\cdot g_2(t)\mathrm{d}t=0 \tag{3.11}$$

若复变的函数集$\{g_1(t),g_2(t),\cdots,g_n(t)\}$在区间$(t_1,t_2)$内满足

$$\int_{t_1}^{t_2}g_i(t)g_j^*(t)\mathrm{d}t=\begin{cases}0 & i\neq j\\ K_i & i=j\end{cases} \tag{3.12}$$

则称此复变函数集为正交函数集。

3.1.3 信号的正交分解方法

设 n 个函数$\{g_1(t),g_2(t),\cdots,g_n(t)\}$在区间$(t_1,t_2)$内构成一个正交函数集，将任意一个函数 $f(t)$ 用这 n 个正交函数的线性组合来近似，可以表示为

$$f(t)\approx C_1g_1(t)+C_2g_2(t)+\cdots+C_ng_n(t)=\sum_{r=1}^{n}C_rg_r(t) \tag{3.13}$$

这种近似表示的误差函数为

$$\varepsilon=f(t)-\sum_{r=1}^{n}C_rg_r(t) \tag{3.14}$$

通常采用误差函数的均方值来描述式(3.13)近似表示的误差大小，用符号 $\overline{\varepsilon^2}$ 表示，即

$$\overline{\varepsilon^2}=\frac{1}{t_2-t_1}\int_{t_1}^{t_2}\varepsilon^2\mathrm{d}t=\frac{1}{t_2-t_1}\int_{t_1}^{t_2}\left[f(t)-\sum_{r=1}^{n}C_rg_r(t)\right]^2\mathrm{d}t \tag{3.15}$$

为使 $\overline{\varepsilon^2}$ 为最小，系数 C_r 应满足

$$\frac{\partial\,\overline{\varepsilon^2}}{\partial\,C_r}=0$$

即

$$\frac{\partial}{\partial\,C_r}\left\{\int_{t_1}^{t_2}\left[f(t)-\sum_{r=1}^{n}C_rg_r(t)\right]^2\mathrm{d}t\right\}=0 \tag{3.16}$$

展开式(3.16)中的被积函数，注意到由序号不同的正交函数交叉相乘产生的各项，其积分都为零，而且所有不包含系数 C_r 的各项对 C_r 求导也等于零，这样，式(3.16)中只剩下两项不为零，即

$$\frac{\partial}{\partial C_r}\int_{t_1}^{t_2}[-2C_r f(t)g_r(t)+C_r^2 g_r^2(t)]\,dt=0 \tag{3.17}$$

交换微分和积分次序，得到

$$\int_{t_1}^{t_2} f(t)g_r(t)\,dt = C_r\int_{t_1}^{t_2} g_r^2(t)\,dt \tag{3.18}$$

于是求得 C_r 为

$$C_r=\frac{\int_{t_1}^{t_2} f(t)g_r(t)\,dt}{\int_{t_1}^{t_2} g_r^2(t)\,dt}=\frac{1}{K_r}\int_{t_1}^{t_2} f(t)g_r(t)\,dt \tag{3.19}$$

此时的最小均方误差为

$$\overline{\varepsilon^2}=\frac{1}{t_2-t_1}\left[\int_{t_1}^{t_2} f^2(t)\,dt-\sum_{r=1}^{n}C_r^2K_r\right] \tag{3.20}$$

当 $n\to\infty$ 时，若 $\overline{\varepsilon^2}=0$，则函数集 $\{g_1(t),g_2(t),\cdots,g_n(t)\}$ 是完备的正交函数集，此时，信号 $f(t)$ 可以精确地表示为无限多个正交函数的线性组合，即

$$f(t)=C_1g_1(t)+C_2g_2(t)+\cdots+C_ng_n(t)+\cdots=\sum_{r=1}^{\infty}C_rg_r(t) \tag{3.21}$$

以上讨论可以推广到复变的正交函数集理论中，即信号 $f(t)$ 可以分解为无限多个复变的正交函数的线性组合。同样，利用上述方法可以得到第 r 个最佳分量系数 C_r 为

$$C_r=\frac{\int_{t_1}^{t_2} f(t)g_r^*(t)\,dt}{\int_{t_1}^{t_2} g_r(t)g_r^*(t)\,dt}=\frac{1}{K_r}\int_{t_1}^{t_2} f(t)g_r^*(t)\,dt \tag{3.22}$$

3.2　周期信号的傅里叶级数分解

上一节介绍了信号的正交分解，如果完备正交函数集 $\{g_i(t)\}$ 中的每个函数 $g_i(t)$ 在区间 (t_0,t_0+T_1) 内两两正交，则周期为 T_1 的周期信号 $f(t)$ 可以在此区间内展开成该正交信号集的无穷级数。如果该完备正交函数集是三角函数集或指数函数集，那么周期信号所展开的级数就分别称为“三角形式的傅里叶级数”或“指数形式的傅里叶级数”，统称为傅里叶级数。下面介绍这两种形式的傅里叶级数。

3.2.1　三角形式的傅里叶级数

不难证明，三角函数集 $\{1,\cos(\omega_1 t),\cos(2\omega_1 t),\cdots,\cos(n\omega_1 t),\cdots,\sin(\omega_1 t),\sin(2\omega_1 t),\cdots,\sin(n\omega_1 t)\cdots\}$ 在区间 (t_0,t_0+T_1) $\left(T_1=\frac{2\pi}{\omega_1}\right)$ 内组成正交函数集。各函数的正交性如下：

$$\int_{t_0}^{t_0+T_1}\cos(m\omega_1 t)\cos(n\omega_1 t)\,dt=\begin{cases}0 & m\neq n\\ \frac{T_1}{2} & m=n\neq 0\\ T_1 & m=n=0\end{cases} \tag{3.23}$$

$$\int_{t_0}^{t_0+T_1}\sin(m\omega_1 t)\sin(n\omega_1 t)\mathrm{d}t=\begin{cases}0 & m\neq n\\ \dfrac{T_1}{2} & m=n\neq 0\end{cases} \tag{3.24}$$

$$\int_{t_0}^{t_0+T_1}\cos(m\omega_1 t)\sin(n\omega_1 t)\mathrm{d}t=0\quad m,n\text{ 为任意整数} \tag{3.25}$$

当所取函数无限多时，上述三角函数集是一个完备的正交函数集。由式(3.21)可知，对于任一个周期为 T_1 的周期信号 $f(t)$，可在区间(t_0,t_0+T_1)内表示为上述三角函数集中各正交函数的线性组合，即

$$\begin{aligned}f(t)&=a_0\cdot 1+a_1\cos(\omega_1 t)+a_2\cos(2\omega_1 t)+\cdots+a_n\cos(n\omega_1 t)+\cdots+\\&\quad b_1\sin(\omega_1 t)+b_2\sin(2\omega_1 t)+\cdots+b_n\sin(n\omega_1 t)+\cdots\\&=a_0+\sum_{n=1}^{\infty}\left[a_n\cos(n\omega_1 t)+b_n\sin(n\omega_1 t)\right]\end{aligned} \tag{3.26}$$

式中，a_0、a_n、b_n 为各分量系数，也称为傅里叶系数。由式(3.19)可得各分量系数分别为

$$\begin{cases}a_0=\dfrac{1}{T_1}\displaystyle\int_{t_0}^{t_0+T_1}f(t)\mathrm{d}t\\ a_n=\dfrac{2}{T_1}\displaystyle\int_{t_0}^{t_0+T_1}f(t)\cos(n\omega_1 t)\mathrm{d}t\\ b_n=\dfrac{2}{T_1}\displaystyle\int_{t_0}^{t_0+T_1}f(t)\sin(n\omega_1 t)\mathrm{d}t\end{cases} \tag{3.27}$$

式中，t_0 可以任意选取，通常为了计算方便，选择 $t_0=0$ 或 $t_0=-\dfrac{T_1}{2}$。显然，a_n 是 $n\omega_1$ 的偶函数，b_n 是 $n\omega_1$ 的奇函数，即满足

$$\begin{cases}a_n=a_{-n}\\ b_n=-b_{-n}\end{cases} \tag{3.28}$$

需要指出的是，并非任意周期信号都能进行傅里叶级数分解，能够被展开的周期信号应满足如下的狄利克雷(Dirichlet)条件：

1) 在一个周期内，$f(t)$是绝对可积的，即$\int_{T_1}|f(t)|^2<\infty$。

2) 在一个周期内，$f(t)$的最大值和最小值的数目是有限的。

3) 在一个周期内，$f(t)$或者为连续的，或者只有有限个间断点，而且在这些间断点上，函数值必须是有限的。

通常遇到的周期信号大多能满足该条件，因此以后除非特别说明，一般不再考虑这一条件。

将式(3.26)中的同频率项合并，可以得到另一种形式的傅里叶级数，即

$$f(t)=A_0+\sum_{n=1}^{\infty}A_n\cos(n\omega_1 t+\varphi_n) \tag{3.29}$$

上式称为余弦形式的傅里叶级数展开式。式中，A_0 为直流分量，$A_1\cos(\omega_1 t+\varphi_1)$为基波或一次谐波，$A_2\cos(2\omega_1 t+\varphi_2)$为二次谐波，$A_n\cos(n\omega_1 t+\varphi_n)$为 n 次谐波，A_n 是 n 次谐波的振幅，φ_n 是 n 次谐波的初始相位。因此，式(3.29)表明，任意周期信号只要满足狄利克雷条件就可以分解为直流分量及一系列谐波分量之和。

比较式(3.26)和式(3.29)可以得到各系数之间的关系为

$$A_0=a_0 \quad A_n=\sqrt{a_n^2+b_n^2} \quad \varphi_n=-\arctan\left(\frac{b_n}{a_n}\right) \tag{3.30}$$

$$a_n=A_n\cos\varphi_n \quad b_n=-A_n\sin\varphi_n \tag{3.31}$$

且由式(3.28)及式(3.30)可知,A_n 是 $n\omega_1$ 的偶函数,φ_n 是 $n\omega_1$ 的奇函数,即满足

$$\begin{cases}A_n=A_{-n}\\ \varphi_n=-\varphi_{-n}\end{cases} \tag{3.32}$$

例3.1　将图3.2所示的周期矩形脉冲信号$f(t)$展开为三角形式的傅里叶级数。

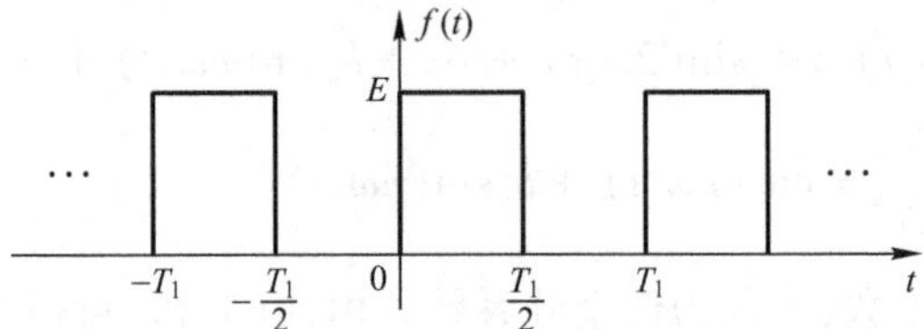

图3.2　例3.1中的周期矩形脉冲信号

解　根据式(3.27),这里选取$t_0=0$,得

$$a_0=\frac{1}{T_1}\int_0^{T_1}f(t)\,\mathrm{d}t=\frac{1}{T_1}\int_0^{\frac{T_1}{2}}E\mathrm{d}t=\frac{E}{2}$$

$$a_n=\frac{2}{T_1}\int_0^{T_1}f(t)\cos(n\omega_1 t)\,\mathrm{d}t=\frac{2}{T_1}\int_0^{\frac{T_1}{2}}E\cos(n\omega_1 t)\,\mathrm{d}t$$

$$=\frac{2E}{T_1}\frac{1}{n\omega_1}[\sin(n\omega_1 t)]\Big|_0^{\frac{T_1}{2}}=0$$

$$b_n=\frac{2}{T_1}\int_0^{T_1}f(t)\sin(n\omega_1 t)\,\mathrm{d}t=\frac{2}{T_1}\int_0^{\frac{T_1}{2}}E\sin(n\omega_1 t)\,\mathrm{d}t$$

$$=\frac{2E}{T_1}\frac{1}{n\omega_1}[-\cos(n\omega_1 t)]\Big|_0^{\frac{T_1}{2}}=\frac{E}{n\pi}[1-\cos(n\pi)]$$

$$=\begin{cases}\frac{2E}{n\pi} & n=1,3,5,\cdots\\ 0 & n=2,4,6,\cdots\end{cases}$$

将上述系数代入式(3.26),得$f(t)$的傅里叶级数展开式为

$$f(t)=\frac{E}{2}+\frac{2E}{\pi}\left[\sin(\omega_1 t)+\frac{1}{3}\sin(3\omega_1 t)+\frac{1}{5}\sin(5\omega_1 t)+\cdots+\frac{1}{n}\sin(n\omega_1)+\cdots\right] \tag{3.33}$$

$n=1,3,5,\cdots$

3.2.2　指数形式的傅里叶级数

复变函数集$\{\mathrm{e}^{\mathrm{j}n\omega_1 t}\}$$(n=0,\pm1,\pm2,\cdots)$在区间$(t_0,t_0+T_1)$$\left(T_1=\frac{2\pi}{\omega_1}\right)$内是完备的正交函数集。

各函数正交性如下：

$$\int_{t_0}^{t_0+T_1} \mathrm{e}^{\mathrm{j}m\omega_1 t} \cdot (\mathrm{e}^{\mathrm{j}n\omega_1 t})^* \mathrm{d}t = \begin{cases} 0 & m \neq n \\ T_1 & m = n \end{cases} \tag{3.34}$$

由式(3.21)，对于任意周期为 T_1 的周期信号 $f(t)$，可在区间 (t_0, t_0+T_1) 内表示为上述函数集中各正交函数的线性组合，即

$$f(t) = \cdots + F_{-2}\mathrm{e}^{-\mathrm{j}2\omega_1 t} + F_{-1}\mathrm{e}^{-\mathrm{j}\omega_1 t} + F_0\mathrm{e}^{\mathrm{j}0\omega_1 t} + F_1\mathrm{e}^{\mathrm{j}\omega_1 t} + F_2\mathrm{e}^{\mathrm{j}2\omega_1 t} + \cdots = \sum_{n=-\infty}^{\infty} F_n \mathrm{e}^{\mathrm{j}n\omega_1 t} \tag{3.35}$$

各分量系数由式(3.22)得到，则

$$F_n = \frac{1}{T_1}\int_{t_0}^{t_0+T_1} f(t)\mathrm{e}^{-\mathrm{j}n\omega_1 t}\mathrm{d}t \tag{3.36}$$

式(3.35)称为周期信号的指数形式的傅里叶级数展开式。通常，F_n 为复数，称其为复傅里叶系数，简称傅里叶系数。

指数形式的傅里叶级数还可以从三角形式的傅里叶级数直接导出。

根据欧拉公式

$$\cos(n\omega_1 t) = \frac{1}{2}(\mathrm{e}^{\mathrm{j}n\omega_1 t} + \mathrm{e}^{-\mathrm{j}n\omega_1 t})$$

$$\sin(n\omega_1 t) = \frac{1}{2\mathrm{j}}(\mathrm{e}^{\mathrm{j}n\omega_1 t} - \mathrm{e}^{-\mathrm{j}n\omega_1 t})$$

式(3.26)可以写为

$$\begin{aligned} f(t) &= a_0 + \sum_{n=1}^{\infty}\left[\frac{a_n}{2}(\mathrm{e}^{\mathrm{j}n\omega_1 t} + \mathrm{e}^{-\mathrm{j}n\omega_1 t}) + \frac{(-\mathrm{j})b_n}{2}(\mathrm{e}^{\mathrm{j}n\omega_1 t} - \mathrm{e}^{-\mathrm{j}n\omega_1 t})\right] \\ &= a_0 + \sum_{n=1}^{\infty}\left(\frac{a_0 - \mathrm{j}b_n}{2}\mathrm{e}^{\mathrm{j}n\omega_1 t} + \frac{a_n + \mathrm{j}b_n}{2}\mathrm{e}^{-\mathrm{j}n\omega_1 t}\right) \end{aligned} \tag{3.37}$$

令

$$F_n = \frac{a_n - \mathrm{j}b_n}{2} \quad n = 1, 2, 3, \cdots \tag{3.38}$$

由于 a_n 是 n 的偶函数，b_n 是 n 的奇函数，即 $a_n = a_{-n}$，$b_n = -b_{-n}$，所以

$$F_{-n} = \frac{a_{-n} - \mathrm{j}b_{-n}}{2} = \frac{a_n + \mathrm{j}b_n}{2} \tag{3.39}$$

将上述结果代入式(3.37)中，得到

$$f(t) = a_0 + \sum_{n=1}^{\infty}(F_n\mathrm{e}^{\mathrm{j}n\omega_1 t} + F_{-n}\mathrm{e}^{-\mathrm{j}n\omega_1 t}) \tag{3.40}$$

考虑到 $F_0 = a_0$，且

$$\sum_{n=1}^{\infty} F_{-n}\mathrm{e}^{-\mathrm{j}n\omega_1 t} = \sum_{n=-1}^{-\infty} F_n\mathrm{e}^{\mathrm{j}n\omega_1 t}$$

则由式(3.40)得到指数形式的傅里叶级数为

$$f(t) = \sum_{n=-\infty}^{\infty} F_n\mathrm{e}^{\mathrm{j}n\omega_1 t} \tag{3.41}$$

比较式(3.30)、式(3.31)、式(3.38)和式(3.39)可以看出，F_n 与其他系数之间的关系为

$$\begin{cases}F_0=A_0=a_0\\ F_n=\dfrac{a_n-\mathrm{j}b_n}{2}=\dfrac{A_n}{2}\mathrm{e}^{\mathrm{j}\varphi_n} & n=1,2,\cdots\\ F_n=\dfrac{a_n+\mathrm{j}b_n}{2}=\dfrac{A_n}{2}\mathrm{e}^{-\mathrm{j}\varphi_n} & n=-1,-2,\cdots\end{cases}\tag{3.42}$$

在指数形式的傅里叶级数中，当 n 取负数时，出现了负的 $n\omega_1$，但是这并不意味着存在负频率，而只是将第 n 次谐波的正弦分量写成两个指数项之和后出现的一种数学形式，只有把负频率项与相应的正频率项成对地合并起来，才是实际的频谱函数。

3.2.3　函数的对称性与傅里叶系数的关系

在求解周期信号的傅里叶系数时，需要进行三次积分，以求得 a_0、a_n 和 b_n，计算相当麻烦，若 $f(t)$ 是实信号而且它的波形满足某种对称性，那么通过利用 $f(t)$ 的对称性将会简化上述计算过程。

1. $f(t)$ 为偶函数

若周期信号 $f(t)$ 是时间 t 的偶函数，即 $f(t)=f(-t)$，波形对称于纵轴，如图 3.3 所示，由于 $f(t)\cos(n\omega_1 t)$ 是 t 的偶函数，$f(t)\sin(n\omega_1 t)$ 是 t 的奇函数，所以由式(3.27)得偶函数的傅里叶系数分别为

$$\begin{cases}a_0=\dfrac{2}{T_1}\displaystyle\int_0^{\frac{T_1}{2}}f(t)\,\mathrm{d}t\\ a_n=\dfrac{4}{T_1}\displaystyle\int_0^{\frac{T_1}{2}}f(t)\cos(n\omega_1 t)\,\mathrm{d}t & n=1,2,3,\cdots\\ b_n=0\end{cases}\tag{3.43}$$

即偶函数的傅里叶级数中不含正弦分量，只含有直流分量和余弦分量。

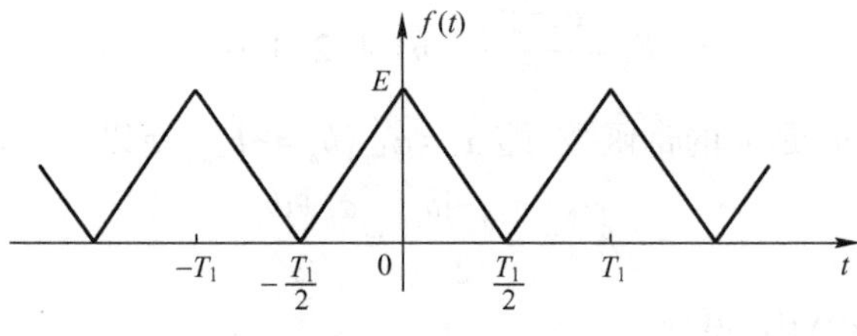

图 3.3　偶函数

例如图 3.3 所示的周期偶信号，其傅里叶级数展开式如下：

$$f(t)=\frac{E}{2}+\frac{4E}{\pi^2}\left[\cos(\omega_1 t)+\frac{1}{9}\cos(3\omega_1 t)+\frac{1}{25}\cos(5\omega_1 t)+\cdots\right]$$

2. $f(t)$ 为奇函数

若周期信号 $f(t)$ 是时间 t 的奇函数，即 $f(t)=-f(-t)$，波形对称于原点，由于 $f(t)\cos(n\omega_1 t)$ 是 t 的奇函数，$f(t)\sin(n\omega_1 t)$ 是 t 的偶函数，所以由式(3.27)得奇函数的傅里叶系数分别为

$$\begin{cases} a_n = 0 \\ b_n = \dfrac{4}{T_1}\displaystyle\int_0^{\frac{T_1}{2}} f(t)\sin(n\omega_1 t)\,\mathrm{d}t \end{cases} \quad n = 1,2,3,\cdots \tag{3.44}$$

即奇函数的傅里叶级数中不含有余弦分量,只含有正弦分量。

例如图 3.4 所示的周期奇信号,其傅里叶级数展开式如下:

$$f(t) = \frac{E}{\pi}\left[\sin(\omega_1 t) - \frac{1}{2}\sin(2\omega_1 t) + \frac{1}{3}\sin(3\omega_1 t) - \frac{1}{5}\sin(5\omega_1 t) + \cdots\right]$$

函数的奇、偶性不仅与信号的波形有关,也与坐标原点的选择有关,当坐标原点移动时,可以使奇、偶关系互相转变。例如将图 3.3 所示偶函数的坐标原点移至$\left(\dfrac{T_1}{4}, \dfrac{E}{2}\right)$时,该函数变为奇函数。因此,适当地选择坐标原点有时候会使函数的分解简化。

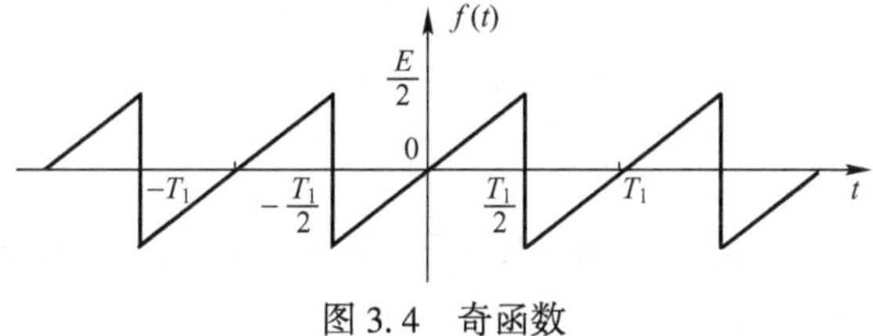

图 3.4　奇函数

3. $f(t)$ 为奇谐函数

若周期信号$f(t)$的前半个周期波形沿时间轴平移$\dfrac{T_1}{2}$后,与后半个周期波形对称于横轴,即

$$f(t) = -f\left(t \pm \frac{T_1}{2}\right) \tag{3.45}$$

则$f(t)$称为奇谐函数或半波对称函数,如图 3.5 所示。

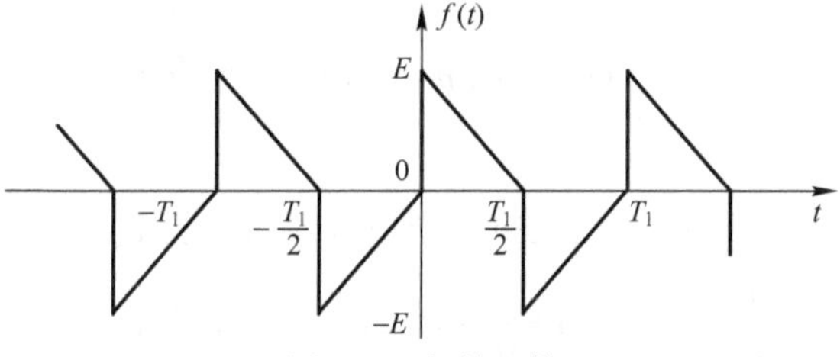

图 3.5　奇谐函数

这类函数的傅里叶级数展开式中,只含有基波和奇次谐波的正弦、余弦项,而不包含偶次谐波项,级数中的系数分别为

$$\begin{cases} a_0 = 0 \\ a_n = b_n = 0 & n\text{ 为偶数} \\ a_n = \dfrac{4}{T_1}\displaystyle\int_0^{\frac{T_1}{2}} f(t)\cos(n\omega_1 t)\,\mathrm{d}t & n\text{ 为奇数} \\ b_n = \dfrac{4}{T_1}\displaystyle\int_0^{\frac{T_1}{2}} f(t)\sin(n\omega_1 t)\,\mathrm{d}t & n\text{ 为奇数} \end{cases} \tag{3.46}$$

下面给出 a_n 的推导过程。

$$a_n=\frac{2}{T_1}\int_{-\frac{T_1}{2}}^{\frac{T_1}{2}}f(t)\cos(n\omega_1 t)\mathrm{d}t$$
$$=\frac{2}{T}\int_{-\frac{T_1}{2}}^{0}f(t)\cos(n\omega_1 t)\mathrm{d}t+\frac{2}{T_1}\int_{0}^{\frac{T_1}{2}}f(t)\cos(n\omega_1 t)\mathrm{d}t$$

第一个积分计算如下：

$$\frac{2}{T_1}\int_{-\frac{T_1}{2}}^{0}f(t)\cos(n\omega_1 t)\mathrm{d}t\xlongequal{t=\tau-\frac{T_1}{2}}\frac{2}{T_1}\int_{0}^{\frac{T_1}{2}}f\left(\tau-\frac{T_1}{2}\right)\cos\left[n\omega_1\left(\tau-\frac{T_1}{2}\right)\right]\mathrm{d}\tau$$
$$=\frac{2}{T_1}\int_{0}^{\frac{T_1}{2}}f\left(\tau-\frac{T_1}{2}\right)\cos(n\omega_1\tau-n\pi)\mathrm{d}\tau$$

由于$f(t)$是奇谐函数，即$f(t)=-f\left(t-\frac{T_1}{2}\right)$，所以上式可写为

$$\frac{2}{T_1}\int_{0}^{\frac{T_1}{2}}f\left(\tau-\frac{T_1}{2}\right)\cos(n\omega_1\tau-n\pi)\mathrm{d}\tau=\frac{2}{T_1}\int_{0}^{\frac{T_1}{2}}[-f(\tau)]\cos(n\omega_1\tau)\cos(n\pi)\mathrm{d}\tau$$
$$=(-1)^{n+1}\frac{2}{T}\int_{0}^{\frac{T_1}{2}}f(t)\cos(n\omega_1 t)\mathrm{d}t$$

将上式代入 a_n 中，可得

$$a_n=\frac{2}{T_1}[1+(-1)^{n+1}]\int_{0}^{\frac{T_1}{2}}f(t)\cos(n\omega_1 t)\mathrm{d}t$$
$$=\begin{cases}0 & n\text{ 为偶数}\\ \dfrac{4}{T_1}\displaystyle\int_{0}^{\frac{T_1}{2}}f(t)\cos(n\omega_1 t)\mathrm{d}t & n\text{ 为奇数}\end{cases}$$

b_n 的推导过程与 a_n 相同。

例如图 3.5 所示的奇谐函数，可以求得其傅里叶级数展开式如下：

$$f(t)=\frac{4E}{\pi^2}\left[\cos(\omega_1 t)+\frac{1}{9}\cos(3\omega_1 t)+\frac{1}{25}\cos(5\omega_1 t)+\cdots\right]+$$
$$\frac{2E}{\pi}\left[\sin(\omega_1 t)+\frac{1}{3}\sin(3\omega_1 t)+\frac{1}{5}\sin(5\omega_1 t)+\cdots\right]$$

显然，它只含有奇次谐波分量，不含有直流分量和偶次谐波分量。

4. $f(t)$为偶谐函数

若周期信号$f(t)$的波形沿时间轴平移半个周期后与原波形完全重叠，即

$$f(t)=f\left(t\pm\frac{T_1}{2}\right)\tag{3.47}$$

则$f(t)$称为偶谐函数或半波重叠函数，如图 3.6 所示。

这类函数的傅里叶级数展开式中，只含有偶次谐波的正弦、余弦项，而不包含奇次谐波项，级数中的系数分别为

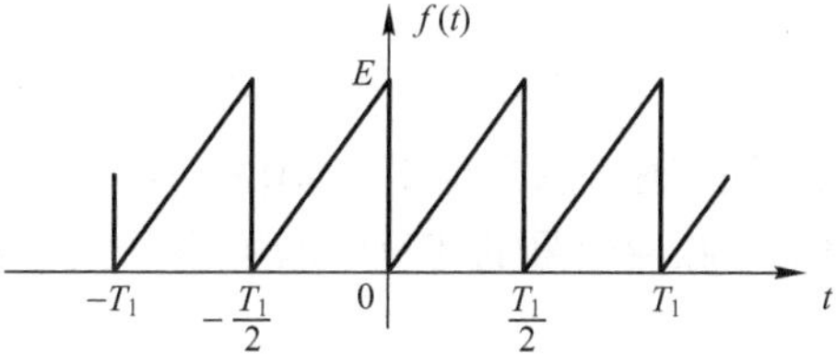

图 3.6　偶谐函数

$$\begin{cases} a_n=b_n=0 & n\text{ 为奇数} \\ a_0=\dfrac{2}{T_1}\displaystyle\int_0^{\frac{T_1}{2}} f(t)\,\mathrm{d}t & \\ a_n=\dfrac{4}{T_1}\displaystyle\int_0^{\frac{T_1}{2}} f(t)\cos(n\omega_1 t)\,\mathrm{d}t & n\text{ 为偶数} \\ b_n=\dfrac{4}{T_1}\displaystyle\int_0^{\frac{T_1}{2}} f(t)\sin(n\omega_1 t)\,\mathrm{d}t & n\text{ 为偶数} \end{cases} \tag{3.48}$$

a_n、b_n 的推导过程与式(3.46)中的相同。

例如图 3.6 所示的偶谐函数，可以求得其傅里叶级数展开式如下：

$$f(t)=\frac{E}{2}-\frac{E}{\pi}\left[\sin(2\omega_1 t)+\frac{1}{2}\sin(4\omega_1 t)+\frac{1}{3}\sin(6\omega_1 t)+\cdots\right]$$

显然它只含有偶次谐波分量，而不包含奇次谐波分量。

通过上面的讨论可以看出，当波形满足某种对称关系时，傅里叶级数中的某些项将会不出现，熟悉傅里叶级数的这种性质后，可以对波形应包含哪些谐波成分迅速作出判断，以便简化傅里叶系数的计算。

3.3　周期信号的频谱

由上一节讨论可知，一个周期信号与另一个周期信号的区别，在时域中表现为波形的不同，而在频域中的区别则表现为其基本频率 ω_1 的不同、各谐波分量的幅度 A_n（$|F_n|$）和相位 φ_n 的不同。采用周期信号的傅里叶级数分解虽然能详尽而确切地表示信号分解的结果，但往往不够直观。为了既方便又明白地表示出周期信号中包含哪些频率分量，各频率分量的比重怎样，可将其各频率分量的振幅和相位随频率变化的关系用曲线的形式表示出来，从而得到一种谱线图，并称之为“频谱图”。

3.3.1　周期信号的频谱定义

周期信号的频谱包括幅度频谱（简称幅度谱）和相位频谱（简称相位谱）两个部分。其中幅度谱描述的是各次谐波振幅随频率变化的关系，相位谱描述的是各次谐波相位随频率变化的关系。根据周期信号展开成傅里叶级数的不同形式可分为单边频谱和双边频谱。

1. 单边频谱

将周期信号 $f(t)$ 展开为余弦形式的傅里叶级数，即

$$f(t)=A_0+\sum_{n=1}^{\infty}A_n\cos(n\omega_1 t+\varphi_n)$$

式中，n 只能取正整数，这样得到的频谱总是位于 $\omega\geqslant 0$ 的半平面上，因此称为单边频谱。

例如图 3.2 所示的周期矩形脉冲信号的傅里叶级数展开式为式(3.33)，将其化为余弦形式的傅里叶级数为

$$f(t)=\frac{E}{2}+\frac{2E}{\pi}\cos\left(\omega_1 t-\frac{\pi}{2}\right)+\frac{2E}{3\pi}\cos\left(3\omega_1 t-\frac{\pi}{2}\right)+\frac{2E}{5\pi}\cos\left(5\omega_1 t-\frac{\pi}{2}\right)+\frac{2E}{7\pi}\cos\left(7\omega_1 t-\frac{\pi}{2}\right)+\cdots$$

其幅度谱和相位谱如图 3.7 所示。在幅度谱和相位谱中，每条线代表每一频率分量的幅度和相位的大小，称其为谱线。连接各谱线顶点的曲线(如图 3.7 中虚线所示)称为包络线，它反映了各分量的幅度和相位的变化情况。可见，频谱图清楚而且直观地反映了各频率分量的幅度和相位的相对大小。

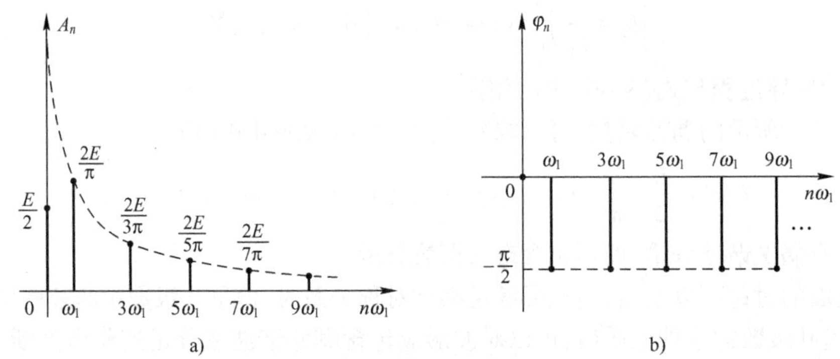

图 3.7　周期矩形脉冲信号的单边频谱

a) 幅度谱　b) 相位谱

2. 双边频谱

将周期信号 $f(t)$ 展开为指数形式的傅里叶级数，即

$$f(t)=\sum_{n=-\infty}^{\infty}F_n e^{jn\omega_1 t}$$

式中，n 可取 $-\infty\sim\infty$ 的整数，这样，变量 $\omega=n\omega_1$ 也是 $-\infty\sim\infty$ 整个 ω 轴变化，因此称此时的频谱为双边频谱。

例如图 3.2 所示的周期矩形脉冲信号，将其三角形式的傅里叶级数写成指数形式的傅里叶级数为

$$f(t)=\frac{E}{2}+\left\{\frac{E}{\pi}\left[e^{j\left(\omega_1 t-\frac{\pi}{2}\right)}+e^{j\left(-\omega_1 t+\frac{\pi}{2}\right)}\right]+\frac{E}{3\pi}\left[e^{j\left(3\omega_1 t-\frac{\pi}{2}\right)}+e^{j\left(-3\omega_1 t+\frac{\pi}{2}\right)}\right]+\frac{E}{5\pi}\left[e^{j\left(5\omega_1 t-\frac{\pi}{2}\right)}+e^{j\left(-5\omega_1 t+\frac{\pi}{2}\right)}\right]+\frac{E}{7\pi}\left[e^{j\left(7\omega_1 t-\frac{\pi}{2}\right)}+e^{j\left(-7\omega_1 t+\frac{\pi}{2}\right)}\right]+\cdots\right\}$$

周期矩形脉冲信号的双边频谱图如图 3.8 所示。

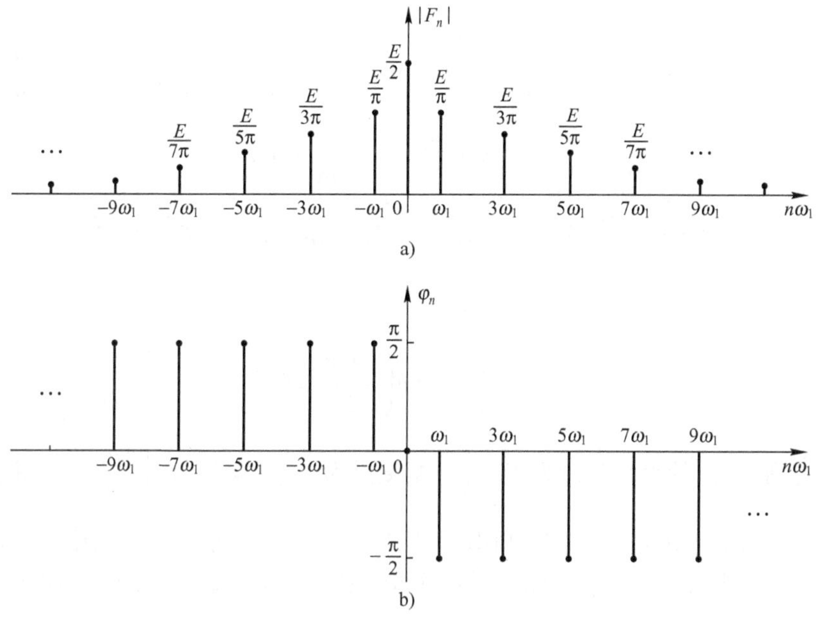

图 3.8　周期矩形脉冲信号的双边频谱

a）幅度谱　b）相位谱

比较图 3.7 和图 3.8 可以看出，这两种频谱表示方法实质上是一样的，其不同之处在于图 3.7 中的每条谱线代表一个频率分量的幅度，而图 3.8 中每个分量的幅度一分为二，在正、负频率相对应的位置上各为一半，所以只要把正、负频率上对应的这两条谱线矢量相加就可以代表一个分量的幅度。

3.3.2　周期矩形脉冲信号的频谱

在周期信号的频谱分析中，周期矩形脉冲信号的频谱具有典型的意义。下面以图 3.9 所示周期矩形脉冲为例，说明周期信号频谱的特点以及信号频带宽度的概念。

设周期矩形脉冲信号 $f(t)$ 的脉冲宽度为 τ，脉冲幅度为 E，重复周期为 T_1，如图 3.9 所示。

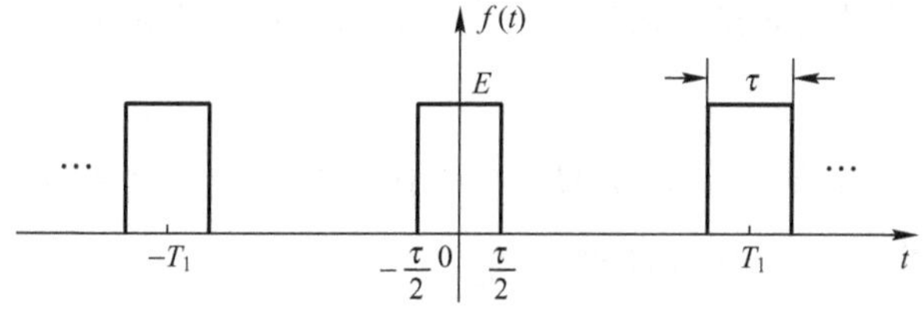

图 3.9　周期矩形脉冲

$f(t)$ 在 $-\frac{T_1}{2}\sim\frac{T_1}{2}$ 的一个周期内的表达式为

$$f(t)=\begin{cases}E & |t|\leqslant\frac{\tau}{2}\\ 0 & |t|>\frac{\tau}{2}\end{cases} \tag{3.49}$$

将 $f(t)$ 展开成指数形式的傅里叶级数，由式(3.36)得

$$F_n=\frac{1}{T_1}\int_{-\frac{T_1}{2}}^{\frac{T_1}{2}} f(t)\mathrm{e}^{-\mathrm{j}n\omega_1 t}\mathrm{d}t=\frac{1}{T_1}\int_{-\frac{\tau}{2}}^{\frac{\tau}{2}} E\mathrm{e}^{-\mathrm{j}n\omega_1 t}\mathrm{d}t=\frac{E}{T_1}\frac{\mathrm{e}^{-\mathrm{j}n\omega_1 t}}{-\mathrm{j}n\omega_1}\Bigg|_{-\frac{\tau}{2}}^{\frac{\tau}{2}}=\frac{E}{T_1}\cdot\frac{\mathrm{e}^{-\mathrm{j}\frac{n\omega_1\tau}{2}}-\mathrm{e}^{\mathrm{j}\frac{n\omega_1\tau}{2}}}{-\mathrm{j}n\omega_1}$$

$$=\frac{2E}{T_1}\cdot\frac{\mathrm{e}^{\mathrm{j}\frac{n\omega_1\tau}{2}}-\mathrm{e}^{-\mathrm{j}\frac{n\omega_1\tau}{2}}}{2\mathrm{j}n\omega_1}=\frac{2E}{T_1}\frac{\sin\left(\frac{n\omega_1\tau}{2}\right)}{n\omega_1}=\frac{E\tau}{T_1}\frac{\sin\left(\frac{n\omega_1\tau}{2}\right)}{\frac{n\omega_1\tau}{2}}=\frac{E\tau}{T_1}\mathrm{Sa}\left(\frac{n\omega_1\tau}{2}\right)$$

所以

$$f(t)=\frac{E\tau}{T_1}\sum_{n=-\infty}^{\infty}\mathrm{Sa}\left(\frac{n\omega_1\tau}{2}\right)\mathrm{e}^{\mathrm{j}n\omega_1 t}$$

由上式得到，$f(t)$的直流分量为$F_0=\frac{E\tau}{T_1}$，幅度谱为$|F_n|=\frac{E\tau}{T_1}\left|\mathrm{Sa}\left(\frac{n\omega_1\tau}{2}\right)\right|$，相位谱为$\varphi_n=0(F_n>0)$或$\varphi_n=\pm\pi(F_n<0)$。图3.10画出了当$T_1=4\tau$时$f(t)$的双边频谱图。考虑到$F_n$是实数，把幅度谱$|F_n|$和相位谱$\varphi_n$合画在一幅图上。若$F_n$是复数，则幅度谱和相位谱应分别画出。

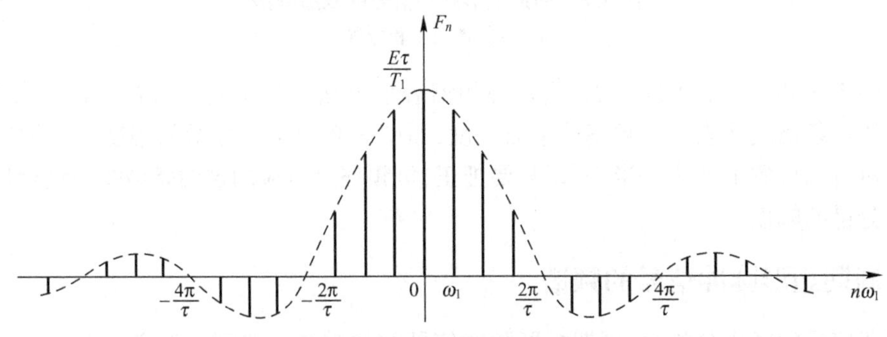

图3.10　周期矩形脉冲信号的频谱图

由以上分析及图3.10可以看出：

1）周期矩形脉冲信号的频谱是离散的，两谱线间隔为基波角频率$\omega_1=\frac{2\pi}{T_1}$，脉冲的重复周期$T_1$越大，谱线越密集。

2）直流分量、基波和各次谐波分量的大小正比于脉冲幅度E和脉冲宽度τ，反比于周期T_1，各谱线幅度按$\mathrm{Sa}\left(\frac{\omega\tau}{2}\right)$包络线的规律而变化。

3）当$\frac{\omega\tau}{2}=k\pi$，$k=\pm1,\pm2,\cdots$时，谱线的包络线过零，因此$\omega=\frac{2k\pi}{\tau}$称为零分量频率。

4）周期矩形脉冲信号包含无限多条谱线，也就是说它可以分解为无限多个频率分量。随着频率的增大，谱线幅度变化的总体趋势收敛于零。其主要能量集中在第一个零分量频率之内。实际上，在允许一定失真的情况下，可以舍弃$\omega>\frac{2\pi}{\tau}$的频率分量，而只要传送频率较低的那些分量就够了。通常把$\omega=0\sim\frac{2\pi}{\tau}$这段频率范围称为矩形脉冲信号的有效频带宽度，记作$B$，

于是有

$$B_\omega=\frac{2\pi}{\tau}(\mathrm{rad/s}) \quad 或 \quad B_f=\frac{1}{\tau}(\mathrm{Hz}) \tag{3.50}$$

显然,有效频带宽度 B 只与脉冲宽度 τ 有关,而且成反比关系。信号持续时间越长,其频带越窄,反之,信号持续时间越短,其频带越宽。

下面来讨论当周期矩形脉冲的周期 T_1 及脉宽 τ 变化时,其频谱结构的变化规律。

(1) 周期 T_1 不变,而脉宽 τ 变化时

周期 T_1 不变时,谱线间隔 $\omega_1=\frac{2\pi}{T_1}$不变。当脉宽 τ 变小时,频谱的幅度减小,频谱包络线第一个过零点频率 $\omega=\frac{2\pi}{\tau}$增大,信号的频带宽度增大,频率分量增多,频谱幅度的收敛速度相应地变慢。图 3.11 画出了当 T_1 不变,$\tau=\frac{T_1}{5}$和 $\tau=\frac{T_1}{10}$两种情况下的频谱图。

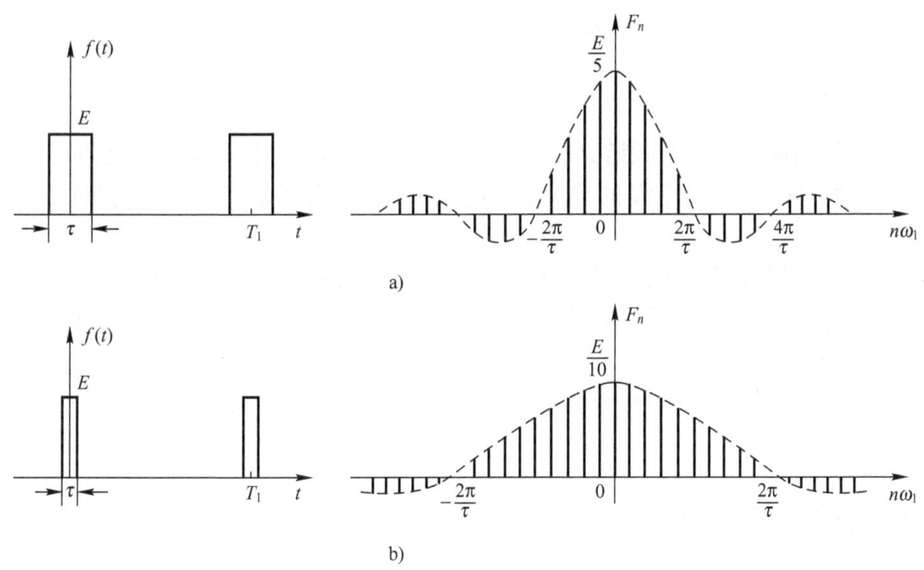

图 3.11　脉冲宽度与频谱的关系

a) $\tau=\frac{T_1}{5}$　b) $\tau=\frac{T_1}{10}$

(2) 脉宽 τ 不变,而周期 T_1 变化时

脉宽 τ 不变,频谱包络线第一个过零点频率 $\omega=\frac{2\pi}{\tau}$不变。当周期 T_1 增大时,谱线间隔 $\omega_1=\frac{2\pi}{T_1}$减小,谱线变密,信号有效频带宽度内谐波分量增多,同时频谱的幅度减小。图 3.12 画出了 τ 不变时,周期分别为 $T_1=5\tau$ 和 $T_1=10\tau$ 两种情况下的频谱图。

由图 3.12 不难看出,当周期 T_1 无限增大时,频谱的谱线无限密集,而各谐波分量的振幅趋于无穷小量,此时周期信号将趋于单脉冲的非周期信号,频谱则由离散过渡到连续,有关非周期信号的频谱将在下一节讨论。

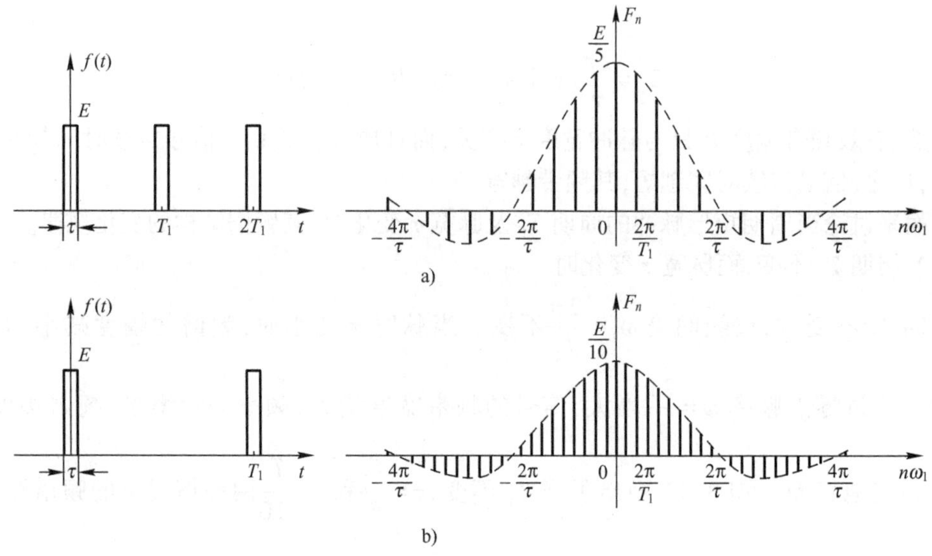

图 3.12　周期与频谱的关系

a）$T_1=5\tau$　b）$T_1=10\tau$

由以上对周期矩形信号的频谱分析，可以得到周期信号的频谱具有以下特点：

1）离散性。频谱由不连续的谱线组成，每一条谱线代表一个频率分量，谱线间隔为 ω_1。

2）谐波性。谱线只在基波频率的整数倍上出现，只有 $n\omega_1$ 的频率分量。

3）收敛性。幅度谱中各谱线的高度，也即各次谐波的振幅的总体趋势是随着谐波次数的增大而逐渐减小。

这些特性虽然是从一个特殊的周期信号得出的，但是它具有普遍的意义，对于其他周期信号，也具有这样的特性。

3.4　非周期信号的频谱

在3.3节中指出，当周期矩形脉冲信号的重复周期无限增大时，信号就转化为非周期的单脉冲信号。此时，相邻谱线间隔无限小，谱线密集，离散频谱变成了连续频谱，同时，各频率分量的振幅无限趋小。虽然这些振幅都是无穷小量，但是它们并不是同样大小，其相对值仍有差别。为了表示这种振幅之间的相对差别，下面引入傅里叶变换的概念。

3.4.1　傅里叶变换

对于非周期信号，不能再采用傅里叶级数的复振幅来表示其频谱，而必须引入一个新的量——“频谱密度函数”。下面从周期信号的傅里叶级数推导出傅里叶变换，并说明频谱密度函数的意义。

设周期为 T_1 的周期信号 $f(t)$，其指数形式的傅里叶级数为

$$f(t)=\sum_{n=-\infty}^{\infty}F_n e^{jn\omega_1 t}$$

复振幅为

$$F_n=\frac{1}{T_1}\int_{-\frac{T_1}{2}}^{\frac{T_1}{2}} f(t)\,\mathrm{e}^{-\mathrm{j}n\omega_1 t}\mathrm{d}t$$

若对上式两端同乘以 T_1，则有

$$F_nT_1=\frac{2\pi F_n}{\omega_1}=\int_{-\frac{T_1}{2}}^{\frac{T_1}{2}} f(t)\,\mathrm{e}^{-\mathrm{j}n\omega_1 t}\mathrm{d}t \tag{3.51}$$

当 T_1 趋于无限大时，谱线间隔 ω_1 趋近于无穷小量 $\mathrm{d}\omega$，离散频率 $n\omega_1$ 变成连续频率 ω。在这种极限情况下，F_n 趋于无穷小量，但 $2\pi F_n/\omega_1$ 可以不趋于零，而趋近于有限值，且变为一个连续函数，通常记为 $F(\mathrm{j}\omega)$，即

$$F(\mathrm{j}\omega)=\lim_{T_1\to\infty}F_nT_1=\lim_{T_1\to\infty}\frac{2\pi F_n}{\omega_1} \tag{3.52}$$

式中，F_n/ω_1 表示单位频带的频谱值，因此称其为原函数 $f(t)$ 的频谱密度函数，简称频谱函数。这样，式(3.51)可以写为

$$F(\mathrm{j}\omega)=\lim_{T_1\to\infty}\int_{-\frac{T_1}{2}}^{\frac{T_1}{2}} f(t)\,\mathrm{e}^{-\mathrm{j}n\omega_1 t}\mathrm{d}t$$

即

$$F(\mathrm{j}\omega)=\int_{-\infty}^{\infty} f(t)\,\mathrm{e}^{-\mathrm{j}\omega t}\mathrm{d}t \tag{3.53}$$

同样对于 $f(t)$，其指数形式的傅里叶级数展开式可改写为

$$f(t)=\sum_{n=-\infty}^{\infty}F_n\mathrm{e}^{\mathrm{j}n\omega_1 t}=\sum_{n=-\infty}^{\infty}\frac{F_n}{\omega_1}\mathrm{e}^{\mathrm{j}n\omega_1 t}\omega_1 \tag{3.54}$$

当周期 T_1 趋于无限大时，$\omega_1\to\mathrm{d}\omega$，$n\omega_1\to\omega$，$\frac{F_n}{\omega_1}=\frac{1}{2\pi}F(\mathrm{j}\omega)$，式(3.54)中的求和运算转化为积分运算，从而得到

$$f(t)=\frac{1}{2\pi}\int_{-\infty}^{\infty}F(\mathrm{j}\omega)\,\mathrm{e}^{\mathrm{j}\omega t}\mathrm{d}\omega \tag{3.55}$$

式(3.53)是非周期信号的频谱表达式，称为傅里叶正变换，式(3.55)称为傅里叶反变换。为了书写方便，习惯上采用下述符号：

傅里叶正变换

$$F(\mathrm{j}\omega)=\mathscr{F}[f(t)]=\int_{-\infty}^{\infty} f(t)\,\mathrm{e}^{-\mathrm{j}\omega t}\mathrm{d}t$$

傅里叶反变换

$$f(t)=\mathscr{F}^{-1}[F(\mathrm{j}\omega)]=\frac{1}{2\pi}\int_{-\infty}^{\infty}F(\mathrm{j}\omega)\,\mathrm{e}^{\mathrm{j}\omega t}\mathrm{d}\omega$$

$f(t)$ 和 $F(\mathrm{j}\omega)$ 构成了一对傅里叶变换，二者的关系可以简记为

$$f(t)\leftrightarrow F(\mathrm{j}\omega)$$

一般来说，频谱函数 $F(\mathrm{j}\omega)$ 是关于 ω 的复函数，可以写成

$$F(\mathrm{j}\omega)=|F(\mathrm{j}\omega)|\,\mathrm{e}^{\mathrm{j}\varphi(\omega)} \tag{3.56}$$

式中，$|F(\mathrm{j}\omega)|$ 为 $F(\mathrm{j}\omega)$ 的模，它表示信号中各频率分量幅度的相对大小；$\varphi(\omega)$ 是

$F(\mathrm{j}\omega)$ 的相位,它表示信号中各频率分量的相位。与周期信号的频谱相对应,通常将 $|F(\mathrm{j}\omega)|-\omega$ 的关系曲线称为非周期信号的幅度谱,而将 $\varphi(\omega)-\omega$ 曲线称为相位谱,它们都是连续函数。

同周期信号一样,也可以将 $f(t)$ 写成三角函数的形式:

$$f(t)=\frac{1}{2\pi}\int_{-\infty}^{\infty}F(\mathrm{j}\omega)\mathrm{e}^{\mathrm{j}\omega t}\mathrm{d}\omega=\frac{1}{2\pi}\int_{-\infty}^{\infty}|F(\mathrm{j}\omega)|\mathrm{e}^{\mathrm{j}[\omega t+\varphi(\omega)]}\mathrm{d}\omega$$

$$=\frac{1}{2\pi}\int_{-\infty}^{\infty}|F(\mathrm{j}\omega)|\cos[\omega t+\varphi(\omega)]\mathrm{d}\omega+\frac{\mathrm{j}}{2\pi}\int_{-\infty}^{\infty}|F(\mathrm{j}\omega)|\sin[\omega t+\varphi(\omega)]\mathrm{d}\omega$$

当 $f(t)$ 为实函数时, $|F(\mathrm{j}\omega)|$ 和 $\varphi(\omega)$ 分别是 ω 的偶函数和奇函数,则上式的第二个积分为零,于是有

$$\begin{aligned}f(t)&=\frac{1}{2\pi}\int_{-\infty}^{\infty}|F(\mathrm{j}\omega)|\cos[\omega t+\varphi(\omega)]\mathrm{d}\omega\\&=\frac{1}{\pi}\int_{0}^{\infty}|F(\mathrm{j}\omega)|\cos[\omega t+\varphi(\omega)]\mathrm{d}\omega\end{aligned}\tag{3.57}$$

可见,非周期信号也可以看作是由不同频率的余弦分量组成的。与周期信号相比,非周期信号的基波频率趋于无穷小量,这样它就包含了从零到无穷大的所有频率分量,而各个余弦分量的振幅 $\frac{|F(\mathrm{j}\omega)|}{\pi}\mathrm{d}\omega$ 趋于无穷小。所以,频谱不能用振幅表示,只能用频谱密度函数 $F(\omega)$ 来表示各分量的相对大小。

和周期信号展开成傅里叶级数一样,对非周期信号进行傅里叶变换也需要满足狄利克雷条件,这时,绝对可积条件表现为 $\int_{-\infty}^{\infty}|f(t)|\mathrm{d}t<\infty$,其中, $|f(t)|$ 是信号 $f(t)$ 的绝对值。但是必须指出,狄利克雷条件是对信号进行傅里叶变换的充分条件而非必要条件。在本书后面章节引入广义函数的概念后可以看到,一些函数并不满足绝对可积条件,但是其傅里叶变换却存在。

3.4.2 典型非周期信号的频谱

1. 矩形脉冲信号

脉冲宽度为 τ、幅度为1的矩形脉冲信号也称为门函数,通常用符号 $G_\tau(t)$ 表示

$$G_\tau(t)=\varepsilon\left(t+\frac{\tau}{2}\right)-\varepsilon\left(t-\frac{\tau}{2}\right)\tag{3.58}$$

其频谱函数为

$$F(\mathrm{j}\omega)=\mathscr{F}[G_\tau(t)]=\int_{-\infty}^{\infty}G_\tau(t)\mathrm{e}^{-\mathrm{j}\omega t}\mathrm{d}t=\int_{-\frac{\tau}{2}}^{\frac{\tau}{2}}\mathrm{e}^{-\mathrm{j}\omega t}\mathrm{d}t$$

$$=\frac{1}{-\mathrm{j}\omega}\left(\mathrm{e}^{-\mathrm{j}\omega\frac{\tau}{2}}-\mathrm{e}^{\mathrm{j}\omega\frac{\tau}{2}}\right)=\tau\frac{\sin\left(\frac{\omega\tau}{2}\right)}{\frac{\omega\tau}{2}}=\tau\mathrm{Sa}\left(\frac{\omega\tau}{2}\right)$$

即

$$G_\tau(t)\leftrightarrow\tau\mathrm{Sa}\left(\frac{\omega\tau}{2}\right)\tag{3.59}$$

图 3.13 画出了矩形脉冲信号的频谱图,由于 $F(\mathrm{j}\omega)$ 是 ω 的实函数,通常将这种实函数的频谱用一条 $F(\mathrm{j}\omega)$ 曲线同时表示幅度谱和相位谱。当 $F(\mathrm{j}\omega)$ 为正数时,其相位为 0;当 $F(\mathrm{j}\omega)$ 为负数时,其相位为 π 或 $-\pi$。

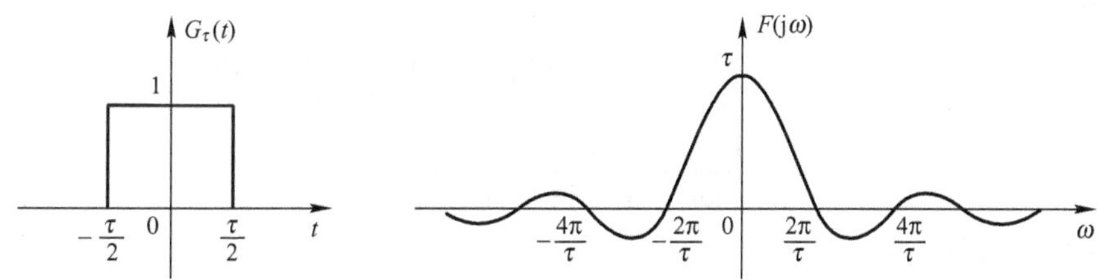

图 3.13　矩形脉冲信号及其频谱

由图 3.13 可以看出,矩形脉冲信号在时域持续时间有限,但其频谱以 $\mathrm{Sa}(\omega\tau/2)$ 的规律变化,分布在无限的频率范围内,其主要能量集中在零频到第一个过零点之间,即 $0\sim2\pi/\tau$ 之间,因此通常认为矩形脉冲信号的有效频带宽度为

$$B_\omega=\frac{2\pi}{\tau}\quad 或 \quad B_f=\frac{1}{\tau}$$

2. 单边指数信号

单边指数信号 $f(t)$ 的表达式为

$$f(t)=\mathrm{e}^{-\alpha t}\varepsilon(t)\quad \alpha>0$$

其频谱函数为

$$F(\mathrm{j}\omega)=\mathscr{F}[f(t)]=\int_{-\infty}^{\infty}f(t)\mathrm{e}^{-\mathrm{j}\omega t}\mathrm{d}t=\int_{0}^{\infty}\mathrm{e}^{-\alpha t}\mathrm{e}^{-\mathrm{j}\omega t}\mathrm{d}t=\frac{1}{\alpha+\mathrm{j}\omega}\tag{3.60}$$

其幅度谱和相位谱分别为

$$|F(\mathrm{j}\omega)|=\frac{1}{\sqrt{\alpha^2+\omega^2}}$$

$$\varphi(\omega)=-\arctan\left(\frac{\omega}{\alpha}\right)$$

单边指数信号及其频谱如图 3.14 所示。

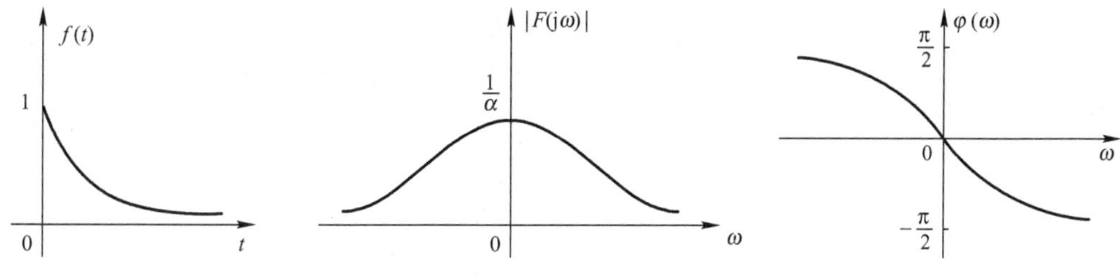

图 3.14　单边指数信号及其频谱

3. 双边指数信号

双边指数信号$f(t)$的表达式为

$$f(t)=\mathrm{e}^{-\alpha|t|}\quad \alpha>0$$

其频谱函数为

$$\begin{aligned}F(\mathrm{j}\omega)=\mathscr{F}[f(t)]&=\int_{-\infty}^{0}\mathrm{e}^{\alpha t}\mathrm{e}^{-\mathrm{j}\omega t}\mathrm{d}t+\int_{0}^{\infty}\mathrm{e}^{-\alpha t}\mathrm{e}^{-\mathrm{j}\omega t}\mathrm{d}t\\&=\frac{1}{\alpha-\mathrm{j}\omega}+\frac{1}{\alpha+\mathrm{j}\omega}=\frac{2\alpha}{\alpha^2+\omega^2}\end{aligned}\tag{3.61}$$

其幅度谱和相位谱分别为

$$|F(\mathrm{j}\omega)|=\frac{2\alpha}{\alpha^2+\omega^2}$$

$$\varphi(\omega)=0$$

双边指数信号及其频谱如图 3.15 所示。

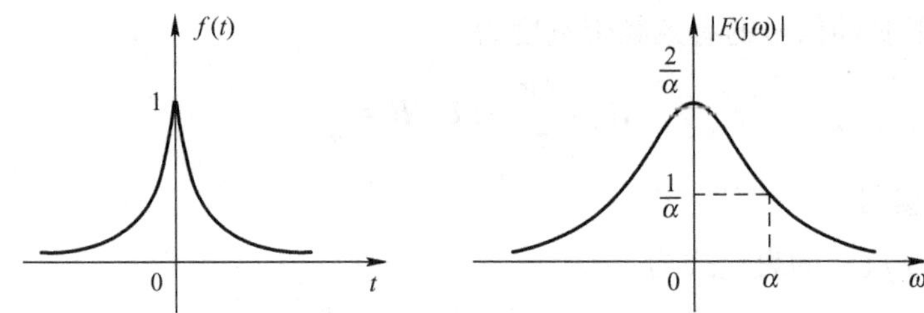

图 3.15　双边指数信号及其频谱

4. 符号函数

符号函数表达式为

$$\operatorname{sgn}(t)=\begin{cases}1 & t>0\\-1 & t<0\end{cases}$$

显然,这种信号不满足绝对可积条件,但其傅里叶变换存在。它可以看作是两个单边指数信号在α趋于零的极限情况,即

$$\operatorname{sgn}(t)=\lim_{\alpha\to 0}[\mathrm{e}^{-\alpha t}\varepsilon(t)-\mathrm{e}^{\alpha t}\varepsilon(-t)]\quad \alpha>0$$

则其频谱函数为

$$F(\mathrm{j}\omega)=\mathscr{F}[\operatorname{sgn}(t)]=\lim_{\alpha\to 0}\left(\frac{1}{\alpha+\mathrm{j}\omega}-\frac{1}{\alpha-\mathrm{j}\omega}\right)=\lim_{\alpha\to 0}\left(-\mathrm{j}\frac{2\omega}{\alpha^2+\omega^2}\right)=\frac{2}{\mathrm{j}\omega}\tag{3.62}$$

幅度谱和相位谱分别为

$$|F(\mathrm{j}\omega)|=\frac{2}{|\omega|}$$

$$\varphi(\omega)=\begin{cases}\dfrac{\pi}{2} & \omega<0\\-\dfrac{\pi}{2} & \omega>0\end{cases}$$

符号函数及其频谱如图 3.16 所示。

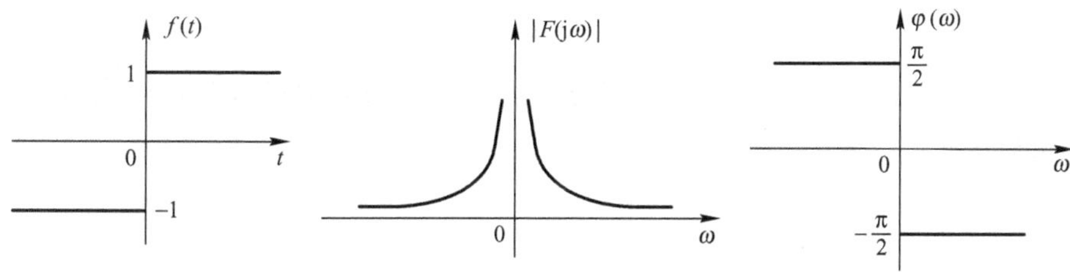

图 3.16　符号函数及其频谱

5. 单位冲激函数 $\delta(t)$

单位冲激函数 $\delta(t)$ 的频谱函数为

$$F(\mathrm{j}\omega)=\mathscr{F}[\delta(t)]=\int_{-\infty}^{\infty}\delta(t)\mathrm{e}^{-\mathrm{j}\omega t}\mathrm{d}t=1 \tag{3.63}$$

即

$$\delta(t)\leftrightarrow 1$$

可见,单位冲激函数的频谱是常数 1。也就是说,$\delta(t)$ 中包含了所有的频率分量,而各分量的频谱密度都相等。显然,信号 $\delta(t)$ 实际上是无法实现的。$\delta(t)$ 的频谱如图 3.17 所示,常称为“均匀谱”或白色频谱。

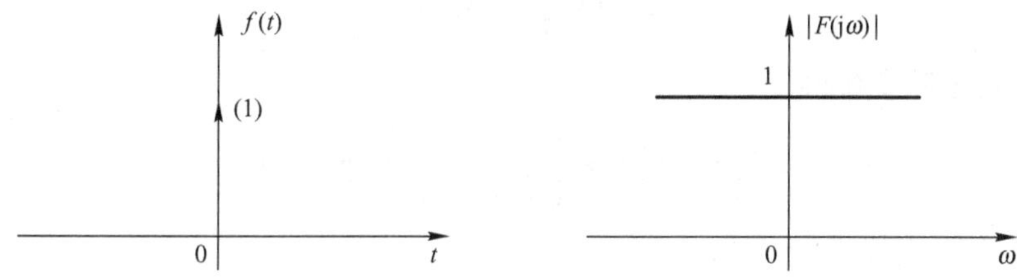

图 3.17　单位冲激函数及其频谱

6. 单位直流信号

单位直流信号表达式为

$$f(t)=1$$

显然,这种信号不满足绝对可积条件,但其傅里叶变换存在。它可以看作是双边指数信号 $\mathrm{e}^{-\alpha|t|}(\alpha>0)$ 在 α 趋于零的极限情况,即

$$f(t)=\lim_{\alpha\to 0}[\mathrm{e}^{-\alpha t}\varepsilon(t)+\mathrm{e}^{\alpha t}\varepsilon(-t)]$$

则其频谱函数为

$$F(\mathrm{j}\omega)=\mathscr{F}[f(t)]=\lim_{\alpha\to 0}\frac{2\alpha}{\alpha^2+\omega^2}=\begin{cases}0 & \omega\neq 0\\ \infty & \omega=0\end{cases}$$

由上式可见,$F(\mathrm{j}\omega)$ 具有冲激函数的性质,其冲激强度由下式确定:

$$\lim_{\alpha\to 0}\int_{-\infty}^{\infty}\frac{2\alpha}{\alpha^2+\omega^2}\mathrm{d}\omega=\lim_{\alpha\to 0}\int_{-\infty}^{\infty}\frac{2}{1+\left(\dfrac{\omega}{\alpha}\right)^2}\mathrm{d}\left(\frac{\omega}{\alpha}\right)=\lim_{\alpha\to 0}\left[2\arctan\left(\frac{\omega}{\alpha}\right)\right]\Bigg|_{-\infty}^{\infty}=2\pi$$

所以

$$F(\mathrm{j}\omega)=\mathscr{F}[1]=2\pi\delta(\omega)$$

即

$$1\leftrightarrow 2\pi\delta(\omega) \tag{3.64}$$

单位直流信号及其频谱如图3.18所示。可见直流信号在频域中只包含 $\omega=0$ 的直流分量，而不含其他频率分量。

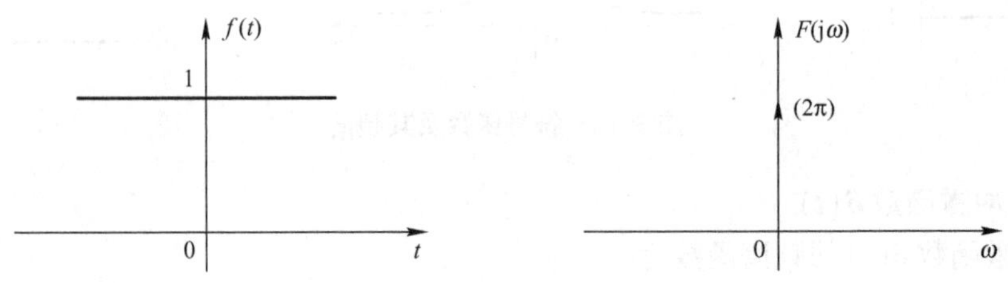

图3.18 单位直流信号及其频谱

7. 单位阶跃函数 $\varepsilon(t)$

显然单位阶跃函数 $\varepsilon(t)$ 不满足绝对可积条件，但是它可以看成是单边指数信号 $e^{-\alpha t}(\alpha>0)$ 在 α 趋于零的极限情况，因此可对单边指数信号的频谱函数取极限得到 $\varepsilon(t)$ 的频谱函数。

此外，单位阶跃函数可以表示为

$$\varepsilon(t)=\frac{1}{2}+\frac{1}{2}\mathrm{sgn}(t)$$

对上式两边作傅里叶变换得

$$\mathscr{F}[\varepsilon(t)]=\mathscr{F}\left[\frac{1}{2}\right]+\mathscr{F}\left[\frac{1}{2}\mathrm{sgn}(t)\right]$$

由式(3.62)和式(3.64)可得

$$\mathscr{F}[\varepsilon(t)]=\pi\delta(\omega)+\frac{1}{j\omega}$$

即

$$\varepsilon(t)\leftrightarrow\pi\delta(\omega)+\frac{1}{j\omega} \tag{3.65}$$

单位阶跃函数及其频谱如图3.19所示。

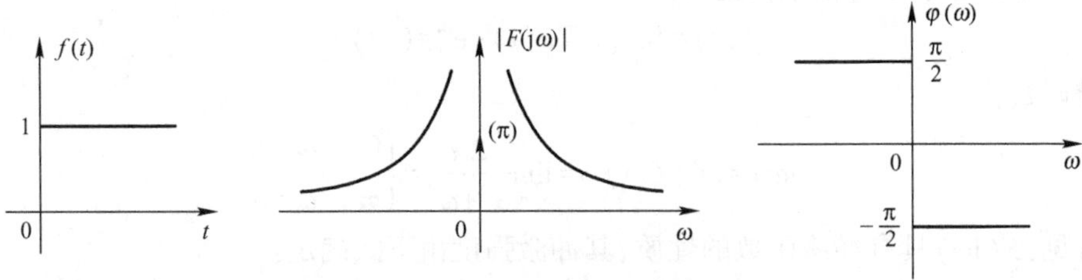

图3.19 单位阶跃函数及其频谱

可见，单位阶跃函数 $\varepsilon(t)$ 的频谱在 $\omega=0$ 处存在一个冲激，这是由于 $\varepsilon(t)$ 中含有直流分量，此外，由于 $\varepsilon(t)$ 不是纯直流信号，它在 $t=0$ 点处有跳变，因此频谱中还含有其他频率分量。

表3.1给出了常见信号的傅里叶变换，以便查阅。

表 3.1　常见信号的傅里叶变换

$f(t)$	$F(\mathrm{j}\omega)=\mathscr{F}[f(t)]$	$f(t)$	$F(\mathrm{j}\omega)=\mathscr{F}[f(t)]$
$G_\tau(t)$	$\tau\mathrm{Sa}\left(\frac{\omega\tau}{2}\right)$	$\tau\mathrm{Sa}\left(\frac{\tau t}{2}\right)$	$2\pi G_\tau(\omega)$
$\mathrm{e}^{-\alpha t}\varepsilon(t)\quad \alpha>0$	$\frac{1}{\alpha+\mathrm{j}\omega}$	$\frac{1}{\pi t}$	$-\mathrm{j}\mathrm{sgn}(\omega)$
$t\mathrm{e}^{-\alpha t}\varepsilon(t)\quad \alpha>0$	$\frac{1}{(\alpha+\mathrm{j}\omega)^2}$	$\mathrm{e}^{\mathrm{j}\omega_0 t}$	$2\pi\delta(\omega-\omega_0)$
$\delta(t)$	1	$\sin(\omega_0 t)$	$\mathrm{j}\pi[\delta(\omega+\omega_0)-\delta(\omega-\omega_0)]$
$\varepsilon(t)$	$\pi\delta(\omega)+\frac{1}{\mathrm{j}\omega}$	$\cos(\omega_0 t)$	$\pi[\delta(\omega+\omega_0)+\delta(\omega-\omega_0)]$
$\mathrm{sgn}(t)$	$\frac{2}{\mathrm{j}\omega}$	$\sum_{n=-\infty}^{\infty}\delta(t-nT_1)$	$\omega_1\sum_{n=-\infty}^{\infty}\delta(\omega-n\omega_1)$
1	$2\pi\delta(\omega)$	$\sum_{n=-\infty}^{\infty}F_n\mathrm{e}^{\mathrm{j}n\omega_1 t}$	$2\pi\sum_{n=-\infty}^{\infty}F_n\delta(\omega-n\omega_1)$

3.5　傅里叶变换的性质

傅里叶变换揭示了时域函数 $f(t)$ 和与之对应的频谱函数 $F(\mathrm{j}\omega)$ 之间的内在联系。它说明了任一信号既可以在时域中描述,也可以在频域中描述。本节将讨论傅里叶变换的性质,这些性质从不同角度描述了当信号在某一个域改变时在另一个域所引起的效应,同时,这些性质也为信号在时域和频域之间的相互转换提供了方便。

3.5.1　线性性质

若

$$f_1(t)\leftrightarrow F_1(\mathrm{j}\omega)\quad f_2(t)\leftrightarrow F_2(\mathrm{j}\omega)$$

则

$$af_1(t)+bf_2(t)\leftrightarrow aF_1(\mathrm{j}\omega)+bF_2(\mathrm{j}\omega)\tag{3.66}$$

式中,a 和 b 是任意常数。利用傅里叶变换的定义容易证明上述结论。

线性性质包含齐次性和叠加性,它表明两个(或多个)信号的线性组合的傅里叶变换等于各个信号傅里叶变换的线性组合。这个性质虽然简单,但很重要,它是频域分析的基础。在 3.4 节中求单位阶跃函数 $\varepsilon(t)$ 的频谱函数时已经应用了此性质。

例 3.2　求图 3.20a 所示信号的傅里叶变换。

解　图 3.20a 所示信号可以看成是两个门函数之和,如图 3.20b、c 所示。即

$$f(t)=G_{2\tau}(t)+G_\tau(t)$$

可以求得

$$G_{2\tau}(t)\leftrightarrow 2\tau\mathrm{Sa}(\omega\tau)$$

$$G_\tau(t)\leftrightarrow \tau\mathrm{Sa}\left(\frac{\omega\tau}{2}\right)$$

所以

$$F(\mathrm{j}\omega)=\mathscr{F}[f(t)]=2\tau\mathrm{Sa}(\omega\tau)+\tau\mathrm{Sa}\left(\frac{\omega\tau}{2}\right)$$

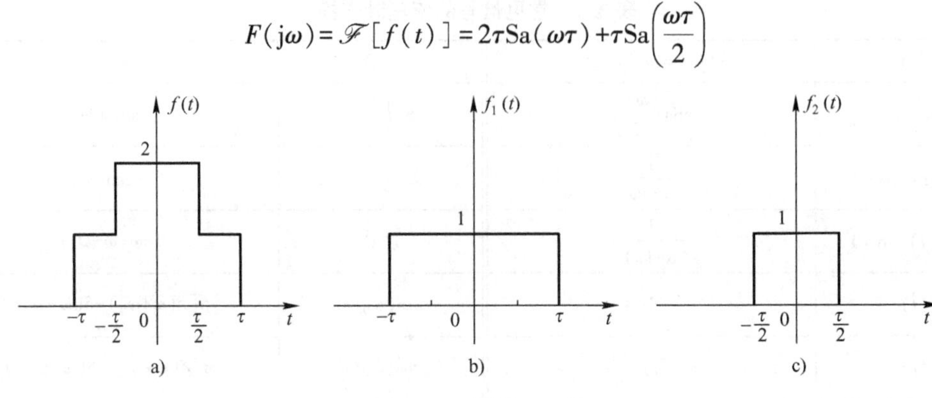

图 3.20 例题 3.2 图

3.5.2 时移性质

若

$$f(t)\leftrightarrow F(\mathrm{j}\omega)$$

则

$$f(t-t_0)\leftrightarrow F(\mathrm{j}\omega)\mathrm{e}^{-\mathrm{j}\omega t_0} \tag{3.67}$$

证明

$$\mathscr{F}[f(t-t_0)]=\int_{-\infty}^{\infty}f(t-t_0)\mathrm{e}^{-\mathrm{j}\omega t}\mathrm{d}t$$

令 $x=t-t_0$，则上式可以写为

$$\mathscr{F}[f(t-t_0)]=\int_{-\infty}^{\infty}f(x)\mathrm{e}^{-\mathrm{j}\omega(x+t_0)}\mathrm{d}x=\mathrm{e}^{-\mathrm{j}\omega t_0}\int_{-\infty}^{\infty}f(x)\mathrm{e}^{-\mathrm{j}\omega x}\mathrm{d}x=\mathrm{e}^{-\mathrm{j}\omega t_0}F(\mathrm{j}\omega)$$

同理可得

$$\mathscr{F}[f(t+t_0)]=\mathrm{e}^{\mathrm{j}\omega t_0}F(\mathrm{j}\omega)$$

式(3.67)表明，若信号在时域中沿时间轴右移 t_0（即延时 t_0），则在频域中所有频率分量滞后一相位 ωt_0，而其幅度保持不变。

例 3.3 求图 3.21a 所示矩形脉冲信号的傅里叶变换。

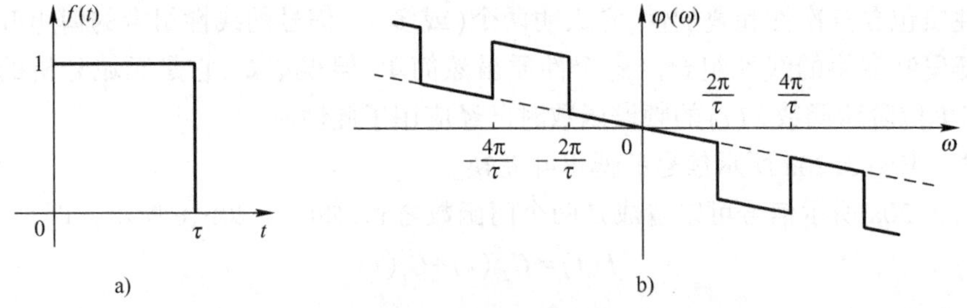

图 3.21 例 3.3 中的矩形脉冲信号及其相位谱

a) 矩形脉冲信号 b) 相位谱

解 由图 3.21a 可知，此信号由门函数 $G_\tau(\tau)$ 右移 $\tau/2$ 得到，即

$$f(t)=G_\tau\left(t-\frac{\tau}{2}\right)$$

因为

$$G_\tau(t)\leftrightarrow\tau\mathrm{Sa}\left(\frac{\omega\tau}{2}\right)$$

由时移性质,可得

$$F(\mathrm{j}\omega)=\mathscr{F}\left[G_\tau\left(t-\frac{\tau}{2}\right)\right]=\tau\mathrm{Sa}\left(\frac{\omega\tau}{2}\right)\mathrm{e}^{-\mathrm{j}\frac{\omega\tau}{2}}$$

显然,$F(\mathrm{j}\omega)$的幅度谱和门函数的幅度谱完全一样,但是其相位要比门函数的相位滞后$\frac{\omega\tau}{2}$,如图 3.21b 所示。

3.5.3　频移性质

若

$$f(t)\leftrightarrow F(\mathrm{j}\omega)$$

则

$$f(t)\mathrm{e}^{\mathrm{j}\omega_0 t}\leftrightarrow F[\mathrm{j}(\omega-\omega_0)]\quad \omega_0\text{ 为常数} \tag{3.68}$$

证明

$$\begin{aligned}\mathscr{F}[f(t)\mathrm{e}^{\mathrm{j}\omega_0 t}]&=\int_{-\infty}^{\infty}f(t)\mathrm{e}^{\mathrm{j}\omega_0 t}\mathrm{e}^{-\mathrm{j}\omega t}\mathrm{d}t\\&=\int_{-\infty}^{\infty}f(t)\mathrm{e}^{-\mathrm{j}(\omega-\omega_0)t}\mathrm{d}t\\&=F[\mathrm{j}(\omega-\omega_0)]\end{aligned}$$

同理

$$\mathscr{F}[f(t)\mathrm{e}^{-\mathrm{j}\omega_0 t}]=F[\mathrm{j}(\omega+\omega_0)]$$

频移性质表明:给时间信号$f(t)$乘以 $\mathrm{e}^{\mathrm{j}\omega_0 t}$,对应于将其频谱函数沿频率轴右移 ω_0;若时间信号$f(t)$乘以 $\mathrm{e}^{-\mathrm{j}\omega_0 t}$,对应于将其频谱函数沿频率轴左移 ω_0。

频谱搬移技术在通信系统中得到了广泛应用,诸如调制、同步解调、变频等都需要进行频谱的搬移。频谱搬移的实现原理是将信号$f(t)$乘以载频信号 $\cos(\omega_0 t)$或 $\sin(\omega_0 t)$,得到高频已调信号$f(t)\cos(\omega_0 t)$或$f(t)\sin(\omega_0 t)$。

因为

$$f(t)\cos(\omega_0 t)=\frac{1}{2}[f(t)\mathrm{e}^{\mathrm{j}\omega_0 t}+f(t)\mathrm{e}^{-\mathrm{j}\omega_0 t}]$$

$$f(t)\sin(\omega_0 t)=\frac{1}{2\mathrm{j}}[f(t)\mathrm{e}^{\mathrm{j}\omega_0 t}-f(t)\mathrm{e}^{-\mathrm{j}\omega_0 t}]$$

由频移性质,可以得到

$$f(t)\cos(\omega_0 t)\leftrightarrow\frac{1}{2}\{F[\mathrm{j}(\omega+\omega_0)]+F[\mathrm{j}(\omega-\omega_0)]\} \tag{3.69}$$

$$f(t)\sin(\omega_0 t)\leftrightarrow\frac{\mathrm{j}}{2}\{F[\mathrm{j}(\omega+\omega_0)]-F[\mathrm{j}(\omega-\omega_0)]\} \tag{3.70}$$

式(3.69)和式(3.70)也称为**调制定理**,它表明时域信号$f(t)$乘以 $\cos(\omega_0 t)$或 $\sin(\omega_0 t)$,

等效于将原信号的频谱一分为二，分别沿频率轴向左和向右搬移 ω_0，在搬移的过程中幅度谱形式不变。

例 3.4　求图 3.22a 所示高频脉冲信号的频谱函数。

解　图 3.22a 所示的高频脉冲信号 $f(t)$ 可以看作是图 3.22b 所示的矩形脉冲 $G_\tau(t)$ 和图 3.22c 所示的余弦信号的乘积，即

$$f(t)=G_\tau(t)\cdot\cos(\omega_0 t)=\frac{1}{2}[G_\tau(t)\mathrm{e}^{\mathrm{j}\omega_0 t}+G_\tau(t)\mathrm{e}^{-\mathrm{j}\omega_0 t}]$$

因为

$$G_\tau(t)\leftrightarrow\tau\mathrm{Sa}\left(\frac{\omega\tau}{2}\right)$$

其频谱如图 3.22d 所示。

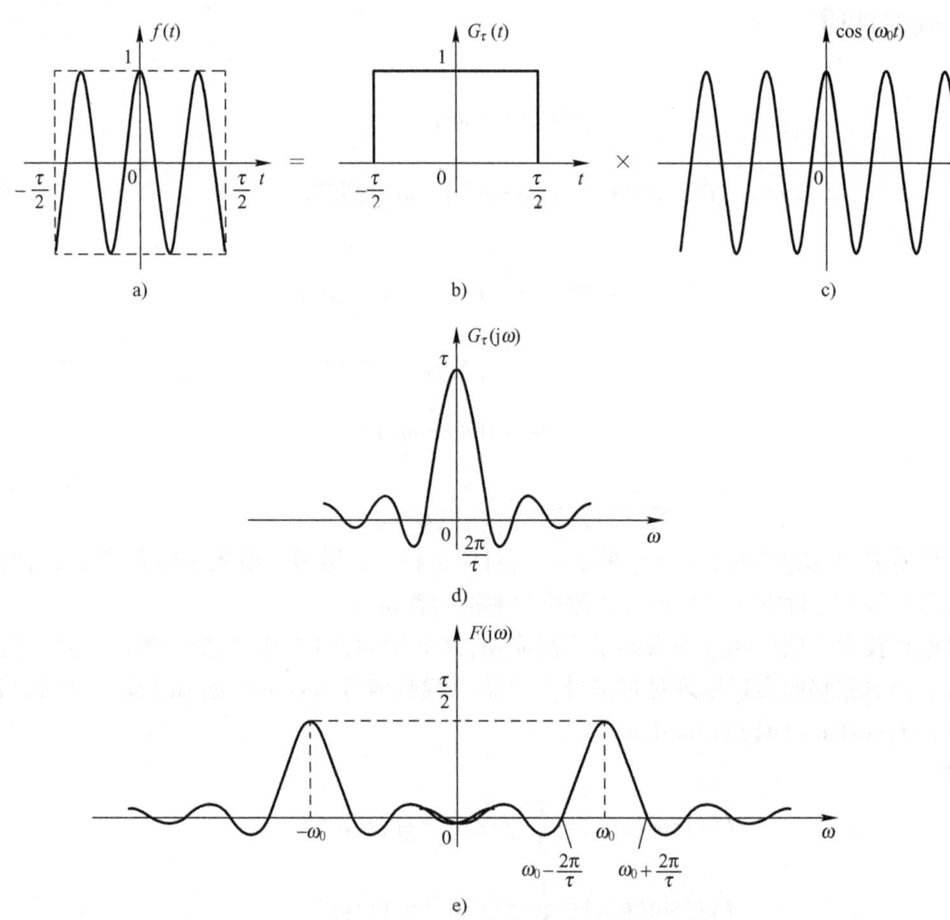

图 3.22　例 3.4 中的时域信号及其频谱图

a）高频脉冲信号　b）矩形脉冲信号　c）余弦信号　d）矩形脉冲信号频谱　e）高频脉冲信号频谱

由调制定理（式(3.69)和式(3.70)）得

$$F(\mathrm{j}\omega)=\mathscr{F}[f(t)]=\frac{\tau}{2}\left\{\mathrm{Sa}\left[\frac{(\omega+\omega_0)\tau}{2}\right]+\mathrm{Sa}\left[\frac{(\omega-\omega_0)\tau}{2}\right]\right\}$$

图 3.22e 所示为图 3.22a 的高频脉冲信号的频谱图。

3.5.4　尺度变换性质

若

$$f(t)\leftrightarrow F(\mathrm{j}\omega)$$

则

$$f(at)\leftrightarrow\frac{1}{|a|}F\left(\mathrm{j}\frac{\omega}{a}\right)\quad a\text{ 为任意非零实常数}\tag{3.71}$$

证明

$$\mathscr{F}[f(at)]=\int_{-\infty}^{\infty}f(at)\mathrm{e}^{-\mathrm{j}\omega t}\mathrm{d}t$$

令 $x=at$,则

$$t=\frac{x}{a}\quad \mathrm{d}t=\frac{1}{a}\mathrm{d}x$$

若 $a>0$,则

$$\mathscr{F}[f(at)]=\frac{1}{a}\int_{-\infty}^{\infty}f(x)\mathrm{e}^{-\mathrm{j}\frac{\omega}{a}x}\mathrm{d}x=\frac{1}{a}F\left(\mathrm{j}\frac{\omega}{a}\right)$$

若 $a<0$,则

$$\begin{aligned}\mathscr{F}[f(at)]&=\frac{1}{a}\int_{+\infty}^{-\infty}f(x)\mathrm{e}^{-\mathrm{j}\frac{\omega}{a}x}\mathrm{d}x\\&=-\frac{1}{a}\int_{-\infty}^{\infty}f(x)\mathrm{e}^{-\mathrm{j}\frac{\omega}{a}x}\mathrm{d}x=-\frac{1}{a}F\left(\mathrm{j}\frac{\omega}{a}\right)=\frac{1}{|a|}F\left(\mathrm{j}\frac{\omega}{a}\right)\end{aligned}$$

综合以上两种情况,即得式(3.71)。

式(3.71)表明,信号在时域中压缩为原来的$\frac{1}{a}$($a>1$)等效于在频域中扩展 a 倍,同时其幅度减小为原来的$\frac{1}{a}$;反之,信号在时域中扩展 a 倍($0<a<1$)等效于在频域中压缩为原来的$\frac{1}{a}$,同时幅度增大为原来的 a 倍。简言之,信号在时域中压缩等效于在频域中扩展;在时域中扩展等效于在频域中压缩。图 3.23 说明了矩形脉冲信号的尺度变换特性。

由尺度变换性质可知,信号的持续时间与其频带宽度成反比。在通信技术中,为了提高信号的传输速度,需要压缩信号的时域脉宽,但这却是以频带的扩展为代价的。因此,在无线通信中,通信速度与占用频带宽度是一对矛盾。

特别地,当 $a=-1$ 时,有

$$f(-t)\leftrightarrow F(-\mathrm{j}\omega)$$

这表明,信号时域沿纵轴的反褶对应于频域中频谱函数沿纵轴的反褶,上式也称为**时间倒置定理**。

3.5.5　对称性质

若

$$f(t)\leftrightarrow F(\mathrm{j}\omega)$$

则

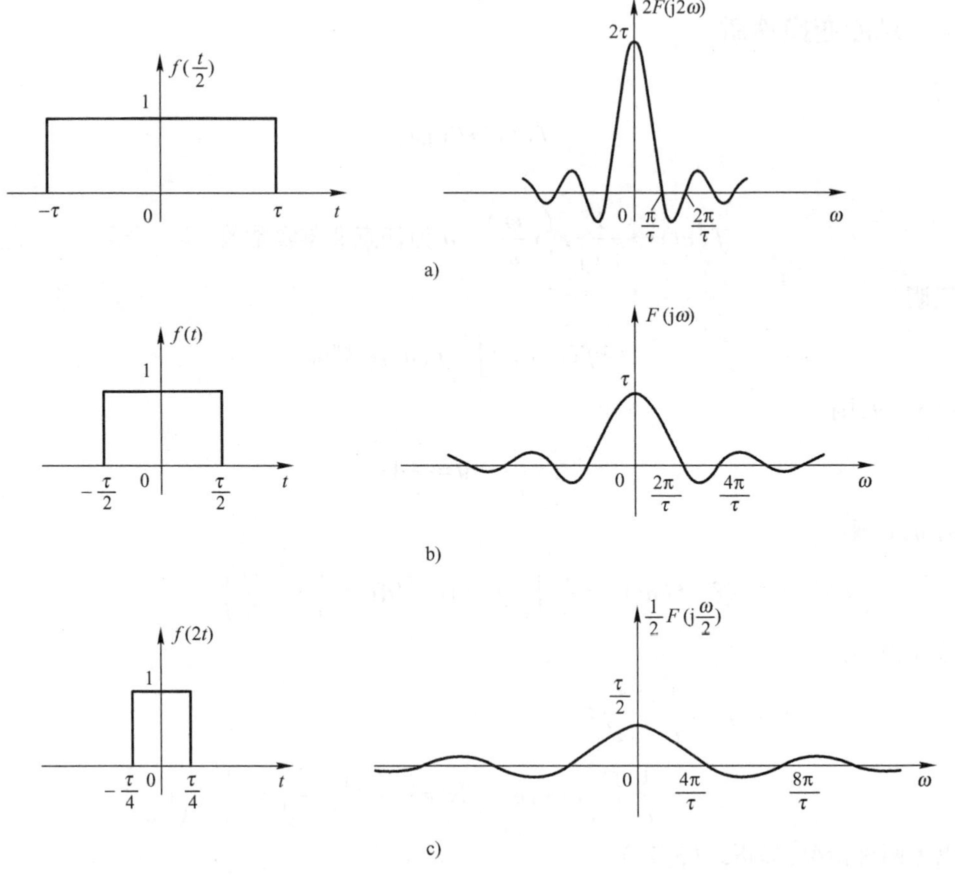

图 3.23 矩形脉冲信号的尺度变换性质

a) $a=\frac{1}{2}$ b) $a=1$ c) $a=2$

$$F(\mathrm{j}t)\leftrightarrow 2\pi f(-\omega) \tag{3.72}$$

证明 由傅里叶反变换式有

$$f(t)=\frac{1}{2\pi}\int_{-\infty}^{\infty}F(\mathrm{j}\omega)\mathrm{e}^{\mathrm{j}\omega t}\mathrm{d}\omega$$

将上式中的自变量 t 换为 $-t$ 得

$$f(-t)=\frac{1}{2\pi}\int_{-\infty}^{\infty}F(\mathrm{j}\omega)\mathrm{e}^{-\mathrm{j}\omega t}\mathrm{d}\omega$$

将上式中的 t 换为 ω,ω 换为 t,则可写为

$$2\pi f(-\omega)=\int_{-\infty}^{\infty}F(\mathrm{j}t)\mathrm{e}^{-\mathrm{j}\omega t}\mathrm{d}t=\mathscr{F}[F(\mathrm{j}t)]$$

上式表明,时间函数 $F(\mathrm{j}t)$ 的傅里叶变换为 $2\pi f(-\omega)$。

若 $f(t)$ 是 t 的实偶函数,即 $f(t)=f(-t)$,则有

$$F(\mathrm{j}t)\leftrightarrow 2\pi f(\omega)$$

傅里叶变换的对称性质表明,信号的时域波形与其频谱函数具有对称互易性。也就是说,如果某个时间信号的函数形式和某个傅里叶变换的函数形式相同,则该时间函数的傅里叶变

换式必然和这个傅里叶变换所对应的时间函数式相同。例如,时域单位冲激函数 $\delta(t)$ 的傅里叶变换为常数 1,由对称性,常数 1 的傅里叶变换应为 $2\pi\delta(\omega)$。

例 3.5　求抽样函数 $\mathrm{Sa}(t)=\dfrac{\sin t}{t}$ 的频谱函数。

解　由式(3.59)可知,门函数及其频谱为

$$G_\tau(t)\leftrightarrow\tau\mathrm{Sa}\left(\frac{\omega\tau}{2}\right)$$

当脉宽 $\tau=2$ 时,门函数 $\frac{1}{2}G_2(t)$ 对应的频谱函数为

$$\frac{1}{2}G_2(t)\leftrightarrow\mathrm{Sa}(\omega)$$

门函数 $\frac{1}{2}G_2(t)$ 及其频谱如图 3.24a 所示。

由对称性可得

$$\mathrm{Sa}(t)\leftrightarrow2\pi\cdot\frac{1}{2}G_2(-\omega)$$

考虑到 $G_2(t)$ 是偶函数,故有

$$G_2(\omega)=G_2(-\omega)$$

所以

$$\mathrm{Sa}(t)\leftrightarrow\pi G_2(\omega)=\pi[\varepsilon(\omega+1)-\varepsilon(\omega-1)]$$

$\mathrm{Sa}(t)$ 的波形及其频谱如图 3.24b 所示。

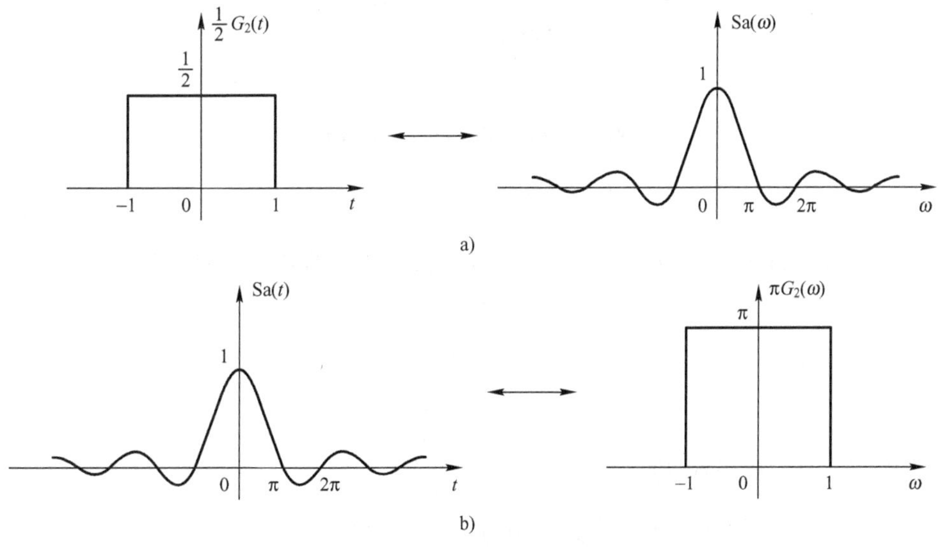

图 3.24　例 3.5 中的相关波形图
a) 门函数及其频谱　b) $\mathrm{Sa}(t)$ 波形及其频谱

例 3.6　已知频谱函数 $F(\mathrm{j}\omega)=\mathrm{sgn}(\omega)$,求其对应的时间函数 $f(t)$。

解　由式(3.62)可知

$$\mathrm{sgn}(t)\leftrightarrow\frac{2}{\mathrm{j}\omega}$$

由对称性,得

$$\frac{2}{\mathrm{j}t}\leftrightarrow 2\pi\ \mathrm{sgn}(-\omega)$$

考虑到 sgn(t)是奇函数,故有

$$\mathrm{sgn}(\omega)=-\mathrm{sgn}(-\omega)$$

所以

$$-\frac{1}{2\pi}\cdot\frac{2}{\mathrm{j}t}\leftrightarrow\mathrm{sgn}(\omega)$$

即

$$f(t)=\frac{\mathrm{j}}{\pi t}$$

3.5.6 奇偶虚实性质

通常遇到的实际信号都是时间 t 的实函数。现在来讨论实时间函数 $f(t)$ 与其频谱函数 $F(\mathrm{j}\omega)$ 的奇、偶、虚实关系。

由傅里叶变换的定义,有

$$F(\mathrm{j}\omega)=\int_{-\infty}^{\infty}f(t)\mathrm{e}^{-\mathrm{j}\omega t}\mathrm{d}t$$

考虑到 $\mathrm{e}^{-\mathrm{j}\omega t}=\cos(\omega t)-\mathrm{j}\sin(\omega t)$,则上式可以写为

$$\begin{aligned}F(\mathrm{j}\omega)&=\int_{-\infty}^{\infty}f(t)\cos(\omega t)\mathrm{d}t-\mathrm{j}\int_{-\infty}^{\infty}f(t)\sin(\omega t)\mathrm{d}t\\&=R(\mathrm{j}\omega)+\mathrm{j}X(\mathrm{j}\omega)\end{aligned}$$

其中

$$R(\mathrm{j}\omega)=\int_{-\infty}^{\infty}f(t)\cos(\omega t)\mathrm{d}t \tag{3.73}$$

$$X(\mathrm{j}\omega)=-\int_{-\infty}^{\infty}f(t)\sin(\omega t)\mathrm{d}t \tag{3.74}$$

显然,$R(\mathrm{j}\omega)$是频率 ω 的偶函数,$X(\mathrm{j}\omega)$是频率 ω 的奇函数,即满足下列关系:

$$R(\mathrm{j}\omega)=R(-\mathrm{j}\omega) \tag{3.75}$$

$$X(\mathrm{j}\omega)=-X(-\mathrm{j}\omega) \tag{3.76}$$

从而有

$$F(-\mathrm{j}\omega)=F^{*}(\mathrm{j}\omega) \tag{3.77}$$

(1) 若 $f(t)$ 是实偶函数,则

$$X(\mathrm{j}\omega)=0\quad F(\mathrm{j}\omega)=R(\mathrm{j}\omega)=2\int_{0}^{\infty}f(t)\cos(\omega t)\mathrm{d}t \tag{3.78}$$

可见,若 $f(t)$ 是实偶函数,则 $F(\mathrm{j}\omega)$ 也是频率 ω 的实偶函数。

(2) 若 $f(t)$ 是实奇函数,则

$$R(\mathrm{j}\omega)=0\quad F(\mathrm{j}\omega)=\mathrm{j}X(\mathrm{j}\omega)=-2\mathrm{j}\int_{0}^{\infty}f(t)\sin(\omega t)\mathrm{d}t \tag{3.79}$$

可见,若 $f(t)$ 是实奇函数,则 $F(\mathrm{j}\omega)$ 是频率 ω 的虚奇函数。

以上结论适用于$f(t)$是时间t的实函数的情况，如果$f(t)$是时间t的虚函数，则有

$$R(\mathrm{j}\omega)=-R(-\mathrm{j}\omega)$$
$$X(\mathrm{j}\omega)=X(-\mathrm{j}\omega)$$

从而有

$$F(-\mathrm{j}\omega)=-F^{*}(\mathrm{j}\omega)$$

证明过程从略。

3.5.7 时域微分性质

若

$$f(t)\leftrightarrow F(\mathrm{j}\omega)$$

则

$$\frac{\mathrm{d}f(t)}{\mathrm{d}t}\leftrightarrow \mathrm{j}\omega F(\mathrm{j}\omega) \tag{3.80}$$

$$\frac{\mathrm{d}^{n}f(t)}{\mathrm{d}t^{n}}\leftrightarrow (\mathrm{j}\omega)^{n}F(\mathrm{j}\omega) \tag{3.81}$$

证明　因为

$$f(t)=\frac{1}{2\pi}\int_{-\infty}^{\infty}F(\mathrm{j}\omega)\mathrm{e}^{\mathrm{j}\omega t}\mathrm{d}\omega$$

上式两边对t求导，得

$$\frac{\mathrm{d}f(t)}{\mathrm{d}t}=\frac{1}{2\pi}\int_{-\infty}^{\infty}\mathrm{j}\omega F(\mathrm{j}\omega)\mathrm{e}^{\mathrm{j}\omega t}\mathrm{d}\omega$$

所以有

$$\mathscr{F}\left[\frac{\mathrm{d}f(t)}{\mathrm{d}t}\right]=\mathrm{j}\omega F(\mathrm{j}\omega)$$

重复上式运算，可得

$$\mathscr{F}\left[\frac{\mathrm{d}^{n}f(t)}{\mathrm{d}t^{n}}\right]=(\mathrm{j}\omega)^{n}F(\mathrm{j}\omega)$$

上式表明，若在时域中对信号取n阶导数，等效于在频域中信号的频谱乘以$(\mathrm{j}\omega)^{n}$。

例 3.7　(1) 求信号$\delta'(t)$、$\delta^{(n)}(t)$的频谱函数。

(2) 求信号$f(t)=\dfrac{\mathrm{d}\mathrm{e}^{-2|t|}}{\mathrm{d}t}$的频谱函数

解　(1) 因为$\delta(t)\leftrightarrow 1$，由时域微分性质得

$$\delta'(t)\leftrightarrow \mathrm{j}\omega$$
$$\delta^{(n)}(t)\leftrightarrow(\mathrm{j}\omega)^{n}$$

(2)

$$\mathrm{e}^{-2|t|}\leftrightarrow\frac{4}{4+\omega^{2}}$$

$$\frac{\mathrm{d}\mathrm{e}^{-2|t|}}{\mathrm{d}t}\leftrightarrow\frac{4\mathrm{j}\omega}{4+\omega^{2}}$$

3.5.8 时域积分性质

若

$$f(t)\leftrightarrow F(\mathrm{j}\omega)$$

则

$$\int_{-\infty}^{t} f(\tau)\mathrm{d}\tau \leftrightarrow \frac{F(\mathrm{j}\omega)}{\mathrm{j}\omega} + \pi F(0)\delta(\omega) \tag{3.82}$$

其中，$F(0)=F(\mathrm{j}\omega)\mid_{\omega=0}$，它也可由傅里叶变换定义式中令 $\omega=0$ 得到，即

$$F(0)=F(\mathrm{j}\omega)\mid_{\omega=0}=\int_{-\infty}^{\infty} f(t)\mathrm{d}t$$

证明

$$\begin{aligned}\mathscr{F}\left[\int_{-\infty}^{t} f(\tau)\mathrm{d}\tau\right] &= \int_{-\infty}^{\infty}\left[\int_{-\infty}^{t} f(\tau)\mathrm{d}\tau\right]\mathrm{e}^{-\mathrm{j}\omega t}\mathrm{d}t \\ &= \int_{-\infty}^{\infty}\left[\int_{-\infty}^{\infty} f(\tau)\varepsilon(t-\tau)\mathrm{d}\tau\right]\mathrm{e}^{-\mathrm{j}\omega t}\mathrm{d}t\end{aligned} \tag{3.83}$$

交换积分次序，并引用延时阶跃信号的傅里叶变换式

$$\mathscr{F}[\varepsilon(t-\tau)] = \left[\pi\delta(\omega)+\frac{1}{\mathrm{j}\omega}\right]\mathrm{e}^{-\mathrm{j}\omega\tau}$$

式(3.83)可写为

$$\begin{aligned}\int_{-\infty}^{\infty} f(\tau)\left[\int_{-\infty}^{\infty}\varepsilon(t-\tau)\mathrm{e}^{-\mathrm{j}\omega t}\mathrm{d}t\right]\mathrm{d}\tau &= \int_{-\infty}^{\infty} f(\tau)\left[\pi\delta(\omega)+\frac{1}{\mathrm{j}\omega}\right]\mathrm{e}^{-\mathrm{j}\omega\tau}\mathrm{d}\tau \\ &= \left[\pi\delta(\omega)+\frac{1}{\mathrm{j}\omega}\right]\int_{-\infty}^{\infty} f(\tau)\mathrm{e}^{-\mathrm{j}\omega\tau}\mathrm{d}\tau \\ &= \left[\pi\delta(\omega)+\frac{1}{\mathrm{j}\omega}\right]F(\mathrm{j}\omega) \\ &= \pi F(0)\delta(\omega)+\frac{F(\mathrm{j}\omega)}{\mathrm{j}\omega}\end{aligned} \tag{3.84}$$

当 $F(0)=0$ 时，式(3.84)简化为

$$\int_{-\infty}^{t} f(\tau)\mathrm{d}\tau \leftrightarrow \frac{F(\mathrm{j}\omega)}{\mathrm{j}\omega} \tag{3.85}$$

例 3.8 已知三角形脉冲函数

$$f(t)=\begin{cases} E\left(1-\dfrac{1}{\tau}|t|\right) & |t|\leqslant\tau \\ 0 & |t|>\tau \end{cases}$$

如图 3.25a 所示，求其频谱函数。

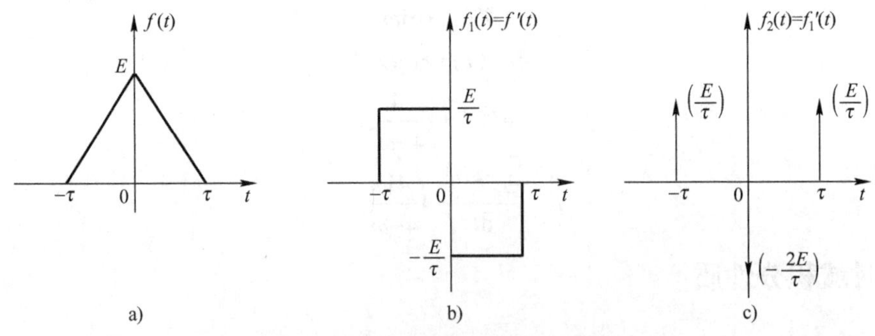

图 3.25 例 3.8 中的相关波形图

a) 原信号 $f(t)$ b) $f(t)$的一阶导数 c) $f(t)$的二阶导数

解　对$f(t)$求一阶导数,得$f_1(t)=f'(t)$,如图 3.25b 所示,再对$f_1(t)$求一阶导数,得$f_2(t)=f''(t)$,如图 3.25c 所示,则$f_2(t)$可以表示为

$$f_2(t)=\frac{E}{\tau}\delta(t+\tau)-\frac{2E}{\tau}\delta(t)+\frac{E}{\tau}\delta(t-\tau)$$

由$\delta(t)\leftrightarrow 1$,并根据傅里叶变换的线性性质和时移性质,得$f_2(t)$的频谱函数为

$$F_2(\mathrm{j}\omega)=\frac{E}{\tau}\mathrm{e}^{\mathrm{j}\omega\tau}-\frac{2E}{\tau}+\frac{E}{\tau}\mathrm{e}^{-\mathrm{j}\omega\tau}=\frac{2E}{\tau}[\cos(\omega\tau)-1]=-\frac{4E}{\tau}\sin^2\left(\frac{\omega\tau}{2}\right)$$

因为$f_1(t)=\int_{-\infty}^{t}f_2(\tau)\mathrm{d}\tau$,且$F_2(0)=0$,所以由式(3.82),得

$$F_1(\mathrm{j}\omega)=\frac{F_2(\mathrm{j}\omega)}{\mathrm{j}\omega}=-\frac{4E}{\mathrm{j}\omega\tau}\sin^2\left(\frac{\omega\tau}{2}\right)$$

因为$f(t)=\int_{-\infty}^{t}f_1(\tau)\mathrm{d}\tau$,且$F_1(0)=0$,所以由式(3.82),得

$$F(\mathrm{j}\omega)=\frac{F_1(\mathrm{j}\omega)}{\mathrm{j}\omega}=-\frac{4E}{(\mathrm{j}\omega)^2\tau}\sin^2\left(\frac{\omega\tau}{2}\right)=E\tau\mathrm{Sa}^2\left(\frac{\omega\tau}{2}\right)$$

上面的例题表明,对于有些信号$f(t)$,如果其导数的傅里叶变换易于求得,那么,可以先求其导数的傅里叶变换,然后再利用积分性质进一步求取原函数的傅里叶变换。但是需要注意的是,对于某些信号,虽然有$f'(t)=f_1(t)$,但是对$f_1(t)$再进行积分就不一定等于原函数。例如$\varepsilon(t)$和$\frac{1}{2}\mathrm{sgn}(t)$的一阶导数都是$\delta(t)$,但是$\delta(t)$的积分却是$\varepsilon(t)$,而不是$\frac{1}{2}\mathrm{sgn}(t)$。这是因为不同常数的导数均为零,所以由导函数通过积分所得的信号与原信号之间可能相差一个积分常数。用数学方式可以表示为

$$\int_{-\infty}^{t}f_1(\tau)\mathrm{d}\tau=\int_{-\infty}^{t}\frac{\mathrm{d}f(\tau)}{\mathrm{d}\tau}\mathrm{d}\tau=f(t)-f(-\infty)$$

所以

$$f(t)=\int_{-\infty}^{t}f_1(\tau)\mathrm{d}\tau+f(-\infty)\tag{3.86}$$

可见,由导函数积分得到的函数与原函数之间相差一个积分常数$f(-\infty)$。因此,式(3.82)中的积分公式实际上隐含着$f(-\infty)=0$的条件。

当$f(-\infty)\neq 0$时,对式(3.86)两端作傅里叶变换可以得到

$$F(\mathrm{j}\omega)=\frac{F_1(\mathrm{j}\omega)}{\mathrm{j}\omega}+\pi F_1(0)\delta(\omega)+2\pi f(-\infty)\delta(\omega)$$

考虑到

$$F_1(0)=\int_{-\infty}^{\infty}f_1(t)\mathrm{d}t=\int_{-\infty}^{\infty}\frac{\mathrm{d}f(t)}{\mathrm{d}t}\mathrm{d}t==f(\infty)-f(-\infty)$$

所以

$$F(\mathrm{j}\omega)=\frac{F_1(\mathrm{j}\omega)}{\mathrm{j}\omega}+\pi[f(\infty)+f(-\infty)]\delta(\omega)\tag{3.87}$$

式中,$F(\mathrm{j}\omega)$为原信号$f(t)$的频谱函数;$F_1(\mathrm{j}\omega)$为$f(t)$的一阶导数$f_1(t)$的频谱函数。

式(3.87)就是利用导函数$f_1(t)$的傅里叶变换$F_1(\mathrm{j}\omega)$来直接求取原信号$f(t)$的傅里叶变

换 $F(\mathrm{j}\omega)$ 的修正公式。利用该式可以方便地得到某些信号的频谱。

例 3.9　求符号函数 $f(t)=\mathrm{sgn}(t)$ 的频谱函数。

解　对 $f(t)$ 求一阶导数,得

$$f_1(t)=f'(t)=2\delta(t)$$

$$F_1(\mathrm{j}\omega)=\mathscr{F}[f_1(t)]=2$$

又 $f(\infty)+f(-\infty)=0$,所以由式(3.87)得符号函数的频谱为

$$F(\mathrm{j}\omega)=\frac{F_1(\mathrm{j}\omega)}{\mathrm{j}\omega}=\frac{2}{\mathrm{j}\omega}$$

例 3.10　求图 3.26 所示信号 $f(t)$ 的频谱函数。

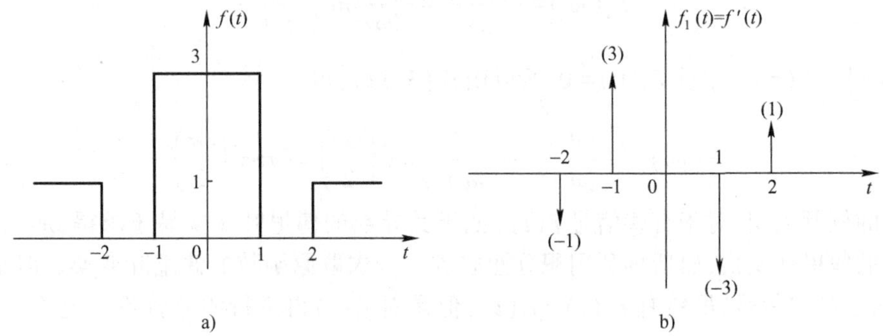

图 3.26　例 3.10 中的相关波形图

a) 原信号 $f(t)$　b) $f(t)$ 的一阶导数

解　对 $f(t)$ 求一阶导数得

$$f_1(t)=f'(t)=-\delta(t+2)+3\delta(t+1)-3\delta(t-1)+\delta(t-2)$$

由于 $\delta(t)\leftrightarrow 1$,根据傅里叶变换的时移性质,得 $f_1(t)$ 的频谱函数为

$$\begin{aligned}F_1(\mathrm{j}\omega)&=-\mathrm{e}^{\mathrm{j}2\omega}+3\mathrm{e}^{\mathrm{j}\omega}-3\mathrm{e}^{-\mathrm{j}\omega}+\mathrm{e}^{-\mathrm{j}2\omega}\\&=6\mathrm{j}\sin(\omega)-2\mathrm{j}\sin(2\omega)\end{aligned}$$

又 $f(\infty)+f(-\infty)=2$,所以由式(3.87)得

$$\begin{aligned}F(\mathrm{j}\omega)&=\frac{1}{\mathrm{j}\omega}[6\mathrm{j}\sin(\omega)-2\mathrm{j}\sin(2\omega)]+2\pi\delta(\omega)\\&=6\mathrm{Sa}(\omega)-4\mathrm{Sa}(2\omega)+2\pi\delta(\omega)\end{aligned}$$

3.5.9　频域微分性质

若

$$f(t)\leftrightarrow F(\mathrm{j}\omega)$$

则

$$(-\mathrm{j}t)f(t)\leftrightarrow\frac{\mathrm{d}F(\mathrm{j}\omega)}{\mathrm{d}\omega}\tag{3.88}$$

$$(-\mathrm{j}t)^n f(t)\leftrightarrow\frac{\mathrm{d}^n F(\mathrm{j}\omega)}{\mathrm{d}\omega^n}\tag{3.89}$$

证明　因为

$$F(\mathrm{j}\omega)=\int_{-\infty}^{\infty} f(t)\mathrm{e}^{-\mathrm{j}\omega t}\mathrm{d}t$$

上式两端对 ω 求导得

$$\frac{\mathrm{d}F(\mathrm{j}\omega)}{\mathrm{d}\omega}=\frac{\mathrm{d}}{\mathrm{d}\omega}\int_{-\infty}^{\infty} f(t)\mathrm{e}^{-\mathrm{j}\omega t}\mathrm{d}t=\int_{-\infty}^{\infty}(-\mathrm{j}t)f(t)\mathrm{e}^{-\mathrm{j}\omega t}\mathrm{d}t=\mathscr{F}[-\mathrm{j}tf(t)]$$

所以

$$(-\mathrm{j}t)f(t)\leftrightarrow\frac{\mathrm{d}F(\mathrm{j}\omega)}{\mathrm{d}\omega}$$

重复运用上式结果可得

$$(-\mathrm{j}t)^n f(t)\leftrightarrow\frac{\mathrm{d}^n F(\mathrm{j}\omega)}{\mathrm{d}\omega^n}$$

例 3.11　求信号 $f(t)=t\mathrm{e}^{-\alpha t}\varepsilon(t)$ 的频谱函数。

解　因为 $$\mathrm{e}^{-\alpha t}\varepsilon(t)\leftrightarrow\frac{1}{\mathrm{j}\omega+\alpha}$$

由频域微分性质,得 $$-\mathrm{j}t\mathrm{e}^{-\alpha t}\varepsilon(t)\leftrightarrow\left(\frac{1}{\mathrm{j}\omega+\alpha}\right)'$$

所以 $$t\mathrm{e}^{-\alpha t}\varepsilon(t)\leftrightarrow\frac{1}{(\mathrm{j}\omega+\alpha)^2}$$

3.5.10　频域积分性质

若

$$f(t)\leftrightarrow F(\mathrm{j}\omega)$$

则

$$\mathrm{j}\frac{f(t)}{t}+\pi f(0)\delta(t)\leftrightarrow\int_{-\infty}^{\infty}F(\mathrm{j}\eta)\mathrm{d}\eta \tag{3.90}$$

式中

$$f(0)=\frac{1}{2\pi}\int_{-\infty}^{\infty}F(\mathrm{j}\omega)\mathrm{d}\omega$$

当 $f(0)=0$ 时,式(3.90)简化为

$$\mathrm{j}\frac{f(t)}{t}\leftrightarrow\int_{-\infty}^{\infty}F(\mathrm{j}\eta)\mathrm{d}\eta \tag{3.91}$$

式(3.90)的证明与时域积分性质(式(3.82))相似,这里从略。

3.5.11　时域卷积定理

若

$$f_1(t)\leftrightarrow F_1(\mathrm{j}\omega)$$
$$f_2(t)\leftrightarrow F_2(\mathrm{j}\omega)$$

则

$$f_1(t)*f_2(t)\leftrightarrow F_1(\mathrm{j}\omega)F_2(\mathrm{j}\omega) \tag{3.92}$$

证明

$$\begin{aligned}\mathscr{F}[f_1(t)*f_2(t)]&=\int_{-\infty}^{\infty}\left[\int_{-\infty}^{\infty}f_1(\tau)f_2(t-\tau)\mathrm{d}\tau\right]\mathrm{e}^{-\mathrm{j}\omega t}\mathrm{d}t\\&=\int_{-\infty}^{\infty}f_1(\tau)\left[\int_{-\infty}^{\infty}f_2(t-\tau)\mathrm{e}^{-\mathrm{j}\omega(t-\tau)}\mathrm{d}t\right]\mathrm{e}^{-\mathrm{j}\omega\tau}\mathrm{d}\tau\\&=\int_{-\infty}^{\infty}f_1(\tau)F_2(\mathrm{j}\omega)\mathrm{e}^{-\mathrm{j}\omega\tau}\mathrm{d}\tau\\&=F_2(\mathrm{j}\omega)\int_{-\infty}^{\infty}f_1(\tau)\mathrm{e}^{-\mathrm{j}\omega\tau}\mathrm{d}\tau\\&=F_1(\mathrm{j}\omega)F_2(\mathrm{j}\omega)\end{aligned}$$

时域卷积定理说明:两个时间信号卷积的频谱等于各个时间信号频谱的乘积,即在时域中两信号的卷积等效于频谱中频谱相乘。

例 3.12 已知图 3.27a 所示的三角形脉冲函数为

$$f(t)=\begin{cases}E\left(1-\dfrac{1}{\tau}|t|\right) & |t|\leqslant\tau\\0 & |t|>\tau\end{cases}$$

试利用卷积定理求其频谱函数。

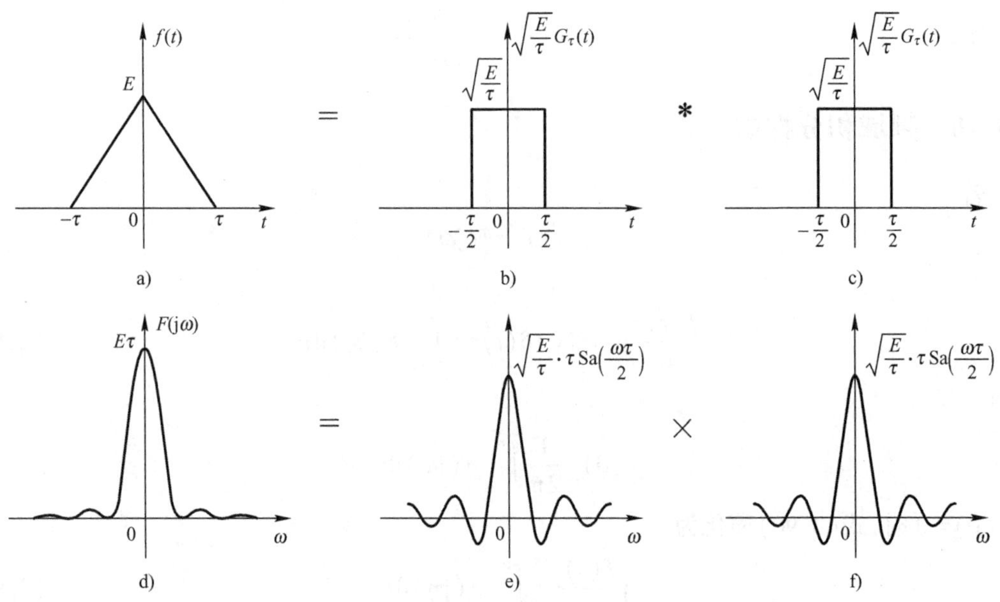

图 3.27 例 3.12 中的相关波形图

解 三角形脉冲可以看成是两个相同门函数的卷积,如图 3.27b、c 所示,其中门函数幅度为$\sqrt{\dfrac{E}{\tau}}$,脉宽为 τ,则 $f(t)$ 写为

$$f(t)=\sqrt{\frac{E}{\tau}}G_\tau(t)*\sqrt{\frac{E}{\tau}}G_\tau(t)$$

因为

$$\sqrt{\frac{E}{\tau}}G_\tau(t)\leftrightarrow\sqrt{\frac{E}{\tau}}\cdot\tau\mathrm{Sa}\left(\frac{\omega\tau}{2}\right)$$

其频谱图如图 3.27e、f 所示，所以，由时域卷积定理可得

$$F(\mathrm{j}\omega)=E\tau\mathrm{Sa}^2\left(\frac{\omega\tau}{2}\right)$$

其频谱图如图 3.27d 所示。

时域卷积定理在系统分析中有着非常重要的地位，它将系统分析中的时域方法与频域方法紧密联系在一起，同时将时域中的卷积运算转换为频域中的代数运算，简化了求解过程。

例 3.13　已知某线性时不变系统的冲激响应为 $h(t)=\mathrm{e}^{-t}\varepsilon(t)$，试求当激励为 $f(t)=\mathrm{e}^{-2t}\varepsilon(t)$ 时系统的零状态响应 $y_{zs}(t)$。

解　系统的零状态响应为

$$y_{zs}(t)=f(t)*h(t)$$

由时域卷积定理可得

$$Y_{zs}(\mathrm{j}\omega)=F(\mathrm{j}\omega)\cdot H(\mathrm{j}\omega)$$

式中

$$F(\mathrm{j}\omega)=\mathscr{F}[f(t)]$$
$$H(\mathrm{j}\omega)=\mathscr{F}[h(t)]$$
$$Y_{zs}(\mathrm{j}\omega)=\mathscr{F}[y_{zs}(t)]$$

因为

$$F(\mathrm{j}\omega)=\mathscr{F}[\mathrm{e}^{-t}\varepsilon(t)]=\frac{1}{\mathrm{j}\omega+1}$$

$$H(\mathrm{j}\omega)=\mathscr{F}[\mathrm{e}^{-2t}\varepsilon(t)]=\frac{1}{\mathrm{j}\omega+2}$$

所以

$$Y_{zs}(\mathrm{j}\omega)=\frac{1}{(\mathrm{j}\omega+1)(\mathrm{j}\omega+2)}=\frac{1}{\mathrm{j}\omega+1}+\frac{-1}{\mathrm{j}\omega+2}$$

应用 $\mathrm{e}^{-t}\varepsilon(t)$ 和 $\mathrm{e}^{-2t}\varepsilon(t)$ 的基本变换对，对上式进行傅里叶反变换，从而得到系统的零状态响应为

$$y_{zs}(t)=\mathscr{F}^{-1}[Y_{zs}(\mathrm{j}\omega)]=\mathrm{e}^{-t}\varepsilon(t)-\mathrm{e}^{-2t}\varepsilon(t)$$

3.5.12　频域卷积定理

若

$$f_1(t)\leftrightarrow F_1(\mathrm{j}\omega)\quad f_2(t)\leftrightarrow F_2(\mathrm{j}\omega)$$

则

$$f_1(t)f_2(t)\leftrightarrow\frac{1}{2\pi}F_1(\mathrm{j}\omega)*F_2(\mathrm{j}\omega)\tag{3.93}$$

证明

$$\mathscr{F}^{-1}\left[\frac{1}{2\pi}F_1(\mathrm{j}\omega)*F_2(\mathrm{j}\omega)\right]=\frac{1}{2\pi}\int_{-\infty}^{\infty}\left\{\frac{1}{2\pi}F_1(\mathrm{j}x)F_2[\mathrm{j}(\omega-x)]\mathrm{d}x\right\}\mathrm{e}^{\mathrm{j}\omega t}\mathrm{d}\omega$$

交换积分次序，得

$$\mathscr{F}^{-1}\left[\frac{1}{2\pi}F_1(\mathrm{j}\omega)*F_2(\mathrm{j}\omega)\right]=\frac{1}{2\pi}\int_{-\infty}^{\infty}F_1(\mathrm{j}x)\left\{\frac{1}{2\pi}\int_{-\infty}^{\infty}F_2[\mathrm{j}(\omega-x)]\mathrm{e}^{\mathrm{j}(\omega-x)t}\mathrm{d}\omega\right\}\cdot\mathrm{e}^{\mathrm{j}xt}\,\mathrm{d}x$$

利用频移性质,得

$$\begin{aligned}\mathscr{F}^{-1}\left[\frac{1}{2\pi}F_1(\mathrm{j}\omega)*F_2(\mathrm{j}\omega)\right]&=\frac{1}{2\pi}\int_{-\infty}^{\infty}F_1(\mathrm{j}x)f_2(t)\mathrm{e}^{\mathrm{j}xt}\mathrm{d}x\\&=f_2(t)\frac{1}{2\pi}\int_{-\infty}^{\infty}F_1(\mathrm{j}x)\mathrm{e}^{\mathrm{j}xt}\mathrm{d}x\\&=f_1(t)f_2(t)\end{aligned}$$

频域卷积定理说明:两个时间信号相乘的频谱等于各个时间信号频谱的卷积并乘以$\frac{1}{2\pi}$,即在时域中两信号的相乘等效于频域中频谱卷积。

表3.2列出了常用的傅里叶变换的性质,以便查阅。

表3.2　傅里叶变换的性质

序号	性质名称	时　域	频　域
1	线性	$af_1(t)+bf_2(t)$	$aF_1(\mathrm{j}\omega)+bF_2(\mathrm{j}\omega)$
2	时移	$f(t\pm t_0)$	$F(\mathrm{j}\omega)\mathrm{e}^{\pm\mathrm{j}\omega t_0}$
3	频移	$f(t)\mathrm{e}^{\pm\mathrm{j}\omega_0 t}$	$F[\mathrm{j}(\omega\mp\omega_0)]$
4	尺度变换	$f(at)$	$\frac{1}{\|a\|}F\left(\mathrm{j}\frac{\omega}{a}\right)$
5	对称	$F(\mathrm{j}t)$	$2\pi f(-\omega)$
6	奇偶虚实	$f(t)$是实偶函数	$X(\mathrm{j}\omega)=0$ $F(\mathrm{j}\omega)=R(\mathrm{j}\omega)=2\int_0^{\infty}f(t)\cos(\omega t)\mathrm{d}t$
		$f(t)$是实奇函数	$R(\mathrm{j}\omega)=0$ $F(\mathrm{j}\omega)=\mathrm{j}X(\mathrm{j}\omega)=-2\mathrm{j}\int_0^{\infty}f(t)\sin(\omega t)\mathrm{d}t$
7	时域微分	$\frac{\mathrm{d}f(t)}{\mathrm{d}t}$	$\mathrm{j}\omega F(\mathrm{j}\omega)$
8	时域积分	$\int_{-\infty}^{t}f(\tau)\mathrm{d}\tau$	$\frac{F(\mathrm{j}\omega)}{\mathrm{j}\omega}+\pi F(0)\delta(\omega)$
9	频域微分	$(-\mathrm{j}t)f(t)$	$\frac{\mathrm{d}F(\mathrm{j}\omega)}{\mathrm{d}\omega}$
10	频域积分	$\mathrm{j}\frac{f(t)}{t}+\pi f(0)\delta(t)$	$\int_{-\infty}^{\omega}F(\mathrm{j}\eta)\mathrm{d}\eta$
11	时域卷积定理	$f_1(t)*f_2(t)$	$F_1(\mathrm{j}\omega)F_2(\mathrm{j}\omega)$
12	频域卷积定理	$f_1(t)f_2(t)$	$\frac{1}{2\pi}F_1(\mathrm{j}\omega)*F_2(\mathrm{j}\omega)$
13	帕塞瓦尔定理	$\int_{-\infty}^{\infty}f^2(t)\mathrm{d}t$	$\frac{1}{2\pi}\int_{-\infty}^{\infty}\|F(\mathrm{j}\omega)\|^2\mathrm{d}\omega$
14	调制定理	$f(t)\cos(\omega_0 t)$	$\frac{1}{2}\{F[\mathrm{j}(\omega+\omega_0)]+F[\mathrm{j}(\omega-\omega_0)]\}$
		$f(t)\sin(\omega_0 t)$	$\frac{\mathrm{j}}{2}\{F[\mathrm{j}(\omega+\omega_0)]-F[\mathrm{j}(\omega-\omega_0)]\}$

3.6　周期信号的傅里叶变换

在引入奇异函数之前,周期信号因不满足绝对可积条件而无法进行傅里叶变换,只能通过傅里叶级数展开为谐波分量来研究其频谱性质。在引入奇异函数后,从极限的观点来分析,则认为周期信号也存在傅里叶变换。这样,就能把周期信号与非周期信号的分析方法统一起来,使傅里叶变换的应用范围更加广泛。

3.6.1　正、余弦信号的傅里叶变换

由 3.4 节内容可知,单位直流信号的傅里叶变换为

$$1 \leftrightarrow 2\pi\delta(\omega)$$

由频移特性得

$$e^{j\omega_0 t} \leftrightarrow 2\pi\delta(\omega-\omega_0) \tag{3.94}$$

$$e^{-j\omega_0 t} \leftrightarrow 2\pi\delta(\omega+\omega_0) \tag{3.95}$$

利用式(3.94)、式(3.95)和欧拉公式可得

$$\mathscr{F}[\cos(\omega_0 t)] = \mathscr{F}\left[\frac{e^{j\omega_0 t}+e^{-j\omega_0 t}}{2}\right] = \pi[\delta(\omega+\omega_0)+\delta(\omega-\omega_0)] \tag{3.96}$$

$$\mathscr{F}[\sin(\omega_0 t)] = \mathscr{F}\left[\frac{e^{j\omega_0 t}-e^{-j\omega_0 t}}{2j}\right] = j\pi[\delta(\omega+\omega_0)-\delta(\omega-\omega_0)] \tag{3.97}$$

正、余弦信号及其频谱如图 3.28 所示。

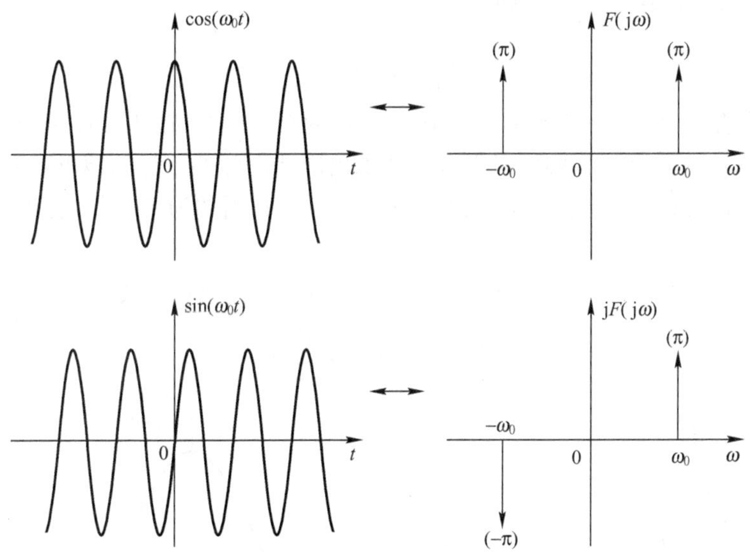

图 3.28　正、余弦信号及其频谱

3.6.2　一般周期信号的傅里叶变换

设周期为 T_1 的周期信号 $f(t)$,将其展开为指数形式的傅里叶级数

$$f(t)=\sum_{n=-\infty}^{\infty}F_n\mathrm{e}^{\mathrm{j}n\omega_1 t} \tag{3.98}$$

式中，$\omega_1=\dfrac{2\pi}{T_1}$；$F_n$ 为傅里叶系数，且 F_n 为

$$F_n=\frac{1}{T_1}\int_{-\frac{T_1}{2}}^{\frac{T_1}{2}}f(t)\mathrm{e}^{-\mathrm{j}n\omega_1 t}\mathrm{d}t \tag{3.99}$$

对周期信号 $f(t)$ 求傅里叶变换，得

$$\begin{aligned}F(\mathrm{j}\omega)&=\mathscr{F}[f(t)]=\mathscr{F}\left[\sum_{n=-\infty}^{\infty}F_n\mathrm{e}^{\mathrm{j}n\omega_1 t}\right]\\&=\sum_{n=-\infty}^{\infty}F_n\cdot\mathscr{F}[\mathrm{e}^{\mathrm{j}n\omega_1 t}]\\&=2\pi\sum_{n=-\infty}^{\infty}F_n\delta(\omega-n\omega_1)\end{aligned} \tag{3.100}$$

由上式可见，周期信号的频谱是一个冲激序列，各个冲激位于各次谐波频率处，各个冲激强度分别等于各次谐波相应傅里叶系数的 2π 倍。

周期信号的傅里叶系数 F_n 可以用式(3.99)求取，也可以按下面的方法计算。

取周期信号的主值区间记为 $f_0(t)$，其频谱 $F_0(\mathrm{j}\omega)$ 为

$$F_0(\mathrm{j}\omega)=\int_{-\infty}^{\infty}f_0(t)\mathrm{e}^{-\mathrm{j}\omega t}\mathrm{d}t=\int_{-\frac{T_1}{2}}^{\frac{T_1}{2}}f(t)\mathrm{e}^{-\mathrm{j}\omega t}\mathrm{d}t \tag{3.101}$$

比较式(3.99)和式(3.101)可以得到

$$F_n=\frac{1}{T_1}F_0(\mathrm{j}\omega)\bigg|_{\omega=n\omega_1} \tag{3.102}$$

即周期信号的傅里叶系数 F_n 等于单脉冲信号 $f_0(t)$ 的频谱函数 $F_0(\mathrm{j}\omega)$ 在 $\omega=n\omega_1$ 处的值乘以 $1/T_1$。利用单脉冲的傅里叶变换可以很方便地求出周期性脉冲信号的傅里叶系数。

例 3.14　图 3.29b 所示为周期矩形脉冲信号 $f(t)$，其周期为 T_1，脉冲宽度为 τ，幅度为 E，试求其频谱函数 $F(\mathrm{j}\omega)$。

解　周期信号主值区间波形 $f_0(t)$ 如图 3.29a 所示，其频谱函数为

$$F_0(\mathrm{j}\omega)=E\tau\mathrm{Sa}\left(\frac{\omega\tau}{2}\right)$$

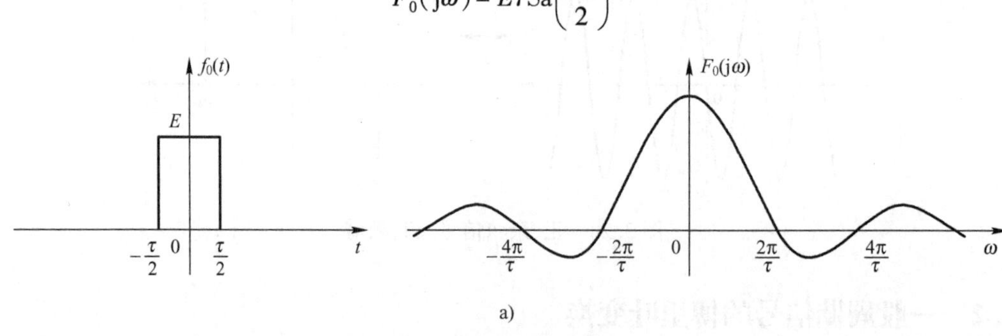

图 3.29　例 3.14 中的相关波形图

a) 单脉冲信号及其频谱

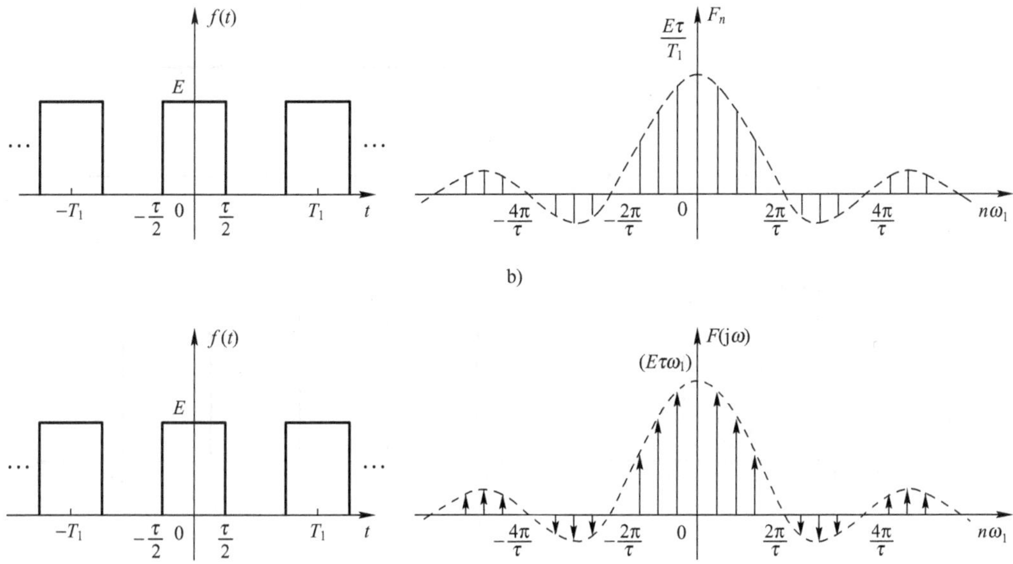

图 3.29　例 3.14 中的相关波形图(续)

b) 周期矩形脉冲信号及其傅里叶系数　c) 周期矩形脉冲信号及其频谱

由式(3.102)得周期矩形脉冲信号 $f(t)$ 的傅里叶系数为

$$F_n = \frac{1}{T_1}F_0(\mathrm{j}\omega)\bigg|_{\omega=n\omega_1} = \frac{E\tau}{T_1}\mathrm{Sa}\left(\frac{n\omega_1\tau}{2}\right)$$

或由定义得

$$F_n = \frac{1}{T_1}\int_{-\frac{T_1}{2}}^{\frac{T_1}{2}} f(t)\mathrm{e}^{-\mathrm{j}n\omega_1 t}\mathrm{d}t = \frac{1}{T_1}\int_{-\frac{\tau}{2}}^{\frac{\tau}{2}} E\mathrm{e}^{-\mathrm{j}n\omega_1 t}\mathrm{d}t = \frac{E\tau}{T_1}\mathrm{Sa}\left(\frac{n\omega_1\tau}{2}\right)$$

代入式(3.100)得

$$F(\mathrm{j}\omega) = 2\pi\sum_{n=-\infty}^{\infty}F_n\delta(\omega-n\omega_1) = E\tau\omega_1\sum_{n=-\infty}^{\infty}\mathrm{Sa}\left(\frac{n\omega_1\tau}{2}\right)\delta(\omega-n\omega_1)$$

$f(t)$ 的频谱如图 3.29c 所示。

例 3.15　图 3.30b 所示为周期冲激函数序列 $\delta_{T_1}(t)$，其周期为 T_1，$\delta_{T_1}(t)$ 可以表示为

$$\delta_{T_1}(t) = \sum_{n=-\infty}^{\infty}\delta(t-nT_1)$$

试求其频谱函数。

解　周期信号主值区间波形 $\delta(t)$ 如图 3.30a 所示，其频谱函数为

$$F_0(\mathrm{j}\omega) = 1$$

由式(3.102)得 $\delta_{T_1}(t)$ 的傅里叶系数为

$$F_n = \frac{1}{T_1}F_0(\mathrm{j}\omega)\bigg|_{\omega=n\omega_1} = \frac{1}{T_1}$$

或由定义得

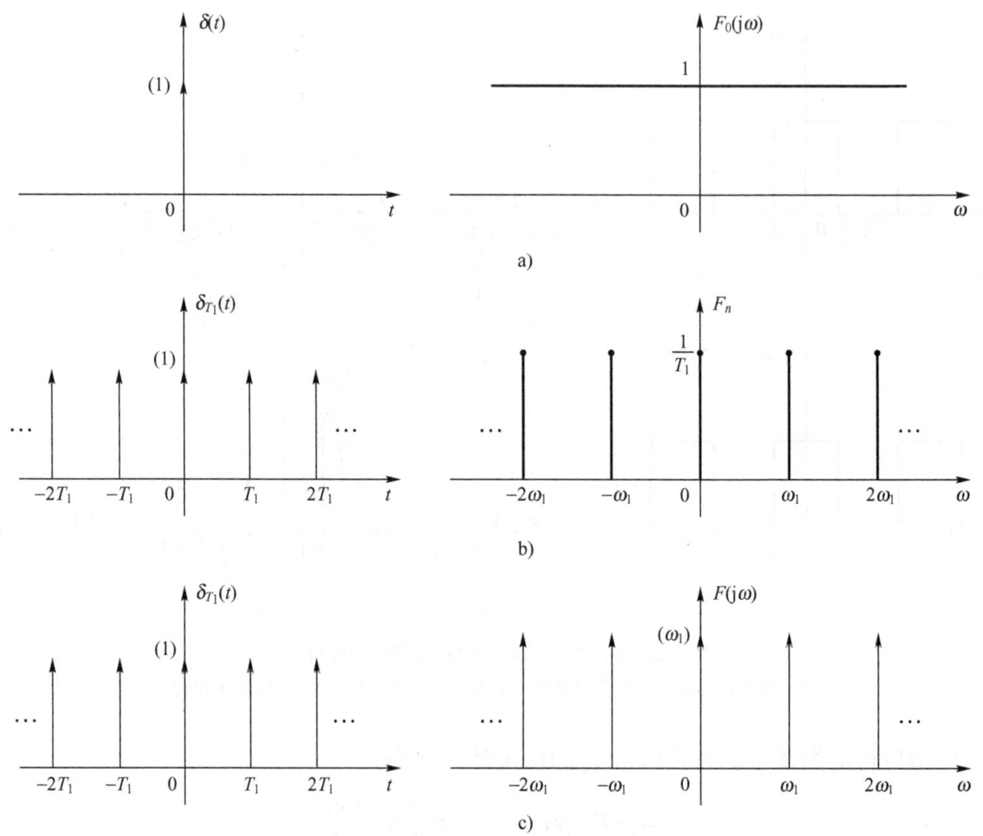

图 3.30　例 3.15 中的相关波形图

a）冲激函数及其频谱　b）周期冲激函数序列及其傅里叶系数　c）周期冲激函数序列及其频谱

$$F_n=\frac{1}{T_1}\int_{-\frac{T_1}{2}}^{\frac{T_1}{2}}f(t)\mathrm{e}^{-\mathrm{j}n\omega_1 t}\mathrm{d}t=\frac{1}{T_1}\int_{-\frac{T_1}{2}}^{\frac{T_1}{2}}\delta(t)\mathrm{e}^{-\mathrm{j}n\omega_1 t}\mathrm{d}t=\frac{1}{T_1}$$

代入式(3.100)得

$$F(\mathrm{j}\omega)=\mathscr{F}[\delta_{T_1}(t)]=2\pi\sum_{n=-\infty}^{\infty}F_n\delta(\omega-n\omega_1)=\omega_1\sum_{n=-\infty}^{\infty}\delta(\omega-n\omega_1)$$

$\delta_{T_1}(t)$的频谱如图 3.30c 所示。

3.7　帕塞瓦尔定理与功率谱、能量谱

在第 1 章中给出了时域中信号的功率和能量的定义，本节将在频域中讨论信号的功率和能量。对于功率信号，考察信号功率在时域和频域中的表示式；对于能量信号，考察能量在时域和频域中的表示式，并由此引出帕塞瓦尔定理（Parseval's Theorem）及信号的功率谱、能量谱的概念。

3.7.1　帕塞瓦尔定理

为了引出帕塞瓦尔定理，首先来讨论频域中信号的功率与能量表示式。

周期信号是常见的功率信号,其能量是无限的,而平均功率为有限值。为了方便,通常将周期信号在 1 Ω 电阻上消耗的平均功率定义为周期信号的平均功率。如果周期信号为$f(t)$实函数,无论它是电压信号还是电流信号,其平均功率均为

$$P=\frac{1}{T_1}\int_{-\frac{T_1}{2}}^{\frac{T_1}{2}}[f(t)]^2\mathrm{d}t \tag{3.103}$$

将$f(t)$的傅里叶级数展开式代入式(3.103)得

$$P=\frac{1}{T_1}\int_{-\frac{T_1}{2}}^{\frac{T_1}{2}}\left[A_0+\sum_{n=1}^{\infty}A_n\cos(n\omega_1 t+\varphi_n)\right]^2\mathrm{d}t \tag{3.104}$$

利用三角函数的正交性,将式(3.104)化简为

$$P=\frac{1}{T_1}\int_{-\frac{T_1}{2}}^{\frac{T_1}{2}}[f(t)]^2\mathrm{d}t=A_0^2+\sum_{n=1}^{\infty}\frac{A_n^2}{2}=A_0^2+\sum_{n=1}^{\infty}\left(\frac{A_n}{\sqrt{2}}\right)^2 \tag{3.105}$$

式中,A_n 为各谐波分量的振幅,而各谐波分量的有效值为$\frac{A_n}{\sqrt{2}}$。因而式(3.105)等号右端第一项为直流功率,第二项为各次谐波的功率之和。式(3.105)说明,周期信号$f(t)$的平均功率等于直流和各次谐波功率之和。考虑到 $F_0=A_0$, $|F_n|=\frac{1}{2}A_n(n\geqslant 1)$,所以式(3.105)可以写为

$$P=\frac{1}{T_1}\int_{-\frac{T_1}{2}}^{\frac{T_1}{2}}[f(t)]^2\mathrm{d}t=F_0^2+\sum_{n=1}^{\infty}2|F_n|^2=\sum_{n=-\infty}^{\infty}|F_n|^2 \tag{3.106}$$

式(3.105)和式(3.106)称为**帕塞瓦尔定理**(或方程),它表明,对于周期信号,在时域中求得的信号功率与在频域中求得的信号功率相等,即时域和频域的功率守恒。

对于能量信号$f(t)$,它在整个时间区间($-\infty<t<\infty$)内的平均功率为零,而能量为有限值。通常将信号在 1 Ω 电阻上消耗的总能量定义为信号的能量。如果$f(t)$为实函数,则其总能量为

$$E=\int_{-\infty}^{\infty}[f(t)]^2\mathrm{d}t \tag{3.107}$$

由傅里叶反变换,$f(t)$可以表示为

$$f(t)=\frac{1}{2\pi}\int_{-\infty}^{\infty}F(\mathrm{j}\omega)\mathrm{e}^{\mathrm{j}\omega t}\mathrm{d}\omega$$

所以,式(3.107)可以写为

$$E=\int_{-\infty}^{\infty}f(t)\left[\frac{1}{2}\int_{-\infty}^{\infty}F(\mathrm{j}\omega)\mathrm{e}^{\mathrm{j}\omega t}\mathrm{d}\omega\right]\mathrm{d}t$$

交换积分次序,得

$$\begin{aligned}E&=\frac{1}{2\pi}\int_{-\infty}^{\infty}F(\mathrm{j}\omega)\left[\int_{-\infty}^{\infty}f(t)\mathrm{e}^{\mathrm{j}\omega t}\mathrm{d}t\right]\mathrm{d}\omega\\&=\frac{1}{2\pi}\int_{-\infty}^{\infty}F(\mathrm{j}\omega)F(-\mathrm{j}\omega)\mathrm{d}\omega\end{aligned} \tag{3.108}$$

考虑到 $F(\mathrm{j}\omega)$的模$|F(\mathrm{j}\omega)|$是 ω 的偶函数,而相位 $\varphi(\omega)$是 ω 的奇函数,即 $F(-\mathrm{j}\omega)=F^*(\mathrm{j}\omega)$,故有

$$F(\mathrm{j}\omega)F(-\mathrm{j}\omega)=|F(\mathrm{j}\omega)|^2$$

于是得

$$E=\int_{-\infty}^{\infty}[f(t)]^2\mathrm{d}t=\frac{1}{2\pi}\int_{-\infty}^{\infty}|F(\mathrm{j}\omega)|^2\mathrm{d}\omega=\frac{1}{\pi}\int_{0}^{\infty}|F(\mathrm{j}\omega)|^2\mathrm{d}\omega \tag{3.109}$$

式(3.109)为信号能量的时域和频域表示式,它是帕塞瓦尔定理在非周期信号时的表示式,亦称瑞利定理(Rayleigh's Theorem)。

式(3.109)表明,对于非周期信号,在时域中求得的信号能量与在频域中求得信号的能量相等,即时域和频域的能量守恒。

帕塞瓦尔定理说明了时域和频域中信号的功率守恒或能量守恒,因此,对于信号的功率或能量不仅可以从时域中得到,也可以从频域中求取。

例 3.16　求信号 $f(t)=\sin t+2\cos 3t$ 的功率。

解　$f(t)=\sin t+2\cos 3t=\cos\left(t-\dfrac{\pi}{2}\right)+2\cos 3t=\dfrac{1}{2}\mathrm{e}^{\mathrm{j}\left(t-\frac{\pi}{2}\right)}+\dfrac{1}{2}\mathrm{e}^{-\mathrm{j}\left(t-\frac{\pi}{2}\right)}+\mathrm{e}^{\mathrm{j}3t}+\mathrm{e}^{-\mathrm{j}3t}$

从时域求解:

$$P=\frac{1}{T_1}\int_{-\frac{T_1}{2}}^{\frac{T_1}{2}}|f(t)|^2\mathrm{d}t=\frac{1}{T}\int_{-\frac{T_1}{2}}^{\frac{T_1}{2}}[(\sin t)^2+4\sin t\cos 3t+4(\cos 3t)^2]\mathrm{d}t$$

$$=\frac{1}{T_1}\left(\frac{T_1}{2}+0+4\cdot\frac{T_1}{2}\right)=\frac{5}{2}$$

从频域求解:

$$P=A_0^2+\sum_{n=1}^{\infty}\frac{A_n^2}{2}=F_0^2+\sum_{n=1}^{\infty}2|F_n|^2=\sum_{n=-\infty}^{\infty}|F_n|^2=\frac{A_1^2}{2}+\frac{A_3^2}{2}=\frac{1}{2}+\frac{4}{2}=\frac{5}{2}$$

或

$$P=\sum_{n=-\infty}^{\infty}|F_n|^2=\frac{1}{4}+\frac{1}{4}+1+1=\frac{5}{2}$$

例 3.17　求积分 $f(t)=\int_{-\infty}^{\infty}\mathrm{Sa}^2(2t)\mathrm{d}t$。

解　令 $\varphi(t)=\mathrm{Sa}(2t)$,由傅里叶变换的对称性,得

$$\phi(\mathrm{j}\omega)=\frac{\pi}{2}[\varepsilon(\omega+2)-\varepsilon(\omega-2)]$$

由能量守恒定理:$f(t)=\dfrac{1}{2\pi}\displaystyle\int_{-\infty}^{\infty}|\phi(\mathrm{j}\omega)|^2\mathrm{d}\omega=\dfrac{1}{2\pi}\int_{-2}^{2}\dfrac{\pi^2}{4}\mathrm{d}\omega=\dfrac{\pi}{2}$

3.7.2　功率谱与能量谱

信号除了可以用频谱(幅度谱和相位谱)来描述之外,还可以通过信号的能量谱和功率谱来描述,这里仅给出能量谱和功率谱的初步概念。

1. 功率谱

对于周期信号 $f(t)$,其平均功率为

$$P=\frac{1}{T_1}\int_{-\frac{T_1}{2}}^{\frac{T_1}{2}}[f(t)]^2\mathrm{d}t=F_0^2+\sum_{n=1}^{\infty}2|F_n|^2=\sum_{n=-\infty}^{\infty}|F_n|^2$$

可见，对于周期信号，可以用振幅频谱 $|F_n|^2$ 随着 $n\omega_1$ 的分布特性来描述其功率分布规律。

对于非周期功率信号，为了表明信号功率在频率分量上的分布情况，可以引入一个功率密度函数，简称功率谱，记为 $D(\omega)$。功率谱 $D(\omega)$ 定义为单位频率内的信号功率，则信号在整个频率范围内的功率为

$$P=\frac{1}{2\pi}\int_{-\infty}^{\infty}D(\omega)\mathrm{d}\omega \tag{3.110}$$

若信号 $f(t)$ 的频谱函数为 $F(\mathrm{j}\omega)$，则由帕塞瓦尔定理可知

$$\int_{-\infty}^{\infty}[f(t)]^2\mathrm{d}t=\frac{1}{2\pi}\int_{-\infty}^{\infty}|F(\mathrm{j}\omega)|^2\mathrm{d}\omega$$

故信号 $f(t)$ 的功率为

$$P=\lim_{T_1\to\infty}\frac{1}{T_1}\int_{-\frac{T_1}{2}}^{\frac{T_1}{2}}|f(t)|^2\mathrm{d}t=\frac{1}{2\pi}\int_{-\infty}^{\infty}\lim_{T_1\to\infty}\frac{|F(\mathrm{j}\omega)|^2}{T_1}\mathrm{d}\omega \tag{3.111}$$

比较式(3.110)和式(3.111)可得非周期信号的功率谱密度 $D(\omega)$ 为

$$D(\omega)=\lim_{T_1\to\infty}\frac{|F(\mathrm{j}\omega)|^2}{T_1} \tag{3.112}$$

由式(3.112)可见，对于非周期功率信号，可以用功率谱 $D(\omega)$ 描述其功率的频率特性。功率谱 $D(\omega)$ 是 ω 的偶函数，它仅取决于频谱函数的模量，而与相位无关，单位为瓦·秒(W·s)。

对于周期信号，容易求得其功率谱密度为

$$D(\omega)=2\pi\sum_{n=-\infty}^{\infty}|F_n|^2\delta(\omega-n\omega_1) \tag{3.113}$$

2. 能量谱

对于能量信号，为了表明信号能量在频率分量上的分布情况，引入能量密度频谱函数，简称能量谱，记为 $G(\omega)$。能量谱 $G(\omega)$ 定义为各频率点上单位频带内的信号能量，则信号在整个频率范围内的总能量为

$$E=\frac{1}{2\pi}\int_{-\infty}^{\infty}G(\omega)\mathrm{d}\omega \tag{3.114}$$

比较式(3.109)和式(3.114)，显然有

$$G(\omega)=|F(\mathrm{j}\omega)|^2 \tag{3.115}$$

由式(3.115)可见，对于能量信号，可以用能量谱 $G(\omega)$ 描述其能量的频率特性。能量谱 $G(\omega)$ 是 ω 的偶函数，它仅取决于频谱函数的模量，而与相位无关，单位是焦·秒(J·s)。

3.8　连续时间信号频域分析的 MATLAB 实现

例 3.18　已知周期矩形脉冲 $f(t)$ 如图 3.31 所示，设脉冲幅度为 $A=2$，宽度为 τ，重复周期为 T_1（角频率 $\omega_1=2\pi/T_1$）。试将其展开为复指数形式傅里叶级数，并说明周期矩形脉冲的宽度 τ 和周期 T_1 变化时对其频谱的影响。

解　根据傅里叶级数理论知道，周期矩形脉冲信号的傅里叶级数为

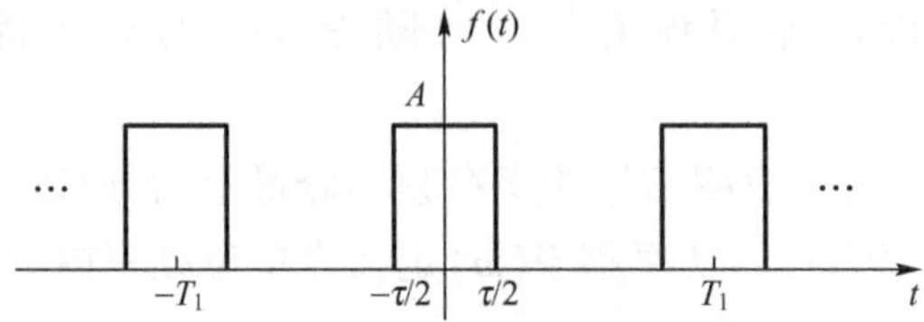

图 3.31　周期矩形脉冲信号

$$f(t)=\frac{A\tau}{T_1}\sum_{n=-\infty}^{\infty}\mathrm{Sa}\left(\frac{n2\pi}{T_1}\frac{\tau}{2}\right)\mathrm{e}^{\mathrm{j}n\omega_1 t}=\frac{A\tau}{T_1}\sum_{n=-\infty}^{\infty}\mathrm{Sa}\left(\frac{n\pi\tau}{T_1}\right)\mathrm{e}^{\mathrm{j}n\omega_1 t}=\frac{A\tau}{T_1}\sum_{n=-\infty}^{\infty}\mathrm{sinc}\left(\frac{n\tau}{T_1}\right)\mathrm{e}^{\mathrm{j}n\omega_1 t}$$

该信号第 n 次谐波的振幅为

$$F_n=\frac{A\tau}{T_1}\mathrm{Sa}\left(\frac{n\pi\tau}{T_1}\right)=\frac{A\tau}{T_1}\mathrm{sinc}\left(\frac{n\tau}{T_1}\right)$$

各谱线之间间隔为 $2\pi/T_1$。下面的 MATLAB 程序给出了三种情况下的振幅频谱：① $\tau=1$，$T_1=10$；② $\tau=1$，$T_1=3$；③ $\tau=2$，$T_1=10$。

［MATLAB 程序］

```
n=-50:50; A=2;
tao=1;T1=10; w1=2*pi/T1;                    %定义 T1=10 时的基波频率
x=n*tao/T1;Fn=A*tao/T1*sinc(x);             %定义第 n 次谐波的振幅 Fn
subplot(3,1,1),stem(n*w1,Fn)                %画出 T1=10,tao=1 时的振幅谱
title('tao=1,T1=10')

n=-50:50;
tao=1;T1=3; w2=2*pi/T1;                     %定义 T1=3 时的基波频率
x=n*tao/T1;Fn=A*tao/T1*sinc(x);             %定义第 n 次谐波的振幅 Fn
n2=round(50*w1/w2);
n=-n2:n2;
Fn=Fn(50-n2+1:50+n2+1);
subplot(3,1,2),stem(n*w2,Fn)                %画出 T1=10,tao=1 时的振幅谱
title('tao=1,T1=3')

n=-50:50;
tao=2;T1=10;w3=2*pi/T1;                     %定义 T1=10 时的基波频率
x=n*tao/T1;Fn=2*A*tao/T1*sinc(x);           %定义第 n 次谐波的振幅 Fn
subplot(3,1,3),stem(n*w3,Fn)                %画出 T1=10,tao=2 时的振幅谱
title('tao=2,T1=10')
```

［程序运行结果］

运行得到的周期矩形脉冲信号的振幅谱线如图 3.32 所示。

从图中可以看出，脉冲宽度 τ 越大，信号频谱带宽越小，而周期越小，谱线之间间隔越大。

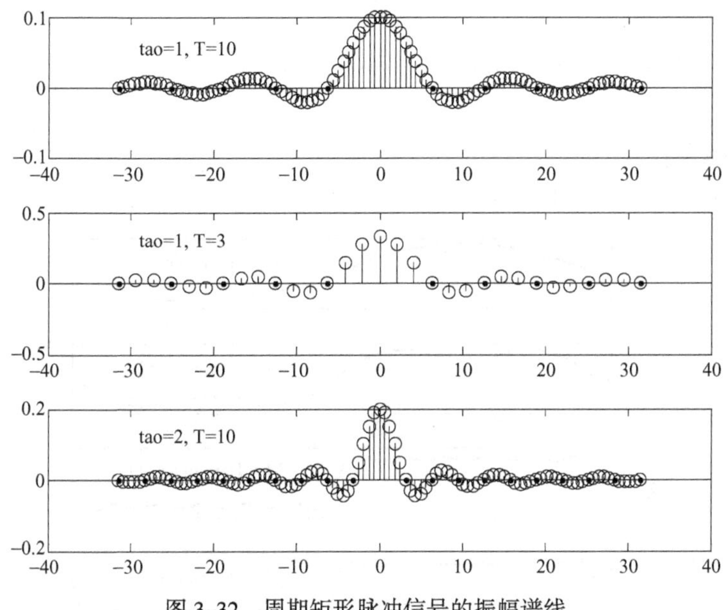

图 3.32　周期矩形脉冲信号的振幅谱线

例 3.19　应用 MATLAB 检验图 3.33 所示对称方波信号的傅里叶级数的收敛性。

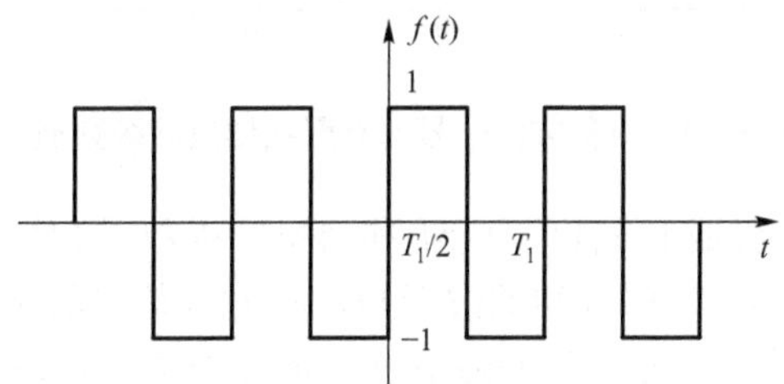

图 3.33　对称方波信号

解　从理论分析可以知道，已知对称方波信号的傅里叶级数展开式为

$$f(t)=\frac{4A}{\pi}\left[\sin(\omega_1 t)+\frac{1}{3}\sin(3\omega_1 t)+\frac{1}{5}\sin(5\omega_1 t)+\frac{1}{7}\sin(7\omega_1 t)+\cdots\right]$$

其中 $A=1,T_1=1$。判断傅里叶级数收敛性的 MATLAB 程序如下：

[MATLAB 程序]

```
t=0:0.001:1;
omega=2*pi;
n_max=[1,3,11,21,51];                %最大谐波数向量
N=length(n_max);                     %取最大谐波数向量的长度
for k=1:N
    n=1:2:n_max(k);
    b=4./(pi*n);
    x=b*sin(omega*n'*t);
    subplot(N,1,k),plot(t,x)
    xlabel('t'),ylabel('Partial Sum')
```

```
    axis([0,1,-1.5,1.5])
    title(['Max Harmonics=',num2str(n_max(k))])
end
```

[程序运行结果]

程序的运行结果如图 3.34 所示。

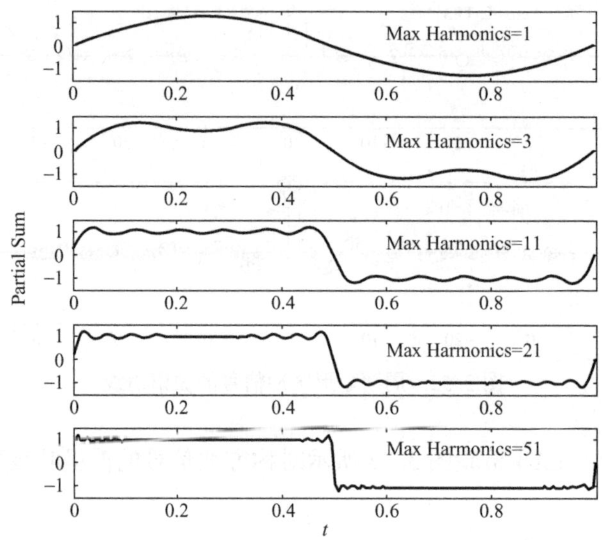

图 3.34 对称方波信号的有限项傅里叶级数逼近

图 3.34 中从上而下分别是 1、3、11、21、51 项傅里叶级数求和得到的结果。从图中可以看出,随着傅里叶级数项数的增多,部分和的波形与对称方波信号波形的误差越来越小。在 $N=51$ 项时,部分和的波形与对称方波信号的波形已经很接近了,但是在信号的跳变点附近,却总是有一个过冲,这就是所谓的吉布斯(Gibbs)现象。

例 3.20 用 MATLAB 的符号工具箱求图 3.35 所示三角脉冲的傅里叶变换,并画出其幅度谱。

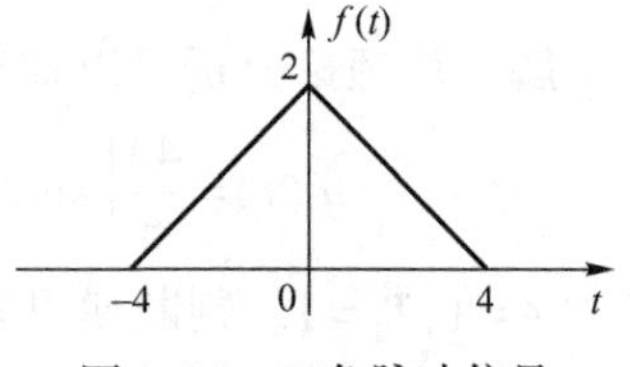

图 3.35 三角脉冲信号

解 可以用 MATLAB 的符号工具箱 SYMBOLIC 中的 fourier 函数和 ifourier 函数分别求解傅里叶变换和傅里叶反变换,这两个函数均接受由 sym 函数定义的符号变量。图 3.35 所示的三角脉冲信号的数学表达式为

$$f(t)=\left(\frac{t+4}{2}\right)[\varepsilon(t+4)-\varepsilon(t)]+\left(\frac{-t+4}{2}\right)[\varepsilon(t)-\varepsilon(t-4)]$$

$$=\left(\frac{t+4}{2}\right)\varepsilon(t+4)-t\varepsilon(t)+\left(\frac{t-4}{2}\right)\varepsilon(t-4)$$

[MATLAB 程序]

```
ft=sym('(t+4)/2*Heaviside(t+4)-t*Heaviside(t)+(t-4)/2*Heaviside(t-4)');
                                          %用 sym 函数定义三角脉冲信号
Fw=simplify(fourier(ft))                  %进行傅里叶变换
Ff=subs(Fw,'2*pi*f','w');                 %将 Fw 中的角频率变换为频率变量
```

```
Ff_conj=conj(Ff);                    %求傅里叶变换的共轭函数
GF=sqrt(Ff*Ff_conj);                 %将函数与其共轭相乘得到模的平方函数
ezplot(GF,[-0.5,0.5]),grid on
```

[程序运行结果]

```
Fw=-2*(-1+cos(2*w)^2)/w^2
```

得到的幅度谱如图 3.36 所示。

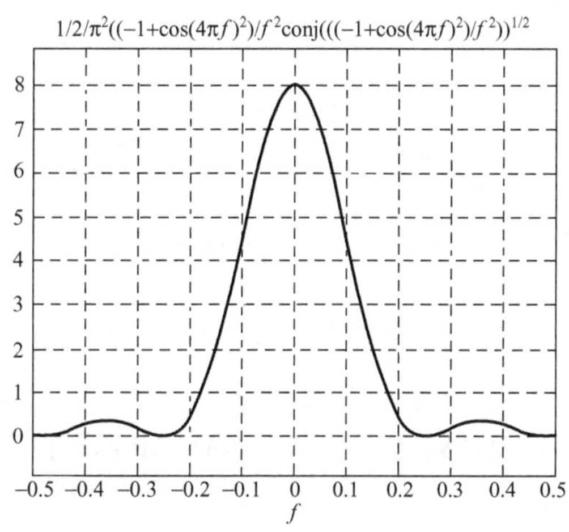

图 3.36　三角脉冲信号的幅度谱

例 3.21　试画出单边指数信号 $f(t)=\frac{2}{3}e^{-5t}\varepsilon(t)$ 的时域波形及其幅度谱。

解　在 MATLAB 软件可以通过 syms 函数一次性地定义多个符号变量,调用格式为

```
syms   var1, var2, var3, ... varn
```

其中,var1,var2,var3,…varn 代表各个符号变量的名称。本题中调用 fourier 函数需要时间变量 t、角频率变量 w 以及信号 f,因此,程序中需要先定义这三个符号变量。

[MATLAB 程序]

```
syms t w f;                          %定义符号变量 t、w 和 f
f=2/3*exp(-5*t)*heaviside(t);        %生成单边指数信号 f(t)
F=fourier(f,t,w)                     %进行傅里叶变换
subplot(211),ezplot(f)               %画出信号 f(t)的时域波形,横坐标为时间 t
subplot(212),ezplot(abs(F))          %画出信号 f(t)的幅度谱,横坐标为角频率 w
```

[程序运行结果]

```
F=2/(3*(5+w*1i))
```

得到该单边指数信号时域波形和幅度谱如图 3.37 所示。

在信号的频域分析中,常有许多复杂的运算。MATLAB 提供了许多数值计算的工具,可以用来进行信号的频谱分析。quad 是计算数值积分的函数,常用调用方式有两种:

(1) Y=quad('F',a,b)

(2) Y=quad('F',a,b,[ ],[ ],P)

其中,F 是一个字符串,它表示被积函数的文件名;a、b 分别表示定积分的下限和上限;quad 的返回值是用自适应 Simpson 算法得出的积分值。在第(2)种调用方式中,P 表示被积函数中的一个参数。

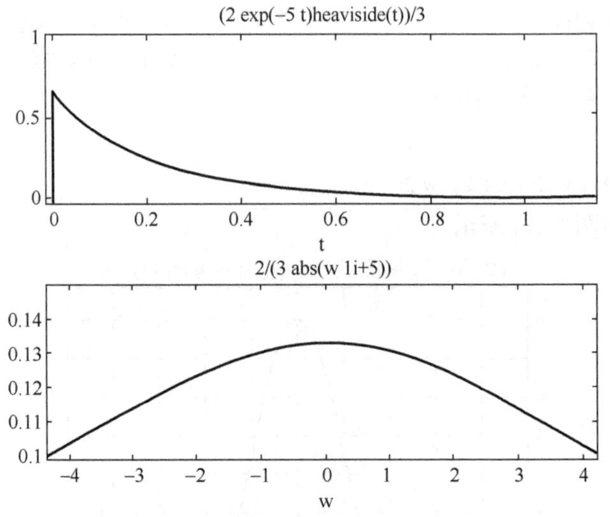

图 3.37　单边指数信号的波形与幅度谱

例 3.22　试用数值方法近似计算三角波信号 $f(t)=(1-|t|)[\varepsilon(t+1)-\varepsilon(t-1)]$ 的频谱。

解　为了用 quad 计算 $f(t)$ 的频谱,定义如下 MATLAB 函数:

```
function   y=sf1(t,w)
y=(t>=-1&t<=1).*(1-abs(t)).*exp(-j*w*t);
```

对不同的参数 w,函数 sf1(以 .m 文件存盘)将计算出傅里叶变换中被积函数的值。

[MATLAB 程序]

```
w=linspace(-6*pi,6*pi,512);
N=length(w);F=zeros(1,N);
for k=1:N
    F(k)=quad('sf1',-1,1,[],[],w(k));
end
plot(w,real(F))
xlabel('\omega'),ylabel('F(j\omega)')
```

[程序运行结果]

运行后得到的近似频谱如图 3.38 所示。

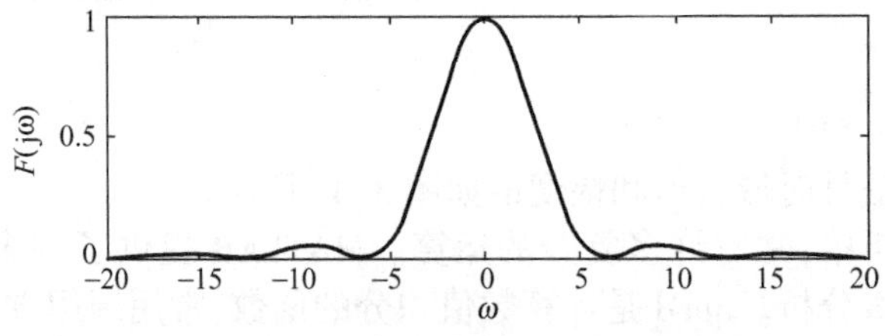

图 3.38　三角波信号的近似频谱

例 3.23　设 $f(t)=\varepsilon(t+1)-\varepsilon(t-1)$,试用 MATLAB 编程画出 $f(t)=f(t)\mathrm{e}^{-\mathrm{j}20t}$ 的频谱 $F_1(\mathrm{j}\omega)$ 及 $f_2(t)=f(t)\mathrm{e}^{\mathrm{j}20t}$ 的频谱 $F_2(\mathrm{j}\omega)$,并将它们与 $f(t)$ 的频谱 $F(\mathrm{j}\omega)$ 进行比较。

解　[MATLAB 程序]

```
R=0.02;t=-2:R:2;
f=(t>=-1)-(t>=1);
f1=f.*exp(-j*20*t);
f2=f.*exp(j*20*t);
W1=2*pi*5;
N=500;k=-N:N;W=k*W1/N;
F1=f1*exp(-j*t'*W)*R;                %求f1(t)的傅里叶变换F1(jω)
F2=f2*exp(-j*t'*W)*R;                %求f2(t)的傅里叶变换F2(jω)
F1=real(F1);
F2=real(F2);
subplot(1,2,1)
plot(W,F1)
xlabel('w')
ylabel('F1(jw)')
title('F(jw)左移到w=20处的频谱F1(jw)')
subplot(1,2,2)
plot(W,F2)
xlabel('w')
ylabel('F2(jw)')
title('F(jw)右移到w=20处的频谱F2(jw)')
```

[程序运行结果]

运行后得到的波形如图 3.39 所示。

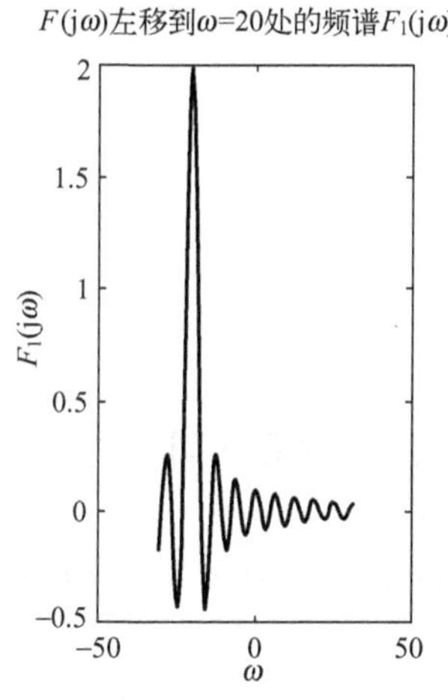

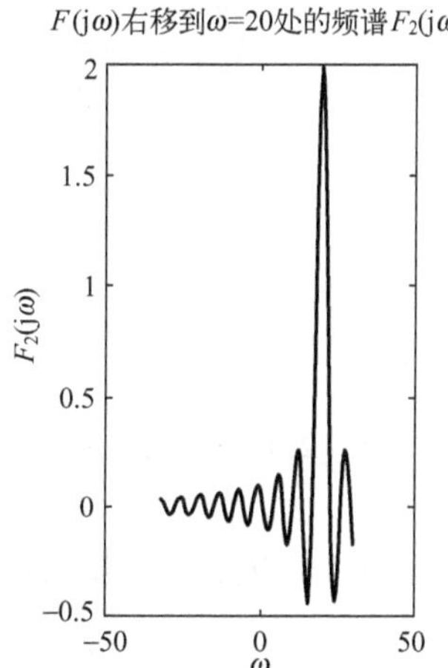

图 3.39　傅里叶变换频移特性的验证实例

例 3.24　试计算宽度和幅度均为 1 的方波信号 $f(t)$ 在 $0\sim f_{\mathrm{m}}$(Hz) 频谱范围内所包含的信号能量,并编程画出能量曲线。

解　该方波信号的频谱为 $F(\mathrm{j}\omega)=\mathrm{Sa}(\omega/2)$,所以信号在 $0\sim f_{\mathrm{m}}$(Hz) 频谱范围内所包含的信号能量为

$$E(f_{\mathrm{m}})=\frac{1}{2\pi}\int_{-\omega_n}^{\omega_n}\mathrm{Sa}^2\left(\frac{\omega}{2}\right)\mathrm{d}\omega = 2\int_0^{f_{\mathrm{m}}}\mathrm{Sa}^2(\pi f)\,\mathrm{d}f$$

定义以下 MATLAB 函数,并保存为 sf2. m 文件:

```
function   y=sf2(f)
y=sinc(f)^2;
```

[MATLAB 程序]

```
f=linspace(0,5,256);
N=length(f);w=zeros(1,N);
for k=1:N
    w(k)= 2 * quad('sf2',0,f(k));
end
plot(f,w)
title(['方波信号的能量']),xlabel('Hz'),ylabel('E')
```

[程序运行结果]

运行得到的方波信号的能量曲线如图 3. 40 所示。

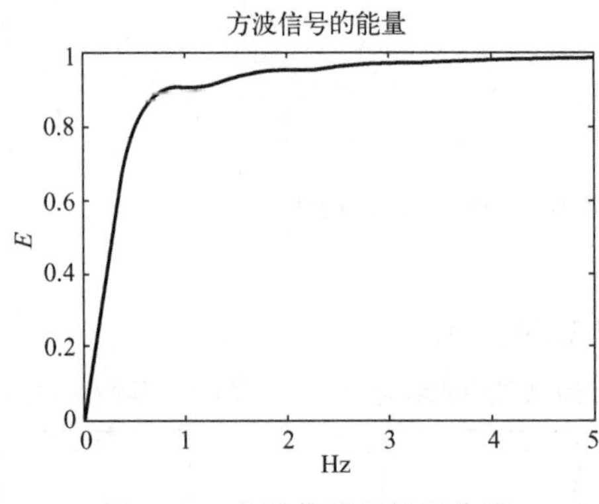

图 3. 40　方波信号的能量曲线

习题 3

1. 试证明 $\cos(t)$, $\cos(2t)$, $\cdots$, $\cos(nt)$ (n 为正整数)是在区间$(0,2\pi)$的正交函数集,它是否是完备的正交函数集?

2. 试证明在区间$(0,2\pi)$内,题图 3. 1 所示的信号 $f(t)$ 与 $\cos(nt)$ (n 为正整数)正交。

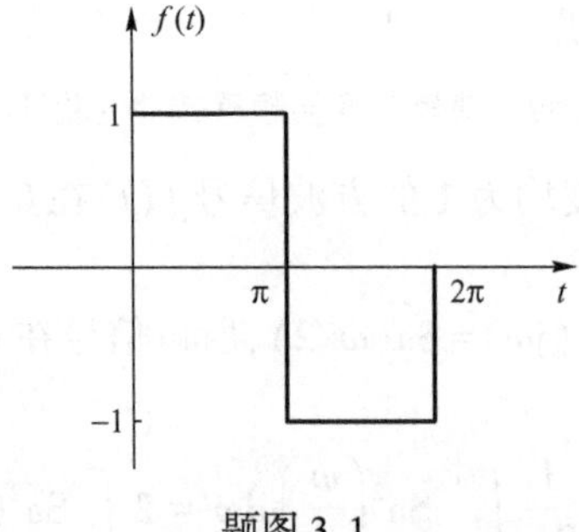

题图 3. 1

3. 求题图 3.2 所示周期信号的三角形式和指数形式的傅里叶变换。

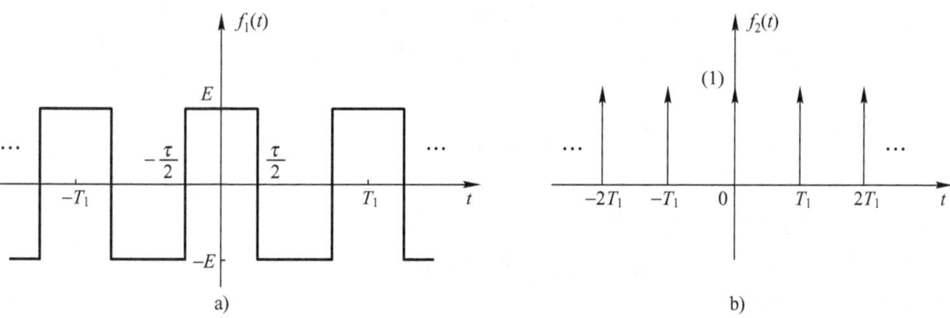

题图 3.2

4. 求题图 3.3 所示周期信号的三角形式的傅里叶级数。

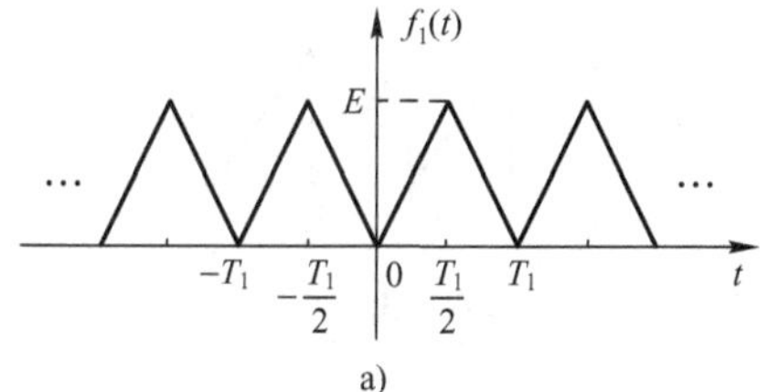

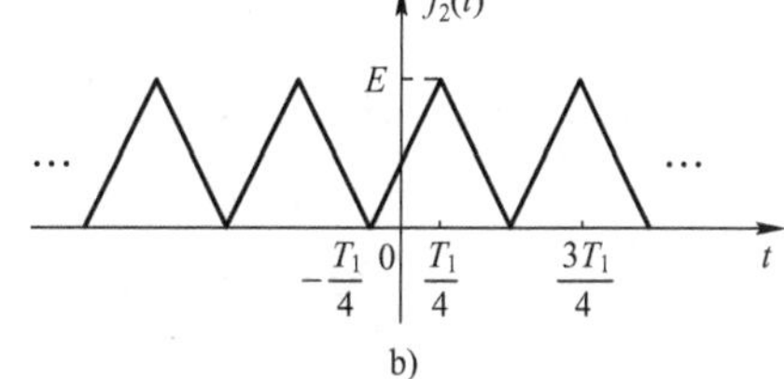

题图 3.3

5. 利用信号的奇偶性，判断题图 3.4 所示各信号的傅里叶级数所包含的分量。

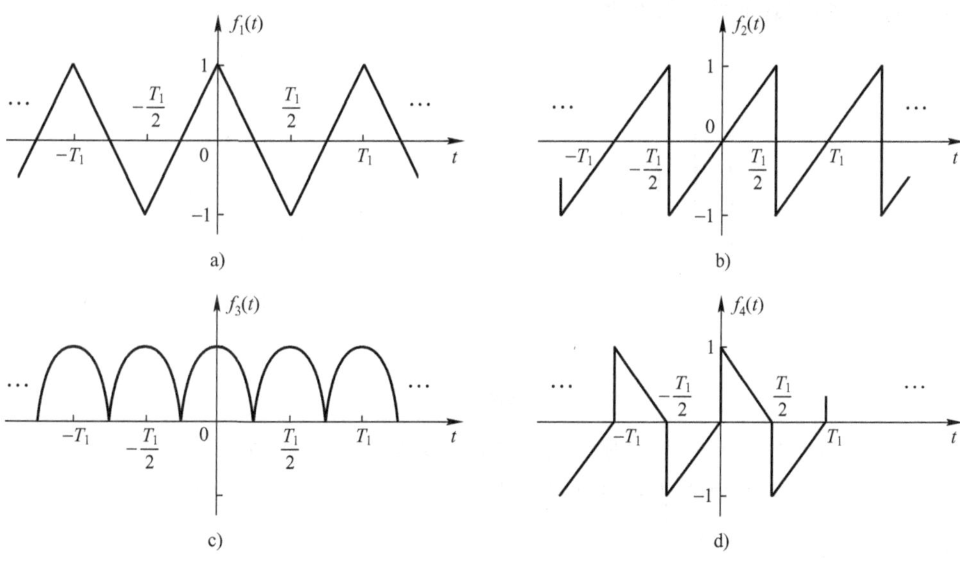

题图 3.4

6. 已知周期信号 $f(t)$ 的四分之一波形如题图 3.5 所示，根据下列情况的要求，画出 $f(t)$ 在一个周期 $\left(-\frac{T_1}{2}<t<\frac{T_1}{2}\right)$ 内的波形。

(1) $f(t)$是 t 的偶函数,只含有直流分量和偶次谐波分量。

(2) $f(t)$是 t 的偶函数,只含有奇次谐波分量。

(3) $f(t)$是 t 的偶函数,含有直流分量、奇次和偶次谐波分量。

(4) $f(t)$是 t 的奇函数,只含有偶次谐波分量。

(5) $f(t)$是 t 的奇函数,只含有奇次谐波分量。

(6) $f(t)$是 t 的奇函数,含有奇次和偶次谐波分量。

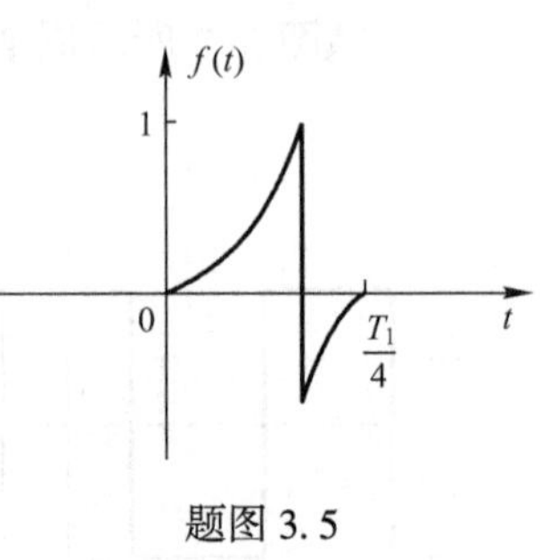

题图 3.5

7. 求题图 3.6 所示半波余弦信号的三角形式的傅里叶级数,并画出振幅谱和相位谱。

8. 求题图 3.7 所示周期锯齿信号的指数形式的傅里叶级数,并画出振幅谱和相位谱。

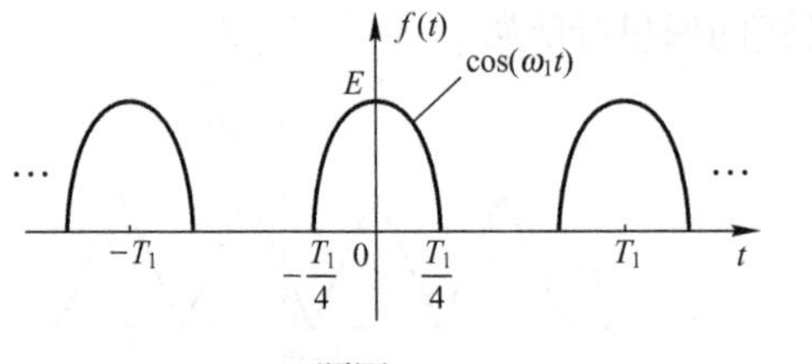

题图 3.6

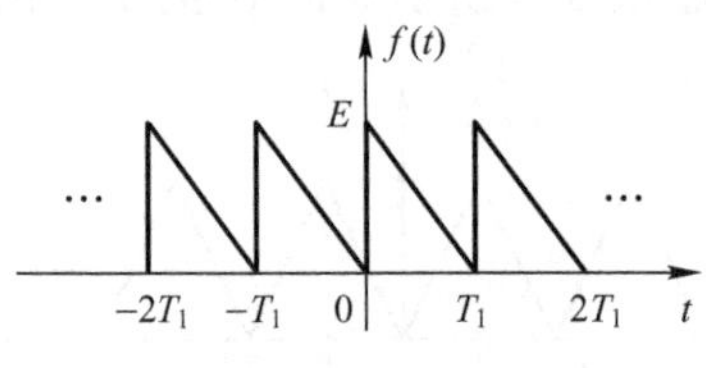

题图 3.7

9. 已知周期信号$f(t)$的双边频谱如题图 3.8 所示,则

(1) 写出指数形式的傅里叶级数。

(2) 画出与之对应的单边频谱。

(3) 写出三角形式的傅里叶级数。

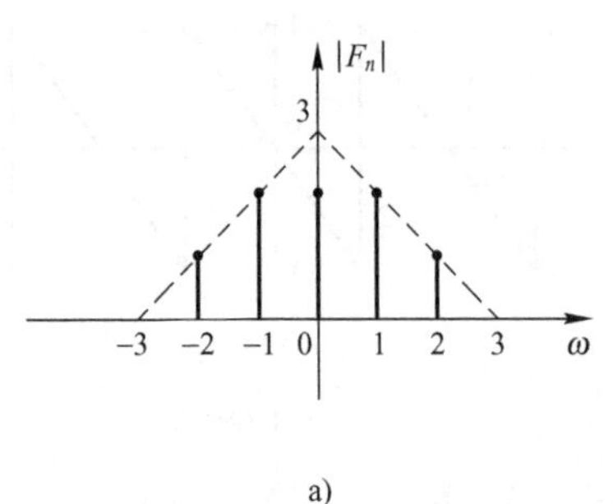

a)

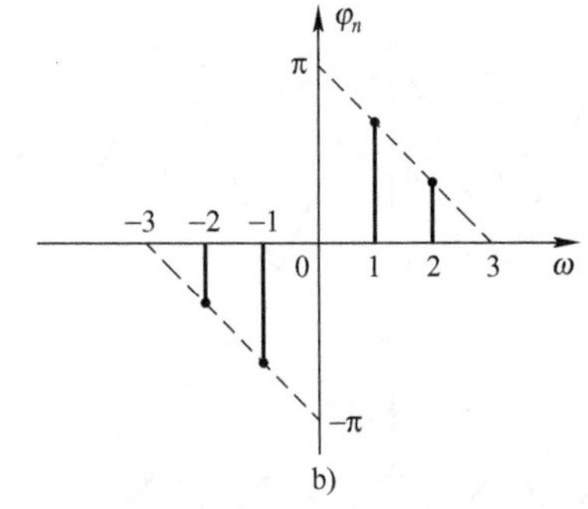

b)

题图 3.8

10. 利用傅里叶变换的性质求题图 3.9 所示信号的傅里叶变换。

11. 利用对称性求下列信号的傅里叶变换。

(1) $f(t)=\dfrac{\sin[2\pi(t-2)]}{\pi(t-2)}$

(2) $f(t)=\dfrac{2\alpha}{\alpha^2+t^2}$

(3) $f(t)=\left[\dfrac{\sin(2\pi t)}{2\pi t}\right]^2$

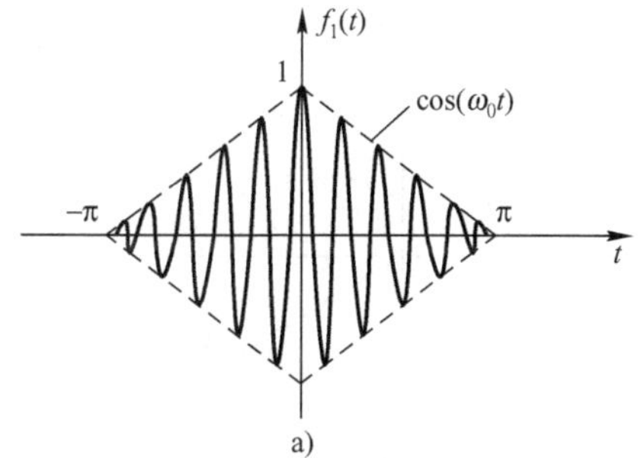

a)

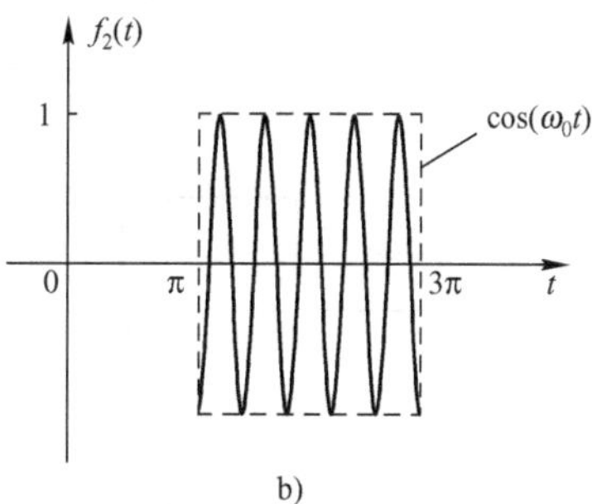

b)

题图 3. 9

12. 求题图 3. 10 所示各信号的频谱函数 $F(\mathrm{j}\omega)$。

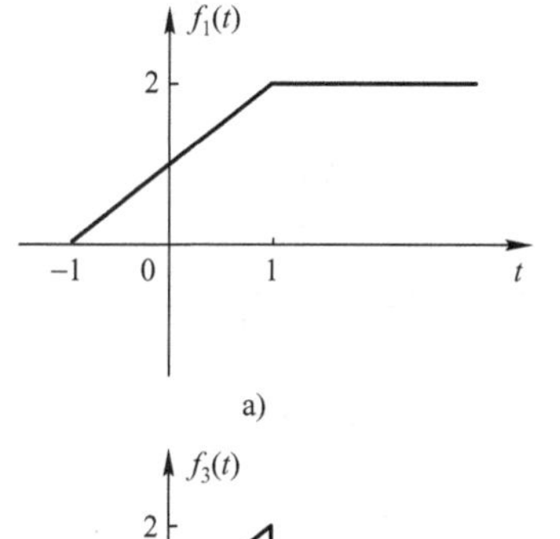

a)

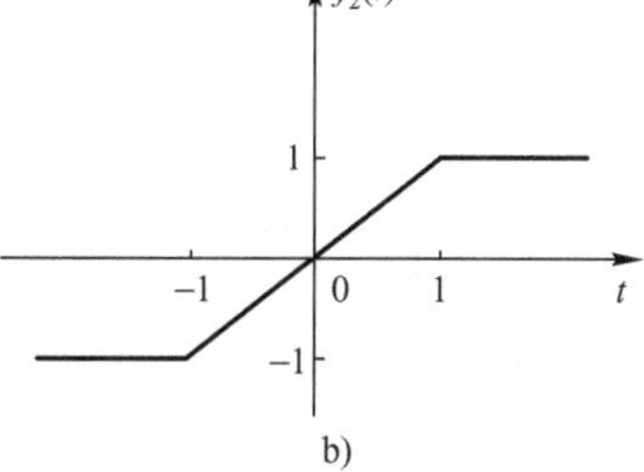

b)

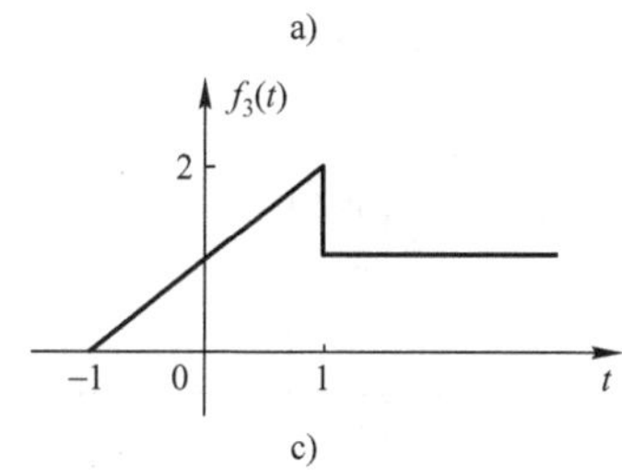

c)

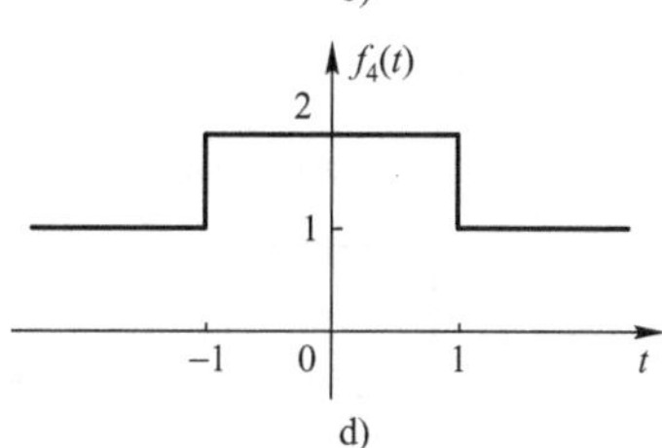

d)

题图 3. 10

13. 利用时域微、积分性质求题图 3. 11 所示信号的频谱函数。

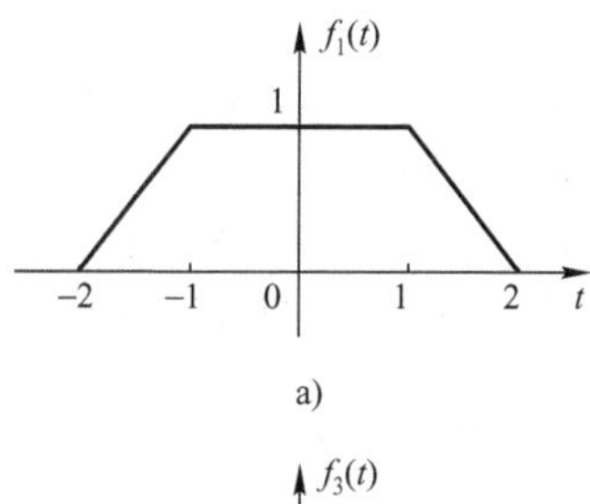

a)

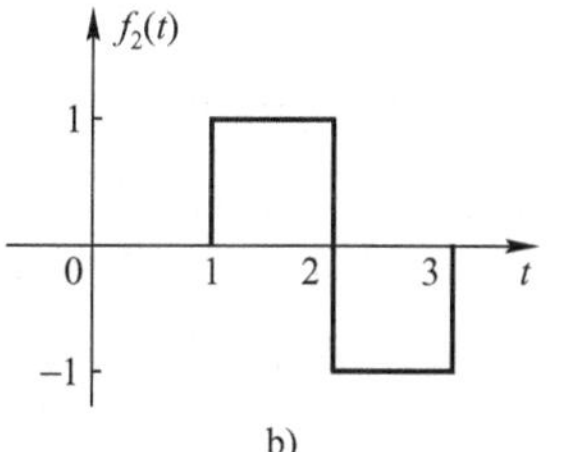

b)

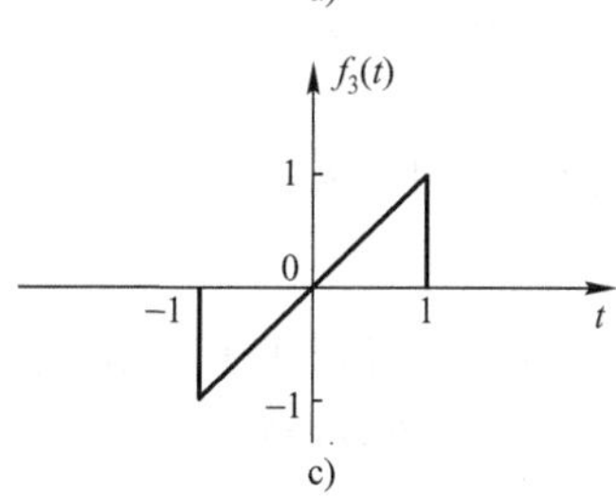

c)

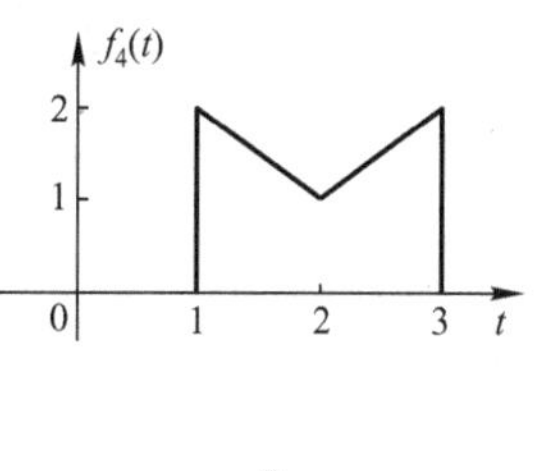

d)

题图 3. 11

14. 求题图3.12所示各频谱函数 $F(\mathrm{j}\omega)$ 对应的傅里叶反变换 $f(t)$。

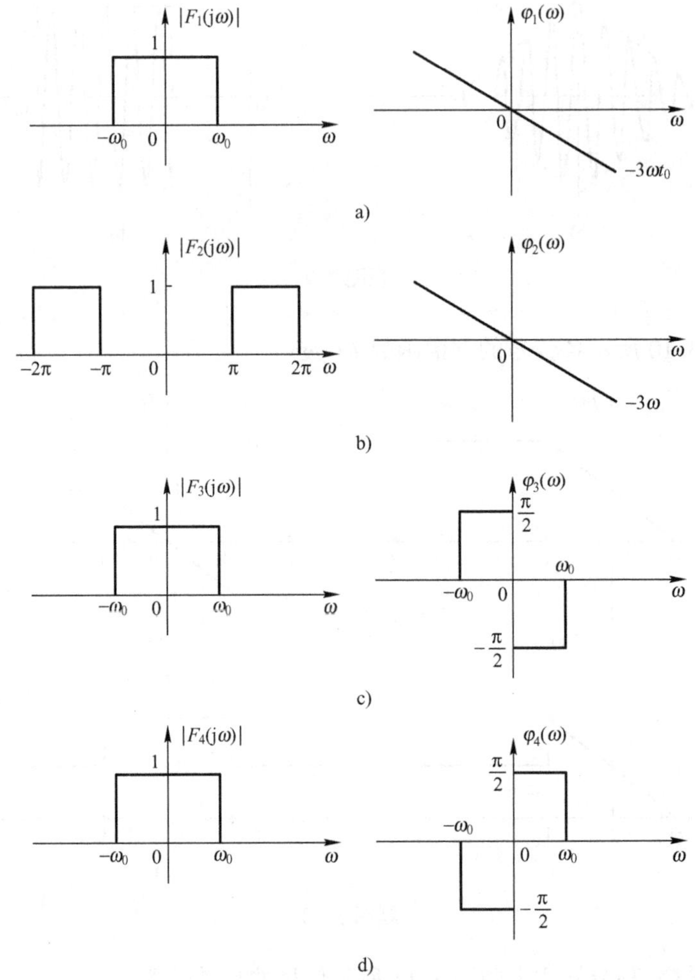

题图3.12

15. 若信号 $f(t)$ 可以表示为偶分量 $f_e(t)$ 与奇分量 $f_o(t)$ 之和，证明：

（1）若信号 $f(t)$ 是实函数，且 $\mathscr{F}[f(t)]=F(\mathrm{j}\omega)$，则

$$\mathscr{F}[f_e(t)]=\mathrm{Re}[F(\mathrm{j}\omega)]\quad \mathscr{F}[f_o(t)]=\mathrm{jIm}[F(\mathrm{j}\omega)]$$

（2）若信号 $f(t)$ 是复函数，可表示为 $f(t)=f_\tau(t)+\mathrm{j}f_i(t)$，且 $\mathscr{F}[f(t)]=F(\mathrm{j}\omega)$，则

$$\mathscr{F}[f_\tau(t)]=\frac{1}{2}[F(\mathrm{j}\omega)+F^*(-\mathrm{j}\omega)]$$

$$\mathscr{F}[f_i(t)]=\frac{1}{2}[F(\mathrm{j}\omega)-F^*(-\mathrm{j}\omega)]$$

其中，$F^*(-\mathrm{j}\omega)=\mathscr{F}[f^*(t)]$。

16. 若已知信号 $\mathscr{F}[f(t)]=F(\mathrm{j}\omega)$，利用傅里叶变换性质求下列信号的傅里叶变换。

（1）$tf(2t)$　　（2）$(t-2)f(t)$

（3）$(t-2)f(-2t)$　　（4）$t\dfrac{\mathrm{d}f(t)}{\mathrm{d}t}$

(5) $f(1-t)$　　(6) $(1-t)f(1-t)$

17. 求下列信号的傅里叶变换。

(1) $f(t)=\mathrm{e}^{-\mathrm{j}t}\delta(t-2)$　　(2) $f(t)=\mathrm{e}^{-3(t-1)}\delta'(t-1)$

(3) $f(t)=\mathrm{sgn}(t^2-9)$　　(4) $f(t)=\mathrm{e}^{-2t}\varepsilon(t+1)$

(5) $f(t)=\varepsilon\left(\dfrac{t}{2}-1\right)$

18. 求下列傅里叶变换对应的时间函数。

(1) $F(\mathrm{j}\omega)=\delta(\omega+\omega_0)-\delta(\omega-\omega_0)$　　(2) $F(\mathrm{j}\omega)=\tau\mathrm{Sa}\left(\dfrac{\omega\tau}{2}\right)$

(3) $F(\mathrm{j}\omega)=\dfrac{1}{(\alpha+\mathrm{j}\omega)^2}$　　(4) $F(\mathrm{j}\omega)=-\dfrac{2}{\omega^2}$

19. 求下列信号的傅里叶反变换。

(1) $F(\mathrm{j}\omega)=2\cos(3\omega)$

(2) $F(\mathrm{j}\omega)=[\varepsilon(\omega)-\varepsilon(\omega-2)]\mathrm{e}^{-\mathrm{j}\omega}$

(3) $F(\mathrm{j}\omega)=\sum_{n=0}^{2}\dfrac{2\sin(\omega)}{\omega}\mathrm{e}^{-\mathrm{j}(2n+1)\omega}$

20. 若$f(t)$的频谱$F(\mathrm{j}\omega)$如题图 3.13 所示，利用卷积定理粗略地画出$f(t)\cos(\omega_0 t)$、$f(t)\mathrm{e}^{\mathrm{j}\omega_0 t}$、$f(t)\cos(\omega_1 t)$ 的频谱(注明频谱的边界频率)。

21. 已知题图 3.14 所示信号$f(t)$的频谱函数为$F(\mathrm{j}\omega)$，求下列各式的值。(不必求出$F(\mathrm{j}\omega)$)

(1) $F(0)=F(\mathrm{j}\omega)\mid_{\omega=0}$

(2) $\int_{-\infty}^{\infty}F(\mathrm{j}\omega)\mathrm{d}\omega$

(3) $\int_{-\infty}^{\infty}\mid F(\mathrm{j}\omega)\mid^2\mathrm{d}\omega$

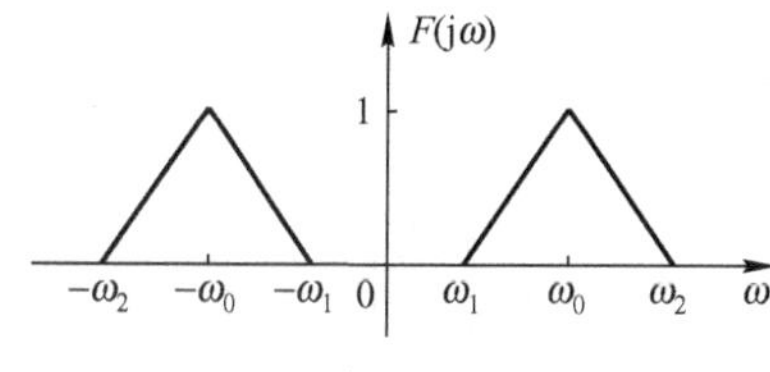

题图 3.13

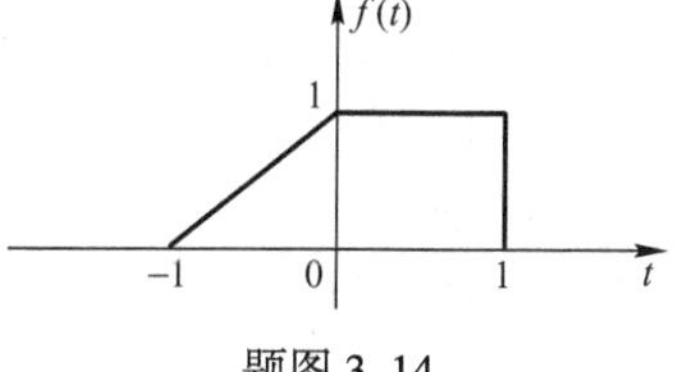

题图 3.14

22. 求题图 3.15 所示周期信号的频谱函数。

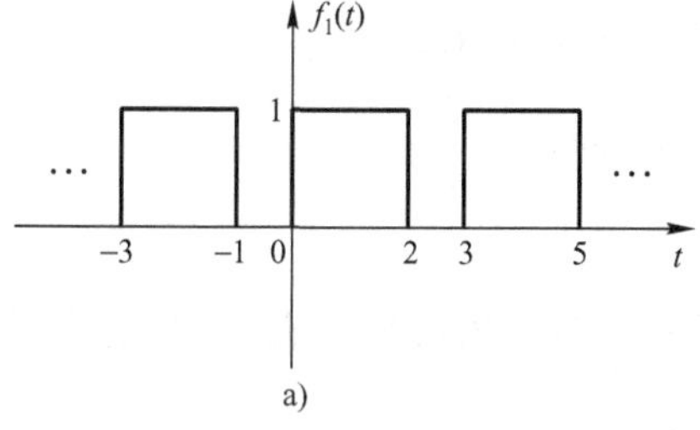

a)

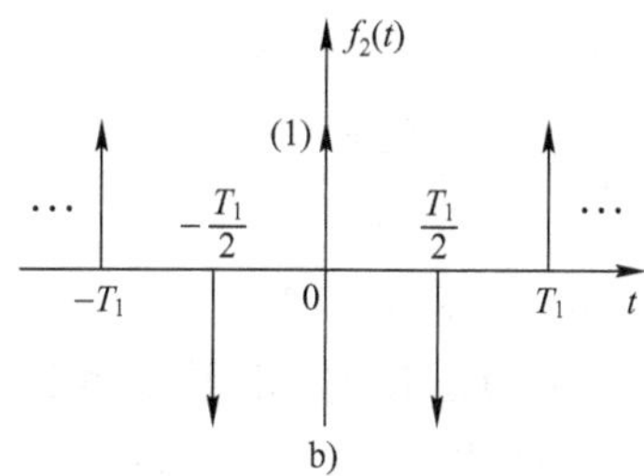

b)

题图 3.15

23. 用帕塞瓦尔定理求下列积分。

(1) $f(t)=\int_{-\infty}^{\infty}\mathrm{Sa}^4(2t)\,\mathrm{d}t$　　　　(2) $f(t)=\int_{-\infty}^{\infty}\frac{1}{(4+t^2)^2}\mathrm{d}t$

24. 三角形周期脉冲的电流如题图 3.16 所示,则

(1) 若 $T_1=8$,求此周期电流的平均值与方均值。

(2) 求此周期电流在单位电阻上消耗的平均功率、直流功率和交流功率,并用帕塞瓦尔定理核对结果。

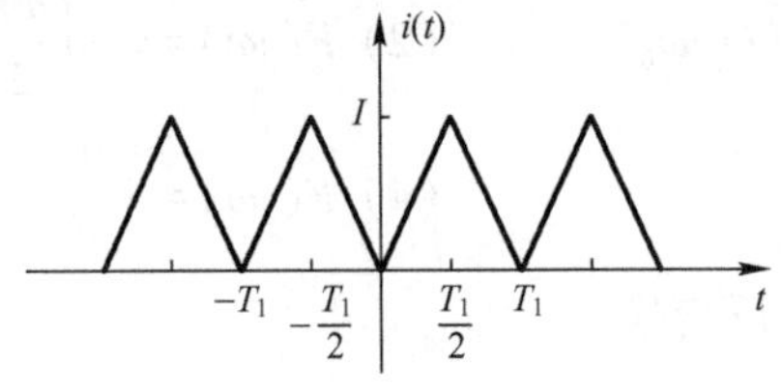

题图 3.16

25. 求信号 $f(t)=\frac{2\sin(2t)}{t}\cos(10^3t)$ 的能量。

26. 信号 $f(t)$ 如题图 3.17 所示,试用 MATLAB 编程画出由傅里叶级数表达式中前 3 项、前 5 项和前 31 项所构成的 $f(t)$ 的近似波形,并对结果进行比较和讨论。

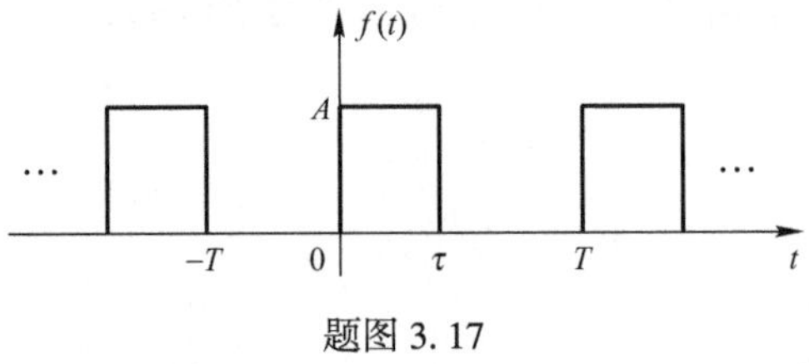

题图 3.17

27. 试用 MATLAB 编程求解题图 3.17 所示周期方波信号的幅度谱,并画出频谱图。分别取 $T=2\tau$、$T=4\tau$ 和 $T=8\tau$,讨论周期 T 与频谱的关系。

28. 用 MATLAB 编程求解下列信号的傅里叶变换。

(1) $f(t)=\frac{\sin[2\pi(t-2)]}{\pi(t-2)}$　　　　(2) $f(t)=\left[\frac{\sin(2\pi t)}{2\pi t}\right]^2$

(3) $f(t)=\frac{2\alpha}{\alpha^2+t^2}$

29. 用 MATLAB 编程验证傅里叶变换的线性、时移特性和尺度特性。

30. 用 MATLAB 编程求解下列傅里叶变换对应的时间函数。

(1) $F(\mathrm{j}\omega)=\tau\mathrm{Sa}\left(\frac{\omega\tau}{2}\right)$　　　　(2) $F(\mathrm{j}\omega)=-\frac{2}{\omega^2}$

(3) $F(\mathrm{j}\omega)=\sqrt{\pi}\,\tau\mathrm{e}^{-\left(\frac{\omega\tau}{2}\right)^2}$

31. 试用 MATLAB 编程计算宽度为 4、幅度为 2 的三角波信号在 $0\sim f_\mathrm{m}$ 范围内信号的能量,并画出能量曲线。(取 $f_\mathrm{m}=0.1\sim10\,\mathrm{Hz}$)

第4章　连续时间系统的频域分析

第2章中讨论了连续时间系统的时域分析，即在时域中求解系统的响应并分析系统特性。利用时域分析法求系统响应，是将激励信号分解为一系列冲激函数或阶跃函数之和，对每个单元激励分别求得系统的响应，并将响应叠加，从而求得系统对激励的总响应。本章将讨论连续时间系统的频域分析，即把系统的激励和响应的关系应用傅里叶变换从时域变换到频域，在频域中求系统的响应并分析系统特性。利用频域分析法求系统响应，是通过运用傅里叶级数或傅里叶变换，将信号分解为一系列正弦分量或虚指数信号（$e^{j\omega t}$）之和或积分，并将这些单元信号作用于系统所得的响应进行叠加，从而得到完整的系统响应。频域分析法将时域中的微分和卷积运算变成了代数运算，简化了计算过程。同时，由于在频域中利用信号频谱的概念来分析信号失真、频率选择性滤波、调制与抽样等一些实际的理论，其物理意义更清晰，更易于理解。

本章将在第3章信号频域分析的基础上，研究不同激励信号通过系统的响应、信号通过系统的无失真传输条件、理想低通模型以及系统的物理可实现条件、抽样定理等内容。作为傅里叶变换在通信系统中的应用，本章将介绍调制与解调的基本理论，并在调制解调与抽样理论的基础上，讨论频分复用与时分复用的基本原理，以初步了解多路复用技术在现代通信系统中的重要作用。

4.1　系统响应的频域分析

系统响应的频域分析就是把系统的激励和响应的关系应用傅里叶变换从时域变换到频域，在频域中求系统的响应，这样能清楚地反映出输入信号的频谱通过系统后，输出响应频谱随频率变化的情况。

为了从频域求解系统的响应，首先要确定系统的频率响应特性，即频域系统函数。

4.1.1　频域系统函数

对于一个线性时不变系统，若系统激励为$f(t)$，输出响应为$y(t)$，则描述该系统的常系数微分方程为

$$\begin{aligned}&\frac{d^n y(t)}{dt^n}+a_{n-1}\frac{d^{n-1}y(t)}{dt^{n-1}}+\cdots+a_1\frac{dy(t)}{dt}+a_0 y(t)\\&=b_m\frac{d^m f(t)}{dt^m}+b_{m-1}\frac{d^{m-1}f(t)}{dt^{m-1}}+\cdots+b_1\frac{df(t)}{dt}+b_0 f(t)\end{aligned}\tag{4.1}$$

设系统的初始状态为零，则$y(t)$为系统的零状态响应，对式（4.1）两边取傅里叶变换，并令$Y_{zs}(j\omega)=\mathscr{F}[y(t)]$，$F(j\omega)=\mathscr{F}[f(t)]$，由时域微分性质，可得

$$\begin{aligned}&[(j\omega)^n+a_{n-1}(j\omega)^{n-1}+\cdots+a_1(j\omega)+a_0]Y_{zs}(j\omega)\\&=[b_m(j\omega)^m+b_{m-1}(j\omega)^{m-1}+\cdots+b_1(j\omega)+b_0]F(j\omega)\end{aligned}$$

系统零状态响应的傅里叶变换为

$$\begin{aligned}Y_{zs}(j\omega)&=\frac{b_m(j\omega)^m+b_{m-1}(j\omega)^{m-1}+\cdots+b_1(j\omega)+b_0}{(j\omega)^n+a_{n-1}(j\omega)^{n-1}+\cdots+a_1(j\omega)+a_0}F(j\omega)\\&=H(j\omega)F(j\omega)\end{aligned}\tag{4.2}$$

式中

$$H(j\omega)=\frac{Y_{zs}(j\omega)}{F(j\omega)}=\frac{b_m(j\omega)^m+b_{m-1}(j\omega)^{m-1}+\cdots+b_1(j\omega)+b_0}{(j\omega)^n+a_{n-1}(j\omega)^{n-1}+\cdots+a_1(j\omega)+a_0}\tag{4.3}$$

$H(j\omega)$为系统零状态响应的傅里叶变换与激励的傅里叶变换之比,定义为频域系统函数或系统的频率响应函数(简称频率响应)。由式(4.3)可见,系统函数$H(j\omega)$仅取决于系统本身的结构和元器件参数,与系统的激励和响应形式无关,因此它决定了系统的特性。

当系统的激励为冲激函数,即$f(t)=\delta(t)$时,系统的零状态响应为冲激响应,即$y(t)=h(t)$,考虑到$F(j\omega)=\mathscr{F}[\delta(t)]=1$,由式(4.2)可得系统零状态响应的傅里叶变换为

$$Y(j\omega)=\mathscr{F}[h(t)]=F(j\omega)H(j\omega)=H(j\omega)$$

即

$$H(j\omega)=\mathscr{F}[h(t)]\tag{4.4}$$

式(4.4)表明,系统的冲激响应$h(t)$的傅里叶变换即为系统函数$H(j\omega)$,系统函数$H(j\omega)$的傅里叶反变换即为系统的冲激响应$h(t)$。系统函数$H(j\omega)$和系统的冲激响应$h(t)$构成一对傅里叶变换对,它们分别从时域和频域两个方面表征了同一系统的特性。

一般情况下,$H(j\omega)$为ω的复函数,可以表示为

$$H(j\omega)=|H(j\omega)|e^{j\varphi(\omega)}\tag{4.5}$$

如令$Y(j\omega)=|Y(j\omega)|e^{j\varphi_y(\omega)}$,$F(j\omega)=|F(j\omega)|e^{j\varphi_f(\omega)}$,则有

$$|H(j\omega)|=\frac{|Y(j\omega)|}{|F(j\omega)|}\quad \varphi(\omega)=\varphi_y(\omega)-\varphi_f(\omega)$$

可见,$|H(j\omega)|$是角频率为ω的输出与输入信号幅度之比,称为系统的**幅频响应**;$\varphi(\omega)$是角频率为ω的输出与输入信号的相位差,称为系统的**相频响应**。由于$H(j\omega)$是$h(t)$的傅里叶变换,因而当$h(t)$为实函数时,由傅里叶变换的性质可知,$|H(j\omega)|$关于ω偶对称,$\varphi(\omega)$关于ω奇对称。

系统函数表征了系统的频域特性,是频域分析的关键。系统函数的求解方法有如下几种:

1) 若系统由微分方程给出,则可以对微分方程两边取傅里叶变换,按照式(4.3)直接求取。

2) 若给定系统的冲激响应,则可以对其作傅里叶变换来求取。

3) 若系统由电路模型给出,则可以由电路的零状态响应频域等效电路模型来求取,而无须列写电路的微分方程。

例4.1 如图4.1a所示的电路,输入是电压$f(t)$,输出是电容上电压$u_C(t)$,求系统函数$H(j\omega)$。

解 电路的相量模型如图4.1b所示,系统函数$H(j\omega)$为电压传输系数,且等于

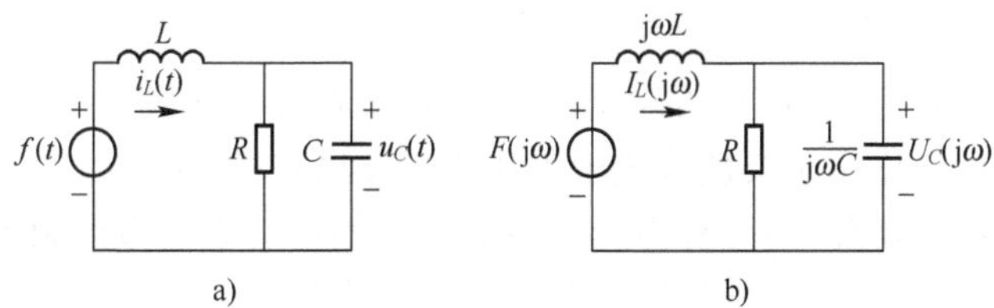

图 4.1　例 4.1 中的电路图

$$H(\mathrm{j}\omega)=\frac{U_C(\mathrm{j}\omega)}{F(\mathrm{j}\omega)}=\frac{\dfrac{R\cdot\dfrac{1}{\mathrm{j}\omega C}}{R+\dfrac{1}{\mathrm{j}\omega C}}}{\mathrm{j}\omega L+\dfrac{R\cdot\dfrac{1}{\mathrm{j}\omega C}}{R+\dfrac{1}{\mathrm{j}\omega C}}}=\frac{R\cdot\dfrac{1}{\mathrm{j}\omega C}}{\mathrm{j}\omega L\cdot\left(R+\dfrac{1}{\mathrm{j}\omega C}\right)+R\cdot\dfrac{1}{\mathrm{j}\omega C}}$$

$$=\frac{R}{\mathrm{j}\omega LR\cdot\mathrm{j}\omega C+\mathrm{j}\omega L+R}=\frac{1}{(\mathrm{j}\omega)^2LC+\mathrm{j}\omega\dfrac{L}{R}+1}$$

例 4.2　已知一线性时不变系统由以下微分方程描述，求系统函数 $H(\mathrm{j}\omega)$ 及单位冲激响应 $h(t)$。

$$\frac{\mathrm{d}^2y(t)}{\mathrm{d}t^2}+5\frac{\mathrm{d}y(t)}{\mathrm{d}t}+6y(t)=\frac{\mathrm{d}f(t)}{\mathrm{d}t}+4f(t)$$

解　对方程两边进行傅里叶变换，得

$$[(\mathrm{j}\omega)^2+5\mathrm{j}\omega+6]Y(\mathrm{j}\omega)=(\mathrm{j}\omega+4)F(\mathrm{j}\omega)$$

故系统函数为

$$H(\mathrm{j}\omega)=\frac{Y(\mathrm{j}\omega)}{F(\mathrm{j}\omega)}=\frac{\mathrm{j}\omega+4}{(\mathrm{j}\omega)^2+5\mathrm{j}\omega+6}$$

求系统的单位冲激响应，只要对系统函数作傅里叶反变换即可。

$$H(\mathrm{j}\omega)=\frac{\mathrm{j}\omega+4}{(\mathrm{j}\omega+2)(\mathrm{j}\omega+3)}=\frac{K_1}{\mathrm{j}\omega+2}+\frac{K_2}{\mathrm{j}\omega+3}$$

$$K_1=\frac{\mathrm{j}\omega+4}{(\mathrm{j}\omega+2)(\mathrm{j}\omega+3)}(\mathrm{j}\omega+2)\Bigg|_{\mathrm{j}\omega=-2}=2$$

$$K_2=\frac{\mathrm{j}\omega+4}{(\mathrm{j}\omega+2)(\mathrm{j}\omega+3)}(\mathrm{j}\omega+3)\Bigg|_{\mathrm{j}\omega=-3}=-1$$

$$H(\mathrm{j}\omega)=\frac{2}{\mathrm{j}\omega+2}+\frac{-1}{\mathrm{j}\omega+3}$$

故系统的单位冲激响应为

$$h(t)=(2\mathrm{e}^{-2t}-\mathrm{e}^{-3t})\varepsilon(t)$$

4.1.2　周期信号激励下系统响应的频域分析

周期信号是周而复始、无始无终的信号，当其作用于线性系统时，其激励作用的起点在 $t\to$

$-\infty$ 处,这意味着由初始条件所引起的系统的储能的变化已经消失,其零输入响应不存在。另一方面,系统响应中所有随时间衰减的暂态分量也将随着时间的无穷延续而消失,只有稳态分量存在。所以,周期信号作用于线性系统的零状态响应只有稳态响应。

利用傅里叶级数可以将周期分解为无限多个不同频率的虚指数函数或正弦信号之和,所以这里首先来研究这两种基本信号作用于系统所引起的响应。

1. 虚指数信号 $e^{j\omega t}$激励下的系统响应

一个线性时不变系统,设其冲激响应为 $h(t)$, 当系统激励是角频率为 ω 的虚指数函数 $f(t)=e^{j\omega t}(-\infty<t<+\infty)$ 时,系统的输出响应为

$$\begin{aligned}y(t)&=e^{j\omega t}*h(t)=\int_{-\infty}^{+\infty}h(\tau)e^{j\omega(t-\tau)}d\tau=e^{j\omega t}\int_{-\infty}^{+\infty}h(\tau)e^{-j\omega\tau}d\tau\\&=e^{j\omega t}H(j\omega)\end{aligned}\tag{4.6}$$

式中, $H(j\omega)=\int_{-\infty}^{+\infty}h(\tau)e^{-j\omega\tau}d\tau$ 是 $h(t)$的傅里叶变换,也即该系统的系统函数。

式(4.6)表明,当激励是幅度为1的虚指数信号 $e^{j\omega t}$时,系统的响应是同频率的虚指数信号,其幅度和相位的改变由系统函数 $H(j\omega)$确定。可见,$H(j\omega)$反映了虚指数信号激励下系统的稳态响应随信号频率的变化情况,因此也称为系统的频率响应。

2. 正弦信号激励下的系统响应

若激励信号为正弦周期信号,即

$$f(t)=A\cos(\omega_0t+\theta)\quad -\infty<t<+\infty$$

由欧拉公式可知

$$f(t)=\frac{A}{2}\left[e^{j(\omega_0t+\theta)}+e^{-j(\omega_0t+\theta)}\right]$$

由式(4.6)可知,系统输出响应为

$$\begin{aligned}y(t)&=\frac{A}{2}\left[e^{j(\omega_0t+\theta)}H(j\omega_0)+e^{-j(\omega_0t+\theta)}H(-j\omega_0)\right]\\&=\frac{A}{2}\left[e^{j(\omega_0t+\theta)}\left|H(j\omega_0)\right|e^{j\varphi(\omega_0)}+e^{-j(\omega_0t+\theta)}\left|H(-j\omega_0)\right|e^{j\varphi(-\omega_0)}\right]\\&=A\left|H(j\omega_0)\right|\frac{1}{2}\left\{e^{j[\omega_0t+\theta+\varphi(\omega_0)]}+e^{-j[\omega_0t+\theta+\varphi(\omega_0)]}\right\}\\&=A\left|H(j\omega_0)\right|\cos[\omega_0t+\theta+\varphi(\omega_0)]\end{aligned}\tag{4.7}$$

可见,正弦信号作用于线性时不变系统时,其输出 $y(t)$仍为同频率的正弦信号,但是被系统函数加权,幅度加权系数$|H(j\omega_0)|$与相移 $\varphi(\omega_0)$均由系统函数 $H(j\omega)$在 $\omega=\omega_0$的值 $H(j\omega_0)$决定。

3. 非正弦周期信号激励下的系统响应

当系统激励为非正弦周期信号$f(t)$时,设其周期为 T_1,可将其展开为三角形式的傅里叶级数或指数形式的傅里叶级数。

1) 当$f(t)$展成三角形式的傅里叶级数时,即

$$f(t)=A_0+\sum_{n=1}^{\infty}A_n\cos(n\omega_1t+\varphi_n)$$

由式(4.7)可知,正弦信号 $A_n\cos(n\omega_1t+\varphi_n)$激励下的系统响应为

$$A_n|H(jn\omega_1)|\cos[n\omega_1 t+\varphi_n+\varphi(n\omega_1)]$$

直流分量 A_0 激励下的系统响应为

$$y_0(t)=f(t)*h(t)=\int_{-\infty}^{\infty}h(\tau)\cdot A_0\mathrm{d}\tau=A_0\int_{-\infty}^{\infty}h(\tau)\mathrm{d}\tau$$
$$=A_0H(\mathrm{j}0)=A_0|H(\mathrm{j}0)|\mathrm{e}^{\mathrm{j}\varphi(0)}$$

故由系统的线性特性，可以得到当激励为 $f(t)$ 时，系统响应为

$$y(t)=A_0|H(\mathrm{j}0)|\mathrm{e}^{\mathrm{j}\varphi(0)}+\sum_{n=1}^{\infty}A_n|H(\mathrm{j}n\omega_1)|\cos[n\omega_1 t+\varphi_n+\varphi(n\omega_1)] \tag{4.8}$$

2）当 $f(t)$ 展成指数形式的傅里叶级数时，即

$$f(t)=\sum_{n=-\infty}^{\infty}F_n\mathrm{e}^{\mathrm{j}n\omega_1 t}\quad \omega_1=\frac{2\pi}{T_1}$$

由式(4.6)可得系统响应为

$$y(t)=\sum_{n=-\infty}^{\infty}F_nH(\mathrm{j}n\omega_1)\mathrm{e}^{\mathrm{j}n\omega_1 t}=\sum_{n=-\infty}^{\infty}F_n|H(\mathrm{j}n\omega_1)|\mathrm{e}^{\mathrm{j}[n\omega_1 t+\varphi(n\omega_1)]} \tag{4.9}$$

例 4.3　若已知某线性时不变系统的系统函数为 $H(\mathrm{j}\omega)=\dfrac{1}{\mathrm{j}\omega+1}$，试求激励为周期信号 $f(t)=2+\cos t+\cos 3t$ 时，系统的稳态响应。

解　激励信号由直流分量、基波和三次谐波组成，基波频率为 $\omega_1=1\ \mathrm{rad/s}$。

由式(4.8)可得系统的稳态响应为

$$y(t)=2H(\mathrm{j}0)+|H(\mathrm{j}1)|\cos[t+\varphi(1)]+|H(\mathrm{j}3)|\cos[3t+\varphi(3)]$$

由 $H(\mathrm{j}\omega)=\dfrac{1}{\mathrm{j}\omega+1}$ 可得

$$H(\mathrm{j}0)=1$$
$$|H(\mathrm{j}1)|=\frac{1}{|1+\mathrm{j}|}=\frac{1}{\sqrt{2}}\quad \varphi(1)=-\arctan 1=-45^\circ$$
$$|H(\mathrm{j}3)|=\frac{1}{|1+3\mathrm{j}|}=\frac{1}{\sqrt{10}}\quad \varphi(3)=-\arctan 3=-71.6^\circ$$

所以系统的稳态响应为

$$y(t)=2+\frac{1}{\sqrt{2}}\cos(t-45^\circ)+\frac{1}{\sqrt{10}}\cos(3t-71.6^\circ)$$

例 4.4　已知某系统的频率响应 $H(\mathrm{j}\omega)$ 如图 4.2a 所示，试求当激励为 $f(t)$（见图 4.2b）时系统的响应。

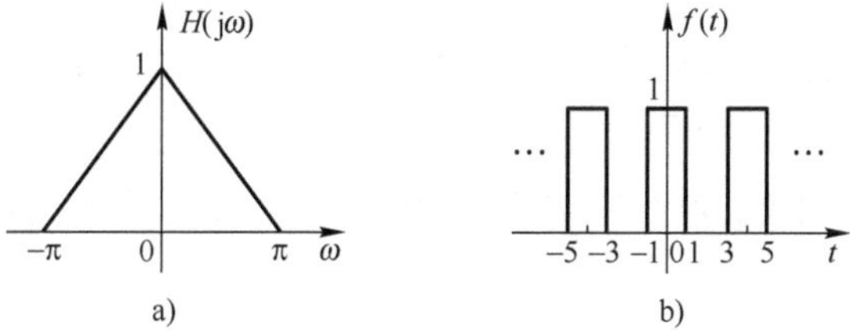

图 4.2　例 4.4 中的系统频率响应与激励信号波形

解 由图4.2b可知,$f(t)$的周期为

$$T_1=4 \quad \omega_1=\frac{2\pi}{T_1}=\frac{\pi}{2}$$

将$f(t)$展开成指数形式的傅里叶级数,即

$$f(t)=\sum_{n=-\infty}^{\infty}F_n\mathrm{e}^{\mathrm{j}n\omega_1 t}$$

由式(4.9)得系统响应为

$$y(t)=\sum_{n=-\infty}^{\infty}F_nH(\mathrm{j}n\omega_1)\mathrm{e}^{\mathrm{j}n\omega_1 t}=\sum_{n=-\infty}^{\infty}F_nH\left(\mathrm{j}\frac{n\pi}{2}\right)\mathrm{e}^{\mathrm{j}\frac{n\pi}{2}t}$$

由图4.2a可以看出,当$|n\omega_1|=\left|\dfrac{n\pi}{2}\right|\geqslant\pi$时,即$|n|\geqslant2$时,$H(\mathrm{j}n\omega_1)=0$,所以系统响应为

$$y(t)=\sum_{n=-1}^{1}F_nH\left(\mathrm{j}\frac{n\pi}{2}\right)\mathrm{e}^{\mathrm{j}n\frac{\pi}{2}t}=F_{-1}H\left(\mathrm{j}\frac{-\pi}{2}\right)\mathrm{e}^{-\mathrm{j}\frac{\pi}{2}t}+F_0H(\mathrm{j}0)+F_1H\left(\mathrm{j}\frac{\pi}{2}\right)\mathrm{e}^{\mathrm{j}\frac{\pi}{2}t}$$

由于

$$F_n=\frac{1}{T_1}\int_{-\frac{T_1}{2}}^{\frac{T_1}{2}}f(t)\mathrm{e}^{-\mathrm{j}n\omega_1 t}\mathrm{d}t=\frac{1}{4}\int_{-1}^{1}\mathrm{e}^{-\mathrm{j}\frac{n\pi}{2}t}\mathrm{d}t=\frac{1}{2}\mathrm{Sa}\left(\frac{n\pi}{2}\right)$$

故有

$$F_{-1}=\frac{1}{2}\mathrm{Sa}\left(\frac{-\pi}{2}\right)=\frac{1}{\pi} \quad F_0=\frac{1}{2}\mathrm{Sa}(0)=\frac{1}{2} \quad F_1=\frac{1}{2}\mathrm{Sa}\left(\frac{\pi}{2}\right)=\frac{1}{\pi}$$

又由图4.2a可知

$$H\left(\mathrm{j}\frac{-\pi}{2}\right)=H\left(\mathrm{j}\frac{\pi}{2}\right)=\frac{1}{2} \quad H(\mathrm{j}0)=1$$

所以系统响应为

$$y(t)=\frac{1}{2\pi}\mathrm{e}^{-\mathrm{j}\frac{\pi}{2}t}+\frac{1}{2}+\frac{1}{2\pi}\mathrm{e}^{\mathrm{j}\frac{\pi}{2}t}=\frac{1}{2}+\frac{1}{\pi}\cos\left(\frac{\pi}{2}t\right)$$

4.1.3 非周期信号激励下系统响应的频域分析

非周期信号通过线性系统时,由于它对信号的激励是有确定时间的,所以对于零状态系统,其响应只含零状态响应,其中既含有稳态分量,也含有暂态分量。若系统初始状态不为零,则响应中还包含零输入响应分量。本节仅讨论连续非周期信号通过线性系统的零状态响应求解的问题,而零输入响应仍然采取第2章中的时域分析法求解。

由傅里叶变换可知,非周期信号$f(t)$可以表示为无限多个虚指数信号的线性组合,即

$$f(t)=\frac{1}{2\pi}\int_{-\infty}^{\infty}F(\mathrm{j}\omega)\mathrm{e}^{\mathrm{j}\omega t}\mathrm{d}\omega=\int_{-\infty}^{\infty}\frac{F(\mathrm{j}\omega)\mathrm{d}\omega}{2\pi}\cdot\mathrm{e}^{\mathrm{j}\omega t}$$

其中,频率为$\mathrm{d}\omega$的分量为$\dfrac{F(\mathrm{j}\omega)\mathrm{d}\omega}{2\pi}\cdot\mathrm{e}^{\mathrm{j}\omega t}$,由式(4.6)可知,该分量对应的响应分量为$\dfrac{F(\mathrm{j}\omega)\mathrm{d}\omega}{2\pi}\cdot H(\mathrm{j}\omega)\mathrm{e}^{\mathrm{j}\omega t}$。由线性时不变系统的性质,对所有分量的响应进行叠加,得到系统的响应为

$$y(t)=\int_{-\infty}^{\infty}\frac{F(\mathrm{j}\omega)\mathrm{d}\omega}{2\pi}\cdot H(\mathrm{j}\omega)\cdot\mathrm{e}^{\mathrm{j}\omega t}=\frac{1}{2\pi}\int_{-\infty}^{\infty}F(\mathrm{j}\omega)H(\mathrm{j}\omega)\mathrm{e}^{\mathrm{j}\omega t}\mathrm{d}\omega$$

即

$$y(t)=\mathscr{F}^{-1}[F(\mathrm{j}\omega)H(\mathrm{j}\omega)] \tag{4.10}$$

若令响应 $y(t)$ 的频谱函数为 $Y(\mathrm{j}\omega)$，则由式(4.10)可以得到

$$Y(\mathrm{j}\omega)=F(\mathrm{j}\omega)H(\mathrm{j}\omega) \tag{4.11}$$

即信号 $f(t)$ 作用于系统的零状态响应的频谱，等于激励信号的频谱乘以系统的频率响应。

由第 2 章内容可知，系统的零状态响应等于激励与冲激响应的卷积，即

$$y(t)=f(t)*h(t) \tag{4.12}$$

由时域卷积定理可知，式(4.11)正是式(4.12)进行傅里叶变换的结果。

利用频域分析法求系统的零状态响应可以归纳为以下几个步骤：

1）对激励信号 $f(t)$ 进行傅里叶变换得 $F(\mathrm{j}\omega)$。

2）确定频域系统函数 $H(\mathrm{j}\omega)$。

3）求取系统响应的傅里叶变换 $Y(\mathrm{j}\omega)=F(\mathrm{j}\omega)H(\mathrm{j}\omega)$。

4）对频域响应 $Y(\mathrm{j}\omega)$ 进行傅里叶反变换，得时域响应信号 $y(t)$。

例 4.5　如图 4.3a 所示的 RC 低通网络，在输入端加入一矩形脉冲 $f(t)=\varepsilon(t)-\varepsilon(t-\tau)$，求电容上的响应电压 $u_C(t)$。

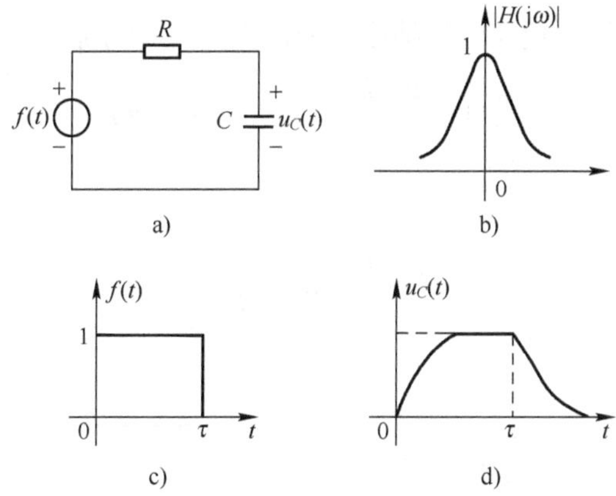

图 4.3　例 4.5 中的电路和相关波形图

解　激励信号 $f(t)$ 的频谱为

$$\begin{aligned}F(\mathrm{j}\omega)&=\mathscr{F}[\varepsilon(t)-\varepsilon(t-\tau)]\\&=\left(\pi\delta(\omega)+\frac{1}{\mathrm{j}\omega}\right)(1-\mathrm{e}^{-\mathrm{j}\omega\tau})=\frac{1}{\mathrm{j}\omega}(1-\mathrm{e}^{-\mathrm{j}\omega\tau})\end{aligned}$$

由电路图可以求得系统函数 $H(\mathrm{j}\omega)$ 为

$$H(\mathrm{j}\omega)=\frac{\dfrac{1}{\mathrm{j}\omega C}}{R+\dfrac{1}{\mathrm{j}\omega C}}=\frac{\dfrac{1}{RC}}{\mathrm{j}\omega+\dfrac{1}{RC}}=\frac{\alpha}{\mathrm{j}\omega+\alpha}$$

式中，$\alpha=\dfrac{1}{RC}$为电路的衰减常数。

$H(\mathrm{j}\omega)$ 的幅频响应如图 4.3b 所示，从图中可以看出，系统是一个低通网络，对于低频部分

信号,系统能大部分通过,而对高频分量产生较严重的衰减。

由式(4.11)可得系统响应的频谱为

$$U_C(\mathrm{j}\omega)=F(\mathrm{j}\omega)H(\mathrm{j}\omega)=\frac{1}{\mathrm{j}\omega}(1-\mathrm{e}^{-\mathrm{j}\omega\tau})\cdot\frac{\alpha}{\mathrm{j}\omega+\alpha}$$

$$=\frac{1}{\mathrm{j}\omega}(1-\mathrm{e}^{-\mathrm{j}\omega\tau})-\frac{1}{\mathrm{j}\omega+\alpha}(1-\mathrm{e}^{-\mathrm{j}\omega\tau})$$

对 $U_C(\mathrm{j}\omega)$进行傅里叶反变换得时域响应 $u_C(t)$为

$$u_C(t)=\varepsilon(t)-\varepsilon(t-\tau)-[\mathrm{e}^{-\alpha t}\varepsilon(t)-\mathrm{e}^{-\alpha(t-\tau)}\varepsilon(t-\tau)]$$

$$=(1-\mathrm{e}^{-\alpha t})\varepsilon(t)-[1-\mathrm{e}^{-\alpha(t-\tau)}]\varepsilon(t-\tau)$$

系统输入与输出的波形分别如图4.3c、d所示,显然,与激励的波形相比,输出的波形产生了失真,主要表现在输出波形的上升和下降特性上。输入信号在 $t=0$ 时急剧上升,在 $t=\tau$ 时急剧下降,这种急剧变化表明输入信号含有很高的频率分量。由于系统是一个低通系统,对高频分量产生了严重的衰减,所以输出波形以指数规律上升或下降。如果减小滤波器的时间常数 RC,则低通带宽增大,允许更多的高频分量通过,响应波形上升、下降的时间就要缩短;反之,若增大时间常数 RC,则低通带宽减小,允许通过的高频分量减少,响应波形上升、下降的时间就要延长。

例4.6　如图4.4a所示的系统,其乘法器的两个输入端分别为

$$f(t)=\frac{\sin(2t)}{t}\qquad s(t)=\cos(6t)$$

系统的频率响应为

$$H(\mathrm{j}\omega)=\begin{cases}1 & |\omega|<6\\0 & |\omega|>6\end{cases}$$

如图4.4b所示,求系统输出 $y(t)$。

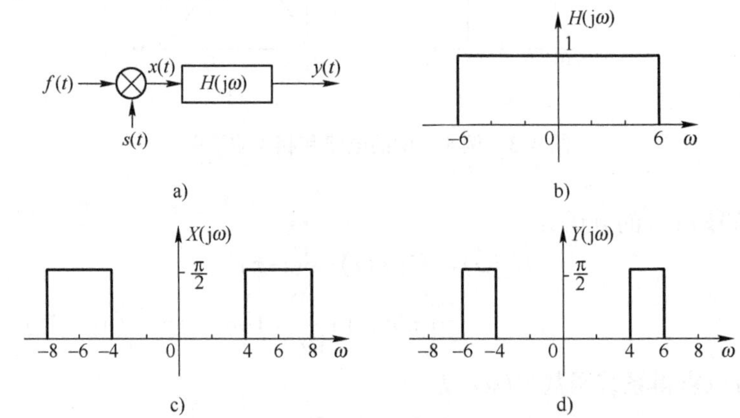

图4.4　例4.6中的系统图和输入、输出频谱图

解　由图4.4a可知,乘法器的输出信号为

$$x(t)=f(t)\cdot s(t)=f(t)\cdot\cos(6t)$$

由调制定理得

$$X(\mathrm{j}\omega)=\frac{1}{2}\{F[\mathrm{j}(\omega+6)]+F[\mathrm{j}(\omega-6)]\}\tag{4.13}$$

下面来求输入信号 $f(t)$ 的频谱函数。

由于宽度为 τ 的门函数与其频谱函数的关系为

$$G_\tau(t) \leftrightarrow \tau \mathrm{Sa}\left(\frac{\omega\tau}{2}\right) = \frac{2\sin\left(\frac{\omega\tau}{2}\right)}{\omega}$$

令 $\tau=4$,由对称性可得

$$\frac{2\sin(2t)}{t} \leftrightarrow 2\pi G_4(\omega)$$

故 $f(t)$ 的频谱函数为

$$F(\mathrm{j}\omega) = \pi G_4(\omega)$$

将 $F(\mathrm{j}\omega)$ 代入式(4.13)得

$$X(\mathrm{j}\omega) = \frac{\pi}{2}[G_4(\omega+6)+G_4(\omega-6)]$$

如图 4.4c 所示。系统函数 $H(\mathrm{j}\omega)$ 可写为

$$H(\mathrm{j}\omega) = G_{12}(\mathrm{j}\omega)$$

由图 4.4b、c 可以看出,输入信号 $x(t)$ 通过系统后,其频谱中仅有 $4<|\omega|<6$ 的频率分量通过,而其他频率分量被抑制,因此,系统输出的频谱为

$$\begin{aligned} Y(\mathrm{j}\omega) &= X(\mathrm{j}\omega)\cdot H(\mathrm{j}\omega) \\ &= G_{12}(\mathrm{j}\omega)\cdot\frac{\pi}{2}[G_4(\omega+6)+G_4(\omega-6)] \\ &= \frac{\pi}{2}[G_2(\omega+5)+G_2(\omega-5)] \end{aligned}$$

如图 4.4d 所示。

由调制定理及 $\pi G_2(\omega) \leftrightarrow \mathrm{Sa}(t)$ 得输出信号为

$$y(t) = \mathrm{Sa}(t)\cdot\cos(5t)$$

4.2　无失真传输

由以上分析可知,一般情况下,信号在经过线性系统传输后,输出波形与输入波形是不同的,也就是说,信号在传输的过程中产生了失真。这种失真由两方面因素造成:一是系统对信号中各频率分量的幅度产生不同程度的衰减,使得响应中各频率分量的相对幅度发生了变化,引起幅度失真;二是系统对各频率分量产生的相移不与频率成正比,使响应的各频率分量在时间轴上的相对位置发生了变化,引起相位失真。在这种失真中,信号并没有产生新的频率分量,所以是一种线性失真。信号通过非线性系统产生的失真称为非线性失真,在这种失真中将会产生新的频率分量。这里,我们仅讨论线性失真中的幅度失真和相位失真问题。

在实际应用中,有时需要有意识地利用系统进行波形变换,例如脉冲技术中的整形电路,这时必然会产生失真,但是这种失真是我们所需要的。而在某些情况下,则希望信号能够无失真地传输,例如通信系统中对信号的放大或衰减。下面来讨论信号无失真传输的条件。

所谓无失真传输,是指输出信号与输入信号相比,只是幅度大小和出现时间先后的不同,而无波形上的变化。设输入信号为$f(t)$,那么经过无失真传输后,输出信号为

$$y(t)=Kf(t-t_0) \tag{4.14}$$

式中,K是一个与时间t无关的常数;t_0是滞后时间。式(4.14)称为系统无失真传输的时域条件。满足此条件时,$y(t)$的波形是$f(t)$经t_0时间的滞后,虽然幅度有系数K倍的变化,但波形形状不变。无失真传输时系统的激励与响应的波形示意如图4.5所示。

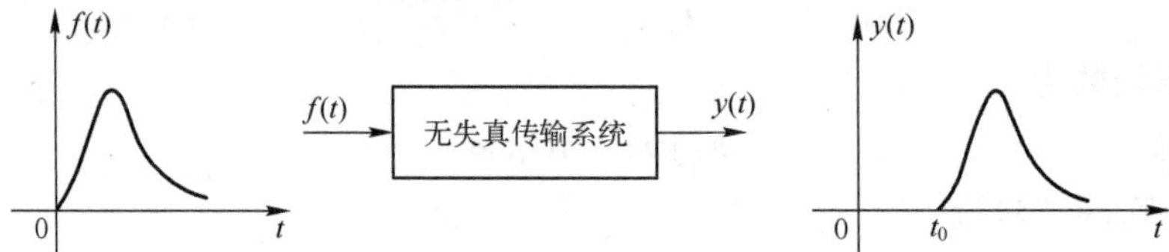

图4.5　无失真传输时系统的激励与响应的波形

设$f(t)$、$y(t)$的频谱函数分别为$F(\mathrm{j}\omega)$、$Y(\mathrm{j}\omega)$,对式(4.14)进行傅里叶变换,由傅里叶变换的延时性,可得

$$Y(\mathrm{j}\omega)=KF(\mathrm{j}\omega)\mathrm{e}^{-\mathrm{j}\omega t_0} \tag{4.15}$$

由于

$$Y(\mathrm{j}\omega)=H(\mathrm{j}\omega)F(\mathrm{j}\omega)$$

因此不难得到系统无失真传输在频域的条件为

$$H(\mathrm{j}\omega)=\frac{Y(\mathrm{j}\omega)}{F(\mathrm{j}\omega)}=K\mathrm{e}^{-\mathrm{j}\omega t_0} \tag{4.16}$$

由$H(\mathrm{j}\omega)$的表示式$H(\mathrm{j}\omega)=|H(\mathrm{j}\omega)|\mathrm{e}^{\mathrm{j}\varphi(\omega)}$可得,系统无失真传输在频域中的幅频和相频条件分别为

$$\begin{cases}|H(\mathrm{j}\omega)|=K\\ \varphi(\omega)=-\omega t_0\end{cases} \tag{4.17}$$

式(4.17)表明,欲使信号通过系统无失真传输,必须在整个频率范围内满足系统的幅频响应为一常数,而相频特性是过原点的一条直线,如图4.6所示。

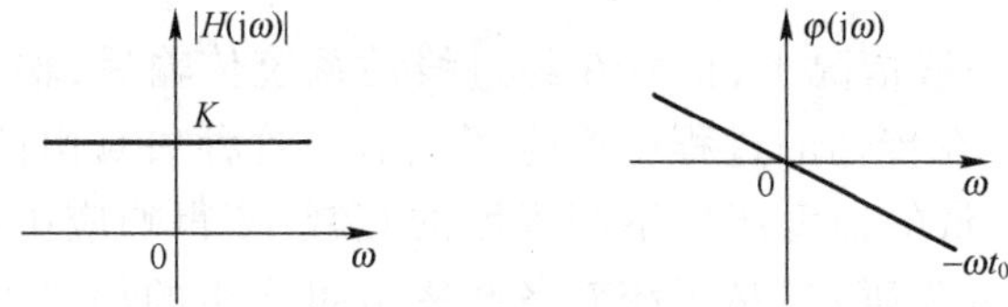

图4.6　无失真传输系统的幅频、相频特性曲线

相位特性为什么要与频率成正比关系呢?下面以一个简单的信号加以说明。

设$f(t)=A_1\cos(\omega_1 t)+A_2\cos(2\omega_2 t)$,经系统传输后,有

$$\begin{aligned}y(t)&=KA_1\cos(\omega_1 t-\varphi_1)+A_2\cos(2\omega_2 t-\varphi_2)\\&=KA_1\cos\left[\omega_1\left(t-\frac{\varphi_1}{\omega_1}\right)\right]+A_2\cos\left[2\omega_2\left(t-\frac{\varphi_2}{2\omega_2}\right)\right]\end{aligned}$$

为了使基次谐波与二次谐波有相同的延时时间，应有下式成立：

$$\frac{\varphi_1}{\omega_1}=\frac{\varphi_2}{2\omega_2}=t_0(\text{常数})$$

即各频率分量的相移必须与频率成正比，即 $\varphi(\omega)=-\omega t_0$。

为了描述传输系统的相频特性，常将传输系统的相频特性对 ω 求导，定义为群时延：

$$\tau=-\frac{\mathrm{d}\varphi(\omega)}{\mathrm{d}\omega} \tag{4.18}$$

在满足信号传输不产生相位失真的情况下，系统的群时延应为常数。

对式(4.16)进行傅里叶反变换，可得时域中无失真传输系统的单位冲激响应为

$$h(t)=K\delta(t-t_0) \tag{4.19}$$

式(4.19)表明，无失真传输系统的冲激响应也应是冲激函数，只是强度增大了 K 倍，而时间滞后 t_0。

一般来讲，人耳对相位失真不敏感，而是更容易觉察幅度失真。这是因为在音频信号中，每一个音节都可以看成一个单独的信号，音节持续时间在 0.01~0.1 s 的数量级范围内，音频系统具有非线性的相频特性，但在实际系统中，$\varphi(\omega)$ 的斜率变化不大，而人耳基本感觉不到相位的微弱变化，因此，音频设备制造商主要关心音频系统的幅频特性。

对视频信号正好相反，人眼对相位失真敏感而对幅度失真不敏感。在电视信号中的幅度失真只作为图像的相对黑白亮度的部分损坏显露，这个影响对人眼不是很明显。但是，相位失真会在不同的图像像素上产生不同的延时，这会使一副图像变得模糊，其效果很容易被人眼觉察。

由于无失真传输系统要求幅频特性在整个频段内为常数，这是不可能实现的。实际上，信号的带宽都是有限的，即使信号的频谱分布可以延伸到无穷大频率处，但信号的主要能量都集中在低频段内，因此较高频率分量引起的失真可以忽略不计，所以，在工程中，无失真传输的含义就是保证在信号的有效带宽内，系统满足无失真传输所要求的幅频特性和相频特性，只要满足这个条件，就可以得到比较满意的传输质量。

4.3　理想低通滤波器与系统的物理可实现性

在实际应用中，常常希望从输入信号中提取或增强所需要的频率分量，滤除或衰减某些不需要的频率分量，这个处理过程称为信号的滤波，实现这种功能的系统称为滤波器。按照允许通过的频率成分划分，滤波器可以分为低通、高通、带通、带阻等不同类型，它们在理想情况下系统的频率特性分别如图 4.7 所示。其中，ω_c 为低通、高通的截止频率，ω_1、ω_2 为带通和带阻的截止频率。为避免在滤波过程中的相位失真，理想滤波器在整个通频带内必须具备线性相位特性，即相频响应是过原点的直线。

本节主要讨论理想低通滤波器的特性，其他三种滤波器的分析与之类似。通过分析理想低通滤波器的冲激响应、阶跃响应以及响应的上升时间与系统带宽的关系，得出实用的结论，最后给出系统物理可实现的条件。

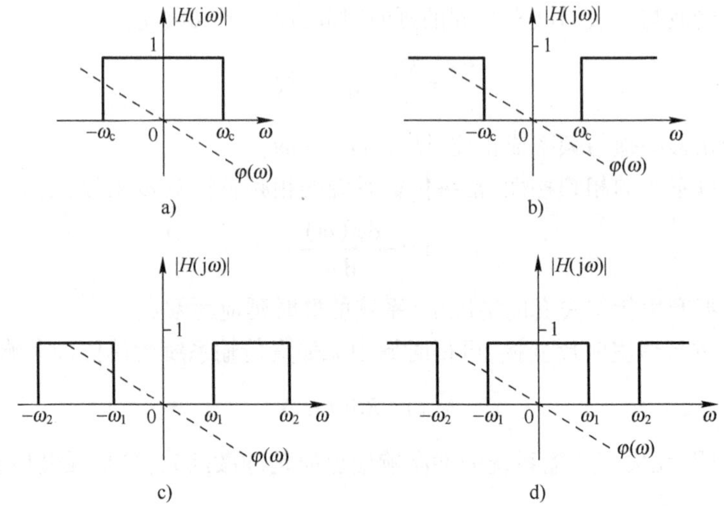

图 4.7　理想滤波器的频率响应特性

a）理想低通滤波器　b）理想高通滤波器　c）理想带通滤波器　d）理想带阻滤波器

4.3.1　理想低通滤波器及其冲激响应

1. 理想低通滤波器及其频率特性

具有图 4.7a 所示幅频特性和相频特性的系统,称为理想低通滤波器。它将低于某一频率 ω_c的各分量无失真地通过,而将高于频率 ω_c的各分量完全抑制,ω_c称为截止频率。$|\omega|<\omega_c$的频率范围称为通频带,$|\omega|>\omega_c$的频率范围称为阻带。根据无失真传输的概念,理想低通滤波器的频率特性可写为

$$H(j\omega)=|H(j\omega)|e^{j\varphi(\omega)}=\begin{cases}e^{-j\omega t_0} & |\omega|<\omega_c\\ 0 & |\omega|>\omega_c\end{cases} \tag{4.20}$$

在通频带内,其幅频特性等于常数 1,相频特性是一条过原点的直线$-\omega t_0$;在阻带内,其频率特性为 0。

2. 理想低通滤波器的冲激响应

对式(4.20)进行傅里叶反变换,可以得到理想低通滤波器的冲激响应为

$$\begin{aligned}h(t)&=\mathscr{F}^{-1}[H(j\omega)]=\frac{1}{2\pi}\int_{-\infty}^{\infty}H(j\omega)e^{j\omega t}d\omega=\frac{1}{2\pi}\int_{-\omega_c}^{\omega_c}e^{-j\omega t_0}\cdot e^{j\omega t}d\omega\\&=\frac{1}{2\pi}\frac{e^{j\omega(t-t_0)}}{j(t-t_0)}\Bigg|_{-\omega_c}^{\omega_c}\\&=\frac{\omega_c}{\pi}\frac{\sin[\omega_c(t-t_0)]}{\omega_c(t-t_0)}=\frac{\omega_c}{\pi}Sa[\omega_c(t-t_0)]\end{aligned} \tag{4.21}$$

由式(4.21)可见,理想低通滤波器的冲激响应是一个延时的 Sa 函数(见图 4.8a),峰值位于 t_0时刻,其波形如图 4.8b 所示。

由理想低通滤波器的特性及图 4.8 可以得到以下结论:

1）系统的输出波形完全不同于输入波形,说明信号经过理想低通滤波器后产生了很大的失真。这是由于理想低通滤波器是一个带限系统,而冲激信号 $\delta(t)$ 的频带宽度为无穷大,系

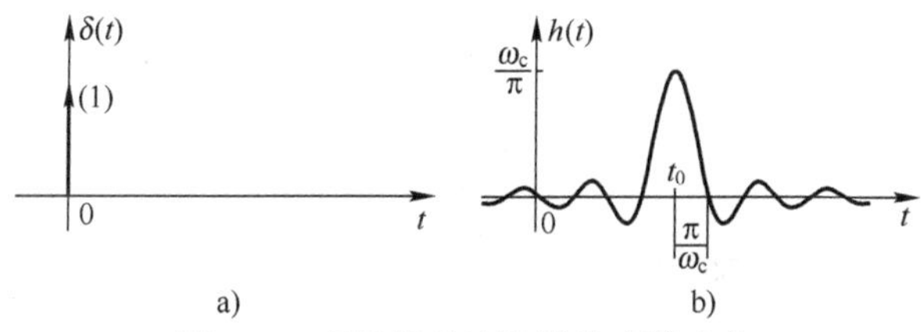

图 4.8　理想低通滤波器的冲激响应

统阻止了高频分量的通过,从而使一个变化极为剧烈的冲激信号变换成为一个较为平滑的抽样函数波形。

2) 冲激响应主峰出现的时刻相对于激励 $\delta(t)$ 加入的时刻滞后了 t_0,这是因为理想低通滤波器的线性相移对激励信号产生了一个延时 t_0。

3) 冲激响应的主峰宽度$\dfrac{2\pi}{\omega_c}$与低通滤波器的截止频率 ω_c 成反比。ω_c 的值越大,即低通滤波器的带宽越宽时,主峰宽度越窄;反之,当 ω_c 的值越小,即低通滤波器的带宽越窄时,主峰宽度越宽。当 $\omega_c\to\infty$ 时,低通滤波器的冲激响应将演变成一个位于 t_0 点的 $\delta(t)$ 函数,此时达到了无失真传输。

4) 理想低通滤波器是一个非因果系统。这是因为理想低通滤波器的冲激响应在 $t<0$ 时不等于 0,而系统激励信号 $\delta(t)$ 是在 $t=0$ 时刻才接入系统。这表明,在激励信号接入系统之前响应就已存在,它在实际应用中是不可能实现的。

4.3.2　理想低通滤波器的阶跃响应

下面来讨论阶跃信号作用于理想低通滤波器时的响应,以及响应上升时间与滤波器带宽之间的关系。

设理想低通滤波器的阶跃响应为 $g(t)$,由于阶跃响应是冲激响应的积分,所以有下式成立:

$$g(t)=h^{(-1)}(t)=\int_{-\infty}^{t}h(\tau)\mathrm{d}\tau=\frac{\omega_c}{\pi}\int_{-\infty}^{t}\mathrm{Sa}[\omega_c(\tau-t_0)]\mathrm{d}\tau$$

$$=\frac{\omega_c}{\pi}\int_{-\infty}^{t}\frac{\sin[\omega_c(\tau-t_0)]}{\omega_c(\tau-t_0)}\mathrm{d}\tau$$

令 $x=\omega_c(\tau-t_0)$,则 $\mathrm{d}\tau=\dfrac{1}{\omega_c}\mathrm{d}x$,上式可写为

$$g(t)=\frac{1}{\pi}\int_{-\infty}^{\omega_c(t-t_0)}\frac{\sin x}{x}\mathrm{d}x=\frac{1}{\pi}\int_{-\infty}^{0}\frac{\sin x}{x}\mathrm{d}x+\frac{1}{\pi}\int_{0}^{\omega_c(t-t_0)}\frac{\sin x}{x}\mathrm{d}x \tag{4.22}$$

考虑到 $\int_{-\infty}^{\infty}\frac{\sin x}{x}\mathrm{d}x=\pi$,而且$\dfrac{\sin x}{x}$是偶函数,所以有

$$\frac{1}{\pi}\int_{-\infty}^{0}\frac{\sin x}{x}\mathrm{d}x=\frac{1}{\pi}\int_{0}^{\infty}\frac{\sin x}{x}\mathrm{d}x=\frac{1}{2}$$

则式(4.22)可写为

$$g(t)=\frac{1}{2}+\frac{1}{\pi}\int_{0}^{\omega_c(t-t_0)}\frac{\sin x}{x}\mathrm{d}x \tag{4.23}$$

函数$\dfrac{\sin x}{x}$的定积分称为“正弦积分”,在一些数学书中已制成标准表格或曲线,以符号

Si(y) 表示：

$$\mathrm{Si}(y)=\int_0^y \frac{\sin x}{x}\mathrm{d}x \tag{4.24}$$

函数$\frac{\sin x}{x}$与 Si(y) 曲线同时画于图 4.9。从图中可以看出，Si(y) 曲线是 y 的奇函数，随着 y 的增长，Si(y) 的值从 0 处开始增大，以后在 π/2 处振荡衰减，最后趋近于 π/2，各极点位于 $y=\pm n\pi$，$n=1,2,3,\cdots$，正好与$\frac{\sin x}{x}$函数的过零点对应。

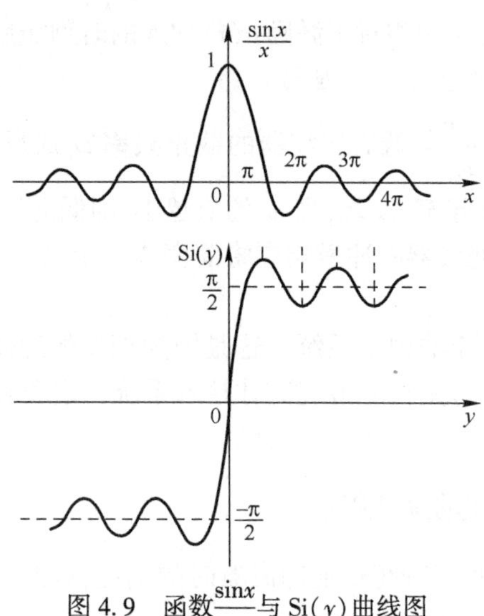

图 4.9　函数$\frac{\sin x}{x}$与 Si(y) 曲线图

引用以上有关的数学结论，响应 g(t) 可写为

$$g(t)=\frac{1}{2}+\frac{1}{\pi}\mathrm{Si}[\omega_c(t-t_0)] \tag{4.25}$$

图 4.10a 和 b 所示分别为单位阶跃激励 ε(t) 及其响应 g(t) 的波形。

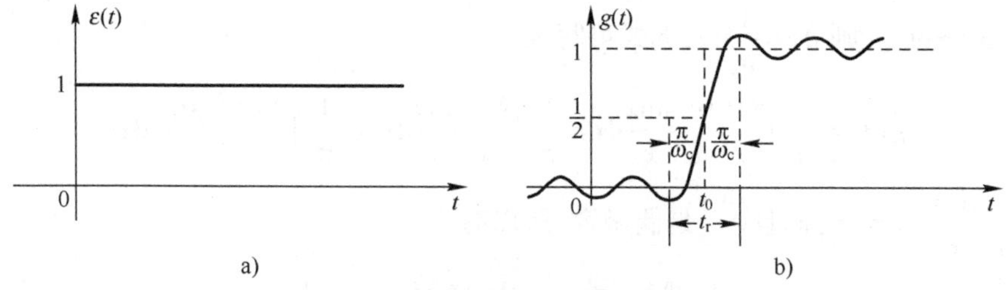

图 4.10　理想低通滤波器的阶跃响应

由图 4.10 可以看出，由于高于 ω_c的频率分量没有输出，因而阶跃响应的波形与激励信号的波形是不同的。首先，阶跃响应出现的时间比激励滞后 t_0，t_0仍为理想低通滤波器相位特性的斜率，当 $t=t_0$时，$y_s(t)=0.5$。其次，阶跃响应波形的前沿是倾斜的，这表明阶跃响应的建立需要一段时间。如果定义阶跃响应由最小值到最大值所需时间为上升时间 t_r，则由图 4.10 可以得到

$$t_r = 2\frac{\pi}{\omega_c} = \frac{1}{B} \tag{4.26}$$

这里，$B=\dfrac{\omega_c}{2\pi}$是将角频率折合为频率的滤波器带宽（截止频率）。由此得到重要结论：阶跃响应的上升时间与系统的截止频率（带宽）成反比。也就是说，理想低通滤波器的截止频率 ω_c 越大，响应 $y_s(t)$ 上升时间 t_r 越短，当 $\omega_c\to\infty$ 时，$t_r\to 0$，此时滤波器成为一个无失真传输系统。

由图 4.10 还可以看出，阶跃信号通过滤波器后，在其间断点的前后出现了振荡，这种振荡称为吉布斯纹波，纹波的振荡频率为滤波器的截止频率 ω_c。在振荡的上升沿和下降沿有一个峰值，上升沿之前的负向峰值（预冲）和上升沿之后的正向峰值（过冲）的幅度均为稳定值的 8.95%。

$$\begin{aligned} g(t)\big|_{\max} &= \frac{1}{2}+\frac{1}{\pi}\mathrm{Si}[\omega_c(t-t_0)]\big|_{t=t_0+\frac{\pi}{\omega_c}} \\ &= \frac{1}{2}+\frac{1}{\pi}\mathrm{Si}(\pi) = \frac{1}{2}+\frac{1.8514}{\pi} \\ &\approx 1.0895 \end{aligned} \tag{4.27}$$

如果增加滤波器的带宽，峰值的位置将趋近于间断点，振荡起伏增多，衰减随之加快，但是峰值却不会减小，这就是著名的吉布斯现象。吉布斯现象是由于理想低通滤波器的通带在$\omega=\pm\omega_c$ 处突然被截断，从而在时域中引起一直延伸到 $t=\pm\infty$ 的起伏振荡所产生的。只要系统的截止频率不是无穷大，就总是出现这种现象。这就说明，在频域中滤波器的通带和阻带之间应留有一定的过渡带，这样，一方面可以减弱时域中的起伏振荡现象，另一方面，它也使得滤波器能够物理可实现。

虽然理想滤波器是不可能实现的，但是有关理想滤波器的研究并不因其无法实现而失去价值，这是因为实际滤波特性往往都是对理想滤波特性的一个逼近，所以分析理想滤波器特性对于实际滤波器的分析与设计具有一定的指导意义。

4.3.3　系统的物理可实现性

理想低通滤波器在物理上是不可实现的，因此在实际应用中，只能是逼近其性能。那么，究竟什么样的系统是物理可实现的呢？下面就给出区分物理可实现与不可实现的标准。

在时域中，一个物理可实现系统的冲激响应 $h(t)$ 在 $t<0$ 时必须为零，或者说冲激响应 $h(t)$ 波形的出现必须是有起因的，不能在激励 $\delta(t)$ 作用之前就产生响应，即 $h(t)$ 必须是因果信号，可以写为

$$h(t)=0 \quad t<0 \tag{4.28}$$

在频域中，系统物理可实现的必要条件是要求 $H(\mathrm{j}\omega)$ 的幅频特性满足

$$\int_{-\infty}^{\infty}\frac{|\ln|H(\mathrm{j}\omega)||}{1+\omega^2}\mathrm{d}\omega < \infty \tag{4.29}$$

而且，$|H(\mathrm{j}\omega)|$必须是平方可积的，即

$$\int_{-\infty}^{\infty}|H(\mathrm{j}\omega)|^2\mathrm{d}\omega < \infty \tag{4.30}$$

式(4.29)称为佩利–维纳准则。若不满足此准则，则其相应的系统将是非因果的。

由式(4.29)可以看出,系统的幅频特性可以在某些孤立点上为零,但是不允许在某一段有限频带内为零。这是因为在 $|H(\mathrm{j}\omega)|=0$ 的频带范围内,$|\ln|H(\mathrm{j}\omega)||\to\infty$,从而不满足式(4.29)。由此可见,所有的理想滤波器都是物理不可实现的。

另外,对于线性时不变系统,根据佩利-维纳准则,不允许指数速率或比指数速率更快的衰减频响。这是因为,如果 $|H(\mathrm{j}\omega)|$ 为指数阶函数或比指数阶函数衰减得更快,则式(4.30)将为无限大,这种幅频特性的滤波器也是物理不可实现的。

例如,某系统的频率响应为指数衰减函数 $|H(\mathrm{j}\omega)|=\mathrm{e}^{-|\omega|}$,则

$$\begin{aligned}\int_{-\infty}^{\infty}\frac{|\ln|H(\mathrm{j}\omega)||}{1+\omega^2}\mathrm{d}\omega &= \lim_{B\to\infty}\int_{-B}^{B}\frac{|\omega|}{1+\omega^2}\mathrm{d}\omega\\ &= 2\lim_{B\to\infty}\int_{0}^{B}\frac{\omega}{1+\omega^2}\mathrm{d}\omega\\ &= \lim_{B\to\infty}\ln(1+\omega^2)\Big|_0^B\\ &\to\infty\end{aligned}$$

上式说明该系统不满足式(4.29),系统是不可实现的。同样,可以证明当系统频响为高斯函数 $H(\mathrm{j}\omega)=\mathrm{e}^{-\omega^2}$ 时,由于其衰减速率大于指数速率,在物理上也是不可实现的。由此可以看出,佩利-维纳准则要求物理可实现系统的幅频响应的衰减不能太快。

佩利-维纳准则只对幅度特性提出物理可实现的要求,而对相位特性没有给出要求,如果一个因果系统的幅频响应满足这个准则,把系统的冲激响应沿时间轴左移到 $t<0$ 以前的时刻,那么,虽然系统的幅度满足这个准则,但是它现在却变成一个非因果系统。所以说,佩利-维纳准则只是一个必要条件,而不是充分条件。当验证了 $|H(\mathrm{j}\omega)|$ 满足此准则时,可以利用希尔伯特变换找到合适的相位函数 $\varphi(\omega)$,从而构成一个物理可实现系统。

4.4　希尔伯特变换

希尔伯特(Hilbert)变换揭示了由傅里叶变换联系的时域和频域之间的一种等价互换关系,它与傅里叶变换的对称性有着紧密的联系。由希尔伯特变换所得到的概念和方法,在通信系统以及信号处理的理论和实践中有着重要的意义和实用价值。

4.4.1　系统函数的约束特性与希尔伯特变换

为了引出希尔伯特变换,首先考察因果系统的系统函数的约束特性。由4.3节的讨论可知,系统物理可实现的实质是系统必须具有因果性。本节将证明,由于因果性的制约,系统函数的实部与虚部或模与相位之间存在着某种相互制约的特性,不满足这种制约特性,系统就不是因果系统,而这种制约特性以希尔伯特变换的形式表现出来。

对于一个因果系统,其冲激响应可以表示为

$$h(t)=h(t)\varepsilon(t) \tag{4.31}$$

设 $h(t)$ 的傅里叶变换为 $H(\mathrm{j}\omega)$,将 $H(\mathrm{j}\omega)$ 表示为实部和虚部之和,即

$$H(\mathrm{j}\omega)=R(\mathrm{j}\omega)+\mathrm{j}X(\mathrm{j}\omega) \tag{4.32}$$

对式(4.31)两边进行傅里叶变换,根据频域卷积定理,有

$$
\begin{aligned}
R(\mathrm{j}\omega)+\mathrm{j}X(\mathrm{j}\omega) &= \frac{1}{2\pi}\{\mathscr{F}[h(t)] * \mathscr{F}[\varepsilon(t)]\} \\
&= \frac{1}{2\pi}[R(\mathrm{j}\omega)+\mathrm{j}X(\mathrm{j}\omega)] * \left[\pi\delta(\omega)+\frac{1}{\mathrm{j}\omega}\right] \\
&= \left[\frac{R(\mathrm{j}\omega)}{2}-\frac{\mathrm{j}}{2\pi}R(\mathrm{j}\omega) * \frac{1}{\omega}\right]+\left[\mathrm{j}\frac{X(\mathrm{j}\omega)}{2}+\frac{1}{2\pi}X(\mathrm{j}\omega) * \frac{1}{\omega}\right] \\
&= \left[\frac{R(\mathrm{j}\omega)}{2}+\frac{1}{2\pi}X(\mathrm{j}\omega) * \frac{1}{\omega}\right]+\mathrm{j}\left[\frac{X(\mathrm{j}\omega)}{2}-\frac{1}{2\pi}R(\mathrm{j}\omega) * \frac{1}{\omega}\right]
\end{aligned}
$$

上式等号两边实部和虚部分别对应相等，整理后得

$$R(\mathrm{j}\omega)=X(\mathrm{j}\omega) * \frac{1}{\pi\omega}=\frac{1}{\pi}\int_{-\infty}^{\infty}\frac{X(\mathrm{j}\lambda)}{\omega-\lambda}\mathrm{d}\lambda \tag{4.33}$$

$$X(\mathrm{j}\omega)=R(\mathrm{j}\omega) * \frac{-1}{\pi\omega}=-\frac{1}{\pi}\int_{-\infty}^{\infty}\frac{R(\mathrm{j}\lambda)}{\omega-\lambda}\mathrm{d}\lambda \tag{4.34}$$

式(4.33)与式(4.34)称为希尔伯特变换对，它说明了因果系统的系统函数 $H(\mathrm{j}\omega)$ 的实部 $R(\mathrm{j}\omega)$ 与虚部 $X(\mathrm{j}\omega)$ 相互是不独立的。若实部已知，则虚部被唯一地确定，反之亦然。因此，因果系统的系统函数可以仅由其实部或虚部唯一地表示，即

$$H(\mathrm{j}\omega)=R(\mathrm{j}\omega)-\mathrm{j}\frac{1}{\pi}\int_{-\infty}^{\infty}\frac{R(\mathrm{j}\lambda)}{\omega-\lambda}\mathrm{d}\lambda \tag{4.35}$$

或

$$H(\mathrm{j}\omega)=\frac{1}{\pi}\int_{-\infty}^{\infty}\frac{X(\mathrm{j}\lambda)}{\omega-\lambda}\mathrm{d}\lambda+\mathrm{j}X(\mathrm{j}\omega) \tag{4.36}$$

上述特性又称为因果系统的系统函数的实部自满性或虚部自满性。

同样可以证明。因果系统的幅频特性 $|H(\mathrm{j}\omega)|$ 和相频特性 $\varphi(\omega)$ 也不是彼此独立的，如果给定系统的幅频特性或者相频特性之一，则该系统就完全确定了。因此，在设计滤波器时，可以使滤波器满足幅频特性或相频特性之一，但不能同时满足幅频特性和相频特性的独立要求。

从以上推证可以看出，傅里叶变换的实部和虚部构成希尔伯特变换对的特性，不只限于具有因果性的系统函数，对于任意零起始的实信号(因果时间信号) $f(t)\varepsilon(t)$，其傅里叶变换同样满足实部与虚部的约束性。

4.4.2 希尔伯特滤波器

式(4.33)和式(4.34)是频域中希尔伯特变换的表达式，同样可定义时域中信号的希尔伯特变换

$$\hat{f}(t)=f(t) * \frac{1}{\pi t}=\frac{1}{\pi}\int_{-\infty}^{\infty}f(\tau)\frac{1}{t-\tau}\mathrm{d}\tau \tag{4.37}$$

$$f(t)=\hat{f}(t) * \left(-\frac{1}{\pi t}\right)=-\frac{1}{\pi}\int_{-\infty}^{\infty}\hat{f}(\tau)\frac{1}{t-\tau}\mathrm{d}\tau \tag{4.38}$$

可以看出，对一个信号作希尔伯特变换，相当于对信号作一次滤波，如图 4.11 所示。该滤波器的冲激响应为

$$h(t)=\frac{1}{\pi t} \tag{4.39}$$

频率响应为

$$H(\mathrm{j}\omega)=\mathscr{F}[h(t)]=-\mathrm{j}\operatorname{sgn}(\omega)=\begin{cases}-\mathrm{j} & \omega>0\\ \mathrm{j} & \omega<0\end{cases} \tag{4.40}$$

其幅度谱和相位谱分别为

$$|H(\mathrm{j}\omega)|=1 \tag{4.41}$$

$$\varphi(\omega)=\begin{cases}-\pi/2 & \omega>0\\ \pi/2 & \omega<0\end{cases} \tag{4.42}$$

图 4.12 给出了希尔伯特滤波器的幅频特性和相频特性曲线。

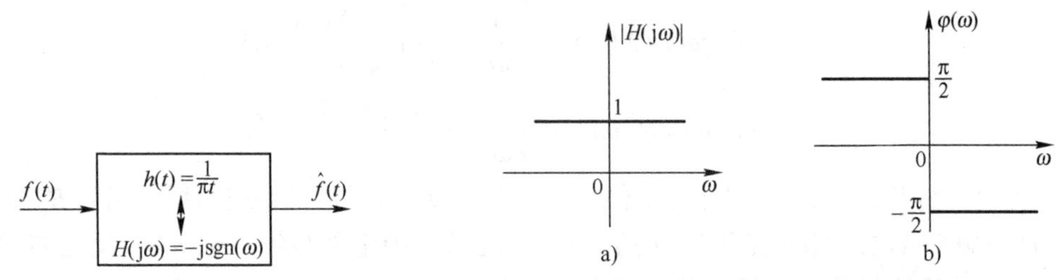

图 4.11　信号通过希尔伯特滤波器

图 4.12　希尔伯特滤波器
a）幅频特性　b）相频特性

式(4.41)和式(4.42)说明,求一个信号的希尔伯特变换可以让该信号通过一个全通相移网络来实现,该网络对信号所有的正频率分量产生滞后 90°的相移,而对所有负频率分量产生超前 90°的相移。由于$\hat{f}(t)$的各个频率分量与$f(t)$相位正交(即 90°),所以函数$\hat{f}(t)$称为$f(t)$的正交函数,因此希尔伯特变换又称为 90°相移滤波器或正交滤波器。

利用希尔伯特变换把一个实信号表示为一个复信号,对研究调制、窄带信号、信号的包络及信号处理等方面都有重要的意义,这些应用实例将在后续课程中学到。

4.5　调制与解调

调制与解调是通信技术中最重要的应用技术之一,在几乎所有的通信系统中,信号从发送端到接收端,为了实现有效、可靠和远距离的信号传输,都需要进行调制与解调。

本节将以信号与系统的频域分析理论为基础,介绍有关正弦幅度调制与解调的基本原理,对其进行详细深入的讨论将是“通信原理”课程的任务,而各种调制电路的分析则在“高频电子线路”课程中学习。

4.5.1　调制与解调的基本概念

所谓调制就是用一个待传输的低频信号去控制另一个高频振荡信号的某一参量(振幅、频率或初相位)的过程。其中控制信号称为调制信号,被控信号称为载波,调制后的信号称为已调信号。

用正弦信号作为载波的一类调制称为正弦载波调制。一个未经调制的正弦波可以表示为

$$a(t)=A_0\cos(\omega_c t+\varphi_0) \tag{4.43}$$

这里振幅 A_0、振荡频率 ω_c 和初相位 φ_0 都是恒定不变的常数。如果用待传输的信号去控制正弦载波的振幅,使得振幅不再是常数而是按照调制信号规律变化,则这种调变振幅的方式称为正弦幅度调制(Amplitude Modulation,AM),同样,也可以用待传输的信号去控制正弦载波的频率和初相位,这两种调制方式分别称为正弦频率调制(Frequency Modulation,FM)和正弦相位调制(Phase Modulation,PM)。

调制过程中的载波不一定是正弦波,也可以采用非正弦波,如方波。如果载波信号是一个矩形周期窄脉冲序列时,则这一类调制称为脉冲调制。如果用待传输的信号去控制这个周期脉冲序列的幅度,则称为脉冲幅度调制(PAM);如果用待传输的信号去控制周期脉冲序列中脉冲的宽度和脉冲的位置,则分别称为脉冲宽度调制(PWM)和脉冲位置调制(PPM)等;此外还有脉冲编码调制(PCM),它是由待传输的信号去控制脉冲编码的组合,从而形成已调制的脉冲序列。脉冲调制是联系连续时间与离散时间信号与系统重要的桥梁,如今,脉冲调制方式在通信中得到了广泛的应用。

解调是调制的逆过程,也就是从已调信号中恢复或提取出调制信号的过程。在解调时也要通过信号相乘,以实现频谱搬移,从而恢复要传送的调制信号。对调幅信号的解调也称为检波,而调频与调相信号的解调称为鉴频和鉴相。

下面来讨论以正弦信号作为载波的几种振幅调制与解调的基本原理。

4.5.2　抑制载波的双边带幅度调制与解调

抑制载波的双边带幅度调制,是傅里叶变换中的频移性质(或调制定理)的直接应用,其调制模型如图 4.13 所示。图中,$f(t)$ 为调制信号,$\cos(\omega_c t)$ 为载波信号,ω_c 为载波角频率(简称载频),$y(t)$ 为已调信号。

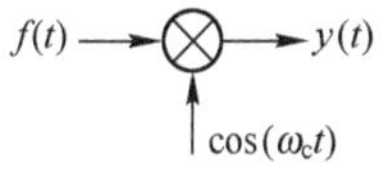

由图 4.13 可知:

$$y(t)=f(t)\cos(\omega_c t) \tag{4.44}$$

$f(t)$ → ⊗ → $y(t)$ ↑ $\cos(\omega_c t)$

图 4.13　调制框图

下面从频域的角度来分析双边带幅度调制的基本原理。

设调制信号 $f(t)$ 不含直流分量,其频谱为带限频谱,最高频率分量为 ω_m,如图 4.14a 所示。载波信号频谱为

$$\cos(\omega_c t)\leftrightarrow\pi[\delta(\omega+\omega_c)+\delta(\omega-\omega_c)] \tag{4.45}$$

由调制定理得已调信号频谱为

$$Y(j\omega)=\frac{1}{2}\{F[j(\omega+\omega_c)]+F[j(\omega-\omega_c)]\} \tag{4.46}$$

图 4.14b、c 分别为载波信号频谱和已调信号频谱。

由图 4.14 可以看出,低频信号经过调制后,其频谱被搬移到 $\pm\omega_c$ 处,幅度减小为原来的一半,但是仍然保持调制信号频谱的结构。已调信号的频谱分为对称的两部分,其中,$|\omega|>\omega_c$ 部分的频谱称为上边带信号,$|\omega|<\omega_c$ 部分的频谱称为下边带信号,其频带宽度为原调制信号的频带宽度的两倍。调制信号带限于 ω_m,也称为基带信号,已调信号 $y(t)$ 频谱中只含有调制信号 $f(t)$ 的频谱,不含有载波成分,因此称为抑制载波的双边带振幅调制(Double Side Band Suppressed Carrier Amplitude Modulation,DSBSC AM),也称为 AM-SC 调制。

从已调信号中恢复出调制信号的过程,称为解调,它同样可以通过频谱搬移恢复原调制信

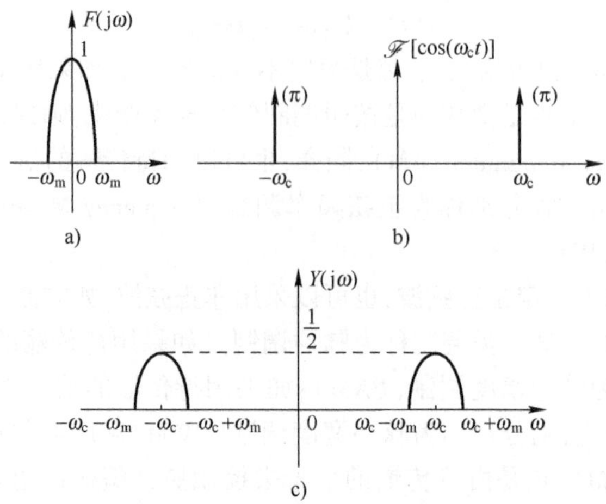

图 4.14 抑制载波的双边带幅度调制

a）调制信号频谱 b）载波信号频谱 c）已调信号频谱

号的频谱结构来实现。对于正弦幅度调制来说，常用的解调方式有同步解调和非同步解调两种。

同步解调原理图如图 4.15 所示，图中，$y(t)$为接收到的已调信号，$\cos(\omega_c t)$为接收端所加的载频信号，其频谱分别如图 4.16a、b 所示。

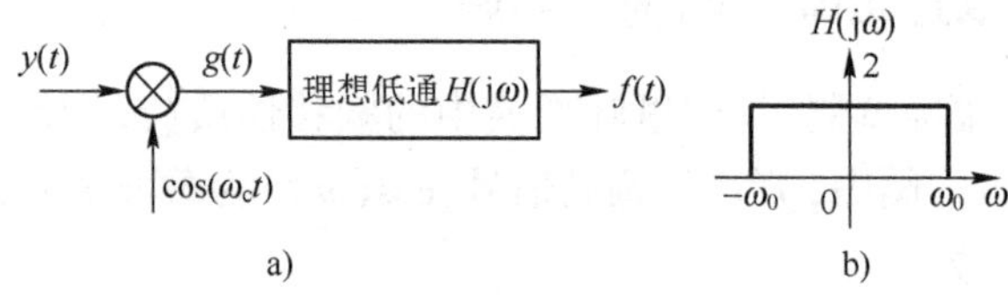

图 4.15 同步解调原理图

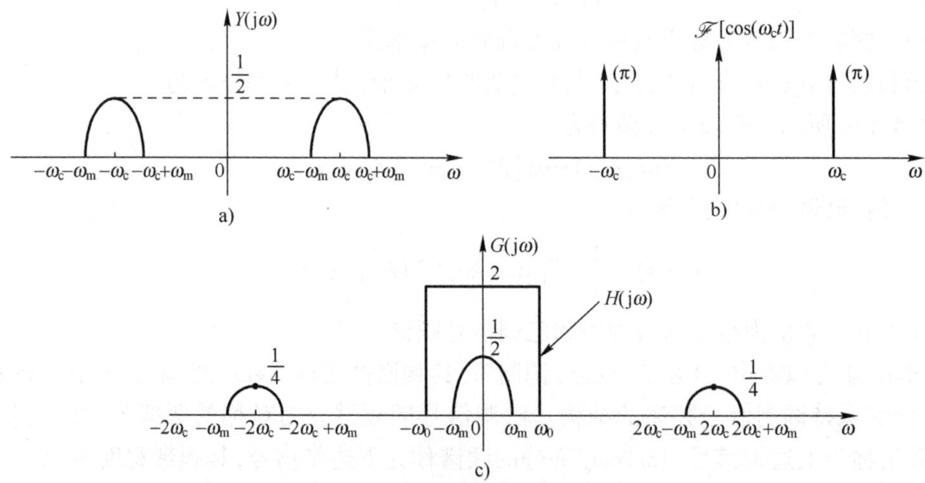

图 4.16 同步解调中各点信号频谱

a）已调信号频谱 b）载波信号频谱 c）解调信号频谱

$g(t)$的频谱$G(j\omega)$为$Y(j\omega)$的又一次搬移，即将$Y(j\omega)$左右平移至频率轴上$\pm 2\omega_c$的位

置,并相叠加。$G(\mathrm{j}\omega)$可以写为

$$\begin{aligned}G(\mathrm{j}\omega)&=\frac{1}{2}\{Y[\mathrm{j}(\omega+\omega_c)]+Y[\mathrm{j}(\omega-\omega_c)]\}\\&=\frac{1}{4}F[\mathrm{j}(\omega+2\omega_c)]+\frac{1}{2}F(\mathrm{j}\omega)+\frac{1}{4}F[\mathrm{j}(\omega-2\omega_c)]\end{aligned}\tag{4.47}$$

$G(\mathrm{j}\omega)$的波形如图 4.16c 所示。

从图 4.16 中不难看出,若用一个截止频率为 $\omega_0(\omega_m<\omega_0<2\omega_c-\omega_m)$、通带增益为 2 的理想低通滤波对 $g(t)$进行滤波,在接收端就可以无失真地恢复出调制信号。这一过程也可以从时域的推导得到。

$$\begin{aligned}g(t)&=y(t)\cos(\omega_c t)=f(t)\cos(\omega_c t)\cdot\cos(\omega_c t)\\&=\frac{1}{2}f(t)+\frac{1}{2}f(t)\cos(2\omega_c t)\end{aligned}\tag{4.48}$$

$f(t)\cos(2\omega_c t)$的频谱在高频 $2\omega_c$ 处被低通滤波器滤除,从而得输出信号为$\frac{1}{2}f(t)$。

应当指出,在实际的调制系统中,往往满足 $\omega_c>\omega_m$,所以在接收端并不需要采用理想低通滤波器,一般的低通滤波器就可以满足要求。

以上的调制方案中,要求接收端解调器所加的载频信号必须与发送端调制器中所加的载频信号严格地同频同相,因此这种方式称为同步调制与解调,又称为相干调制与解调。如果两者不同步,解调系统将会产生什么样的结果呢?这里,我们来讨论调制与解调的载波同频不同相的情况,从而进一步了解同步解调中同频同相的含义。

假设调制信号的载波为 $\cos(\omega_c t+\theta_1)$,解调的载波信号为 $\cos(\omega_c t+\theta_2)$,则

$$\begin{aligned}g(t)&=y(t)\cos(\omega_c t+\theta_1)\cos(\omega_c t+\theta_2)\\&=\frac{1}{2}y(t)\cos(\theta_1-\theta_2)+\frac{1}{2}y(t)\cos(2\omega_c t+\theta_1+\theta_2)\end{aligned}\tag{4.49}$$

通过低通滤波器后所得到的输出信号为$\frac{1}{2}y(t)\cos(\theta_1-\theta_2)$。可以看出,如果接收端载波的相位和发送端载波的相位相同,即 $\theta_1=\theta_2$,则低通滤波器的输出信号就是调制信号$\frac{1}{2}y(t)$;如果接收端载波的相位和发送端载波的相位相差 $\pi/2$,即 $\theta_1-\theta_2=\pi/2$,则低通滤波器的输出将等于 0,这时就无法输出原调制信号。因此,为了得到最大的输出信号,接收端载波和发送端载波之间的相位差应尽可能地小,而且保证相位差是一个不随时间变化的常量,否则,输出信号将会有失真。从以上频谱搬移、叠加的过程可以看出,如果两端的载频不同,将无法恢复原信号的频谱结构,从而使传输的信号失真。

为保持信号无失真地传输,必须要求接收端载波和发送端载波严格同步。这对处在不同地点的发送端和接收端来说,由于多种因素的影响,实现起来有一定困难,而且会增加接收设备的复杂性和成本,因此这种调制方式通常用于点对点通信场合。

4.5.3　幅度调制与解调

在同步解调过程中,要求发送端和接收端的载波信号严格同频同相,因而其结构较为复杂,而且成本较高。为了降低接收设备的复杂性和成本,多采用本节介绍的幅度调制(AM)方

式。人们熟悉的调幅广播就采用这种方式。

幅度调制的实质就是在发射已调信号 $f(t)\cos(\omega_c t)$ 的同时，再发送一个大的载波信号 $A\cos(\omega_c t)$，以代替在接收端产生本地的同步载波。幅度调制框图如图 4.17 所示。此时，输出的合成信号 $y(t)$（也称为调幅波信号）为

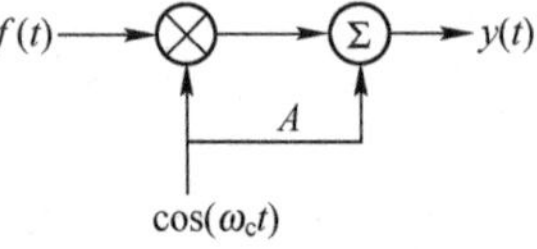

图 4.17　幅度调制框图

$$y(t)=A\cos(\omega_c t)+f(t)\cos(\omega_c t)=[A+f(t)]\cos(\omega_c t) \quad (4.50)$$

式(4.50)中要求 A 足够大，以保证 $A+f(t)\geqslant 0$，同时还要求载波频率 ω_c 远远大于调制信号频率 ω_m。这样要求的主要原因，一是为了保证载波的包络线形状和调制信号一样；二是为了使载波的幅度变化尽可能快地跟踪上包络的变化（即调制信号的变化）。

对式(4.50)进行傅里叶变换可得 $y(t)$ 的频谱为

$$Y(\mathrm{j}\omega)=A\pi[\delta(\omega+\omega_c)+\delta(\omega-\omega_c)]+\frac{1}{2}\{F[\mathrm{j}(\omega+\omega_c)]+F[\mathrm{j}(\omega-\omega_c)]\} \quad (4.51)$$

可见，调幅信号的频谱与抑制载波的调幅信号的频谱相比，增加了代表载波分量的频谱，即位于 $\pm\omega_c$ 处的两个冲激。

调幅输出频谱和相应各点的波形如图 4.18 所示，从图中可以看出，只要满足 $A+f(t)\geqslant 0$，

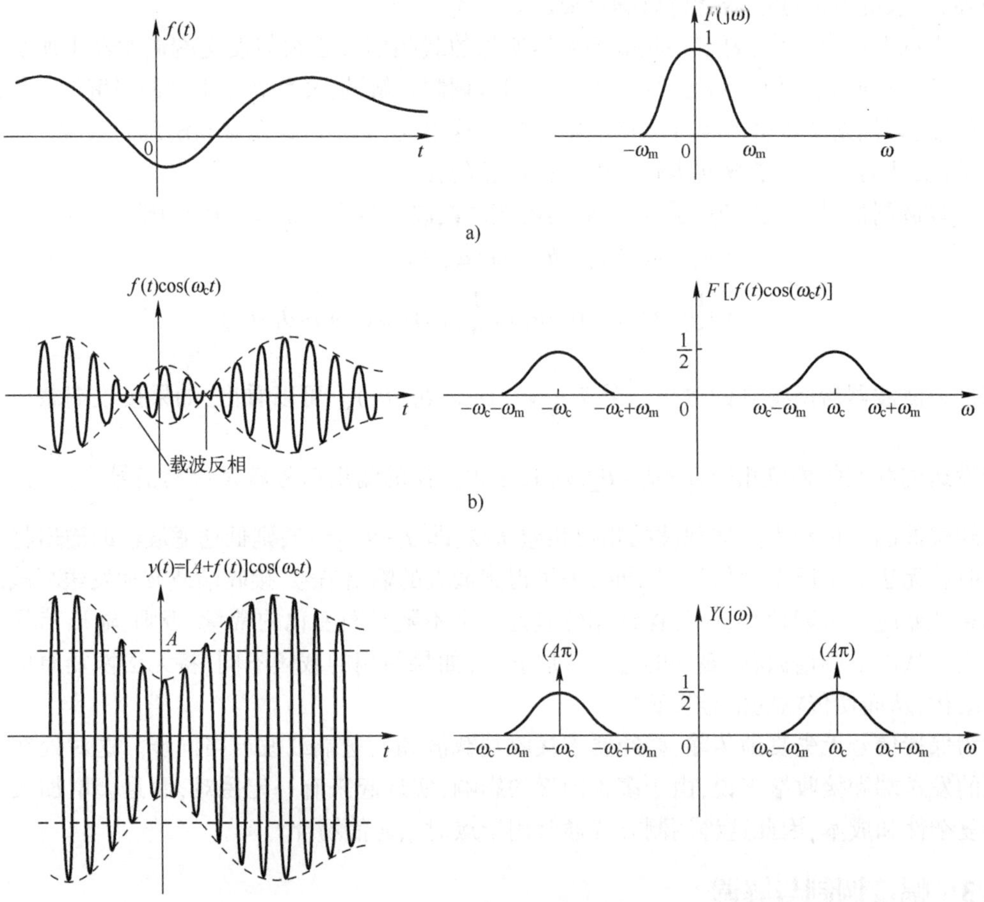

a)

b)

c)

图 4.18　调幅输出频谱和相应各点的波形

a）调制信号及其频谱　b）双边带调制信号及其频谱　c）调幅波及其频谱

此时调幅波的包络与调制信号完全一致。因而，在接收端可以采用包络检波的方法进行解调。当不满足 $A+f(t)\geqslant 0$ 时，就称为过调幅，此时调幅信号的包络线就无法反映出调制信号，也就不能用检测包络的方法来恢复原来的信号。

图 4.19a 给出了一种简单的包络检波电路，由二极管、电阻和电容组成。二极管 VD 在载波信号的负值期间阻断；在载波信号正值期间导通，并使电容 C 迅速充电，电容 C 慢慢向电阻 R 放电。由于电容充电快而放电慢，使电容的两端保持了包络的形状，从而将调制信号恢复出来。图 4.19b 画出了检波电路的工作波形，这种解调过程无须本地提供与发送端同步的正弦载波，且包络检波器本身就是一个非线性系统，因此这种解调称为非同步（或非相干）解调。

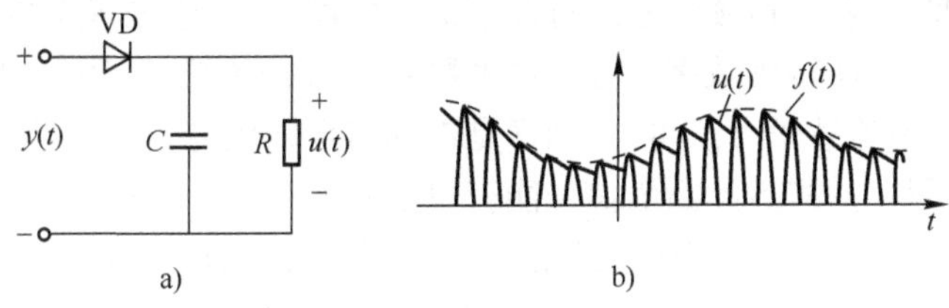

图 4.19　二极管包络检波解调

从以上讨论可以看出，对于幅度调制，在接收端解调时，不需要本地载波信号，因而其设备简单，成本较低。但是这种解调必须要求在幅度调制中发射足够强的载波分量 $A\cos\omega_c t$，为此，必须使用价格较高的发射设备，以发射更大功率的已调信号。从传输的角度来看，该载波分量不包含任何有用的信息，因而发射机的功率利用率降低了。所以，这种调制解调方式实际上是以牺牲功率为代价换取了解调设备的简单。虽然这对于面向千家万户的无线广播和电视系统来说，在经济上是合算的，但是在发射机功率资源比较宝贵的情况下，如在卫星通信系统中，应尽可能地降低发送设备的成本和复杂度，此时，采用同步调制与解调方式比较合适。

4.5.4　单边带调制与残留边带调制

双边带幅度调制中，上、下两个边带是完全对称的，它们所携带的信息相同，因此，只要传送其中任意一个边带就可以达到传输信号的目的。这种只保留和发送已调信号双边带中的一个边带而抑制另一个边带的传输方式，称为单边带调制（Single Side Band，SSB）。单边带调制中已调信号不包含载波，因此这种方式也称为抑制载波的单边带调制。

单边带调制中只传送双边带调制信号的一个边带，因此传送单边带信号的最直接的方法是让双边带信号通过一个锐截止的带通或低通、高通滤波器，滤除不要的边带，即可得到单边带信号。此外，可以利用移相技术来滤掉一个边带而保留另一个边带，这种移相技术实际上也是希尔伯特变换的一个应用。

与双边带抑制载波的振幅调制一样，单边带调制的解调也必须采用同步解调的方式。单边带调制方式除了节省载波功率之外，还可节省一半传输频带，从而提高了频带利用率，但是这些优点的获得却以增加调制与解调设备的复杂度为代价。而且，要从调幅波中只提取一个边带而完全滤除载波和另一个边带，实现起来也有相当大的困难，所以有时候采用残留边带（Vestigial Side Band，VSB）的调制方式。这种调制方式是在双边带调制的基础上，通过设计滤波器，使信号一个边带的频谱成分原则上保留，另一个边带的频谱成分只保留小部分（残留）。该调制方法既比双边带调制节省频谱，又比单边带易于解调。例如，模拟电视信号是用 VSB

传送的，全电视信号的频带为 0~6 MHz，所以单边带调制的信号频宽为 6 MHz，我国规定的残留边带的宽度是 1.25 MHz，合计起来，残留边带的单边带调幅波的频宽为 7.25 MHz。另外还要加上调频伴音信号的频带，因此，相邻两电视频道的间隔规定为 8 MHz。

4.6　抽样定理

由于数字信号处理较模拟信号处理更为灵活、方便，因此，在许多实际应用中，如通信、控制、信号处理等众多领域，常采用数字信号处理方式。而在实际工程中遇到的信号往往都是连续信号，如声音、图像等，若对连续信号进行数字信号处理，首先应先将连续信号抽样为离散信号，再进行量化、编码，从而得到数字信号。这种数字信号经传输、处理后，再进行上述过程的逆过程就可以恢复出原连续信号。可见，抽样是连续信号转化为数字信号的第一步，起着关键的作用。现在的问题是，抽样后的离散信号能否包含原连续信号的全部信息？或者说，能否由抽样后的离散信号来无失真地恢复原连续信号，以及在什么条件下才能无失真地恢复原信号呢？本节将通过对信号抽样问题的讨论，引出著名的抽样定理，从而给出上述问题的答案。

4.6.1　信号的时域抽样

对如图 4.20a 所示的连续时间信号进行抽样，可以借助于抽样器来完成，抽样器的作用如同一个开关，如图 4.20b 所示。开关每隔时间 T_s 接通输入信号和地各一次，接通时间为 τ，显然，抽样器的输出信号 $f_s(t)$ 只包含开关接通时间内输入信号 $f(t)$ 的一些小段，如图 4.20c 所示，这些小段是原信号的抽样。如果每次开关开、闭的时间间隔 T_s 都相同，则称为均匀抽样。T_s 称为抽样周期，$f_s=\dfrac{1}{T_s}$ 称为抽样频率，$\omega_s=2\pi f_s$ 称为抽样角频率。如果每次抽样的时间间隔不同，则称为非均匀抽样。在实际工作中多采用均匀抽样。

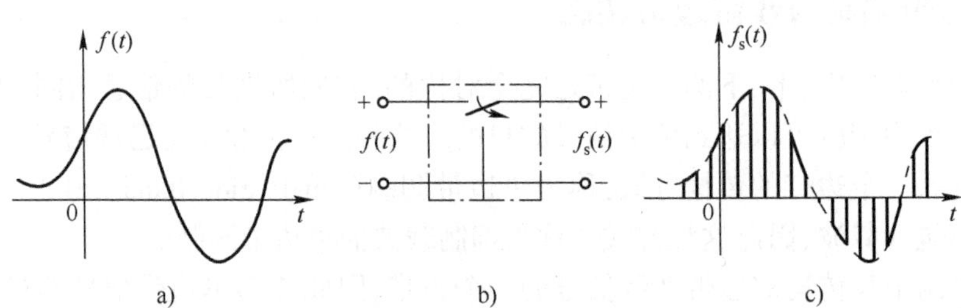

图 4.20　信号的抽样

从图 4.20c 所示的抽样信号 $f_s(t)$ 的波形可以看出，抽样信号 $f_s(t)$ 可以看成是由原信号 $f(t)$ 与抽样脉冲序列 $s(t)$（开关函数）的乘积。即抽样信号可以表示为

$$f_s(t)=f(t)\cdot s(t) \tag{4.52}$$

也就是说，抽样的过程可以用图 4.21 所示的乘法器来实现。图中，$s(t)$ 为抽样脉冲序列。

如果令原连续信号 $f(t)$ 的频谱为 $F(\mathrm{j}\omega)$，抽样脉冲序列 $s(t)$ 的频谱为 $S(\mathrm{j}\omega)$，抽样信号 $f_s(t)$ 的频谱为 $F_s(\mathrm{j}\omega)$，则由时域卷积定理可得 $F_s(\mathrm{j}\omega)$ 为

$$F_s(\mathrm{j}\omega)=\frac{1}{2\pi}F(\mathrm{j}\omega)*S(\mathrm{j}\omega) \tag{4.53}$$

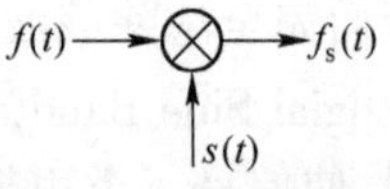

f(t) → ⊗ → fs(t)，s(t)

图 4.21　抽样的数学模型

由于 $s(t)$ 为周期脉冲序列，所以由式(3.100)可得 $s(t)$ 的频谱为

$$S(\mathrm{j}\omega)=2\pi\sum_{n=-\infty}^{\infty}F_n\delta(\omega-n\omega_{\mathrm{s}}) \tag{4.54}$$

式中，F_n 为信号 $s(t)$ 的傅里叶系数，且

$$F_n=\frac{1}{\pi}\int_{-\frac{T_{\mathrm{s}}}{2}}^{\frac{T_{\mathrm{s}}}{2}}s(t)\mathrm{e}^{-\mathrm{j}\omega_{\mathrm{s}}t}\mathrm{d}t \tag{4.55}$$

将 $S(\mathrm{j}\omega)$ 的表示式代入式(4.53)，并利用冲激函数卷积的重现性质，可得

$$F_{\mathrm{s}}(\mathrm{j}\omega)=\frac{1}{2\pi}F(\mathrm{j}\omega)*2\pi\sum_{n=-\infty}^{\infty}F_n\delta(\omega-n\omega_{\mathrm{s}})=\sum_{n=-\infty}^{\infty}F_nF[\mathrm{j}(\omega-n\omega_{\mathrm{s}})] \tag{4.56}$$

式(4.56)表明，信号在时域被抽样后，它的频谱 $F_{\mathrm{s}}(\mathrm{j}\omega)$ 是连续信号频谱 $F(\mathrm{j}\omega)$ 以抽样频率 ω_{s} 为间隔周期地重复而得到。在重复的过程中，幅度被 $s(t)$ 的傅里叶级数的系数 F_n 所加权。由于 F_n 只是 n(而不是 ω)的函数，所以 $F(\mathrm{j}\omega)$ 在重复的过程中不会使形状发生变化，而只产生幅度大小的变化。式(4.56)中的加权系数 F_n 取决于抽样脉冲的形状。

下面讨论两种典型的抽样过程。

1. 自然抽样

自然抽样也称为矩形脉冲抽样，这种情况下的抽样脉冲序列 $s(t)$ 是幅度为 E、宽度为 τ 的周期对称矩形脉冲，抽样周期为 T_{s}。由于 $f_{\mathrm{s}}(t)=f(t)\cdot s(t)$，所以抽样信号 $f_{\mathrm{s}}(t)$ 在抽样期间的脉冲顶部是不平的，而是随着 $f(t)$ 而变化，因此这种抽样也称为“自然抽样”，如图 4.22e 所示。

由式(4.55)可得信号 $s(t)$ 的傅里叶系数 F_n 为

$$\begin{aligned}F_n&=\frac{1}{T}\int_{-\frac{T_{\mathrm{s}}}{2}}^{\frac{T_{\mathrm{s}}}{2}}s(t)\mathrm{e}^{-\mathrm{j}n\omega_{\mathrm{s}}t}\mathrm{d}t=\frac{1}{T}\int_{-\frac{\tau}{2}}^{\frac{\tau}{2}}E\mathrm{e}^{-\mathrm{j}n\omega_{\mathrm{s}}t}\mathrm{d}t\\&=\frac{E\tau}{T_{\mathrm{s}}}\mathrm{Sa}\left(\frac{n\omega_{\mathrm{s}}\tau}{2}\right)\end{aligned} \tag{4.57}$$

代入式(4.56)可得抽样信号 $f_{\mathrm{s}}(t)$ 的频谱为

$$F_{\mathrm{s}}(\mathrm{j}\omega)=\frac{E\tau}{T_{\mathrm{s}}}\sum_{n=-\infty}^{\infty}\mathrm{Sa}\left(\frac{n\omega_{\mathrm{s}}\tau}{2}\right)F[\mathrm{j}(\omega-n\omega_{\mathrm{s}})] \tag{4.58}$$

图 4.22 画出了自然抽样过程中 $f(t)$、$s(t)$ 和 $f_{\mathrm{s}}(t)$ 及其频谱 $F(\mathrm{j}\omega)$、$S(\mathrm{j}\omega)$ 和 $F_{\mathrm{s}}(\mathrm{j}\omega)$ 的波形。这里假定原信号 $f(t)$ 为带限信号，即 $f(t)$ 的频谱在区间 $(-\omega_{\mathrm{m}},\omega_{\mathrm{m}})$ 为有限值，而在此区间外为零，其中 ω_{m} 为信号的最大频率分量，且满足条件 $\omega_{\mathrm{s}}\geqslant 2\omega_{\mathrm{m}}$，即抽样频率大于最高频率的两倍。

由图 4.22f 可见，$F_{\mathrm{s}}(\mathrm{j}\omega)$ 是 $F(\mathrm{j}\omega)$ 以 ω_{s} 为抽样频率周期地重复而得到的，在重复的过程中，幅度随 $\mathrm{Sa}\left(\frac{n\omega_{\mathrm{s}}\tau}{2}\right)$ 的规律而变化。

2. 理想抽样

理想抽样也称为冲激抽样，这种情况下的抽样脉冲序列 $s(t)$ 是周期为 T_{s} 的冲激序列 $\delta_{T_{\mathrm{s}}}(t)$，即

$$s(t)=\delta_{T_{\mathrm{s}}}(t)=\sum_{n=-\infty}^{\infty}\delta(t-nT_{\mathrm{s}}) \tag{4.59}$$

如图 4.23c 所示。

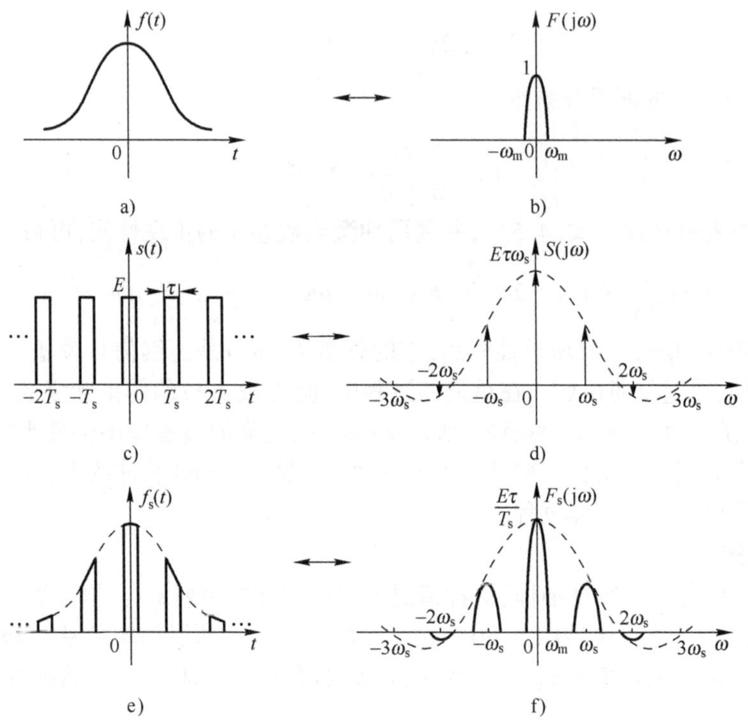

图 4.22　自然抽样信号的频谱与原信号频谱间的关系

a) 原信号 $f(t)$　b) 原信号频谱 $F(\mathrm{j}\omega)$　c) 抽样脉冲信号 $s(t)$　d) 抽样脉冲信号频谱 $S(\mathrm{j}\omega)$　e) 抽样信号 $f_s(t)$　f) 抽样信号频谱 $F_s(\mathrm{j}\omega)$

时域抽样信号 $f_s(t)$ 可以表示为

$$f_s(t)=f(t)\cdot s(t)=f(t)\cdot\sum_{n=-\infty}^{\infty}\delta(t-nT_s)$$
$$=\sum_{n=-\infty}^{\infty}f(nT_s)\delta(t-nT_s) \tag{4.60}$$

可见,在理想抽样情况下,抽样信号 $f_s(t)$ 是由一系列冲激函数构成的,每个冲激间的间隔为 T_s,强度为原信号 $f(t)$ 的抽样值 $f(nT_s)$,如图 4.23e 所示。

由式(4.55)可以求得信号 $s(t)$ 的傅里叶系数 F_n 为

$$F_n=\frac{1}{T_s}\int_{-\frac{T_s}{2}}^{\frac{T_s}{2}}\delta(t)\mathrm{e}^{-\mathrm{j}\omega_s t}\mathrm{d}t=\frac{1}{T_s} \tag{4.61}$$

代入式(4.56)可得抽样信号 $f_s(t)$ 的频谱为

$$F_s(\mathrm{j}\omega)=\frac{1}{T_s}\sum_{n=-\infty}^{\infty}F[\mathrm{j}(\omega-n\omega_s)] \tag{4.62}$$

图 4.23 画出了理想抽样过程中 $f(t)$、$s(t)$ 和 $f_s(t)$ 及其频谱 $F(\mathrm{j}\omega)$、$S(\mathrm{j}\omega)$ 和 $F_s(\mathrm{j}\omega)$ 的波形。这里同样假定原信号 $f(t)$ 为带限信号,且满足条件 $\omega_s\geqslant 2\omega_m$。由图 4.23f 可见, $F_s(\mathrm{j}\omega)$ 是 $F(\mathrm{j}\omega)$ 以 ω_s 为周期等幅地重复而得到的,在重复的过程中,幅值改变为原来的 $\frac{1}{T_s}$。

自然抽样和理想抽样是两种典型的抽样,理想抽样是自然抽样的一种极限情况(脉宽 $\tau\to 0$)。

在实际应用中一般采用自然抽样，但为了方便问题的分析，当脉宽 τ 相当窄时，往往近似为理想抽样。

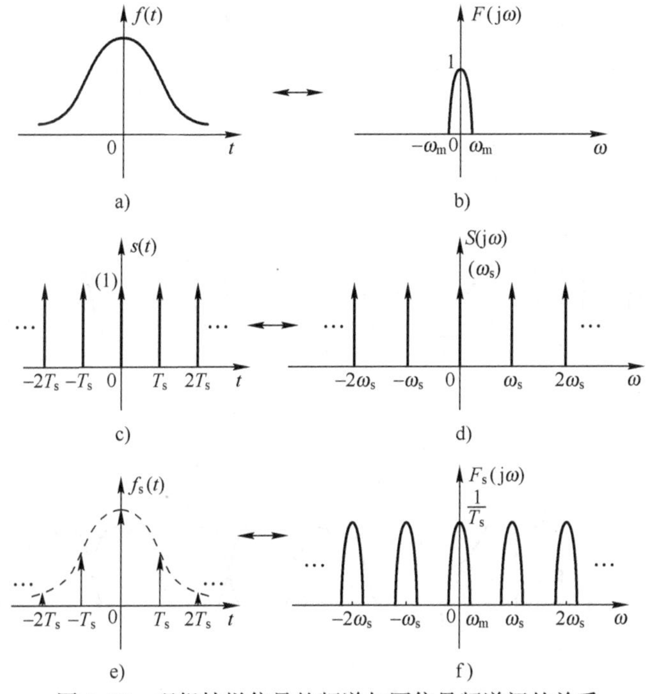

图 4.23　理想抽样信号的频谱与原信号频谱间的关系

a）原信号 $f(t)$　b）原信号频谱 $F(\mathrm{j}\omega)$　c）抽样脉冲信号 $s(t)$　d）抽样脉冲信号频谱 $S(\mathrm{j}\omega)$
e）抽样信号 $f_s(t)$　f）抽样信号频谱 $F_s(\mathrm{j}\omega)$

4.6.2　时域抽样定理

抽样信号 $f_s(t)$ 是原信号 $f(t)$ 每隔一定时间的抽样值序列，在每个相邻的抽样值之间，可以用各种不同的曲线连接，那么，能否由 $f_s(t)$ 确定并恢复出原信号 $f(t)$，以及在什么条件下才能无失真地完成这种恢复过程呢？下面以理想抽样为例来讨论这个问题，从而引出著名的时域抽样定理。

图 4.24 给出了理想抽样情况下，信号 $f(t)$ 经不同抽样频率抽样后频谱的变化规律。其中，图 4.24a 为原信号 $f(t)$ 及其频谱的波形图，这里假定信号 $f(t)$ 是带限信号，最大频率分量为 ω_m；图 4.24b 为高抽样率时的抽样信号及其频谱的波形图；图 4.24c 为低抽样率时的抽样信号及其频谱的波形图。

由图 4.24b 的频谱图可以看出，如果 $\omega_s \geqslant 2\omega_m$（即 $f_s \geqslant 2f_m$ 或 $T_s \leqslant \dfrac{1}{2f_m}$），那么频移后各相邻的频谱不会发生重叠，这时，抽样信号 $f_s(t)$ 保留了原信号 $f(t)$ 的全部信息。也就是说，完全可以由 $f_s(t)$ 唯一地表示 $f(t)$。如果将抽样信号 $f_s(t)$ 通过一个理想低通滤波器（如图 4.24b 中虚线所示），则可以得到原信号的频谱，这样，就可以从抽样信号 $f_s(t)$ 中恢复原信号 $f(t)$。如果 $\omega_s < 2\omega_m$，那么频移后各相邻频谱将发生重叠，如图 4.24c 所示，这样就无法将它们分开，因而也不能再恢复原信号。频谱重叠的这种现象称为混叠现象，可见，为了不发生混叠现象，必须满足 $\omega_s \geqslant 2\omega_m$。

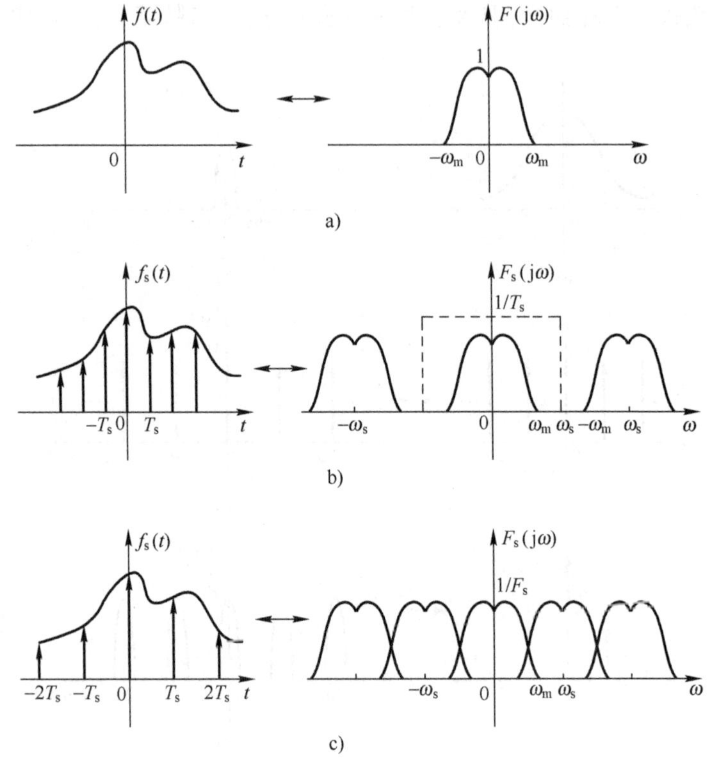

图 4. 24 理想抽样时信号经不同抽样频率抽样后频谱的变化规律

a) 连续信号及其频谱 b) 高抽样率时的抽样信号及其频谱(不混叠) c) 低抽样率时的抽样信号及其频谱(混叠)

由以上的讨论,可以得出如下重要定理。

时域抽样定理:一个频谱有限的信号 $f(t)$,如果其频谱 $F(\mathrm{j}\omega)$ 只占据 $-\omega_{\mathrm{m}} \sim \omega_{\mathrm{m}}$ 的范围,则信号可以用等间隔的抽样值来唯一表示,而抽样时间间隔 T_{s} 必须不大于$\dfrac{1}{2f_{\mathrm{m}}}$(其中 $\omega_{\mathrm{m}} = 2\pi f_{\mathrm{m}}$),或者说最低抽样频率为 $2f_{\mathrm{m}}$。

由时域抽样定理可以看出,为了能从抽样信号 $f_{\mathrm{s}}(t)$ 中恢复原信号 $f(t)$,需要满足两个条件:

1) $f(t)$ 是带限信号,即 $f(t)$ 的频谱函数 $F(\mathrm{j}\omega)$ 在 $|\omega| > \omega_{\mathrm{m}}$ 处均为零。

2) 抽样频率不能过低,必须满足 $f_{\mathrm{s}} \geqslant 2f_{\mathrm{m}}$(或 $\omega_{\mathrm{s}} \geqslant 2\omega_{\mathrm{m}}$),或者说取样时间间隔 T_{s} 不能过大,必须满足 $T_{\mathrm{s}} \leqslant \dfrac{1}{2f_{\mathrm{m}}}$,否则将会发生混叠。

通常,把最低允许的抽样频率 $f_{\mathrm{s}} = 2f_{\mathrm{m}}$ 称为“奈奎斯特(Nequist)频率”,把最大允许的抽样间隔 $T_{\mathrm{s}} = \dfrac{1}{2f_{\mathrm{m}}}$称为“奈奎斯特间隔”。

需要说明的是,抽样定理只是实信号抽样后频谱不发生混叠的充分条件,但不是必要条件。例如,当信号为实的带通信号时,可以证明,如果信号的最高频率是带宽的整数倍,则不混叠抽样的最低抽样频率为信号带宽的两倍。

4.6.3 理想内插恢复

从前面的讨论中可以知道，在满足抽样定理的条件下，将抽样信号 $f_s(t)$ 通过一理想低通滤波器，就可以从 $F_s(j\omega)$ 中无失真地恢复出 $F(j\omega)$，从时域来说，这样就恢复了原连续信号 $f(t)$，即

$$F(j\omega)=F_s(j\omega)\cdot H(j\omega) \tag{4.63}$$

式中，$H(j\omega)$ 为理想低通滤波器的频率特性。在理想抽样情况下，这一理想低通滤波器的频率响应特性应满足

$$H(j\omega)=\begin{cases}T_s & |\omega|<\omega_c\\ 0 & |\omega|>\omega_c\end{cases} \tag{4.64}$$

式中，ω_c 为理想低通滤波器的截止频率，且满足 $\omega_m<\omega_c<\omega_s-\omega_m$，$T_s$ 为理想抽样序列的周期。图 4.25 中给出了利用抽样信号恢复出原信号的频谱变换示意图。

以上是用频域分析的方法讨论 $f(t)$ 的恢复，下面针对在时域对 $f(t)$ 的恢复再作进一步讨论。

从时域上看，式(4.63)的信号恢复过程就是低通滤波器的冲激响应和抽样信号的卷积过程，即

$$f(t)=f_s(t)*h(t) \tag{4.65}$$

由对称性不难求出理想低通滤波器的冲激响应 $h(t)$ 为

$$h(t)=\frac{T_s\omega_c}{\pi}\mathrm{Sa}(\omega_c t) \tag{4.66}$$

由式(4.60)可知，时域中抽样信号 $f_s(t)$ 为

$$f_s(t)=\sum_{n=-\infty}^{\infty}f(nT_s)\delta(t-nT_s)$$

将 $f_s(t)$ 及 $h(t)$ 的表示式代入式(4.65)，从而得

$$\begin{aligned}f(t)=f_s(t)*h(t)&=\sum_{n=-\infty}^{\infty}f(nT_s)\delta(t-nT_s)*\frac{T_s\omega_c}{\pi}\mathrm{Sa}(\omega_c t)\\&=\sum_{n=-\infty}^{\infty}\frac{T_s\omega_c}{\pi}f(nT_s)\cdot[\delta(t-nT_s)*\mathrm{Sa}(\omega_c t)]\\&=\frac{T_s\omega_c}{\pi}\sum_{n=-\infty}^{\infty}f(nT_s)\mathrm{Sa}[\omega_c(t-nT_s)]\end{aligned} \tag{4.67}$$

为简便起见，取 $\omega_s=2\omega_m$，$\omega_c=\omega_m$，则 $\frac{T_s\omega_c}{\pi}=1$，式(4.67)简化为

$$f(t)=\sum_{n=-\infty}^{\infty}f(nT_s)\mathrm{Sa}[\omega_c(t-nT_s)] \tag{4.68}$$

式(4.68)表明，从时域上看，对于一个频带有限信号，当抽样频率满足抽样定理时，可以将这个信号看作是 Sa 函数移位、加权和叠加的结果，而加权值等于相应的抽样值 $f(nT_s)$，这一过程如图 4.25 所示。图 4.25f 表明，如果在每个抽样点上画一个满足一定要求的、峰值为抽样值 $f(nT_s)$ 的 Sa 函数波形，则这些波形叠加的结果就是原连续时间信号 $f(t)$。

应当指出的是，在实际工程中要做到完全无失真地恢复原信号 $f(t)$ 是不可能的，主要是因为：

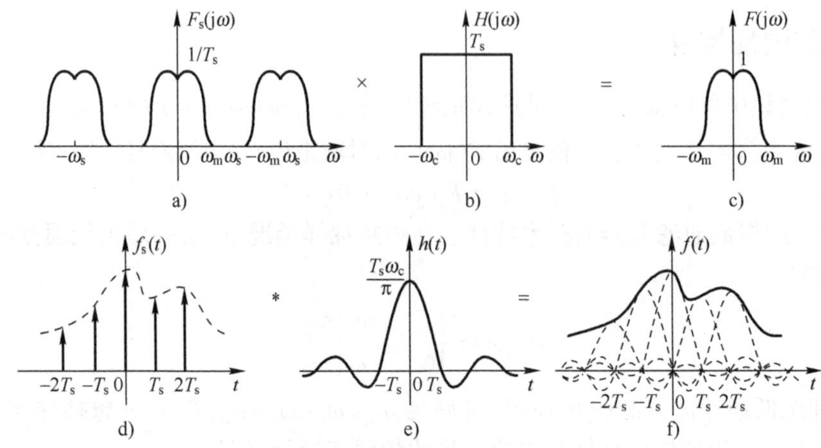

图 4.25　连续时间信号的恢复

a) 抽样信号频谱 $F_s(j\omega)$　b) 理想低通滤波器频率响应 $H(j\omega)$　c) 原信号频谱 $F(j\omega)$

d) 抽样信号 $f_s(t)$　e) 理想低通滤波器冲激响应 $h(t)$　f) 恢复出的原信号 $f(t)$

1) 时间有限的信号的频谱不可能分布在有限的频率范围内，故真正的带限信号是不存在的，但是绝大多数实用信号的频谱幅度总是随着 ω 的增加而衰减的，即信号大部分能量总是集中在有限频带内，可以根据需要，忽略某一频率 ω_m 以上的成分，将其看成是带限信号，所以，只要抽样频率足够大，两相邻频谱的间隔将增大，频谱间的混叠就可以忽略不计。实际应用中，解决方法是将信号首先通过一低通滤波器，滤除大于 ω_m 的频率成分，形成带限信号，这个滤波器就是防混叠低通滤波器。

2) 要从 $f_s(t)$ 恢复出原信号 $f(t)$，必须采用理想低通滤波器，而理想低通滤波器是不可能实现的。实际上低通滤波器的幅频特性如图 4.26 中虚线所示，这种滤波器在进入截止频率后不够陡直，存在一定的过渡，这样滤波器除了输出所需信号的频谱分量外，还夹杂着抽样信号频谱中相邻部分的频率分量，如图 4.26 中阴影部分所示。在这种情况下，恢复的信号与原信号就有差别。解决的办法是提高抽样频率 ω_s，或者选用阶数较高的滤波器，使得输出频谱只包含所需要的频谱。

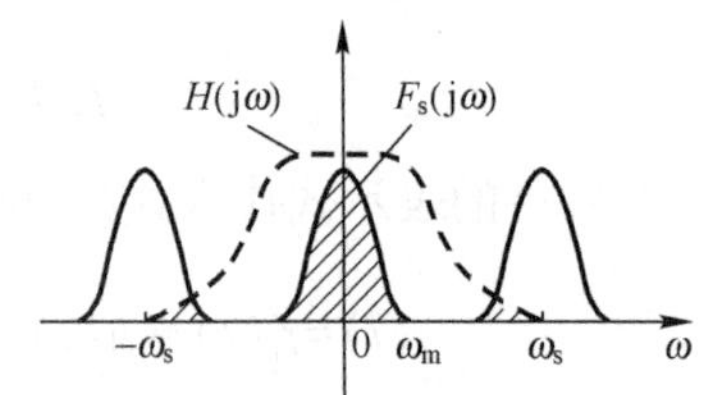

图 4.26　抽样信号通过非理想低通滤波器

4.6.4 实际内插恢复

实际应用中，常常用结构简单的零阶保持器来内插恢复原信号，其系统结构如图 4.27 所示。

从图 4.27c 可以看出，零阶保持内插恢复是将抽样信号 $f_s(t)$ 的每个样本点的样本值保持到下一个抽样瞬间，它相当于对原来的连续时间信号进行平顶抽样。

零阶保持器的冲激响应如图 4.27b 所示。其数学表达式为

$$h_0(t)=\varepsilon(t)-\varepsilon(t-T_s)=G_{T_s}\left(t-\frac{T_s}{2}\right) \tag{4.69}$$

式中，T_s 为采样时间间隔。

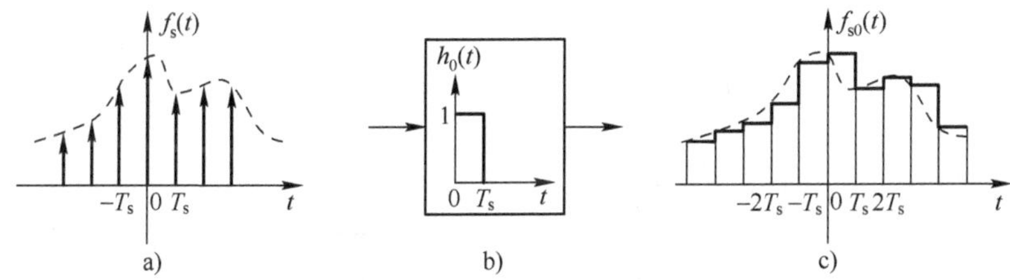

图 4.27　零阶保持内插恢复

a) 抽样信号 $f_s(t)$　b) 零阶保持器的冲激响应　c) 零阶保持恢复的信号 $f_{s0}(t)$

系统输出响应 $f_{s0}(t)$ 为

$$
\begin{aligned}
f_{s0}(t)&=f_s(t)*h_0(t)=\sum_{n=-\infty}^{\infty}f(nT_s)\delta(t-nT_s)*h_0(t)\\
&=\sum_{n=-\infty}^{\infty}f(nT_s)h_0(t-nT_s)=\sum_{n=-\infty}^{\infty}f(nT_s)G_{T_s}\left(t-\frac{T_s}{2}-nT_s\right)
\end{aligned}
\tag{4.70}
$$

式(4.70)表明，信号 $f_{s0}(t)$ 等于加权为采样值 $f(nT_s)$ 的内插函数 $\dot{G}_{T_s}\left(t-\frac{T_s}{2}-nT_s\right)$ 的叠加，如图 4.27c 所示。通过零阶保持器内插恢复的信号是一个阶梯近似波形，尽管看起来粗糙，但在实际中很有用。为了提高精度，可以通过提高采样率来实现，或者后接一个低通滤波器来平滑阶梯波形。

下面推导零阶保持内插恢复过程中的频谱特性。

由式(4.69)可知，零阶保持器的系统频率响应为

$$
H_0(\mathrm{j}\omega)=T_s\mathrm{Sa}\left(\frac{\omega T_s}{2}\right)\mathrm{e}^{-\mathrm{j}\frac{\omega T_s}{2}}
\tag{4.71}
$$

系统输出 $f_{s0}(t)$ 的傅里叶变换为

$$
\begin{aligned}
F_{s0}(\mathrm{j}\omega)&=F_s(\mathrm{j}\omega)H(\mathrm{j}\omega)\\
&=\frac{1}{T_s}\sum_{n=-\infty}^{\infty}F[\mathrm{j}(\omega-n\omega_s)]\cdot T_s\mathrm{Sa}\left(\frac{\omega T_s}{2}\right)\mathrm{e}^{-\mathrm{j}\frac{\omega T_s}{2}}\\
&=\sum_{n=-\infty}^{\infty}F[\mathrm{j}(\omega-n\omega_s)]\mathrm{Sa}\left(\frac{\omega T_s}{2}\right)\mathrm{e}^{-\mathrm{j}\frac{\omega T_s}{2}}
\end{aligned}
\tag{4.72}
$$

由式(4.72)可以看出，零阶保持信号 $f_{s0}(t)$ 的频谱是以 $f(t)$ 的频谱为主值区间，以采样角频率 ω_s 为周期的周期延拓，在延拓的过程中，幅值加权 $\mathrm{Sa}\left(\frac{\omega T_s}{2}\right)$，此外还附加相位 $\mathrm{e}^{-\mathrm{j}\frac{\omega T_s}{2}}$。

当 $F(\mathrm{j}\omega)$ 的频带受限且满足采样定理时，为了恢复原信号 $F(\mathrm{j}\omega)$ 的频谱，需引入具有如下补偿特性的低通滤波器：

$$
H_{0r}(\mathrm{j}\omega)=\begin{cases}\dfrac{\mathrm{e}^{\mathrm{j}\frac{\omega T_s}{2}}}{\mathrm{Sa}\left(\dfrac{\omega T_s}{2}\right)} & |\omega|\leqslant\dfrac{\omega_s}{2}\\[2ex] 0 & |\omega|>\dfrac{\omega_s}{2}\end{cases}
\tag{4.73}
$$

其幅频特性 $|H_{0r}(\mathrm{j}\omega)|$ 和相频特性 $\varphi(\omega)$ 曲线如图 4.28 所示。当通过此滤波器以后，即可恢

复出原信号。

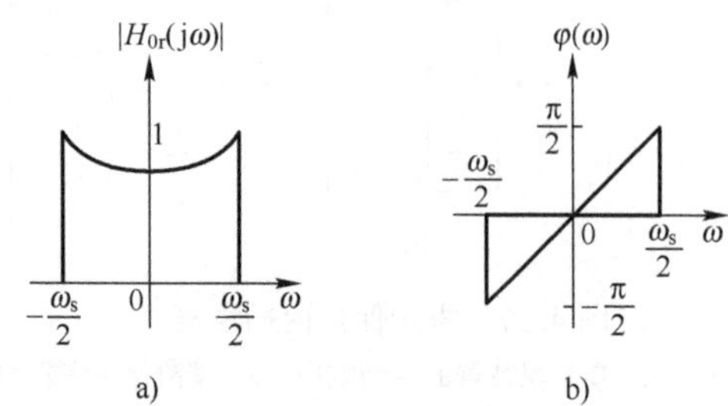

图 4.28　补偿低通的频率响应特性

a）幅频特性　b）相频特性

4.6.5　频域抽样定理

根据时域和频域的对称性，可以推出频域抽样定理。

频域抽样定理：若信号 $f(t)$ 是时间受限信号，它集中在 $(-t_m \sim t_m)$ 的时间范围内，若在频域中以不大于 $\frac{1}{2t_m}$ 的频率间隔对 $f(t)$ 的频谱 $F(j\omega)$ 进行抽样，则抽样后的频谱 $F_s(j\omega)$ 可以唯一地表示原信号频谱 $F(j\omega)$。

类似于式(4.68)，当 $f_s=\frac{1}{2t_m}$ 时，存在下列关系：

$$F_s(j\omega)=\sum_{n=-\infty}^{\infty}F\left(j\frac{n\pi}{t_m}\right)\mathrm{Sa}(\omega t_m-n\pi) \tag{4.74}$$

通过频率抽样，实现了频域中的连续频谱的离散化，这对于应用数字技术分析和处理频域信号有着重要的意义。关于频率抽样的进一步研究，有兴趣的读者可参阅有关文献。

4.7　频分复用与时分复用

将若干路信号以某种方式汇合，统一在同一信道中传输，称为多路复用。常见的信道复用采用按照频率区分和按照时间区分的方式，前者称为频分复用（Frequency Division Multiplexing，FDM），后者称为时分复用（Time Division Multiplexing，TDM）。本节将介绍其基本原理与特点。

4.7.1　频分复用

在通信系统中，信道所能提供的带宽通常比传送一路信号所需的带宽要宽得多。如果一个信道只传送一路信号是非常浪费的，为了能够充分利用信道的带宽，就可以采用频分复用的方法。在频分复用系统中，信道的可用频带被分成若干个互不重叠的频段，每个频段传输一路信号。

频分复用以调制与解调技术为基础，在发送端将待发送的各路信号用不同频率的载波信号进行调制，使其产生的已调信号的频谱分别位于不同的频段，这些频段互不重叠，然后复用同一信道进行传输。在接收端采用一系列不同中心频率的带通滤波器将各路信号提取出来，并分别进行解调，即可恢复出原来的各路调制信号。图 4.29a 给出了频分复用系统实现框图。

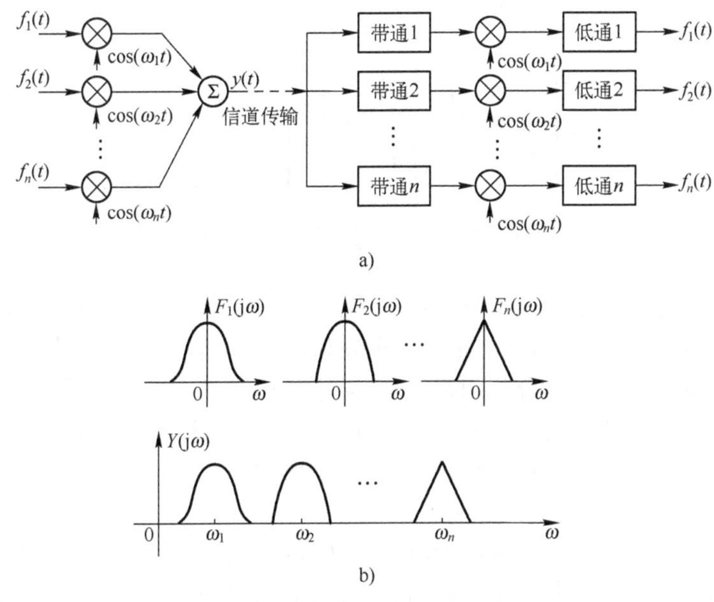

图 4.29　频分复用系统

a）频分复用系统实现框图　b）信道频分复用示意图

图 4.29 中，假设在一个信道中要传送 n 路低频基带信号，通过正弦幅度调制，这些信号被搬移到以载波频率为中心的频段上，形成一个复用信号。图 4.29b 是几个单路信号和多路复用信号的频谱图。在实际应用中，为了保证每路信号都是一个带限信号，各路信号在进行调制之前都要通过一个低通滤波器进行限带滤波，同时为了防止邻路信号的干扰，相邻两路间还要留有防护频带。在接收端，首先要使多路复用信号通过一个中心频率为特定载波频率的带通滤波器，以滤出所需接收的某一路信号，然后再对这个载波频率的已调信号进行解调，恢复各路信号。

频分复用系统的最大优点是信道复用率高，容许复用的路数多，分路方便，因此，在模拟通信中应用广泛。例如，我们最为熟悉的无线广播系统中的调幅广播、调频立体声广播、电视广播等，就是采用频分复用的通信方式。在无线广播系统中，每个电台都分配了特定的频率范围，各电台就可以利用频分多路复用同时进行广播而互不干扰。频分复用系统的主要缺点是设备生产比较复杂，而且会因滤波器件特性不够理想和信道内存在非线性而产生路间干扰。

4.7.2　时分复用

时分复用是将时间分成若干个相等的时间间隔，每个时间间隔内传输一路信号，每路信号在其占据的时间范围内独占信道带宽。时分复用建立在抽样定理基础上，由抽样定理可知，频带受限于$-f_m \sim f_m$的信号，可以用间隔不大于$\dfrac{1}{2f_m}$的抽样值唯一地确定，也就是说，只要传输这些瞬时抽样值就可以恢复原信号。在传输一路这样的信号时，信道只是在抽样的瞬间被占用，那么其余的空闲时间就可以用来传送第二路、第三路……各路抽样信号。将各路信号的样本值有序地排列起来，形成时分多路复用信号，然后通过信道传送。图 4.30 给出了两路信号有序排列经过同一信道传输的波形。在接收端，用与发送端同步的电子开关将两路信号分离后，再经过低通滤波恢复原信号。

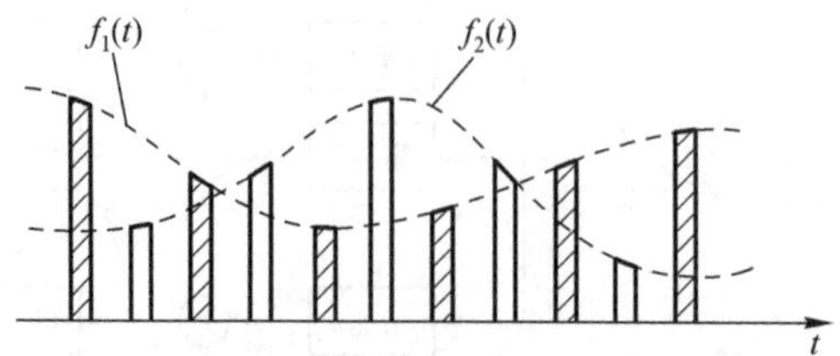

图 4.30 两路信号经过同一信道传输的波形

实际应用中,时分复用系统很少直接传输多路脉冲幅度信号(PAM),而是将脉冲幅度信号量化编码为脉冲编码调制信号(PCM),以充分利用 PCM 信号的诸多优点,如易于控制,可以进行纠错编码、加密等。在时分复用系统中,无论是信号的产生还是恢复,各路的电路结构都相同,而且是由数字电路组成,因而设计、调试简单,易于用标准化集成电路。从信号传输上讲,在各路信号相互串扰方面,时分复用系统的抗串扰能力要比频分复用系统强。因此,时分复用在数字通信系统中得到了广泛应用。

在频分复用中,每路信号在信道中占据不同的频段,而在所有的时间上混杂在一起,因此保留了其频谱个性;而在时分复用中,每一路信号占据不同的时隙,而在频率上所有的信号都混杂在一起,保留的是各信号时间上的波形个性,这一时-频关系如图 4.31 所示。正是由于信号不仅具有频率特性而且具有时域特性,因此总可以在相应域中应用适当的技术将复用信号分离出来,从而使得频率资源和时间资源得到了充分有效的利用。

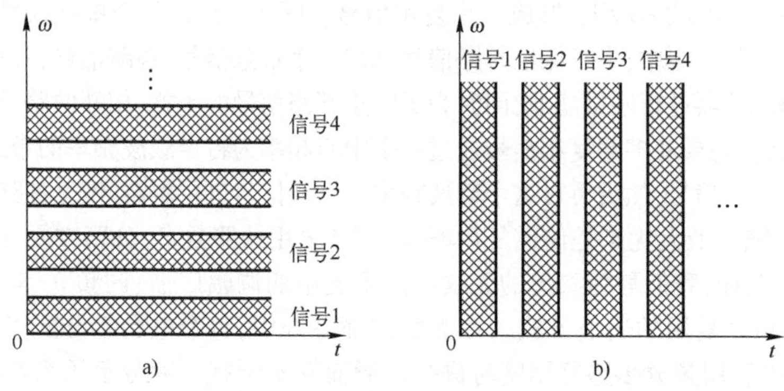

图 4.31 FDM 与 TDM 的时-频关系

a) FDM b) TDM

4.8 连续时间系统频域分析的 MATLAB 实现

例 4.7 已知一个 LTI 因果系统的单位脉冲响应为 $h(t)=(\mathrm{e}^{-t}-\mathrm{e}^{-2t})\varepsilon(t)$,试求频率响应 $H(\mathrm{j}\omega)$,并用 MATLAB 画出其频率响应特性曲线。

解 因为

$$h(t)=(\mathrm{e}^{-t}-\mathrm{e}^{-2t})\varepsilon(t)$$

$$\int_{-\infty}^{\infty}|h(t)|\mathrm{d}t=\int_{0}^{\infty}|\mathrm{e}^{-t}-\mathrm{e}^{-2t}|\mathrm{d}t\leqslant\infty$$

所以系统稳定。频率响应为

$$H(j\omega)=\int_{-\infty}^{\infty}h(t)e^{-j\omega t}dt=\int_{0}^{\infty}(e^{-t}-e^{-2t})e^{-j\omega t}dt$$

$$=\frac{1}{1+j\omega}-\frac{1}{2+j\omega}=\frac{1}{-\omega^2+2+j3\omega}$$

用 MATLAB 编程画出其频率响应时,主要利用 freqs 函数求 $H(j\omega)$。freqs 函数的调用格式为

```
H=freqs(b,a,w)
```

其中,输入参数 b 为 $H(j\omega)$ 的分子多项式系数向量,a 为 $H(j\omega)$ 分母多项式系数向量,w 为计算频率响应的频率坐标。求得频率响应后,再取其模和相位,即可分别得到系统的幅频特性和相频特性。

[MATLAB 程序]

```
b=1;a=[1,3,2];                                   %分子、分母多项式系数向量
w=-15:0.05:15;                                   %计算频率响应的频率坐标
H=freqs(b,a,w);                                  %求系统的频率响应
mag=abs(H);phase=angle(H);                       %取频率响应的模和相位
subplot(2,1,1),plot(w,mag)                       %画幅频特性曲线
axis([-15,15,0,0.5]);
xlabel('frequency/(rad/s)'),ylabel('magnitude'),grid
phase=phase*180/pi;                              %将相位转换成角度数表示
subplot(2,1,2),plot(w,phase)                     %画相频特性曲线
axis([-15,15,-200,200])
xlabel('frequency/(rad/s)'),ylabel('phase/degrees'),grid
```

[程序运行结果]

运行得到系统的幅频特性和相频特性,如图 4.32 所示。

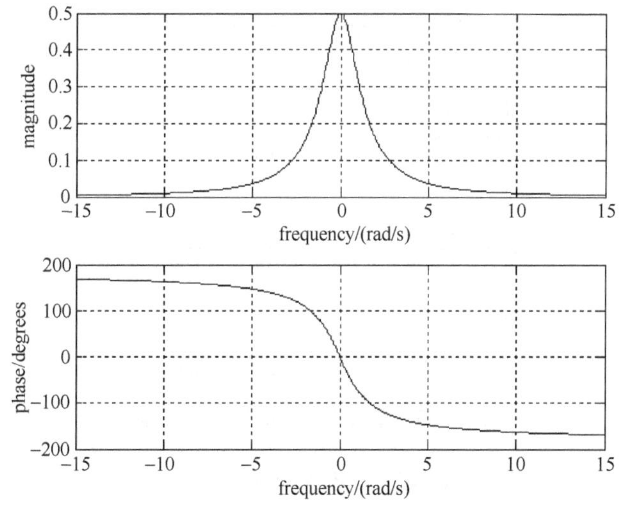

图 4.32 系统的幅频特性和相频特性曲线

例 4.8 编程实现单边带频谱。

解 单边带频谱信号的产生原理:将两个信号的频谱分量均移相 π/2,若在求和点处取两个信号相加,则得到下边带信号;若在求和点处取两个信号的差值,则得到上边带信号。

[MATLAB 程序]

```
t=0:0.01:4.2;
t1=0:0.01:2.1;
t2=0:0.01:2.09;
f=ones(size(t)).*(t<0.5);
wc=100;
fa=f.*cos(wc*t);
ga=fft(fa);
h1=[j*ones(size(t1))];
h2=[-j*ones(size(t2))];
h=[h1 h2];
g=fft(f).*h;
fb=ifft(g);
fc=fb.*sin(wc*t);
gc=fft(fc);
y1=ga+gc;y2=ga-gc;
subplot(4,1,1),plot(abs(ga))
subplot(4,1,2),plot(abs(gc))
subplot(4,1,3),plot(abs(y1))
subplot(4,1,4),plot(abs(y2))
```

[程序运行结果]

运行得到结果如图 4.33 所示。

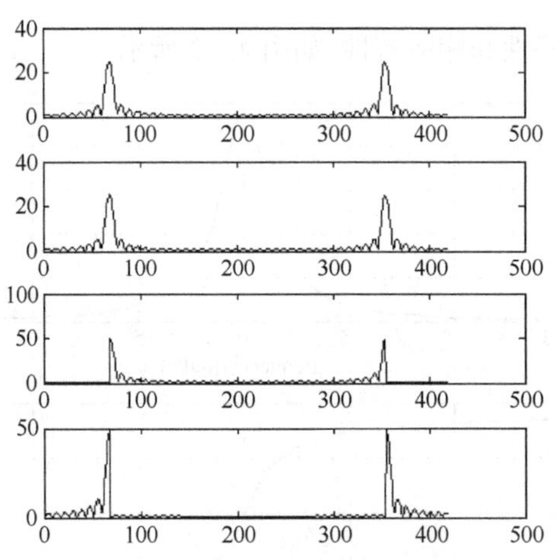

图 4.33 单边带频谱信号产生原理

例 4.9 已知 *RC* 电路如图 4.34 所示,系统的输入电压信号 $f(t)=\cos(5t)+\cos(80t)$,其中 $-\infty<t<\infty$,若输出信号为

(1) 电阻两端电压 $y_R(t)$;

(2) 电容两端电压 $y_C(t)$。

试分别求解系统的响应,并判断该系统的滤波特性。

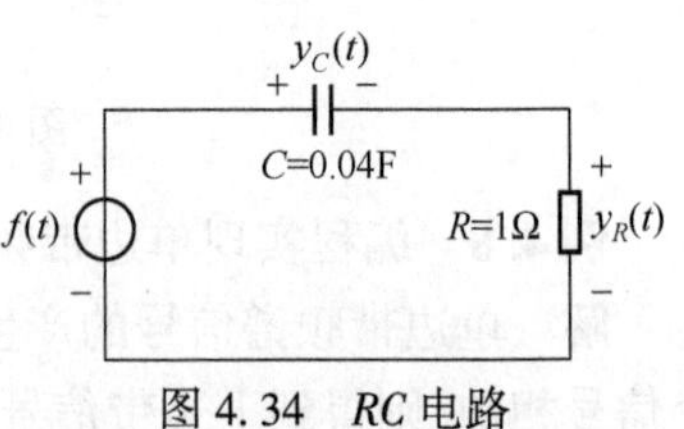

图 4.34 *RC* 电路

解　(1) 当输出信号为电阻两端电压 $y_R(t)$ 时,由图 4.34 可求出系统的频率响应为

$$H_R(\mathrm{j}\omega)=\frac{R}{R+\dfrac{1}{\mathrm{j}\omega C}}=\frac{\mathrm{j}\omega}{\dfrac{1}{RC}+\mathrm{j}\omega}$$

(2) 当输出信号为电容两端电压 $y_C(t)$ 时,系统的频率响应为

$$H_C(\mathrm{j}\omega)=\frac{\dfrac{1}{\mathrm{j}\omega C}}{R+\dfrac{1}{\mathrm{j}\omega C}}=\frac{\dfrac{1}{RC}}{\dfrac{1}{RC}+\mathrm{j}\omega}$$

已知余弦信号 $\cos(\omega_0 t)$,$-\infty<t<\infty$,通过 LTI 系统的响应为

$$y(t)=|H(\mathrm{j}\omega_0)|\cos(\omega_0 t+\varphi(\omega_0))$$

由此可编程求解系统的响应。

[MATLAB 程序]

```
RC=0.04;
t=linspace(-2,2,2048);
w1=5;w2=80;
HR1=j*w1/(j*w1+1/RC);
HR2=j*w2/(j*w2+1/RC);
HC1=1/RC/(j*w1+1/RC);
HC2=1/RC/(j*w2+1/RC);
f=cos(w1*t)+cos(w2*t);
yR=abs(HR1)*cos(w1*t+angle(HR1))+abs(HR2)*cos(w2*t+angle(HR2));
yC=abs(HC1)*cos(w1*t+angle(HC1))+abs(HC2)*cos(w2*t+angle(HC2));
subplot(3,1,1),plot(t,f),xlabel('t'),ylabel('f(t)')
subplot(3,1,2),plot(t,yR),xlabel('t'),ylabel('yR(t)')
subplot(3,1,3),plot(t,yC),xlabel('t'),ylabel('yC(t)')
```

[程序运行结果]

运行后得到输入和输出信号的波形如图 4.35 所示。

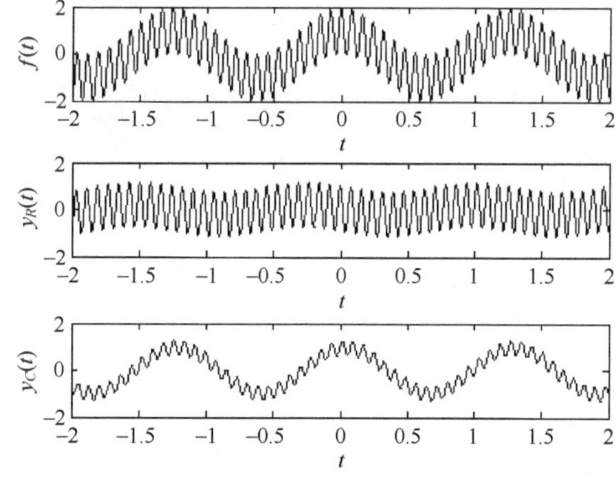

图 4.35　输入和输出信号的波形

由图4.35可以看出，信号$f(t)$通过系统后，若电阻上电压$y_R(t)$作为输出信号，则输出信号的低频分量衰减较大，所以此时该电路系统表现为高通滤波特性。若电容上的电压$y_C(t)$作为输出信号，那么输出信号的高频分量衰减较大，此时该电路则表现为低通滤波特性。

例4.10　设$f(t)=\varepsilon(t+1)-\varepsilon(t-1)$，$f_1(t)=f(t)\cos(10\pi t)$，试用MATLAB画出$f(t)$和$f_1(t)$的时域波形及频谱，并观察傅里叶变换的频移特性。

解　[MATLAB程序]

```
R=0.005;t=-1.2:R:1.2;
f=(t>=-1)-(t>=1);                          %被调信号
f1=f.*cos(10*pi*t);                        %已调信号
subplot(2,2,1),plot(t,f)
xlabel('t'),ylabel('f(t)')
axis([-2,2,-0.5,1.5])
subplot(2,2,2),plot(t,f1)
xlabel('t'),ylabel('f1(t)=f(t)*cos(10*pi*t)')
axis([-2,2,-1.5,1.5])
W1=40;
N=1000;
k=-N:N;
W=k*W1/N;
F=f*exp(-j*t'*W)*R;F=real(F);              %求F(jw)
F1=f1*exp(-j*t'*W)*R;F1=real(F1);          %求F1(jw)
subplot(2,2,3),plot(W,F)
xlabel('w'),ylabel('F(jw)')
subplot(2,2,4),plot(W,F1)
xlabel('w'),ylabel('F1(jw)')
```

[程序运行结果]

运行后得到结果如图4.36所示。由图可见，$f_1(t)$的频谱$F_1(j\omega)$是将$f(t)$的频谱$F(j\omega)$搬移到$\pm10\pi$处，且幅度为$F(j\omega)$幅度的一半。

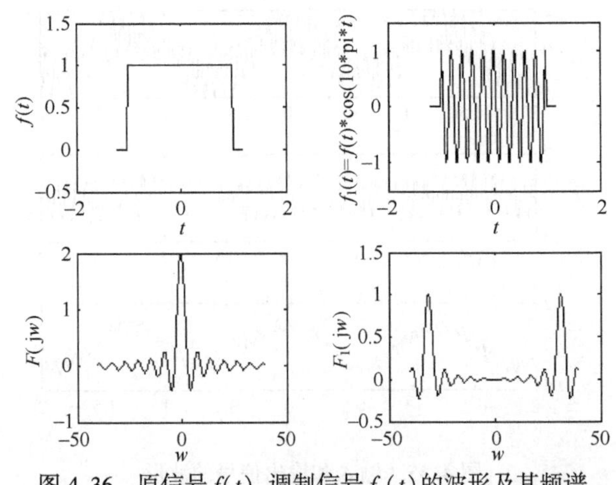

图4.36　原信号$f(t)$、调制信号$f_1(t)$的波形及其频谱

例 4.11　对信号 $f(t)=\left[\dfrac{\sin(\pi t)}{\pi t}\right]^2$ 进行理想抽样，用 MATLAB 编程画出原信号及其频谱、经过抽样之后的信号及其频谱，研究临界采样、过采样和欠采样三种情况下采样信号频谱的变化。

解　[MATLAB 程序]

```
%采样信号及其频谱
t1=-4;t2=4;
T=0.5;                                     %采样时间间隔
t=linspace(t1,t2,500);
dt=(t2-t1)/500;
N=500;
WB=8*pi;
n=-N:N;
w=n*WB/N;
ft=sinc(t).^2;                             %原信号
figure(1)
F=ft*exp(-j*t'*w)*dt;                      %计算原信号频谱
F1=abs(F);
subplot(211),plot(t,ft,'linewidth',2);     %画出原信号
xlabel('Time(s)'),ylabel('f(t)')
subplot(212),plot(w/pi,F1,'linewidth',2);  %画出原信号频谱
F_max=max(F1);dF=F_max*0.1;
axis([-WB/pi,WB/pi,0,F_max+dF]);
xlabel('\omega/\pi'),ylabel('|F(j\omega)|')
figure(2)
subplot(211),plot(t,ft,'r:','linewidth',2),hold on
xlabel('Time(s)'),ylabel('fs(t)')
t=(-100:100)*T;
fst=sinc(t).^2;                            %计算原信号的采样值
stem(t,fst,'linewidth',2),hold off         %画出采样信号
axis([t1,t2,-inf,inf])
F=fst*exp(-j*t'*w);                        %计算采样信号的频谱
F1=abs(F);
subplot(212),plot(w/pi,F1,'linewidth',2)   %画出采样信号的频谱
F_max=max(F1);dF=F_max*0.1;
axis([-WB/pi,WB/pi,0,F_max+dF]);
xlabel('\omega/\pi'),ylabel('|Fs(j\omega)|')
```

[程序运行结果]

程序运行结果如图 4.37 所示。图 a 为原信号及其频谱图；图 b 为采样时间间隔 $T=0.5$ s 时的采样信号及其频谱图，此时为临界采样，采样信号的频谱是原信号频谱的周期延拓，延拓之后的频谱刚好没有混叠；图 c 为采样时间间隔 $T=0.25$ s 时的采样信号及其频谱图，此时为过采样情况，采样信号的频谱在周期延拓的过程中无混叠；图 d 为采样时间间隔 $T=0.65$ s 时的采样信号及其频谱图，此时为欠采样情况，采样信号的频谱在延拓过程中产生了混叠。

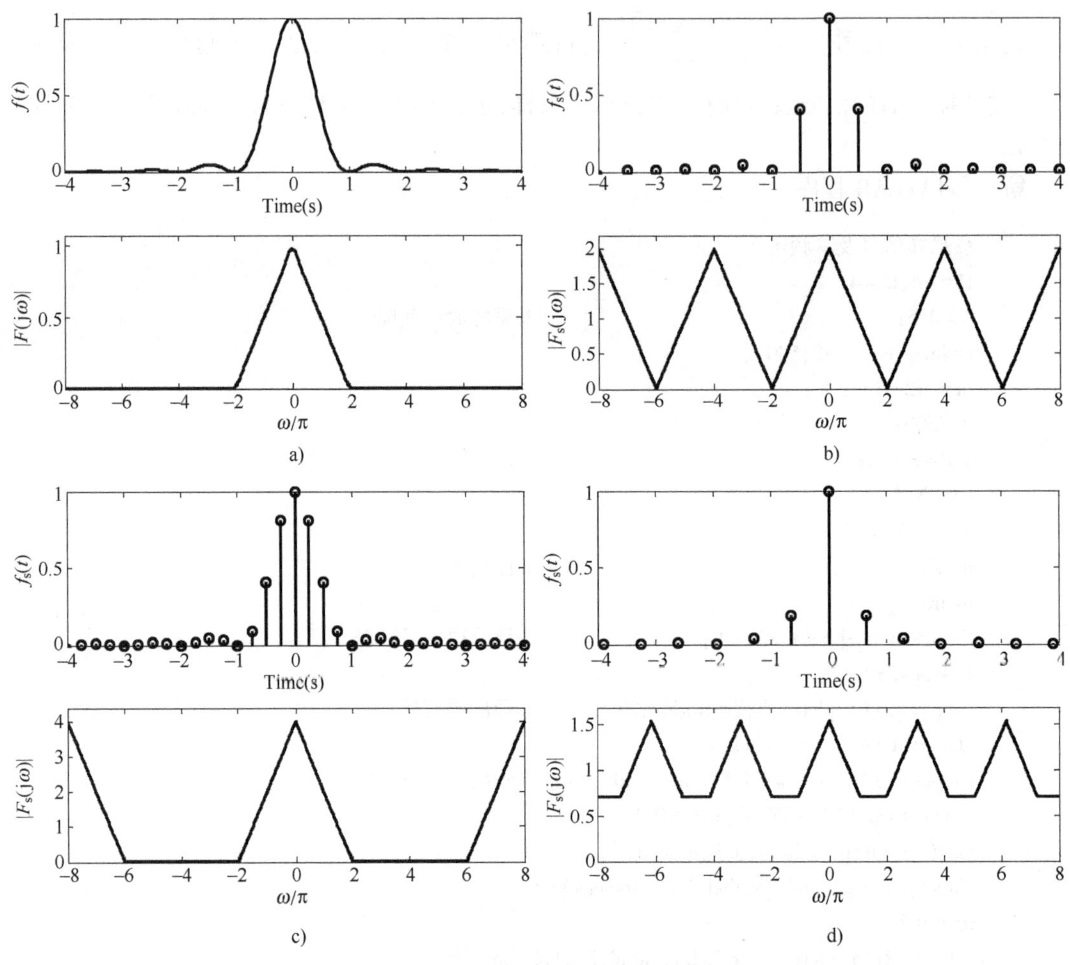

图 4.37　原信号、采样信号及其频谱图

a）原信号及其频谱　b）临界采样（$T=0.5\,\mathrm{s}$）　c）过采样（$T=0.25\,\mathrm{s}$）　d）欠采样（$T=0.65\,\mathrm{s}$）

例 4.12　连续时间信号为 $f(t)=\cos(8\pi t)+2\sin(40\pi t)+\cos(24\pi t)$，对该信号理想采样之后再用理想内插重建，试画出采样时间间隔 $T<T_s$ 和 $T>T_s$ 时的信号重建的波形，其中 $T_s=0.025\,\mathrm{s}$ 为对该信号采样所允许的最大采样时间间隔，即奈奎斯特采样时间间隔。

解　［MATLAB 程序］

```
T=0.02;                                                          %采样时间间隔
t1=0;t2=0.3;
n=-400:400;
nT=n*T;
fs=cos(8*pi*nT)+2*sin(40*pi*nT)+cos(24*pi*nT);                   %对信号进行采样
t=linspace(t1,t2,400);
%信号的重建
ft=fs*sinc((1/T)*(ones(length(nT),1)*t-nT'*ones(1,length(t))));
f1=cos(8*pi*t)+2*sin(40*pi*t)+cos(24*pi*t);                      %原连续时间信号
subplot(211),plot(t,f1,'r:','linewidth',2),hold on
stem(nT,fs,'linewidth',2)                                        %画出采样信号
```

```
axis([t1,t2,-inf,inf])
title('原信号及其采样信号'),hold off
subplot(212),plot(t,f1,'r:',t,ft,'linewidth',2)                    %画出重建信号
title('重建信号')
axis([t1,t2,-inf,inf]),xlabel('Time(s)')
```

[程序运行结果]

程序运行结果如图 4.38 所示，图中实线为重建信号，虚线为原信号。图 a 为 $T>T_s$ 时原信号的重建，可见重建之后的信号与原信号不同，产生了失真；图 b 为 $T<T_s$ 时信号的重建，由图可见，重建信号与原信号完全重合，即由采样值无失真地恢复出了原信号。

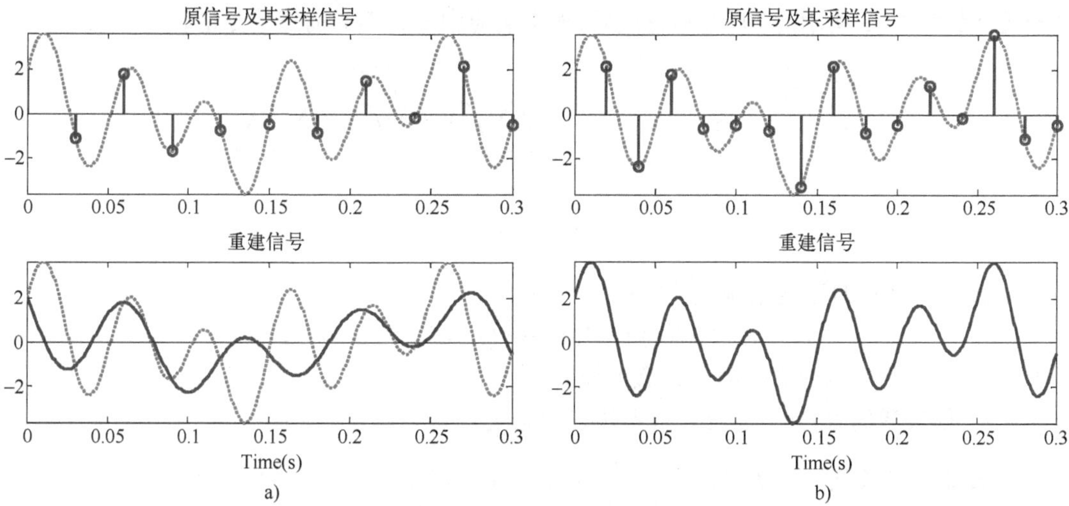

图 4.38　信号的采样与恢复

a) $T=0.03\,\text{s}>T_s$ 时信号波形　b) $T=0.02\,\text{s}<T_s$ 时信号波形

习题 4

1. 求题图 4.1 所示电路的系统函数 $H(\mathrm{j}\omega)=\dfrac{U_2(\mathrm{j}\omega)}{U_1(\mathrm{j}\omega)}$。

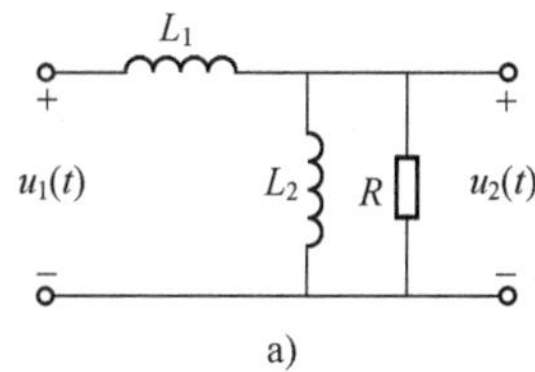

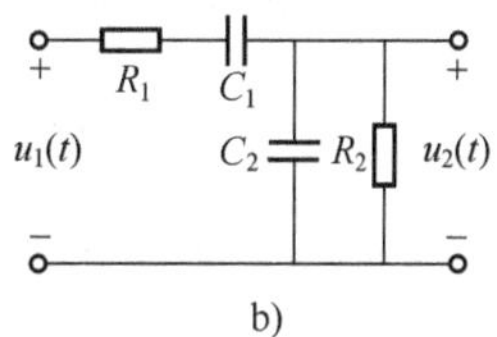

题图 4.1

2. 某线性时不变系统的频率响应为 $H(\mathrm{j}\omega)=\dfrac{2-\mathrm{j}\omega}{2+\mathrm{j}\omega}$，若系统输入为 $f(t)=2\cos(2t)$，求该系统的输出响应 $y(t)$。

3. 某线性时不变系统的幅频响应和相频响应曲线如题图 4.2 所示，若系统激励为 $f(t)=2+4\cos(5t)+4\cos(10t)$，求系统响应 $y(t)$。

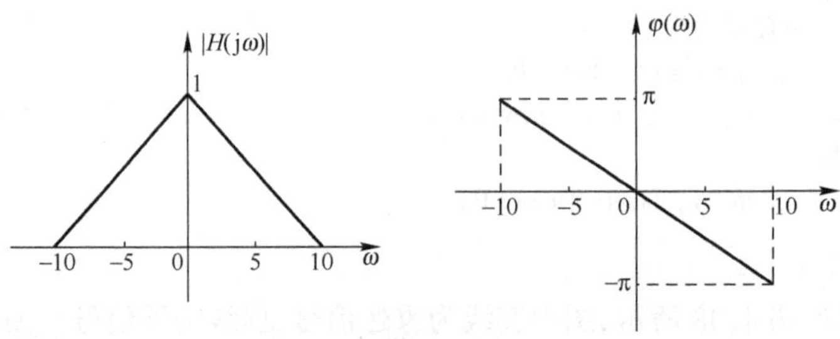

题图 4.2

4. 正弦交流电压 $A\sin(\pi t)$，经全波整流产生题图 4.3b 所示的周期性正弦脉冲信号，求此信号通过题图 4.3a 所示的 RC 电路滤波后，输出响应中不为零的前三个分量。

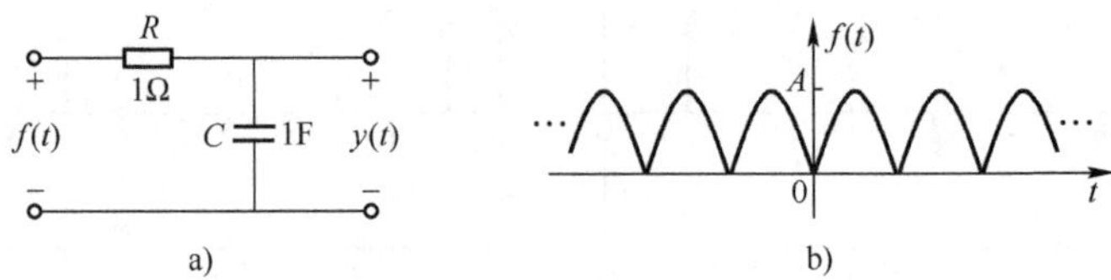

题图 4.3

5. 已知某线性时不变系统微分方程为

$$y''(t)+5y'(t)+6y(t)=f'(t)$$

试求：(1) 系统频率响应 $H(\mathrm{j}\omega)$ 及冲激响应 $h(t)$。

(2) 如果激励 $f(t)=\mathrm{e}^{-t}\varepsilon(t)$，求零状态响应 $y_{zs}(t)$。

6. 设系统转移函数为 $H(\mathrm{j}\omega)=\dfrac{1-\mathrm{j}\omega}{1+\mathrm{j}\omega}$，试求单位冲激响应、单位阶跃响应及激励 $f(t)=\mathrm{e}^{-2t}\varepsilon(t)$ 时的零状态响应。

7. 已知电路如题图 4.4 所示，写出电压转移函数 $H(\mathrm{j}\omega)=\dfrac{U_2(\mathrm{j}\omega)}{U_1(\mathrm{j}\omega)}$，为得到无失真传输，元件参数 R_1、R_2、C_1、C_2 应满足什么关系？

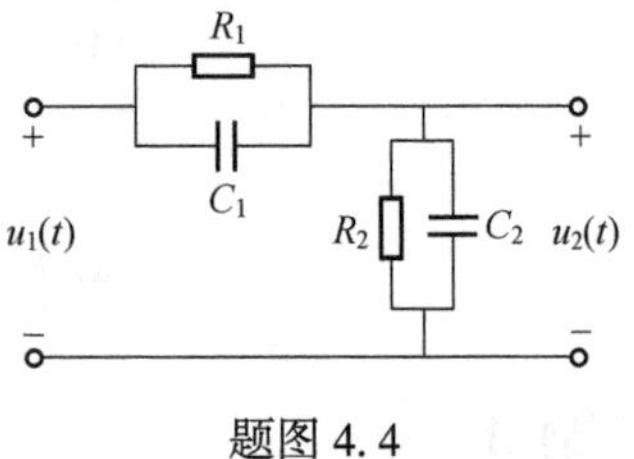

题图 4.4

8. 已知题图 4.5 所示电路，为使输出电压 $u_o(t)$ 和激励电流 $i_s(t)$ 波形一样，求电阻 R_1、R_2 的数值。

9. 已知理想高通滤波器的频率响应为

$$H(\mathrm{j}\omega)=\begin{cases}\mathrm{e}^{-\mathrm{j}2\omega} & |\omega|>4\pi\\ 0 & |\omega|<4\pi\end{cases}$$

频谱如题图 4.6 所示，试求该滤波器的单位冲激响应 $h(t)$。

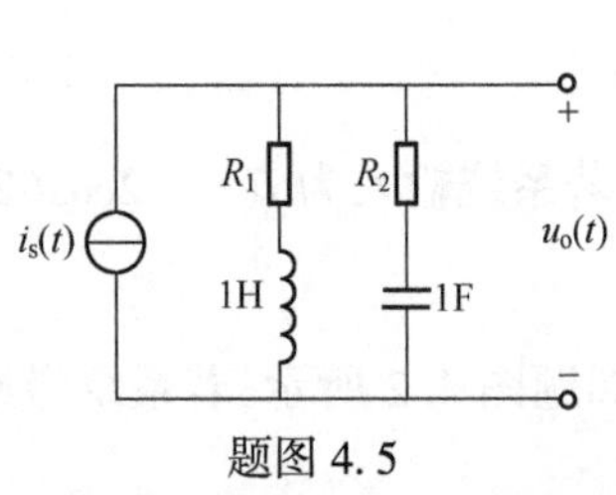

题图 4.5

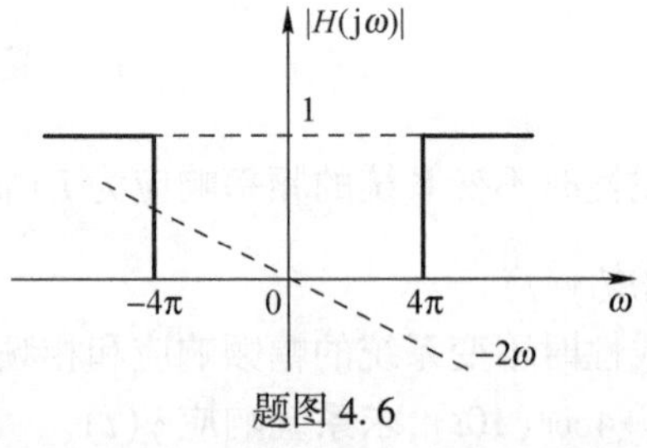

题图 4.6

10. 求激励$f(t)=\dfrac{\sin(2\pi t)}{2\pi t}$通过题图 4.7a 所示的系统后的输出响应 $y(t)$。系统中，理想带通滤波器的传输特性如题图 4.7b 所示，其相位特性为 $\varphi(\omega)=0$。

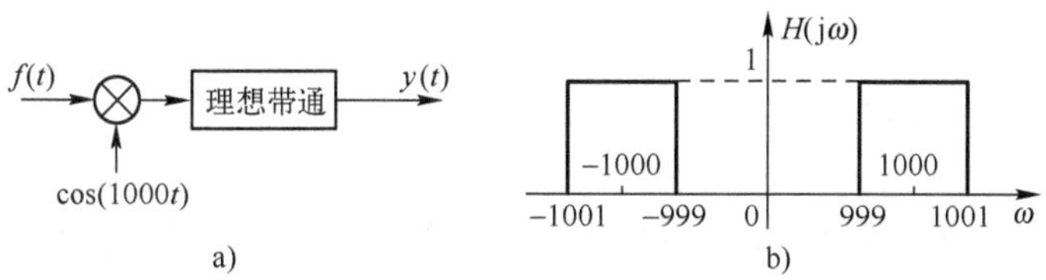

题图 4.7

11. 已知题图 4.8a 所示的系统，$H(\mathrm{j}\omega)$为如题图 4.8b 所示的带通滤波器，$\varphi(\omega)=0$，若激励$f(t)=\cos(t)$，$s(t)=\cos(10t)$，试求输出 $y(t)$。

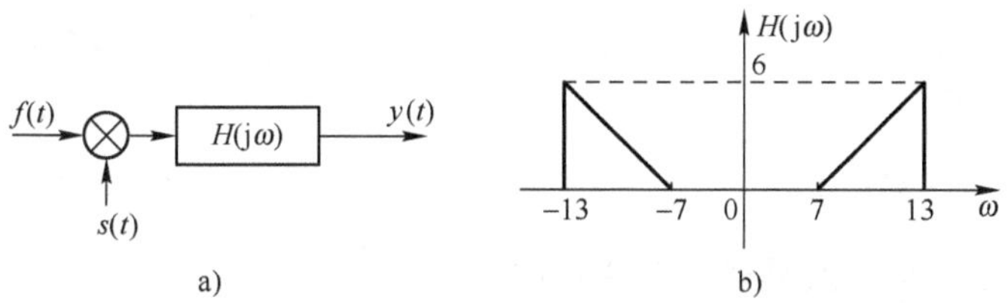

题图 4.8

12. 如题图 4.9a 所示系统，已知$f(t)$的频谱为 $F(\mathrm{j}\omega)$，带通滤波器的频率响应为 $H_1(\mathrm{j}\omega)$，低通滤波器的频率响应为 $H_2(\mathrm{j}\omega)$，分别如题图 4.12b、c、d 所示，试画出 A、B、C 三点及输出 $y(t)$ 的频谱图。

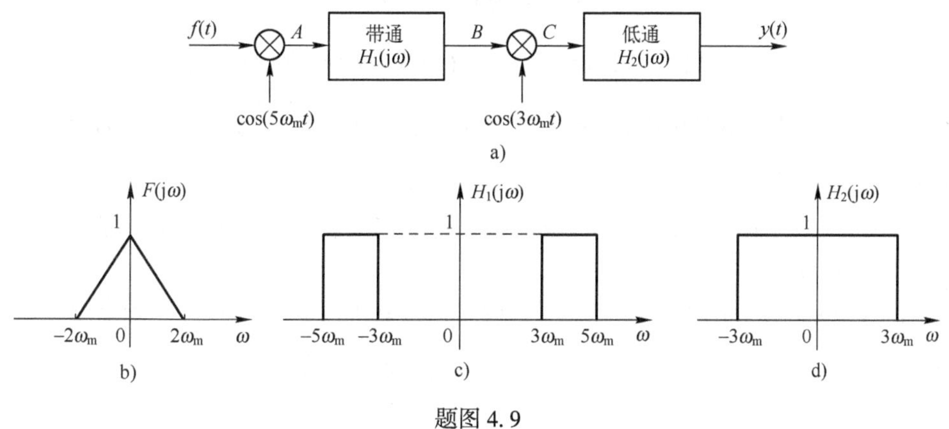

题图 4.9

13. 已知一理想低通滤波器的频率响应为

$$H(\mathrm{j}\omega)=\begin{cases}1-\dfrac{|\omega|}{3} & |\omega|<3\ \mathrm{rad/s}\\ 0 & |\omega|>3\ \mathrm{rad/s}\end{cases}$$

若系统激励为$f(t)=\sum\limits_{n=-\infty}^{\infty}3\mathrm{e}^{\mathrm{j}n\left(\omega_1 t-\frac{\pi}{2}\right)}$，其中 $\omega_1=1\ \mathrm{rad/s}$，试求系统输出 $y(t)$。

14. 如题图 4.10 所示系统，$H(\mathrm{j}\omega)$为理想低通特性。

$$H(\mathrm{j}\omega)=\begin{cases}\mathrm{e}^{-\mathrm{j}\omega t_0} & |\omega|\leqslant 1\\ 0 & |\omega|>1\end{cases}$$

若激励$f(t)=\dfrac{2\sin\left(\dfrac{t}{2}\right)}{t}$，试求输出 $y(t)$。

15. 如题图 4.11 所示系统，已知激励$f(t)=\dfrac{2}{\pi}\mathrm{Sa}(2t)$，$H(\mathrm{j}\omega)=\mathrm{j}\,\mathrm{sgn}(\omega)$，试求系统输出 $y(t)$，并作出 $y(t)$的频谱 $Y(\mathrm{j}\omega)$。

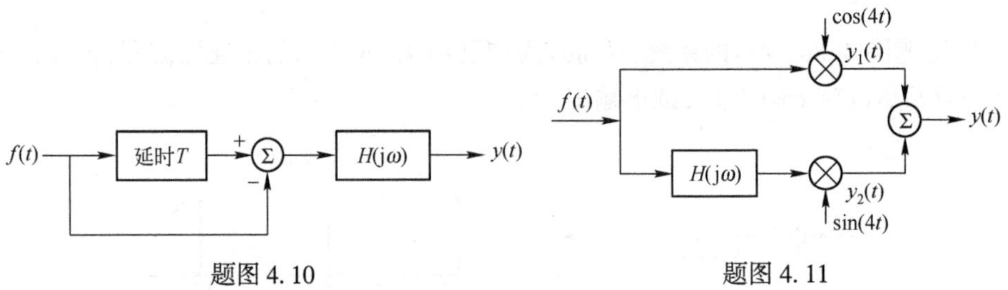

题图 4.10　　　　题图 4.11

16. 试证明希尔伯特变换具有如下性质：

(1) $f(t)$与$\hat{f}(t)$的能量相等，即

$$\int_{-\infty}^{\infty}f^2(t)\,\mathrm{d}t=\int_{-\infty}^{\infty}\hat{f}^2(t)\,\mathrm{d}t$$

(2) $f(t)$与$\hat{f}(t)$正交，即

$$\int_{-\infty}^{\infty}f(t)\hat{f}(t)\,\mathrm{d}t=0$$

(3) 若$f(t)$为偶函数，则$\hat{f}(t)$为奇函数；若$f(t)$为奇函数，则$\hat{f}(t)$为偶函数。

17. 在题图 4.12 所示系统中，已知冲激响应 $h_1(t)=h_2(t)=\dfrac{1}{\pi t}$，激励信号为$f(t)$，试证明此系统响应为 $y(t)=-f(t)$。

18. 如题图 4.13 所示调幅系统，当激励信号$f(t)$和载频信号 $s(t)$加到乘法器后，其输出为$y(t)=f(t)\cdot s(t)$，则

(1) 若$f(t)=5+3\cos(10t)+2\cos(20t)$，$s(t)=\cos(200t)$，试画出 $y(t)$的频谱图。

(2) 若$f(t)=\dfrac{\sin(t)}{t}$，$s(t)=\cos(3t)$，试画出 $y(t)$的频谱图。

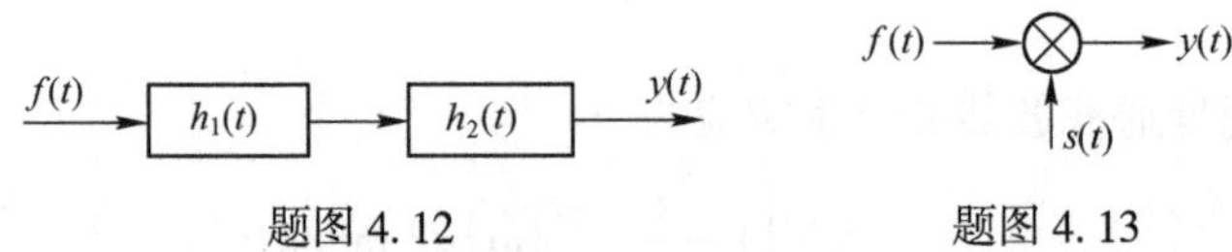

题图 4.12　　　　题图 4.13

19. 如题图 4.14a 所示系统，$H(\mathrm{j}\omega)$为一理想低通滤波器，已知$f(t)\leftrightarrow F(\mathrm{j}\omega)$，$F(\mathrm{j}\omega)$和 $H(\mathrm{j}\omega)$ 如题图 4.14b、c 所示。其中$\omega_s=\dfrac{2\pi}{T_s}$，$\omega_m<\dfrac{\omega_s}{2}$，试计算输出 $y(t)$的表达式并画出 $Y(\mathrm{j}\omega)$的

波形。图中，$\delta_{T_s}(t)=\sum\limits_{n=-\infty}^{\infty}\delta(t-nT_s)$。（本题是在特定条件下应用抽样定理实现残留边带接收的原理）

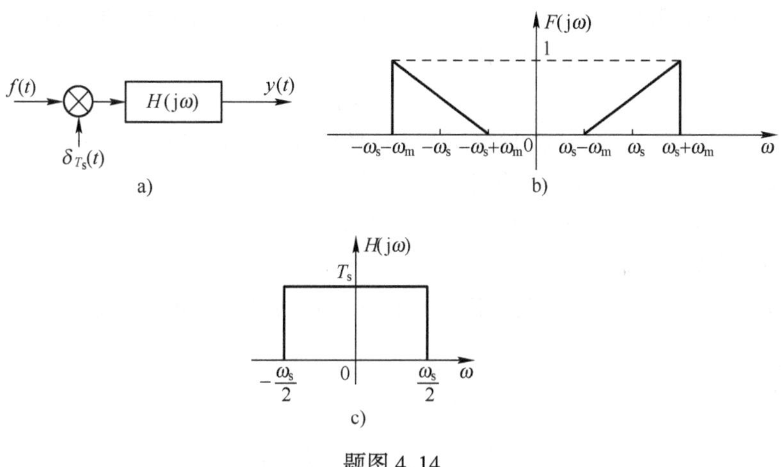

题图 4.14

20. 设 $f(t)$ 为带限信号，最高频率为 $\omega_m=8\pi$ rad/s，其频谱图如题图 4.15 所示。

试求：(1) $f(2t)$ 和 $f\left(\dfrac{t}{2}\right)$ 的最高频率及奈奎斯特抽样频率 ω_s、f_s 与奈奎斯特抽样时间间隔 T_s。

(2) 用理想抽样序列 $\delta_{T_s}(t)=\sum\limits_{n=-\infty}^{\infty}\delta(t-nT_s)$ 进行抽样得抽样信号 $f_s(t)$，其中 $T_s=\dfrac{1}{8}$ s，求 $f_s(t)$ 的频谱 $F_s(j\omega)$，并画出频谱图。

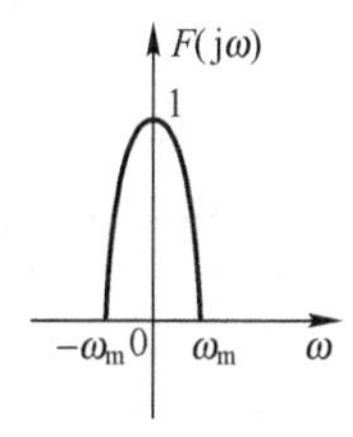

题图 4.15

(3) 若用同一个 $\delta_{T_s}(t)$ 对 $f(2t)$、$f\left(\dfrac{t}{2}\right)$ 分别进行抽样，试画出两个抽样信号 $f_s(2t)$、$f_s\left(\dfrac{t}{2}\right)$ 的频谱图。

21. 对信号 $f(t)=\left[\dfrac{\sin(\pi B_s t)}{\pi B_s t}\right]^2$，以抽样时间间隔分别为 $T_s=\dfrac{1}{2B_s}$ 及 $T_s=\dfrac{1}{B_s}$ 进行理想抽样，试画出抽样后序列的频谱并作比较。

22. 有限频带信号 $f(t)$ 的最高频率为 100 Hz，若对信号进行时域抽样，试求下列信号的最小抽样频率 f_s。

(1) $f(3t)$

(2) $f^2(t)$

(3) $f(t)*f(2t)$

(4) $f(t)+f^2(t)$

23. 已知系统如题图 4.16 所示，其中

$$f_1(t)=\mathrm{Sa}(1000\pi t)\quad f_2(t)=\mathrm{Sa}(2000\pi t)$$

$$s(t)=\sum_{n=-\infty}^{\infty}\delta(t-nT_s)\quad f(t)=f_1(t)f_2(t)\quad f_s(t)=f(t)s(t)$$

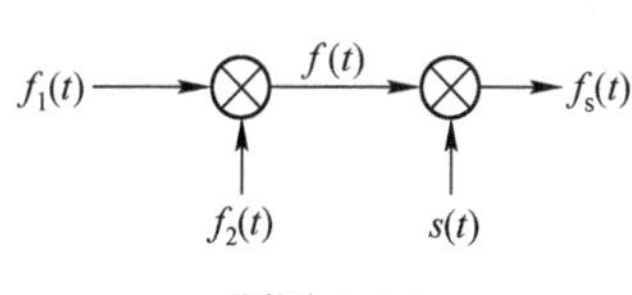

题图 4.16

试求：(1) 为从 $f_s(t)$ 中无失真地恢复 $f(t)$ 时，最大抽样时间间隔 T_{max}。

(2) 当 $T_s=T_{max}$ 时，画出 $f_s(t)$ 的幅度谱 $F_s(j\omega)$。

24. 信号 $f_1(t)$ 和 $f_2(t)$ 如题图 4.17 所示。试用 MATLAB 编程实现下列各题。

(1) 取 $t=0:0.01:2.5$，计算信号 $f(t)=f_1(t)+\cos(50t)f_2(t)$ 的值并画出波形。

(2) 现有一可实现的实际系统的 $H(j\omega)$ 为

$$H(j\omega)=\frac{10^4}{(j\omega)^4+26.131(j\omega)^3+3.4142(j\omega)^2+2.6131(j\omega)+10^4}$$

用 freqs 函数画出 $H(j\omega)$ 的幅度响应和相位响应曲线。

(3) 用 lsim 函数求出信号 $f(t)$ 和 $f(t)\cos(50t)$ 通过上述系统的响应 $y_1(t)$ 和 $y_2(t)$，并根据理论知识解释所得的结果。

25. 题图 4.18 所示为一个常见的用 R、L、C 元件构成的二阶低通滤波器，该电路的频率响应为

$$H(j\omega)=\frac{U_R(j\omega)}{U_s(j\omega)}=\frac{1}{1-\omega^2LC+j\omega\dfrac{L}{R}}$$

设 $R=\sqrt{\dfrac{L}{2C}}$，$L=0.8\,\text{H}$，$C=0.1\,\text{F}$，$R=2\,\Omega$，试用 MATLAB 的 freqs 函数绘制出该频率响应曲线。

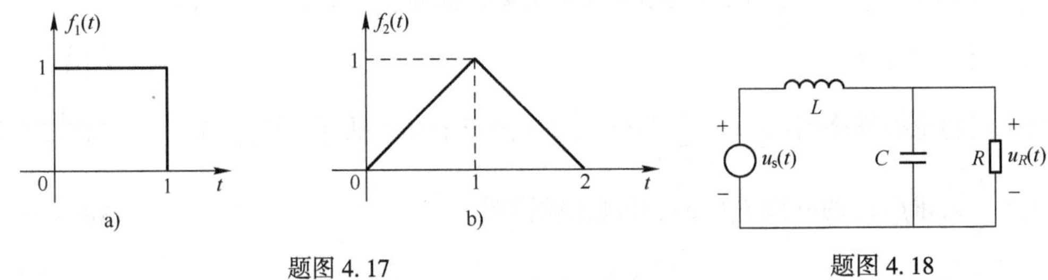

题图 4.17　　　　题图 4.18

26. 设信号 $f(t)=\sin(100\pi t)$，载波 $y(t)$ 是频率为 400 Hz 的余弦信号，试用 MATLAB 实现调幅信号 $y(t)$，并通过观察 $f(t)$ 和 $y(t)$ 的频谱说明两者在频域中的关系。

27. 对 $\cos(100\pi t)$ 和 $\cos(750\pi t)$ 两信号以 $\dfrac{1}{400}$ s 的周期抽样时，哪个抽样信号在恢复原信号时不出现混叠误差？用 MATLAB 编程分别画出抽样信号波形及其频谱。

第 5 章　连续时间信号与系统的复频域分析

傅里叶变换对于信号与系统的分析是很有效的，因而得到了相当广泛的应用。在以傅里叶变换为基础的频域分析法中，将时域的微、积分运算转变为频域的代数运算，简化了运算过程。特别是在分析信号谐波分量、系统的频率响应、系统带宽、波形失真等实际问题时，物理概念清楚，有其独到之处。然而，傅里叶变换也有一些不足之处。例如，傅里叶积分存在的充分条件是要求被积函数 $f(t)$ 绝对可积，可有些重要的信号，如周期信号、阶跃信号和正指数函数 $e^{at}(a>0)$ 等，不满足绝对可积条件，不能直接进行傅里叶变换。特别是对具有初始条件的系统，也不能利用傅里叶变换求系统的完全响应。这些问题的存在使傅里叶变换的应用受到了限制，为了克服傅里叶变换分析法的缺点，可利用另外一种数学工具——拉普拉斯变换。

拉普拉斯变换也是一种积分变换，是 1780 年由法国数学家拉普拉斯（P. S. Laplace，1749—1825）提出来的。

拉普拉斯变换与傅里叶变换之间有许多相似之处，傅里叶变换是将时间信号 $f(t)$ 分解为无穷多项虚指数信号 $e^{j\omega t}$ 之和；拉普拉斯变换则可认为是将 $f(t)$ 分解为无穷多项复指数信号 e^{st} 之和，其中 $s=\sigma+j\omega$，称为复频率。因此，可把拉普拉斯变换看作是傅里叶变换的推广。此外，傅里叶变换与拉普拉斯变换的许多重要特性也是非常相似的。

本章首先从傅里叶变换导出拉普拉斯变换，对拉普拉斯变换给出一定的物理解释；然后讨论拉普拉斯变换和反变换的概念以及拉普拉斯变换的一些基本性质，并以此为基础，着重讨论线性系统的拉普拉斯变换分析法；应用系统函数及其零、极点来分析系统的时域特性和频域特性；并介绍线性系统稳定性及判别方法。

5.1　拉普拉斯变换

5.1.1　从傅里叶变换到拉普拉斯变换

从第 3 章可知，当信号 $f(t)$ 满足绝对可积条件时，可以进行以下傅里叶变换和反变换：

$$F(j\omega)=\int_{-\infty}^{+\infty} f(t)\,e^{-j\omega t}\,dt \tag{5.1}$$

$$f(t)=\frac{1}{2\pi}\int_{-\infty}^{+\infty} F(j\omega)\,e^{j\omega t}\,d\omega \tag{5.2}$$

但有些信号不能满足绝对可积条件，不便用式(5.1)直接进行傅里叶变换，其主要原因在于这些信号不衰减或随时间增长而增大。为了克服以上困难，可用一个衰减因子 $e^{-\sigma t}$ 与不满足绝对可积条件的信号 $f(t)$ 相乘，只要 σ 值选得合适，就能保证 $f(t)e^{-\sigma t}$ 满足绝对可积条件，从而可求出 $f(t)e^{-\sigma t}$ 的傅里叶变换，即

$$\mathscr{F}[f(t)e^{-\sigma t}]=\int_{-\infty}^{+\infty} f(t)\,e^{-\sigma t}e^{-j\omega t}\,dt=\int_{-\infty}^{+\infty} f(t)\,e^{-(\sigma+j\omega)t}\,dt \tag{5.3}$$

将式(5.3)与傅里叶变换定义式相比，可得

$$\mathscr{F}[f(t)e^{-\sigma t}]=F(\sigma+j\omega)$$

它的傅里叶反变换为

$$f(t)\mathrm{e}^{-\sigma t}=\frac{1}{2\pi}\int_{-\infty}^{+\infty}F(\sigma+\mathrm{j}\omega)\mathrm{e}^{\mathrm{j}\omega t}\mathrm{d}\omega$$

将上式两边乘以 $\mathrm{e}^{\sigma t}$,则得

$$f(t)=\frac{1}{2\pi}\int_{-\infty}^{+\infty}F(\sigma+\mathrm{j}\omega)\mathrm{e}^{(\sigma+\mathrm{j}\omega)t}\mathrm{d}\omega \tag{5.4}$$

令 $s=\sigma+\mathrm{j}\omega$,从而 $\mathrm{d}s=\mathrm{j}\mathrm{d}\omega$,当 $\omega=\pm\infty$ 时,$s=\sigma\pm\mathrm{j}\infty$,于是式(5.3)和式(5.4)改写为

$$F(s)=\int_{-\infty}^{+\infty}f(t)\mathrm{e}^{-st}\mathrm{d}t \tag{5.5}$$

$$f(t)=\frac{1}{2\pi\mathrm{j}}\int_{\sigma-\mathrm{j}\infty}^{\sigma+\mathrm{j}\infty}F(s)\mathrm{e}^{st}\mathrm{d}s \tag{5.6}$$

式(5.5)和式(5.6)是一对拉普拉斯变换。式(5.5)称为 $f(t)$ 的双边拉普拉斯变换,它是一个含参量 s 的积分,把关于时间 t 为变量的函数变换为关于 s 为变量的函数 $F(s)$,称 $F(s)$ 为 $f(t)$ 的复频域函数(或象函数);反之,由式(5.6)把复频域函数 $F(s)$ 变为对应的时域函数 $f(t)$,称为拉普拉斯反变换,称 $f(t)$ 为 $F(s)$ 的原函数。

式(5.5)和式(5.6)的拉普拉斯变换与反变换可用简记形式表达为

$$F(s)=\mathscr{L}[f(t)] \tag{5.7}$$

$$f(t)=\mathscr{L}^{-1}[F(s)] \tag{5.8}$$

上述变换对也可用双箭头表示 $f(t)$ 与 $F(s)$ 是一对拉普拉斯变换,即

$$f(t)\leftrightarrow F(s) \tag{5.9}$$

拉普拉斯变换与傅里叶变换的区别在于:傅里叶变换是将时域函数 $f(t)$ 变换为频域函数 $F(\mathrm{j}\omega)$,此处时域变量 t 和频域变量 ω 都是实数;而拉普拉斯变换是将时域函数 $f(t)$ 变换为复频域函数 $F(s)$,这里时域变量 t 是实数,复频域变量 s 是复数。也就是说,傅里叶变换建立了时域和频域之间的联系,而拉普拉斯变换建立了时域和复频域(s 域)之间的联系。

考虑到在实际应用中,人们用物理手段和实验方法所能产生与记录的一切信号都是有起始时刻的(有始信号),即 $t<0$ 时,$f(t)=0$,式(5.5)可以写为

$$F(s)=\int_{0_-}^{\infty}f(t)\mathrm{e}^{-st}\mathrm{d}t \tag{5.10}$$

式(5.10)称为 $f(t)$ 的单边拉普拉斯变换,而反变换积分式(5.6)并不改变,但要注明 $t\geqslant0$ 的条件。

在式(5.10)中,积分下限用 0_- 是考虑到 $f(t)$ 中可能包含冲激函数 $\delta(t)$ 及其各阶导数的情况。若 $t=0$ 处不包含冲激函数及其各阶导数项,可认为 0 和 0_- 是等同的。

需要说明的是:

1) 为适应实际工程中使用的信号都有开始时刻,定义了单边拉普拉斯变换,但在理论研究与学习中,可能遇到的信号就不单是因果信号,可能会有反因果信号、双边信号($-\infty<t<\infty$)和时限信号等,如图5.1所示。对求单边拉普拉斯变换来说,积分区间都是 $0_-\sim\infty$,就是说,信号在 $t<0$ 的部分对求单边拉普拉斯变换是无贡献的,只要 $0_-\sim\infty$ 区间的函数形式相同,如果它们的拉普拉斯变换存在,就具有相同的象函数。如图5.1a和c所示的信号,它们在 $t<0$ 区间内是不相同的,而在 $0_-\sim\infty$ 区间内两者的函数是相同的,则有 $F_1(s)=F_3(s)$。对于图5.1b所示的反因果信号,在 $0_-\sim\infty$ 区间时,$f_2(t)=0$,所以 $F_2(s)=0$,因此对反因果信号求单边拉普拉

斯变换是无意义的。对于图 5.1d 所示的信号，它的非零值区间 t 为[-1,2]，但对它求单边拉普拉斯变换的积分限只能是 0_-~2，即 $F_4(s)=\int_{0_-}^{2} A\mathrm{e}^{-st}\mathrm{d}t$。

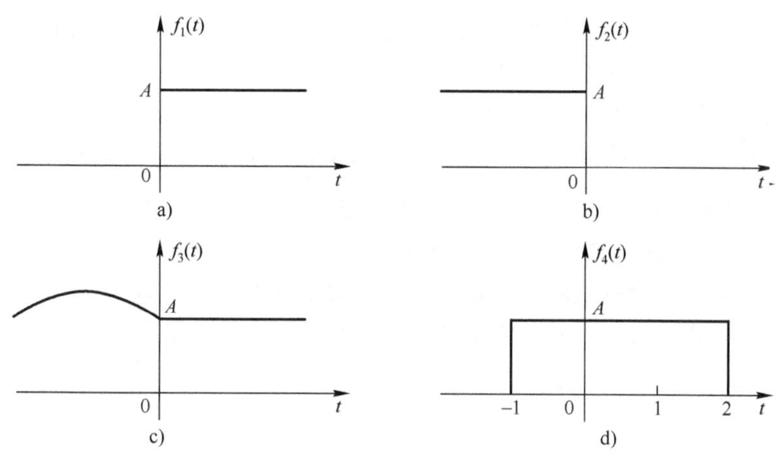

图 5.1　几种信号的波形

a) 因果信号　b)反因果信号　c)双边信号　d) 时限信号

2) 若信号在 $t=0$ 处不包含冲激函数及其导数项，则在求该信号的单边拉普拉斯变换时，积分下限写为"0_-"或"0_+"是一样的。

在后面的分析中可以看到，信号及其导数的初始值可以通过单边拉普拉斯变换融入 s 域中，单边拉普拉斯变换在分析具有初始条件、由线性常系数微分方程描述的因果系统中起着重要的作用。本章主要讨论单边拉普拉斯变换，如不特别指出，本书中的拉普拉斯变换均为单边拉普拉斯变换(Unilateral Laplace Transform)。

5.1.2　拉普拉斯变换的收敛域

在引入拉普拉斯变换时曾提到，当信号 $f(t)$ 乘以衰减因子 $\mathrm{e}^{-\sigma t}$ 后，就有可能找到合适的 σ 值，使 $f(t)\mathrm{e}^{-\sigma t}$ 绝对可积，从而使 $f(t)\mathrm{e}^{-\sigma t}$ 的傅里叶变换存在，继而得到 $f(t)$ 的拉普拉斯变换。那么，合适的 σ 值如何确定呢？或者说，要使 $f(t)\mathrm{e}^{-\sigma t}$ 满足绝对可积条件的 σ 取值范围称为拉普拉斯的收敛域，简记为 ROC，那么该如何确定收敛域？下面通过一个例题对拉普拉斯变换的收敛域给予说明。

例 5.1　求指数函数 $f(t)=\mathrm{e}^{at}\varepsilon(t)\ (a>0, a\in\mathbf{R})$ 的象函数 $F(s)$。

解　根据定义

$$F(s)=\int_0^{\infty}\mathrm{e}^{at}\mathrm{e}^{-st}\mathrm{d}t=\int_0^{\infty}\mathrm{e}^{-(s-a)t}\mathrm{d}t=\left.\frac{\mathrm{e}^{-(s-a)t}}{-(s-a)}\right|_0^{\infty}$$

$$=\frac{1}{s-a}\left[1-\lim_{t\to\infty}\mathrm{e}^{-(s-a)t}\right] \tag{5.11}$$

由于 $s=\sigma+\mathrm{j}\omega$，因此式(5.11)括号内第二项可写为

$$\lim_{t\to\infty}\mathrm{e}^{-(s-a)t}=\lim_{t\to\infty}\mathrm{e}^{-(\sigma-a)t}\mathrm{e}^{-\mathrm{j}\omega t} \tag{5.12}$$

只要选择 $\sigma>a$，随时间 t 的增大，$\mathrm{e}^{-(\sigma-a)t}$ 将会衰减，故有

$$\lim_{t\to\infty}\mathrm{e}^{-(s-a)t}=0$$

从而式(5.11)的积分收敛,$f(t)$的象函数为

$$F(s)=\frac{1}{s-a}$$

若$\sigma<a$,$\mathrm{e}^{-(\sigma-a)t}$将随着时间$t$的增大而增大。当$t\to\infty$时,式(5.12)将趋于无穷大,从而式(5.11)的积分不收敛,$f(t)$的象函数不存在。

从上述讨论中可以看到,$f(t)$乘以衰减因子$\mathrm{e}^{-\sigma t}$后是否一定满足绝对可积条件,还要看$f(t)$的性质和σ的相对关系而定。一般而言,若极限$\lim\limits_{t\to\infty}f(t)\mathrm{e}^{-\sigma t}$在$\sigma>\sigma_0$时取值为零,则函数$f(t)\mathrm{e}^{-\sigma t}$在全部范围内是收敛的,其积分存在,可以进行拉普拉斯变换。

在以σ为横轴、$\mathrm{j}\omega$为纵轴的复平面(s平面)上,σ_0在复平面称为收敛坐标,通过σ_0的垂直线是收敛区的边界,称为收敛轴。收敛轴将复平面划分为两个区域,$\sigma>\sigma_0$的区域称为象函数$F(s)$的收敛域,如图5.2所示。函数$f(t)$的拉普拉斯变换仅在其收敛域内存在,因而式(5.5)应该写为

$$F(s)=\int_0^{+\infty}f(t)\mathrm{e}^{-st}\mathrm{d}t \quad \sigma>\sigma_0$$

如此,例5.1的完整答案应该写为

$$F(s)=\frac{1}{s-a} \quad \sigma>a$$

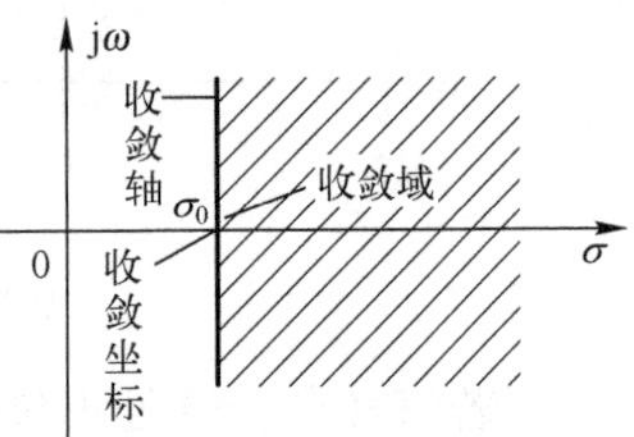

图5.2 收敛域示意图

σ_0的取值与信号$f(t)$有关,对有始信号$f(t)$,若满足下列条件:

$$\lim_{t\to\infty}f(t)\mathrm{e}^{-\sigma t}=0 \quad \sigma>\sigma_0 \tag{5.13}$$

则收敛条件为$\sigma>\sigma_0$。凡是满足式(5.13)的信号都称为"指数阶函数",意思是可借助于指数函数的衰减作用将函数$f(t)$可能存在的发散性压下去,使之成为收敛函数,因此它的收敛域都位于收敛轴的右边。

下面讨论几种典型信号的拉普拉斯变换收敛域。

例5.2 信号$f(t)=t^n(n>0)$,求收敛域。

解

$$\lim_{t\to\infty}t^n\mathrm{e}^{-\sigma t}=\lim_{t\to\infty}\frac{t^n}{\mathrm{e}^{\sigma t}}=\lim_{t\to\infty}\frac{n!}{\sigma^n\mathrm{e}^{\sigma t}}=0 \quad \sigma>0$$

即$\sigma_0=0$,收敛坐标位于坐标原点,收敛轴即为虚轴,收敛域为s平面的右半部。

例5.3 信号$f(t)=\mathrm{e}^{-at}\varepsilon(t)\ (a>0)$,求收敛域。

解 $\lim\limits_{t\to\infty}\mathrm{e}^{-at}\mathrm{e}^{-\sigma t}=\lim\limits_{t\to\infty}\mathrm{e}^{-(a+\sigma)t}=0 \quad \sigma+a>0$

即收敛域为$\sigma>-a$,$\sigma_0=-a$,如图5.3所示。

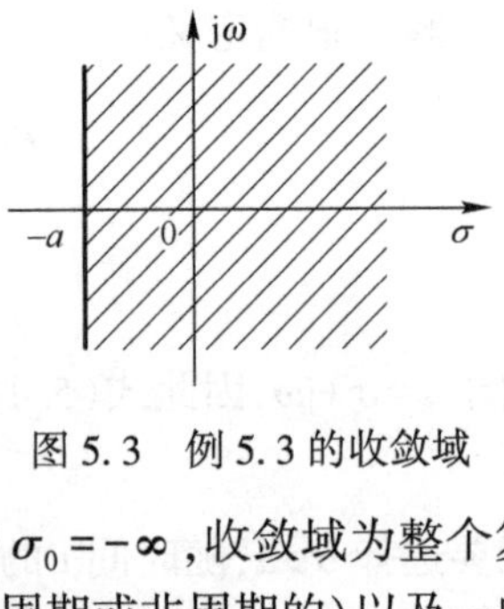

图5.3 例5.3的收敛域

例5.4 信号$f(t)=A\varepsilon(t)-A\varepsilon(t-\tau)$,求收敛域。

解 $\lim\limits_{t\to\infty}0\cdot\mathrm{e}^{-\sigma t}=0 \quad \sigma>-\infty$

即对σ_0没有要求,全平面收敛。

总之,对于稳定信号(常数,等幅),$\sigma_0=0$,收敛域为s平面的右半部;对有始有终的能量信号(如单个矩形脉冲信号),其收敛坐标为$\sigma_0=-\infty$,收敛域为整个复平面,即有界的非周期信号的拉普拉斯变换一定存在;对于功率信号(周期或非周期的)以及一些

非功率非能量信号(如单位斜坡信号 $t\varepsilon(t)$),其收敛域坐标为 $\sigma_0=0$;对于按指数规律增长的信号(如 $e^{at}\varepsilon(t)$,$a>0$),其收敛坐标为 $\sigma_0=a$;而对于一些比指数函数增长更快的函数(如 e^{t^2}或 t^t),找不到它们的收敛坐标,因此这些函数的拉普拉斯变换不存在。

在实际工程中,常见的有始信号其拉普拉斯变换总是存在的,且收敛域总在 $\sigma>\sigma_0$ 的区域,即使不标出也不会造成混淆,因此在后面的讨论中,常常省略其收敛域。

5.1.3　常见信号的拉普拉斯变换

下面按拉普拉斯变换的定义式(5.5)来推导一些常用信号的拉普拉斯变换。

1. 单位阶跃信号 $\varepsilon(t)$

$$F(s)=\mathscr{L}[\varepsilon(t)]=\int_{0_-}^{\infty}\varepsilon(t)e^{-st}dt=-\left.\frac{e^{-st}}{s}\right|_{0_-}^{\infty}=\frac{1}{s}$$

即

$$\varepsilon(t)\leftrightarrow\frac{1}{s}\tag{5.14}$$

由于$f(t)$的单边拉普拉斯变换其积分区间为$(0_-,\infty)$,故对定义在$(-\infty,\infty)$上的实函数$f(t)$进行单边拉普拉斯变换时,相当于$f(t)\varepsilon(t)$的变换,所以常数 1 的拉普拉斯变换与$\varepsilon(t)$的拉普拉斯变换相同,即有

$$1\leftrightarrow\frac{1}{s}\tag{5.15}$$

同理,常数 A 的拉普拉斯变换为

$$A\leftrightarrow\frac{A}{s}\tag{5.16}$$

2. 单位冲激信号 $\delta(t)$

$$F(s)=\mathscr{L}[\delta(t)]=\int_{0_-}^{\infty}\delta(t)e^{-st}dt=1$$

即

$$\delta(t)\leftrightarrow1\tag{5.17}$$

3. 指数信号 $e^{-at}\varepsilon(t)$

$$F(s)=\mathscr{L}[e^{-at}\varepsilon(t)]=\int_{0_-}^{\infty}e^{-at}e^{-st}dt$$

$$=\int_{0_-}^{\infty}e^{-(a+s)t}dt=\frac{1}{s+a}$$

即

$$e^{-at}\varepsilon(t)\leftrightarrow\frac{1}{s+a}\tag{5.18}$$

4. 正幂信号 $t^n\varepsilon(t)$(n 为正整数)

$$F(s)=\mathscr{L}[t^n\varepsilon(t)]=\int_{0_-}^{\infty}t^ne^{-st}dt=-\frac{1}{s}\int_{0_-}^{\infty}t^n de^{-st}$$

$$=-\left.\frac{t^n}{s}e^{-st}\right|_{0_-}^{\infty}+\frac{n}{s}\int_{0_-}^{\infty}t^{n-1}e^{-st}dt=\frac{n}{s}\int_{0_-}^{\infty}t^{n-1}e^{-st}dt$$

即

$$\mathscr{L}[t^n\varepsilon(t)]=\frac{n}{s}\mathscr{L}[t^{n-1}\varepsilon(t)]$$

当 $n=1$ 时,有

$$\mathscr{L}[t\varepsilon(t)]=\frac{1}{s}\mathscr{L}[\varepsilon(t)]=\frac{1}{s^2}$$

当 $n=2$ 时,有

$$\mathscr{L}[t^2\varepsilon(t)]=\frac{2}{s}\mathscr{L}[t\varepsilon(t)]=\frac{2}{s^3}$$

依次类推,得

$$\begin{aligned}\mathscr{L}[t^n\varepsilon(t)]&=\frac{n}{s}\mathscr{L}[t^{n-1}\varepsilon(t)]=\frac{n}{s}\cdot\frac{n-1}{s}[t^{n-2}\varepsilon(t)]\\&=\frac{n}{s}\cdot\frac{n-1}{s}\cdot\cdots\cdot\frac{2}{s}\cdot\frac{1}{s}\cdot\frac{1}{s}\\&=\frac{n!}{s^{n+1}}\end{aligned}$$

即

$$t^n\varepsilon(t)\leftrightarrow\frac{n!}{s^{n+1}}\tag{5.19}$$

表5.1列出了常用信号的单边拉普拉斯变换。

表5.1　常用信号的单边拉普拉斯变换

$f(t)\ (t>0)$	$F(s)=\mathscr{L}[f(t)]$	$f(t)\ (t>0)$	$F(s)=\mathscr{L}[f(t)]$
$\delta(t)$	1	$\cos(\omega t)$	$\frac{s}{s^2+\omega^2}$
$\varepsilon(t)$	$\frac{1}{s}$	$e^{-at}\sin(\omega t)$	$\frac{\omega}{(s+a)^2+\omega^2}$
e^{-at}	$\frac{1}{s+a}$	$e^{-at}\cos(\omega t)$	$\frac{s+a}{(s+a)^2+\omega^2}$
t^n(n为正整数)	$\frac{n!}{s^{n+1}}$	$t\sin(\omega t)$	$\frac{2\omega s}{(s^2+\omega^2)^2}$
te^{-at}	$\frac{1}{(s+a)^2}$	$t\cos(\omega t)$	$\frac{s^2-\omega^2}{(s^2+\omega^2)^2}$
$t^n e^{-at}$	$\frac{n!}{(s+a)^{n+1}}$	$\mathrm{sh}(\alpha t)$	$\frac{\alpha}{s^2-\alpha^2}$
$\sin(\omega t)$	$\frac{\omega}{s^2+\omega^2}$	$\mathrm{ch}(\alpha t)$	$\frac{s}{s^2-\alpha^2}$

5.2　拉普拉斯变换的性质

实际所使用的信号绝大部分都是由基本信号组成的复杂信号。为了方便分析,常用拉普拉斯变换的基本性质来得到复杂信号的拉普拉斯变换,因此,掌握拉普拉斯变换的基本性质不但为求解一些较复杂信号的拉普拉斯变换带来了方便,而且有助于求解拉普拉斯的反变换。下面所讨论的拉普拉斯变换的性质有很多与傅里叶变换的性质相似,但需注意,傅里叶变换是双边的，而本书讨论的拉普拉斯变换是单边的，因此某些性质有所差别。

5.2.1　线性性质

若

$$f_1(t) \leftrightarrow F_1(s) \quad f_2(t) \leftrightarrow F_2(s)$$

则

$$af_1(t)+bf_2(t) \leftrightarrow aF_1(s)+bF_2(s) \tag{5.20}$$

其中，a 和 b 为任意常数(实数或复数)。

证明

$$\begin{aligned}\mathscr{L}[af_1(t)+bf_2(t)] &= \int_{0_-}^{\infty}[af_1(t)+bf_2(t)]\mathrm{e}^{-st}\mathrm{d}t \\ &= a\int_{0_-}^{\infty}f_1(t)\mathrm{e}^{-st}\mathrm{d}t + b\int_{0_-}^{\infty}f_2(t)\mathrm{e}^{-st}\mathrm{d}t \\ &= aF_1(s)+bF_2(s)\end{aligned}$$

线性性质表明，如果一个信号能分解为若干个基本信号之和，那么该信号的拉普拉斯变换可以通过各个基本信号的拉普拉斯变换相加而获得。这一性质应用甚多，以下举例说明。

例 5.5　求 $f(t)=\cos(\omega t)$ 的拉普拉斯变换 $F(s)$。

解

$$\begin{aligned}F(s)=\mathscr{L}[\cos(\omega t)] &= \mathscr{L}\left[\frac{\mathrm{e}^{-\mathrm{j}\omega t}}{2}+\frac{\mathrm{e}^{\mathrm{j}\omega t}}{2}\right] \\ &= \mathscr{L}\left[\frac{\mathrm{e}^{-\mathrm{j}\omega t}}{2}\right]+\mathscr{L}\left[\frac{\mathrm{e}^{\mathrm{j}\omega t}}{2}\right] \\ &= \frac{1}{2}\left(\frac{1}{s+\mathrm{j}\omega}+\frac{1}{s-\mathrm{j}\omega}\right)=\frac{s}{s^2+\omega^2}\end{aligned}$$

采用同样的方法，可得 $\sin(\omega t)$ 的象函数为

$$F(s)=\mathscr{L}[\sin(\omega t)]=\frac{\omega}{s^2+\omega^2}$$

例 5.6　求双曲线正弦 $\mathrm{sh}(\alpha t)$ 和双曲线余弦 $\mathrm{ch}(\alpha t)$ 的拉普拉斯变换 $F(s)$。

解　因为

$$\mathrm{sh}(\alpha t)=\frac{\mathrm{e}^{\alpha t}-\mathrm{e}^{-\alpha t}}{2} \quad \mathrm{ch}(\alpha t)=\frac{\mathrm{e}^{\alpha t}+\mathrm{e}^{-\alpha t}}{2}$$

根据线性性质，得

$$\begin{aligned}F(s)=\mathscr{L}[\mathrm{sh}(\alpha t)] &= \mathscr{L}\left[\frac{\mathrm{e}^{\alpha t}}{2}-\frac{\mathrm{e}^{-\alpha t}}{2}\right]=\frac{1}{2}\mathscr{L}[\mathrm{e}^{\alpha t}]-\frac{1}{2}\mathscr{L}[\mathrm{e}^{-\alpha t}] \\ &= \frac{1}{2}\left(\frac{1}{s-\alpha}-\frac{1}{s+\alpha}\right)=\frac{\alpha}{s^2-\alpha^2}\end{aligned}$$

$$\begin{aligned}F(s)=\mathscr{L}[\mathrm{ch}(\alpha t)] &= \mathscr{L}\left[\frac{\mathrm{e}^{\alpha t}}{2}+\frac{\mathrm{e}^{-\alpha t}}{2}\right]=\frac{1}{2}\mathscr{L}[\mathrm{e}^{\alpha t}]+\frac{1}{2}\mathscr{L}[\mathrm{e}^{-\alpha t}] \\ &= \frac{1}{2}\left(\frac{1}{s-\alpha}+\frac{1}{s+\alpha}\right)=\frac{s}{s^2-\alpha^2}\end{aligned}$$

5.2.2　时移性质

若

$$f(t)\leftrightarrow F(s)$$

则

$$f(t-t_0)\varepsilon(t-t_0)\leftrightarrow F(s)\mathrm{e}^{-st_0}\quad t_0>0 \tag{5.21}$$

证明

$$\mathscr{L}[f(t-t_0)\varepsilon(t-t_0)]=\int_{0_-}^{\infty}f(t-t_0)\varepsilon(t-t_0)\mathrm{e}^{-st}\mathrm{d}t$$

$$=\int_{t_0}^{\infty}f(t-t_0)\mathrm{e}^{-st}\mathrm{d}t$$

令 $\tau=t-t_0$，则上式变为

$$\mathscr{L}[f(t-t_0)\varepsilon(t-t_0)]=\int_{0}^{\infty}f(\tau)\mathrm{e}^{-s(t_0+\tau)}\mathrm{d}\tau$$

$$=\mathrm{e}^{-st_0}\int_{0}^{\infty}f(\tau)\mathrm{e}^{-s\tau}\mathrm{d}\tau=\mathrm{e}^{-st_0}F(s)$$

时移(延时)特性表明，波形在时间轴上向右平移 $t_0(t_0>0)$，其拉普拉斯变换应乘以移动因子 e^{-st_0}。在使用这一性质时，要注意区分下列不同的四个时间函数：$f(t-t_0)$、$f(t-t_0)\varepsilon(t)$、$f(t)\varepsilon(t-t_0)$和$f(t-t_0)\varepsilon(t-t_0)$。其中，只有最后一个函数才是原有始信号$f(t)\varepsilon(t)$延时 t_0 后所得的延时信号，只有它的拉普拉斯变换才能应用时移(延时)特性来求取。

例 5.7　以$f_1(t)=t\varepsilon(t)$为例，画出下列信号的波形并分别求其拉普拉斯变换：

$f_1(t)$，$f_2(t)=t-t_0$，$f_3(t)=(t-t_0)\varepsilon(t)$，$f_4(t)=t\varepsilon(t-t_0)$，$f_5(t)=(t-t_0)\varepsilon(t-t_0)$

解　$f_1(t)$、$f_2(t)$、$f_3(t)$、$f_4(t)$、$f_5(t)$的波形分别如图 5.4a～e 所示。

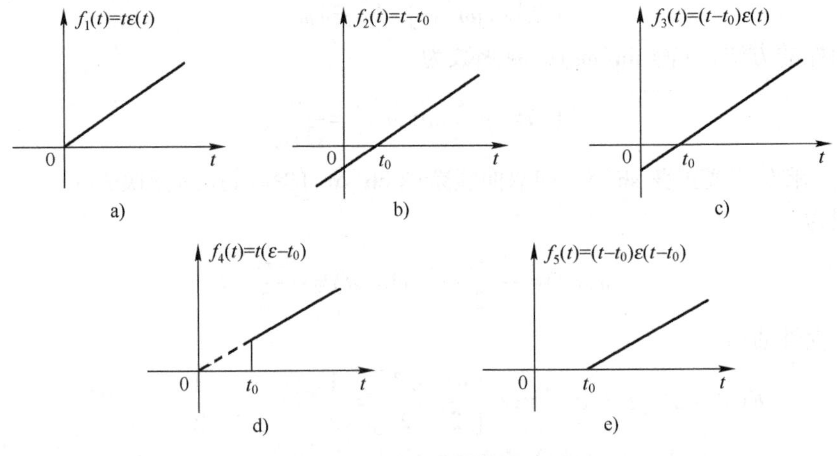

图 5.4　例 5.7 的 5 种信号波形图

利用表 5.1 可知，斜坡信号 $t\varepsilon(t)$的拉普拉斯变换为$\dfrac{1}{s^2}$，即

$$F_1(s)=\frac{1}{s^2}$$

由图 5.4 可见，$f_2(t)$ 和 $f_3(t)$ 两种信号在 $t \geqslant 0$ 时，二者的波形相同，所以它们的拉普拉斯变换也相同，即

$$F_2(s)=\mathscr{L}[f_2(t)]=\mathscr{L}[t-t_0]=\frac{1}{s^2}-\frac{t_0}{s}=\frac{1-st_0}{s^2}$$

$$F_3(s)=\mathscr{L}[f_3(t)]=\mathscr{L}[(t-t_0)\varepsilon(t)]=F_2(s)=\frac{1-st_0}{s^2}$$

信号 $f_4(t)$ 的拉普拉斯变换为

$$\begin{aligned}F_4(s)&=\mathscr{L}[f_4(t)]=\mathscr{L}[t(\varepsilon-t_0)]\\&=\int_0^\infty t\varepsilon(t-t_0)\mathrm{e}^{-st}\mathrm{d}t=\int_{t_0}^\infty t\mathrm{e}^{-st}\mathrm{d}t\\&=-\frac{t}{s}\mathrm{e}^{-st}\Big|_{t_0}^\infty+\frac{1}{s}\int_{t_0}^\infty \mathrm{e}^{-st}\mathrm{d}t\\&=\frac{t_0\mathrm{e}^{-st_0}}{s}-\frac{1}{s^2}\mathrm{e}^{-st}\Big|_{t_0}^\infty=\frac{t_0\mathrm{e}^{-st_0}}{s}+\frac{\mathrm{e}^{-st_0}}{s^2}\end{aligned}$$

信号 $f_5(t)$ 的拉普拉斯变换可直接利用时移特性得到，即

$$F_5(s)=\mathscr{L}[f_5(t)]=\mathscr{L}[(t-t_0)\varepsilon(t-t_0)]=F_1(s)\mathrm{e}^{-st_0}=\frac{\mathrm{e}^{-st_0}}{s^2}$$

例 5.8　求信号 $f(t)=t^2\varepsilon(t-1)$ 的拉普拉斯变换。

解　将信号的表示形式变形为

$$f(t)=(t-1)^2\varepsilon(t-1)+2(t-1)\varepsilon(t-1)+\varepsilon(t-1)$$

根据时移特性，有

$$\mathscr{L}[\varepsilon(t-1)]=\frac{1}{s}\mathrm{e}^{-s}$$

$$\mathscr{L}[2(t-1)\varepsilon(t-1)]=\frac{2}{s^2}\mathrm{e}^{-s}$$

$$\mathscr{L}[(t-1)^2\varepsilon(t-1)]=\frac{2}{s^3}\mathrm{e}^{-s}$$

再根据线性性质，得

$$\mathscr{L}[f(t)]=\left(\frac{2}{s^3}+\frac{2}{s^2}+\frac{1}{s}\right)\mathrm{e}^{-s}$$

时移特性的一个重要应用是求有始周期信号的拉普拉斯变换。设 $f(t)$ 为如图 5.5 所示以 T 为周期的周期信号，它的第一周期、第二周期、第三周期…波形分别用 $f_1(t)$、$f_2(t)$、$f_3(t)$…表示，则可将 $f(t)$ 分解表示为

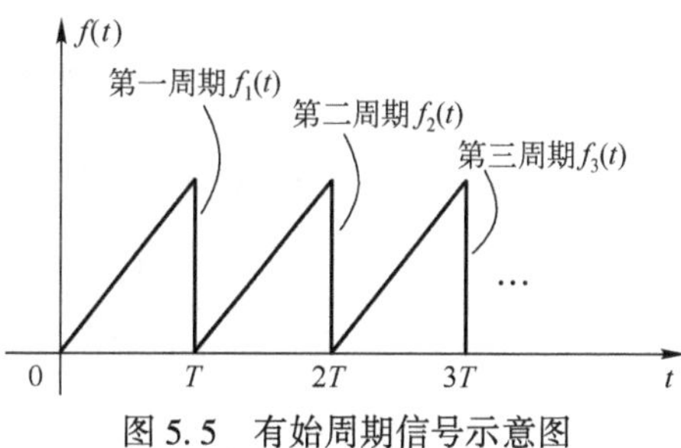

图 5.5　有始周期信号示意图

$$\begin{aligned}f(t)&=f_1(t)+f_2(t)+f_3(t)+\cdots\\&=f_1(t)+f_1(t-T)\varepsilon(t-T)+f_1(t-2T)\varepsilon(t-2T)+\cdots\end{aligned}$$

若 $f_1(t)\leftrightarrow F_1(s)$，则根据时移特性可写出 $f(t)$ 的象函数为

$$F(s)=\mathscr{L}[f(t)]=(1+\mathrm{e}^{-sT}+\mathrm{e}^{-2sT}+\cdots)F_1(s)$$

$$=F_1(s)\sum_{n=0}^{\infty}\mathrm{e}^{-nsT}=F_1(s)\lim_{n\to\infty}\frac{1-\mathrm{e}^{-nsT}}{1-\mathrm{e}^{-sT}}$$

$$=F_1(s)\frac{1}{1-\mathrm{e}^{-sT}}$$

上式表明,有始周期信号的拉普拉斯变换等于其第一周期波形的拉普拉斯变换式乘以周期因子$\frac{1}{1-\mathrm{e}^{-sT}}$,即

$$F(s)=F_1(s)\frac{1}{1-\mathrm{e}^{-sT}} \tag{5.22}$$

例 5.9 求如图 5.6a 所示周期的半波整流波形的拉普拉斯变换。

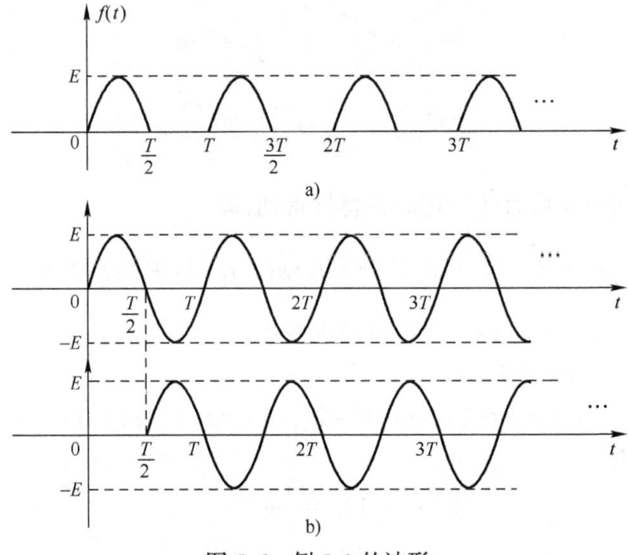

图 5.6 例 5.9 的波形

解 半波整流波形第一周期的波形如图 5.6b 所示,可由两个波形叠加而成,即

$$f_1(t)=E\sin(\omega t)\left[\varepsilon(t)-\varepsilon\left(t-\frac{T}{2}\right)\right]$$

$$=E\sin(\omega t)\varepsilon(t)+E\sin\left[\omega\left(t-\frac{T}{2}\right)\right]\varepsilon\left(t-\frac{T}{2}\right)$$

$$F_1(s)=\mathscr{L}[f_1(t)]=\frac{E\omega}{s^2+\omega^2}+\frac{E\omega}{s^2+\omega^2}\mathrm{e}^{-sT/2}$$

$$=\frac{E\omega}{s^2+\omega^2}(1+\mathrm{e}^{-sT/2})$$

则

$$F(s)=F_1(s)\frac{1}{1-\mathrm{e}^{-sT}}=\frac{E\omega(1+\mathrm{e}^{-sT/2})}{(s^2+\omega^2)(1-\mathrm{e}^{-sT})}$$

$$=\frac{E\omega(1+\mathrm{e}^{-sT/2})}{(s^2+\omega^2)(1-\mathrm{e}^{-sT/2})(1+\mathrm{e}^{-sT/2})}$$

$$=\frac{E\omega}{(s^2+\omega^2)(1-\mathrm{e}^{-sT/2})}$$

5.2.3 复频移性质

若

$$f(t)\leftrightarrow F(s)$$

则

$$f(t)\mathrm{e}^{\pm s_0 t}\leftrightarrow F(s\mp s_0)\quad s_0=a_0+\mathrm{j}\omega_0 \tag{5.23}$$

此性质表明,时间函数乘以 $\mathrm{e}^{\pm s_0 t}$,其变换式在 s 域内移动 $\mp s_0$,其中,s_0 可为实数或复数。

证明

$$\begin{aligned}\mathscr{L}[f(t)\mathrm{e}^{\pm s_0 t}]&=\int_{0_-}^{\infty}[f(t)\mathrm{e}^{\pm s_0 t}]\mathrm{e}^{-st}\mathrm{d}t\\&=\int_{0_-}^{\infty}f(t)\mathrm{e}^{-(s\mp s_0)t}\mathrm{d}t=F(s\mp s_0)\end{aligned}$$

如果信号函数既有时移又有复频移,则其结果也具有一般性,即若有

$$f(t)\leftrightarrow F(s)$$

则

$$\mathrm{e}^{-s_0(t-t_0)}f(t-t_0)\varepsilon(t-t_0)\leftrightarrow \mathrm{e}^{-st_0}F(s+s_0) \tag{5.24}$$

证明

$$\mathscr{L}[\mathrm{e}^{-s_0(t-t_0)}f(t-t_0)\varepsilon(t-t_0)]=\int_{t_0}^{\infty}\mathrm{e}^{-s_0(t-t_0)}f(t-t_0)\mathrm{e}^{-st}\mathrm{d}t$$

令 $\tau=t-t_0$,$\mathrm{d}\tau=\mathrm{d}t$,则

$$\begin{aligned}\mathscr{L}[\mathrm{e}^{-s_0(t-t_0)}f(t-t_0)\varepsilon(t-t_0)]&=\int_{t_0}^{\infty}\mathrm{e}^{-s_0(t-t_0)}f(t-t_0)\mathrm{e}^{-st}\mathrm{d}t\\&=\int_{0}^{\infty}\mathrm{e}^{-s_0\tau}f(\tau)\mathrm{e}^{-s(\tau+t_0)}\mathrm{d}\tau\\&=\mathrm{e}^{-st_0}\int_{0}^{\infty}f(\tau)\mathrm{e}^{-s(s+s_0)\tau}\mathrm{d}\tau\\&=\mathrm{e}^{-st_0}F(s+s_0)\end{aligned}$$

例 5.10　求衰减正弦信号 $\mathrm{e}^{-at}\sin(\omega t)\varepsilon(t)$ 和衰减余弦信号 $\mathrm{e}^{-at}\cos(\omega t)\varepsilon(t)$ 的拉普拉斯变换,式中,$a>0$。

解　因为

$$\sin(\omega t)\varepsilon(t)\leftrightarrow\frac{\omega}{s^2+\omega^2}$$

$$\cos(\omega t)\varepsilon(t)\leftrightarrow\frac{s}{s^2+\omega^2}$$

根据复频移性质得

$$\mathrm{e}^{-at}\sin(\omega t)\varepsilon(t)\leftrightarrow\frac{\omega}{(s+a)^2+\omega^2}$$

$$\mathrm{e}^{-at}\cos(\omega t)\varepsilon(t)\leftrightarrow\frac{s+a}{(s+a)^2+\omega^2}$$

在此例中应用复频移性质时,$s_0=a$ 为实数。

5.2.4 尺度变换性质

若

$$f(t)\leftrightarrow F(s)$$

则

$$f(at)\leftrightarrow\frac{1}{a}F\left(\frac{s}{a}\right)\quad a>0 \tag{5.25}$$

证明

$$\mathscr{L}[f(at)]=\int_{0_-}^{\infty}f(at)\mathrm{e}^{-st}\mathrm{d}t$$

令 $\tau=at,\mathrm{d}\tau=a\cdot\mathrm{d}t$,则

$$\begin{aligned}\mathscr{L}[f(at)]&=\int_{0_-}^{\infty}f(\tau)\mathrm{e}^{-\frac{s}{a}\tau}\frac{1}{a}\mathrm{d}\tau\\&=\frac{1}{a}\int_{0_-}^{\infty}f(\tau)\mathrm{e}^{-\frac{s}{a}\tau}\mathrm{d}\tau\\&=\frac{1}{a}F\left(\frac{s}{a}\right)\end{aligned}$$

式(5.25)中规定 $a>0$ 是必需的,因为 $f(t)$ 是有始信号,若 $a<0$,则 $f(at)$ 在 $t>0$ 区间为零,从而使 $\mathscr{L}[f(at)]=0$,这样就不能应用上式。

如果信号函数既有时移又有变换时间尺度,则其拉普拉斯变换结果具有普遍意义,即若有

$$f(t)\leftrightarrow F(s)$$

则

$$f(at-t_0)\varepsilon(at-t_0)\leftrightarrow\frac{1}{a}F\left(\frac{s}{a}\right)\mathrm{e}^{-\frac{s}{a}t_0} \tag{5.26}$$

证明

$$f(at-t_0)\varepsilon(at-t_0)=f\left[a\left(t-\frac{t_0}{a}\right)\right]\varepsilon\left[a\left(t-\frac{t_0}{a}\right)\right]$$

由尺度变换特性有

$$\mathscr{L}[f(at)\varepsilon(at)]=\frac{1}{a}F\left(\frac{s}{a}\right)$$

由时移特性有

$$\mathscr{L}\left\{f\left[a\left(t-\frac{t_0}{a}\right)\right]\varepsilon\left[a\left(t-\frac{t_0}{a}\right)\right]\right\}=\frac{1}{a}F\left(\frac{s}{a}\right)\mathrm{e}^{-\frac{s}{a}t_0}$$

例 5.11 求 $\delta(at)$、$\varepsilon(at)$ 的象函数。

解 因为

$$\mathscr{L}[\delta(t)]=F(s)=1$$

故

$$\mathscr{L}[\delta(at)]=\frac{1}{a}F\left(\frac{s}{a}\right)=\frac{1}{a}$$

而

$$\mathscr{L}[\varepsilon(t)]=\frac{1}{s}$$

所以

$$\mathscr{L}[\varepsilon(at)]=\frac{1}{a}\frac{1}{\frac{s}{a}}=\frac{1}{s}=\mathscr{L}[\varepsilon(t)]$$

这个结果并不奇怪，因为对于任意正实数 a，有 $\varepsilon(at)=\varepsilon(t)$。

5.2.5　时域微分性质

若

$$f(t)\leftrightarrow F(s)$$

则

$$\frac{\mathrm{d}f(t)}{\mathrm{d}t}\leftrightarrow sF(s)-f(0_-) \tag{5.27}$$

其中，$f(0_-)$是$f(t)$在 $t=0$ 时的初始值。

证明

$$\mathscr{L}\left[\frac{\mathrm{d}f(t)}{\mathrm{d}t}\right]=\int_{0_-}^{\infty}\frac{\mathrm{d}f(t)}{\mathrm{d}t}\mathrm{e}^{-st}\mathrm{d}t=\int_{0_-}^{\infty}\mathrm{e}^{-st}\mathrm{d}f(t)$$

$$=f(t)\mathrm{e}^{-st}\Big|_{0_-}^{\infty}+s\int_{0_-}^{\infty}f(t)\mathrm{e}^{-st}\mathrm{d}t$$

$$=sF(s)-f(0_-)$$

由一阶导数可以推广到二阶导数或 n 阶导数，即

$$\mathscr{L}\left[\frac{\mathrm{d}^2f(t)}{\mathrm{d}t^2}\right]=s^2F(s)-sf(0_-)-f'(0_-) \tag{5.28}$$

$$\mathscr{L}\left[\frac{\mathrm{d}^nf(t)}{\mathrm{d}t^n}\right]=s^nF(s)-s^{n-1}f(0_-)-s^{n-2}f'(0_-)-\cdots-f^{(n-1)}(0_-)$$

$$=s^nF(s)-\sum_{r=0}^{n-1}s^{n-r-1}f^{(r)}(0_-) \tag{5.29}$$

如果$f(t)$为某一有始函数，当$f(0_-)=f'(0_-)=\cdots=f^{(n-1)}(0_-)=0$时，式(5.27)～式(5.29)可以分别简化为

$$\mathscr{L}\left[\frac{\mathrm{d}f(t)}{\mathrm{d}t}\right]=sF(s) \tag{5.30}$$

$$\mathscr{L}\left[\frac{\mathrm{d}^2f(t)}{\mathrm{d}t^2}\right]=s^2F(s) \tag{5.31}$$

$$\mathscr{L}\left[\frac{\mathrm{d}^nf(t)}{\mathrm{d}t^n}\right]=s^nF(s) \tag{5.32}$$

例 5.12　求冲激函数 $\delta(t)$ 的导数 $\delta'(t)$ 的拉普拉斯变换。

解　已知

$$\delta(t)\leftrightarrow 1$$

根据时域微分性质，有

$$\delta'(t)\leftrightarrow s$$

例 5.13　已知 $f(t)=\mathrm{e}^{-at}\varepsilon(t)$，试求其导数$\frac{\mathrm{d}f(t)}{\mathrm{d}t}$的拉普拉斯变换。

解　用两种方法进行求解。

方法一：由基本定义式求解。

因为$f(t)$的导数为

$$\frac{\mathrm{d}}{\mathrm{d}t}[\mathrm{e}^{-at}\varepsilon(t)]=\delta(t)-a\mathrm{e}^{-at}\varepsilon(t)$$

所以

$$\mathscr{L}\left[\frac{\mathrm{d}f(t)}{\mathrm{d}t}\right]=\mathscr{L}[\delta(t)]-\mathscr{L}[a\mathrm{e}^{-at}\varepsilon(t)]$$

$$=1-\frac{a}{s+a}=\frac{s}{s+a}$$

方法二：由时域微分性质求解。

已知

$$\mathscr{L}[\mathrm{e}^{-at}\varepsilon(t)]=\frac{1}{s+a}\quad f(0_-)=0$$

则

$$\mathscr{L}\left[\frac{\mathrm{d}f(t)}{\mathrm{d}t}\right]=\mathscr{L}\left[\frac{\mathrm{d}}{\mathrm{d}t}\mathrm{e}^{-at}\varepsilon(t)\right]=\frac{s}{s+a}$$

两种方法结果相同，但后者考虑了$f(0_-)$的条件。

5.2.6　时域积分性质

若

$$f(t)\leftrightarrow F(s)$$

则

$$\int_{-\infty}^{t}f(\tau)\mathrm{d}\tau\leftrightarrow\frac{1}{s}F(s)+\frac{1}{s}\int_{-\infty}^{0_-}f(\tau)\mathrm{d}\tau \tag{5.33}$$

证明

$$\mathscr{L}\left[\int_{-\infty}^{t}f(\tau)\mathrm{d}\tau\right]=\mathscr{L}\left[\int_{-\infty}^{0_-}f(\tau)\mathrm{d}\tau\right]+\mathscr{L}\left[\int_{0_-}^{t}f(\tau)\mathrm{d}\tau\right]$$

上式中等号右边的第一项$\int_{-\infty}^{0_-}f(\tau)\mathrm{d}\tau$为常数，即

$$\mathscr{L}\left[\int_{-\infty}^{0_-}f(\tau)\mathrm{d}\tau\right]=\frac{1}{s}\int_{-\infty}^{0_-}f(\tau)\mathrm{d}\tau$$

而

$$\mathscr{L}\left[\int_{0_-}^{t}f(\tau)\mathrm{d}\tau\right]=\int_{0_-}^{\infty}\left[\int_{0_-}^{t}f(\tau)\mathrm{d}\tau\right]\mathrm{e}^{-st}\mathrm{d}t$$

$$=\left[-\frac{\mathrm{e}^{-st}}{s}\int_{0_-}^{t}f(\tau)\mathrm{d}\tau\right]_{0_-}^{\infty}+\frac{1}{s}\int_{0_-}^{\infty}f(t)\mathrm{e}^{-st}\mathrm{d}t$$

$$=0+\frac{1}{s}F(s)=\frac{1}{s}F(s)$$

所以

$$\mathscr{L}\left[\int_{-\infty}^{t}f(\tau)\mathrm{d}\tau\right]=\frac{1}{s}F(s)+\frac{1}{s}\int_{-\infty}^{0_-}f(\tau)\mathrm{d}\tau$$

如果函数积分区间从零开始，则有

$$\mathscr{L}\left[\int_{0_-}^{t} f(\tau)\mathrm{d}\tau\right]=\frac{1}{s}F(s) \tag{5.34}$$

同理可推证

$$\mathscr{L}\left[\left(\int_{0_-}^{t}\right)^{n} f(\tau)\mathrm{d}\tau\right]=\frac{1}{s^{n}}F(s) \tag{5.35}$$

式中，$\left(\int_{0_-}^{t}\right)^{n}$ 表示对函数 $f(t)$ 从 0_- 到 t 的 n 重积分。

例 5.14　已知 $\varepsilon(t)\leftrightarrow\frac{1}{s}$，试利用阶跃信号的积分求 $t^{n}\varepsilon(t)$ 的拉普拉斯变换。

解　由于

$$\int_{0}^{t}\varepsilon(\tau)\mathrm{d}\tau = t\varepsilon(t)$$

根据时域积分性质有

$$\mathscr{L}[t\varepsilon(t)]=\mathscr{L}\left[\int_{0}^{t}\varepsilon(\tau)\mathrm{d}\tau\right]=\frac{1}{s}\mathscr{L}[\varepsilon(t)]=\frac{1}{s^{2}}$$

又因为

$$\int_{0}^{t}\tau\varepsilon(\tau)\mathrm{d}\tau = \frac{1}{2}t^{2}\varepsilon(t)$$

故

$$\mathscr{L}[t^{2}\varepsilon(t)]=2\mathscr{L}\left[\int_{0}^{t}\tau\varepsilon(\tau)\mathrm{d}\tau\right]=\frac{2}{s}\mathscr{L}[t\varepsilon(t)]=\frac{2}{s^{3}}$$

依次类推，可以求得

$$\mathscr{L}[t^{n}\varepsilon(t)]=\frac{n!}{s^{n+1}}$$

例 5.15　求图 5.7a 所示信号的象函数 $F(s)$。

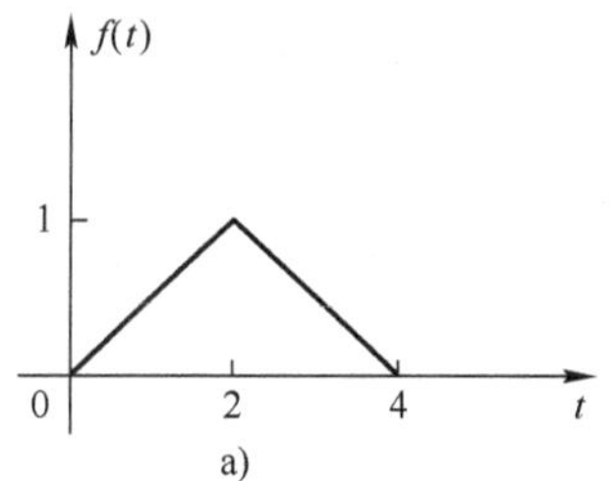

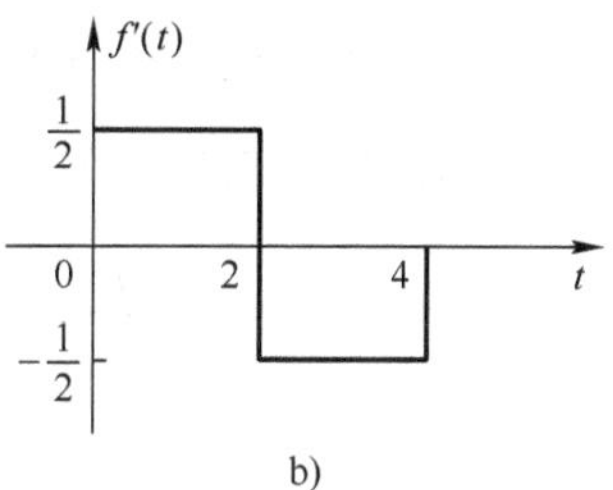

图 5.7　例 5.15 中的信号 $f(t)$ 和 $f'(t)$ 的图形

解　图 5.7a 所示的三角信号的表达式为

$$f(t)=\begin{cases}\frac{1}{2}t & 0\leqslant t\leqslant 2\\ -\frac{1}{2}(t-4) & 2\leqslant t\leqslant 4\\ 0 & 其他\end{cases}$$

则有

$$\frac{\mathrm{d}f(t)}{\mathrm{d}t}=\begin{cases}\frac{1}{2} & 0<t\leqslant 2\\ -\frac{1}{2} & 2<t\leqslant 4\\ 0 & \text{其他}\end{cases}$$

$\frac{\mathrm{d}f(t)}{\mathrm{d}t}=f'(t)$的波形如图 5.7b 所示，即可表示为

$$f'(t)=\frac{1}{2}\varepsilon(t)-\varepsilon(t-2)+\frac{1}{2}\varepsilon(t-4)$$

由单位阶跃信号变换以及延时性质和线性性质可得

$$\mathscr{L}[f'(t)]=\frac{1}{2}\cdot\frac{1}{s}-\frac{1}{s}\mathrm{e}^{-2s}+\frac{1}{2}\cdot\frac{1}{s}\mathrm{e}^{-4s}$$

$$=\frac{1}{2s}(1-\mathrm{e}^{-2s})^2$$

由图 5.7b 可见，$f'(t)$是一个因果信号，所以由时域积分性质可得

$$F(s)=\mathscr{L}[f(t)]=\frac{1}{s}\mathscr{L}[f'(t)]$$

$$=\frac{1}{s}\cdot\frac{1}{2s}(1-\mathrm{e}^{-2s})^2=\frac{1}{2s^2}(1-\mathrm{e}^{2s})^2$$

例 5.16　求图 5.8a 所示信号的象函数 $F(s)$。

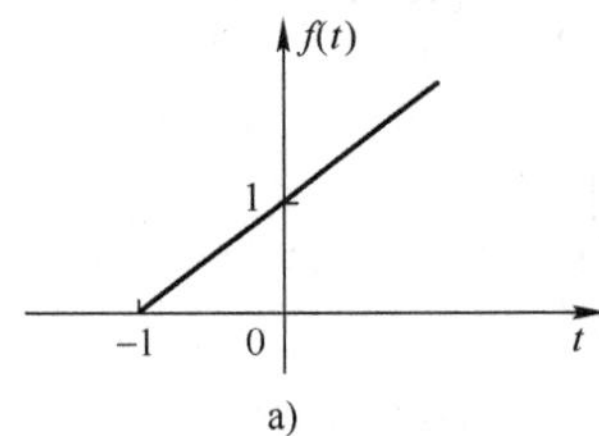

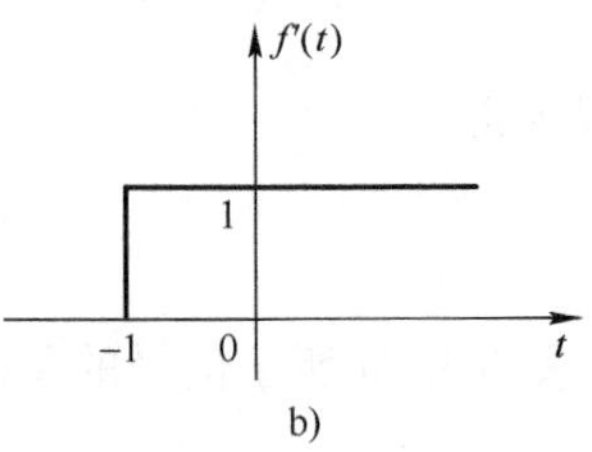

图 5.8　例 5.16 中的信号 $f(t)$ 和 $f'(t)$ 的图形

解　由图 5.8a 可知信号的表达式为

$$f(t)=\begin{cases}t+1 & t\geqslant -1\\ 0 & t<-1\end{cases}$$

对其求一阶导数得

$$f'(t)=\begin{cases}1 & t\geqslant -1\\ 0 & t<-1\end{cases}$$

其波形如图 5.8b 所示，其函数可表示为

$$f'(t)=\varepsilon(t+1)$$

由于单边拉普拉斯变换定义中的积分限是 $0_-\sim\infty$，所以有

$$\varepsilon(t+1)\leftrightarrow\frac{1}{s}$$

又因为

$$\int_{-\infty}^{0_-}\varepsilon(\tau+1)\mathrm{d}\tau=\int_{-1}^{0_-}1\mathrm{d}\tau=1$$

应用时域积分性质得

$$F(s)=\mathscr{L}[f(t)]=\frac{1}{s}\mathscr{L}[f'(t)]+\frac{1}{s}\int_{-\infty}^{0_-}f'(\tau)\mathrm{d}\tau$$

$$=\frac{1}{s}\cdot\frac{1}{s}+\frac{1}{s}\times 1=\frac{1+s}{s^2}$$

5.2.7　复频域微分性质

若

$$f(t)\leftrightarrow F(s)$$

则

$$-tf(t)\leftrightarrow\frac{\mathrm{d}F(s)}{\mathrm{d}s} \tag{5.36}$$

$$(-t)^n f(t)\leftrightarrow\frac{\mathrm{d}^n F(s)}{\mathrm{d}s^n} \tag{5.37}$$

证明　因为

$$F(s)=\int_{0_-}^{\infty}f(t)\mathrm{e}^{-st}\mathrm{d}t$$

则

$$\frac{\mathrm{d}F(s)}{\mathrm{d}s}=\frac{\mathrm{d}}{\mathrm{d}s}\int_{0_-}^{\infty}f(t)\mathrm{e}^{-st}\mathrm{d}t=\int_{0_-}^{\infty}f(t)\left[\frac{\mathrm{d}}{\mathrm{d}s}\mathrm{e}^{-st}\right]\mathrm{d}t$$

$$=\int_{0_-}^{\infty}[-tf(t)]\mathrm{e}^{-st}\mathrm{d}t$$

$$=\mathscr{L}[-tf(t)]$$

即

$$-tf(t)\leftrightarrow\frac{\mathrm{d}F(s)}{\mathrm{d}s}$$

重复运用上述结果可得

$$(-t)^n f(t)\leftrightarrow\frac{\mathrm{d}^n F(s)}{\mathrm{d}s^n}$$

例 5.17　求 $f(t)=t\mathrm{e}^{-at}\varepsilon(t)$ 的拉普拉斯变换。

解　因为

$$\mathrm{e}^{-at}\varepsilon(t)\leftrightarrow\frac{1}{s+a}$$

根据复频域微分性质,有

$$(-t)\mathrm{e}^{-at}\varepsilon(t)\leftrightarrow\frac{\mathrm{d}}{\mathrm{d}s}\left[\frac{1}{s+a}\right]=\frac{-1}{(s+a)^2}$$

即

$$t\mathrm{e}^{-at}\varepsilon(t)\leftrightarrow\frac{1}{(s+a)^2}$$

5.2.8　复频域积分性质

若

$$f(t)\leftrightarrow F(s)$$

则

$$\frac{f(t)}{t}\leftrightarrow\int_s^{\infty}F(\eta)\mathrm{d}\eta \tag{5.38}$$

证明

$$\begin{aligned}\int_s^{\infty}F(\eta)\mathrm{d}\eta&=\int_s^{\infty}\left[\int_{0_-}^{\infty}f(t)\mathrm{e}^{-\eta t}\mathrm{d}t\right]\mathrm{d}\eta\\&=\int_{0_-}^{\infty}f(t)\left[\int_s^{\infty}\mathrm{e}^{-\eta t}\mathrm{d}\eta\right]\mathrm{d}t\\&=\int_{0_-}^{\infty}\frac{f(t)}{t}(-\mathrm{e}^{-\eta t})\Big|_s^{\infty}\mathrm{d}t\\&=\int_{0_-}^{\infty}\frac{f(t)}{t}\mathrm{e}^{-st}\mathrm{d}t=\mathscr{L}\left[\frac{f(t)}{t}\right]\end{aligned}$$

例5.18 求$f(t)=\frac{\sin t}{t}\varepsilon(t)$的拉普拉斯变换。

解 因为

$$\sin t\varepsilon(t)\leftrightarrow\frac{1}{s^2+1}$$

根据复频域积分性质,有

$$\begin{aligned}\frac{\sin t}{t}\varepsilon(t)\leftrightarrow\int_s^{\infty}\frac{1}{\eta^2+1}\mathrm{d}\eta&=\arctan\eta\Big|_s^{\infty}\\&=\frac{\pi}{2}-\arctan s\\&=\arctan\frac{1}{s}\end{aligned}$$

5.2.9 初值定理

若$f(t)\leftrightarrow F(s)$,且$f(t)$连续可导和$\lim\limits_{s\to\infty}sF(s)$存在,则$f(t)$的初值为

$$f(0_+)=\lim_{t\to 0_+}f(t)=\lim_{s\to\infty}sF(s) \tag{5.39}$$

初值定理只适用于$f(t)$在原点处没有冲激的函数。

证明 由时域微分定理可知

$$\begin{aligned}sF(s)-f(0_-)&=\int_{0_-}^{\infty}\frac{\mathrm{d}f(t)}{\mathrm{d}t}\mathrm{e}^{-st}\mathrm{d}t\\&=\int_{0_-}^{0_+}\frac{\mathrm{d}f}{\mathrm{d}t}\mathrm{e}^{-st}\mathrm{d}t+\int_{0_+}^{\infty}\frac{\mathrm{d}f(t)}{\mathrm{d}t}\mathrm{e}^{-st}\mathrm{d}t\end{aligned}$$

因为在区间$(0_-,0_+)$,$t=0$,$\mathrm{e}^{-st}\big|_{t=0}=1$,所以

$$\begin{aligned}sF(s)-f(0_-)&=f(t)\Big|_{0_-}^{0_+}+\int_{0_+}^{\infty}\frac{\mathrm{d}f(t)}{\mathrm{d}t}\mathrm{e}^{-st}\mathrm{d}t\\&=f(0_+)-f(0_-)+\int_{0_+}^{\infty}\frac{\mathrm{d}f(t)}{\mathrm{d}t}\mathrm{e}^{-st}\mathrm{d}t\end{aligned}$$

则有

$$sF(s)=f(0_+)+\int_{0_+}^{\infty}\frac{\mathrm{d}f(t)}{\mathrm{d}t}\mathrm{e}^{-st}\mathrm{d}t \tag{5.40}$$

对式(5.40)两边取 $s\to\infty$ 极限时，式(5.40)右端第二项的极限为

$$\lim_{s\to\infty}\left[\int_{0_+}^{\infty}\frac{\mathrm{d}f(t)}{\mathrm{d}t}\mathrm{e}^{-st}\mathrm{d}t\right]=\int_{0_+}^{\infty}\frac{\mathrm{d}f(t)}{\mathrm{d}t}[\lim_{s\to\infty}\mathrm{e}^{-st}]\mathrm{d}t=0$$

故

$$f(0_+)=\lim_{s\to\infty}sF(s)$$

例 5.19　已知 $F(s)=\dfrac{2s}{s^2+4}$，试求 $f(t)$ 的初值 $f(0_+)$。

解　根据初值定理得

$$f(0_+)=\lim_{s\to\infty}sF(s)=\lim_{s\to\infty}\frac{2s^2}{s^2+4}=2$$

初值定理表明，可以通过已知 s 域的象函数来求解信号 $f(t)$ 的初值，从而为计算 $f(t)$ 的初值提供了另一条途径。

注意，此定理存在的条件是要求 $\lim\limits_{s\to\infty}sF(s)$ 存在，则 $F(s)$ 必须为真分式，即在时域中意味着 $f(t)$ 在 $t=0$ 处不包含冲激函数及其导数。若 $F(s)$ 是假分式，必须利用长除法将 $F(s)$ 分成一个多项式与一个真分式之和，即

$$F(s)=s\text{ 多项式}+F_0(s)$$

其中，$F_0(s)$ 为真分式部分。可以证明，上式的初值仅与 $F_0(s)$ 有关，由 $F_0(s)$ 来决定初值大小，即

$$f(0_+)=\lim_{s\to\infty}sF_0(s) \tag{5.41}$$

根据时域微分性质，s^m 的反变换为 $\delta^{(m)}(t)$，多项式对应的反变换为 $K_m\delta^{(m)}(t)+K_{m-1}\delta^{(m-1)}(t)+\cdots+K_0\delta(t)$，而冲激函数 $\delta(t)$ 及其导数 $\delta^{(m)}(t)$ 在 $t=0_+$ 时刻全为零，并不影响 $f(0_+)$ 的值，可移去 $F(s)$ 的 s 多项式，只利用 $F(s)$ 的真分式 $F_0(s)$ 求 $f(t)$ 的初值。

例 5.20　已知 $F(s)=\dfrac{2s+1}{s+3}$，试求原函数 $f(t)$ 的初值 $f(0_+)$。

解　$F(s)$ 分子的阶次等于分母的阶次，不是真分式。故需利用长除法将其分解为

$$F(s)=2+\frac{-5}{s+3}$$

则

$$f(0_+)=\lim_{s\to\infty}s\frac{-5}{s+3}=-5$$

注意，若取 $sF(s)=2s-\dfrac{5s}{s+3}$，表明原点处有一个强度为 2 的冲激信号，在这种情况下直接应用式(5.39)，将得到 $f(0_+)=\infty$ 的错误结果。

5.2.10　终值定理

若 $f(t)\leftrightarrow F(s)$，且 $\lim\limits_{t\to\infty}f(t)$ 存在，则 $f(t)$ 的终值为

$$f(\infty)=\lim_{t\to\infty}f(t)=\lim_{s\to0}sF(s) \tag{5.42}$$

证明　利用式(5.40)，取 $s\to 0$ 的极限，有

$$\begin{aligned}\lim_{s\to 0} sF(s) &= f(0_+) + \lim_{s\to 0}\int_{0_+}^{\infty}\frac{\mathrm{d}f(t)}{\mathrm{d}t}\mathrm{e}^{-st}\mathrm{d}t \\ &= f(0_+) + \int_{0_+}^{\infty}[\lim_{s\to 0}\mathrm{e}^{-st}]\mathrm{d}f(t) \\ &= f(0_+) + f(t)\Big|_{0+}^{\infty} \\ &= f(0_+) + f(\infty) - f(0_+) \\ &= f(\infty)\end{aligned}$$

即

$$f(\infty) = \lim_{t\to\infty} f(t) = \lim_{s\to 0} sF(s)$$

在应用终值定理时应注意，只有当 $F(s)$ 的极点都位于 s 平面的左半平面或在坐标原点处为单极点时，方可应用终值定理，此时，$\lim\limits_{t\to\infty} f(t)$ 存在，$f(\infty)$ 为有限常数。而当 $F(s)$ 的极点位于 s 平面的右半平面或在 $\mathrm{j}\omega$ 轴上(原点 $s=0$ 除外)时，$f(t)$ 的终值 $\lim\limits_{t\to\infty} f(t)$ 不存在。需要注意，$f(t)$ 的极限不存在，但 $s\to 0$ 时，$sF(s)$ 的极限却可能存在，可以通过检验 $F(s)$ 的极点来确定信号在 $t\to\infty$ 时的极限是否存在。例如，当 $a>0$ 时，极限 $\lim\limits_{t\to\infty}\mathrm{e}^{at}$ 不存在，但若使用终值定理将会得到 $\lim\limits_{t\to\infty}\mathrm{e}^{at}=0$ 的错误结论。这是因为 $\mathscr{L}[\mathrm{e}^{at}]=\dfrac{1}{s-a}$ 分母多项式的根位于右半平面实轴上，故不能应用终值定理。

信号初值和终值的求取，对系统分析，尤其是对系统稳定性分析和研究带来了许多方便。依据信号的初值和终值，能对系统的某些性能作出判断，从而避免了求反变换的复杂过程。

例 5.21　已知象函数 $F(s)$，求其原函数的终值 $f(\infty)$。

(1) $F(s)=\dfrac{1}{(s+2)s}$

(2) $F(s)=\dfrac{2s}{s^2+4}$

解　(1) 由于 $F(s)$ 的极点位于 s 平面的左半平面以及在原点处为单极点，所以满足终值定理的条件，即可得

$$f(\infty)=\lim_{s\to 0} sF(s)=\lim_{s\to 0} s\cdot\frac{1}{(s+2)s}=\frac{1}{2}$$

(2) 由于 $f(t)$ 的象函数 $F(s)=\dfrac{2s}{s^2+4}$ 在 $\mathrm{j}\omega$ 轴上有极点($s_{1,2}=\pm\mathrm{j}2$)，所以不能应用终值定理，$f(t)$ 的终值 $f(\infty)$ 不存在。

实际上，根据基本变换对可知，$F(s)=\dfrac{2s}{s^2+4}$ 的原函数为 $f(t)=2\cos(2t)\varepsilon(t)$；由此可见，$f(t)$ 是随时间等幅振荡的，其终值确实不存在。

5.2.11　时域卷积定理

若

$$f_1(t)\leftrightarrow F_1(s)\quad f_2(t)\leftrightarrow F_2(s)$$

则

$$f_1(t)*f_2(t)\leftrightarrow F_1(s)\cdot F_2(s) \tag{5.43}$$

即两个信号的拉普拉斯变换的乘积等于两个信号的卷积积分的拉普拉斯变换,而不等于两个信号乘积的拉普拉斯变换。

证明　因为$f_1(t)$、$f_2(t)$为有始函数,所以

$$\begin{aligned}\mathscr{L}[f_1(t)*f_2(t)]&=\mathscr{L}\left[\int_0^\infty f_1(\tau)f_2(t-\tau)\mathrm{d}\tau\right]\\&=\int_0^\infty\left[\int_0^\infty f_1(\tau)\varepsilon(\tau)f_2(t-\tau)\varepsilon(t-\tau)\mathrm{d}\tau\right]\mathrm{e}^{-st}\mathrm{d}t\\&=\int_0^\infty\left[\int_0^\infty f_1(\tau)f_2(t-\tau)\varepsilon(t-\tau)\mathrm{d}\tau\right]\mathrm{e}^{-st}\mathrm{d}t\end{aligned}$$

交换上式的积分次序得

$$\mathscr{L}[f_1(t)*f_2(t)]=\int_0^\infty f_1(\tau)\left[\int_0^\infty f_2(t-\tau)\varepsilon(t-\tau)\mathrm{e}^{-st}\mathrm{d}t\right]\mathrm{d}\tau$$

利用延时性质,有

$$\begin{aligned}\mathscr{L}[f_1(t)*f_2(t)]&=\int_0^\infty f_1(\tau)F_2(s)\mathrm{e}^{-s\tau}\mathrm{d}\tau\\&=F_2(s)\int_0^\infty f_1(\tau)\mathrm{e}^{-s\tau}\mathrm{d}\tau\\&=F_1(s)F_2(s)\end{aligned}$$

例 5.22　试求图 5.9a 所示三角脉冲信号$f(t)$的象函数$F(s)$。

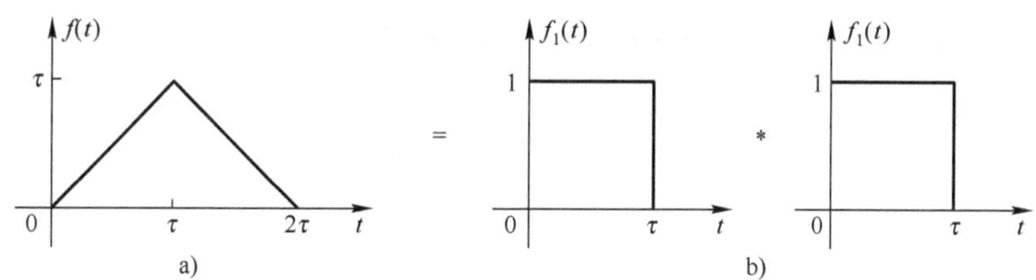

图 5.9　例 5.22 中的波形图

解　图 5.9a 中的三角脉冲信号$f(t)$可以分解为两个相同的矩形脉冲信号的卷积,如图 5.9b 所示,即

$$f(t)=f_1(t)*f_1(t)$$

式中,$f_1(t)=\varepsilon(t)-\varepsilon(t-\tau)$,且其拉普拉斯变换$F_1(s)$为

$$F_1(s)=\frac{1-\mathrm{e}^{-s\tau}}{s}$$

应用时域卷积定理,可得

$$F(s)=F_1(s)F_1(s)=\frac{(1-\mathrm{e}^{-s\tau})^2}{s^2}$$

时域卷积定理主要用于连续时间线性系统中卷积的计算,是在复频域中求解系统零状态响应的依据。

例 5.23　已知某 LTI 连续系统的单位冲激响应为$h(t)=\mathrm{e}^{-2t}\varepsilon(t)$,试求以$f(t)=\varepsilon(t)$为激励时的零状态响应$y_{zs}(t)$。

解　在时域分析中已知,系统零状态响应 $y_{zs}(t)$ 与系统冲激响应 $h(t)$ 和激励信号 $f(t)$ 之间的关系为

$$y_{zs}(t)=h(t)*f(t)$$

根据时域卷积定理可得

$$Y_{zs}(s)=H(s)\cdot F(s)$$

式中

$$H(s)=\mathscr{L}[h(t)]$$
$$F(s)=\mathscr{L}[f(t)]$$

因为

$$H(s)=\mathscr{L}[\mathrm{e}^{-2t}\varepsilon(t)]=\frac{1}{s+2}$$

$$F(s)=\mathscr{L}[\varepsilon(t)]=\frac{1}{s}$$

所以

$$Y_{zs}(s)=\frac{1}{s(s+2)}=\frac{1}{2}\left(\frac{1}{s}-\frac{1}{s+2}\right)$$

应用 $\varepsilon(t)$ 和 $\mathrm{e}^{-2t}\varepsilon(t)$ 的基本变换对,可对上式进行拉普拉斯反变换,即得系统的零状态响应为

$$y_{zs}(t)=\frac{1}{2}[\varepsilon(t)-\mathrm{e}^{-2t}\varepsilon(t)]=\frac{1}{2}(1-\mathrm{e}^{-2t})\varepsilon(t)$$

5.2.12　复频域卷积定理

若

$$f_1(t)\leftrightarrow F_1(s)\quad f_2(t)\leftrightarrow F_2(s)$$

则

$$f_1(t)\cdot f_2(t)\leftrightarrow\frac{1}{2\pi\mathrm{j}}F_1(s)*F_2(s)\tag{5.44}$$

证明

$$\begin{aligned}\frac{1}{2\pi\mathrm{j}}F_1(s)*F_2(s)&=\frac{1}{2\pi\mathrm{j}}\int_{\sigma-\mathrm{j}\infty}^{\sigma+\mathrm{j}\infty}F_1(x)F_2(s-x)\mathrm{d}x\\&=\frac{1}{2\pi\mathrm{j}}\int_{\sigma-\mathrm{j}\infty}^{\sigma+\mathrm{j}\infty}F_1(x)\left[\int_0^{\infty}f_2(t)\mathrm{e}^{-st}\mathrm{e}^{xt}\mathrm{d}t\right]\mathrm{d}x\\&=\int_0^{\infty}f_2(t)\mathrm{e}^{-st}\left[\frac{1}{2\pi\mathrm{j}}\int_{\sigma-\mathrm{j}\infty}^{\sigma+\mathrm{j}\infty}F_1(x)\mathrm{e}^{xt}\mathrm{d}x\right]\mathrm{d}t\\&=\int_0^{\infty}f_1(t)f_2(t)\mathrm{e}^{-st}\mathrm{d}t\\&=\mathscr{L}[f_1(t)\cdot f_2(t)]\end{aligned}$$

现将拉普拉斯变换的主要性质及定理列于表5.2中,以便查阅和应用。

表5.2　拉普拉斯变换的主要性质及定理

序号	名　称	时　域	复 频 域
1	线性	$af_1(t)+bf_2(t)$	$aF_1(s)+bF_2(s)$
2	时移(延时)	$f(t-t_0)\varepsilon(t-t_0)$	$F(s)\mathrm{e}^{-st_0}$

（续）

序号	名　称	时　域	复　频　域
3	复频移	$f(t)\mathrm{e}^{\pm s_0 t}$	$F(s\mp s_0)$
4	尺度变换	$f(at)\ (a>0)$	$\frac{1}{a}F\left(\frac{s}{a}\right)$
5	时域微分	$\frac{\mathrm{d}f(t)}{\mathrm{d}t}$ $\frac{\mathrm{d}^n f(t)}{\mathrm{d}t^n}$	$sF(s)-f(0_-)$ $s^n F(s)-\sum_{r=0}^{n-1}s^{n-r-1}f^{(r)}(0_-)$
6	时域积分	$\int_{-\infty}^{t}f(\tau)\mathrm{d}\tau$ $\int_{0_-}^{t}f(\tau)\mathrm{d}\tau$ $\left(\int_{0_-}^{t}\right)^n f(\tau)\mathrm{d}\tau$	$\frac{1}{s}F(s)+\frac{1}{s}\int_{-\infty}^{0_-}f(\tau)\mathrm{d}\tau$ $\frac{1}{s}F(s)$ $\frac{1}{s^n}F(s)$
7	复频域微分	$-tf(t)$ $(-t)^n f(t)$	$\frac{\mathrm{d}F(s)}{\mathrm{d}s}$ $\frac{\mathrm{d}^n F(s)}{\mathrm{d}s^n}$
8	复频域积分	$\frac{f(t)}{t}$	$\int_{s}^{\infty}F(\eta)\mathrm{d}\eta$
9	初值定理	$f(0_+)$	$\lim_{t\to 0_+}f(t)=\lim_{s\to\infty}sF(s)$
10	终值定理	$f(\infty)$	$\lim_{t\to\infty}f(t)=\lim_{s\to 0}sF(s)$
11	时域卷积定理	$f_1(t)*f_2(t)$	$F_1(s)\cdot F_2(s)$
12	复频域卷积定理	$f_1(t)\cdot f_2(t)$	$\frac{1}{2\pi\mathrm{j}}F_1(s)*F_2(s)$

5.3　拉普拉斯反变换

应用拉普拉斯变换法求解系统的时域响应时，不仅要根据已知的激励信号求其象函数，还必须把响应的象函数再反变换为时间函数，这就是拉普拉斯反变换，又称拉普拉斯逆变换。

拉普拉斯反变换是将象函数 $F(s)$ 变换为原函数 $f(t)$ 的运算。式(5.45)给出了拉普拉斯反变换的定义式

$$f(t)=\mathscr{L}^{-1}[F(s)]=\frac{1}{2\pi\mathrm{j}}\int_{\sigma-\mathrm{j}\infty}^{\sigma+\mathrm{j}\infty}F(s)\mathrm{e}^{st}\mathrm{d}s \tag{5.45}$$

这个公式的被积函数是一个复变函数，其积分是沿着收敛区内的直线 $\sigma-\mathrm{j}\infty\to\sigma+\mathrm{j}\infty$ 进行。这个积分可以用复变函数积分计算，因此可以利用复变函数理论中的围线积分和留数定理求反变换，但此计算比较复杂。在一般情况下，计算函数比计算积分更容易，对于单边拉普拉斯变换来说，由于时域中的函数 $f(t)$ 与复频域中的函数 $F(s)$ 是一一对应的，且实际问题中象函数 $F(s)$ 一般为 s 的有理分式，所以在工程中常常通过查表或部分分式法来求反变换。这种利用代数方法求拉普拉斯反变换的方法是一种较为简便的方法，因此本书只讨论拉普拉斯

反变换的部分分式法。

部分分式法是先把复频域中的象函数 $F(s)$ 展开为一系列简单分式之和的形式，然后求出这些简单分式的反变换，再根据线性性质就可得到整个 $F(s)$ 的原函数。这里的所谓简单分式，是指在常用信号的变换对中可以找到它们的函数形式，如表5.1中列出的常用信号的拉普拉斯变换。

对于线性系统而言，响应的象函数 $F(s)$ 常具有有理分式的形式，它可以表示为两个实系数的多项式之比，即

$$F(s)=\frac{N(s)}{D(s)}=\frac{b_m s^m+b_{m-1}s^{m-1}+\cdots+b_1 s+b_0}{a_n s^n+a_{n-1}s^{n-1}+\cdots+a_1 s+a_0} \tag{5.46}$$

式中，$a_n, a_{n-1}, \cdots, a_1, a_0$ 和 $b_m, b_{m-1}, \cdots, b_1, b_0$ 均为实系数，n 和 m 为正整数。

分母多项式 $D(s)$ 称为系统的特征多项式，方程 $D(s)=0$ 称为特征方程，假设 $a_n=1$，它可表示为便于分解的形式

$$D(s)=(s-p_1)(s-p_2)\cdots(s-p_n) \tag{5.47}$$

式中，$p_1, p_2, \cdots, p_n$ 是 $D(s)=0$ 方程式的根（系统的固有频率或自然频率），称为特征根，也称为 $F(s)$ 的极点。

同样，分子多项式也可表示为

$$N(s)=b_m(s-z_1)(s-z_2)\cdots(s-z_m) \tag{5.48}$$

式中，$z_1, z_2, \cdots, z_m$ 是 $N(s)=0$ 方程式的根，称为 $F(s)$ 的零点。

若 $m<n$，则 $F(s)$ 为有理真分式，对此形式的象函数可以用部分分式法（或称分解定理）将其表示为许多简单分式之和的形式；若 $m\geqslant n$ 时，则 $F(s)$ 为假分式，在将式(5.46)展开成部分分式之前，需要用长除法将其分成多项式与真分式之和，即

$$F(s)=\frac{N(s)}{D(s)}=B_0+B_1 s+\cdots+B_{m-n}s^{m-n}+\frac{Q(s)}{D(s)} \tag{5.49}$$

令 $B(s)=B_0+B_1 s+\cdots+B_{m-n}s^{m-n}$，它是 s 的有理多项式，由于多项式 $B(s)$ 的拉普拉斯反变换是冲激函数及其各阶导数，它们可直接求得，即

$$\mathscr{L}^{-1}[B(s)]=B_0\delta(t)+B_1\delta'(t)+\cdots+B_{m-n}\delta^{(m-n)}(t) \tag{5.50}$$

所以，只需要确定 $\dfrac{Q(s)}{D(s)}$ 的拉普拉斯反变换就可以了，故下面着重讨论 $F(s)$ 是有理真分式时的拉普拉斯反变换。由于 $D(s)=0$ 的 n 个根可为单根或重根，也可为实数根或复数根，所以，$F(s)$ 展开为部分分式的具体形式取决于 $F(s)$ 的极点的特性。下面根据 $F(s)$ 的极点 $p_i(i=1, 2, \cdots, n)$ 的不同情况，分别介绍利用部分分式法求解反变换的过程。

1. $F(s)$ 的极点均为互不相等的单实极点

在 $n>m$ 时，若 $D(s)=0$ 的 n 个单根分别为 $p_1, p_2, \cdots, p_n$，且均为实数，互不相等，则 $F(s)$ 可表示为如下形式：

$$\begin{aligned}F(s)&=\frac{N(s)}{D(s)}=\frac{N(s)}{(s-p_1)(s-p_2)\cdots(s-p_n)}\\&=\frac{K_1}{s-p_1}+\frac{K_2}{s-p_2}+\cdots+\frac{K_n}{s-p_n}=\sum_{i=1}^{n}\frac{K_i}{s-p_i}\end{aligned} \tag{5.51}$$

象函数 $F(s)$ 对应的原函数 $f(t)$ 为

$$\begin{aligned} f(t) &= (K_1 e^{p_1 t} + K_2 e^{p_2 t} + \cdots + K_n e^{p_n t})\varepsilon(t) \\ &= \sum_{i=1}^{n} K_i e^{p_i t}\varepsilon(t) \end{aligned} \tag{5.52}$$

那么,如何确定 $K_1, K_2, \cdots, K_n$ 呢? 例如,对式(5.51)两边同时乘以$(s-p_1)$,有

$$\begin{aligned} (s-p_1)F(s) &= \frac{N(s)}{(s-p_2)(s-p_3)\cdots(s-p_n)} \\ &= K_1 + \frac{K_2(s-p_1)}{s-p_2} + \cdots + \frac{K_n(s-p_1)}{s-p_n} \end{aligned} \tag{5.53}$$

令 $s=p_1$,则式(5.53)右边除 K_1 外,其余各项均为零,由此得到第一个系数 K_1 为

$$K_1 = (s-p_1)F(s)\big|_{s=p_1} = \left.\frac{N(s)}{(s-p_2)(s-p_3)\cdots(s-p_n)}\right|_{s=p_1}$$

同理,可求出任一极点 p_i 所对应的系数 K_i 为

$$K_i = (s-p_i)F(s)\big|_{s=p_i} \quad i=1,2,\cdots,n \tag{5.54}$$

例 5.24　已知象函数 $F(s)=\dfrac{s+6}{s^3+5s^2+6s}$,求其原函数 $f(t)$。

解　$F(s)$ 的分母多项式 $D(s)=s^3+5s^2+6s=s(s+2)(s+3)$,所以,方程 $D(s)=0$ 有三个单根,分别为 $p_1=0, p_2=-2, p_3=-3$。因此 $F(s)$ 的部分分式展开式为

$$F(s) = \frac{s+6}{s(s+2)(s+3)} = \frac{K_1}{s} + \frac{K_2}{s+2} + \frac{K_3}{s+3} \tag{5.55}$$

利用式(5.54)可求得各系数分别为

$$K_1 = sF(s)\big|_{s=0} = s\left.\frac{s+6}{s(s+2)(s+3)}\right|_{s=0} = \left.\frac{s+6}{(s+2)(s+3)}\right|_{s=0} = 1$$

$$K_2 = (s+2)F(s)\big|_{s=-2} = \left.\frac{s+6}{s(s+3)}\right|_{s=-2} = -2$$

$$K_3 = (s+3)F(s)\big|_{s=-3} = \left.\frac{s+6}{s(s+2)}\right|_{s=-3} = 1$$

将 K_1、K_2、K_3 的值代入式(5.55)中,得

$$F(s) = \frac{1}{s} - \frac{2}{s+2} + \frac{1}{s+3}$$

利用基本变换对及线性性质,得

$$f(t) = (1-2e^{-2t}+e^{-3t})\varepsilon(t)$$

2. $F(s)$ 的极点中含有共轭复数极点且无重极点

在 $n>m$ 时,若 $D(s)=0$ 的 n 个单根中,不仅具有实数根,而且还有复数根。在这种情况下,上面介绍的在 $F(s)$ 仅有单极点时求拉普拉斯反变换的方法同样适用于 $F(s)$ 极点中含有复数单极点的情况。但是,对于实系数有理分式 $F(s)=\dfrac{D(s)}{N(s)}$ 来说,如果 $N(s)=0$ 的 n 个根中有复数根(或虚数根),则这些复数根必然是成对出现的共轭复数,而且部分分式的相应系数也是成对出现的共轭复数。在实际应用中,注意到上述特点,可以简化求系数的过程。

设 $D(s)=0$ 有一对复数根 $p_{1,2}=-\alpha\pm j\omega$,则 $F(s)$ 可展开为

$$F(s)=\frac{N(s)}{(s+\alpha)^2+\omega^2}=\frac{N(s)}{(s+\alpha-\mathrm{j}\omega)(s+\alpha+\mathrm{j}\omega)}$$
$$=\frac{K_1}{s+\alpha-\mathrm{j}\omega}+\frac{K_2}{s+\alpha+\mathrm{j}\omega} \tag{5.56}$$

根据式(5.54)，可求得 K_1 和 K_2 分别为

$$K_1=(s+\alpha-\mathrm{j}\omega)F(s)\big|_{s=-\alpha+\mathrm{j}\omega}=\frac{N(-\alpha+\mathrm{j}\omega)}{2\mathrm{j}\omega}$$
$$K_2=(s+\alpha+\mathrm{j}\omega)F(s)\big|_{s=-\alpha-\mathrm{j}\omega}=\frac{N(-\alpha-\mathrm{j}\omega)}{-2\mathrm{j}\omega}$$

从以上两式可以看到，K_1 与 K_2 呈共轭关系。设 $K_1=|K_1|\mathrm{e}^{\mathrm{j}\varphi}$，则 $K_2=K_1^*=|K_1|\mathrm{e}^{-\mathrm{j}\varphi}$，于是有

$$F(s)=\frac{|K_1|\mathrm{e}^{\mathrm{j}\varphi}}{s+\alpha-\mathrm{j}\omega}+\frac{|K_1|\mathrm{e}^{-\mathrm{j}\varphi}}{s+\alpha+\mathrm{j}\omega}$$

对 $F(s)$ 取拉普拉斯反变换，得

$$f(t)=\left[\,|K_1|\mathrm{e}^{\mathrm{j}\varphi}\mathrm{e}^{(-\alpha+\mathrm{j}\omega)t}+|K_1|\mathrm{e}^{-\mathrm{j}\varphi}\mathrm{e}^{(-\alpha-\mathrm{j}\omega)t}\right]\varepsilon(t)$$
$$=|K_1|\mathrm{e}^{-\alpha t}\left[\mathrm{e}^{\mathrm{j}(\omega t+\varphi)}+\mathrm{e}^{-\mathrm{j}(\omega t+\varphi)}\right]\varepsilon(t)$$
$$=2|K_1|\mathrm{e}^{-\alpha t}\cos(\omega t+\varphi)\varepsilon(t) \tag{5.57}$$

由此可见，对于 $F(s)$ 的一对共轭复数极点 $p_1=-\alpha+\mathrm{j}\omega$，$p_2=-\alpha-\mathrm{j}\omega$，只需要求出一个系数即可。若 $K_1=|K_1|\mathrm{e}^{\mathrm{j}\varphi}$（$K_1$ 是对应于 $s=p_1$ 的系数），则根据式(5.57)就可写出这一对共轭复数极点所对应的部分分式的原函数的表达式。

例 5.25　已知 $F(s)=\dfrac{s+2}{(s+1)(s^2+4s+5)}$，试求其原函数 $f(t)$。

解　本例中，$D(s)=(s+1)(s+2-\mathrm{j})(s+2+\mathrm{j})=0$ 有三个根，它们分别是 $p_1=-1$，$p_2=-2+\mathrm{j}$，$p_3=-2-\mathrm{j}$。因此，可将 $F(s)$ 展开为

$$F(s)=\frac{K_1}{s+1}+\frac{K_2}{s+2-\mathrm{j}}+\frac{K_3}{s+2+\mathrm{j}}$$

由式(5.54)求得上式中的 K_1、K_2 分别为

$$K_1=(s+1)F(s)\big|_{s=-1}=\frac{s+2}{s^2+4s+5}\bigg|_{s=-1}=\frac{1}{2}$$
$$K_2=(s+2-\mathrm{j})F(s)\big|_{s=-2+\mathrm{j}}=\frac{s+2}{(s+1)(s+2+\mathrm{j})}\bigg|_{s=-2+\mathrm{j}}=\frac{1}{2(-1+\mathrm{j})}$$
$$=\frac{1}{4}(-1-\mathrm{j})=\frac{\sqrt{2}}{4}\mathrm{e}^{-\mathrm{j}\frac{3\pi}{4}}$$

所以，对 $F(s)$ 求反变换得

$$f(t)=\frac{1}{2}\left[\mathrm{e}^{-t}+\sqrt{2}\,\mathrm{e}^{-2t}\cos\left(t-\frac{3\pi}{4}\right)\right]\varepsilon(t)$$

3. $F(s)$ 的极点中含有重极点

在 $n>m$ 时，若 $D(s)=0$ 的特征根中含有 $s=p_1$ 的 r 重根，而其余 $n-r$ 个根 $p_j(j=r+1,\cdots,n)$ 为单根，则 $F(s)$ 可表示为

$$F(s)=\frac{N(s)}{(s-p_1)^r(s-p_{r+1})\cdots(s-p_n)}$$

$$=\frac{K_{11}}{(s-p_1)^r}+\frac{K_{12}}{(s-p_1)^{r-1}}+\cdots+\frac{K_{1(r-1)}}{(s-p_1)^2}+\frac{K_{1r}}{s-p_1}+\sum_{j=r+1}^{n}\frac{K_j}{(s-p_j)}$$

$$=\sum_{i=1}^{r}\frac{K_{1i}}{(s-p_1)^{r+1-i}}+\sum_{j=r+1}^{n}\frac{K_j}{(s-p_j)} \tag{5.58}$$

式中，对应单极点分式的系数 K_j 仍可用式(5.54)确定。为了确定系数 $K_{1i}(i=1,2,\cdots,r)$，将式(5.58)两边同乘以$(s-p_1)^r$，则可得

$$(s-p_1)^r F(s)=K_{11}+(s-p_1)K_{12}+\cdots+(s-p_1)^{r-1}K_{1r}+(s-p_1)^r\sum_{j=r+1}^{n}\frac{K_j}{(s-p_j)} \tag{5.59}$$

令 $s=p_1$，则式(5.59)右边除 K_{11}项外，其余各项均为零，于是可得

$$K_{11}=(s-p_1)^r F(s)\big|_{s=p_1} \tag{5.60}$$

若将式(5.59)对 s 求一次微分，并令 $s=p_1$，可以求得系数 K_{12}为

$$K_{12}=\frac{\mathrm{d}}{\mathrm{d}s}\left[(s-p_1)^r F(s)\right]\big|_{s=p_1} \tag{5.61}$$

依次类推，将式(5.59)对 s 求 $i-1$ 次微分，并令 $s=p_1$，可以求得系数 K_{1i}为

$$K_{1i}=\frac{1}{(i-1)!}\frac{\mathrm{d}^{i-1}}{\mathrm{d}s^{i-1}}\left[(s-p_1)^r F(s)\right]\big|_{s=p_1} \tag{5.62}$$

当全部系数确定后，由于

$$\frac{K}{(s-p_1)^i}\leftrightarrow\frac{K}{(i-1)!}t^{i-1}\mathrm{e}^{p_1 t}\varepsilon(t) \tag{5.63}$$

对式(5.63)做拉普拉斯变换，可求出式(5.58)中重根部分的原函数为

$$\mathscr{L}^{-1}\left[\sum_{i=1}^{r}\frac{K_{1i}}{(s-p_1)^{r+1-i}}\right]=\left[\sum_{i=1}^{r}\frac{K_{1i}}{(r-i)!}t^{(r-i)}\right]\mathrm{e}^{p_1 t}\varepsilon(t)$$

再根据拉普拉斯变换的线性性质及式(5.54)，可求得 $F(s)$的原函数为

$$f(t)=\mathscr{L}^{-1}\left[\sum_{i=1}^{r}\frac{K_{1i}}{(s-p_1)^{r+1-i}}+\sum_{j=r+1}^{n}\frac{K_j}{s-p_j}\right]$$

$$=\left[\sum_{i=1}^{r}\frac{K_{1i}}{(r-i)!}t^{(r-i)}\right]\mathrm{e}^{p_1 t}\varepsilon(t)+\sum_{j=r+1}^{n}K_j\mathrm{e}^{p_j t}\varepsilon(t) \tag{5.64}$$

例 5.26　已知 $F(s)=\dfrac{2s+5}{(s+1)(s+2)^3}$，求其原函数$f(t)$。

解　将 $F(s)$进行部分分式展开，即

$$F(s)=\frac{K_{11}}{(s+2)^3}+\frac{K_{12}}{(s+2)^3}+\frac{K_{13}}{s+2}+\frac{K_2}{s+1}$$

其中，各分式的系数分别为

$$K_{11}=\left[(s+2)^3F(s)\right]\big|_{s=-2}=\frac{2s+5}{s+1}\bigg|_{s=-2}=-1$$

$$K_{12}=\frac{\mathrm{d}}{\mathrm{d}s}\left[(s+2)^3F(s)\right]\big|_{s=-2}=\frac{\mathrm{d}}{\mathrm{d}s}\left[\frac{2s+5}{s+1}\right]\bigg|_{s=-2}=\frac{-3}{(s+1)^2}\bigg|_{s=-2}=-3$$

$$K_{13}=\frac{1}{2}\frac{\mathrm{d}^2}{\mathrm{d}s^2}\left[(s+2)^3F(s)\right]\big|_{s=-2}=\frac{1}{2}\frac{\mathrm{d}}{\mathrm{d}s}\left[\frac{-3}{(s+1)^2}\right]\bigg|_{s=-2}=\frac{1}{2}\frac{6}{(s+1)^3}\bigg|_{s=-2}=-3$$

$$K_2=(s+1)F(s)\big|_{s=-1}=\frac{2s+5}{(s+2)^3}\bigg|_{s=-1}=3$$

即
$$F(s)=-\frac{1}{(s+2)^3}-\frac{3}{(s+2)^2}-\frac{3}{s+2}+\frac{3}{s+1}$$

故其原函数为

$$f(t)=\left[-\left(\frac{1}{2}t^2+3t+3\right)e^{-2t}+3e^{-t}\right]\varepsilon(t)$$

若 $m\geqslant n$ 时，$F(s)$为假分式，在利用部分分式法进行拉普拉斯反变换之前，需要用长除法将其分解成有理多项式和有理真分式之和，然后再利用部分分式法及时域微分性质，通过查表求得$F(s)$ 的原函数$f(t)$。

例 5.27　求 $F(s)=\dfrac{s^4+2}{s^3+4s^2+4s}$的原函数$f(t)$。

解　由于 $F(s)$是一个假分式，首先分解出真分式，为此采用长除法运算

$$\begin{array}{r|l}
 & s-4 \\ \hline
s^3+4s^2+4s & s^4\qquad\qquad +2 \\
 & s^4+4s^3+4s^2 \\ \cline{2-2}
 & -4s^3-4s^2+2 \\
 & -4s^3-16s^2-16s \\ \cline{2-2}
 & 12s^2+16s+2
\end{array}$$

得

$$F(s)=\frac{s^4+2}{s^3+4s^2+4s}=s-4+\frac{12s^2+16s+2}{s(s^2+4s+4)}=s-4+\frac{12s^2+16s+2}{s(s+2)^2}$$
$$=s-4+\frac{K_1}{s}+\frac{K_{21}}{(s+2)^2}+\frac{K_{22}}{s+2}$$

可以看出 $F(s)$有一个单极点和一个二重极点，分别采用单极点和二重极点系数求解方法，即可求出 K_1、K_{21}、K_{22}。

$$K_1=\frac{12s^2+16s+2}{(s+2)^2}\bigg|_{s=0}=\frac{1}{2}$$

$$K_{21}=\frac{12s^2+16s+2}{s}\bigg|_{s=-2}=-9$$

$$K_{22}=\frac{d}{ds}\left(\frac{12s^2+16s+2}{s}\right)\bigg|_{s=-2}=\frac{23}{2}$$

将各系数代入原式可得

$$F(s)=s-4+\frac{1}{2}\ \frac{1}{s}-\frac{9}{(s+2)^2}+\frac{23}{2}\ \frac{1}{s+2}$$

故
$$f(t)=\delta'(t)-4\delta(t)+\frac{1}{2}\varepsilon(t)-9te^{-2t}\varepsilon(t)+\frac{23}{2}e^{-2t}\varepsilon(t)$$

除了利用部分分式展开法以外，在求拉普拉斯反变换时，还应善于利用性质。尤其当象函数$F(s)$不是有理分式时，由于无法进行部分分式展开，这时就需要采用适当的性质和基本变换对来进行求解。

例 5.28　已知 $F(s)=\dfrac{1-e^{-2s}}{s^2+\pi^2}$，求 $F(s)$ 的拉普拉斯反变换。

解　将 $F(s)$ 改写为

$$F(s)=\frac{1}{s^2+\pi^2}-\frac{e^{-2s}}{s^2+\pi^2}$$

根据基本变换对和时移性质，有

$$\sin(\pi t)\varepsilon(t)\leftrightarrow\frac{\pi}{s^2+\pi^2}$$

$$\sin[\pi(t-2)]\varepsilon(t-2)\leftrightarrow\frac{\pi e^{-2t}}{s^2+\pi^2}$$

所以

$$f(t)=\mathscr{L}^{-1}[F(s)]=\frac{1}{\pi}\sin(\pi t)\varepsilon(t)-\frac{1}{\pi}\sin[\pi(t-2)]\varepsilon(t-2)$$

例 5.29　试求 $F(s)=\dfrac{1}{1+e^{-s}}$ 的原函数 $f(t)$，并画出其波形。

解　$F(s)$ 不是有理分式，不能展开为部分分式，但可将 $F(s)$ 的函数形式作如下恒等变换：

$$F(s)=\frac{1}{1+e^{-s}}=\frac{1-e^{-s}}{(1+e^{-s})(1-e^{-s})}=\frac{1-e^{-s}}{1-e^{-2s}}\tag{5.65}$$

由 5.2.2 节中讨论的周期信号的拉普拉斯变换的知识可知，对于有始的周期信号的象函数，具有式(5.22)所示形式，即

$$F(s)=\frac{F_1(s)}{1-e^{-sT}}\tag{5.66}$$

式中，$F_1(s)$ 是周期信号在第一周期内脉冲信号的象函数。将式(5.65)与式(5.66)比较可知，本例中 $F(s)$ 的原函数 $f(t)$ 是一个周期信号，其周期 $T=2$，$F_1(s)=1-e^{-s}$。对 $F_1(s)$ 取反变换，可得周期信号 $f(t)$ 在第一个周期内的脉冲信号为

$$f_1(t)=\delta(t)-\delta(t-1)$$

根据 $f_1(t)=\delta(t)-\delta(t-1)$，$T=2$，画出 $f(t)$ 的波形，如图 5.10 所示。

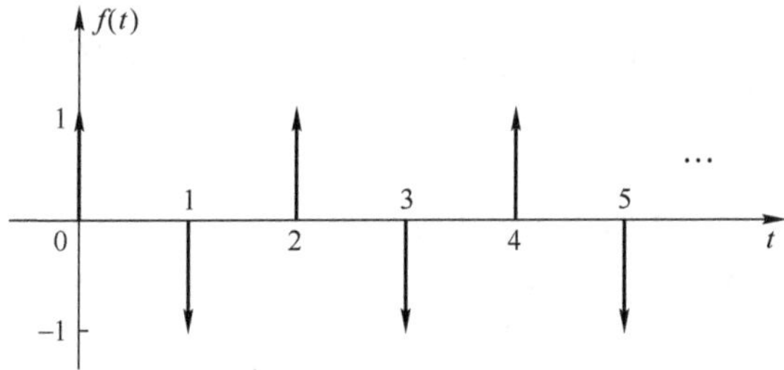

图 5.10　例 5.29 中的 $f(t)$ 波形图

根据周期信号的特点，可写出 $f(t)$ 的表达式为

$$f(t)=\sum_{n=0}^{\infty}f_1(t-nT)=\sum_{n=0}^{\infty}[\delta(t-nT)-\delta(t-1-nT)]$$

5.4 连续时间系统的复频域分析

系统的复频域分析,就是利用拉普拉斯变换将系统的时域表示变换到复频域(s 域),在复频域中求解系统的响应或分析系统的特性。这是分析线性连续时间系统常用的且较简便的方法。

5.4.1 微分方程的复频域求解

用拉普拉斯变换分析法求解常系数线性微分方程时,不仅可以将描述连续时间系统的时域微分方程变换成复频域中的代数方程,而且在此代数方程中同时体现了系统的初始状态。解此代数方程,可一举求得方程的完全解。

设线性时不变系统的输入(激励)为 $f(t)$,输出(响应)为 $y(t)$,描述 n 阶系统的输入-输出微分方程的一般形式可写为

$$\begin{aligned}&a_n y^{(n)}(t)+a_{n-1}y^{(n-1)}(t)+\cdots+a_1 y'(t)+a_0 y(t)\\&=b_m f^{(m)}(t)+b_{m-1}f^{(m-1)}(t)+\cdots+b_1 f'(t)+b_0 f(t)\end{aligned} \tag{5.67}$$

式(5.67)可表示为

$$\sum_{i=0}^{n} a_i y^{(i)}(t)=\sum_{j=0}^{m} b_i f^{(j)}(t) \tag{5.68}$$

式中,系数 $a_i(i=0,1,2,\cdots,n)$、$b_j(j=0,1,2,\cdots,m)$ 均为实数。设系统的初始状态为 $y(0_-)$,$y'(0_-),\cdots,y^{(n-1)}(0_-)$。令 $f(t)\leftrightarrow F(s)$,$y(t)\leftrightarrow Y(s)$,根据时域微分性质,$y(t)$ 及其各阶导数的拉普拉斯变换为

$$\frac{\mathrm{d}^i y(t)}{\mathrm{d}t^i}\leftrightarrow s^i Y(s)-s^{i-1}y(0_-)-s^{i-2}y'(0_-)-\cdots-y^{(i-1)}(0_-) \tag{5.69}$$

由于 $f(t)$ 是在 $t=0$ 时接入,因而在 $t=0_-$ 时,$f(t)$ 及其各阶导数均为零,则 $f(t)$ 及其各阶导数的拉普拉斯变换为

$$\frac{\mathrm{d}^j f(t)}{\mathrm{d}t^j}\leftrightarrow s^j F(s)\quad j=0,1,2,\cdots,m \tag{5.70}$$

因此,对式(5.68)微分方程两边取拉普拉斯变换并将式(5.69)、式(5.70)代入,得

$$\sum_{i=0}^{n} a_i\left[s^i Y(s)-\sum_{p=0}^{i} s^{i-1-p}y^{(p)}(0_-)\right]=\sum_{j=0}^{\mathrm{m}} b_j s^j F(s)$$

由此可得

$$Y(s)=\frac{\sum\limits_{i=0}^{n} a_i\left[\sum\limits_{p=0}^{i} s^{i-1-p}y^{(p)}(0_-)\right]}{\sum\limits_{i=0}^{n} a_i s^i}+\frac{\sum\limits_{j=0}^{m} b_j s^j}{\sum\limits_{i=0}^{n} a_i s^i}F(s) \tag{5.71}$$

由式(5.71)可知,其第一项仅与系统的初始状态有关而与输入无关,因而是零输入响应 $y_{zi}(t)$ 的象函数 $Y_{zi}(s)$;其第二项仅与输入有关而与系统的初始状态无关,因而是零状态响应 $y_{zs}(t)$ 的象函数 $Y_{zs}(s)$。于是式(5.71)可写为

$$Y(s)=Y_{zi}(s)+Y_{zs}(s) \tag{5.72}$$

对式(5.71)取拉普拉斯反变换,得系统的全响应为

$$y(t)=y_{zi}(t)+y_{zs}(t) \tag{5.73}$$

下面以具体例子说明微分方程的复频域的求解过程。

例 5.30　描述某线性时不变系统的微分方程为

$$y''(t)+3y'(t)+2y(t)=4f'(t)+3f(t)\quad t\geqslant 0$$

已知 $y(0_-)=-2, y'(0_-)=3, f(t)=\varepsilon(t)$，求系统的零输入响应 $y_{zi}(t)$、零状态响应 $y_{zs}(t)$ 和全响应 $y(t)$。

解　对原微分方程两边逐项取拉普拉斯变换，可得

$$s^2Y(s)-sy(0_-)-y'(0_-)+3[sY(s)-y(0_-)]+2Y(s)=(4s+3)F(s)$$

整理后得到

$$Y(s)=\frac{sy(0_-)+y'(0_-)+3y(0_-)}{s^2+3s+2}+\frac{4s+3}{s^2+3s+2}F(s)$$

零输入响应的 s 域表示式为

$$Y_{zi}(s)=\frac{sy(0_-)+y'(0_-)+3y(0_-)}{s^2+3s+2}=\frac{-2s+3+3(-2)}{(s+1)(s+2)}$$

$$=\frac{-2s-3}{(s+1)(s+2)}=\frac{-1}{s+1}+\frac{-1}{s+2}$$

对上式进行拉普拉斯反变换得

$$y_{zi}(t)=(-e^{-t}-e^{-2t})\varepsilon(t)$$

因为 $f(t)=\varepsilon(t)$，即 $\varepsilon(t)\leftrightarrow\frac{1}{s}$，所以零状态响应的 s 域表示式为

$$Y_{zs}(s)=\frac{4s+3}{s^2+3s+2}F(s)=\frac{4s+3}{s(s+1)(s+2)}=\frac{1.5}{s}+\frac{1}{s+1}+\frac{-2.5}{s+2}$$

对上式进行拉普拉斯反变换得

$$y_{zs}(t)=(1.5+e^{-t}-2.5e^{-2t})\varepsilon(t)$$

故全响应为

$$y(t)=y_{zi}(t)+y_{zs}(t)=(1.5-3.5e^{-2t})\varepsilon(t)$$

例 5.31　如图 5.11 所示电路，已知 $t=0$ 时开关闭合，电感有初始电流 $i(0_-)$，电容有初始电压 $u_C(0_-)$，求回路电流 $i(t)$。

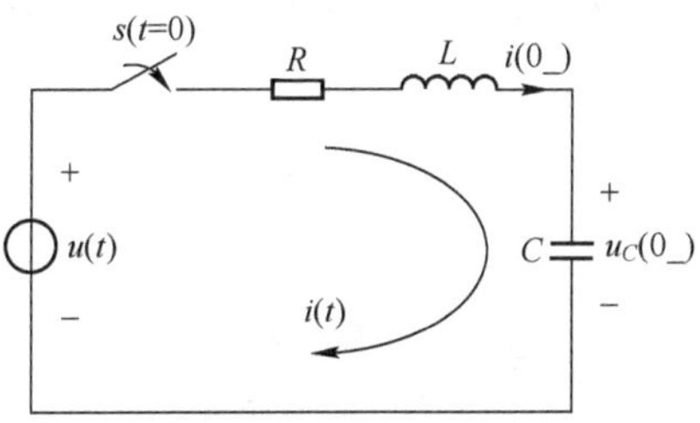

图 5.11　例 5.31 的电路图

解　利用基尔霍夫定律对图 5.11 所示电路列写回路方程，即

$$Ri(t)+L\frac{i(t)}{dt}+\frac{1}{C}\int_{-\infty}^{t}i(\tau)d\tau=u(t)$$

利用拉普拉斯变换的时域微分和积分性质，对上式逐项进行拉普拉斯变换，得

$$RI(s)+LsI(s)-Li(0_-)+\frac{I(s)}{Cs}+\frac{\int_{-\infty}^{0_-}i(\tau)\mathrm{d}\tau}{Cs}=U(s)$$

其中，$I(s)$、$U(s)$分别为$i(t)$、$u(t)$的拉普拉斯变换，而

$$\frac{1}{C}\int_{-\infty}^{0_-}i(\tau)\mathrm{d}\tau=u_C(0_-)$$

即

$$I(s)=\frac{Li(0_-)-\dfrac{u_C(0_-)}{s}}{R+Ls+\dfrac{1}{Cs}}+\frac{U(s)}{R+Ls+\dfrac{1}{Cs}}$$

对上式进行拉普拉斯反变换，即可得图 5.11 所示电路的回路电流 $i(t)=\mathscr{L}^{-1}[I(s)]$。

由上面两例可见，用拉普拉斯变换求解微分方程的具体步骤如下：

1）由具体电路列出微分方程（组）。

2）对微分方程逐项取拉普拉斯变换，利用时域微分和积分性质代入初始状态。

3）对拉普拉斯变换方程进行代数运算，求出响应的象函数。

4）对响应的象函数进行拉普拉斯反变换，得到全响应的时域表示。

5.4.2 电路的复频域模型与求解

在复频域分析电路时，可不必先列写微分方程再取拉普拉斯变换（如例 5.31 的步骤），而是根据电路的复频域模型（s 域电路模型），直接列写复频域方程，从而求得所需响应的象函数，再进行拉普拉斯反变换，求出响应的原函数。欲得到任一复杂电路的 s 域模型，应先从电路基本元件的 s 域模型入手。

1. 电阻元件 R

设电阻元件 R 上的电压 $u_R(t)$ 与电流 $i_R(t)$ 的参考方向为关联参考方向，如图 5.12a 所示，则电阻 R 在时域中的电压与电流的关系为

$$u_R(t)=Ri_R(t) \tag{5.74}$$

对式（5.74）两边取拉普拉斯变换，可得电阻 R 复频域（s 域）中的电压与电流的关系为

$$U_R(s)=RI_R(s) \tag{5.75}$$

式（5.75）称为电阻 R 的 s 域模型，如图 5.12b 所示。显然，电阻元件的 s 域模型与时域模型具有相同的形式。

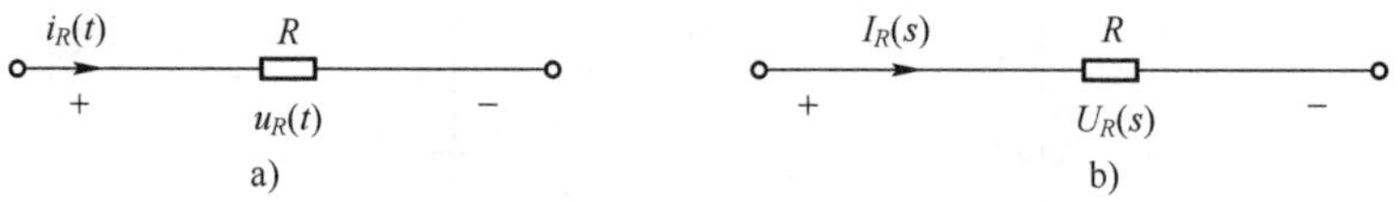

图 5.12 电阻元件的模型

a）时域 b）复频域

2. 电感元件 L

设电感元件 L 上的电压 $u_L(t)$ 与电流 $i_L(t)$ 的参考方向为关联参考方向，如图 5.13a 所示，则电感 L 在时域中的电压与电流的关系为

$$u_L(t)=L\frac{\mathrm{d}i_L(t)}{\mathrm{d}t} \tag{5.76}$$

对式(5.76)两边取拉普拉斯变换,可得电感 L 复频域(s 域)中的电压与电流的关系为

$$U_L(s)=sLI_L(s)-Li_L(0_-) \tag{5.77}$$

或

$$I_L(s)=\frac{1}{sL}U_L(s)+\frac{i_L(0_-)}{s} \tag{5.78}$$

式(5.77)和式(5.78)表示电感 L 的 s 域模型,如图 5.13b 和 c 所示,其中 sL 和 $\frac{1}{sL}$ 分别称为电感的运算阻抗和运算导纳,而 $Li_L(0_-)$ 和 $\frac{i_L(0_-)}{s}$ 分别表示与电感中初始电流 $i_L(0_-)$ 有关的附加电压源和附加电流源的量值,反映了电感 L 中的初始储能对响应的影响。图 5.13b 表示了电感 L 的 s 域模型的串联形式,而图 5.13c 表示了电感 L 的 s 域模型的并联形式。

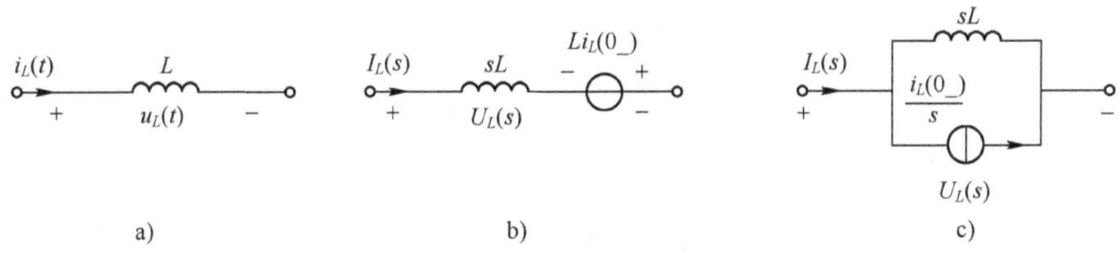

图 5.13　电感元件的模型

a) 时域　b) s 域模型(串联形式)　c) s 域模型(并联形式)

3. 电容元件 C

设电容元件 C 上的电压 $u_C(t)$ 与电流 $i_C(t)$ 的参考方向为关联参考方向,如图 5.14a 所示,则电容 C 在时域中的电压与电流的关系为

$$u_C(t)=\frac{1}{C}\int_{0_-}^{t} i_C(\tau)\mathrm{d}\tau+u_C(0_-) \tag{5.79}$$

对式(5.79)两边取拉普拉斯变换,可得电容 C 复频域中的电压与电流的关系为

$$U_C(s)=\frac{1}{sC}I_C(s)+\frac{1}{s}u_C(0_-) \tag{5.80}$$

或

$$I_C(s)=sCU_C(s)-Cu_C(0_-) \tag{5.81}$$

式(5.80)和式(5.81)表示电容 C 的 s 域模型,如图 5.14b 和 c 所示,其中 $\frac{1}{sC}$ 和 sC 分别称为电容的运算阻抗和运算导纳,而 $\frac{u_C(0_-)}{s}$ 和 $Cu_C(0_-)$ 分别表示与电容中初始电压 $u_C(0_-)$ 有关的附加电压源和附加电流源的量值,反映了电容 C 中的初始储能对响应的影响。图 5.14b 表示了电容 C 的 s 域模型的串联形式,而图 5.14c 表示了电容 C 的 s 域模型的并联形式。

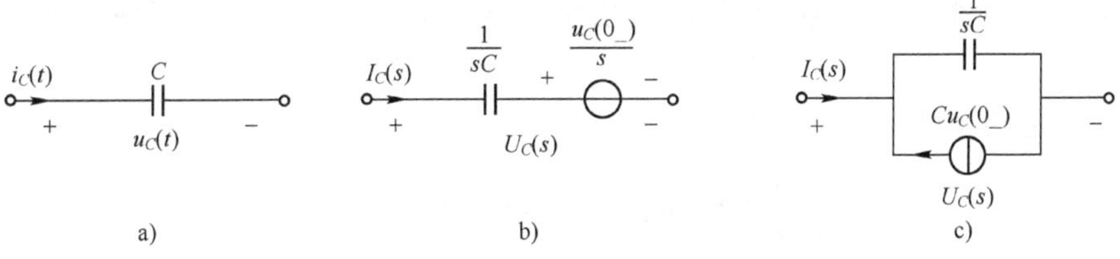

图 5.14　电容元件的模型

a) 时域　b) s 域模型(串联形式)　c) s 域模型(并联形式)

总结上面对三种电路基本元件 s 域模型的讨论,将结果列于表 5.3 中,以方便读者查阅。

表 5.3 电路元件的 s 域模型

元件	时 域	s 域模型	
		串联形式	并联形式
电阻	$i_R(t)$ R + $u_R(t)$ − $u_R(t)=Ri_R(t)$	$I_R(s)$ R + $U_R(s)$ − $U_R(s)=RI_R(s)$	$I_R(s)$ G + $U_R(s)$ − $I_R(s)=GU_R(s)$
电感	$i_L(t)$ L + $u_L(t)$ − $u_L(t)=L\dfrac{\mathrm{d}i_L(t)}{\mathrm{d}t}$	$I_L(s)$ sL $Li_L(0_-)$ − + + $U_L(s)$ − $U_L(s)=sLI_L(s)-Li_L(0_-)$	sL $I_L(s)$ $\dfrac{i_L(0_-)}{s}$ + − $U_L(s)$ $I_L(s)=\dfrac{1}{sL}U_L(s)+\dfrac{i_L(0_-)}{s}$
电容	$i_C(t)$ C + $u_C(t)$ − $u_C(t)=\dfrac{1}{C}\int_{0_-}^{t}i_C(\tau)\mathrm{d}\tau+u_C(0_-)$	$\dfrac{1}{sC}$ $\dfrac{u_C(0_-)}{s}$ $I_C(s)$ + − + $U_C(s)$ − $U_C(s)=\dfrac{1}{sC}I_C(s)+\dfrac{u_C(0_-)}{s}$	$\dfrac{1}{sC}$ $I_C(s)$ $Cu_C(0_-)$ + − $U_C(s)$ $I_C(s)=sCU_C(s)-Cu_C(0_-)$

4. 电路的复频域模型及求解

利用拉普拉斯变换分析线性时不变电路时,首先把电路中的元件用 s 域模型表示;再把电路中已知的电压源、电流源和其他的各电压、电流均用象函数表示,这样便可得到与原时域模型相对应的 s 域模型电路(又称运算电路)。在 s 域模型电路中,R、L、C 元件上的电压与电流的关系都是代数关系,而 KCL、KVL 在 s 域也成立,并且用于分析计算电阻电路的各种方法,如无源支路的串、并联化简,实际电压源与电流源的等效变换,戴维宁定理以及网孔电流法、结点电压法等,均可运用于线性时不变电路的复频域模型中。通过列方程求解出所求量的象函数,再取其拉普拉斯反变换便可得到所要求解的时域响应。需要注意的是,在画电路的 s 域模型时,如果储能元件(电感或电容元件)的初始状态不为零,应画出其附加电源,并要特别注意其参考方向。下面通过举例说明用 s 域等效模型求解电路响应的方法。

例 5.32 电路如图 5.15 所示,已知 $C=1\,\mathrm{F}$,$R_1=0.2\,\Omega$,$R_2=1\,\Omega$,$L=0.5\,\mathrm{H}$,$u_C(0_-)=5\,\mathrm{V}$,$i_L(0_-)=4\,\mathrm{A}$。当 $e(t)=10\,\mathrm{V}$ 时,求全响应电流 $i_1(t)$。

解 将电路元件用其 s 域模型替代,激励用其象函数替代,做出该电路的运算电路图,如图 5.16 所示。

对该运算电路图列写网孔电流方程,即

$$\begin{cases}\left(\dfrac{1}{s}+0.2\right)I_1(s)-0.2I_2(s)=\dfrac{10}{s}+\dfrac{5}{s}\\ -0.2I_1(s)+(1+0.2+0.5s)I_2(s)=2\end{cases}$$

解方程组得

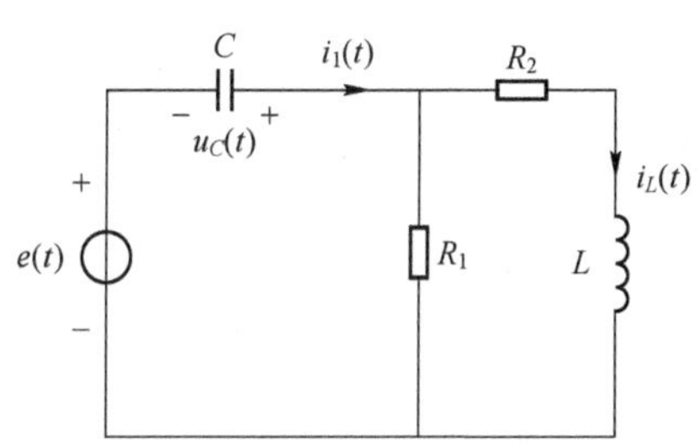

图 5.15　例 5.32 的电路图

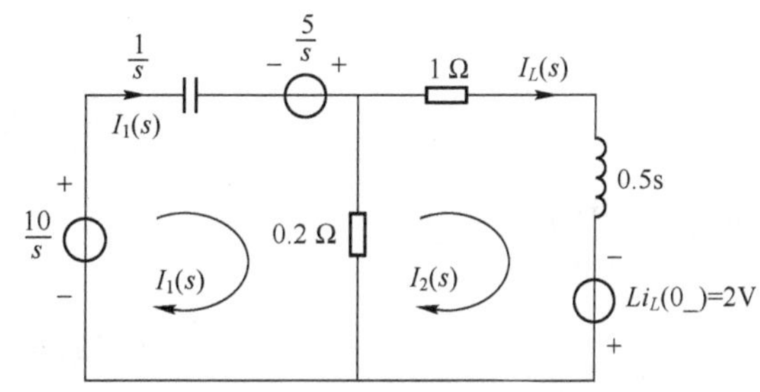

图 5.16　例 5.32 的运算电路图

$$I_1(s)=\frac{\begin{vmatrix}\dfrac{15}{s} & -0.2\\ 2 & 1.2+0.5s\end{vmatrix}}{\begin{vmatrix}0.2+\dfrac{1}{s} & -0.2\\ -0.2 & 1.2+0.5s\end{vmatrix}}=\frac{79s+180}{s^2+7s+12}=\frac{K_1}{s+3}+\frac{K_2}{s+4}$$

由上式可得

$$K_1=\frac{79s+180}{(s+4)}\bigg|_{s=-3}=-57$$

$$K_2=\frac{79s+180}{(s+3)}\bigg|_{s=-4}=136$$

则

$$I_1(s)=-\frac{57}{s+3}+\frac{136}{s+4}$$

故 $I_1(s)$ 的原函数 $i_1(t)$ 为

$$i_1(t)=(-57\mathrm{e}^{-3t}+136\mathrm{e}^{-4t})\varepsilon(t)$$

例 5.33　电路如图 5.17 所示，已知 $e(t)=3\mathrm{e}^{-10t}\varepsilon(t)$，$u_C(0_-)=5$ V，求电阻上的电压 $u_R(t)$。

解　对应于图 5.17 所示电路的运算电路图如图 5.18 所示。

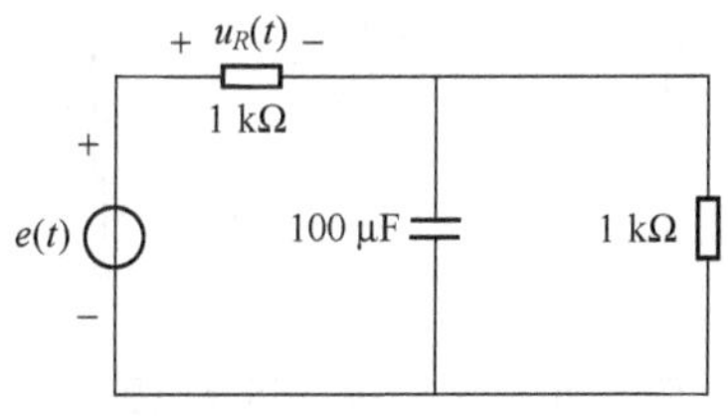

图 5.17　例 5.33 的电路图

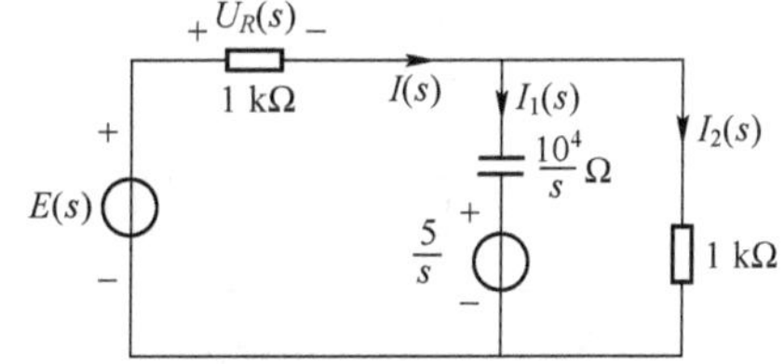

图 5.18　例 5.33 的运算电路图

根据基尔霍夫定律，有

$$\begin{cases}U_R(s)=1000I(s)=1000[I_1(s)+I_2(s)]\\ E(s)=U_R(s)+\dfrac{10^4}{s}I_1(s)+\dfrac{5}{s}\\ E(s)=U_R(s)+1000I_2(s)\end{cases}$$

联立求解以上三式,得

$$U_R(s)=\frac{s+10}{s+20}E(s)-\frac{5}{s+20}$$

将 $E(s)=\frac{3}{s+10}$代入上式,得

$$U_R(s)=-\frac{2}{s+20}$$

故

$$U_R(t)=-2e^{-20t}\varepsilon(t)$$

例 5.34 电路如图 5.19 所示,当 $t<0$ 时,开关闭合,电路处于稳态;当 $t=0$ 时,开关打开。求 $t\geqslant 0$ 时的输出电压 $u(t)$。

解 首先求出电容电压和电感电流的初始值,即

$$u_C(0_-)=12\text{ V}$$

$$i_L(0_-)=\frac{12}{4}\text{ A}=3\text{ A}$$

对应于图 5.19 所示电路的运算电路图如图 5.20 所示,列写出其结点电压方程,有

$$\left(\frac{1}{2}+\frac{1}{2+2/s}+\frac{1}{4+s}\right)U(s)=\frac{12/s}{2}+\frac{12/s}{2+2/s}-\frac{3}{s+4}$$

所以

$$U(s)=\frac{9s^2+51s+24}{s(s^2+5.5s+3)}=\frac{9s^2+51s+24}{s(s+4.89)(s+0.615)}$$

$$=\frac{7.98}{s}-\frac{0.493}{s+4.89}+\frac{15}{s+0.615}$$

故所求的输出电压 $u(t)$ 为

$$u(t)=(7.98-0.493e^{-4.89t}+15e^{-0.615t})\varepsilon(t)$$

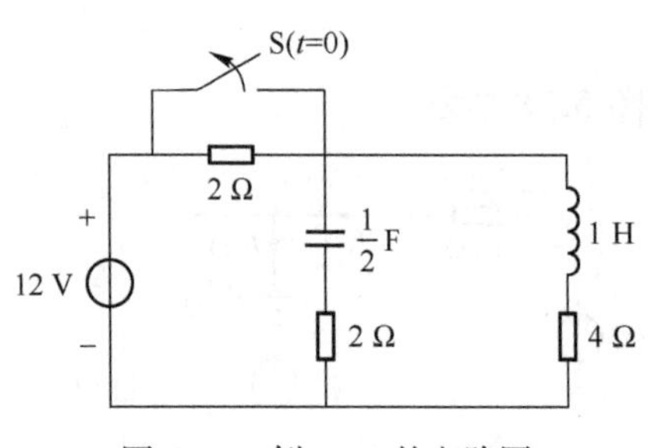

图 5.19 例 5.34 的电路图

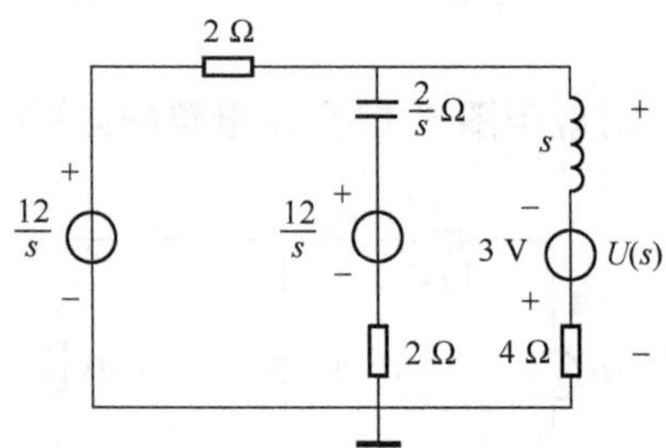

图 5.20 例 5.34 的运算电路图

5.5 系统函数与系统特性

系统函数 $H(s)$ 是描述线性时不变系统的重要特征参数,是系统分析的重要组成部分。通过分析系统函数在 s 平面的零、极点分布,可以了解系统的时域响应特性、频域响应特性以及系统稳态性等诸多特性。

5.5.1　系统函数

对于线性时不变系统,其输入信号 $f(t)$ 与输出信号 $y(t)$ 之间的关系可由 n 阶常系数线性微分方程描述,即

$$\begin{aligned}&a_n y^{(n)}(t)+a_{n-1}y^{(n-1)}(t)+\cdots+a_1 y^{(1)}(t)+a_0 y(t)\\&=b_m f^{(m)}(t)+b_{m-1}f^{(m-1)}(t)+\cdots+b_1 f^{(1)}(t)+b_0 f(t)\end{aligned}\tag{5.82}$$

设输入 $f(t)$ 为在 $t=0$ 时刻加入的有始信号,且系统为零状态,则有

$$f(0_-)=f^{(1)}(0_-)=\cdots=f^{(m-1)}(0_-)=0$$

和

$$y(0_-)=y^{(1)}(0_-)=\cdots=y^{(n-1)}(0_-)=0$$

对式(5.82)两边进行拉普拉斯变换,根据时域微分性质,可得系统的零状态响应 $y_{zs}(t)$ 的象函数为

$$Y_{zs}(s)=\frac{N(s)}{D(s)}F(s)\tag{5.83}$$

式中, $F(s)$ 是激励 $f(t)$ 的象函数,$N(s)$ 和 $D(s)$ 分别为

$$N(s)=b_m s^m+b_{m-1}s^{m-1}+\cdots+b_1 s+b_0$$

和

$$D(s)=a_n s^n+a_{n-1}s^{n-1}+\cdots+a_1 s+a_0\tag{5.84}$$

从式(5.83)中可以看到,线性时不变系统的零状态响应的象函数 $Y_{zs}(s)$ 与激励信号的象函数 $F(s)$ 之间为一代数方程。由此定义系统函数 $H(s)$ 为:系统的零状态响应的象函数 $Y_{zs}(s)$ 与激励的象函数 $F(s)$ 之比,即

$$H(s)\overset{\text{def}}{=}\frac{Y_{zs}(s)}{F(s)}\tag{5.85}$$

系统函数也称为转移函数、传递函数、传输函数、网络函数等。

由式(5.83)可知,系统函数 $H(s)$ 的一般形式是两个 s 的多项式之比,即

$$H(s)=\frac{N(s)}{D(s)}\tag{5.86}$$

由此可见,系统函数 $H(s)$ 与系统的激励和初始状态无关,仅取决于系统本身的特性,因此系统函数 $H(s)$ 表征了系统的某些性能,是分析系统的重要参数。

一般情况下,$H(s)$ 的分母多项式与系统的特征多项式对应,故一旦系统的拓扑结构已定,$H(s)$ 就可以计算出来。

若系统函数 $H(s)$ 和输入信号象函数 $F(s)$ 已知,则零状态响应的象函数可写为

$$Y_{zs}(s)=H(s)F(s)\tag{5.87}$$

可见,$H(s)$ 直接联系了 s 域中输入–输出的关系。应用拉普拉斯变换的时域卷积性质,对式(5.87)求拉普拉斯反变换,可得系统的零状态响应 $y_{zs}(t)$ 为

$$y_{zs}(t)=\mathscr{L}^{-1}[Y_{zs}(s)]=\mathscr{L}^{-1}[H(s)F(s)]=h(t)*f(t)\tag{5.88}$$

式(5.88)与第 2 章时域中推导出的利用卷积求零状态响应的结果是一致的。由此可看出卷积定理的重要性,它将系统的时域分析与复频域分析紧密地联系在一起,使系统分析更加简便灵活。

当输入信号为单位冲激函数$\delta(t)$时，系统的零状态响应为单位冲激响应，即

$$f(t)=\delta(t)\leftrightarrow F(s)=1$$

$$Y_{zs}(s)=H(s)\leftrightarrow y_{zs}(t)=h(t) \tag{5.89}$$

那么，有下面的关系式成立：

$$H(s)=\mathscr{L}[h(t)] \tag{5.90}$$

式(5.90)表明，系统冲激响应$h(t)$的拉普拉斯变换即为系统函数$H(s)$；系统函数$H(s)$的拉普拉斯反变换即为系统冲激响应$h(t)$。即系统函数$H(s)$与系统的冲激响应$h(t)$构成一对拉普拉斯变换对，有

$$h(t)\leftrightarrow H(s)$$

综上所述，系统函数$H(s)$可以由零状态下系统模型求得，也可以由系统冲激响应$h(t)$取拉普拉斯变换求得。当已知$H(s)$时，其拉普拉斯反变换就是冲激响应$h(t)$。

归纳以上分析，系统函数有如下性质：

1) $H(s)$取决于系统的结构与元件参数，它确定了系统在s域的特征。

2) $H(s)$是一个实系数有理分式，其分子、分母多项式的根均为实数或共轭复数。

3) 系统函数$H(s)$为系统冲激响应的拉普拉斯变换。

例5.35 已知一个连续时间系统满足微分方程

$$y''(t)+3y'(t)+2y(t)=2f'(t)+3f(t) \quad t\geqslant 0$$

试求该系统的系统函数$H(s)$和冲激响应$h(t)$。

解 对系统方程两边取拉普拉斯变换，得

$$(s^2+3s+2)Y_{zs}(s)=(2s+3)F(s)$$

根据系统函数$H(s)$的定义，有

$$H(s)=\frac{Y_{zs}(s)}{F(s)}=\frac{2s+3}{s^2+3s+2}=\frac{1}{s+1}+\frac{1}{s+2}$$

故冲激响应$h(t)$为

$$h(t)=\mathscr{L}^{-1}[H(s)]=(e^{-t}+e^{-2t})\varepsilon(t)$$

例5.36 如图5.21所示为常用的有源系统的等效电路，试求系统函数$H(s)=\dfrac{U_2(s)}{U_1(s)}$；当$K=3$时，求冲激响应$h(t)$和阶跃响应$g(t)$。

解 根据电路元件的s域模型，可画出对应于图5.21所示电路的运算电路图，如图5.22所示（注意，求系统函数时储能元件是零初始值）。

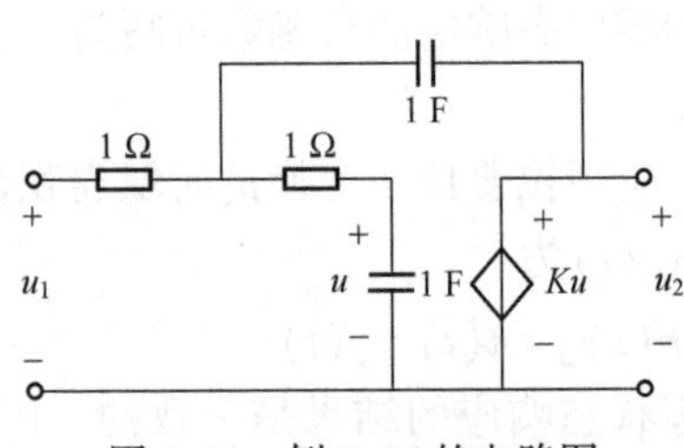

图5.21 例5.36的电路图

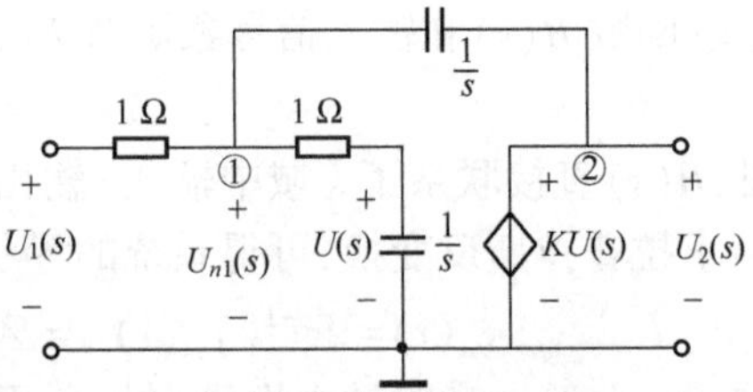

图5.22 例5.36的运算电路图

对运算电路图中的结点①列写结点电压方程：

$$\left(1+s+\frac{1}{1+1/s}\right)U_{n1}(s)-sU_2(s)=\frac{U_1(s)}{1}$$

而

$$U_2(s)=KU(s)=K\frac{1/s}{1+1/s}U_{n1}(s)$$

联立上述方程可得

$$H(s)=\frac{U_2(s)}{U_1(s)}=\frac{K}{s^2+(3-K)s+1}$$

当 $K=3$ 时,有

$$H(s)=\frac{3}{s^2+1}$$

故冲激响应 $h(t)$ 为

$$h(t)=\mathscr{L}^{-1}[H(s)]=3\sin t\varepsilon(t)$$

而阶跃输入 $f(t)=\varepsilon(t)$ 下的零状态响应的象函数 $G(s)$ 为

$$G(s)=H(s)\frac{1}{s}=\frac{3}{s^2+1}\cdot\frac{1}{s}=\frac{3(s^2+1)-3s^2}{(s^2+1)s}$$

$$=\frac{3}{s}-\frac{3s}{s^2+1}$$

故阶跃响应为

$$g(t)=\mathscr{L}^{-1}[G(s)]=(3-3\cos t)\varepsilon(t)$$

例 5.37　设线性时不变系统的阶跃响应为 $g(t)=(1-\mathrm{e}^{-2t})\varepsilon(t)$,为使系统的零状态响应 $y_{zs}(t)=(1-\mathrm{e}^{-2t}-t\mathrm{e}^{-2t})\varepsilon(t)$,问系统的输入信号 $f(t)$ 应是什么?

解　首先由阶跃响应求冲激响应,即

$$h(t)=g'(t)=2\mathrm{e}^{-2t}\varepsilon(t)$$

因此有

$$H(s)=\mathscr{L}[h(t)]=\frac{2}{s+2}$$

又因为

$$Y_{zs}(s)=\mathscr{L}[y_{zs}(t)]=\frac{1}{s}-\frac{1}{s+2}-\frac{1}{(s+2)^2}$$

所以

$$F(s)=\frac{Y_{zs}(s)}{H(s)}=\frac{\dfrac{1}{s}-\dfrac{1}{s+2}-\dfrac{1}{(s+2)^2}}{\dfrac{2}{s+2}}=\frac{1}{s}-\frac{1}{2(s+2)}$$

对上式求拉普拉斯反变换,得

$$f(t)=\left(1-\frac{1}{2}\mathrm{e}^{-2t}\right)\varepsilon(t)$$

5.5.2　系统函数的零点与极点

一般来说,对于一个 n 阶的线性时不变系统,其系统函数 $H(s)$ 是关于复变量 s 的有理分式,可表示为有理多项式 $N(s)$ 与 $D(s)$ 之比,即

$$H(s)=\frac{N(s)}{D(s)}=\frac{b_m s^m+b_{m-1}s^{m-1}+\cdots+b_1 s+b_0}{a_n s^n+a_{n-1}s^{n-1}+\cdots+a_1 s+a_0} \tag{5.91}$$

式中，$a_i(i=0,1,2,\cdots,n)$、$b_j(j=0,1,2,\cdots,m)$均为实常数，通常 $n\geqslant m$。将式(5.91)中的分子 $N(s)$和分母 $D(s)$进行因式分解，可进一步将系统函数表示为

$$H(s)=\frac{N(s)}{D(s)}=H_0\frac{(s-z_1)(s-z_2)\cdots(s-z_m)}{(s-p_1)(s-p_2)\cdots(s-p_n)}=H_0\frac{\prod_{j=1}^{m}(s-z_j)}{\prod_{i=1}^{n}(s-p_i)} \tag{5.92}$$

式中，$H_0=\frac{b_m}{a_n}$是一常数；$z_1,z_2,\cdots,z_m$ 是系统函数分子多项式 $N(s)=0$ 的根，称为系统函数$H(s)$的零点，即当复变量 $s=z_j(j=1,2,\cdots,m)$时，系统函数 $H(s)=0$；$p_1,p_2,\cdots,p_n$ 是系统函数分母多项式 $D(s)=0$ 的根，称为系统函数 $H(s)$的极点，即当复变量 $s=p_i(i=1,2,\cdots,n)$时，系统函数 $H(s)$的值为无穷大。$s-z_j$ 称为零点因子，而 $s-p_i$ 称为极点因子。

当一个系统函数的全部零点、极点及 H_0 确定后，这个系统函数也就完全确定。由于 H_0 只是一个比例常数，对 $H(s)$的函数形式没有影响，所以一个系统随变量 s 变化的特性完全可以由系统函数 $H(s)$的零点和极点表示。

为了掌握系统函数零点和极点的分布情况，经常将系统函数的零点和极点在 s 平面上标出，这个图称为系统函数的零、极点分布图。通常用"○"表示零点，用"×"表示极点。若为 n 重零点或极点，则在零点或极点旁注以(n)。由于 $N(s)$和 $D(s)$的系数为实数，所以，若零点或极点为复数，则必然是成对出现的共轭复数。

例如，某系统的系统函数为

$$H(s)=\frac{s^3-4s^2+5s}{s^4+4s^3+8s^2+16s+16}$$

将其分子、分母多项式进行因式分解，变成如下形式：

$$H(s)=\frac{s(s-2+\mathrm{j})(s-2-\mathrm{j})}{(s+2)^2(s+2\mathrm{j})(s-2\mathrm{j})}$$

由此可以看出，其零点为 $z_1=0, z_2=2-\mathrm{j}, z_3=2+\mathrm{j}$；极点为 $p_1=-2, p_2=-2\mathrm{j}, p_3=2\mathrm{j}$。其中，$p_1=-2$ 为 $H(s)$分母多项式 $D(s)=0$ 的二重根，即 $H(s)$的二重极点。该系统的零、极点分布图如图 5.23 所示。

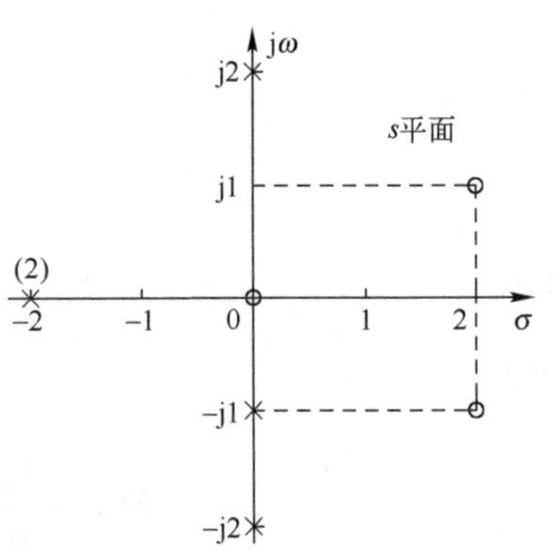

图 5.23 系统函数的零、极点分布图

借助系统函数的零、极点分布图，可以简明、直观地分析和研究系统响应的许多规律。系统函数的零、极点分布不仅可以揭示系统的时域特性，而且还可以阐明系统的频率响应特性及系统的稳定性等特点。

例 5.38 图 5.24a 所示电路的系统函数为 $H(s)=U(s)/I(s)$，其零、极点分布如图 5.24b 所示，且 $H(0)=1$，试求 R、L、C 的数值。

解 由图 5.24a 可写出系统函数为

$$H(s)=\frac{U(s)}{I(s)}=\frac{1}{sC+\frac{1}{sL+R}}=\frac{sL+R}{LCs^2+RCs+1} \tag{5.93}$$

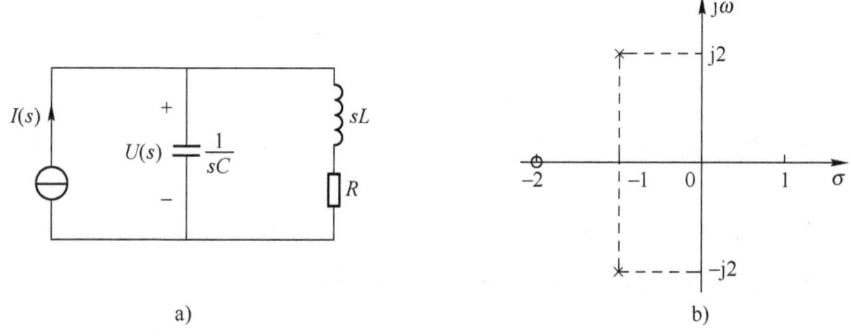

图 5.24　例 5.38 的电路图及零、极点分布图

由图 5.24b 可写出系统函数为

$$H(s)=\frac{H_0(s+2)}{(s+1-\mathrm{j}2)(s+1+\mathrm{j}2)}$$

已知 $H(0)=1$,故令上式 $s=0$,则

$$H(s)\big|_{s=0}=\frac{2H_0}{(1-\mathrm{j}2)(1+\mathrm{j}2)}=\frac{2}{5}H_0=1$$

解得

$$H_0=\frac{5}{2}=2.5$$

因此,系统函数为

$$H(s)=\frac{2.5(s+2)}{s^2+2s+5}=\frac{0.5s+1}{0.2s^2+0.4s+1} \tag{5.94}$$

比较式(5.93)和式(5.94)即可得

$$R=1\,\Omega,\ L=0.5\,\mathrm{H},\ C=0.4\,\mathrm{F}$$

5.5.3　系统函数的零、极点分布与时域响应特性的关系

由系统函数 $H(s)$ 与微分方程的关系可知,$H(s)$ 的极点实际上就是系统微分方程的特征根;而特征根决定系统的冲激响应、自由响应(即微分方程的齐次解)和零输入响应的函数形式。因此,由 $H(s)$ 的极点特性就可判断这些响应的函数形式。本节所讨论的时域响应特性,主要是指冲激响应、自由响应和零输入响应。下面依据 $H(s)$ 的极点在 s 平面的分布来讨论 $H(s)$ 的极点对系统时域特性的影响。

1. 一阶极点

先分析一阶极点的情况。在前面的讨论中可知,系统函数 $H(s)$ 可表示为

$$H(s)=H_0\cdot\frac{\prod_{j=1}^{m}(s-z_j)}{\prod_{i=1}^{n}(s-p_i)}$$

将 $H(s)$ 展开为部分分式表示,有

$$H(s)=\sum_{i=1}^{n}\frac{K_i}{s-p_i} \tag{5.95}$$

具有一阶极点 $p_1,p_2,\cdots,p_n$ 的系统函数对应的冲激响应形式为

$$h(t)=\mathscr{L}^{-1}\left[\sum_{i=1}^{n}\frac{K_i}{s-p_i}\right]=\sum_{i=1}^{n}K_i\mathrm{e}^{p_it}\varepsilon(t) \tag{5.96}$$

式中,K_i 是部分分式的系数,与 $H(s)$ 的零点分布有关;p_i 是 $H(s)$ 的极点,它可以是实数,也可以是复数。

由式(5.96)可以看出,$H(s)$ 的每一个极点将决定一项对应的时间函数,当 p_i 为一些不同的值时,$h(t)$ 可能会有不同的函数特性。下面分别对此进行讨论:

1) $H(s)$ 的极点位于 s 平面的坐标原点,此时 $p_i=0$,则 $H_i(s)=\dfrac{K_i}{s}$,其对应的冲激响应为 $h_i(t)=K_i\varepsilon(t)$,是一个阶跃函数。

2) $H(s)$ 的极点位于 s 平面的实轴上,此时 $p_i=\alpha$(α 为实数),则 $H_i(s)=\dfrac{K}{s-\alpha}$,其对应的冲激响应为 $h_i(t)=K_i\mathrm{e}^{\alpha t}\varepsilon(t)$。当 $\alpha>0$ 时,极点位于 s 平面的正实轴上,冲激响应的模式为随时间增长的指数函数;当 $\alpha<0$ 时,极点位于 s 平面的负实轴上,冲激响应的模式为随时间衰减的指数函数。

3) $H(s)$ 的极点位于 s 平面的虚轴上(不包括原点),此时,极点一定是一对共轭虚极点。例如,$H(s)=\dfrac{\omega_0}{s^2+\omega_0^2}$,则极点为 $p_{1,2}=\pm\mathrm{j}\omega_0$($\omega_0$ 为实数),其对应的冲激响应 $h(t)=\sin(\omega_0 t)\varepsilon(t)$,是一个等幅振荡的正弦函数,振荡角频率为 ω_0。

4) $H(s)$ 的极点位于除实轴和虚轴之外的区域,此时,极点是共轭复数(不包括纯虚数)。例如,$H(s)=\dfrac{\omega_0}{(s-\alpha)^2+\omega_0^2}$,则极点为 $p_{1,2}=\alpha\pm\mathrm{j}\omega_0$($\omega_0$ 为实数),其对应的冲激响应 $h(t)=\mathrm{e}^{\alpha t}\sin(\omega_0 t)\varepsilon(t)$。当 $\alpha>0$ 时,极点位于 s 平面的右半平面上,冲激响应的模式为增幅振荡;当 $\alpha<0$ 时,极点位于 s 平面的左半平面上,冲激响应的模式为减幅振荡。

图 5.25 绘出了 $H(s)$ 的一阶极点在 s 平面分布与时域响应之间的对应关系。

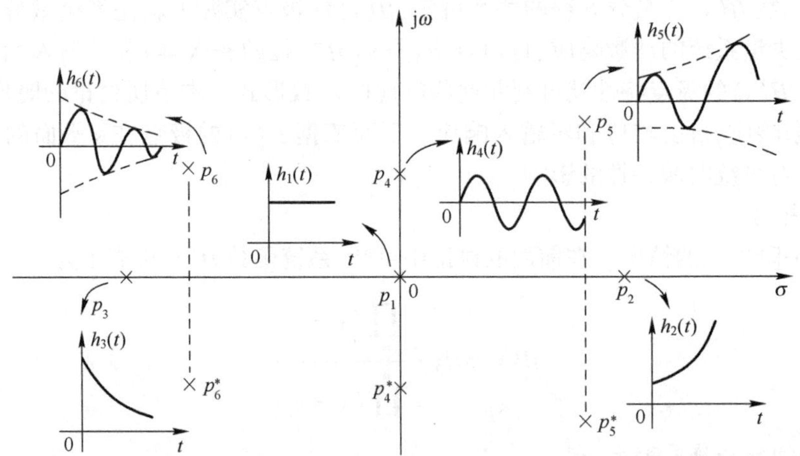

图 5.25　$H(s)$ 的一阶极点分布与时域响应的对应关系

2. 多重极点

当 $H(s)$具有 n 重极点时，其对应的冲激响应中将含有 t^{n-1}个因子。

1）极点位于 s 平面的坐标原点处。例如系统函数 $H(s)=\frac{1}{s^2}$，在原点有二重极点，其对应的冲激响应为 $h(t)=t\varepsilon(t)$，是一个斜坡函数。

2）极点位于 s 平面的实轴上。例如系统函数 $H(s)=\frac{1}{(s-\alpha)^2}$，在实轴上有二重极点，其对应的冲激响应为 $h(t)=te^{\alpha t}\varepsilon(t)$，是一个时间函数 t 与指数函数的乘积。

3）极点位于 s 平面的虚轴上。例如系统函数 $H(s)=\frac{2\omega_0 s}{(s^2+\omega_0^2)^2}$，在虚轴上有二重共轭极点，其对应的冲激响应为 $h(t)=t\sin(\omega_0 t)\varepsilon(t)$，是一个幅度线性增长的正弦振荡函数。

图 5.26 绘出了 $H(s)$的二阶极点在 s 平面分布与时域响应之间的对应关系。

综合以上讨论，可以得出如下结论：

1）若 $H(s)$的极点位于 s 平面的左半平面，则其时域响应波形是衰减形式的，即对应的冲激响应 $h(t)$满足$\lim\limits_{t\to\infty}h(t)\to 0$。

2）若 $H(s)$的极点位于 s 平面的右半平面，则其时域响应波形是增长形式的，即对应的冲激响应 $h(t)$满足$\lim\limits_{t\to\infty}h(t)\to\infty$。

3）若 $H(s)$的极点是位于虚轴上的一阶极点，则其时域响应波形是等幅振荡或阶跃函数。

4）若 $H(s)$的极点是位于虚轴上的二阶极点，则其时域响应波形是增长形式的。

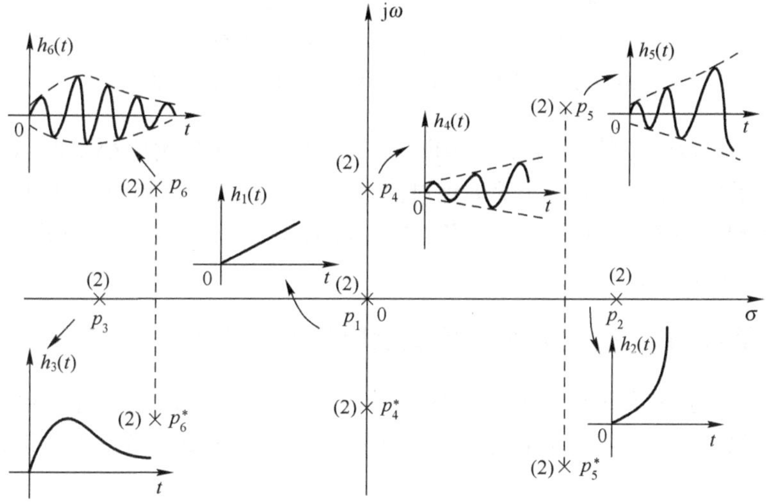

图 5.26　$H(s)$的二阶极点分布与时域响应的对应关系

上面分析了 $H(s)$的极点分布与时域特性的对应关系，至于 $H(s)$零点位置的不同则只影响到时域函数的幅度和相位，而不会影响到时域的波形形式。

例如，$H(s)=\frac{s+3}{(s+3)^2+2^2}$，零点 $z_1=-3$，极点 $p_{1,2}=-3\pm j2$，则对应的冲激响应为$h(t)=e^{-3t}\cos(2t)\varepsilon(t)$。若保持系统函数 $H(s)$的极点不变，将零点变为 $z_1=-1$，则系统函数 $H(s)$变为

$H(s)=\dfrac{s+1}{(s+3)^2+2^2}$，其冲激响应为

$$h(t)=\mathscr{L}^{-1}\left[\frac{s+1}{(s+3)^2+2^2}\right]$$

$$=\mathscr{L}^{-1}\left[\frac{s+3}{(s+3)^2+2^2}-\frac{2}{(s+3)^2+s^2}\right]$$

$$=\mathrm{e}^{-3t}[\cos(2t)-\sin(2t)]\varepsilon(t)=\sqrt{2}\,\mathrm{e}^{-3t}\cos(2t+45°)\varepsilon(t)$$

由此可以看到，冲激响应 $h(t)$ 仍为减幅振荡形式，振荡频率也没有发生改变，只是幅度和相位发生了变化。

例 5.39　已知两系统的系统函数的零、极点分布如图 5.27a、b 所示，试分析这两个系统冲激响应特性的异同点。

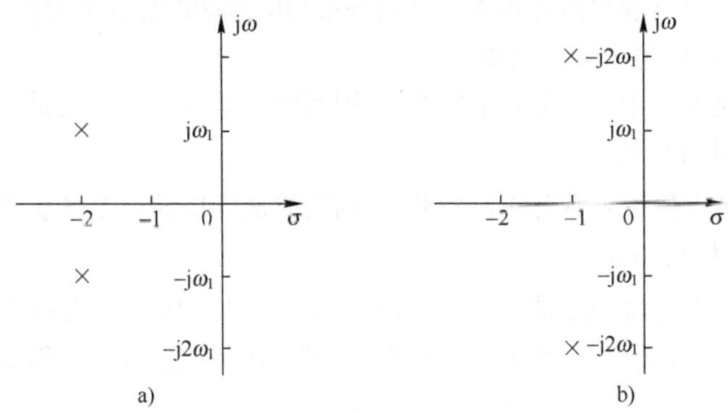

图 5.27　例 5.39 的零、极点分布图

a) $H_1(s)$ 的零、极点分布图　b) $H_2(s)$ 的零、极点分布图

解　由 $H_1(s)$ 和 $H_2(s)$ 的零、极点分布图可看出，它们的冲激响应都是振幅按指数规律衰减的振荡函数，但由于 $H_1(s)$ 极点实部的绝对值大于 $H_2(s)$ 极点实部的绝对值，所以，$h_1(t)$ 要比 $h_2(t)$ 衰减得更快一些；又因为 $H_1(s)$ 极点的虚部为 $\mathrm{j}\omega_1$，而 $H_2(s)$ 极点的虚部为 $\mathrm{j}2\omega_1$，所以 $h_2(t)$ 比 $h_1(t)$ 振荡得更快一些。

5.5.4　系统函数的零、极点分布与频域响应特性的关系

由系统的零、极点分布不但可知系统时域响应的形式，也可以定性地了解系统的频域特性。根据系统函数 $H(s)$ 在 s 平面上的零、极点图，利用几何作图法可以大致地描绘出系统的频率响应特性。

所谓“频率响应”，是指系统在等幅振荡的正弦信号激励下，响应随输入信号频率变化而发生改变的情况，其中包括幅度随频率的响应和相位随频率的响应。

在线性系统中，当频率为 ω_0 的正弦信号激励下的系统稳态响应仍为同频率的正弦信号时，其幅度为输入信号的幅度乘以 $|H(\mathrm{j}\omega_0)|$，而相位为输入信号的相位加上 $\varphi(\omega_0)$（$|H(\mathrm{j}\omega_0)|$ 和 $\varphi(\omega_0)$ 分别是 $|H(\mathrm{j}\omega)|$ 和 $\varphi(\omega)$ 在 ω_0 点的值）。当输入正弦信号的频率 ω 发生改变时，稳态响应的幅度和相位将分别随 $|H(\mathrm{j}\omega)|$ 和 $\varphi(\omega)$ 变化，因此，$H(\mathrm{j}\omega)=|H(\mathrm{j}\omega)|\mathrm{e}^{\mathrm{j}\varphi(\omega)}$ 反映了系统在正弦信号激励下稳态响应随信号频率的变化情况，故称为系统的频率响应。

正弦稳态情况下系统的频率特性 $H(\mathrm{j}\omega)$ 可以直接由系统函数 $H(s)$ 表达式(5.92)中令 $s=\mathrm{j}\omega$ 得到,即

$$H(\mathrm{j}\omega)=H(s)\big|_{s=\mathrm{j}\omega}=H_0\frac{\prod_{j=1}^{m}(\mathrm{j}\omega-z_j)}{\prod_{i=1}^{n}(\mathrm{j}\omega-p_i)} \tag{5.97}$$

$H(\mathrm{j}\omega)$ 一般情况下是复数,可表示为 $H(\mathrm{j}\omega)=|H(\mathrm{j}\omega)|\mathrm{e}^{\mathrm{j}\varphi(\omega)}$。通常把 $|H(\mathrm{j}\omega)|$ 随 ω 变化的关系称为系统的幅频特性;$\varphi(\omega)$ 随 ω 变化的关系称为系统的相频特性。

由式(5.97)可写出系统的幅频特性为

$$|H(\mathrm{j}\omega)|=H_0\left|\frac{\prod_{j=1}^{m}(\mathrm{j}\omega-z_j)}{\prod_{i=1}^{n}(\mathrm{j}\omega-p_i)}\right| \tag{5.98}$$

相频特性为

$$\varphi(\omega)=\sum_{j=1}^{m}\arg(\mathrm{j}\omega-z_j)-\sum_{i=1}^{n}\arg(\mathrm{j}\omega-p_i) \tag{5.99}$$

从式(5.97)可以看出,系统的频率特性完全取决于系统函数 $H(s)$ 的零、极点分布。H_0 是常数,对系统的特性影响无关紧要。为了更为直观地看出零点和极点对系统频率特性的影响,还可以通过在 s 平面上作图的方法定性绘出系统的频率特性。对式(5.97)来说,其零点因子为 $\mathrm{j}\omega-z_j$。由于 $\mathrm{j}\omega$ 和 z_j 都是复数,可以将这两个复数的相减用矢量之差来表示,如图 5.28a 所示。若把矢量差写成极坐标形式,则

$$\mathrm{j}\omega-z_j=N_j\mathrm{e}^{\mathrm{j}\psi_j} \tag{5.100}$$

式中,$N_j=|\mathrm{j}\omega-z_j|$,$\psi_j$ 为矢量 $\mathrm{j}\omega-z_j$ 与实轴正方向的夹角。

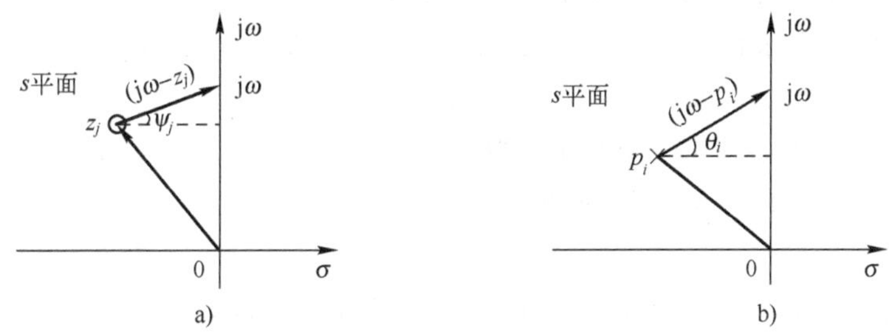

图 5.28　$H(s)$ 的零、极点矢量和差矢量表示图

同理,式(5.97)中的极点因子 $(\mathrm{j}\omega-p_i)$ 可表示为

$$\mathrm{j}\omega-p_i=D_i\mathrm{e}^{\mathrm{j}\theta_i} \tag{5.101}$$

式中,$D_i=|\mathrm{j}\omega-p_i|$,$\theta_i$ 为矢量 $\mathrm{j}\omega-p_i$ 与实轴正方向的夹角,如图 5.28b 所示。把式(5.100)和式(5.101)代入式(5.97),可得

$$H(\mathrm{j}\omega)=H_0\frac{N_1N_2\cdots N_m}{D_1D_2\cdots D_n}\mathrm{e}^{\mathrm{j}(\psi_1+\psi_2+\cdots\psi_m-\theta_1-\theta_2-\cdots-\theta_n)}=H_0\frac{\prod_{j=1}^{m}N_j}{\prod_{i=1}^{n}D_i}\mathrm{e}^{\mathrm{j}\left[\sum_{j=1}^{m}\psi_j-\sum_{i=1}^{n}\theta_i\right]} \tag{5.102}$$

于是有

$$|H(\mathrm{j}\omega)|=H_0\frac{\prod_{j=1}^{m}N_j}{\prod_{i=1}^{n}D_i} \tag{5.103}$$

$$\varphi(\omega)=\sum_{j=1}^{m}\psi_j-\sum_{i=1}^{n}\theta_i \tag{5.104}$$

当角频率 ω 从零起渐渐增大并最后趋于无穷大时,对应动点 $\mathrm{j}\omega$ 自原点沿虚轴向上移动直到无限远。随着 ω 变化,各个差矢量的长度 N_j、D_i 和夹角 ψ_j、θ_i 也随之改变。根据差矢量随 ω 变化的情况,应用式(5.103)、式(5.104)就可得到系统的幅频特性 $|H(\mathrm{j}\omega)|-\omega$ 曲线和相频特性 $\varphi(\omega)-\omega$ 曲线,再由对称性可得到 $-\infty\sim0$ 的幅频特性和相频特性。

当系统函数 $H(s)$ 的零、极点数目较少时,通过各差矢量模值和相角的变化情况,可以粗略绘制 $|H(\mathrm{j}\omega)|$ 和 $\varphi(\omega)$ 随 ω 变化的曲线。

例 5.40　已知一个线性时不变系统的系统函数为 $H(s)=\dfrac{s}{s+2}$,试根据 $H(s)$ 的零、极点分布图粗略画出此系统的幅频特性和相频特性曲线。

解　$H(s)=\dfrac{s}{s+2}$ 的零、极点分布如图 5.29 所示。其频率响应函数为

$$H(\mathrm{j}\omega)=\frac{\mathrm{j}\omega}{\mathrm{j}\omega+2}=\frac{N_1}{D_1}\mathrm{e}^{\mathrm{j}(\psi_1-\theta_1)} \tag{5.105}$$

现分析当 ω 沿虚轴从 0 开始向 $+\infty$ 变化时,N_1、D_1、ψ_1、θ_1 是如何变化的。

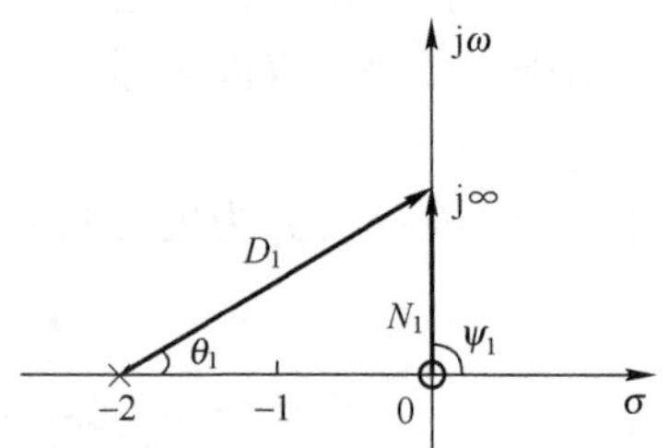

图 5.29　例 5.40 的零、极点分布图

1）幅频特性。当 $\omega=0$ 时,因为 $N_1=0,D_1=2$,根据式(5.105)可知,$|H(\mathrm{j}\omega)|=0$;当 ω 从 0 开始向上增长时,N_1、D_1 均增长,但就变化率来说,N_1 增长得更快些,所以曲线 $|H(\mathrm{j}\omega)|$ 是增长的;当 $\omega\to\infty$ 时,因为 $N_1\to\infty$,$D_1\to\infty$,所以 $|H(\mathrm{j}\infty)|\to1$。其间,当 $\omega=2$ 时,根据图 5.29 及式(5.105),可得 $|H(\mathrm{j}2)|=\sqrt{2}/2$。因此,可粗略画出幅频特性曲线如图 5.30a 所示。

2）相频特性。当 $\omega=0$ 时,因为 $\psi_1=90°,\theta_1=0$,所以 $\varphi(0)=\psi_1-\theta_1=90°$;当 ω 从 0 开始向上增长时,$\psi_1=90°$ 保持不变,θ_1 随 ω 的增长而增大,所以相频特性 $\psi(\omega)=\psi_1-\theta_1$ 是衰减的;当 $\omega\to\infty$ 时,$\psi_1=\theta_1=90°$,所以 $\varphi(\infty)=0$。其间,当 $\omega=2$ 时,$\psi_1=90°,\theta_1=45°,\varphi(2)=45°$。因此,可粗略画出相频特性曲线如图 5.30b 所示。

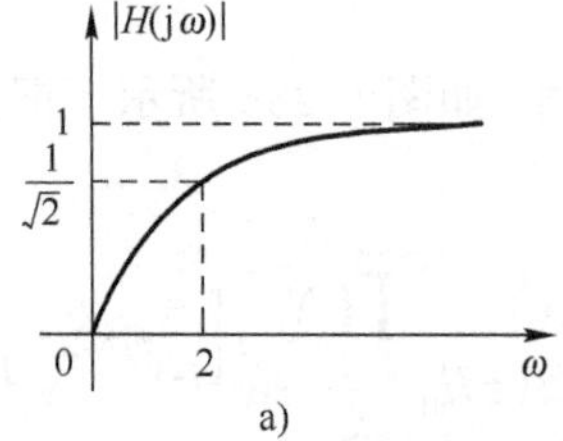

a)

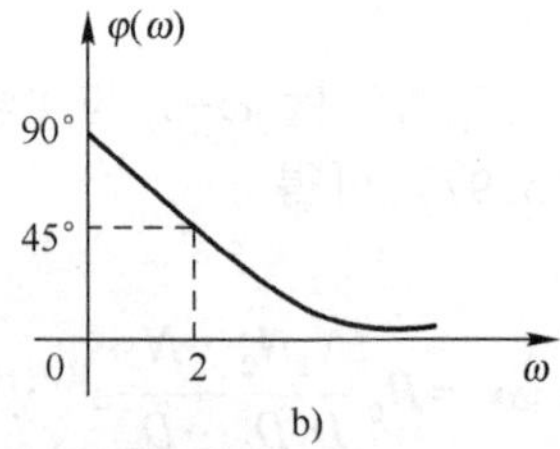

b)

图 5.30　例 5.40 系统的幅频特性和相频特性曲线
a）幅频特性曲线　b）相频特性曲线

从图 5.30a 可看出，当角频率 ω 较大时（如 $\omega>2$），$|H(\mathrm{j}\omega)|$有相对较大的值，而当 ω 较小时，$|H(\mathrm{j}\omega)|$的数值相对较小，甚至非常微弱。因此，在输入信号的幅度保持不变的情况下，当输入信号的频率较高时，输出端会得到一个较强的信号，因此例 5.40 中的系统是一个高通滤波器，可用图 5.31 所示电路进行模拟。

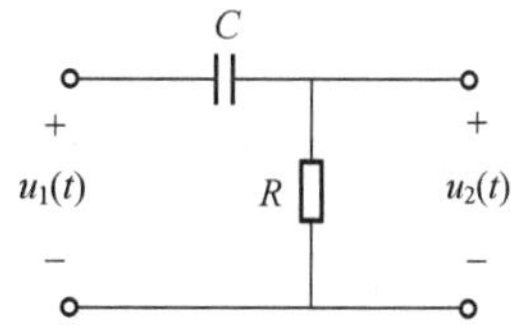

图 5.31　例 5.40 的模拟电路

以上举例介绍如何利用系统函数的零、极点分布来绘制系统的频率响应。很明显，对于零、极点较多的高阶系统，其系统频率响应绘制会很复杂，在此就不再赘述。

5.5.5　系统函数的极点分布与系统稳定性的关系

稳定性是系统本身的特性，与输入信号无关。稳定性的概念有几种不同的提法，但是没有实质性的差别。直观地看，当一个系统受到某种干扰信号作用时，若其所引起的系统响应在干扰信号消失后会最终消失，即系统仍能回到干扰作用前的原状态，则系统就是稳定的。对于任何系统，要能正常工作，都必须以系统稳定为先决条件，所以，设法判定系统是否稳定是十分重要的。

由于冲激函数 $\delta(t)$ 是在瞬间作用又立即消失的信号，若把它视为"干扰"，则冲激响应的形式可以说明系统的稳定性。这也是因为冲激响应及其对应的系统函数 $H(s)$ 都反映系统本身的特性。由前面分析系统函数 $H(s)$ 的极点位置与冲激响应 $h(t)$ 的对应关系可知，若系统函数 $H(s)$ 的所有极点位于 s 平面的左半平面，则对应的冲激响应 $h(t)$ 将随时间 t 增大而逐渐衰减为零，即当 $t\to\infty$ 时，$h(t)\to0$，这样的系统称为稳定系统。若系统函数 $H(s)$ 仅有 $s=0$ 的一阶极点，则对应的 $h(t)$ 是一个阶跃函数，随着 t 的增长，响应恒定，而当 $H(s)$ 仅有虚轴上的一阶共轭极点时，其响应 $h(t)$ 将为等幅振荡，以上这两种情况都属于当 $0<t<\infty$ 时，$|h(t)|<M$（M 为正实数），这样的系统称为临界（边界）稳定。若系统函数 $H(s)$ 有极点位于 s 平面的右半平面，或者在原点、虚轴上有二阶或二阶以上的重极点时，对应的冲激响应 $h(t)$ 为单调增长或增幅振荡，即当 $t\to\infty$ 时，$h(t)\to\infty$，这类系统称为不稳定系统。

综上所述，由系统函数 $H(s)$ 的极点分布可以给出系统稳定性的如下结论：

1）稳定。若 $H(s)$ 的全部极点位于 s 平面的左半平面，则系统是稳定的。

2）临界稳定。若 $H(s)$ 在虚轴上有 $p=0$ 的单极点或一对共轭单极点，其余极点全都位于 s 平面的左半平面，则系统是临界稳定的。

3）不稳定。若 $H(s)$ 只要有一个极点位于 s 平面的右半平面，或在虚轴上有二阶或二阶以上的重极点，则系统是不稳定的。

对于线性时不变系统稳定的充分必要条件是冲激响应 $h(t)$ 绝对可积，即

$$\int_{-\infty}^{+\infty}|h(t)|\mathrm{d}t\leqslant M \tag{5.106}$$

式中，M 为正实数。

如果系统是因果的，则当 $t<0$ 时，$h(t)=0$。所以系统稳定的充要条件为

$$\int_{0}^{\infty}|h(t)|\mathrm{d}t\leqslant M \tag{5.107}$$

例 5.41　有三个系统，其系统函数分别为

(1) $H_1(s)=\dfrac{s-1}{(s+1)(s+2)}$

(2) $H_2(s)=\dfrac{s}{(s+3)(s-1)}$

(3) $H_3(s)=\dfrac{1}{s(s+2)}$

试判定这三个系统的稳定状态。

解　根据 $H(s)$ 的极点分布与系统稳定性的关系可知：

(1) 该系统的两个极点都位于 s 平面的左半平面，因此为稳定系统。

(2) 该系统有一个极点位于 s 平面的右半平面，因此为不稳定系统。

(3) 该系统有一个极点位于坐标原点，因此为临界稳定系统。

5.6　线性系统的模拟

在实际工作中，除了在理论上对线性系统进行数学分析外，往往还通过计算机模拟(仿真)对系统的特性进行观察，以直观了解各种激励对响应的影响以及参数对系统的影响，这种方法往往比烦冗的数学运算更具有实效。对于线性时不变的连续系统，不仅可以由其数学模型——系统函数加以描述，而且还可以利用框图对其抽象的系统函数进行辅助表示。这种表示避开了系统的内部结构，而着眼于系统的输入-输出关系，使对系统的输入-输出关系的研究更加直观明了。

在1.5节中，已经对在时域中的系统图示化——模拟进行了初步的介绍，本节在复频域中将详细地讨论相关内容。

5.6.1　基本运算器

连续线性时不变系统的模拟通常由加法器、数乘器(放大器)和积分器三种运算器组成。图5.32所示为加法器的符号及功能，图5.33所示为数乘器的符号及功能，图5.34所示为积分器的符号及功能。

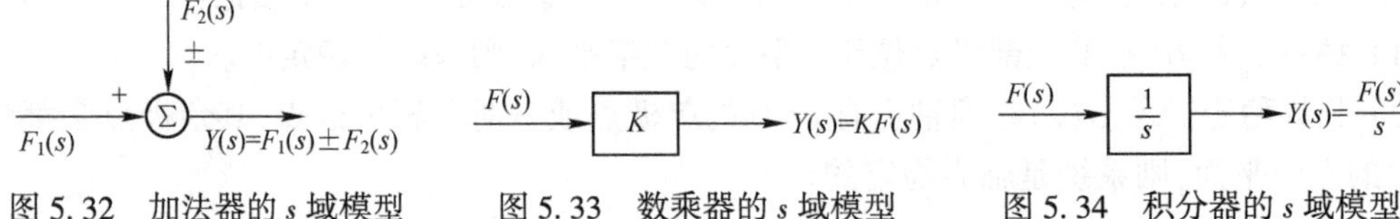

图5.32　加法器的 s 域模型　　图5.33　数乘器的 s 域模型　　图5.34　积分器的 s 域模型

要对连续线性时不变系统模拟，就要对它的系统函数进行模拟，对于具有相同输入-输出关系的系统，系统实现的结构、参数不是唯一的，为此可以选择实际容易实现的结构进行模拟。下面分别介绍不同的模拟方法。

5.6.2　系统模拟的直接形式

为了研究实际系统的特性，有时需要进行实验模拟。所谓"模拟"，是指用一些基本运算器(积分器、数乘器和加法器)相互连接构成一个系统，使之与所讨论的实际系统具有相同的数学模型(系统函数)。这样就可观察和分析系统的各处参数变化对响应的影响程度，这种方法对系统的设计有重大的意义。

作系统的模拟图时，利用系统函数 $H(s)$ 最为方便。设系统的输出响应为 $Y(s)$，输入激励为 $F(s)$，则系统函数 $H(s)$ 为

$$H(s)=\frac{Y(s)}{F(s)}=\frac{b_m s^m+b_{m-1}s^{m-1}+\cdots+b_1 s+b_0}{s^n+a_{n-1}s^{n-1}+\cdots+a_1 s+a_0}=\frac{N(s)}{D(s)} \tag{5.108}$$

令 $n=m$，并不失一般性，可将式(5.108)改写为

$$H(s)=\frac{b_n+b_{n-1}s^{-1}+\cdots+b_1 s^{-n+1}+b_0 s^{-n}}{1+a_{n-1}s^{-1}+\cdots+a_1 s^{-n+1}+a_0 s^{-n}}=\frac{N(s)}{D(s)} \tag{5.109}$$

故响应为

$$Y(s)=H(s)F(s)=N(s)\frac{F(s)}{D(s)} \tag{5.110}$$

设一中间变量 $X(s)=\dfrac{F(s)}{D(s)}$，则有

$$F(s)=D(s)X(s) \tag{5.111}$$

$$Y(s)=N(s)X(s) \tag{5.112}$$

展开式(5.111)和式(5.112)，有

$$F(s)=(1+a_{n-1}s^{-1}+\cdots+a_1 s^{-n+1}+a_0 s^{-n})X(s) \tag{5.113}$$

$$Y(s)=(b_n+b_{n-1}s^{-1}+\cdots+b_1 s^{-n+1}+b_0 s^{-n})X(s) \tag{5.114}$$

由式(5.113)得

$$X(s)=F(s)-(a_{n-1}s^{-1}+\cdots+a_1 s^{-n+1}+a_0 s^{-n})X(s) \tag{5.115}$$

由式(5.114)和式(5.115)可得系统的模拟图，如图 5.35 所示。由图可见，一般 n 阶系统模拟要有 n 个积分器。在系统模拟图中，系数 $a_i=b_j=0$ 时为开路；$a_i=b_j=1$ 时为短路。

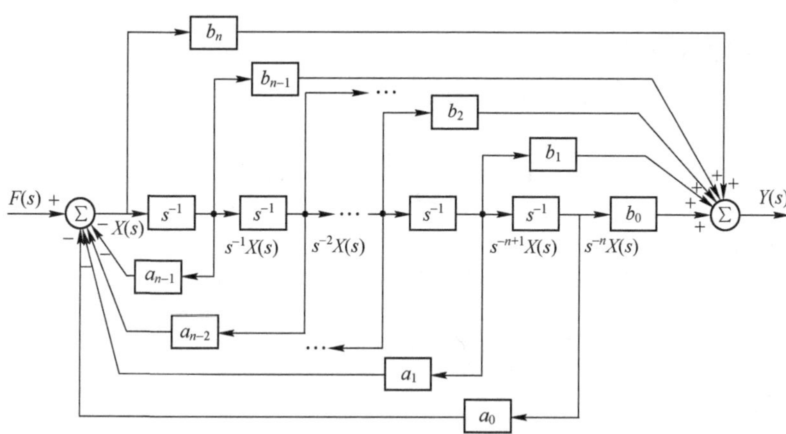

图 5.35　n 阶系统模拟的直接形式

例 5.42　已知某连续系统的系统函数为

$$H(s)=\frac{s+1}{s^2+3s+2}$$

试画出该系统在复频域中的系统模拟图。

解　由系统函数定义可知

$$H(s)=\frac{Y(s)}{F(s)}=\frac{s+1}{s^2+3s+2}=\frac{s^{-1}+s^{-2}}{1+3s^{-1}+2s^{-2}}$$

由此得

$$X(s)=F(s)-(3s^{-1}+2s^{-2})X(s)$$

$$Y(s)=(s^{-1}+s^{-2})X(S)$$

则该系统在复频域中的系统模拟图如图5.36所示。

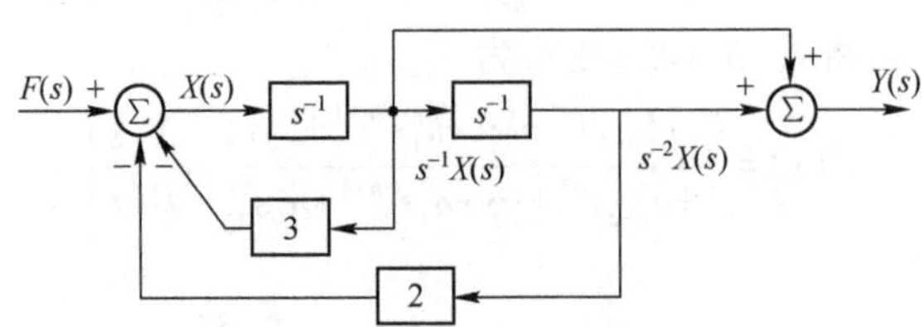

图5.36　例5.42的系统模拟图

例5.43　图5.37为某线性时不变连续系统的模拟图。

(1) 试求系统函数和冲激响应 $h(t)$。

(2) 写出系统的微分方程。

(3) 若输入 $f(t)=e^{-3t}\varepsilon(t)$，求零状态响应 $y_{zs}(t)$。

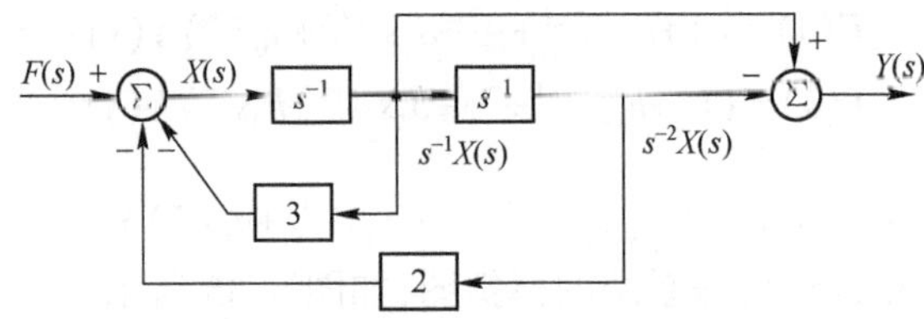

图5.37　例5.43的系统模拟图

解　(1) 由图5.37可知

$$X(s)=F(s)-(3s^{-1}X(s)+2s^{-2}X(s))$$

由此可得

$$X(s)=\frac{1}{1+3s^{-1}+2s^{-2}}F(s)$$

输出端的加法器输出为

$$Y(s)=s^{-1}X(s)-s^{-2}X(s)=(s^{-1}-s^{-2})X(s)$$

$$=\frac{s^{-1}-s^{-2}}{1+3s^{-1}+2s^{-2}}F(s)$$

由此得系统函数为

$$H(s)=\frac{Y(s)}{F(s)}=\frac{s^{-1}-s^{-2}}{1+3s^{-1}+2s^{-2}}=\frac{s-1}{s^2+3s+2}$$

$$=\frac{s-1}{(s+1)(s+2)}=\frac{-2}{s+1}+\frac{3}{s+2}$$

对系统函数求拉普拉斯反变换即得冲激响应

$$h(t)=(3e^{-2t}-2e^{-t})\varepsilon(t)$$

(2) 因为

$$H(s)=\frac{Y(s)}{F(s)}=\frac{s-1}{s^2+3s+2}$$

则有

$$(s^2+3s+2)Y(s)=(s-1)F(s)$$

由此可得

$$s^2Y(s)+3sY(s)+2Y(s)=sF(s)-F(s)$$

即系统的微分方程为

$$y''(t)+3y'(t)+2y(t)=f'(t)-f(t)$$

（3）当$f(t)=\mathrm{e}^{-3t}\varepsilon(t)$时，输入的象函数为

$$F(s)=\frac{1}{s+3}$$

由系统函数定义可得

$$Y_{zs}(s)=H(s)F(s)=\frac{s-1}{(s^2+3s+2)(s+3)}=\frac{s-1}{(s+1)(s+2)(s+3)}$$

$$=\frac{-1}{s+1}+\frac{3}{s+2}-\frac{2}{s+3}$$

对上式求拉普拉斯反变换即得系统的零状态响应

$$y_{zs}(t)=(-\mathrm{e}^{-t}+3\mathrm{e}^{-2t}-2\mathrm{e}^{-3t})\varepsilon(t)$$

5.6.3　系统模拟的组合形式

用系统的观点来分析问题时，可以把系统看作一个“黑盒子”，即用一个矩形框图来表示一个系统，不管其内部的具体结构、参数如何，所关心的只是输入-输出之间的转换关系，如图 5.38 所示。

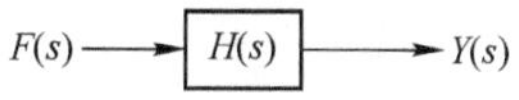

图 5.38　系统的框图表示

一个复杂的系统往往由多个简单子系统组合连接而构成，常见的组合形式有子系统的级联、并联、混联及反馈。由于用框图可以简化复杂系统的表示，突出系统的输入-输出关系，因此，通常用框图表示子系统与系统的关系。下面介绍常见的四种组合形式。

1. 级联(串联)形式

级联形式也称串联形式，其模拟实现方法是将系统函数 $H(s)$分解为基本节相乘：

$$H(s)=\frac{b_m(s+z_1)(s+z_2)\cdots(s+z_m)}{(s+p_1)(s+p_2)\cdots(s+p_n)}$$

$$=H_1(s)H_2(s)\cdots H_n(s)$$

$$=\prod_{i=1}^{n}H_i(s) \tag{5.116}$$

式中，$H_i(s)$是 $H(s)$的子系统。该式表明，级联的系统函数是各子系统函数的乘积，子系统的级联图如图 5.39 所示。由图中可以看到，每个子系统的输出又是与它相连的后一个子系统的输入。

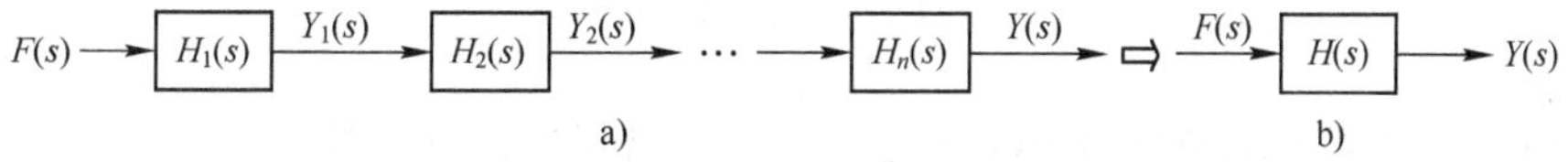

图 5.39　系统的级(串)联框图

子系统的基本形式是由共轭极点(或两个实单极点)组成的二阶模拟,实单极点的一阶模拟是基本形式的特例。子系统模拟构成原则是系统内所有参数为实数。利用基本形式的模拟,再将各子系统级联起来,可得系统模拟图,称为级(串)联模拟图。

例 5.44　已知某系统函数为 $H(s)=\dfrac{s+3}{s^2+3s+2}$,画出由一阶系统级联的模拟图。

解　因为

$$H(s)=\frac{s+3}{s^2+3s+2}=\frac{s+3}{(s+1)(s+2)}=\frac{s+3}{(s+1)}\,\frac{1}{(s+2)}$$

则一阶系统级联的模拟图如图 5.40 所示。

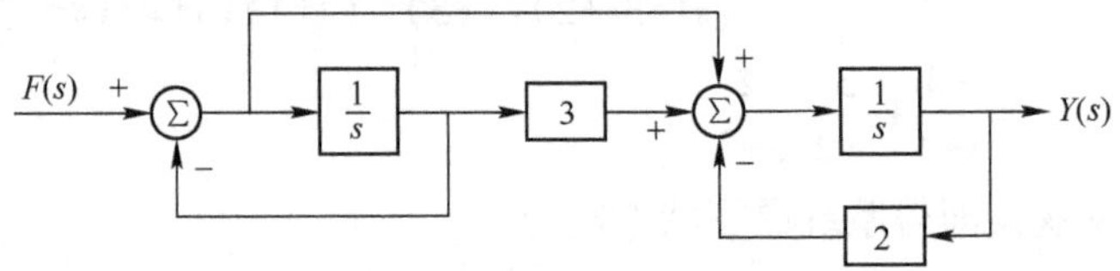

图 5.40　例 5.44 系统的级联模拟图

2. 并联形式

并联模拟实现方法是对系统函数 $H(s)$ 进行部分分式展开,即

$$\begin{aligned}H(s)&=\frac{K_1}{s+p_1}+\frac{K_2}{s+p_2}+\cdots+\frac{K_n}{s+p_n}\\&=H_1(s)+H_2(s)+\cdots+H_n(s)\\&=\sum_{i=1}^{n}H_i(s)\end{aligned}\tag{5.117}$$

式中,$H_i(s)$ 是 $H(s)$ 的子系统。

$H_i(s)$ 子系统模拟的基本形式与级联模拟相似。整个系统可以看成是 n 个子系统的叠加(并联)而成,这种形式称为并联形式。子系统的并联框图如图 5.41 所示,图中,符号Σ表示加法器或称"和点",其系统输出 $Y(s)$ 等于各子系统输出 $Y_i(s)$ $(i=1,2,\cdots,n)$ 之和;在 $F(s)$ 右侧的 A 点叫作"分点"。

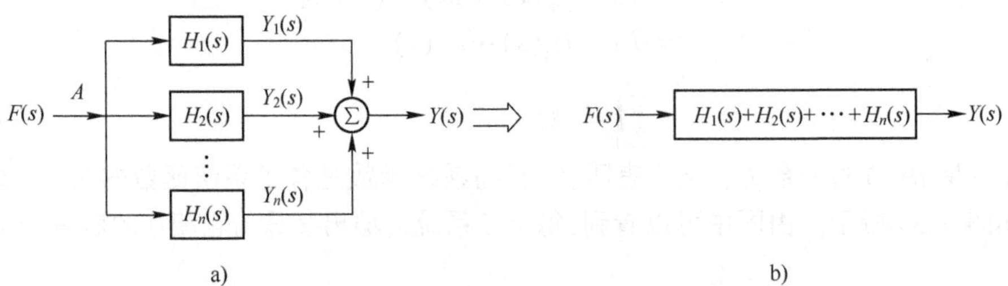

图 5.41　子系统的并联框图

例 5.45　已知某系统函数为 $H(s)=\dfrac{s+3}{s^2+3s+2}$,画出其并联模拟图。

解　因为

$$H(s)=\frac{s+3}{s^2+3s+2}=\frac{s+3}{(s+1)(s+2)}$$
$$=\frac{2}{s+1}-\frac{1}{s+2}$$

所以系统的并联模拟图如图 5.42 所示。

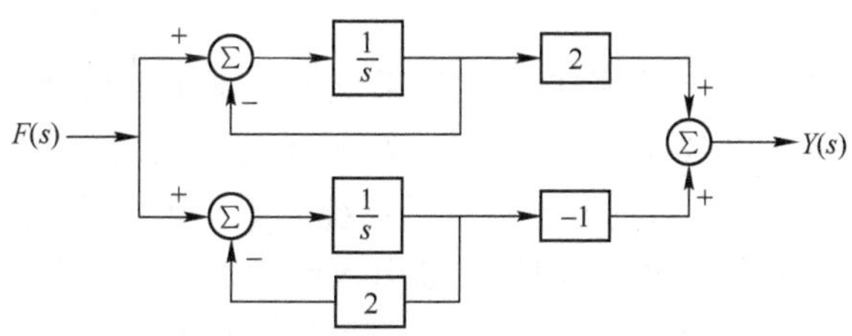

图 5.42　例 5.45 系统的并联模拟图

以上介绍的是系统的基本模拟方法。例 5.44 和例 5.45 所描述的系统函数是一样的,只是模拟方法的实现不同。在不同的模拟方法下,调整的参数有所不同。例如,直接形式的模拟可调整的参数是微分方程的系数 a_i、b_j;级联形式的模拟可调整的参数是系统的极点与零点;并联形式的模拟可调整的参数是系统的极点与对应的系数。通常可根据各种因素,选择适当的模拟方式,以达到好的系统设计效果。

实际工作中还会用到以下两种常用的模拟方法。

3. 混联形式

混联系统的系统函数的计算要根据具体情况具体对待。如图 5.43a 所示的系统,系统函数为

$$H(s)=H_1(s)+H_2(s)H_3(s) \tag{5.118}$$

而图 5.43b 所示系统的系统函数为

$$H(s)=[H_1(s)+H_2(s)]H_3(s) \tag{5.119}$$

当各子系统的系统函数已知时,根据系统模拟结构,就可以得到总系统的系统函数。

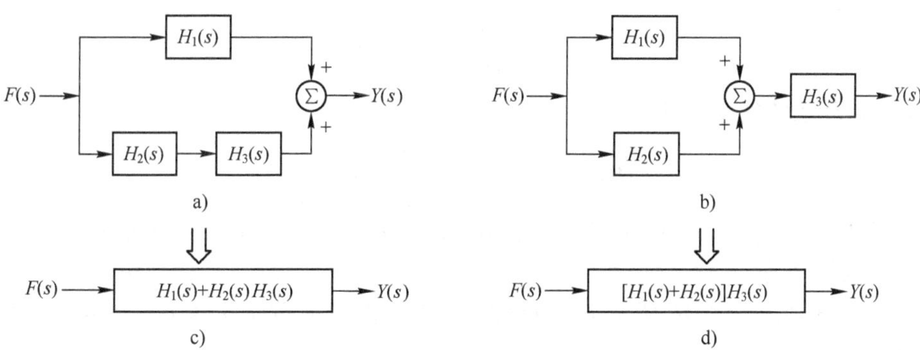

图 5.43　混联系统的框图

例 5.46　一个线性时不变连续系统如图 5.44 所示,已知 $H_1(s)=\frac{1}{s}$,$H_2(s)=\frac{1}{s+2}$,试求总系统的系统函数 $H(s)$。

解 根据图5.44所示的系统模拟结构可知，总系统的系统函数为

$$H(s)=1+H_1(s)-H_1(s)H_2(s)$$
$$=1+\frac{1}{s}-\frac{1}{s}\cdot\frac{1}{s+2}=\frac{s^2+3s+1}{s(s+2)}$$

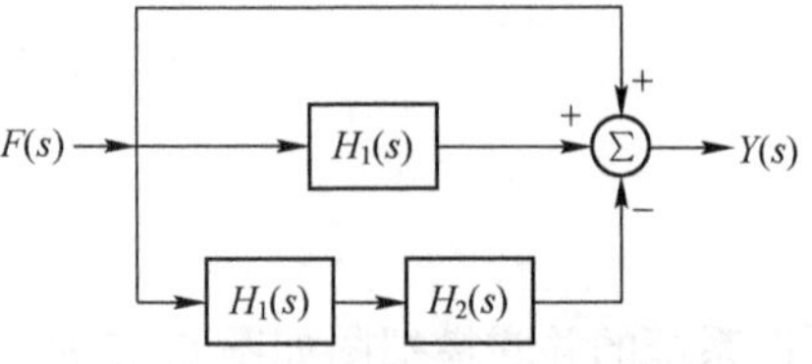

图5.44 例5.46系统的方框图

4. 反馈形式

反馈形式连接的系统应用广泛，在自动控制系统中的基本结构就是反馈形式。最基本的反馈连接形式的系统框图如图5.45所示，其中，$H_1(s)$称为正向通道的系统函数；$H_2(s)$称为反馈通路的系统函数。子系统$H_1(s)$的输出通过子系统$H_2(s)$反馈到输入端，$H_2(s)$的输出称为反馈信号。由此可见，反馈系统的输出信号又被引入到输入端，使信号的流通构成闭合回路。当输入信号与反馈信号相加时，称为正反馈，即反馈信号在符号Σ前用"+"表示正反馈；当输入信号与反馈信号相减时，称为负反馈，即反馈信号在符号Σ前用"-"表示负反馈。通常为保证系统稳定，采用的都是负反馈，但正反馈在振荡电路中也有实际应用，根据实际需要可采用不同的反馈。

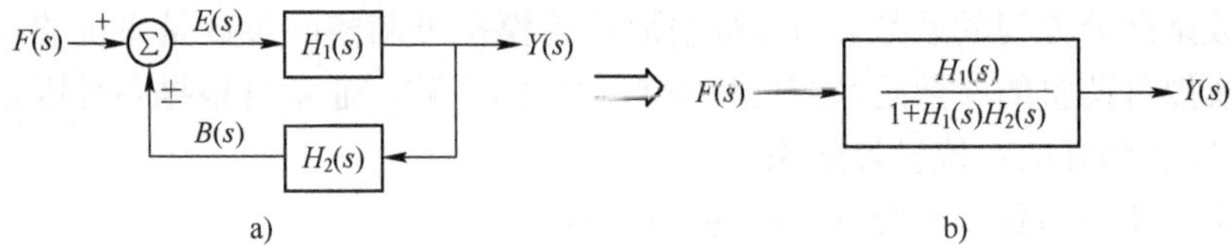

图5.45 反馈系统的框图

由图5.45可见，除了输入外，输出也形成了对系统的控制，这种输出信号对控制作用有直接影响的反馈系统，也称为闭环系统。相应的，输出信号对控制作用没有影响的系统称为开环系统。反馈(闭环)系统一般可由开环系统和反馈两部分组成。在图5.45中，除去反馈部分剩下的是开环系统，开环部分的传递函数为$H_1(s)$，整个反馈系统则有

$$Y(s)=H_1(s)E(s)=H_1(s)[F(s)\pm H_2(s)Y(s)]$$

故有

$$Y(s)=\frac{H_1(s)}{1\mp H_1(s)H_2(s)}F(s)$$

从而得整个闭环系统的系统函数为

$$H(s)=\frac{Y(s)}{F(s)}=\frac{H_1(s)}{1\mp H_1(s)H_2(s)} \tag{5.120}$$

式中，对于负反馈的情况，式中分母$H_1(s)H_2(s)$前取正号；对于正反馈的情况，式中分母$H_1(s)H_2(s)$前取负号。

例5.47 试画出图5.46所示RC电路的系统模拟框图，并求出该系统的系统函数，其中$U_i(s)$和$U_o(s)$分别为系统激励和响应。

解 系统复频域方程为

$$I(s)=\frac{1}{R}[U_i(s)-U_o(s)] \tag{5.121}$$

$$U_o(s)=\frac{1}{sC}I(s) \tag{5.122}$$

式(5.121)右边的$[U_i(s)-U_o(s)]$表示框图中应有一个对$U_i(s)$和$U_o(s)$的"和"点。被变换的变量按式(5.121)从输入变量$U_i(s)$流向中间变量$I(s)$,然后按式(5.122)流向输出变量$U_o(s)$。按式(5.121)和式(5.122)得到的系统模拟图如图 5.47 所示,该系统模拟图为具有负反馈的闭环系统,其系统函数$H(s)$为

$$H(s)=\frac{\frac{1}{sRC}}{1+\frac{1}{sRC}}=\frac{1}{1+sRC}$$

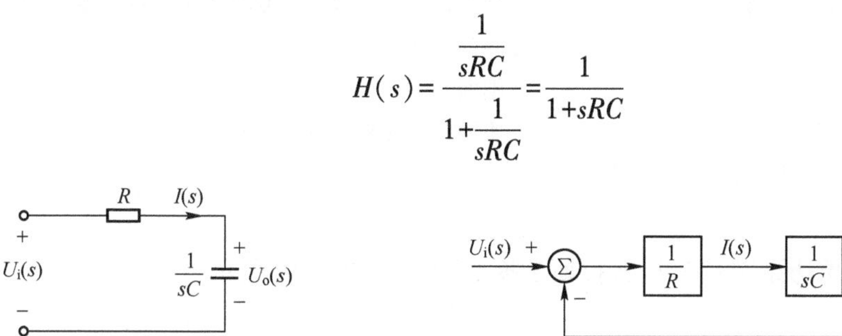

图 5.46　例 5.47 的电路图　　图 5.47　例 5.47 的系统模拟图

5.7　连续时间信号与系统复频域分析的 MATLAB 实现

例 5.48　求下列时间函数的拉普拉斯变换。

(1) $x(t)=te^{-2t}$;

(2) $x(t)=\sin t+2\cos t$;

(3) $x(t)=te^{-(t-2)}\varepsilon(t-1)$。

解　[MATLAB 程序]

```
x1=str2sym('t*exp(-2*t)');
x2=str2sym('sin(t)+2*cos(t)');
x3=str2sym('t*exp(2-t)*heaviside(t-1)');
X1=laplace(x1)
X2=laplace(x2)
X3=laplace(x3);x3=simplify(x3)
```

[程序运行结果]

```
X1=1/(s+2)^2
X2=1/(s^2+1)+2*s/(s^2+1)
X3=(exp(1-s)*(s+2))/(s+1)^2
```

例 5.49　已知信号$f(t)=\cos(t)\varepsilon(t)$的拉普拉斯变换为$F(s)=\frac{s}{s^2+1}$,试绘制拉普拉斯变换曲面图。

解　绘制拉普拉斯变换曲面图可以用 mesh 函数实现。

[MATLAB 程序]

```
dt=0.02;
x=-0.5:dt:0.5;                    %横坐标范围
y=-1.99:dt:1.99;                  %纵坐标范围
```

```
[x,y]=meshgrid(x,y);                  %产生矩阵
s=x+j*y;
s2=s.*s;
c=ones(size(x));
Fs=abs(s./(s2+c));                    %计算拉普拉斯变换在复平面上的样点值
mesh(x,y,Fs)                          %画网格图
surf(x,y,Fs)                          %画曲面图
colormap(hsv)                         %使用两端为红的饱和值色
xlabel('x'),ylabel('y'),zlabel('F(s)')
```

[程序运行结果]

运行程序得到单边余弦信号拉普拉斯变换曲面图如图5.48所示。

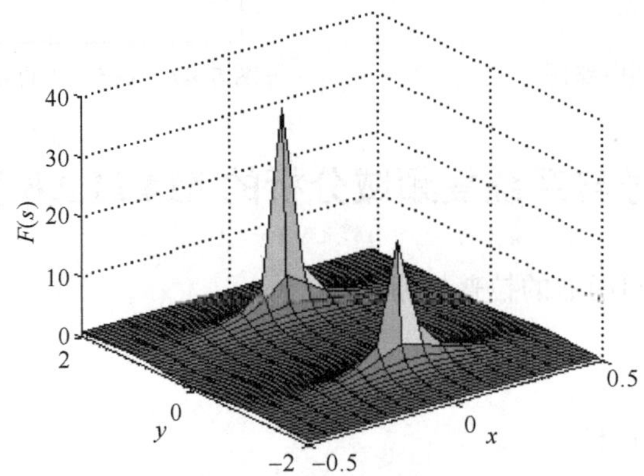

图5.48　拉普拉斯变换曲面图

例5.50　求下列象函数的拉普拉斯反变换。

(1) $F(s)=\dfrac{2s^2+s-6}{(s^2+2s+2)(s+1)}$

(2) $F(s)=\dfrac{s^4+5s^3+12s^2+7s+15}{(s^2+1)^2(s+2)}$

(3) $F(s)=\dfrac{1}{(s^2+1)(s+3)}$

解　[MATLAB程序]

```
F1=str2sym('(2*s^2+s-6)/(s+1)/(s^2+2*s+2)');
F2=str2sym('(s^4+5*s^3+12*s^2+7*s+15)/(s+2)/(s^2+1)^2');
F3=str2sym('1/(s^2+1)/( s+3)');
f1=ilaplace(F1);f1=simplify(f1)
f2=ilaplace(F2)
f3=ilaplace(F3)
```

[程序运行结果]

```
f1=-exp(-t)*(3*sin(t)-7*cos(t)+5)
f2=exp(-2*t)+6*sin(t)-t*cos(t)
```

```
f3=1/10*exp(-3*t)-1/10*cos(t)+3/10*sin(t)
```

例 5.51　将函数 $F(s)=\dfrac{3s^2+5s+4}{(s^2+1)(s+1)(s+8)}$用部分分式法展开。

解　进行部分分式展开可以使用 MATLAB 中的 residue 函数,函数的输出 r、p、k 含义如下:

$$H(s)=K(s)+\frac{R(1)}{s-P(1)}+\frac{R(2)}{s-P(2)}+\cdots+\frac{R(n)}{s-P(n)}$$

如果有重根的情况,则重根因子从低幂次到高幂次排列。

[MATLAB 程序]

```
num=[3,5,4];
d1=[1,0,1];d2=[1,2];d3=[1,8];
den=conv(d1,conv(d2,d3));
[r,p,k]=residue(num,den)
```

[程序运行结果]

```
r=-0.4000+0.0000i
   0.2000+0.0000i
   0.1000-0.1000i
   0.1000+0.1000i
p=-8.0000+0.0000i
  -2.0000+0.0000i
  -0.0000+1.0000i
  -0.0000-1.0000i
k=[]
```

即部分分式展开的结果为

$$F(s)=\frac{0.2}{s+2}-\frac{0.4}{s+8}+\frac{0.1+0.1\mathrm{j}}{s+\mathrm{j}}+\frac{0.1-0.1\mathrm{j}}{s-\mathrm{j}}$$

对连续时间系统进行时域分析可以用拉普拉斯变换法求解响应的符号公式解,也可以用 MATLAB 提供的函数进行数值仿真求解。数值求解中用到的函数主要有控制 CONTROL 工具箱的冲激响应仿真函数 impulse、阶跃响应仿真函数 step、一般响应仿真函数 lsim 和零输入响应仿真函数 initial。为了仿真零输入响应部分,函数 lsim 和 initial 只能接受状态空间系统模型,其他情况下都可以接受各种系统模型。

例 5.52　求系统 $H(s)=\dfrac{s+8}{s^2+2s+8}$的冲激响应和阶跃响应,并画出它们的波形。

解　首先定义系统函数的分子、分母多项式系数,然后用 impulse 函数仿真系统的冲激响应,用 step 函数仿真系统的阶跃响应。使用函数 impulse 和函数 step 可以将响应赋给一个变量,比如[y,t]=impulse(b,a),其中 t 为时间下标。但这些函数没有输出参数时,MATLAB 将给出响应的波形图。

[MATLAB 程序]

```
num=[1,8];den=[1,2,8];
subplot(1,2,1),impulse(num,den),grid on
subplot(1,2,2),step(num,den),grid on
```

[程序运行结果]

运行程序得到的响应波形如图 5.49 所示。

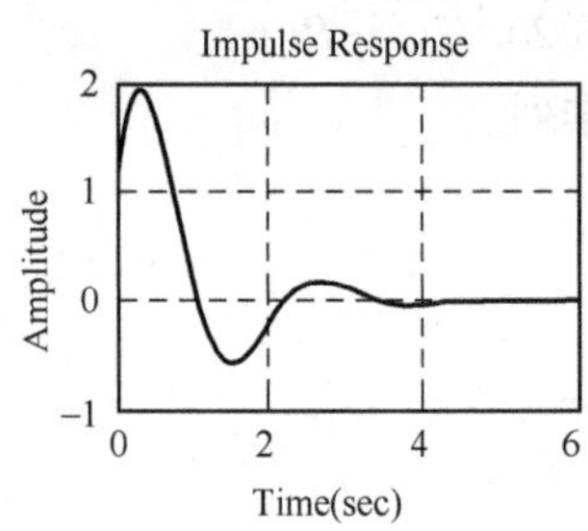

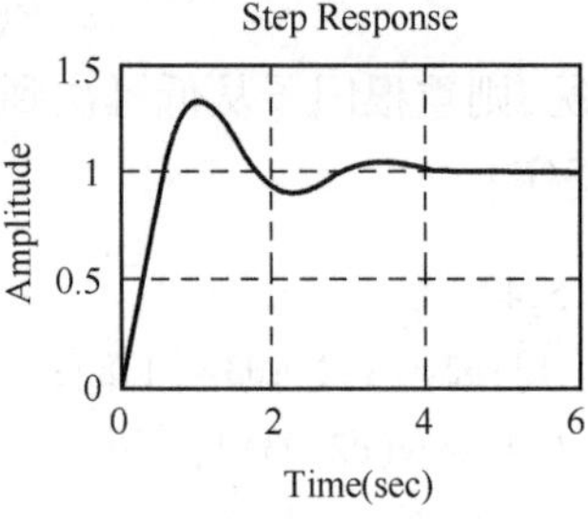

图 5.49　单位冲激响应和阶跃响应波形

例 5.53　给定系统微分方程

$$\frac{\mathrm{d}^2}{\mathrm{d}t^2}y(t)+3\frac{\mathrm{d}}{\mathrm{d}t}y(t)+2y(t)=\frac{\mathrm{d}}{\mathrm{d}t}f(t)+3f(t)$$

$$f(t)=\mathrm{e}^{-3t}\varepsilon(t)\quad y(0_-)=1\quad y'(0_-)=2$$

试求该系统的完全响应,并指出其零输入响应、零状态响应各分量。

解　本题可以用拉普拉斯变换法求符号解,也可用函数 lsim 进行仿真求解零状态响应部分。

[MATLAB 程序_符号求解]

```
eq='D2y+3*Dy+2*y=Df+3*f';
in0='f=0';
in1='f=exp(-3*t)*heaviside(t)';
ic0='y(-0.0001)=0,Dy(-0.0001)=0';
ic1='y(0)=1,Dy(0)=2';
zi=dsolve(eq,in0,ic1);yzi=simplify(zi.y)
zs=dsolve(eq,in1,ic0);yzs=simplify(zs.y)
ytotal=yzi+yzs
```

[程序运行结果]

```
yzir=-3*exp(-2*t)+4*exp(-t)
yzsr=heaviside(t)*(-exp(-2*t)+exp(-t))
ytotal=-3*exp(-2*t)+4*exp(-t)+heaviside(t)*(-exp(-2*t)+exp(-t))
```

根据符号解画出的零状态响应波形如图 5.50a 所示。

[MATLAB 程序_数值仿真求解零状态响应]

```
dt=0.001;t=0:dt:10;
x=exp(-3*t).*(t>=0);
```

```
yzsr=lsim([1,3],[1,3,2],x,t);
plot(t,yzsr),grid on
axis([0 10 0 0.3])
```

[程序运行结果]

运行结果如图 5.50b 所示。观察可知,两种方法求解的零状态响应是一样的。

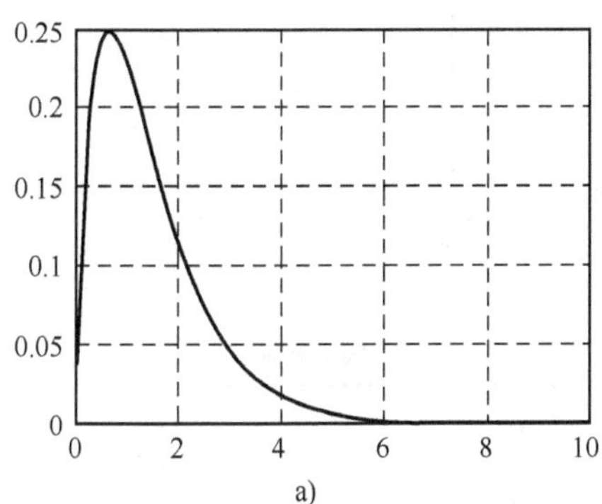

a)

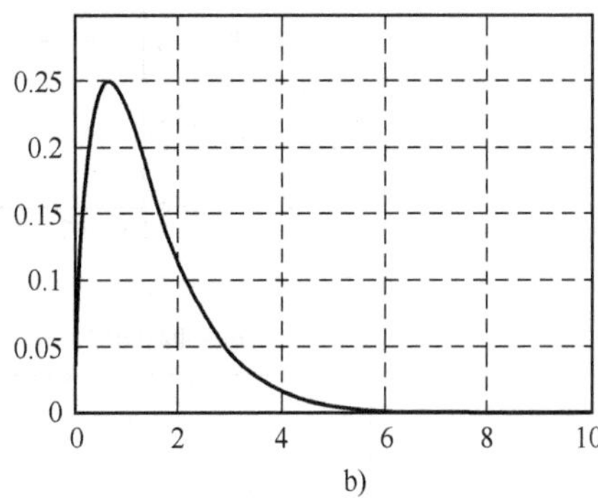

b)

图 5.50　程序运行结果图

a) 由符号解画出的零状态响应波形　b) 由仿真求得的系统零状态响应

例 5.54　已知系统函数为

$$H(s)=\frac{1}{s^3+2s^2+2s+1}$$

试画出其零、极点分布图,求解系统的冲激响应 $h(t)$ 和频率响应 $H(\mathrm{j}\omega)$,并判断系统的稳定性。

解　[MATLAB 程序]

```
num=[1];den=[1,2,2,1];
sys=tf(num,den);
poles=roots(den)                        %求系统函数的极点
figure(1),pzmap(sys)                    %绘制复频域系统的零、极点图
t=0:0.02:10;
h=impulse(num,den,t);                   %求系统的冲激响应
figure(2),plot(t,h)
xlabel('t'),ylabel('h(t)')
title('系统的冲激响应')
[H,w]=freqs(num,den);                   %求系统的频率响应
figure(3),plot(w,abs(H))
xlabel('\omega'),ylabel('abs(H(j\omega))')
title('系统的频率响应')
```

[程序运行结果]

```
poles=-1.0000+0.0000i
      -0.5000+0.8660i
      -0.5000-0.8660i
```

图5.51a所示为系统函数的零、极点分布图，系统的冲激响应和频率响应分别如图5.51b和c所示。从图5.51a可以看出，系统函数的极点位于s左半平面，故系统稳定。

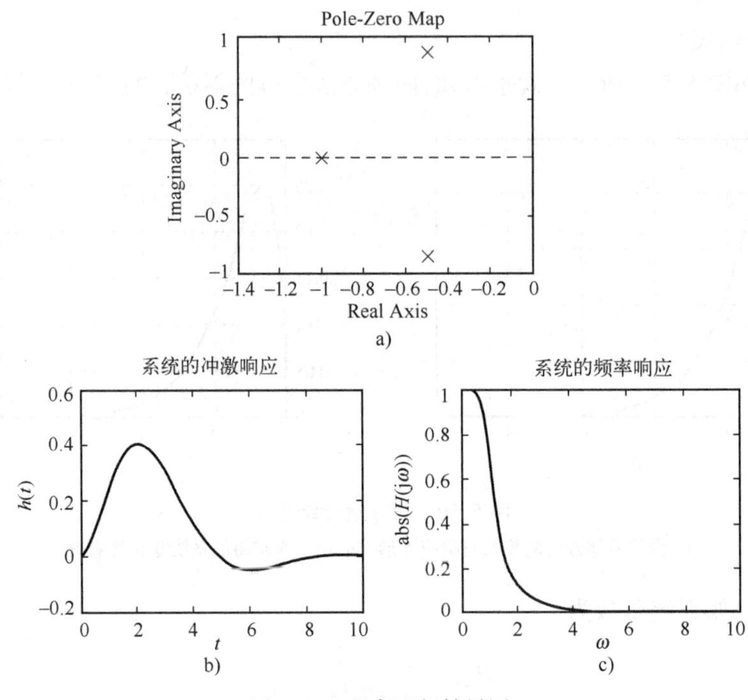

图5.51　程序运行结果图

对于连续时间线性时不变系统，可以用常系数微分方程来描述，对于单输入单输出系统，其传递函数一般是两个多项式之比，即

$$H(s)=\frac{b_m s^m+b_{m-1}s^{m-1}+\cdots+b_0}{s^n+a_{n-1}s^{n-1}+\cdots+a_0}$$

也可以表示成零、极点形式

$$H(s)=k\frac{(s-z_1)(s-z_2)\cdots(s-z_m)}{(s-p_1)(s-p_2)\cdots(s-p_n)}$$

另外，也可以用状态变量方法表示成如下标准形式：

$$\dot{x}=Ax+Bu$$

在MATLAB中，描述系统的传递函数型tf(Transfer Function)、零极点型zp(Zero Pole)以及状态变量型ss(State Space)三种方式可方便地转换。相应的转换函数为

tf2zp函数——传递函数型转换到零极点型；

tf2ss函数——传递函数型转换到状态变量型；

zp2tf函数——零极点型转换到传递函数型；

zp2ss函数——零极点型转换到状态空间型；

ss2tf函数——状态空间型转换到传递函数型；

ss2zp函数——状态空间型转换到零极点型。

例5.55　已知系统的传递函数为

$$H(s)=\frac{2s+10}{s^3+8s^2+19s+12}$$

将其分别转换为零极点型和状态变量型。

解　［MATLAB 程序］

```
num=[2 10]; den=[1 8 19 12];          %赋值给传递函数的分子、分母多项式系数
printsys(num,den,'s')                 %输出系统函数,由 s 表示的分子、分母多项式
[z,p,k]=tf2zp(num,den)                %转换为零极点型
[a,b,c,d]=tf2ss(num,den)              %转换为状态变量型
```

［程序运行结果］

```
num/den=
                        2 s+10
          ------------------------------
                 s^3+8 s^2+19 s+12
z=-5
p=-4.0000
   -3.0000
   -1.0000
k=2
a=-8   -19   -12
    1     0     0
    0     1     0
b=1
  0
  0
c=0
  2
  10
d=0
```

运行结果中,z、p、k 分别表示零极点型的零点、极点和系数,则系统函数的零极点型表示式为

$$H(s)=2\frac{(s+5)}{(s+1)(s+3)(s+4)}$$

状态方程为

$$\dot{x}=Ax+Bu,\quad y=Cx+Du$$

式中,A、B、C、D 对应于程序中的 a、b、c、d。对于离散时间系统,上述方法同样适用。

习题 5

1. 求下列信号的单边拉普拉斯变换,并证明收敛域。

(1) $1-e^{-2t}$　　(2) $\delta(t)-e^{-2t}$

(3) $e^{-2t}+e^{2t}$　　(4) $\cos(2t)+3\sin(2t)$

(5) $e^{-t}\cos(2t)$　　(6) $1+te^{-t}$

2. 试求题图 5.1 所示信号的拉普拉斯变换。

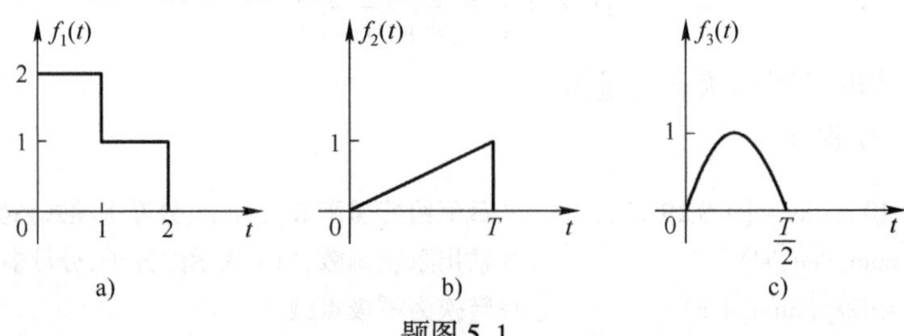

题图 5.1

3. 利用拉普拉斯变换的基本性质，求下列信号的拉普拉斯变换。

(1) $\delta(t)-2\delta(t-2)+\delta'(t-3)$　　(2) $e^{-2t}[\varepsilon(t)-\varepsilon(t-1)]$

(3) t^2+2t　　(4) $\sin\left(\omega t+\dfrac{\pi}{4}\right)$

(5) $1+(t-2)e^{-t}$　　(6) $t^2e^{-\alpha t}$

(7) $\varepsilon(2t-2)$　　(8) $5e^{-2t}\cos\left(\omega t+\dfrac{\pi}{4}\right)$

(9) $\dfrac{d}{dt}[\sin(2t)\varepsilon(t)]$　　(10) $\int_0^t \sin(\pi\tau)d\tau$

4. 求题图 5.2 所示周期信号的拉普拉斯变换。

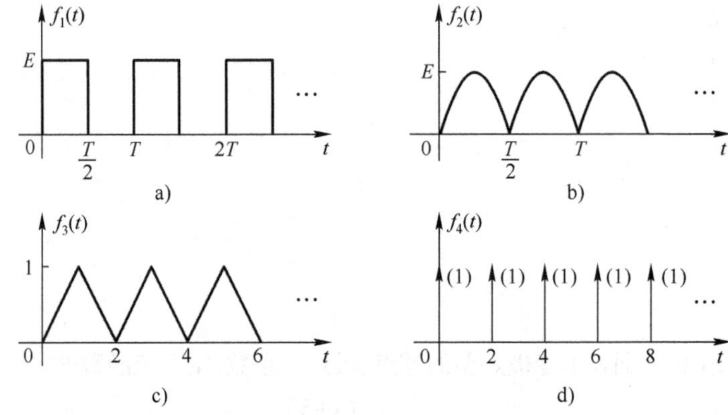

题图 5.2

5. 已知因果信号 $f(t)$ 的象函数为 $F(s)$，试求下列信号的象函数。

(1) $e^{-2t}f(2t)$　　(2) $e^{-2t}f\left(\dfrac{t}{2}\right)$

(3) $te^{-t}f(3t)$　　(4) $e^{-3t}f(2t-1)$

6. 已知因果信号 $f(t)$ 的象函数为 $F(s)$，求下列 $F(s)$ 的原函数 $f(t)$ 的初值 $f(0_+)$ 和终值 $f(\infty)$。

(1) $F(s)=\dfrac{s+1}{(s+2)(s+3)}$　　(2) $F(s)=\dfrac{s+3}{s^2+6s+10}$

(3) $F(s)=\dfrac{2s+1}{s(s+2)^2}$　　(4) $F(s)=\dfrac{2s-1}{s^2+4}$

（5）$F(s)=\dfrac{1-e^{-2s}}{s(s^2+4)}$　　（6）$F(s)=\dfrac{1}{s(1+e^{-s})}$

7. 求下列函数的拉普拉斯反变换。

（1）$\dfrac{4}{2s+3}$　　（2）$\dfrac{4}{s(2s+3)}$

（3）$\dfrac{3s}{s^2+6s+8}$　　（4）$\dfrac{e^{-s}+e^{-2s}+1}{s^2+3s+2}$

（5）$\dfrac{s^2+2}{s^2+1}$　　（6）$\dfrac{6s^2+19s+15}{(s+1)(s^2+4s+4)}$

8. 求下列各函数的原函数。

（1）$\dfrac{s-1}{s^2+2s+2}$　　（2）$\dfrac{s^2+1}{s^2+2s+2}$

（3）$\dfrac{s^2+2}{(s+2)(s^2+1)}$　　（4）$\dfrac{s^2+4s+1}{s(s+1)^2}$

（5）$\dfrac{1}{s^2(s+2)}$　　（6）$\dfrac{s}{(s^2+1)^2}$

9. 试用拉普拉斯变换分析法，求解下列微分方程所描述系统的零输入响应、零状态响应和全响应。

（1）$y''(t)+3y'(t)+2y(t)=f'(t)$，
$y(0_-)=1,\ y'(0_-)=-2, f(t)=\varepsilon(t)$

（2）$y''(t)+4y'(t)+4y(t)=f'(t)+f(t)$，
$y(0_-)=2,\ y'(0_-)=1, f(t)=e^{-t}\varepsilon(t)$

（3）$y''(t)+3y'(t)+2y(t)=f'(t)+4f(t)$，
$y(0_-)=1,\ y'(0_-)=3, f(t)=\varepsilon(t)$

10. 已知题图 5.3 所示各电路原已达稳态，且图 a 中 $u_{C2}(0)=0$。若 $t=0$ 时开关 S 动作，试画出复频域电路模型（运算电路图）。

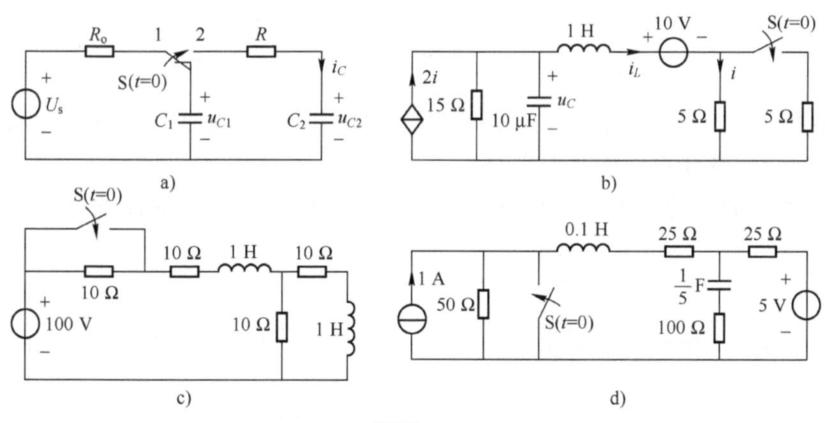

题图 5.3

11. 电路如题图 5.4 所示，开关 S 在闭合时电路已处于稳定状态，若在 $t=0$ 时将开关 S 打开，试求 $t\geqslant 0$ 时的 $u_C(t)$。

12. 电路如题图 5.5 所示，开关 S 在闭合时电路已处于稳定状态，若在 $t=0$ 时将开关 S 打开，试求 $t\geqslant 0$ 时的 $i_{L1}(t)$ 和 $u(t)$。

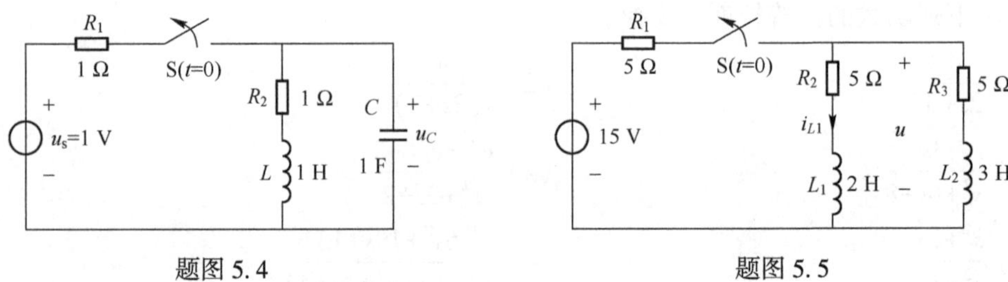

题图 5.4　　　　题图 5.5

13. 在题图 5.6 所示电路中，已知 $i_L(0_-)=2$ A，$i_s(t)=5t\varepsilon(t)$ A，试求电感两端的电压 $u_L(t)$。

14. 电路如题图 5.7 所示，已知激励 $u_s(t)=\delta(t)$，求冲激响应 $u_L(t)$。

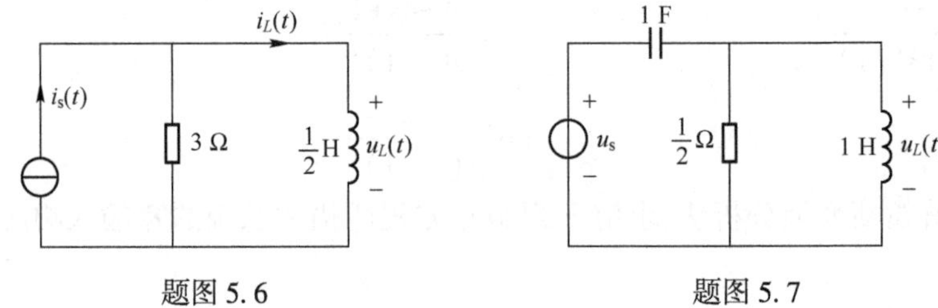

题图 5.6　　　　题图 5.7

15. 如题图 5.8 所示电路，已知 $u_s(t)=10\varepsilon(t)$，求零状态响应 $i(t)$。

16. 在题图 5.9 所示电路中，已知 $u_s(t)=\mathrm{e}^{-t}\cos(2t)\varepsilon(t)$，$u_C(0_-)=10$ V，试用复频域分析法求 $u_C(t)$。

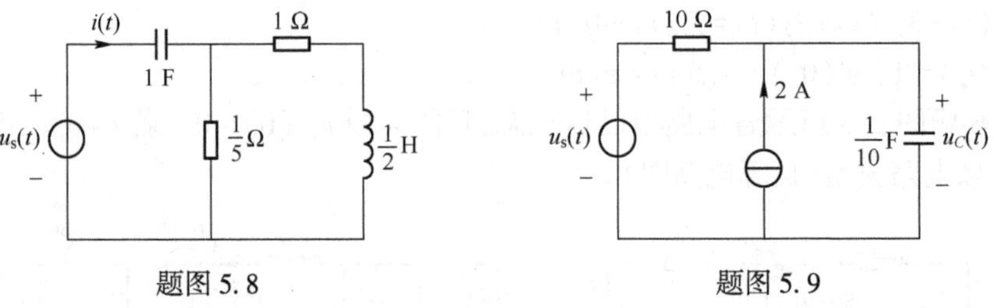

题图 5.8　　　　题图 5.9

17. 如题图 5.10 所示电路，在 $t<0$ 时电路已达稳态，当 $t=0$ 时开关 S 闭合，求 $t\geqslant 0$ 时电压 $u(t)$ 的零输入响应、零状态响应和完全响应。

18. 如题图 5.11 所示互感耦合电路，求电压 $u(t)$ 的冲激响应和阶跃响应。

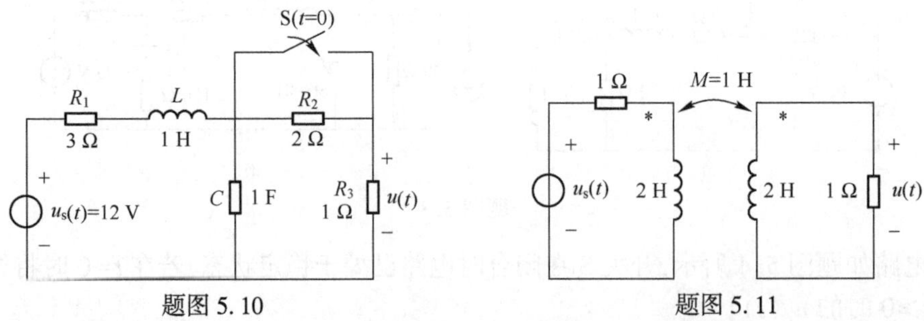

题图 5.10　　　　题图 5.11

19. 求题图 5.12 所示电路的系统函数，已知图 a 中 $H(s)=\dfrac{I(s)}{F(s)}$，图 b 中 $H(s)=\dfrac{U(s)}{F(s)}$。

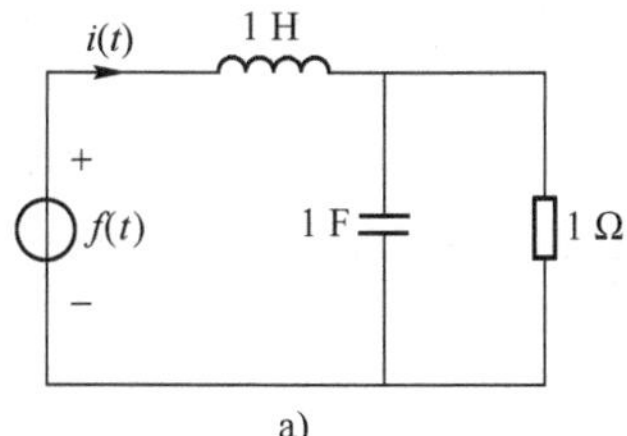

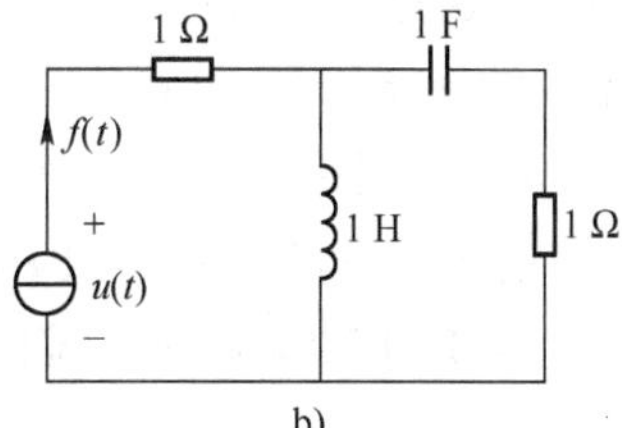

题图 5.12

20. 如题图 5.13 所示电路，则

(1) 证明 $H(s)=\dfrac{U_2(s)}{U_1(s)}$。

(2) 求冲激响应 $h(t)$ 和阶跃响应 $g(t)$。

21. 电路如题图 5.14 所示，试写出电压转移函数 $H(s)=\dfrac{U_o(s)}{U_s(s)}$。若激励信号为 $f(t)=\cos(2t)\varepsilon(t)$，为使响应不存在正弦稳态分量，求 LC 的值。

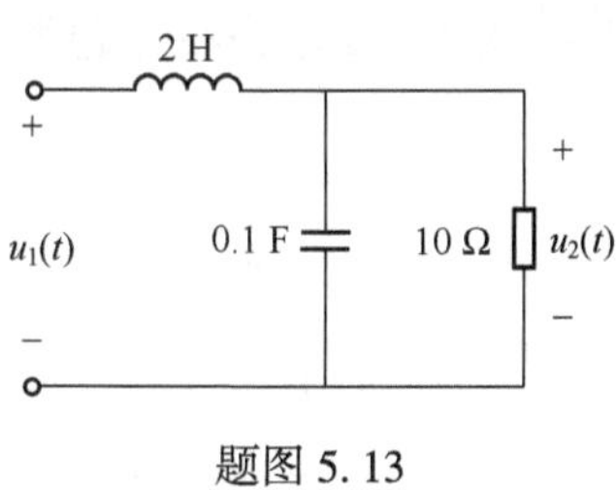

题图 5.13

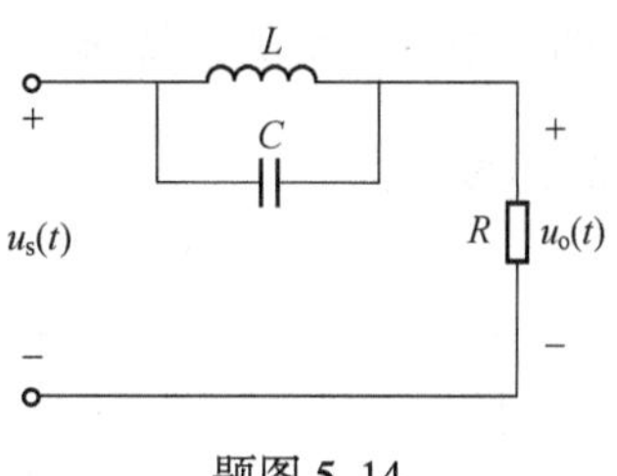

题图 5.14

22. 已知系统方程，求系统函数 $H(s)$。

(1) $y''(t)+11y'(t)+24y(t)=5f'(t)+3f(t)$

(2) $y''(t)+3y'(t)+2y(t)=f'(t)+3f(t)$

23. 已知线性时不变系统的系统函数为 $H(s)=\dfrac{s+5}{s^2+4s+3}$，输入为 $f(t)$，输出为 $y(t)$，写出该系统输入、输出之间关系的微分方程。若 $f(t)=e^{-2t}\varepsilon(t)$，求系统的零状态响应。

24. 一个连续时间线性时不变系统，当输入 $f(t)=\varepsilon(t)$ 时，输出 $y(t)=2e^{-3t}\varepsilon(t)$。

(1) 试求系统的冲激响应 $h(t)$。

(2) 当输入 $f(t)=e^{-t}\varepsilon(t)$ 时，求输出 $y(t)$。

25. 一个 LTI 连续系统的系统函数 $H(s)=H_0\dfrac{s+2}{s^2+4s+3}$，$H_0$ 为常数，已知此系统阶跃响应的终值为 1。

(1) 写出此系统的微分方程。

(2) 求系统的冲激响应 $h(t)$。

(3) 此系统对何种激励的零状态响应 $y(t)=\left(1-\frac{3}{4}e^{-t}-\frac{1}{4}e^{-3t}\right)\varepsilon(t)$。

26. 某个系统函数有两个极点：$p_1=0,p_2=-1$；一个零点：$z_1=1$，系统的冲激响应的终值为 -10，试写出该系统的系统函数 $H(s)$。

27. 因果线性时不变系统的微分方程为 $y''(t)+3y'(t)+2y(t)=f(t)$，求系统的冲激响应。

28. 已知线性连续系统的系统函数 $H(s)$ 的零、极点分布如题图 5.15 所示。

(1) 若 $H_1(\infty)=1$，求图 a 对应系统的 $H_1(s)$。

(2) 若 $H_2(0)=-\frac{1}{2}$，求图 b 对应系统的 $H_2(s)$。

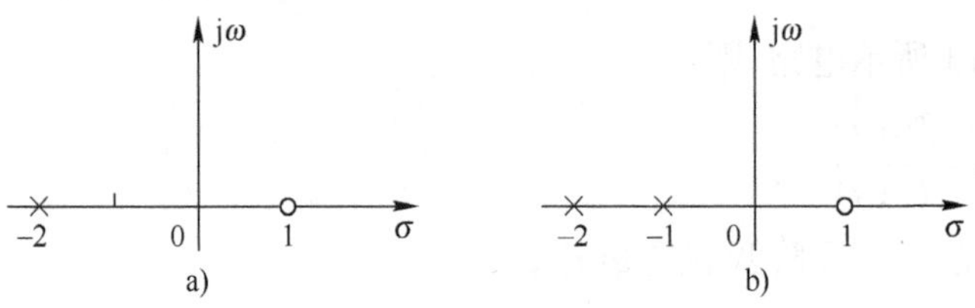

题图 5.15

(3) 粗略画出 $H_1(s)$、$H_2(s)$ 的幅频特性和相频特性曲线。

29. 已知题图 5.16a 所示的系统函数 $H(s)=\frac{U_2(s)}{U_1(s)}$ 的零、极点分布如题图 5.16b 所示，且 $H(0)=1$，求 R、L、C 的值。

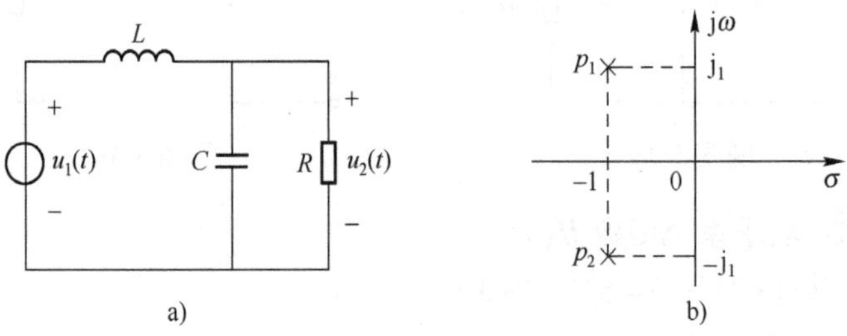

题图 5.16

30. 画出下列系统的零、极点图，并判断系统是否稳定。

(1) $H(s)=\frac{s+2}{s(s+1)}$　　(2) $H(s)=\frac{2(s+1)}{s(s^2+1)^2}$

(3) $H(s)=\frac{s}{(s+2)(s+3)}$　　(4) $H(s)=\frac{5}{(s-1)(s+4)}$

31. 某个 LTI 系统的微分方程为 $y''(t)+y'(t)-6y(t)=f'(t)+f(t)$，求：

(1) 系统函数 $H(s)$ 并画出其零、极点图。

(2) 冲激响应 $h(t)$ 并判断系统的稳定性。

32. 已知系统框图如题图 5.17 所示，试写出各系统的系统函数 $H(s)$ 和描述系统的微分方程，并求其单位冲激响应 $h(t)$。

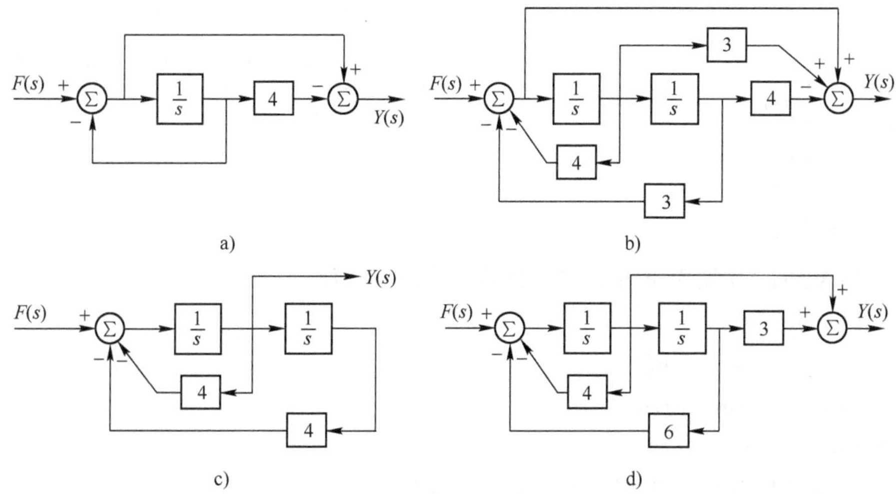

题图 5.17

33. 试绘出下列各系统的直接模拟框图。

(1) $H(s)=\dfrac{1}{s^3+3s+2}$　　(2) $H(s)=\dfrac{s^2+2s}{s^3+3s^2+3s+2}$

(3) $H(s)=\dfrac{2s+3}{(s+2)^2(s+3)}$　　(4) $H(s)=\dfrac{s^2+4s+5}{(s+1)(s+2)(s+3)}$

34. 已知线性时不变系统的系统函数为 $H(s)=\dfrac{5s+5}{s(s+2)(s+5)}$，试绘出其直接模拟框图、级联模拟框图和并联模拟框图。

35. 一个 LTI 连续系统如题图 5.18 所示，已知 $H_1(s)=\dfrac{1}{s}$，系统的阶跃响应 $g(t)=(t+e^{-t})\varepsilon(t)$，试求 $h_2(t)$。

36. 线性连续系统如题图 5.19 所示，已知子系统函数 $H_1(s)=-e^{-2s}$，$H_2(s)=\dfrac{1}{s}$。

(1) 求系统的冲激响应。

(2) 若 $f(t)=t\varepsilon(t)$，求零状态响应。

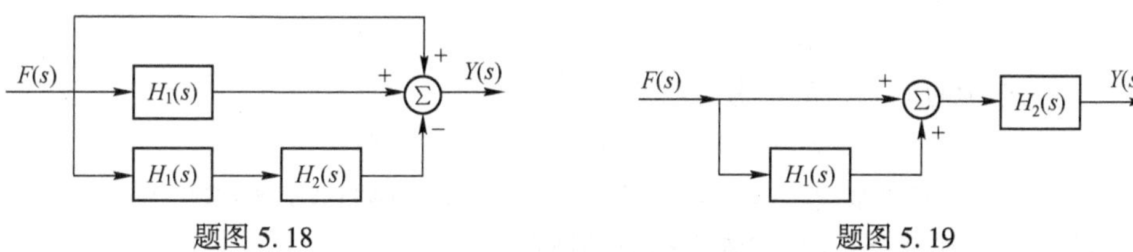

题图 5.18　　题图 5.19

37. 在题图 5.20 中，$H_1(s)=\dfrac{1}{s-2}$（这样的系统是不稳定的），为使复合系统的冲激响应 $h(t)=e^{-3t}\varepsilon(t)$，求 $h_2(t)$。

38. 在题图 5.21 所示系统中，已知当 $f(t)=\varepsilon(t)$ 时，系统的零状态响应 $y_{zs}(t)=(1-5e^{-2t}+5e^{-3t})\varepsilon(t)$，求系数 a、b、c。

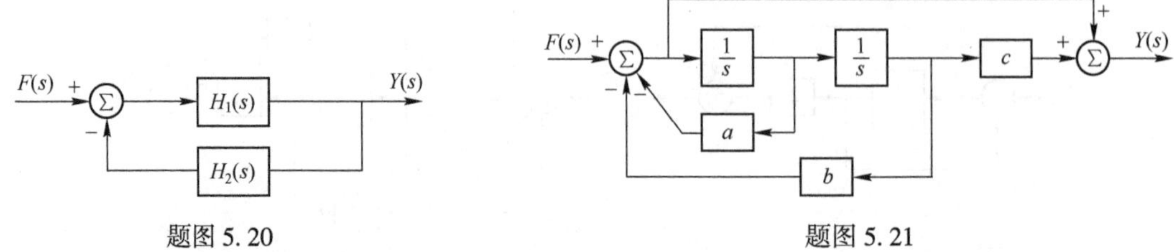

题图 5.20　　　　题图 5.21

39. 利用 MATLAB 编程求解下列函数的拉普拉斯变换。

(1) $f(t)=2te^{-4t}\varepsilon(t)$

(2) $f(t)=(t-1)e^{-2(t-1)}\varepsilon(t-1)$

(3) $f(t)=\sin(t)\sin(2t)\varepsilon(t)$

(4) $f(t)=(t^3-2t^2+1)\varepsilon(t)$

40. 利用 MATLAB 编程求解下列函数的拉普拉斯反变换。

(1) $F(s)=\dfrac{2}{(s+1)(s^2+1)}$

(2) $F(s)=\dfrac{2s+30}{s^2+10s+50}$

(3) $F(s)=\dfrac{1}{s(s^2+s+1)}$

(4) $F(s)=\dfrac{s+2}{s(s+3)(s+1)^2}$

41. 已知 $H(s)=\dfrac{s+1}{s^2+2s+2}$,试用 MATLAB 编程画出其曲面图。

42. 已知连续时间信号的拉普拉斯变换表达式如下,试用 residue 函数求出 $F(s)$ 的部分分式展开式,并写出 $f(t)$ 的表达式。

(1) $F(s)=\dfrac{16s^2}{s^4+5.6569s^3+816s^2+2262.7s+160000}$

(2) $F(s)=\dfrac{s^3}{(s+5)(s^2+5s+25)}$

(3) $F(s)=\dfrac{6s^2+22s+18}{(s+1)(s+2)(s+3)}$

43. 已知某连续时间系统的微分方程为

$$y''(t)+4y'(t)+3y(t)=2f'(t)+f(t)$$

激励信号 $f(t)=\varepsilon(t)$,初始状态 $y(0_-)=1$,$y'(0_-)=2$,试用 MATLAB 编程的方法求系统的零输入响应、零状态响应和完全响应,并画出相应的波形。

44. 已知系统函数为

$$H(s)=\frac{1}{s^2+2\alpha s+1}$$

试用 MATLAB 编程的方法分别画出 $\alpha=0$、1/4、1、2 时系统的零、极点图。如果系统是稳定的,画出系统的幅度响应曲线。讨论系统极点的位置对系统幅度响应的影响。

45. 已知系统函数 $H(s)=\dfrac{s+2}{s^3+2s^2+2s+1}$,试用 MATLAB 编程的方法画出该系统的零、极点分布图,求出系统的冲激响应、阶跃响应和频率响应。

46. 已知系统函数的零极点表示形式为

$$H(s)=\frac{2s+3}{s(s+2)^2(s+3)}$$

试用 MATLAB 编程的方法将其转换为传递函数型。

47. 已知系统的传递函数为

$$H(s)=\frac{5s^2+s+1}{s^3+s^2+s}$$

试用 MATLAB 编程的方法将其转换为零极点型。

48. 系统特征方程如下,试用 MATLAB 编程的方法判断系统是否稳定。

(1) $s^4+7s^3+17s^2+17s+6=0$

(2) $4s^5+6s^4+2s^3+4s^2+11s+10=0$

(3) $s^4+2s^3+7s^2+10s+10=0$

第 6 章　离散时间信号与系统的时域分析

前面的章节中分别从时域和变换域的角度讲述了连续时间信号与系统的分析方法,本章研究离散时间信号与系统的分析方法。

离散时间信号和系统的分析与连续时间信号和系统的分析在许多方面都是相互并行的,两者之间有许多相似之处。在系统特性的描述中,连续时间系统的数学模型是微分方程,与之相对应的离散时间系统的数学模型是差分方程,而差分方程和微分方程的求解方法在很大程度上是相互对应的。在连续时间系统的时域分析中,冲激响应和卷积积分具有重要的地位和意义;在离散时间系统的时域分析中,单位序列响应与卷积和具有同样重要的地位和意义。在系统分析方法中,连续系统有时域、频域和 s 域分析法,相应地,离散系统也有时域、频域和 z 域分析法;而在系统响应的分解方面,则都可以分解为零输入响应和零状态响应、自由响应和受迫响应等。可见,在进行离散信号系统的学习时,经常把它与连续信号与系统相对比,这对于其分析方法的理解、掌握和运用是很有帮助的。但应该指出,连续时间信号系统与离散时间信号系统还存在着一定的差别,学习时也应该注意这些差别,从而真正深入理解其分析方法并加以掌握和应用。

本章将介绍离散时间信号的基本概念、基本运算、离散时间系统的描述,并从时域角度讨论离散时间系统的分析方法。

6.1　离散时间信号基础

在第 1 章中曾定义,如果信号仅在一系列离散的瞬间才有定义,则称之为离散信号。这里所谓的“离散”,指的是信号的定义域是离散的,如果信号的定义域是时间变量 t,则离散信号只在一些离散的时间点上有意义,而在其他时间点上未定义。如果信号不仅在时间上取值是离散的,而且在幅度取值上也是离散的,则称为数字信号。在计算机中传输和处理的信号就是数字信号,严格来说,离散时间信号和数字信号是有区别的,但一般将离散时间信号与数字信号等同使用,除了某些特殊的情况之外,比如考虑计算机的有限字长精度影响的情况。今后讨论的离散时间信号,既可以是数字信号,也可以不是,两者在分析方法上并无区别。

6.1.1　离散时间信号的数学描述

对于离散时间信号来说,两个离散时刻之间的间隔可以是均匀的,也可以是不均匀的,通常,选取均匀的时间间隔,设之为 T_s,则可以用 $f(kT_s)$ 表示离散时间信号在 kT_s 时刻的值(k 取整数,$k=0,\pm1,\pm2,\cdots$)。实际处理时,常把信号存放在处理器的存储单元中,随时取用,也可以先记录数据后分析或短时间内存入,数据在较长时间内完成处理过程。考虑到上述因素,离散时间信号 $f(kT_s)$ 可以不必以 kT_s 为变量,而可以直接用 $f(k)$ 表示离散信号,k 为信号出现的序号。用 $f(k)$ 表示离散信号不仅简便而且具有更为普遍的意义,即离散变量 k 可以不限于代表时间。通常,离散时间信号也称为序列,可以把它看成是一组序列值的集合。

离散时间信号可以用函数解析式表示,也可以用集合的方式表示,还可以用图形的方式表

示。例如对于一个离散信号 $f(k)$，其函数解析式表示为

$$f(k)=\begin{cases}2^k & k\geqslant 0\\ 0 & k<0\end{cases}$$

用集合的方式表示就是将离散信号按其下标 k 增长方式罗列出来的一组有序的序列，这样，上述序列 $f(k)$ 可以表示为

$$f(k)=\{\cdots 0,0,\underset{\uparrow}{1},2,4,8,\cdots\}$$

其中，箭头表示 $k=0$ 的时刻。

用图形方式表示时如图 6.1 所示，图中线段的长短表示各序列值的大小。

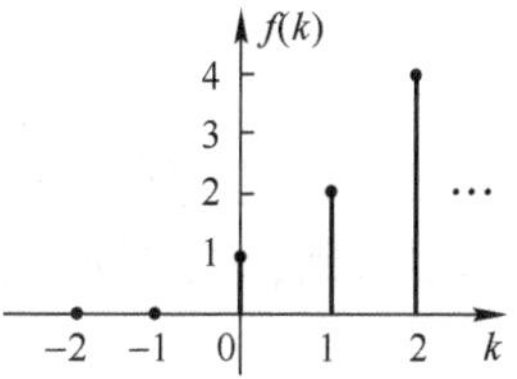

图 6.1　序列的图形表示

6.1.2　常见离散时间信号

1. 单位序列 $\delta(k)$

单位序列 $\delta(k)$ 定义为

$$\delta(k)=\begin{cases}1 & k=0\\ 0 & k\neq 0\end{cases} \tag{6.1}$$

$\delta(k)$ 的波形如图 6.2a 所示。该序列仅在 $k=0$ 时取值为 1，而在其他点上均为零。单位序列也称为单位样值序列或单位脉冲序列，它在离散时间系统中的作用类似于连续时间系统中的单位冲激函数 $\delta(t)$，但是，两者之间存在着重要的差别：$\delta(t)$ 是一个奇异信号，可以理解为在 $t=0$ 点处脉宽趋于零而幅度为无限大的信号；而 $\delta(k)$ 是一个非奇异信号，在 $k=0$ 处取有限值 1。

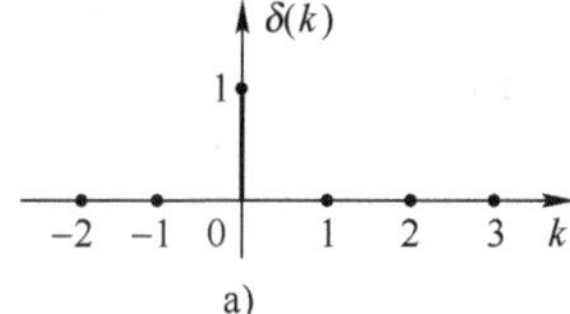

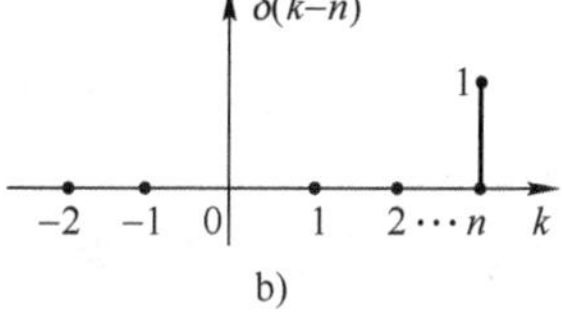

图 6.2　单位序列及其移位

a) $\delta(k)$　b) $\delta(k-n)$

将 $\delta(k)$ 移位 n，得

$$\delta(k-n)=\begin{cases}1 & k=n\\ 0 & k\neq n\end{cases} \tag{6.2}$$

$\delta(k-n)$ 的波形如图 6.2b 所示。

由于单位序列 $\delta(k)$ 仅在 $k=0$ 处不为零，故有

$$f(k)\delta(k)=f(0)\delta(k) \tag{6.3}$$

可以看出，任意信号与单位序列 $\delta(k)$ 相乘得到的仍然是一个 $\delta(k)$ 序列，只不过序列的幅度不再为 1 而是被 $f(0)$ 加权，$\delta(k)$ 的这个性质称之为“加权性”或“取样性”。推广后可以得到，对于任意延时的单位序列 $\delta(k-n)$，有

$$f(k)\delta(k-n)=f(n)\delta(k-n) \tag{6.4}$$

应用上述性质，可以将任意离散信号 $f(k)$ 表示为单位序列的延时加权和，即

$$f(k)=\cdots+f(-1)\delta(k+1)+f(0)\delta(k)+f(1)\delta(k-1)+\cdots$$

$$= \sum_{n=-\infty}^{\infty} f(n)\delta(k-n) \tag{6.5}$$

同样,根据单位序列 $\delta(k)$ 的特点,还可以得到

$$\sum_{k=-\infty}^{\infty} f(k)\delta(k)=f(0) \tag{6.6}$$

它将求和序列中 $f(k)$ 的一个具体的函数值筛选出来,因此称为 $\delta(k)$ 的"筛选"特性,推广后可以得到,对于延时的单位序列 $\delta(k-n)$,有

$$\sum_{k=-\infty}^{\infty} f(k)\delta(k-n)=f(n) \tag{6.7}$$

单位序列 $\delta(k)$ 是离散时间系统分析中最简单的序列,但是它却起着非常重要的作用。

2. 单位阶跃序列 $\varepsilon(k)$

单位阶跃序列 $\varepsilon(k)$ 定义为

$$\varepsilon(k)=\begin{cases}1 & k\geqslant 0\\ 0 & k<0\end{cases} \tag{6.8}$$

$\varepsilon(k)$ 的波形如图 6.3 所示。单位阶跃序列 $\varepsilon(k)$ 类似于连续时间系统的单位阶跃信号 $\varepsilon(t)$,但应注意,$\varepsilon(t)$ 在 $t=0$ 点处发生跳变,在此处不定义或定义为 $\frac{1}{2}$,而 $\varepsilon(k)$ 在 $k=0$ 处定义为 1。

单位阶跃序列 $\varepsilon(k)$ 具有截断的特性,它可以将一个双边序列 $f(k)$ 截断成为一个零起始的单边序列 $f(k)\varepsilon(k)$。

$\varepsilon(k)$ 与 $\delta(k)$ 之间具有如下的关系:

$$\varepsilon(k)=\delta(k)+\delta(k-1)+\delta(k-2)+\cdots=\sum_{n=0}^{\infty}\delta(k-n)=\sum_{n=-\infty}^{k}\delta(n) \tag{6.9}$$

$$\delta(k)=\varepsilon(k)-\varepsilon(k-1) \tag{6.10}$$

3. 矩形序列 $R_N(k)$

矩形序列也称为门函数,其定义为

$$R_N(k)=\begin{cases}1 & 0\leqslant k\leqslant N-1\\ 0 & k<0\end{cases} \tag{6.11}$$

$R_N(k)$ 的波形如图 6.4 所示。该序列仅在 0~$N-1$ 范围内共 N 个点为 1,而在其他点处为零,类似于连续时间系统中的门函数。

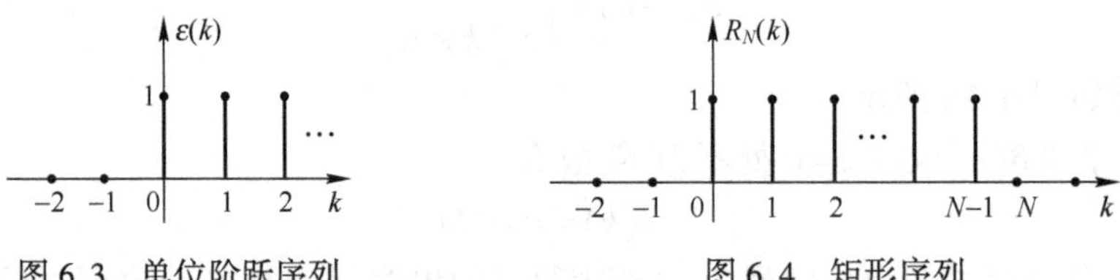

图 6.3　单位阶跃序列　　　图 6.4　矩形序列

矩形序列可以用单位阶跃序列表示,即

$$R_N(k)=\varepsilon(k)-\varepsilon(k-N) \tag{6.12}$$

4. 单边指数序列

单边指数序列的函数表达式为

$$f(k)=a^k\varepsilon(k) \tag{6.13}$$

式中，a 为实数，当 $|a|>1$ 时序列发散，$|a|<1$ 时序列收敛；$a>0$ 时序列值取正，$a<0$ 时，序列值正、负摆动。图 6.5a~d 给出了 a 取不同值时序列的变化趋势。

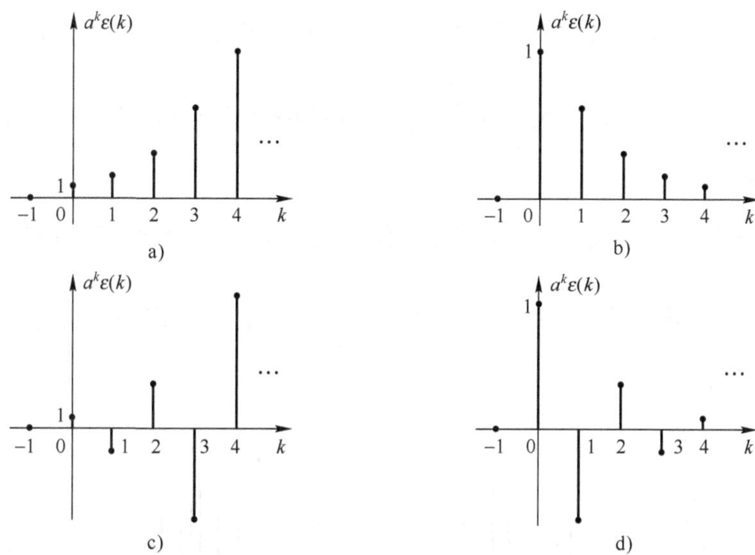

图 6.5　单边指数序列

a) $a>1$　b) $0<a<1$　c) $a<-1$　d) $-1<a<0$

5. 正弦序列

正弦序列的函数表达式为

$$f(k)=A\sin(\omega_0 k+\varphi) \tag{6.14}$$

式中，ω_0 为正弦序列的数字角频率，表示序列值依次周期性重复的速率；A、φ 分别为正弦序列的振幅和初相位。

与连续正弦信号不同，离散正弦序列并不一定是周期序列。下面来讨论离散正弦序列为周期序列的条件。

若式(6.14)所示正弦序列为周期序列，则 $f(k)$ 应满足

$$\begin{aligned} f(k)&=f(k+mN)=A\sin[\omega_0(k+mN)+\varphi] \\ &=A\sin(\omega_0 k+m\omega_0 N+\varphi) \end{aligned} \tag{6.15}$$

式中，m、N 均取整数，且 N 为最小正周期。

由式(6.15)可以看出，只有当 $\omega_0 N=2n\pi, n=1,2,3,\cdots$ 时，式(6.14)所示正弦序列才是周期序列，且周期为 $N=n\dfrac{2\pi}{\omega_0}$。具体地说，可以分为以下三种情况：

1) $\dfrac{2\pi}{\omega_0}$为整数。此时正弦序列为周期序列，且周期为 $N=(2\pi/\omega_0)(n=1)$。例如正弦序列 $\sin\left(\dfrac{\pi}{4}k\right)$，其频率为 $\omega_0=\dfrac{\pi}{4}$，周期为 $N=8$，波形如图 6.6 所示。可见，该正弦序

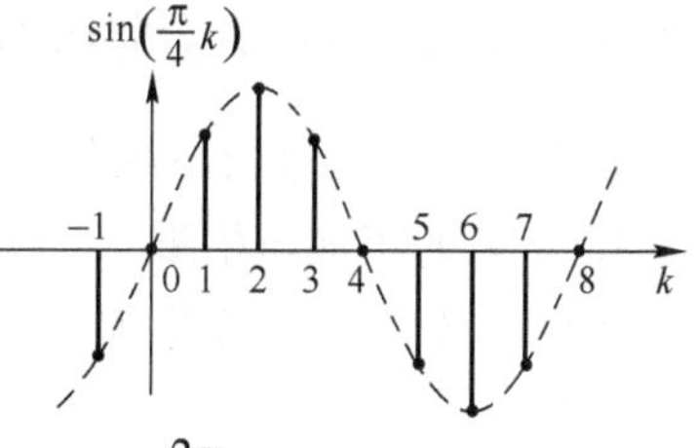

图 6.6　$\dfrac{2\pi}{\omega_0}$为整数的正弦周期序列

列每隔 8 点重复一个周期。

2) $\frac{2\pi}{\omega_0}$为有理数,即$\frac{2\pi}{\omega_0}=\frac{P}{Q}$($P$、$Q$ 为无公因子的整数)。此时正弦序列仍为周期序列。周期 $N=n\frac{2\pi}{\omega_0}=n\frac{P}{Q}$,取 $n=Q$,则正弦序列的周期为 $N=P$。例如正弦序列 $\sin\left(\frac{4\pi}{5}k\right)$,其频率为 $\omega_0=\frac{4\pi}{5}$,$\frac{2\pi}{\omega_0}=\frac{5}{2}$,故其周期为 $N=5$。$\sin\left(\frac{4\pi}{5}k\right)$的波形如图 6.7 所示。可见,该正弦序列每隔 5 点重复一个周期。

3) $\frac{2\pi}{\omega_0}$为无理数。此时任何整数 n 都不能使 N 为正整数,因此序列不具有周期性,但其样值的包络仍然为正弦周期信号。例如正弦序列 $\sin\left(\frac{k}{4}\right)$就是非周期序列,但是其包络仍为周期信号,如图 6.8 所示。

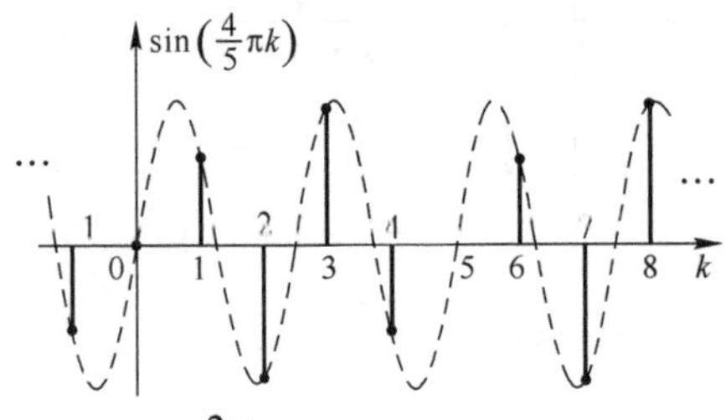

图 6.7 $\frac{2\pi}{\omega_0}$为有理数的正弦周期序列

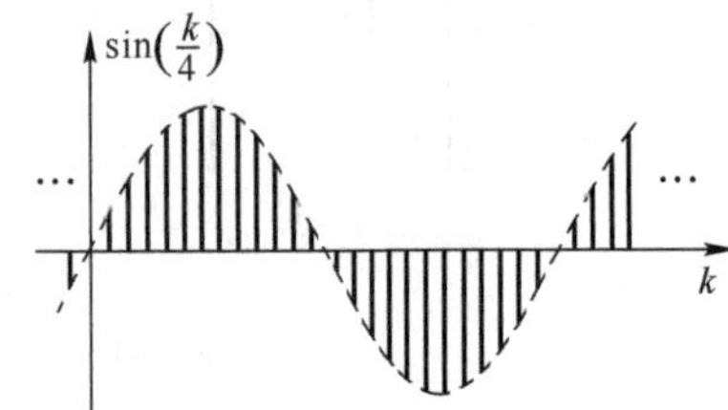

图 6.8 $\frac{2\pi}{\omega_0}$为无理数的正弦非周期序列

6. 复指数序列

复指数序列的函数表达式为

$$f(k)=e^{(\alpha+j\omega_0)k}=e^{\alpha k}e^{j\omega_0 k}=r^k e^{j\omega_0 k} \tag{6.16}$$

式中,$r=e^{\alpha}$。利用欧拉公式将式(6.16)展开得

$$f(k)=r^k\cos(\omega_0 k)+jr^k\sin(\omega_0 k) \tag{6.17}$$

式(6.17)表明,一个复指数序列的实部和虚部均为幅值按指数规律变化的正弦信号。若$|r|>1$,为增幅的正弦序列;若$|r|<1$,为衰减的正弦序列;若$|r|=1$,为等幅的正弦序列。若 $\omega_0=0$,则复指数信号成为实指数序列;若$|r|=1$,$\omega_0=0$,复指数信号的实部与虚部均与时间无关,成为直流信号。可见,复指数序列概括了多种离散序列的情况。

6.1.3 离散时间信号的基本运算

在离散时间信号与系统分析中,常遇到序列的一些基本运算。

1. 序列的相加与相乘

序列$f_1(k)$与$f_2(k)$相加,是指两序列同序号的数值逐项对应相加,构成一个新的序列$f(k)$,即

$$f(k)=f_1(k)+f_2(k) \tag{6.18}$$

序列$f_1(k)$与$f_2(k)$相乘,是指两序列同序号的数值逐项对应相乘,构成一个新的序列

$f(k)$，即

$$f(k)=f_1(k)\cdot f_2(k) \tag{6.19}$$

例 6.1　已知序列

$$f_1(k)=\begin{cases}\left(\dfrac{1}{3}\right)^k & k\geqslant -1\\ 0 & k<-1\end{cases}$$

$$f_2(k)=\begin{cases}k+3 & k\geqslant 0\\ 2^k & k<0\end{cases}$$

求序列 $f_1(k)+f_2(k)$ 与 $f_1(k)\cdot f_2(k)$。

解　由序列相加与相乘的定义可得

$$f_1(k)+f_2(k)=\begin{cases}\left(\dfrac{1}{3}\right)^k+k+3 & k\geqslant 0\\ 3+\dfrac{1}{2}=\dfrac{7}{2} & k=-1\\ 2^k & k<-1\end{cases}$$

$$f_1(k)\cdot f_2(k)=\begin{cases}(k+3)\left(\dfrac{1}{3}\right)^k & k\geqslant 0\\ 3\cdot\dfrac{1}{2}=\dfrac{3}{2} & k=-1\\ 0 & k<-1\end{cases}$$

2. 序列的折叠与移位

序列折叠是将原序列 $f(k)$ 的自变量 k 用 $-k$ 代替，构成一个新序列，即

$$y(k)=f(-k) \tag{6.20}$$

序列移位是将原 $f(k)$ 沿 k 轴逐项依次移动 m 位，构成一个新序列，即

$$y(k)=f(k\pm m) \tag{6.21}$$

例 6.2　已知序列 $f(k)=\begin{cases}-k+2 & -1\leqslant k\leqslant 2\\ 0 & k\text{ 为其他}\end{cases}$，其波形如图 6.9a 所示，试画出序列 $y(k)=f(-k+3)$ 的波形。

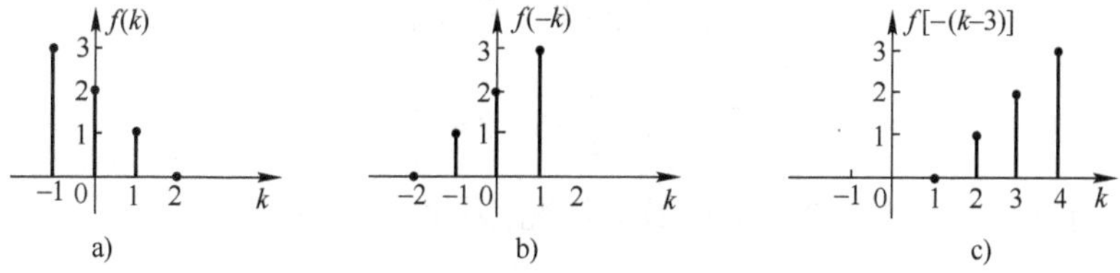

图 6.9　例 6.2 中序列波形图

a) 原序列 $f(k)$ 波形　b) $f(-k)$ 波形　c) $f(-k+3)$ 波形

解　序列 $y(k)=f(-k+3)=f[-(k-3)]$ 也可以看成是原序列 $f(k)$ 先折叠得序列 $f(-k)$，$f(-k)$ 右移 3 个单位得到。$f(-k)$ 与 $f(-k+3)$ 的波形分别如图 6.9b、c 所示。

3. 序列的抽取与插值

序列的抽取是将原序列 $f(k)$ 的自变量 k 乘以整数 n，构成一个新序列，即

$$y(k)=f(nk) \tag{6.22}$$

$y(k)$由原序列$f(k)$每隔$n-1$点抽取一个值得到。

序列的插值是将原序列$f(k)$的自变量k除以整数n，构成一个新序列，即

$$y(k)=f\left(\frac{k}{n}\right) \tag{6.23}$$

$y(k)$由原序列$f(k)$每两个点之间插入$n-1$个零值得到。

例 6.3　已知序列$f(k)=\begin{cases}k+1 & 0\leqslant k\leqslant 2\\ -k+6 & 3\leqslant k\leqslant 5\end{cases}$，其波形如图 6.10a 所示，试求序列$f(2k)$与$f\left(\frac{k}{2}\right)$，并画出其相应的时域波形。

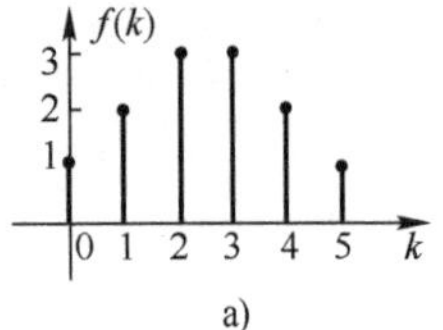

a)

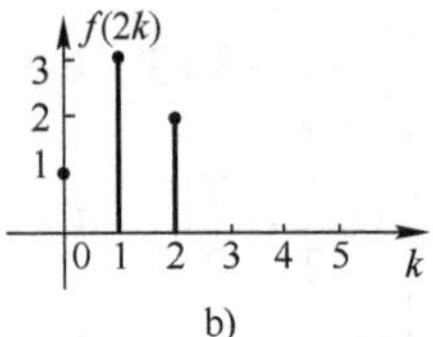

b)

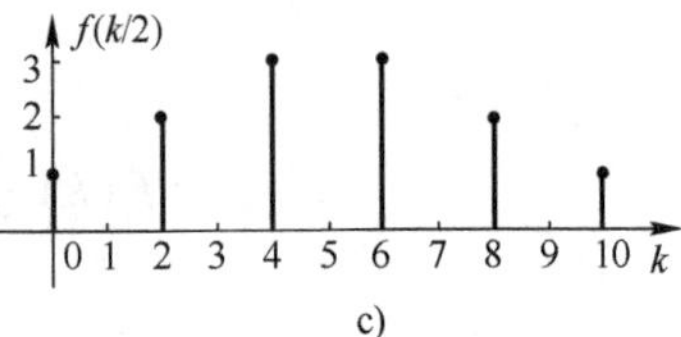

c)

图 6.10　例 6.3 中的序列波形图

a）原序列　b）序列的抽取　c）序列的插值

解

$$f(2k)=\begin{cases}2k+1 & 0\leqslant 2k\leqslant 2\\ -2k+6 & 3\leqslant 2k\leqslant 5\end{cases}$$

$$=\begin{cases}2k+1 & 0\leqslant k\leqslant 1\\ -2k+6 & \dfrac{3}{2}\leqslant k\leqslant \dfrac{5}{2}\end{cases}$$

上式中出现$k=\frac{3}{2}$、$\frac{5}{2}$的非整数序号，故应舍去该点及其值，因此上式写为

$$f(2k)=\begin{cases}2k+1 & 0\leqslant k\leqslant 1\\ -2k+6 & k=2\end{cases}$$

$f(2k)$的波形如图 6.10b 所示，可以看出，$f(2k)$由原序列$f(k)$每隔 1 点抽取一个值得到

$$f\left(\frac{k}{2}\right)=\begin{cases}\dfrac{k}{2}+1 & 0\leqslant \dfrac{k}{2}\leqslant 2\\ -\dfrac{k}{2}+6 & 3\leqslant \dfrac{k}{2}\leqslant 5\end{cases}$$

这里，k的取值范围中应舍去$k/2$为非整数的情况，因此，上式写为

$$f\left(\frac{k}{2}\right)=\begin{cases}\dfrac{k}{2}+1 & k=0,2,4\\ -\dfrac{k}{2}+6 & k=6,8,10\end{cases}$$

$f\left(\frac{k}{2}\right)$的波形如图 6.10c 所示，可以看出，$f\left(\frac{k}{2}\right)$由原序列$f(k)$每隔 2 点之间插入一个零值得到。

4. 序列的差分

离散信号的差分和连续信号微分相对应，在离散时间系统中有两种形式的差分运算：

(1) 序列 $f(k)$ 的前向差分

$$\Delta f(k)=f(k+1)-f(k) \quad (\text{一阶前向差分}) \tag{6.24}$$

(2) 序列 $f(k)$ 的后向差分

$$\nabla f(k)=f(k)-f(k-1) \quad (\text{一阶后向差分}) \tag{6.25}$$

同样，可以定义二阶前向差分和二阶后向差分分别为

$$\begin{aligned}\Delta^2 f(k)&=\Delta[\Delta f(k)]=\Delta f(k+1)-\Delta f(k)\\&=f(k+2)-f(k+1)-f(k+1)+f(k)\\&=f(k+2)-2f(k+1)+f(k)\end{aligned} \tag{6.26}$$

$$\begin{aligned}\nabla^2 f(k)&=\nabla[\nabla f(k)]=\nabla f(k)-\nabla f(k-1)\\&=f(k)-2f(k-1)+f(k-2)\end{aligned} \tag{6.27}$$

5. 序列求和(累加)

序列的求和与连续系统中的积分运算相对应。序列求和定义为

$$y(k)=\sum_{n=-\infty}^{k} f(n) \tag{6.28}$$

式(6.28)表明，一次累加后产生的序列 $y(k)$ 在 k 时刻的值等于原序列在该时刻及以前时刻所有的序列值之和。

例 6.4　已知序列 $f(k)=\begin{cases}k & 0\leqslant k\leqslant 3\\0 & \text{其他}\end{cases}$，如图 6.11a 所示，求序列 $y(k)=\sum_{n=-\infty}^{k} f(n)$，并画出其波形。

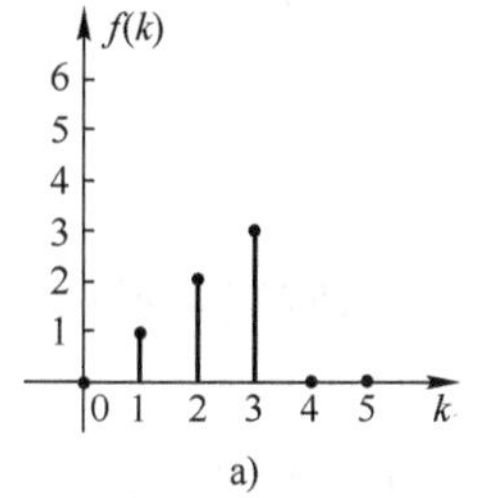

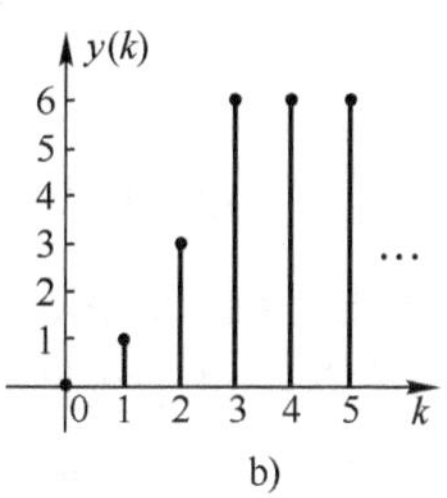

图 6.11　例 6.4 中序列的波形图

解

$$y(k)=\sum_{n=-\infty}^{k} f(n)=\sum_{n=0}^{k} f(n)=\sum_{n=0}^{k} n$$

当 $0\leqslant k\leqslant 3$ 时

$$y(k)=\sum_{n=0}^{k} n=\frac{k(k+1)}{2}$$

当 $k\geqslant 4$ 时

$$y(k)=\sum_{n=0}^{3} n=6$$

$y(k)$ 的波形如图 6.11b 所示。

6.2 离散时间系统

输入和输出均是离散时间信号的系统称为离散时间系统，其输入-输出模型如图 6.12 所示。其中$f(k)$为输入信号，$y(k)$为输出信号。由图 6.12 可见，离散系统的功能是完成将输入$f(k)$经过某种变换或处理转变成输出$y(k)$的运算过程。在数学描述上，离散系统的输入-输出关系可以表示为

$$y(k)=T[f(k)] \tag{6.29}$$

式中，$T[\cdot]$表示系统对输入信号的变换作用。

f(k)⟶ 离散时间系统 ⟶y(k)

图 6.12　离散时间系统

6.2.1 线性时不变离散时间系统

在第 1 章中，曾定义了连续时间系统的线性性质和时不变性质。对于离散时间系统也可以相应地定义线性系统和时不变系统。所谓线性系统是指满足齐次性和叠加性的离散系统。设激励$f_1(k)$产生的响应为$y_1(k)$，激励$f_2(k)$产生的响应为$y_2(k)$，若激励的线性组合$af_1(k)+bf_2(k)$产生的响应为$ay_1(k)+by_2(k)$（其中，a、b是常系数），则称此系统是线性系统。用数学描述如下：

若

$$y_1(k)=T[f_1(k)] \quad y_2(k)=T[f_2(k)]$$

对于线性系统，则有

$$T[af_1(k)+bf_2(k)]=ay_1(k)+by_2(k) \tag{6.30}$$

当系统的初始条件不为零时，如系统可分解为零输入响应和零状态响应，且同时满足零输入线性和零状态线性，则该系统也是线性系统。

设激励$f(k)$产生的响应为$y(k)$，而由激励$f(k-i)$产生的响应为$y(k-i)$（其中，i是可正可负的整数），则称此系统是时不变系统。用数学描述如下：

若

$$y(k)=T[f_1(k)]$$

对于时不变系统，则有

$$T[f(k-i)]=y(k-i) \tag{6.31}$$

例 6.5　试判断下列离散时间系统是否为线性时不变系统。

(1) $y(k)=T[f(k)]=f(k)f(k-1)$

(2) $y(k)=T[f(k)]=kf(k)$

解　(1) 设

$$y_1(k)=T[f_1(k)]=f_1(k)f_1(k-1)$$

$$y_2(k)=T[f_2(k)]=f_2(k)f_2(k-1)$$

由于

$$T[af_1(k)+bf_2(k)]=[af_1(k)+bf_2(k)][af_1(k-1)+bf_2(k-1)]$$
$$\neq ay_1(k)+by_2(k)$$

所以该系统为非线性系统。

由

$$y(k)=T[f(k)]=f(k)f(k-1)$$

得

$$y(k-i)=f(k-i)f(k-i-1)$$

令 $f_1(k)=f(k-i)$，则

$$y_1(k)=T[f_1(k)]=f_1(k)f_1(k-1)$$
$$=f(k-i)f(k-i-1)=y(k-i)$$

所以该系统为时不变系统。

综合以上讨论，该系统是一个非线性时不变系统。

(2) 设

$$y_1(k)=T[f_1(k)]=kf_1(k)$$
$$y_2(k)=T[f_2(k)]=kf_2(k)$$

由于

$$T[af_1(k)+bf_2(k)]=k[af_1(k)+bf_2(k)]$$
$$=akf_1(k)+bkf_2(k)$$
$$=ay_1(k)+by_2(k)$$

所以该系统为线性系统。

由

$$y(k)=T[f(k)]=kf(k)$$

得

$$y(k-i)=(k-i)f(k-i)$$

令 $f_1(k)=f(k-i)$，则

$$y_1(k)=T[f_1(k)]=kf_1(k)=kf(k-i)\neq y(k-i)$$

所以该系统为时变系统。

综合以上讨论，该系统是一个线性时变系统。

除上述线性、非线性、时变、时不变系统之外，离散时间系统还可以分为因果系统和非因果系统、稳定系统和不稳定系统等各种类型，这些性质将在介绍系统的单位序列响应 $h(k)$ 之后再讨论。

本书中后文所提的“离散时间系统”，如无特殊声明，均指“线性时不变离散时间系统”。

6.2.2　离散时间系统的数学模型

对于连续时间系统，系统的激励与响应均是连续信号，其数学模型用微分方程来描述；对于离散时间系统，系统的激励与响应均是离散信号，可以用差分方程来描述其数学模型。同连续时间系统一样，不同的离散时间系统也可以用相同的数学模型来描述。下面举例说明离散时间系统数学模型的建立与一般规律。

例 6.6　图 6.13 所示梯形电阻网络，电路参数如图所示，各节点对地的电压为 $u(k)$，$k=0,1,2,\cdots,n$，两边界节点电压为 $u(0)=E$，$u(n)=0$。试列写第 k 个节点电压的差分方程。

解　取第 k 个节点，如图 6.14 所示。

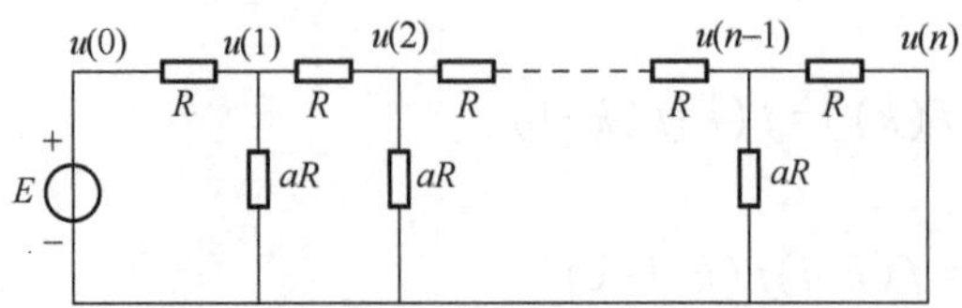

图 6.13　例 6.6 中的梯形电阻网络

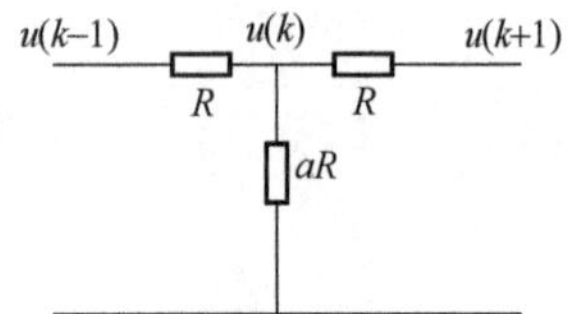

图 6.14　例 6.13 取第 k 个节点

由基尔霍夫电流定律得

$$\frac{u(k-1)-u(k)}{R}=\frac{u(k)-u(k+1)}{R}+\frac{u(k)}{aR}$$

整理后得

$$u(k+1)-\frac{2a+1}{a}u(k)+u(k-1)=0$$

或

$$u(k)-\frac{2a+1}{a}u(k-1)+u(k-2)=0$$

这是一个二阶后向差分方程，借助两个边界条件，可以求出第 k 个节点电压 $u(k)$。这里 k 不再表示时间，而是代表网络中各节点的编号。

例 6.7　某储户每月月初定期到银行存款。第 k 个月的存款额为 $f(k)$，银行支付月息为 β，设第 k 个月月初的总存款额为 $y(k)$ 元，试写出总存款数与月存款数关系的方程式。

解　第 k 个月月初的总存款额 $y(k)$ 由以下三部分组成：

1）第 $k-1$ 个月月初的总存款额 $y(k-1)$。

2）第 $k-1$ 个月的利息 $\beta y(k-1)$。

3）第 k 个月的存款额 $f(k)$。

所以有

$$y(k)=y(k-1)+\beta y(k-1)+f(k)$$

即

$$y(k)-(1+\beta)y(k-1)=f(k)$$

这是一个一阶常系数后向差分方程。

由以上所述推广到一般，对于一个 n 阶离散时间系统，可以用 n 阶线性常系数差分方程来描述。差分方程分为前向差分和后向差分两种，前向差分方程的一般形式为

$$\begin{aligned}&y(k+n)+a_{n-1}y(k+n-1)+\cdots+a_1y(k+1)+a_0y(k)\\&=b_mf(k+m)+b_{m-1}f(k+m-1)+\cdots+b_1f(k+1)+b_0f(k)\end{aligned}\tag{6.32}$$

或写为

$$\sum_{i=0}^{n}a_iy(k+i)=\sum_{j=0}^{m}b_jf(k+j)\tag{6.33}$$

式中，a_i、b_j 为常数，且 $a_n=1$。

后向差分方程的一般形式为

$$\begin{aligned} & y(k)+a_{n-1}y(k-1)+\cdots+a_1y(k-n+1)+a_0y(k-n) \\ & =b_m f(k)+b_{m-1}f(k-1)+\cdots+b_1f(k-m+1)+b_0f(k-m) \end{aligned} \tag{6.34}$$

或写为

$$\sum_{i=0}^{n} a_{n-i}y(k-i)=\sum_{j=0}^{m} b_{m-j}f(k-j) \tag{6.35}$$

式中，a_i、b_j 为常数，且 $a_n=1$。

差分方程的阶数等于输出序列的最高序号与最低序号之差，对于因果时间系统来说，激励的最高序号不能大于响应的最高序号，即 $m\leqslant n$。

前向差分方程和后向差分方程并无本质区别，而且其相互转换是非常容易的。因此，对于同一个离散时间系统可以用前向差分方程来描述，也可以用后向差分方程来描述，具体采用哪一种方程可根据实际情况灵活选用。通常，考虑到离散时间系统为因果系统，所以在系统分析中采用后向差分方程，而在状态变量分析中，则多采用前向差分方程。

差分方程不仅可以描述离散时间系统，而且还可以作为对模拟系统进行数值计算的近似方程。例如，一个一阶常系数线性微分方程为

$$\frac{\mathrm{d}y(t)}{\mathrm{d}t}+a_0y(t)=b_0f(t) \tag{6.36}$$

对信号进行抽样，设时间间隔 T_s 足够小，当 $t=kT_s$ 时，有

$$f(t)\to f(kT_s)$$

$$y(t)\to y(kT_s)$$

$$\frac{\mathrm{d}y(t)}{\mathrm{d}t}=\frac{y[(k+1)T_s]-y(kT_s)}{T_s}$$

因此式(6.36)所示的微分方程可以近似为

$$\frac{y[(k+1)T_s]-y(kT_s)}{T_s}+a_0y(kT_s)=b_0f(kT_s)$$

经整理得

$$y(k+1)+(a_0T_s-1)y(k)=b_0T_sf(k) \tag{6.37}$$

可见，在 T_s 足够小的条件下，式(6.36)所示的微分方程可以近似为式(6.37)所示的差分方程。实际上，利用数字计算机来解微分方程时(如欧拉法、龙格-库塔法)，就是根据这一原理将微分方程近似为差分方程再进行计算的，只要把时间间隔取得足够小，计算数值的位数足够长，就可以得到所需的精度。

6.2.3　离散时间系统的时域模拟

同连续时间系统一样，离散时间系统也可以用一些适当的运算单元进行模拟。离散时间系统的模拟通常由单位延时器、加法器和数乘器(放大器)组成，表示符号如图 6.15 所示。加法器和数乘器的功能和符号与连续系统相同，单位延时器相当于模拟时间系统中的积分器，具有“记忆”的功能，它的作用是将输入信号延迟一个时间单位后再输出。单位延迟器在时域中用符号 D 表示，也可以用$\frac{1}{E}$或 E^{-1}表示。

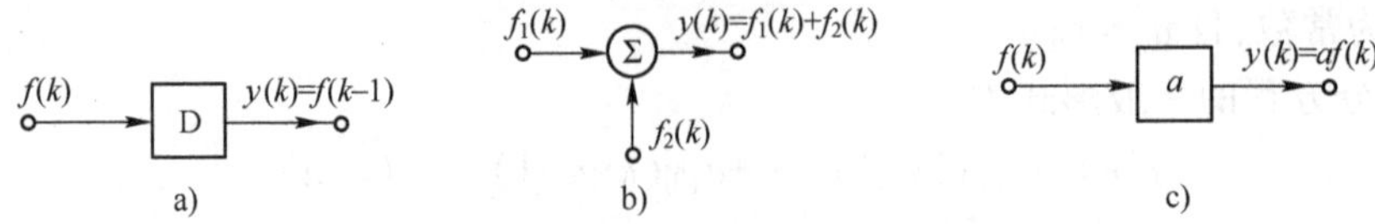

图 6.15 离散时间系统模拟的基本运算单元

a）延时器 b）加法器 c）数乘器

利用上述基本运算单元，可以对任意差分方程在时域进行模拟。

例 6.8 已知某二阶离散系统差分方程为

$$y(k)+a_1y(k-1)+a_0y(k-2)=b_1f(k)+b_0f(k-1)$$

作出该系统的时域模拟框图。

解 将原方程移项后得

$$y(k)=b_1f(k)+b_0f(k-1)-a_1y(k-1)-a_0y(k-2)$$

$y(k)$由加法器右端输出，系统时域模拟框图如图 6.16 所示。

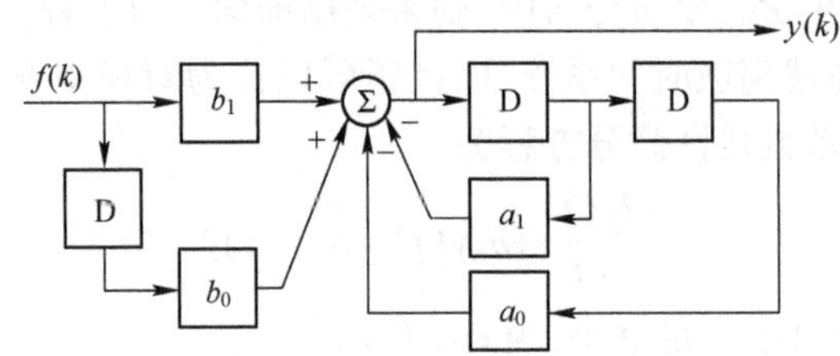

图 6.16 例 6.8 的系统模拟框图

例 6.9 已知某二阶离散系统差分方程为

$$y(k+2)+a_1y(k+1)+a_0y(k)=b_1f(k+1)+b_0f(k)$$

作出该系统的时域模拟框图。

解 本例题中所示差分方程为一个二阶前向差分方程，可以利用连续时间系统模拟中相似的方法来进行模拟。

设激励为$f(k)$时系统响应为$q(k)$，则

$$q(k+2)+a_1q(k+1)+a_0q(k)=f(k)$$
$$q(k+2)=f(k)-a_1q(k+1)-a_0q(k)$$

当激励为 $b_1f(k+1)+b_0f(k)$时，由线性时不变系统性质，得系统输出为

$$y(k)=b_1q(k+1)+b_0q(k)$$

系统时域模拟框图如图 6.17 所示。

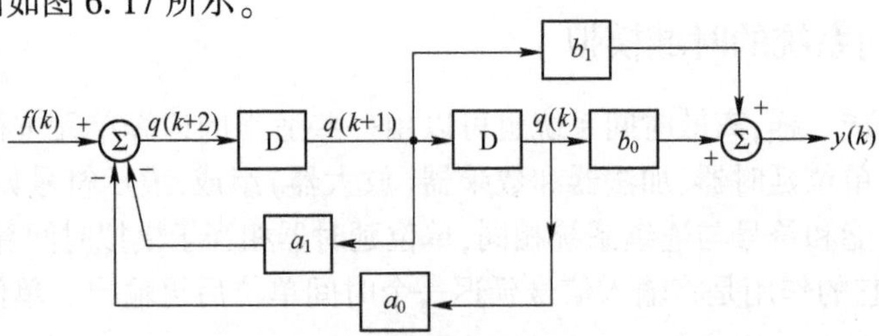

图 6.17 例 6.9 的系统模拟框图

本例中，前向差分方程也可以先转换为后向差分方程，再利用例 6.8 所述的方法进行系统模拟。

类似的方法可以推导出 n 阶差分方程所描述的离散系统的时域模拟图，这里不再详述。

6.3　离散时间系统的时域响应

描述离散时间系统的数学模型是常系数线性差分方程。在系统分析时，本书选用的是后向差分方程，即

$$\sum_{i=0}^{n} a_{n-i} y(k-i) = \sum_{j=0}^{m} b_{m-j} f(k-j) \quad a_n = 1 \tag{6.38}$$

通常，求解上述差分方程的方法有迭代法、经典法、卷积法及变换域（Z 变换）法。本节主要讨论差分方程的迭代法和时域经典解法求解，下一章将讨论 Z 变换求解差分方程。

6.3.1　迭代法求解差分方程

差分方程是具有递推关系的代数方程，若已知初始条件和激励，则可以利用迭代法求得差分方程的数值解。

例 6.10　一阶常系数线性差分方程为

$$y(k)-y(k-1)=f(k) \quad k \geqslant 0$$

且已知初始状态为 $y(-1)=0$，用递推法求激励为 $f(k)=\varepsilon(k)$ 时系统的响应。

解　由原方程得

$$y(k)=f(k)+y(k-1)=\varepsilon(k)+y(k-1)$$

当 $k=0$ 时　　$y(0)=\varepsilon(0)+y(-1)=1$

当 $k=1$ 时　　$y(1)=\varepsilon(1)+y(0)=1+1=2$

当 $k=2$ 时　　$y(2)=\varepsilon(2)+y(1)=1+2=3$

$$\vdots$$

当 $k=n$ 时　　$y(n)=\varepsilon(n)+y(n-1)=1+n$

所以，响应序列的函数表达式为

$$y(k)=(k+1)\varepsilon(k)$$

用迭代法求解差分方程的思路非常清楚，便于求出方程的数值解，而要写出方程的解析式形式的解则往往比较困难，这种方法一般是利用计算机来进行差分方程求解。

6.3.2　经典法求解差分方程

与微分方程的经典解类似，差分方程的经典解也可以分为齐次解和特解两部分，即

$$y(k)=y_h(k)+y_p(k) \tag{6.39}$$

式中，$y_h(k)$ 为差分方程的齐次解；$y_p(k)$ 为差分方程的特解。

1. 齐次解

当式（6.38）中的 $f(k)$ 及其各项移位均为零时，齐次方程

$$y(k)+a_{n-1}y(k-1)+\cdots+a_1 y(k-n+1)+a_0 y(k-n)=0 \tag{6.40}$$

的解称为齐次解。

下面来分析最简单的齐次方程解的形式。若一阶差分方程表示为

$$y(k)-\lambda y(k-1)=0 \tag{6.41}$$

可改写为

$$\frac{y(k)}{y(k-1)}=\lambda \tag{6.42}$$

式(6.42)表明,序列 $y(k)$ 是一个等比为 λ 的几何级数,可以写成如下的形式:

$$y(k)=C\lambda^k \tag{6.43}$$

式中,C 为待定系数,由初始条件决定。

一般情况下,对于任意阶的差分方程,它们的齐次解由形式为 $C\lambda^k$ 的序列组合而成。将 $y(k)=C\lambda^k$ 代入式(6.38),得到

$$\sum_{i=0}^{n} a_{n-i}C\lambda^{k-i}=0 \tag{6.44}$$

消去常数 C,并同时乘以 λ^{n-k},得

$$\lambda^n+a_{n-1}\lambda^{n-1}+\cdots+a_1\lambda+a_0=0 \tag{6.45}$$

式(6.45)称为差分方程(6.38)的特征方程,其 n 个根($\lambda_1,\lambda_2,\cdots,\lambda_n$)称为差分方程的特征根。

根据特征根的不同取值,差分方程的齐次解可以分为以下几种形式:

1) 特征方程有 n 个不同的单根 $\lambda_1,\lambda_2,\cdots,\lambda_n$,对应齐次解的形式为

$$y_h(k)=C_1\lambda_1^k+C_2\lambda_2^k+\cdots+C_n\lambda_n^k \tag{6.46}$$

2) 特征方程有 r 阶重根 λ 时,在齐次解中,对应于 λ 的部分解的形式为

$$(C_1+C_2k+\cdots+C_rk^{r-1})\lambda^k \tag{6.47}$$

3) 特征方程有一对共轭复根 $\lambda_{1,2}=\alpha\pm j\beta=\rho e^{\pm j\omega}$,对应于 $\lambda_{1,2}$ 的齐次解的形式为

$$\rho^k[C_1\cos(k\omega)+C_2\sin(k\omega)] \tag{6.48}$$

待定系数 $C_1,C_2,\cdots,C_n$ 在完全解的形式确定后,由给定的 n 个初始条件来确定。

2. 特解

特解的形式与激励函数的形式有关,表 6.1 列出了几种典型激励信号所对应的特解形式。

表 6.1　不同激励所对应的特解

激励 $f(k)$	特解 $y_p(k)$	
E(常数)	P(常数)	
a^k	Pa^k $(P_0+P_1k)a^k$ $(P_0+P_1k+\cdots+P_rk^r)a^k$	a 不是差分方程的特征根 a 是差分方程的特征单根 a 是差分方程的 r 重特征根
k^n	$P_0+P_1k+\cdots+P_{n-1}k^{n-1}+P_nk^n$ $k^r(P_0+P_1k+\cdots+P_{n-1}k^{n-1}+P_nk^n)$	所有特征根均不等于 1 时 当有 r 重等于 1 的特征根时
$\cos(k\omega)$ 或 $\sin(k\omega)$	$P\cos(k\omega)+Q\sin(k\omega)$ 或 $A\cos(k\omega-\theta)$,其中 $Ae^{j\theta}=P+jQ$	
$a^k\cos(k\omega)$ 或 $a^k\sin(k\omega)$	$a^k[P\cos(k\omega)+Q\sin(k\omega)]$ 或 $Aa^k\cos(k\omega-\theta)$,其中 $Ae^{j\theta}=P+jQ$	

表 6.1 中，P、P_i、Q、A、θ 均为待定系数，根据激励信号的形式选定特解的形式后代入原差分方程，通过比较方程两端的系数，可以求出待定系数，从而得到方程的特解。

3. 全解

得到齐次解的表达式和特解后，将两者相加可以得到差分方程全解的表达式。将已知的 n 个初始条件代入全解中，确定待定系数，即可得到差分方程的全解。

例 6.11　若某离散时间系统的差分方程为

$$y(k)+2y(k-1)+y(k-2)=f(k) \tag{6.49}$$

已知初始条件 $y(0)=0, y(1)=1$，激励为 $f(k)=\left(\frac{1}{2}\right)^k, k\geqslant 0$，试求其全响应 $f(k)$。

解　(1) 求差分方程齐次解 $y_h(k)$。

式(6.49)所示差分方程的特征方程为

$$\lambda^2+2\lambda+1=0$$

特征根为 $\lambda_1=\lambda_2=-1$，所以齐次解形式为

$$y_h(k)=(C_1+C_2k)(-1)^k \quad k\geqslant 0$$

(2) 求非齐次方程特解 $y_p(k)$。

由表 6.1 及激励 $f(k)$ 的形式可知，特解形式为

$$y_p(k)=P\left(\frac{1}{2}\right)^k \quad k\geqslant 0$$

将 $y_p(k)$、$y_p(k-1)$、$y_p(k-2)$ 及 $f(k)$ 代入式(6.49)中，得

$$P\left(\frac{1}{2}\right)^k+2P\left(\frac{1}{2}\right)^{k-1}+P\left(\frac{1}{2}\right)^{k-2}=\left(\frac{1}{2}\right)^k$$

解得 $P=\frac{1}{9}$，于是得特解为

$$y_p(k)=\frac{1}{9}\left(\frac{1}{2}\right)^k \quad k\geqslant 0$$

(3) 求差分方程全解 $y(k)$。

差分方程全解形式为

$$y(k)=y_h(k)+y_p(k)=(C_1+C_2k)(-1)^k+\frac{1}{9}\left(\frac{1}{2}\right)^k \quad k\geqslant 0$$

将初始条件代入上式得

$$\begin{cases} y(0)=C_1+\frac{1}{9}=0 \\ y(1)=-(C_1+C_2)+\frac{1}{9}\left(\frac{1}{2}\right)=1 \end{cases}$$

解得

$$C_1=-\frac{1}{9} \quad C_2=-\frac{5}{6}$$

所以，系统全响应为

$$y(k)=\underbrace{-\left(\frac{1}{9}+\frac{5}{6}k\right)(-1)^k}_{\text{自由响应}}+\underbrace{\frac{1}{9}\left(\frac{1}{2}\right)^k}_{\text{受迫响应}} \quad k\geqslant 0$$

同连续时间系统的微分方程类似,差分方程的齐次解与系统的特征根有关,仅依赖于系统本身所固有的特性,而与激励的形式无关,因此称为系统的自由响应或固有响应;非齐次特解的形式由激励信号决定,因此称为受迫响应。

在系统响应中,随着序号 k 的增加而逐渐消失的响应分量称为暂态响应,随着 k 的增加而逐渐趋于稳定的响应分量称为稳态响应。一般而言,如果差分方程的特征根 $|\lambda_i|<1$ $(i=1,2,\cdots,n)$,则自由响应随着 k 的增加而逐渐趋近于零,这样的系统称为稳定系统,而此时的自由响应为暂态响应,稳定系统在阶跃序列或有始周期序列作用下,其强迫响应为稳态响应。

6.3.3 零输入响应与零状态响应

同连续时间系统一样,离散时间系统的响应也可以分解为零输入响应和零状态响应。零输入响应是激励为零时仅由初始状态引起的响应,记为 $y_{zi}(k)$;零状态响应是系统初始状态为零时,仅由激励产生的响应,记为 $y_{zs}(k)$,则系统全响应为零输入响应与零状态响应之和,即

$$y(k)=y_{zi}(k)+y_{zs}(k) \tag{6.50}$$

零输入条件下,等式(6.38)右端激励为零,系统转化为齐次方程,因此零输入响应解的形式与齐次方程解的形式完全相同。若系统特征根无重根,则零输入响应的形式为

$$y_{zi}(k)=C_{x1}\lambda_1^k+C_{x2}\lambda_2^k+\cdots+C_{xn}\lambda_n^k=\sum_{i=1}^{n}C_{xi}\lambda_i^k \tag{6.51}$$

式中,待定系数 C_{xi} 由系统初始状态 $y(-1)$、$y(-2)$、$\cdots$、$y(-n)$ 确定。

若系统的初始状态为零,此时式(6.38)仍然为非齐次方程,因此零状态响应解的形式仍然为非齐次方程的全解,其求解方法与6.3.2节内容相同。若系统特征根无重根,则零状态响应解的形式为

$$y_{zs}(k)=\sum_{i=1}^{n}C_{si}\lambda_i^k+y_p(k) \tag{6.52}$$

式中,待定系数 C_{si} 由系统在零状态条件下的初始值 $y_{zs}(0)$、$y_{zs}(1)$、$\cdots$、$y_{zs}(n-1)$ 确定。若系统激励是从 $k=0$ 时刻接入系统,由于 $k<0$ 时,激励尚未接入,所以此时系统零状态响应的值均为零,即

$$y_{zs}(-1)=y_{zs}(-2)=\cdots=y_{zs}(-n)=0 \tag{6.53}$$

利用式(6.53)和系统差分方程可递推得到零状态响应的初始值 $y_{zs}(0)$、$y_{zs}(1)$、$\cdots$、$y_{zs}(n-1)$。

例 6.12 若描述某离散时间系统的差分方程为

$$y(k)-5y(k-1)+6y(k-2)=f(k)$$

已知激励为 $f(k)=\varepsilon(k)$,初始状态为 $y(-1)=0$,$y(-2)=\dfrac{1}{6}$,求系统的零输入响应、零状态响应及全响应。

解 (1) 求零输入响应。

零输入响应满足齐次方程

$$y_{zi}(k)-5y_{zi}(k-1)+6y_{zi}(k-2)=0$$

系统特征方程为

$$\lambda^2-5\lambda+6=0$$

特征根为 $\lambda_1=2,\lambda_2=3$，故零输入解的形式为

$$y_{zi}(k)=C_1(2)^k+C_2(3)^k \quad k\geqslant 0$$

将初始状态 $y(-1)=0$、$y(-2)=\frac{1}{6}$代入上式，得

$$\begin{cases} y_{zi}(-1)=C_1\dfrac{1}{2}+C_2\dfrac{1}{3}=0 \\ y_{zi}(-2)=C_1\dfrac{1}{4}+C_2\dfrac{1}{9}=\dfrac{1}{6} \end{cases}$$

解方程组得 $C_1=2$，$C_2=-3$。所以，系统零输入响应为

$$y_{zi}(k)=(2)^{k+1}-(3)^{k+1} \quad k\geqslant 0$$

(2) 求零状态响应。

零状态响应满足差分方程

$$y_{zs}(k)-5y_{zs}(k-1)+6y_{zs}(k-2)=\varepsilon(k) \tag{6.54}$$

零状态响应解的形式为上述差分方程的全解，由特征方程可得零状态响应的齐次解为

$$y_{zsh}(k)=C_1(2)^k+C_2(3)^k$$

由表 6.1 及激励 $f(k)$ 的形式可以写出零状态响应特解为

$$y_{zsp}(k)=P$$

将特解代入式(6.54)，解得 $P=\frac{1}{2}$，故系统零状态响应解的形式为

$$y_{zs}(k)=C_1(2)^k+C_2(3)^k+\frac{1}{2} \quad k\geqslant 0$$

C_1、C_2 为待定系数，由零状态响应在 $y_{zs}(0)$、$y_{zs}(1)$时刻的值决定。$y_{zs}(0)$、$y_{zs}(1)$的值可以根据差分方程递推得到。由差分方程可知

$$y_{zs}(k)=5y_{zs}(k-1)-6y_{zs}(k-2)+\varepsilon(k)$$

当 $k=0$ 时

$$y_{zs}(0)=5y_{zs}(-1)-6y_{zs}(-2)+\varepsilon(0)=1$$

当 $k=1$ 时

$$y_{zs}(1)=5y_{zs}(0)-6y_{zs}(-1)+\varepsilon(1)=6$$

将初始值代入零状态响应表达式，得

$$\begin{cases} y_{zs}(0)=C_1+C_2+\dfrac{1}{2}=1 \\ y_{zs}(1)=2C_1+3C_2+\dfrac{1}{2}=6 \end{cases}$$

解得 $C_1=-4,C_2=\frac{9}{2}$。所以，零状态响应为

$$y_{zs}(k)=-4(2)^k+\frac{9}{2}(3)^k+\frac{1}{2} \quad k\geqslant 0$$

(3) 求全响应。

系统的全响应为零输入响应与零状态响应之和，即

$$y(k)=y_{zi}(k)+y_{zs}(k)=-2(2)^k+\frac{3}{2}(3)^k+\frac{1}{2}\quad k\geqslant 0$$

系统的全响应可以分为自由响应和受迫响应,也可以分为零输入响应和零状态响应,它们之间的关系如下:

$$y(k)=\underbrace{\sum_{i=1}^{n}C_i\lambda_i^k}_{\text{自由响应}}+\underbrace{y_p(k)}_{\text{受迫响应}}=\overbrace{\underbrace{\sum_{i=1}^{n}C_{xi}\lambda_i^k}_{\text{零输入响应}}+\underbrace{\sum_{j=1}^{n}C_{sj}\lambda_j^k}_{}}^{\text{自由响应}}\underbrace{+\overbrace{y_p(k)}^{\text{受迫响应}}}_{\text{零状态响应}}\tag{6.55}$$

式中,$C_i=C_{xi}+C_{sj}$。

6.4　单位序列响应与单位阶跃响应

6.4.1　单位序列响应

对于线性时不变离散时间系统,当激励为单位序列 $\delta(k)$ 时,系统的零状态响应称为单位序列响应(或单位样值响应、单位函数响应、单位取样响应),用 $h(k)$ 表示,它的作用与连续时间系统中的冲激响应 $h(t)$ 相类似。

在时域中,求解离散时间系统的单位序列响应 $h(k)$ 常见的方法有迭代法、等效初值法和传输算子法。本节主要介绍等效初值法。

1. 等效初值法

单位序列响应 $h(k)$ 可以看成是一个特殊的零输入响应,这是由于 $\delta(k)$ 只在 $k=0$ 时取值为1,而在 $k>0$ 时的值均为零。因而在 $k>0$ 时,$h(k)$ 的形式与零输入响应的形式相同,而单位序列 $\delta(k)$ 在 $k=0$ 时对系统的瞬时作用则转化为系统的等效初始条件,这样就把求取单位序列响应 $h(k)$ 的问题转化为求解齐次方程的问题。下面举例说明。

例 6.13　若描述某离散时间系统的差分方程为

$$y(k)-4y(k-1)+4y(k-2)=f(k)$$

求系统的单位序列响应 $h(k)$。

解　根据单位序列响应的定义,它应满足方程

$$h(k)-4h(k-1)+4h(k-2)=\delta(k)\tag{6.56}$$

$k>0$ 时,式(6.56)右端为零,方程转变为齐次差分方程。

(1) 求差分方程的齐次解(即系统的零输入响应)。

特征方程为

$$\lambda^2-4\lambda+4=0$$

特征根为 $\lambda_1=\lambda_2=2$,故齐次解的形式为

$$h(k)=(C_1+C_2k)(2)^k\quad k>0\tag{6.57}$$

(2) 求等效初始条件 $h(0)$、$h(1)$。

$h(k)$ 是零状态响应,且激励在 $k=0$ 时接入,因此

$$h(-1)=h(-2)=0$$

由式(6.56)得

$$h(k)=4h(k-1)-4h(k-2)+\delta(k)$$

当 $k=0$ 时

$$h(0)=4h(-1)-4h(-2)+\delta(0)=1$$

当 $k=1$ 时

$$h(1)=4h(0)-4h(-1)+\delta(1)=4$$

该系统是二阶系统,故求解该系统需要两个初始条件,可以选择 $h(0)$、$h(1)$ 作为初始条件,也可以选择 $h(0)$、$h(-1)$ 作为初始条件。初始条件选择的基本原则是必须将 $\delta(k)$ 的作用体现在初始条件中。

(3) 确定待定系数,写出单位序列响应。

这里,选择 $h(0)$、$h(1)$ 作为初始条件,代入式(6.57)得

$$\begin{cases}h(0)=C_1=1\\h(1)=2(C_1+C_2)=4\end{cases}$$

解得 $C_1=C_2=1$。故系统的单位序列响应为

$$h(k)=(1+k)(2)^k \quad k\geqslant 0$$

例 6.14　若描述某离散时间系统的差分方程为

$$y(k)-5y(k-1)+6y(k-2)=f(k)-3f(k-2)$$

求系统的单位序列响应 $h(k)$。

解　(1) 假定上述差分方程的右端只有 $f(k)$ 作用,当激励 $f(k)=\delta(k)$ 时,系统的单位序列响应为 $h_1(k)$,即

$$h_1(k)-5h_1(k-1)+6h_1(k-2)=\delta(k) \tag{6.58}$$

系统特征方程为

$$\lambda^2-5\lambda+6=0$$

特征根为 $\lambda_1=2,\lambda_2=3$,故 $h_1(k)$ 的形式为

$$h_1(k)=C_1(2)^k+C_2(3)^k \quad k>0 \tag{6.59}$$

$h_1(k)$ 是零状态响应,且激励在 $k=0$ 时接入,因此 $h_1(-1)=h_1(-2)=0$。

由式(6.58)得

$$h_1(k)=5h_1(k-1)-6h_1(k-2)+\delta(k)$$

当 $k=0$ 时

$$h_1(0)=5h_1(-1)-6h_1(-2)+\delta(0)=1$$

当 $k=1$ 时

$$h_1(1)=5h_1(0)-6h_1(-1)+\delta(1)=5$$

将上述初始条件代入式(6.59)得

$$\begin{cases}h_1(0)=C_1+C_2=1\\h_1(1)=2C_1+3C_2=5\end{cases}$$

解方程组得 $C_1=-2,C_2=3$。所以

$$\begin{aligned}h_1(k)&=[-2(2)^k+3(3)^k]\varepsilon(k)\\&=[-(2)^{k+1}+(3)^{k+1}]\varepsilon(k)\end{aligned}$$

(2) 当激励 $-3f(k-2)$ 作用于系统时,设系统的单位序列响应为 $h_2(k)$,由线性时不变特性可知

$$h_2(k)=-3h_1(k-2)=-3[-(2)^{k-1}+(3)^{k-1}]\varepsilon(k-2)$$

将以上结果叠加,当激励为$f(k)-3f(k-2)$时,系统的单位序列响应$h(k)$为

$$\begin{aligned}h(k)&=h_1(k)-3h_1(k-2)\\&=[-(2)^{k+1}+(3)^{k+1}]\varepsilon(k)-3[-(2)^{k-1}+(3)^{k-1}]\varepsilon(k-2)\\&=[-(2)^{k+1}+(3)^{k+1}][\delta(k)+\delta(k-1)+\varepsilon(k-2)]\\&\quad-3[-(2)^{k-1}+(3)^{k-1}]\varepsilon(k-2)\\&=\delta(k)+5\delta(k-1)+[2(3)^{k}-(2)^{k-1}]\varepsilon(k-2)\end{aligned}$$

2. 单位序列响应与系统因果稳定性的关系

单位序列响应$h(k)$完全由系统的差分方程决定,表征了系统自身的特性,若给出系统的单位序列响应,则系统的模型就可以确定,因此,在时域中,可以根据$h(k)$来判断系统的某些重要的特性,如因果性、稳定性等。

所谓因果系统是指系统输出变化不能超前于输入变化的系统,即系统的输出$y(k)$仅取决于现在和过去的输入$f(k)$、$f(k-1)$、$f(k-2)$、…。如果系统的输出不仅取决于现在及过去的时刻,还取决于未来的输入$f(k+1)$、$f(k+2)$、…,那么,在时间上就违背了因果关系,因而是非因果系统。

线性时不变离散时间系统为因果系统的充分必要条件是

$$h(k)=0\quad k<0 \tag{6.60}$$

也可以表示为

$$h(k)=h(k)\varepsilon(k) \tag{6.61}$$

与连续时间系统相同,稳定的离散时间系统是指输入有界、输出也必为有界的系统。线性时不变离散时间系统稳定的充分必要条件是单位序列响应绝对可和,即

$$\sum_{k=-\infty}^{\infty}|h(k)|<\infty \tag{6.62}$$

若系统为一个因果稳定系统,则其单位序列响应必须满足

$$\begin{cases}h(k)=h(k)\varepsilon(k)\\ \displaystyle\sum_{k=-\infty}^{\infty}|h(k)|<\infty\end{cases} \tag{6.63}$$

例如,某线性时不变离散时间系统的单位序列响应为$h(k)=\left(\frac{1}{2}\right)^k\varepsilon(k)$,则系统为因果稳定系统;若$h(k)=(2)^k\varepsilon(-k-1)$,则系统为非因果稳定系统;而若$h(k)=\frac{1}{k}\varepsilon(k)$,则系统为因果不稳定系统,因为当$k=0$时,$h(k)\to\infty$。

第7章中还将从系统函数$H(z)$的角度来考查系统的因果稳定性,可以将其与时域中因果稳定系统的判断方法进行对比学习。

6.4.2 单位阶跃响应

对于线性时不变系统,当激励为单位阶跃序列$\varepsilon(k)$时系统的零状态响应称为单位阶跃响应,用$g(k)$表示,若已知差分方程,则可以利用经典法求得系统的单位阶跃响应,如例6.12中求解的零状态响应就是系统的单位阶跃响应。

单位阶跃响应$g(k)$与单位序列响应$h(k)$之间存在着一定的联系,因为

$$\varepsilon(k)=\sum_{n=-\infty}^{k}\delta(n)=\sum_{n=0}^{\infty}\delta(k-n)$$

故由线性时不变系统性质,系统的阶跃响应为

$$g(k)=\sum_{n=-\infty}^{k}h(n)=\sum_{n=0}^{\infty}h(k-n) \tag{6.64}$$

又由于

$$\delta(k)=\varepsilon(k)-\varepsilon(k-1)$$

所以有

$$h(k)=g(k)-g(k-1) \tag{6.65}$$

例 6.15　(1) 已知某离散时间系统的单位序列响应为

$$h(k)=[(3)^{k+1}-(2)^{k+1}]\varepsilon(k)$$

试求其单位阶跃响应 $g(k)$。

(2) 已知某离散时间系统的单位阶跃响应为 $g(k)=(2)^k\varepsilon(k)$,试求其单位序列响应 $h(k)$。

解　(1) 根据单位序列响应与单位阶跃响应之间的关系,有

$$\begin{aligned}g(k)=\sum_{n=-\infty}^{k}h(n)=\sum_{n=0}^{k}[(3)^{n+1}-(2)^{n+1}]\\&=3\cdot\frac{1-(3)^{k+1}}{1-3}-2\cdot\frac{1-(2)^{k+1}}{1-2}\\&=-\frac{3}{2}[1-(3)^{k+1}]+2[1-(2)^{k+1}]\\&=\frac{9}{2}(3)^k-4(2)^k+\frac{1}{2}\quad k\geqslant 0\end{aligned}$$

这里给出的是例 6.12 中离散时间系统的单位序列响应,可以看出,本例中求得的单位阶跃响应与在例 6.12 中用经典法得到的阶跃响应结果相同。

(2) 根据单位序列响应与单位阶跃响应之间的关系,有

$$\begin{aligned}h(k)&=g(k)-g(k-1)\\&=(2)^k\varepsilon(k)-(2)^{k-1}\varepsilon(k-1)\\&=(2)^k[\delta(k)+\varepsilon(k-1)]-(2)^{k-1}\varepsilon(k-1)\\&=\delta(k)+(2)^{k-1}\varepsilon(k-1)\end{aligned}$$

除此之外,单位阶跃响应还可以利用 6.5 节介绍的卷积和进行求解,在第 7 章离散时间系统的 Z 变换分析法中,还可以利用 Z 变换求解单位序列响应与单位阶跃响应。

6.5　卷积和

离散时间系统的卷积和是计算离散时间系统零状态响应的有力工具,并在离散信号处理与滤波等方面有着重要的作用。本节将讨论离散卷积和的定义、求解方法、性质及其应用。

6.5.1　卷积和的定义

连续时间系统中,用卷积积分的方法求解零状态响应,其基本原理是将激励分解为冲激函

数之和,令每一个冲激函数单独作用于系统并求出其冲激响应,然后将这些响应进行叠加,即可得到系统对此激励信号的零状态响应,这个叠加的过程称为“卷积积分”。在离散时间系统中,可以采用相似的方法进行分析,即将系统分解为单位序列函数之和,求出每个单位序列作用于系统后的单位序列响应,再将这些响应进行叠加,即可得到该激励信号引起的零状态响应,由于离散量的叠加不需要进行积分,因此,这个叠加的过程称为“卷积和”。下面通过利用信号的可分解性和线性系统的性质给出零状态响应的求解公式,并由此引出卷积和的定义。

由式(6.5)可知,任意激励信号$f(k)$可以表示为单位序列的线性组合,即

$$f(k)=\sum_{n=-\infty}^{\infty} f(n)\delta(k-n)$$

设激励为$\delta(k)$时系统的零状态响应为单位序列响应$h(k)$,根据线性时不变系统特性,激励与系统零状态响应之间存在如下关系:

	激励	零状态响应
	$\delta(k)$	$h(k)$
时不变性	$\delta(k-n)$	$h(k-n)$
齐次性	$f(n)\delta(k-n)$	$f(n)h(k-n)$
叠加性	$\sum_{n=-\infty}^{\infty} f(n)\delta(k-n)$	$\sum_{n=-\infty}^{\infty} f(n)h(k-n)$

故当激励为$f(k)=\sum_{n=-\infty}^{\infty} f(n)\delta(k-n)$时,系统的零状态响应为

$$y_{zs}(k)=\sum_{n=-\infty}^{\infty} f(n)h(k-n) \tag{6.66}$$

式(6.66)称为卷积和,用符号记为

$$y_{zs}(k)=f(k)*h(k) \tag{6.67}$$

式(6.67)表明,离散时间系统的零状态响应等于激励信号与单位序列响应的卷积和。通常情况下,系统的激励信号在$k=0$时加入,即激励信号是因果序列。对于因果系统而言,单位序列响应也是因果序列,于是,求系统零状态响应的卷积和公式可写为

$$y_{zs}(k)=f(k)*h(k)=\sum_{n=0}^{k} f(n)h(k-n) \tag{6.68}$$

一般而言,对于任意两个离散时间序列$f_1(k)$与$f_2(k)$,其离散卷积和定义为

$$f(k)=f_1(k)*f_2(k)=\sum_{n=-\infty}^{\infty} f_1(n)f_2(k-n) \tag{6.69}$$

离散卷积的求解方式与连续卷积积分相类似,关键在于确定其求和的上下限,下面介绍其具体的求解过程。

6.5.2 卷积和的求解

在时域中计算卷积和的方法主要有解析法、图解法和不进位乘法。下面分别举例说明。

1. 解析法

所谓解析法就是直接根据卷积和的定义推导卷积和的解析式。

例6.16 若已知系统单位序列响应为$h(k)=b^k\varepsilon(k)$,试求当激励为$f(k)=a^k\varepsilon(k-1)$时$(0<a,b<1)$系统的零状态响应$y_{zs}(k)$。

解　系统的零状态响应为

$$y_{zs}(k)=f(k)*h(k)=\sum_{n=-\infty}^{\infty}f(n)h(k-n)$$
$$=\sum_{n=-\infty}^{\infty}a^{n}\varepsilon(n-1)b^{k-n}\varepsilon(k-n)$$

式中,$a^n\varepsilon(n-1)$一项中的$\varepsilon(n-1)$因子决定了只有当$n\geqslant1$时,$a^n\varepsilon(n-1)$不为零;对于$b^{k-n}\varepsilon(k-n)$一项中的$\varepsilon(k-n)$因子决定了只有当$k-n\geqslant0$,即$n\leqslant k$时,$b^{k-n}\varepsilon(k-n)$不为零。所以,两者重叠的部分应该为$1\leqslant n\leqslant k$,即求和的上下限为$1\leqslant n\leqslant k$。所以有

$$y_{zs}(k)=\sum_{n=1}^{k}a^{n}b^{k-n}=b^{k}\sum_{n=1}^{k}\left(\frac{a}{b}\right)^{n}$$

当$a\neq b$时

$$y_{zs}(k)=b^{k}\sum_{n=1}^{k}\left(\frac{a}{b}\right)^{n}=b^{k}\frac{\dfrac{a}{b}-\left(\dfrac{a}{b}\right)^{k+1}}{1-\dfrac{a}{b}}=\frac{ab^{k}-a^{k+1}}{b-a}\quad k\geqslant1$$

当$a=b$时

$$y_{zs}(k)=b^{k}\sum_{n=1}^{k}\left(\frac{a}{b}\right)^{n}=b^{k}\sum_{n=1}^{k}(1)^{n}=k\cdot b^{k}\quad k\geqslant1$$

2. 图解法

与连续时间系统的卷积积分相类似,用图解法求两个序列卷积和的运算也包括换元、反褶、平移、相乘和求和 5 个基本步骤。设任意两个序列为$f_1(k)$与$f_2(k)$,其卷积和的求解过程如下:

1) 将$f_1(k)$与$f_2(k)$中的变量k换元为n,得$f_1(n)$与$f_2(n)$。

2) 将$f_2(n)$相对于纵轴反褶得$f_2(-n)$。

3) 将$f_2(-n)$沿n轴平移k个单位,得$f_2(k-n)$,当$k<0$时左移,当$k>0$时右移。

4) 将$f_1(n)$与移位后的序列$f_2(k-n)$相乘,得$f_1(n)f_2(k-n)$。

5) 对相乘后的序列进行求和得卷积后序列,即$f(k)=\sum_{n=-\infty}^{\infty}f_1(n)f_2(k-n)$。

例 6.17　若已知两离散序列$f_1(k)=\{1,\underset{\uparrow}{2},1,3\}$,$f_2(k)=\{\underset{\uparrow}{2},1,1,4\}$,试求其离散卷积和$f(k)=f_1(k)*f_2(k)$。

解

$$f(k)=f_1(k)*f_2(k)=\sum_{n=-\infty}^{\infty}f_1(n)f_2(k-n)$$

$f_1(k)$、$f_2(k)$换元后波形如图 6.18a、b 所示,序列$f_2(n)$反褶后得序列$f_2(-n)$,如图 6.18d 所示。

将反褶后的序列$f_2(-n)$沿n轴平移k位,得$f_2(k-n)$,在移位的过程中,可逐次令$k=\cdots,-2,-1,0,1,2,\cdots$,计算给定$k$值下两序列的卷积值。本例中

$k<-1$时,两序列没有重叠部分,故有

$$f(k)=f_1(k)*f_2(k)=0$$

$k=-1$时,两序列只在$n=-1$时重叠,如图 6.18c 所示,故有

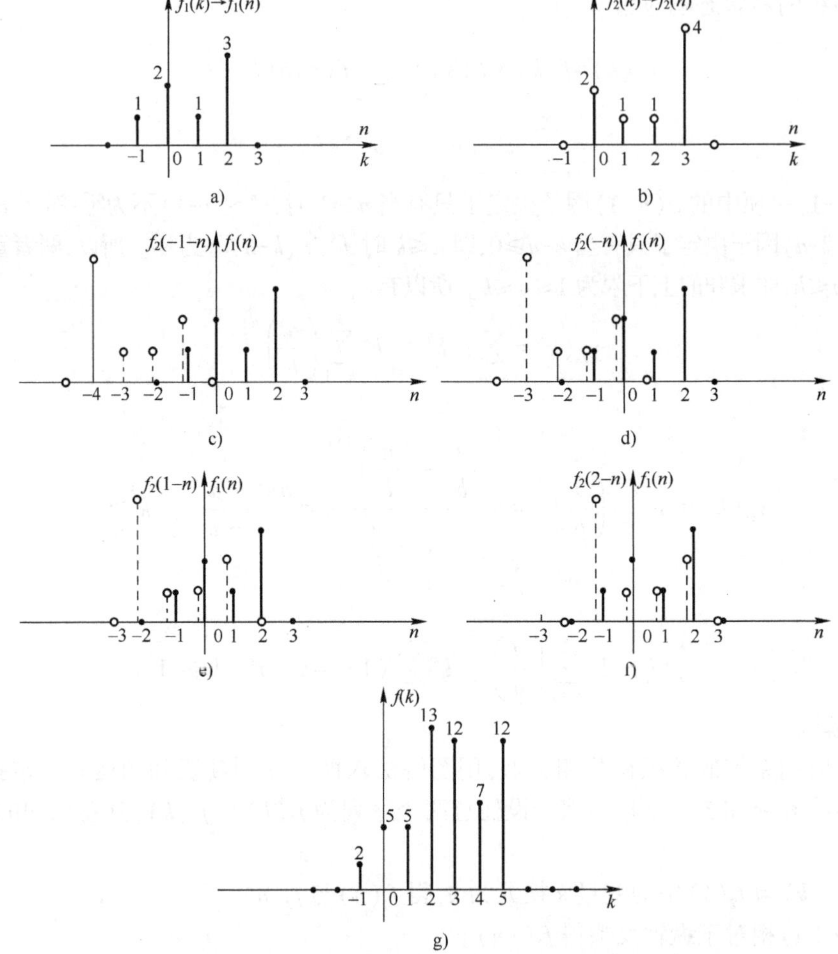

图 6.18　例 6.17 中两序列的卷积图

a) 序列 $f_1(k)$ 换元得 $f_1(n)$　b) 序列 $f_2(k)$ 换元得 $f_2(n)$　c) $k=-1$ 时，两序列重叠部分　d) $k=0$ 时，两序列重叠部分　e) $k=1$ 时，两序列重叠部分　f) $k=2$ 时，两序列重叠部分　g) 序列卷积后序列

$$f(-1)=\sum_{n=-1}^{-1}f_1(n)f_2(-1-n)=f_1(-1)f_2(0)=1\cdot 2=2$$

$k=0$ 时，两序列在 $n=-1,0$ 时重叠，如图 6.18d 所示，故有

$$f(0)=\sum_{n=-1}^{0}f_1(n)f_2(-n)=f_1(-1)f_2(2)+f_1(0)f_2(0)=1\cdot 1+2\cdot 2=5$$

$k=1$ 时，两序列在 $n=-1,0,1$ 时重叠，如图 6.18e 所示，故有

$$\begin{aligned}f(1)&=\sum_{n=-1}^{1}f_1(n)f_2(1-n)=f_1(-1)f_2(2)+f_1(0)f_2(1)+f_1(1)f_2(0)\\&=1\cdot 1+2\cdot 1+1\cdot 2=5\end{aligned}$$

依次类推，可得

$$f(2)=\sum_{n=-1}^{2}f_1(n)f_2(2-n)=13$$

$$f(3)=\sum_{n=-1}^{3}f_1(n)f_2(3-n)=12$$

$$f(4)=\sum_{n=-1}^{4}f_1(n)f_2(4-n)=7$$

$$f(5)=\sum_{n=-1}^{5}f_1(n)f_2(5-n)=12$$

$k>5$ 时，两序列没有重叠部分，故有

$$f(k)=f_1(k)*f_2(k)=0$$

于是得卷积后结果为

$$f(k)=\{2,\underset{\uparrow}{5},5,13,12,7,12\}$$

3. 不进位乘法

对于两个有限长序列的卷积和计算，可以采用下面的不进位乘法，这种方法计算更加简便、实用。它不用作出序列的图形，只要把两个序列样值以各自 k 的最高值按右端对齐，然后按照普通乘法进行相乘，但是中间结果不进位，最后把位于同一列上的乘积值按对位求和，即可得到卷积和的序列。下面举例说明其求解过程。

例 6.18　选取例 6.17 中的两个有限长序列 $f_1(k)=\{1,\underset{\uparrow}{2},1,3\}$，$f_2(k)=\{\underset{\uparrow}{2},1,1,4\}$，利用不进位乘法求两序列的离散卷积和 $f(k)=f_1(k)*f_2(k)$。

解　将序列 $f_1(k)$、$f_2(k)$ 的各样值依次写在第 1 行与第 2 行，并令 k 的最高值按右端对齐

$$\begin{array}{llccccccc}
f_1(k) & & & & & 1 & 2 & 1 & 3 \\
f_2(k) & \times & & & & 2 & 1 & 1 & 4 \\
\hline
 & & & & & 4 & 8 & 4 & 12 \\
 & & & & 1 & 2 & 1 & 3 & \\
 & & & 1 & 2 & 1 & 3 & & \\
 & + & 2 & 4 & 2 & 6 & & & \\
\hline
f(k) & & 2 & 5 & 5 & 13 & 12 & 7 & 12
\end{array}$$

所以，卷积后结果为

$$f(k)=\{2,\underset{\uparrow}{5},5,13,12,7,12\}$$

结果同例 6.17。

一般来说，对于两个短序列的卷积采用不进位乘法更为便捷，对于给定解析式的两个序列，可以通过图解法首先确定其求和的上下限，再利用卷积和定义进行求解，而在第 7 章学习 Z 变换后，利用 Z 变换的方法进行卷积和的求解则更加方便。

表 6.2 列出了几种常用序列的卷积和公式，以便查阅。

表 6.2　常用序列的卷积和

序号	$f_1(k)$	$f_2(k)$	$f_1(k)*f_2(k)$
1	$f(k)$	$\delta(k)$	$f(k)$
2	$f(k)$	$\varepsilon(k)$	$\sum_{n=-\infty}^{k}f(n)$
3	$\varepsilon(k)$	$\varepsilon(k)$	$(k+1)\varepsilon(k)$

（续）

序号	$f_1(k)$	$f_2(k)$	$f_1(k)*f_2(k)$
4	$k\varepsilon(k)$	$\varepsilon(k)$	$\frac{1}{2}k(k+1)\varepsilon(k)$
5	$a^k\varepsilon(k)$	$\varepsilon(k)$	$\frac{1-a^{k+1}}{1-a}\varepsilon(k) \quad a\neq 1$
6	$a^k\varepsilon(k)$	$b^k\varepsilon(k)$	$\frac{a^{k+1}-b^{k+1}}{a-b}\varepsilon(k) \quad a\neq b$
7	$a^k\varepsilon(k)$	$a^k\varepsilon(k)$	$(k+1)a^k\varepsilon(k)$
8	$k\varepsilon(k)$	$a^k\varepsilon(k)$	$\frac{k}{1-a}\varepsilon(k)+\frac{a(a^k-1)}{(1-a)^2}\varepsilon(k)$
9	$k\varepsilon(k)$	$k\varepsilon(k)$	$\frac{1}{6}(k+1)k(k-1)\varepsilon(k)$

6.5.3　卷积和的性质

离散卷积和的运算也服从某些代数运算规则，应用卷积和的性质可以简化某些离散卷积和的求解过程。

1. 交换律

$$f_1(k)*f_2(k)=f_2(k)*f_1(k) \tag{6.70}$$

式(6.70)说明，两序列的卷积和与卷积次序没有关系，可以互相交换。

2. 结合律

$$f_1(k)*[f_2(k)*f_3(k)]=[f_1(k)*f_2(k)]*f_3(k) \tag{6.71}$$

3. 分配律

$$f_1(k)*[f_2(k)+f_3(k)]=f_1(k)*f_2(k)+f_1(k)*f_3(k) \tag{6.72}$$

将卷积和的结合律与分配律应用于系统分析，可以推知与连续时间系统中类似的结论：

两个子系统并联组成的复合系统，其单位序列响应为两子系统单位序列响应之和，如图6.19a所示；两个子系统级联组成的复合系统，其单位序列响应为两子系统单位序列响应的卷积和，如图6.19b所示。

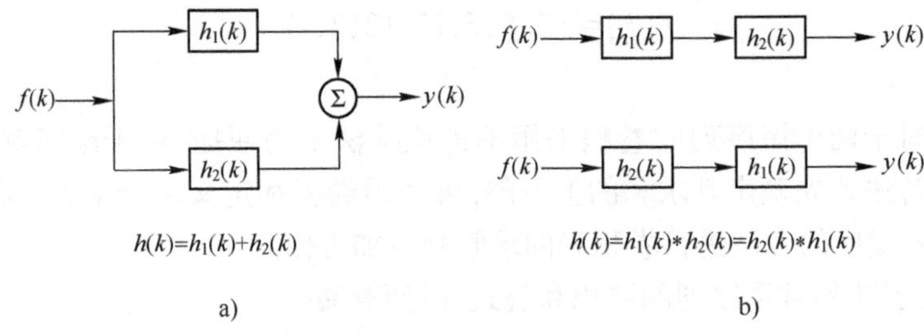

图6.19　复合系统的单位序列响应

a）并联　b）级联

4. 延时特性

若$f(k)=f_1(k)*f_2(k)$，则有

$$f_1(k-m)*f_2(k)=f_1(k)*f_2(k-m)=f(k-m) \tag{6.73}$$

$$f_1(k-m)*f_2(k-n)=f_1(k-n)*f_2(k-m)=f(k-m-n) \tag{6.74}$$

5. 任意序列与 $\delta(k)$ 的卷积和

$$f(k) * \delta(k) = \sum_{n=-\infty}^{\infty} f(n)\delta(k-n) = f(k) \tag{6.75}$$

$$f(k) * \delta(k-m) = \sum_{n=-\infty}^{\infty} f(n)\delta(k-n-m) = f(k-m) \tag{6.76}$$

例 6.19　如图 6.20 所示的复合系统，已知子系统 1 的单位序列响应为 $h_1(k)=(0.8)^k\varepsilon(k)$，子系统 2 的单位序列响应为 $h_2(k)=\delta(k)$，子系统 3 的单位序列响应为 $h_3(k)=\delta(k-3)$，求当复合系统的激励为 $f(k)=\varepsilon(k)$ 时，系统的零状态响应 $y_{zs}(k)$。

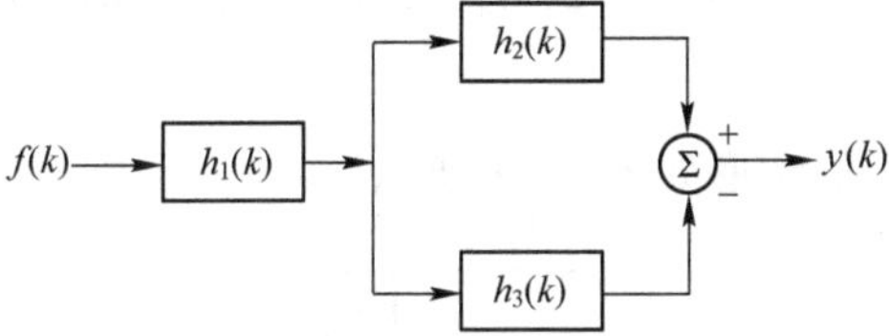

图 6.20　例 6.19 的复合系统时域框图

解　由系统图可得复合系统单位序列响应为

$$h(k)=h_1(k) * [h_2(k)-h_3(k)]$$

则输出零状态响应 $y_{zs}(k)$ 为

$$\begin{aligned}
y_{zs}(k) &= f(k) * h(k) \\
&= \varepsilon(k) * (0.8)^k\varepsilon(k) * [\delta(k)-\delta(k-3)] \\
&= \varepsilon(k) * [\delta(k)-\delta(k-3)] * (0.8)^k\varepsilon(k) \\
&= [\varepsilon(k)-\varepsilon(k-3)] * (0.8)^k\varepsilon(k) \\
&= [\delta(k)+\delta(k-1)+\delta(k-2)] * (0.8)^k\varepsilon(k) \\
&= (0.8)^k\varepsilon(k)+(0.8)^{k-1}\varepsilon(k-1)+(0.8)^{k-2}\varepsilon(k-2)
\end{aligned}$$

本例中，在求解式 $[\varepsilon(k)-\varepsilon(k-3)] * (0.8)^k\varepsilon(k)$ 时，也可以利用卷积和的延时性质进行求解。首先求出

$$\varepsilon(k) * (0.8)^k\varepsilon(k) = \frac{1-(0.8)^{k+1}}{1-0.8}\varepsilon(k)$$

由卷积和的移位性质可以得到

$$\varepsilon(k-3) * (0.8)^k\varepsilon(k) = \frac{1-(0.8)^{k-2}}{1-0.8}\varepsilon(k-3)$$

所以，系统的零状态响应为

$$\begin{aligned}
y_{zs}(k) &= \frac{1-(0.8)^{k+1}}{1-0.8}\varepsilon(k) - \frac{1-(0.8)^{k-2}}{1-0.8}\varepsilon(k-3) \\
&= 5[1-(0.8)^{k+1}]\varepsilon(k) - 5[1-(0.8)^{k-2}]\varepsilon(k-3)
\end{aligned}$$

6.6　离散时间信号与系统时域分析的 MATLAB 实现

例 6.20　画出下列离散时间信号的波形。

(1) $x_1(k)=(0.8)^k[\varepsilon(k)-\varepsilon(k-8)]$　　　　(2) $x_2(k)=x_1(k+3)$

(3) $x_3(k)=x_1(k-2)$ (4) $x_4(k)=x_1(2-k)$

解 [MATLAB 程序]

```
k=-12:12;
x=a.^k.*((k>=0)-(k>=8));
k1=k;k2=k1-3;k3=k1+2;k4=2-k1;
subplot(4,1,1),stem(k1,x,'filled');axis([-15,15,0,1]);ylabel('x1(k)')
subplot(4,1,2),stem(k2,x,'filled');axis([-15,15,0,1]);ylabel('x2(k)')
subplot(4,1,3),stem(k3,x,'filled');axis([-15,15,0,1]);ylabel('x3(k)')
subplot(4,1,4),stem(k4,x,'filled');axis([-15,15,0,1]);ylabel('x4(k)')
```

[程序运行结果]

运行程序得到离散信号的波形如图 6.21 所示。

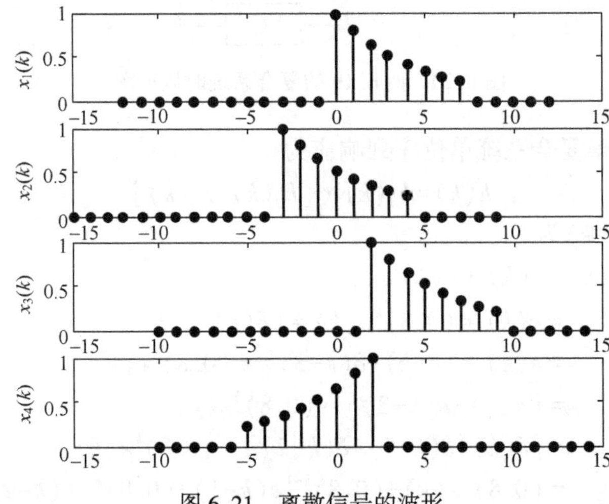

图 6.21 离散信号的波形

离散时间信号卷积使用 MATLAB 中的 conv 函数。它同时也是多项式函数所调用的函数，这是因为多项式乘法运算就是多项式系数向量之间的卷积运算。本书 2.6 节连续时间信号的卷积所采用的方法就是离散时间信号的卷积方法。函数 conv 进行卷积得到的是卷积的数值解。

例 6.21 计算下面两个序列的卷积。

$$x(k)=\delta(k)+2\delta(k-1)+2\delta(k-2)+\delta(k-3)+\delta(k-4)$$

$$h(k)=3\delta(k)+2\delta(k-1)+\delta(k-2)$$

解 [MATLAB 程序]

```
x=[1 2 2 1 1];h=[3 2 1];y=conv(x,h)
subplot(3,1,1),stem(0:4,x,'filled'),axis([-1 7 0 15]),ylabel('x(k)')
subplot(3,1,2),stem(0:2,h,'filled'),axis([-1 7 0 15]),ylabel('h(k)')
subplot(3,1,3),stem(0:6,y,'filled'),axis([-1 7 0 15]),ylabel('y(k)=x(k)*h(k)')
```

[程序运行结果]

```
y=    3    8    11    9    7    3    1
```

运行程序得到有限长序列的卷积后的波形，如图 6.22 所示。

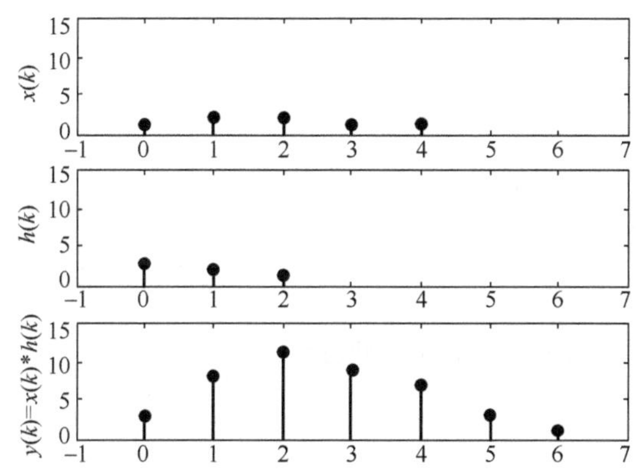

图 6.22　有限长序列的卷积

MATLAB 中提供了许多数值计算和仿真函数进行离散时间系统的分析，主要包括：

impz 函数——进行单位序列响应求解；

step 函数——进行单位阶跃响应求解；

lsim 函数——进行一般的零状态响应或完全响应的求解；

feqz 函数——进行系统频率响应分析；

bode 函数——绘制波特图；

filter 函数——进行数字滤波，即系统的响应序列求解；

zplane 函数——绘制系统零、极点图。

例 6.22　某离散系统的差分方程为

$$3y(k)-4y(k-1)+y(k-2)=f(k)$$

初始条件为 $y(0)=0, y(1)=1$，激励信号 $f(k)=\cos(k\pi/2)\varepsilon(k)$，求其单位序列响应、零状态响应和全响应。

解　[MATLAB 程序]

```
%求解系统的单位序列响应
k=-10:20;
a=[3 -4 1];b=[1];

figure(1)
subplot(2,1,1)
impz(b,a,k)                              %-10~20 范围内单位序列响应的时域波形
xlabel('k')
ylabel('h(k)')
title('单位序列响应')
%求单位阶跃响应
n=0:30;
Uk=ones(1,length(n));
gk=filter(b,a,Uk);
subplot(2,1,2),stem(n,gk,'.'),
xlabel('k')
```

```
ylabel('g(k)')
title('单位阶跃响应')
%求零状态响应
fk=cos(n*pi/2);
figure(2)
subplot(2,1,1),stem(n,fk,'.')
xlabel('k'),ylabel('f(k)')
title('激励信号')
y=filter(b,a,fk);
subplot(2,1,2),stem(n,y,'.'),title('零状态响应')
%求全响应
y(1)=0;y(2)=1;                                    %设定初始条件
form=3:length(n)-2
    y(m)=(1/8)*(6*y(m-1)-y(m-2)+fk(m));           %递推求解
end
figure(3)
stem(n,y,'.'),xlabel('k'),ylabel('y(k)')
title('金响应')
```

[程序运行结果]

运行后得到的离散时间系统的单位序列响应和阶跃响应如图 6.23a 所示，而输入信号及其引起的零状态响应和系统的全响应分别如图 6.23b、c 所示。

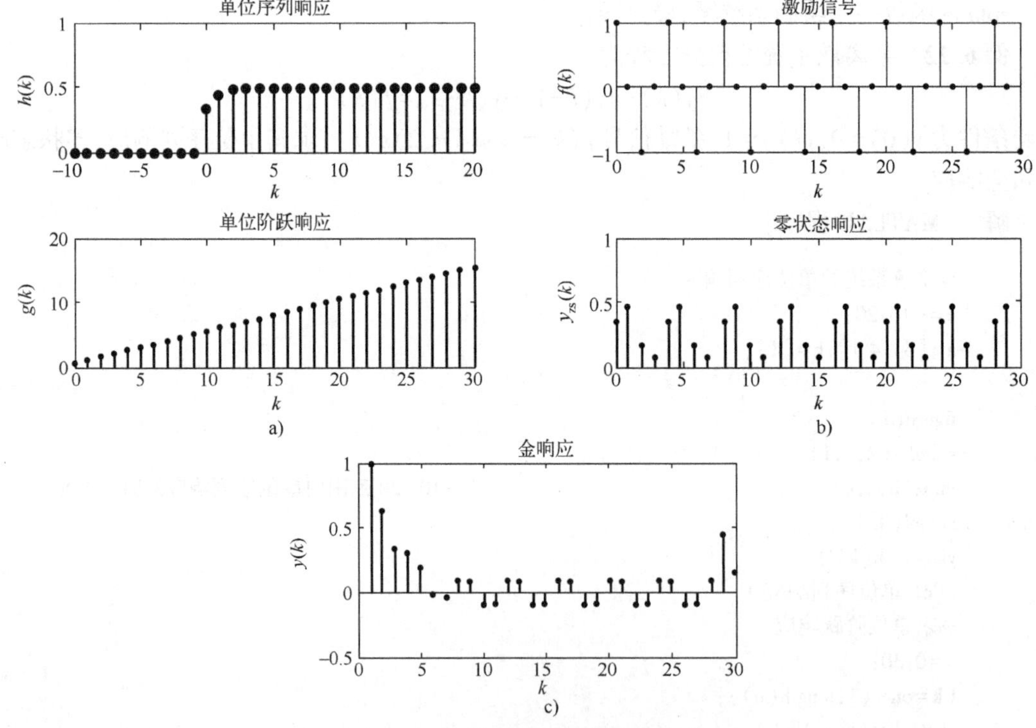

图 6.23　离散时间系统的响应波形

a) 单位脉冲响应和阶跃响应　b) 输入信号和零状态响应　c) 全响应

例 6.23　已知初始条件 $y(-2)=1, y(-1)=2, f(0)=f(-1)=0, f(k)=k, k>0$，试求下列差分方程 $y(k+2)=y(k+1)-0.35y(k)+2f(k+2)-f(k+1)$ 的解。

解　[MATLAB 程序]

```
a1=1;a2=2;a3=a2-0.35*a1;
a4=a3-0.35*a2+2;a5=a4-0.35*a3+2*2-1;          %初始条件
y=zeros(10,1);                                  %预先赋零值,可提高运算速度
y(1)=a4;y(2)=a5;
for m=1:10
    y(m+2)=y(m+1)-0.35*y(m)+2*(m+2)-(m+1);
end
y
```

[程序运行结果]

```
y=2.9500
   5.3725
   8.3400
   11.4596
   14.5406
   17.5298
   20.4405
   23.3051
   26.1509
   28.9941
   31.8413
   34.6934
```

例 6.24　受噪声干扰的信号为 $f(k)=s(k)+d(k)$，其中 $s(k)=2k0.9^k$ 为原始信号，$d(k)$ 为噪声。已知 M 点滑动平均系统的输入−输出关系为

$$y(k)=\frac{1}{M}\sum_{n=0}^{M-1}f(k-n)$$

试用 MATLAB 编程实现用 M 点滑动平均系统对受噪声干扰的信号去噪。

解　系统的输入信号 $f(k)$ 含有有用信号 $s(k)$ 和噪声信号 $d(k)$。噪声信号 $d(k)$ 可以用 rand 函数产生，将其叠加在有用信号 $s(k)$ 上，即可得到受噪声干扰的输入信号 $f(k)$。下面的 MATLAB 程序可以实现对信号 $f(k)$ 去噪，取 $M=5$。

[MATLAB 程序]

```
R=51;                          %输入信号的长度
d=rand(1,R)-0.5;               %产生(-0.5,0.5)上独立分布的随机信号,即噪声
k=0:R-1;
s=2*k.*(0.9.^k);               %原始有用信号
f=s+d;                         %受噪声干扰信号
figure(1)
```

```
plot(k,d,'r-.',k,s,'b--',k,f,'g-')            %分别以红、蓝、绿色线画出噪声、有用信号和受噪声干扰的输入信号的波形
xlabel('k'),legend('d[k]','s[k]','f[k]'),
M=5;b=ones(M,1)/M;a=1
y=filter(b,a,f);                              %经过M点滑动平均系统滤波的输出
figure(2),plot(k,s,'b-.',k,y,'r-')
xlabel('k')
legend('s[k]','y[k]')
```

[程序运行结果]

运行程序得到的图形如图6.24所示。

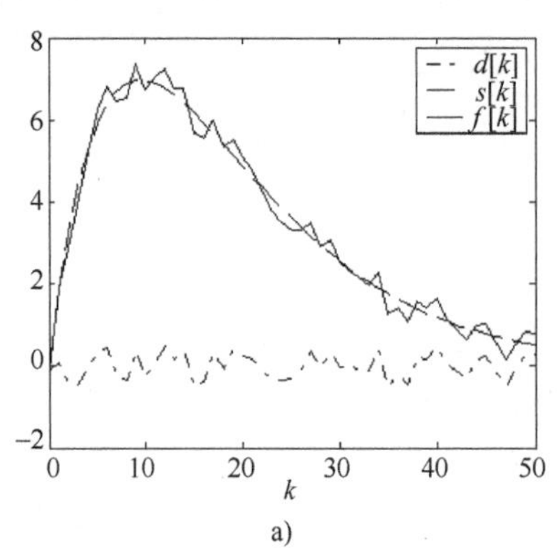

a)

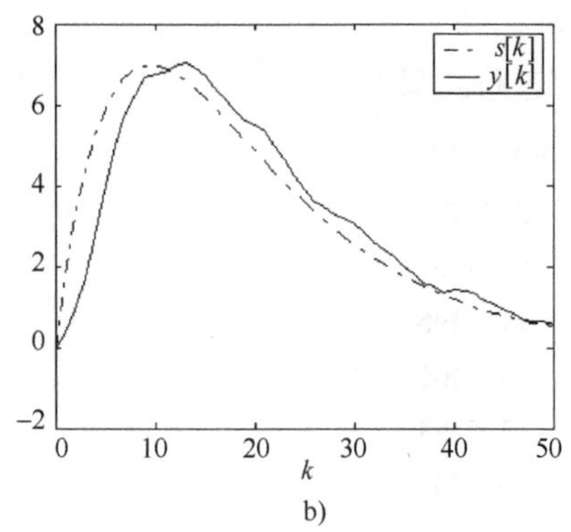

b)

图6.24 *M*点滑动平均模型对信号的去噪结果

a) 输入信号、有用信号和噪声信号的波形 b) 有用信号和去噪后信号的波形

由图6.24可以看出,经过5点滑动平均系统去噪的结果$y(k)$与有用信号$s(k)$相比,除了有$(M-1)/2$点的延迟外,基本上是相似的,这说明$y(k)$中的噪声信号被抑止,M点滑动平均系统实现了对受噪声干扰信号的去噪。

例6.25 用impz函数求离散时间系统

$$y(k)+3y(k-1)+2y(k-2)=f(k)$$

的单位序列响应$h(k)$,并与理论值$h(k)=-(-1)^k+2(-2)^k, k\geqslant 0$进行比较。

解 求解离散时间系统的单位序列响应的MATLAB程序为

```
k=0:10;
a=[1 3 2];b=[1];
h=impz(b,a,k);
subplot(2,1,1),stem(k,h),title('单位序列响应的近似值')
xlabel('k'),
ylabel('h(k)')
hk=-(-1).^k+2*(-2).^k;
subplot(2,1,2),stem(k,hk),title('单位序列响应的理论值')
xlabel('k'),ylabel('h(k)')
```

[程序运行结果]

运行程序得到离散时间系统的单位序列响应,如图6.25所示。

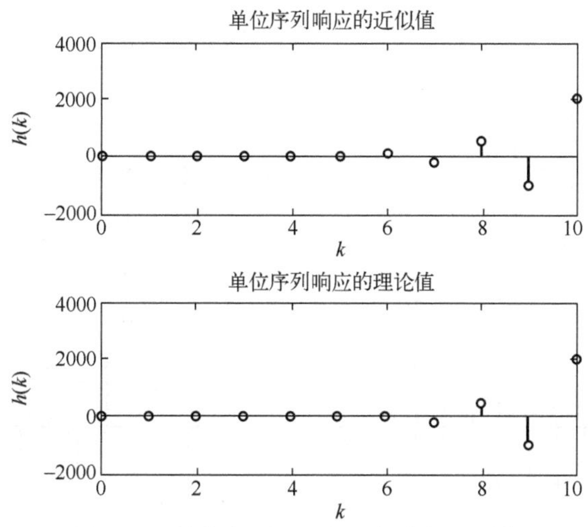

图 6.25　单位序列响应的近似值与理论值

习题 6

1. 分别绘出以下各序列的图形。

(1) $f(k)=\left(\frac{1}{2}\right)^k\varepsilon(k)$　　(2) $f(k)=(2)^k\varepsilon(k)$

(3) $f(k)=\left(-\frac{1}{2}\right)^k\varepsilon(k)$　　(4) $f(k)=(-2)^k\varepsilon(k)$

(5) $f(k)=\left(\frac{1}{2}\right)^{k-1}\varepsilon(k-1)$　　(6) $f(k)=(2)^{k-1}\varepsilon(k)$

2. 分别绘出以下各序列的图形。

(1) $f(k)=2^k[\varepsilon(-k)-\varepsilon(2-k)]$　　(2) $f(k)=k[\varepsilon(k+2)-\varepsilon(k-2)]$

(3) $f(k)=(k^2+1)[\delta(k+1)-2\delta(k)]$　　(4) $f(k)=1-\varepsilon(k-2)$

(5) $f(k)=\sin\left(\frac{\pi k}{5}\right)$　　(6) $f(k)=\cos\left(\frac{\pi k}{5}-\frac{\pi}{3}\right)$

3. 已知序列

$$f(k)=\begin{cases}k+2 & -2\leqslant k\leqslant 3\\ 0 & \text{其他}\end{cases}$$

试分别写出下列各序列的表达式，并绘出其图形。

(1) $f(k+2)$　　(2) $f(-k-2)$

(3) $f(2k-2)$　　(4) $f\left(-\frac{1}{2}k-2\right)$

4. 写出题图 6.1 所示序列的函数表达式。

5. 判断下列序列是否是周期的，如果是周期性的，确定其周期。

(1) $\sin\left(\frac{5\pi}{4}k-\frac{\pi}{3}\right)$　　(2) $\sin(0.2\pi k)+\cos(0.3\pi k)$

（3）$e^{j\frac{k}{6}}$　　　　（4）$\mathrm{sgn}[(-1)^k]$

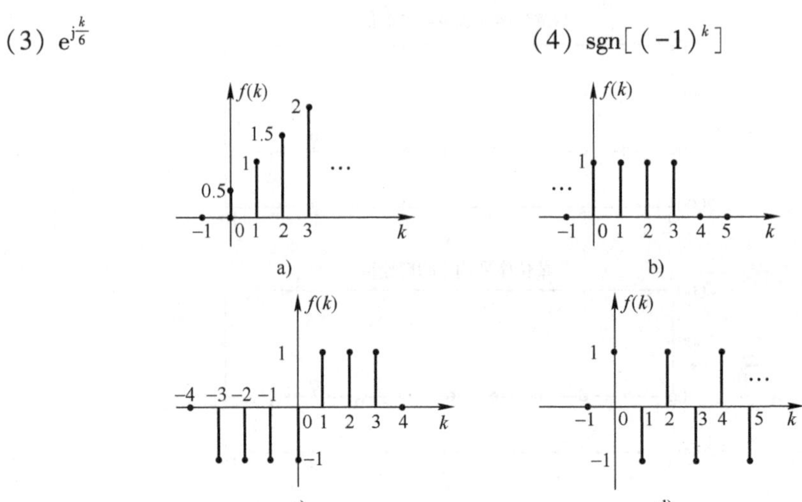

题图 6.1

6. 假定每对大兔子每月可生育一对小兔子，新生的小兔子要隔一个月才有生育能力，若第一个月只有一对新生小兔子，求第 k 个月兔子对的数目。列出描述该问题的差分方程。

7. 题图 6.2 表示一离散信号 $f(kT_s)$ 经 D−A 转换为一阶梯形模拟信号激励的 RC 电路。已知电路参数为 $C=1\,\mathrm{F}$，$R_1=R_2=1\,\Omega$，$y(kT_s)$ 为 $y(t)$ 在离散时间 kT_s 处的值所组成的序列，试列写描述 $y(kT_s)$ 与 $f(kT_s)$ 之间关系的差分方程。

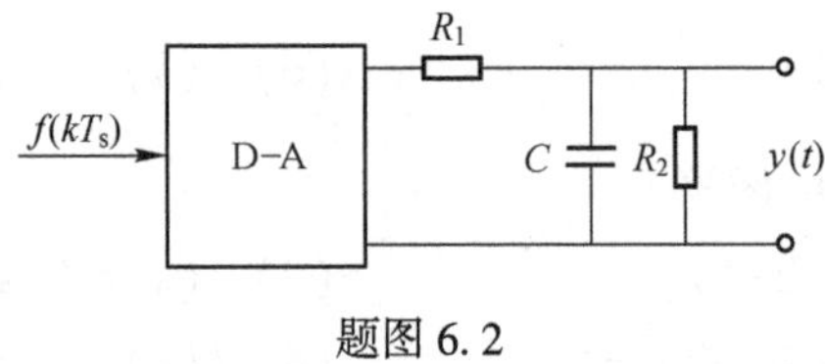

题图 6.2

8. 试绘出下列离散系统的直接形式模拟框图。

（1）$y(k)+3y(k-1)+2y(k-2)=2f(k)+f(k-1)$

（2）$y(k+2)-0.6y(k+1)-0.16y(k)=f(k)$

（3）$2y(k+1)-3y(k)+y(k-1)=f(k+1)+f(k)$

（4）$y(k)=\dfrac{1}{4}[f(k)+f(k-1)+f(k-2)+f(k-3)]$

9. 列写题图 6.3 所示系统的差分方程，指出其阶次。

10. 解下列差分方程：

（1）$y(k)+2y(k-1)=(k-2)\varepsilon(k)$，$y(0)=1$

（2）$y(k)+2y(k-1)+y(k-2)=\dfrac{4}{3}(3)^k\varepsilon(k)$，$y(-1)=y(0)=0$

（3）$y(k)+y(k-2)=\sin(k)$，$y(-1)=0$，$y(-2)=0$

11. 一个乒乓球从 H 米高度自由下落至地面，每次弹起的最高值是前一次最高值的 2/3。若以

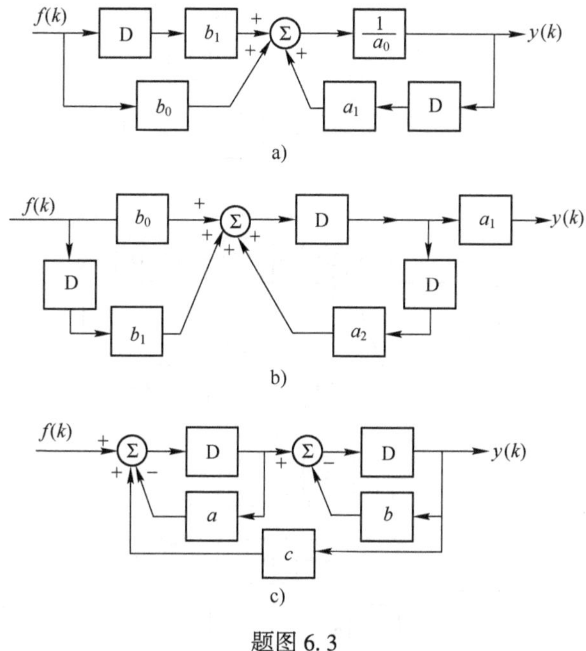

题图 6.3

$y(k)$表示第 k 次跳起的最高值，试列写描述此过程的差分方程。又若给定 $H=2\text{m}$，解此差分方程。

12. 解下列齐次差分方程所示系统的零输入响应。

(1) $y(k)-\frac{1}{2}y(k-1)=0, y(0)=1$

(2) $y(k)+3y(k-1)+2y(k-2)=0, y(-1)=0, y(-2)=1$

(3) $y(k)+y(k-2)=0, y(0)=1, y(1)=2$

(4) $y(k)+2y(k-1)+y(k-2)=0, y(0)=1, y(1)=0$

(5) $y(k)+2y(k-1)+2y(k-2)=0, y(0)=0, y(1)=1$

(6) $y(k)-7y(k-1)+16y(k-2)-12y(k-3)=0, y(1)=-1, y(2)=-3, y(3)=-5$

13. 求以下差分方程所描述系统的零输入响应、零状态响应和全响应。

$$y(k)+2y(k-1)+y(k-2)=3^k\varepsilon(k)\quad y(-1)=y(0)=0$$

14. 求下列差分方程所描述系统的单位序列响应。

(1) $y(k)+y(k-1)+\frac{1}{4}y(k-2)=f(k)$

(2) $y(k)-4y(k-1)+8y(k-2)=f(k)$

(3) $y(k)-y(k-2)=f(k)$

(4) $y(k)+2y(k-1)=f(k-1)$

(5) $y(k)-4y(k-1)+3y(k-2)=-4f(k)+f(k-1)$

(6) $y(k)-y(k-1)+\frac{1}{4}y(k-2)=2f(k-1)+f(k-2)$

15. 求题图 6.4 所示系统的单位序列响应 $h(k)$。

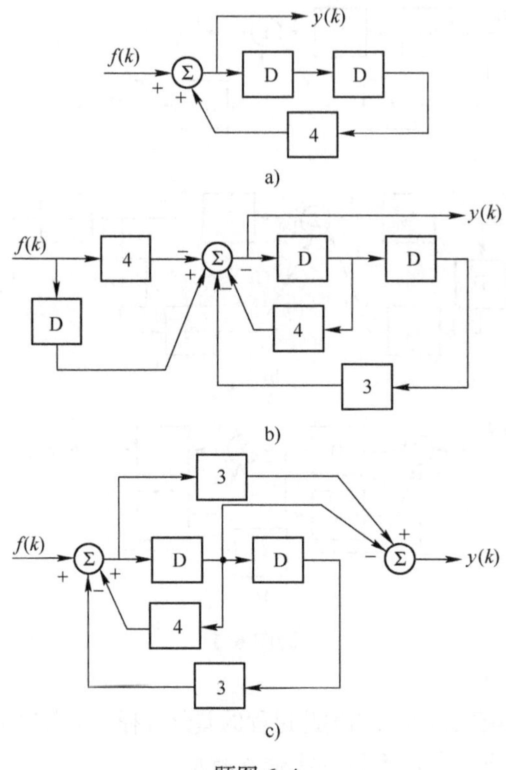

题图 6.4

16. 以下各序列是系统的单位序列响应 $h(k)$，试分别讨论各系统的因果性与稳定性。

（1）$h(k)=\delta(k)$　　（2）$h(k)=\delta(k+1)+\delta(k)+\delta(k-1)$

（3）$h(k)=2\varepsilon(k)$　　（4）$h(k)=a^k\varepsilon(k)$

（5）$h(k)=a^k\varepsilon(-k)$　　（6）$h(k)=\dfrac{1}{k!}\varepsilon(k)$

17. 由时域求下列单位序列响应所对应的离散时间系统的差分方程。

（1）$h(k)=\delta(k)+\delta(k-1)$　　（2）$h(k)=\left(\dfrac{1}{2}\right)^k\varepsilon(k)$

（3）$h(k)=\left(\dfrac{1}{2}\right)^k\varepsilon(k)+\delta(k)$　　（4）$h(k)=\left(\dfrac{1}{2}\right)^k\varepsilon(k)+\left(\dfrac{1}{3}\right)^k\varepsilon(k)$

18. 已知离散时间系统的单位阶跃响应为 $g(k)=\left[\dfrac{1}{6}-\dfrac{1}{2}(-1)^k+\dfrac{4}{3}(-2)^k\right]\varepsilon(k)$，求该系统的单位序列响应 $h(k)$，并写出该系统的差分方程。

19. 已知序列 $f_1(k)$ 和 $f_2(k)$ 的图形如题图 6.5 所示，求两序列的卷积和 $f(k)=f_1(k)*f_2(k)$。

20. 计算下列各卷积和。

（1）$k\varepsilon(k)*\delta(k-2)$　　（2）$\varepsilon(k)*\varepsilon(k)$

（3）$5^k\varepsilon(k)*3^k\varepsilon(k)$　　（4）$\left(\dfrac{1}{2}\right)\varepsilon(k)*\varepsilon(1-k)$

（5）$2^k\varepsilon(-k) * \varepsilon(k)$　　　（6）$\left(\frac{1}{2}\right)^k\varepsilon(k) * [\varepsilon(k)-\varepsilon(k-4)]$

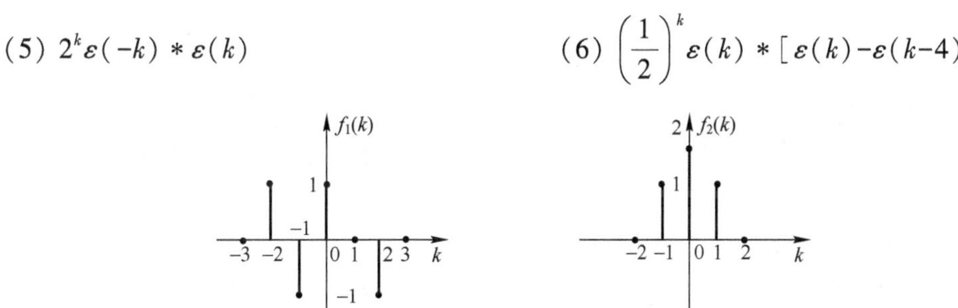

题图 6.5

21. 试求下列差分方程所描述系统的零状态响应。

（1）$y(k)-\frac{3}{2}y(k-1)+\frac{1}{2}y(k-2)=f(k), f(k)=2^k\varepsilon(k)$

（2）$y(k)+5y(k-1)+6y(k-2)=f(k)-f(k-1), f(k)=\varepsilon(k)$

22. 已知某离散时间系统在激励$f(k)=\varepsilon(k)$时的零状态响应为$2[1-(0.5)^k]\varepsilon(k)$，试求当激励为$f(k)=(0.5)^k\varepsilon(k)$时的零状态响应。

23. 已知某离散时间系统差分方程为

$$y(k)-\frac{5}{6}y(k-1)+\frac{1}{6}y(k-2)=f(k)-f(k-1)$$

激励为$f(k)=\varepsilon(k)$，初始状态为$y(-1)=0, y(-2)=1$。

（1）求该系统的单位序列响应。

（2）求该系统的零输入响应、零状态响应和全响应，并指出该系统响应中的瞬态响应分量、稳态响应分量、自由响应分量及受迫响应分量。

（3）作出该系统的时域模拟框图。

24. 已知某离散时间系统差分方程为

$$y(k)+3y(k-1)+2y(k-2)=f(k)$$

激励为$f(k)=2^k\varepsilon(k)$，初始状态为$y(0)=0, y(1)=2$。

（1）试求系统的零输入响应、零状态响应和全响应。

（2）作出该系统的时域模拟框图。

25. 求题图 6.6 所示离散时间系统的单位序列响应$h(k)$。图中，$h_1(k)=\left(\frac{1}{2}\right)^k\varepsilon(k)$，$h_2(k)=\left(\frac{1}{3}\right)^k\varepsilon(k)$，$h_3(k)=\delta(k-1)$。

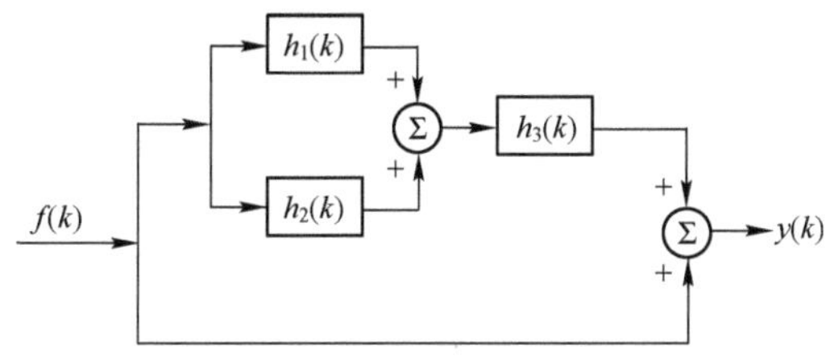

题图 6.6

26. 用差分方程求 0 ~ k 的全部整数和 $y(k)=\sum_{n=0}^{k} n$。

27. 对于例6.6所示的梯形电阻网络,按所列方程式及给定的边界条件 $u(0)=E, u(N)=0$,求解 $u(k)$ 的表达式(注意,答案中有系数 N)。如果 $N\to\infty$(无限节的梯形网络),试写出 $u(k)$ 的近似式。

28. 用MATLAB编程绘制下列离散信号的图形。

(1) $k[\varepsilon(k+4)-\varepsilon(k-4)]$　　(2) $2^k[\varepsilon(-k)-\varepsilon(3-k)]$

(3) $(k^2+k+1)[\delta(k+1)-2\delta(k)]$　　(4) $\varepsilon(k)+\sin\left(\frac{k\pi}{8}\right)\varepsilon(k)$

29. 已知离散信号 $f_1(k)=\varepsilon(k+3)-\varepsilon(k-4)$, $f_2(k)=\mathrm{e}^{-k}$,试用MATLAB分别画出 $f_1(k)+f_2(k)$、$f_1(k)\cdot f_2(k)$ 和 $f_1(k)*f_2(k)$ 的波形。

30. 已知序列 $f_1(k)=\{1,2,3,4,5\}$, $f_2(k)=\{-2,-1,0,1,2,3\}$,试用MATLAB计算 $f_1(k)*f_2(k)$,并画出卷积和的结果。

31. 某系统为

$$y(k)+0.7y(k-1)-0.45y(k-2)-0.6y(k-3)$$
$$=0.8f(k)-0.44f(k-1)+0.02f(k-3)$$

试利用impz函数计算其单位脉冲响应,并画出前31点的波形图。

32. 利用filter函数,求解下列系统的单位脉冲响应,并判断系统是否稳定。本题的结果对你有何启示?

(1) $y(k)-1.845y(k-1)+0.850586y(k-2)=f(k)$

(2) $y(k)-1.85y(k-1)+0.85y(k-2)=f(k)$

33. 某离散时间系统的差分方程为

$$y(k+2)+2y(k+1)+2y(k)=f(k+1)+2f(k)$$

激励信号 $f(k)=2^k\varepsilon(k)$,初始条件为 $y(0)=2, y(1)=1$,试用MATLAB求其单位脉冲响应、零状态响应和全响应。

第7章 离散时间信号与系统的 z 域分析

离散信号或离散系统的 z 域分析与连续信号或连续系统的复频域分析有许多相似之处。Z 变换可使离散时间信号的卷积运算变成代数运算、离散时间系统的差分方程变成 z 域代数方程,从而可以比较方便地分析系统的响应。

本章首先从拉普拉斯变换导出 Z 变换的定义,然后讨论 Z 变换的收敛域、性质、Z 反变换以及 Z 变换与拉普拉斯变换的关系。在此基础上,着重讨论离散时间系统的 Z 变换分析法。即应用 Z 变换求解差分方程,应用系统函数及其零极点的分布来分析系统的时域特性和频率特性,最后简要介绍离散时间系统的 z 域模拟。

7.1 Z 变换

7.1.1 Z 变换的定义

Z 变换可以借助抽样信号的拉普拉斯变换来引入,也可由定义直接给出。

连续信号 $f(t)$ 经均匀冲激抽样,得抽样信号 $f_s(t)$ 为

$$f_s(t)=f(t)\cdot\delta_{T_s}(t)=f(t)\cdot\sum_{k=-\infty}^{\infty}\delta(t-kT_s)=\sum_{k=-\infty}^{\infty}f(kT_s)\delta(t-kT_s)$$

式中,T_s 为抽样时间间隔。对上式取双边拉普拉斯变换得

$$F_s(s)=\mathscr{L}[f_s(t)]=\int_{-\infty}^{\infty}\sum_{k=-\infty}^{\infty}f(kT_s)\delta(t-kT_s)\mathrm{e}^{-st}\mathrm{d}t$$

交换积分与求和的次序,并利用冲激函数的抽样性质得

$$F_s(s)=\sum_{k=-\infty}^{\infty}f(kT_s)\int_{-\infty}^{\infty}\delta(t-kT_s)\mathrm{e}^{-st}\mathrm{d}t=\sum_{k=-\infty}^{\infty}f(kT_s)\mathrm{e}^{-ksT_s} \tag{7.1}$$

令

$$z=\mathrm{e}^{sT_s}\quad 或\quad s=\frac{1}{T_s}\ln z \tag{7.2}$$

则式(7.1)变为

$$F_s(z)=\sum_{k=-\infty}^{\infty}f(kT_s)z^{-k} \tag{7.3}$$

为书写和分析简便起见,通常将采样间隔视为一个时间单位,使采样间隔归一化,于是 $T_s=1$,从而式(7.3)可写为

$$F_s(z)=\sum_{k=-\infty}^{\infty}f(k)z^{-k} \tag{7.4}$$

这就是离散序列 $f(k)$ 的双边 Z 变换的表示式。

离散序列并不一定是由连续信号抽样所得,有的信号原本就是离散的,与连续信号的采样序列在形式上是相同的,故此,其 Z 变换可直接用式(7.4)定义。即若有序列 $f(k)$ $(k=0,\pm1,\pm2,\cdots)$,则定义 $f(k)$ 的双边 Z 变换定义为

$$F(z) \stackrel{\text{def}}{=} \sum_{k=-\infty}^{\infty} f(k)z^{-k} \tag{7.5}$$

式中,z 为复变量。通常,$F(z)$ 称为序列 $f(k)$ 的象函数,简记为 $F(z)=\mathscr{Z}[f(k)]$。$f(k)$ 称为 $F(z)$ 的原函数,记为 $f(k)=\mathscr{Z}^{-1}[F(z)]$,二者之间的关系还可表示为

$$f(k) \leftrightarrow F(z) \tag{7.6}$$

双边 Z 变换不仅涉及信号 $f(k)$ 中 $k\geqslant 0$ 部分,而且还涉及 $k<0$ 部分,如果只考虑 $f(k)$ 中 $k\geqslant 0$ 的部分,则有

$$F(z)=\sum_{k=0}^{\infty} f(k)z^{-k} \tag{7.7}$$

式(7.7)称为序列 $f(k)$ 的单边 Z 变换。

显然,如果 $f(k)$ 是因果序列(即 $k<0$ 时,$f(k)=0$),则单、双边 Z 变换相等,否则,二者不等。

7.1.2　Z 变换的收敛域

由式(7.5)和式(7.7)可知,Z 变换是复变量 z^{-1} 的幂级数,显然只有当该级数收敛时,Z 变换才有意义。根据级数理论,该级数收敛的充分必要条件是

$$\sum_{k=-\infty}^{\infty} |f(k)z^{-k}| < \infty \tag{7.8}$$

式(7.8)称为绝对可和条件,它是序列 $f(k)$ 的 Z 变换存在的充要条件。

对于任意给定的有界序列 $f(k)$,满足式(7.8)的所有 z 的集合,称为 $F(z)$ 的收敛域(Region of Convergence,ROC)。下面根据序列的性质,举例说明如何确定序列 Z 变换的收敛域。

1. 有限长序列

有限长序列 $f(k)$ 只在有限的区间 $k_1\leqslant k\leqslant k_2$ 内具有非零的有限值,在此区间之外,$f(k)$ 的值为零。此时,序列 Z 变换为

$$F(z)=\sum_{k=-\infty}^{\infty} f(k)z^{-k}=\sum_{k=k_1}^{k_2} f(k)z^{-k}$$

上式是一个有限项级数,只要级数的各项都存在且有限,则它们的和一定存在且有限。

由该级数可以看出,对于 k 的各个可能取值,在 $|f(k)|<\infty$ 的情况下,当 $k_1=k_2=0$ 时,则 $F(z)=\sum\limits_{k=k_1}^{k_2} f(k)z^{-k}=f(k)z^0$,$F(z)$ 在整个 z 平面均收敛,即收敛域为 $0\leqslant |z| \leqslant\infty$;当 $k_2>k_1\geqslant 0$ 或 $k_2\geqslant k_1>0$ 时,$F(z)$ 除了 $z=0$ 点外,在 z 平面上处处收敛,即收敛域为 $|z|>0$,当 $0\geqslant k_2>k_1$ 或 $0>k_2\geqslant k_1$ 时,$F(z)$ 除了 $z=\infty$ 点外,在 z 平面上处处收敛,即收敛域为 $|z|<\infty$;当 $k_2>0$,$k_1<0$ 时,$F(z)$ 除了 $z=0$ 和 $z=\infty$ 点外,在 z 平面上处处收敛,即收敛域为 $0<|z|<\infty$。

可见,有限长序列的 Z 变换的收敛域至少为 $0<|z|<\infty$,但也可能包括 $z=0$ 或 $z=\infty$ 点,这是由序列的形式而确定的。

2. 右边序列

右边序列又称为有始无终序列,即当 $k<k_1$ 时,$f(k)=0$,此时,序列的 Z 变换为

$$F(z)=\sum_{k=k_1}^{\infty} f(k)z^{-k}$$

这时,可利用级数理论中的根值判定法判定级数的收敛区域。

由根值判定法可知，若 $F(z)$ 满足下列条件：

$$\lim_{k\to\infty}\sqrt[k]{|f(k)z^{-k}|}=\lim_{k\to\infty}\sqrt[k]{|f(k)|}\ |z^{-1}|\ <1$$

即
$$|z|>\lim_{k\to\infty}\sqrt[k]{|f(k)|}=R_r \tag{7.9}$$

则该级数收敛，R_r 称为该级数的收敛半径。可见，右边序列的收敛域是 z 平面内以原点为中心、R_r 为半径的圆的外部，如图 7.1a 所示。如果 $k_1<0$，结合有限长序列收敛域的判定，该收敛域不包括∞处点，即收敛域为 $R_r<|z|<\infty$，而如果 $k_1\geqslant0$，则收敛域为 $R_r<|z|\leqslant\infty$。当 $k_1\geqslant0$ 时，右边序列为因果序列，因此因果序列的收敛域为 $R_r<|z|\leqslant\infty$，因果序列在 $z=\infty$ 处收敛是它的一个重要特性。

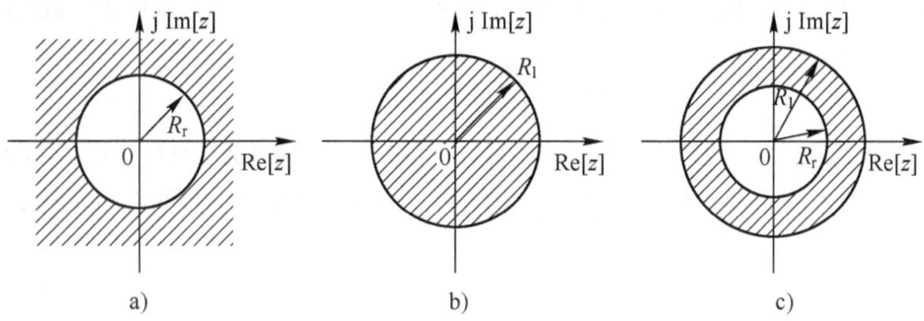

图 7.1　Z 变换的收敛域

a) 右边序列的收敛域　b) 左边序列的收敛域　c) 双边序列的收敛域

例 7.1　求序列 $f(k)=a^k\varepsilon(k)$ 的双边 Z 变换，并确定其收敛域。

解　由式(7.5)，序列 $f(k)$ 的双边 Z 变换为

$$F(z)=\sum_{k=0}^{\infty}a^kz^{-k}=\sum_{k=0}^{\infty}(az^{-1})^k$$

上式为序列等比级数求和，只有当 $|az^{-1}|<1$，即 $|z|>|a|$ 时，级数收敛。运用等比级数求和公式可得序列的 Z 变换为

$$F(z)=\frac{z}{z-a}\quad |z|>|a|$$

3. 左边序列

左边序列又称为无始有终的序列，即当 $k>k_2$ 时，$f(k)=0$，此时，序列 Z 变换为

$$F(z)=\sum_{k=-\infty}^{k_2}f(k)z^{-k}$$

若令 $n=-k$，上式变为

$$F(z)=\sum_{n=-k_2}^{\infty}f(-n)z^{n}$$

由根值判定法，若 $f(z)$ 满足

$$\lim_{n\to\infty}\sqrt[n]{|f(-n)z^n|}=\lim_{n\to\infty}\sqrt[n]{|f(-n)|}\ |z|<1$$

即
$$|z|<\frac{1}{\dfrac{1}{\lim\limits_{n\to\infty}}\sqrt[n]{|f(-n)|}}=R_l \tag{7.10}$$

则该级数收敛。可见，左边序列的收敛域是 z 平面内以原点为圆心、R_l 为半径的圆的内部，如

图7.1b所示。如果$k_2>0$,则收敛域不包括$z=0$点,即收敛域为$0<|z|<R_1$;如果$k_2\leqslant 0$,则收敛域包括$z=0$点,即收敛域为$0\leqslant |z|<R_1$。

例7.2 求序列$f(k)=-a^k\varepsilon(-k-1)$的双边Z变换,并确定其收敛域。

解 由式(7.5),序列$f(k)$的双边Z变换为

$$F(z)=\sum_{k=-\infty}^{-1}(-a^k)z^{-k}=-\sum_{k=-\infty}^{-1}(az^{-1})^k$$

令$n=-k$,则有

$$F(z)=-\sum_{n=1}^{\infty}(a^{-1}z)^k$$

上式为序列等比级数求和,只有满足$|a^{-1}z|<1$,即$|z|<|a|$时,级数收敛,此时序列Z变换为

$$F(z)=\frac{z}{z-a}\quad |z|<|a|$$

比较例7.1与例7.2可以看出,两个不同序列对应相同的Z变换,但是其收敛域不同。因此,为了单值地确定Z变换所对应的序列,不仅要给出序列的Z变换式,而且必须同时说明它们的收敛域。

4. 双边序列

双边序列又称为无始无终序列,它是从$k=-\infty$延伸到$k=\infty$的序列,其Z变换可以写成

$$F(z)=\sum_{k=-\infty}^{\infty}f(k)z^{-k}=\sum_{k=-\infty}^{-1}f(k)z^{-k}+\sum_{k=0}^{\infty}f(k)z^{-k}$$

显然,可以把它看成是左边序列与右边序列Z变换的叠加。等式右边第一个级数是左边序列,其收敛域为$|z|<R_1$;第二个级数是右边序列,其收敛域为$|z|>R_r$。当$R_1>R_r$时,双边序列的收敛域为两个级数收敛域的重叠部分,即

$$R_r<|z|<R_1 \tag{7.11}$$

其中,$R_r>0$,$R_1<\infty$。此时,双边序列的收敛是一个环形区域,如图7.1c所示。如果$R_1<R_r$,则两个收敛域不重叠,此时,双边序列的收敛域不存在,所以$F(z)$也不存在。

例7.3 求序列$f(k)=a^k\varepsilon(k)-b^k\varepsilon(-k-1)$的双边Z变换,并确定其收敛域。

解 由例7.1与例7.2的结果,可以得到

$$F(z)=\sum_{k=0}^{\infty}a^kz^{-k}-\sum_{k=-\infty}^{-1}b^kz^{-k}=\frac{z}{z-a}+\frac{z}{z-b}=\frac{2z\left(z-\dfrac{a+b}{2}\right)}{(z-a)(z-b)}$$

若$|b|>|a|$,则$F(z)$的收敛域为$|a|<|z|<|b|$,是一个环形区域;如果$|b|<|a|$,则两个序列不存在公共收敛域,序列$f(k)$的双边Z变换不存在。

显然,该序列的双边Z变换的零点位于$z=0$和$z=\dfrac{a+b}{2}$处,极点位于$z=a$和$z=b$处,由于$F(z)$在收敛域内是解析的,因此收敛域内不包含任何极点。一般来说,收敛域是以极点为边界的,即对于右边序列来说,收敛域位于最外面(最大值)的极点的外部(可能包含∞点),左边序列位于最里边(最小值)的内部(可能包含0点)。

7.1.3 常见序列的Z变换

下面按照Z变换的定义式(7.5)来推导一些常用信号的Z变换。

1. 单位阶跃序列 $\varepsilon(k)$

由于单位阶跃序列 $\varepsilon(k)=\begin{cases}1 & k\geqslant 0\\ 0 & k<0\end{cases}$，故其 Z 变换为

$$F(z)=\sum_{k=-\infty}^{\infty}\varepsilon(k)z^{-k}=\sum_{k=0}^{\infty}z^{-k}=1+z^{-1}+z^{-2}+z^{-3}+\cdots$$

上式为一个等比级数求和问题，当 $|z^{-1}|<1$，即 $|z|>1$ 时，级数收敛，并等于$\frac{1}{1-z^{-1}}$。即

$$\mathscr{Z}[\varepsilon(k)]=\frac{1}{1-z^{-1}}=\frac{z}{z-1}\quad |z|>1 \tag{7.12}$$

2. 单位序列 $\delta(k)$

$$\mathscr{Z}[\delta(k)]=\sum_{k=-\infty}^{\infty}\delta(k)z^{-k}=1 \tag{7.13}$$

即单位序列 $\delta(k)$ 的 Z 变换等于常数 1，它在整个 z 平面内收敛。

3. 单边指数序列 $a^k\varepsilon(k)$

由例 7.1 可以得到

$$a^k\varepsilon(k)\leftrightarrow\frac{z}{z-a}\quad |z|>|a| \tag{7.14}$$

若令 $a=\mathrm{e}^{\mathrm{j}\beta}$，则可以得到单边指数序列的 Z 变换为

$$\mathrm{e}^{\mathrm{j}\beta k}\varepsilon(k)\leftrightarrow\frac{z}{z-\mathrm{e}^{\mathrm{j}\beta}}\quad |z|>1 \tag{7.15}$$

4. 左边指数序列 $-a^k\varepsilon(-k-1)$

由例 7.2 可以得到

$$-a^k\varepsilon(-k-1)\leftrightarrow\frac{z}{z-a}\quad |z|<|a| \tag{7.16}$$

5. 单边正弦与余弦序列

由上述单边指数序列的 Z 变换，不难得到单边余弦序列的 Z 变换为

$$\mathscr{Z}[\cos(\beta k)\varepsilon(k)]=\mathscr{Z}\left[\frac{\mathrm{e}^{\mathrm{j}\beta k}+\mathrm{e}^{-\mathrm{j}\beta k}}{2}\varepsilon(k)\right]=\mathscr{Z}\left[\frac{\mathrm{e}^{\mathrm{j}\beta k}}{2}\varepsilon(k)\right]+\mathscr{Z}\left[\frac{\mathrm{e}^{-\mathrm{j}\beta k}}{2}\varepsilon(k)\right]$$

$$=\frac{1}{2}\left(\frac{z}{z-\mathrm{e}^{\mathrm{j}\beta}}+\frac{z}{z-\mathrm{e}^{-\mathrm{j}\beta}}\right)=\frac{z(z-\cos\beta)}{z^2-2z\cos\beta+1}\quad |z|>1 \tag{7.17}$$

同理可得单边正弦序列的 Z 变换为

$$\mathscr{Z}[\sin(\beta k)\varepsilon(k)]=\frac{1}{2\mathrm{j}}\left(\frac{z}{z-\mathrm{e}^{\mathrm{j}\beta}}-\frac{z}{z-\mathrm{e}^{-\mathrm{j}\beta}}\right)=\frac{z\sin\beta}{z^2-2z\cos\beta+1}\quad |z|>1 \tag{7.18}$$

表 7.1 给出了常用序列的 Z 变换，以便查阅。

表 7.1　常用序列的 Z 变换

序　号	序列 $f(k)$	Z 变换 $F(z)$	收 敛 域
2	$\varepsilon(k)$	$\frac{z}{z-1}$	$\|z\|>1$
1	$\delta(k)$	1	$\|z\|\geqslant 0$

（续）

序　号	序列 $f(k)$	Z 变换 $F(z)$	收 敛 域
3	$a^k\varepsilon(k)$	$\dfrac{z}{z-a}$	$\lvert z\rvert>\lvert a\rvert$
4	$-a^k\varepsilon(-k-1)$	$\dfrac{z}{z-a}$	$\lvert z\rvert<\lvert a\rvert$
5	$k\varepsilon(k)$	$\dfrac{z}{(z-1)^2}$	$\lvert z\rvert>1$
6	$k^2\varepsilon(k)$	$\dfrac{z(z+1)}{(z-1)^3}$	$\lvert z\rvert>1$
7	$R_N(n)$	$\dfrac{z(1-z^{-N})}{z-1}$	$\lvert z\rvert>0$
8	$ka^k\varepsilon(k)$	$\dfrac{az}{(z-a)^2}$	$\lvert z\rvert>\lvert a\rvert$
9	$\cos(\beta k)\varepsilon(k)$	$\dfrac{z(z-\cos\beta)}{z^2-2z\cos\beta+1}$	$\lvert z\rvert>1$
10	$\sin(\beta k)\varepsilon(k)$	$\dfrac{z\sin\beta}{z^2-2z\cos\beta+1}$	$\lvert z\rvert>1$
11	$e^{-ak}\cos(\beta k)\varepsilon(k)$	$\dfrac{z(z-e^{-\alpha}\cos\beta)}{z^2-2ze^{-\alpha}\cos\beta+e^{-a\alpha}}$	$\lvert z\rvert>e^{-\alpha}$
12	$e^{-ak}\sin(\beta k)\varepsilon(k)$	$\dfrac{ze^{-\alpha}\sin\beta}{z^2-2ze^{-\alpha}\cos\beta+e^{-2\alpha}}$	$\lvert z\rvert>e^{-\alpha}$
13	$\mathrm{ch}(\beta k)\varepsilon(k)$	$\dfrac{z(z-\mathrm{ch}\beta)}{z^2-2z\mathrm{ch}\beta+1}$	$\lvert z\rvert>e^{\beta}$
14	$\mathrm{sh}(\beta k)\varepsilon(k)$	$\dfrac{z\ \mathrm{sh}\beta}{z^2-2z\mathrm{ch}\beta+1}$	$\lvert z\rvert>e^{\beta}$
15	$\dfrac{1}{m!}k(k+1)(k+2)\cdots(k+m)a^k\varepsilon(k)\quad m\geqslant1$	$\dfrac{z^{m+1}}{(z-a)^{m+1}}$	$\lvert z\rvert>a$
16	$\dfrac{1}{m!}k(k-1)(k-2)\cdots(k-m+1)a^{k-m}\varepsilon(k)\quad m\geqslant1$	$\dfrac{z}{(z-a)^{m+1}}$	$\lvert z\rvert>a$

注：α、β 均为正实数。

7.2　Z 变换的性质

Z 变换也可以由它的定义推出许多性质，这些性质表示了函数在时域与 z 域之间的关系，其中有不少可和拉普拉斯变换的性质相对应。利用这些性质可以非常方便地进行 Z 变换和 Z 反变换的求解。

7.2.1　线性性质

若

$$f_1(k)\leftrightarrow F_1(z)\quad \alpha_1<\lvert z\rvert<\beta_1$$

$$f_2(k)\leftrightarrow F_2(z)\quad \alpha_2<\lvert z\rvert<\beta_2$$

则

$$af_1(k)+bf_2(k)\leftrightarrow aF_1(z)+bF_2(z)\tag{7.19}$$

式中，a、b 为任意常数；α_1、α_2、β_1、β_2 均为正实数。利用 Z 变换的定义容易证明上述结论。

叠加后新序列的 Z 变换的收敛域一般是原来两个序列 Z 变换收敛域的重叠部分，即 $\max(\alpha_1,\alpha_2)<\lvert z\rvert<\min(\beta_1,\beta_2)$，但是，如果在这些线性组合中某些零、极点相互抵消，则收敛

域可能扩大。例如,如果 $f_1(k)=\varepsilon(k)$,$f_2(k)=\varepsilon(k-1)$,它们的收敛区都是 $|z|>1$,但是 $f_1(k)-f_2(k)=\delta(k)$,其收敛区则是整个 z 平面。

线性性质表明,两个(或多个)信号的线性组合的 Z 变换等于各个信号 Z 变换的线性组合。这个性质虽然简单,但很重要。在上一节中求正、余弦序列的 Z 变换时已经应用了此性质。

7.2.2　移位性质

移位性质也称为延时性质,它是分析离散系统的重要特性之一。单边与双边 Z 变换的移位性质有重要的差别,因此对其分别进行讨论。

1. 双边 Z 变换的移位

先考察一下序列左右移位后本身发生的变化。设原序列 $f(k)$ 如图 7.2a 所示,$f(k)$ 分别左移和右移 2 位后,序列如图 7.2b、c 所示。从图中可以看出,序列移位后本身不变,只是因为原点的变动导致了各数值位置的相应变化。

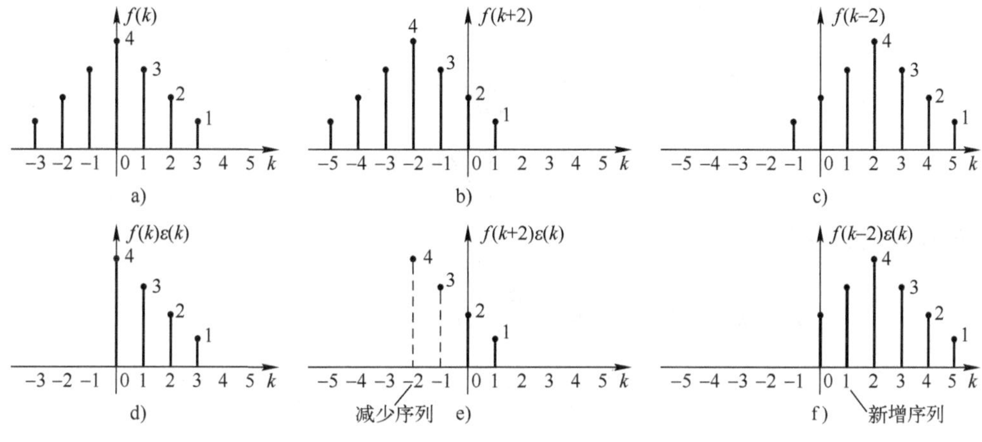

图 7.2　序列的移位

对于序列 $f(k)$,若

$$f(k)\leftrightarrow F(z)\quad a<|z|<\beta$$

则序列移位 $\pm m$ 后,有

$$f(k\pm m)\leftrightarrow z^{\pm m}F(z)\quad a<|z|<\beta \tag{7.20}$$

式中,m 为任意正整数;α、β 均为正实数。

证明　由双边 Z 变换的定义有

$$\begin{aligned}\mathscr{Z}[f(k\pm m)]&=\sum_{k=-\infty}^{\infty}f(k\pm m)z^{-k}\\&=\sum_{k=-\infty}^{\infty}f(k\pm m)z^{-(k\pm m)}z^{\pm m}\\&=z^{\pm m}\sum_{k=-\infty}^{\infty}f(k\pm m)z^{-(k\pm m)}\end{aligned}$$

令 $n=k\pm m$,则上式可写为

$$\mathscr{Z}[f(k\pm m)]=z^{\pm m}\sum_{n=-\infty}^{\infty}f(n)z^{-n}=z^{\pm m}F(z)$$

可见,序列$f(k)$沿k轴移位$\pm m$后,对应的Z变换等于原序列Z变换与$z^{\pm m}$的乘积,由于移位仅影响Z变换在$z=0$或$z=\infty$处的零极点的变化,因此,对于具有环形收敛域的序列,其移位后Z变换的收敛域不变。

2. 单边Z变换的位移

若序列$f(k)$本身是双边序列,将其单边序列记为$f(k)\varepsilon(k)$,如图7.2d所示,将$f(k)$沿k轴移位±2后取单边序列记为$f(k\pm2)\varepsilon(k)$,如图7.2e、f所示,由图7.2e、f可以看出,移位后序列$f(k\pm2)\varepsilon(k)$与$f(k)\varepsilon(k)$的内容发生变化。左移后序列值减少,序列变短,右移后,序列值增加,序列变长,增加或减少的序列将影响序列的Z变换。

设$f(k)$是双边序列,若 $f(k)\varepsilon(k)\leftrightarrow F(z)\quad |z|>\alpha$

则
$$f(k-m)\varepsilon(k)\leftrightarrow z^{-m}\left[F(z)+\sum_{n=-m}^{-1}f(n)z^{-n}\right]\quad |z|>\alpha \tag{7.21}$$

证明 由单边Z变换定义得

$$\begin{aligned}Z[f(k-m)\varepsilon(k)]&=\sum_{k=0}^{\infty}f(k-m)z^{-k}\\&=\sum_{k=0}^{\infty}f(k-m)z^{-(k-m)}z^{-m}\end{aligned}$$

令$n=k-m$,则上式化为

$$\begin{aligned}Z[f(k-m)\varepsilon(k)]&=z^{-m}\sum_{n=-m}^{\infty}f(n)z^{-n}\\&=z^{-m}\left[\sum_{n=0}^{\infty}f(n)z^{-n}+\sum_{n=-m}^{-1}f(n)z^{-n}\right]\\&=z^{-m}\left[F(z)+\sum_{n=-m}^{-1}f(n)z^{-n}\right]\end{aligned}$$

同理,可得
$$f(k+m)\varepsilon(k)\leftrightarrow z^{m}\left[F(z)-\sum_{n=0}^{m-1}f(n)z^{-n}\right]\quad |z|>\alpha \tag{7.22}$$

式中,m为任意正整数。

当$m=1$、2时,由式(7.21)、式(7.22)可得

$$\begin{aligned}&f(k-1)\varepsilon(k)\leftrightarrow z^{-1}F(z)+f(-1)\\&f(k-2)\varepsilon(k)\leftrightarrow z^{-2}F(z)+z^{-1}f(-1)+f(-2)\\&f(k+1)\varepsilon(k)\leftrightarrow zF(z)-zf(0)\\&f(k+2)\varepsilon(k)\leftrightarrow z^{2}F(z)-z^{2}f(0)-zf(1)\end{aligned}$$

如果序列$f(k)$为因果序列,则式(7.21)右边$\sum_{n=-m}^{-1}f(n)z^{-n}$一项全部为零,因此,因果序列右移$m$位的单边Z变换为

$$\mathscr{Z}[f(k-m)\varepsilon(k)]=z^{-m}F(z) \tag{7.23}$$

例7.4 求矩形序列$R_N(k)=\varepsilon(k)-\varepsilon(k-N)$的单边Z变换。

解　由 Z 变换的线性性质和移位性质,得

$$\mathscr{Z}[R_N(k)]=\mathscr{Z}[\varepsilon(k)-\varepsilon(k-N)]=\mathscr{Z}[\varepsilon(k)]-\mathscr{Z}[\varepsilon(k-N)]$$
$$=\frac{z}{z-1}-z^{-N}\frac{z}{z-1}=\frac{z(1-z^{-N})}{z-1}\quad |z|>0$$

例 7.5　已知单边周期序列 $f(k)=\sum_{m=0}^{\infty}f_1(k-mN)$,$m$、$N$ 为正整数,N 为最小正周期,若设 $f_1(k)\varepsilon(k)\leftrightarrow F_1(z)$,试求 $f(k)$ 的 Z 变换。

解　根据题意,由 $f(k)$ 为单边周期序列可知,$f_1(k)$ 也必为单边周期序列,故单边周期序列可以表示为

$$f(k)=\sum_{m=0}^{\infty}f_1(k-mN)$$
$$=f_1(k)\varepsilon(k)+f_1(k-N)\varepsilon(k-N)+f_1(k-2N)\varepsilon(k-2N)+\cdots$$

由 Z 变换移位性质得

$$F(z)=F_1(z)+z^{-N}F_1(z)+z^{-2N}F_1(z)+\cdots$$
$$=\frac{1}{1-z^{-N}}F_1(z)=\frac{z^N}{z^N-1}F_1(z)\quad |z|>1 \tag{7.24}$$

7.2.3　z 域尺度变换性质

若

$$f(k)\leftrightarrow F(z)\quad \alpha<|z|<\beta$$

则

$$a^k f(k)\leftrightarrow F\left(\frac{z}{a}\right)\quad \alpha<\left|\frac{z}{a}\right|<\beta \tag{7.25}$$

式中,a 为非零常数;α、β 均为正实数。

证明　由 Z 变换定义得

$$\mathscr{Z}[a^k f(k)]=\sum_{k=-\infty}^{\infty}a^k f(k)z^{-k}=\sum_{k=-\infty}^{\infty}f(k)\left(\frac{z}{a}\right)^{-k}=F\left(\frac{z}{a}\right)$$

z 域尺度变换性质表明,时域中乘以指数序列等效于 z 平面的尺度压缩或扩展。

利用该性质,可以得到下列关系:

$$a^{-k}f(k)\leftrightarrow F(az)\quad \alpha<|az|<\beta \tag{7.26}$$

$$(-1)^k f(k)\leftrightarrow F(-z)\quad \alpha<|z|<\beta \tag{7.27}$$

例 7.6　求指数衰减序列 $a^k\cos(\beta k)\varepsilon(k)$ 的 Z 变换(式中 $0<a<1$)。

解　由表 7.1 可得

$$\cos(\beta k)\varepsilon(k)\leftrightarrow\frac{z(z-\cos\beta)}{z^2-2z\cos\beta+1}\quad |z|>1$$

由 z 域尺度性质得

$$\mathscr{Z}[a^k\cos(\beta k)\varepsilon(k)]=\frac{\frac{z}{a}\left(\frac{z}{a}-\cos\beta\right)}{\left(\frac{z}{a}\right)^2-2\frac{z}{a}\cos\beta+1}$$

$$=\frac{1-az^{-1}\cos\beta}{1-2az^{-1}\cos\beta+a^2z^{-2}}$$

收敛域为 $|z|>a$。

例 7.7 求序列 $f(k)=\left(\frac{1}{2}\right)^k 3^{k+1}\varepsilon(k+1)$ 的双边 Z 变换及其收敛域。

解 令 $f_1(k)=3^{k+1}\varepsilon(k+1)$，则有

$$f(k)=\left(\frac{1}{2}\right)^k f_1(k)$$

由序列的移位性质得

$$F_1(z)=\mathscr{Z}[f_1(k)]=z\cdot\frac{z}{z-3}=\frac{z^2}{z-3}\quad 3<|z|<\infty$$

由 z 域尺度性质得

$$F(z)=\mathscr{Z}[f(k)]=\mathscr{Z}\left[\left(\frac{1}{2}\right)^k f_1(k)\right]=F_1(2z)$$

$$=\frac{(2z)^2}{2z-3}=\frac{4z^2}{2z-3}\quad \frac{3}{2}<|z|<\infty$$

7.2.4 z 域微分性质

若

$$f(k)\leftrightarrow F(z)\quad \alpha<|z|<\beta$$

则

$$kf(k)\leftrightarrow -z\frac{\mathrm{d}F(z)}{\mathrm{d}z}\quad \alpha<|z|<\beta \tag{7.28}$$

式中，α、β 均为正实数。

证明 由 Z 变换定义

$$F(z)=\sum f(k)z^{-k}$$

上式两边对 z 求导，得

$$\frac{\mathrm{d}F(z)}{\mathrm{d}z}=\frac{\mathrm{d}}{\mathrm{d}z}\sum_{k=-\infty}^{\infty}f(k)z^{-k}$$

交换求导与求和的次序，上式可写为

$$\frac{\mathrm{d}F(z)}{\mathrm{d}z}=\sum_{k=-\infty}^{\infty}f(k)\frac{\mathrm{d}z^{-k}}{\mathrm{d}z}=-\sum_{k=-\infty}^{\infty}kf(k)z^{-k-1}$$

$$=-z^{-1}\sum_{k=-\infty}^{\infty}kf(k)z^{-k}=-z^{-1}\mathscr{Z}[kf(k)]$$

所以

$$kf(k)\leftrightarrow -z\frac{\mathrm{d}F(z)}{\mathrm{d}z}$$

重复上述运算，可以得到

$$k^m f(k)\leftrightarrow\left[-z\frac{\mathrm{d}}{\mathrm{d}z}\right]^m F(z) \tag{7.29}$$

其中，$\left[-z\dfrac{\mathrm{d}}{\mathrm{d}z}\right]^m F(z)$ 所示的运算为

$$\left[-z\frac{\mathrm{d}}{\mathrm{d}z}\right]^m F(z)=-z\frac{\mathrm{d}}{\mathrm{d}z}\left\{-z\frac{\mathrm{d}}{\mathrm{d}z}\left[-z\frac{\mathrm{d}}{\mathrm{d}z}\cdots\left(-z\frac{\mathrm{d}}{\mathrm{d}z}F(z)\right)\right]\right\}\qquad(\text{共求导 } m \text{ 次})$$

例 7.8　求下列序列的双边 Z 变换。

(1) $k\varepsilon(k)$

(2) $\dfrac{k(k+1)}{2}\varepsilon(k)$

解　(1) 由于 $\varepsilon(k)\leftrightarrow\dfrac{z}{z-1}$，$|z|>1$，由 z 域微分性质得

$$\mathscr{Z}[k\varepsilon(k)]=-z\frac{\mathrm{d}}{\mathrm{d}z}\left(\frac{z}{z-1}\right)=\frac{z}{(z-1)^2}\quad |z|>1 \tag{7.30}$$

同理可得

$$\mathscr{Z}[k^2\varepsilon(k)]=-z\frac{\mathrm{d}}{\mathrm{d}z}\frac{z}{(z-1)^2}=\frac{z(z+1)}{(z-1)^3}\quad |z|>1 \tag{7.31}$$

(2) 由 z 域微分性质与线性性质可得

$$\begin{aligned}\mathscr{Z}\left[\frac{k(k+1)}{2}\varepsilon(k)\right]&=\frac{1}{2}\mathscr{Z}[k^2\varepsilon(k)+k\varepsilon(k)]\\&=\frac{1}{2}\left[\frac{z(z+1)}{(z-1)^3}+\frac{z}{(z-1)^2}\right]=\frac{z^2}{(z-1)^3}\quad |z|>1\end{aligned}$$

7.2.5　z 域积分性质

若

$$f(k)\leftrightarrow F(z)\qquad \alpha<|z|<\beta$$

则

$$\frac{f(k)}{k+m}\leftrightarrow z^m\int_z^{\infty}\frac{F(\eta)}{\eta^{m+1}}\mathrm{d}\eta\quad \alpha<|z|<\beta \tag{7.32}$$

式中，m 为整数，且 $k+m>0$。

若 $m=0$，且 $k>0$，则

$$\frac{f(k)}{k}\leftrightarrow\int_z^{\infty}\frac{F(\eta)}{\eta}\mathrm{d}\eta\quad \alpha<|z|<\beta \tag{7.33}$$

证明　由 Z 变换定义

$$F(z)=\sum_{k=-\infty}^{\infty}f(k)z^{-k}$$

由于上述级数在收敛域内绝对可和且一致收敛，故可逐项积分。将上式两端除以 z^{m+1} 并从 z 到 ∞ 进行积分得

$$\begin{aligned}\int_z^{\infty}\frac{F(\eta)}{\eta^{m+1}}\mathrm{d}\eta&=\sum_{k=-\infty}^{\infty}f(k)\int_z^{\infty}\eta^{-(-k+m+1)}\mathrm{d}\eta\\&=\sum_{k=-\infty}^{\infty}f(k)\left[\frac{\eta^{-(k+m)}}{-(k+m)}\right]\Bigg|_z^{\infty}\end{aligned}$$

由于 $k+m>0$，所以上式写为

$$\int_{z}^{\infty}\frac{F(\eta)}{\eta^{m+1}}\mathrm{d}\eta=\sum_{k=-\infty}^{\infty}\frac{f(k)}{k+m}z^{-k}\cdot z^{-m}=z^{-m}\mathscr{Z}\left[\frac{f(k)}{k+m}\right]$$

移项后得

$$\mathscr{Z}\left[\frac{f(k)}{k+m}\right]=z^{m}\int_{z}^{\infty}\frac{F(\eta)}{\eta^{m+1}}\mathrm{d}\eta\quad \alpha<|z|<\beta$$

例 7.9　求序列$\dfrac{1}{k+1}\varepsilon(k)$的 Z 变换。

解　由于

$$\varepsilon(k)\leftrightarrow\frac{z}{z-1}$$

故由 z 域积分性质(这里 $m=1$)得

$$\begin{aligned}\mathscr{Z}\left[\frac{1}{k+1}\varepsilon(k)\right]&=z\int_{z}^{\infty}\frac{\eta}{\eta-1}\cdot\eta^{-2}\mathrm{d}\eta\\&=z\int_{z}^{\infty}\frac{1}{\eta(\eta-1)}\mathrm{d}\eta=z\int_{z}^{\infty}\left(\frac{1}{\eta-1}-\frac{1}{\eta}\right)\mathrm{d}\eta\\&=z\cdot\ln\left(\frac{\eta-1}{\eta}\right)\Bigg|_{z}^{\infty}=z\ln\left(\frac{z}{z-1}\right)\quad |z|>1\end{aligned}$$

7.2.6　时域折叠性质

若

$$f(k)\leftrightarrow F(z)\quad \alpha<|z|<\beta$$

则

$$f(-k)\leftrightarrow F(z^{-1})\quad \frac{1}{\beta}<|z|<\frac{1}{\alpha}\tag{7.34}$$

证明　由 Z 变换定义

$$\mathscr{Z}[f(-k)]=\sum_{k=-\infty}^{\infty}f(-k)z^{-k}\xlongequal{令-k=n}\sum_{n=-\infty}^{\infty}f(n)z^{n}=\sum_{n=-\infty}^{\infty}f(n)(z^{-1})^{-n}=F(z^{-1})$$

由时域折叠性质得

$$\varepsilon(-k)\leftrightarrow\frac{1}{1-z}\quad |z|<1$$

例 7.10　已知 $a^{k}\varepsilon(k)\leftrightarrow\dfrac{z}{z-a}$，求序列 $a^{-k}\varepsilon(-k-1)$的 Z 变换。

解　由时域折叠性质得

$$a^{-k}\varepsilon(-k)\leftrightarrow\frac{z^{-1}}{z^{-1}-a}=\frac{1}{1-az}\quad |z|<\frac{1}{a}$$

对上式左移一个单位，可得

$$a^{-k-1}\varepsilon(-k-1)\leftrightarrow\frac{z}{1-az}$$

对上式两边同乘以 a，可得

$$a^{-k}\varepsilon(-k-1)\leftrightarrow\frac{az}{1-az}\quad |z|<\frac{1}{a}$$

7.2.7 初值定理

初值定理适用于因果序列,可用于由象函数直接求得序列的初值,而不必求原序列。若因果序列 $f(k)$ 的 Z 变换为 $\mathscr{Z}[f(k)\varepsilon(k)]=F(z)$,则 $f(k)$ 的初值为

$$f(0)=\lim_{z\to\infty}F(z) \tag{7.35}$$

证明　由于

$$F(z)=\sum_{k=0}^{\infty}f(k)z^{-k}=f(0)+f(1)z^{-1}+f(2)z^{-2}+\cdots$$

当 $z\to\infty$ 时,上式级数中除了第一项 $f(0)$ 外,其他各项都趋近于零,所以有

$$\lim_{z\to\infty}F(z)=\lim_{z\to\infty}\sum_{k=0}^{\infty}f(k)z^{-k}=f(0)$$

类似地,可以推导出:

$$f(1)=\lim_{z\to\infty}z[F(z)-f(0)] \tag{7.36}$$

$$f(2)=\lim_{z\to\infty}[z^2F(z)-z^2f(0)-zf(1)] \tag{7.37}$$

$$\vdots$$

$$f(m)=\lim_{z\to\infty}z^m\left[F(z)-\sum_{k=0}^{m-1}f(k)z^{-k}\right] \tag{7.38}$$

7.2.8 终值定理

终值定理适用于因果序列,用于由象函数直接求得序列的终值,而不必求原序列。

若因果序列 $f(k)$ 的 Z 变换为 $\mathscr{Z}[f(k)\varepsilon(k)]=F(z)$,如果 $k\to\infty$ 时,$f(k)$ 的终值存在并且有限,则 $f(k)$ 的终值为

$$f(\infty)=\lim_{z\to1}(z-1)F(z) \tag{7.39}$$

证明　由 Z 变换定义有

$$\mathscr{Z}[f(k+1)-f(k)]=\lim_{k\to\infty}\sum_{m=0}^{k}[f(m+1)-f(m)]z^{-m}$$

令 $z\to1$,上式可写为

$$\begin{aligned}\lim_{z\to1}\mathscr{Z}[f(k+1)-f(k)]&=\lim_{z\to1}\lim_{k\to\infty}\sum_{m=0}^{k}[f(m+1)-f(m)]z^{-m}\\&=\lim_{k\to\infty}\sum_{m=0}^{k}[f(m+1)-f(m)]\\&=\lim_{k\to\infty}\{[f(1)-f(0)]+[f(2)-f(1)]+[f(3)-f(2)]+\cdots+\\&\quad[f(k+1)-f(k)]\}\\&=\lim_{k\to\infty}[f(k+1)-f(0)]=f(\infty)-f(0)\end{aligned}$$

由移位性质得

$$\mathscr{Z}[f(k+1)-f(k)]=zF(z)-zf(0)-F(z)$$

$$=(z-1)F(z)-zf(0)$$

对上式取极限得

$$\lim_{z\to1}[(z-1)F(z)-zf(0)]=\lim_{z\to1}[(z-1)F(z)]-f(0)=f(\infty)-f(0)$$

所以$f(\infty)=\lim_{z\to1}(z-1)F(z)$成立。

从推导中可以看出,终值定理只有当$k\to\infty$时$f(k)$收敛的情况下才能应用,也就是说,要求$F(z)$的极点必须在单位圆之内,若在单位圆上,则只能位于$z=1$处,且为一阶极点。

例 7.11 已知某因果序列的Z变换为

$$F(z)=\frac{z}{z-a}\quad |z|>|a|$$

求$f(0)$、$f(1)$和$f(\infty)$。

解 由初值定理得

$$f(0)=\lim_{z\to\infty}\frac{z}{z-a}=1$$

$$f(1)=\lim_{z\to\infty}z\left[\frac{z}{z-a}-f(0)\right]=\lim_{z\to\infty}\frac{az}{z-a}=a$$

终值定理的应用条件是$f(k)$的终值必须存在,即$F(z)$的极点必须在单位圆之内,或是单位圆上$z=1$处的一阶极点,因此需要对a进行讨论。

1) 当$|a|<1$时,终值存在,且终值为$f(\infty)=\lim_{z\to1}(z-1)\frac{z}{z-a}=0$。

2) 当$a=1$时,终值存在,且终值为$f(\infty)=\lim_{z\to1}(z-1)\frac{z}{z-a}=1$。

3) 当a为其他值时,终值不存在。

实际上由$F(z)$不难求出$f(k)=a^k\varepsilon(k)$。显然,当$|a|>1$时,序列发散,终值不存在;当$a=-1$时,$f(k)=(-1)^k\varepsilon(k)$,终值不存在。因此这两种情况下,终值定理不成立,只有当$|a|<1$和$a=1$时,终值存在,且结果与上述相同。

7.2.9 时域卷积定理

若

$$f_1(k)\leftrightarrow F_1(z)\quad \alpha_1<|z|<\beta_1$$

$$f_2(k)\leftrightarrow F_2(z)\quad \alpha_2<|z|<\beta_2$$

则

$$f_1(k)*f_2(k)\leftrightarrow F_1(z)\cdot F_2(z)\tag{7.40}$$

一般情况下,收敛域为两个收敛域的公共部分,即$\max(\alpha_1,\alpha_2)<|z|<\min(\beta_1,\beta_2)$,若两个收敛域没有公共部分,则Z变换不存在。另外,有可能出现零、极点相互抵消的情况,此时收敛域可能扩大。

证明

$$\mathscr{Z}[f_1(k)*f_2(k)]=\sum_{k=-\infty}^{\infty}\left[\sum_{m=-\infty}^{\infty}f_1(m)f_2(k-m)\right]z^{-k}$$

交换求和次序得

$$\begin{aligned}\mathscr{Z}[f_1(k) * f_2(k)] &= \sum_{m=-\infty}^{\infty} f_1(m) \sum_{k=-\infty}^{\infty} f_2(k-m) z^{-(k-m)} \cdot z^{-m} \\ &= \sum_{m=-\infty}^{\infty} f_1(m) z^{-m} F_2(z) \\ &= F_1(z) F_2(z) \quad \max(\alpha_1, \alpha_2) < |z| < \min(\beta_1, \beta_2)\end{aligned}$$

时域卷积定理说明,时域中两序列的卷积和的 Z 变换等于原两个时域序列各自 Z 变换的乘积。同连续系统类似,若已知系统激励和单位序列响应,求系统零状态响应时,利用卷积定理可以避免卷积运算,简化求解过程。

例 7.12　若已知某离散时间系统的单位序列响应为 $h(k)=a^k\varepsilon(k)$,试求激励为 $f(k)=b^k\varepsilon(k)\,(0<a<b)$ 时系统的零状态响应 $y_{zs}(k)$。

解　由时域分析法可知,系统的零状态响应 $y_{zs}(k)$ 等于激励与单位序列响应的卷积和,即

$$y_{zs}(k)=f(k) * h(k)$$

由时域卷积定理,可得

$$Y_{zs}(z)=F(z) \cdot H(z)$$

式中

$$Y_{zs}(z)=\mathscr{Z}[y_{zs}(k)] \quad F(z)=\mathscr{Z}[f(k)] \quad H(z)=\mathscr{Z}[h(k)]$$

由表 7.1 可知

$$F(z)=\mathscr{Z}[b^k\varepsilon(k)]=\frac{z}{z-b} \quad |z|>b$$

$$H(z)=\mathscr{Z}[a^k\varepsilon(k)]=\frac{z}{z-a} \quad |z|>a$$

所以

$$Y_{zs}(z)=\frac{z^2}{(z-a)(z-b)} \quad |z|>b$$

将 $Y_{zs}(z)$ 展成部分分式,得

$$Y_{zs}(z)=\frac{1}{a-b}\left(\frac{az}{z-a}-\frac{bz}{z-b}\right)$$

由 Z 变换的基本变换对,可以得到

$$y_{zs}(k)=\frac{1}{a-b}(a^{k+1}-b^{k+1})\varepsilon(k)$$

例 7.13　若已知 $f(k) \leftrightarrow F(z)$,利用卷积定理求和序列 $\sum_{n=-\infty}^{k} f(n)$ 的 Z 变换。

解　由序列卷积和的定义可知,和序列 $\sum_{n=-\infty}^{k} f(n)$ 可看成是序列 $f(n)$ 与单位阶跃序列 $\varepsilon(k)$ 的卷积和,即

$$\sum_{n=-\infty}^{k} f(n)=f(k) * \varepsilon(k)$$

故由时域卷积定理可得

$$\mathscr{Z}\left[\sum_{n=-\infty}^{k} f(n)\right]=\mathscr{Z}[f(k)]\cdot\mathscr{Z}[\varepsilon(k)]=F(z)\cdot\frac{z}{z-1}=\frac{zF(z)}{z-1} \tag{7.41}$$

7.2.10　z 域卷积定理

若

$$f_1(k)\leftrightarrow F_1(z)\quad \alpha_1<|z|<\beta_1$$
$$f_2(k)\leftrightarrow F_2(z)\quad \alpha_1<|z|<\beta_2$$

则

$$f_1(k)\cdot f_2(k)\leftrightarrow\frac{1}{2\pi \mathrm{j}}\oint_{C_1}F_1(v)F_2\left(\frac{z}{v}\right)v^{-1}\mathrm{d}v \tag{7.42}$$

或

$$f_1(k)\cdot f_2(k)\leftrightarrow\frac{1}{2\pi \mathrm{j}}\oint_{C_2}F_1\left(\frac{z}{v}\right)F_2(v)v^{-1}\mathrm{d}v \tag{7.43}$$

式中，C_1、C_2分别为$F_1(v)$与$F_2\left(\frac{z}{v}\right)$或$F_1\left(\frac{z}{v}\right)$与$F_2(v)$收敛域内重叠部分逆时针旋转的围线。而两序列相乘后Z变换的收敛域一般为$F_1(v)$与$F_2\left(\frac{z}{v}\right)$或$F_1\left(\frac{z}{v}\right)$与$F_2(v)$的重叠部分，即$\alpha_1\alpha_2<|z|<\beta_1\beta_2$。证明从略。

表7.2列出了Z变换的一些主要性质(定理)，以便查阅。

表7.2　Z变换的主要性质(定理)

序　号	名　称	时　域	z 域	收 敛 域
1	线性	$af_1(k)+bf_2(k)$	$aF_1(z)+bF_2(z)$	$\max(\alpha_1,\alpha_2)<\vert z\vert<\min(\beta_1,\beta_2)$
2	移位性	$f(k\pm m)$	$z^{\pm m}F(z)$	$\alpha<\vert z\vert<\beta$
		$f(k+m)\varepsilon(k)$	$z^m\left[F(z)-\sum_{n=0}^{m-1}f(n)z^{-n}\right]$	$\vert z\vert>\alpha$
		$f(k-m)\varepsilon(k)$	$z^{-m}\left[F(z)+\sum_{n=-m}^{-1}f(n)z^{-n}\right]$	$\vert z\vert>\alpha$
3	尺度变换	$a^kf(k)$	$F\left(\frac{z}{a}\right)$	$\alpha\vert a\vert<\vert z\vert<\beta\vert a\vert$
4	z 域微分	$kf(k)$	$-z\frac{\mathrm{d}F(z)}{\mathrm{d}z}$	$\alpha<\vert z\vert<\beta$
5	z 域积分	$\frac{f(k)}{k+m}$	$z^m\int_z^{\infty}\frac{F(\eta)}{\eta^{m+1}}\mathrm{d}\eta$	$\alpha<\vert z\vert<\beta$
6	时域折叠	$f(-k)$	$F(z^{-1})$	$\frac{1}{\beta}<\vert z\vert<\frac{1}{\alpha}$
7	时域卷积	$f_1(k)*f_2(k)$	$F_1(z)\cdot F_2(z)$	$\max(\alpha_1,\alpha_2)<\vert z\vert<\min(\beta_1,\beta_2)$
8	z 域卷积	$f_1(k)\cdot f_2(k)$	$\frac{1}{2\pi \mathrm{j}}\oint_{C_2}F_1\left(\frac{z}{v}\right)F_2(v)v^{-1}\mathrm{d}v$	$\alpha_1\alpha_2<\vert z\vert<\beta_1\beta_2$

（续）

序号	名称	时域	z 域	收敛域
9	部分和	$\sum_{m=-\infty}^{k} f(m)$	$\frac{z}{z-1}F(z)$	$\max(\alpha,1)<\lvert z\rvert<\beta$
10	初值定理	因果序列	$f(0)=\lim_{Z\to\infty}F(z)$ $f(m)=\lim_{z\to\infty}z^m\left[F(z)-\sum_{k=0}^{m-1}f(k)z^{-k}\right]$	$\lvert z\rvert>\alpha$ $\lvert z\rvert>\alpha$
11	终值定理		$f(\infty)=\lim_{z\to 1}(z-1)F(z)$　$\lim_{k\to\infty}f(k)$收敛 $\lvert z\rvert>\alpha(0<\alpha<1)$	

注：α、β 为正实数，分别为收敛域的内、外半径。

7.3　Z 反变换

同连续时间系统一样，在离散时间系统分析中，常常要求从 z 域的象函数 $F(z)$ 求出时域的原序列 $f(k)$，这个过程就是 Z 反变换，也称 Z 逆变换。

若已知序列 $f(k)$ 的 Z 变换为 $\mathscr{Z}[f(k)]=F(z)$，则 $F(z)$ 的反变换记为

$$f(k)=\mathscr{Z}^{-1}[F(z)]$$

由于 Z 变换的定义中，$F(z)$ 为幂级数，因此，可以把 $F(z)$ 展开为幂级数，然后根据幂级数各项的系数求反变换 $f(k)$。若 $F(z)$ 为有理式，则可以把 $F(z)$ 展开成部分分式，结合常用 Z 变换对求反变换。除此之外，还可以根据复变函数理论，利用反演积分（留数法）来求解 Z 反变换。下面来具体讨论这三种 Z 反变换计算方法。

7.3.1　幂级数展开法

由于 $f(k)$ 的 Z 变换定义为 z^{-1} 的幂级数，即

$$F(z)=\sum_{k=-\infty}^{\infty}f(k)z^{-k}=\cdots+f(-1)z^{1}+f(0)z^{0}+f(1)z^{-1}+f(2)z^{-2}+\cdots$$

因此，只要在给定的收敛域内，把 $F(z)$ 展成幂级数，级数的系数就是原序列 $f(k)$。

一般情况下，$F(z)$ 是一个有理分式，分子分母都是 z 的多项式，因此，可以直接利用分子多项式除以分母多项式，得到幂级数展开式，从而得到 $f(k)$，因此这种方法也称为长除法。

在利用长除法做 Z 反变换时，同样要根据收敛域判断序列 $f(k)$ 的性质。如果 $F(z)$ 的收敛域为 $|z|>\alpha$，则 $f(k)$ 是因果序列，此时，将 $F(z)$ 的分子分母按照 z 的降幂（或 z^{-1} 的升幂）进行排列，再进行长除；如果 $F(z)$ 的收敛域为 $|z|<\beta$，则 $f(k)$ 为反因果序列，此时，将 $F(z)$ 的分子分母按照 z 的升幂（或 z^{-1} 的降幂）进行排列，再进行长除运算。

例 7.14　已知

$$F(z)=\frac{z^2+z}{(z-1)^2}$$

其收敛域为

（1）$|z|>1$

（2）$|z|<1$

试分别求其对应的原序列。

解　（1）收敛域 $|z|>1$，故 $f(k)$ 为因果序列，将 $F(z)$ 的分子分母按照 z 的降幂排列，即

$$F(z)=\frac{z^2+z}{z^2-2z+1}$$

进行长除，得

$$\begin{array}{r l}
 & 1+3z^{-1}+5z^{-2}+7z^{-3}+\cdots \\
z^2-2z+1 \big) & z^2+z \\
 & \underline{z^2-2z+1} \\
 & \quad 3z-1 \\
 & \quad \underline{3z-6+3z^{-1}} \\
 & \qquad 5-3z^{-1} \\
 & \qquad \underline{5-10z^{-1}+5z^{-2}} \\
 & \qquad\quad 7z^{-1}-5z^{-2} \\
 & \qquad\quad \vdots
\end{array}$$

所以

$$F(z)=1+3z^{-1}+5z^{-2}+7z^{-3}+\cdots=\sum_{k=0}^{\infty}(2k+1)z^{-k}$$

故原序列为

$$f(k)=(2k+1)\varepsilon(k)$$

（2）收敛域 $|z|<1$，故 $f(k)$ 为左边序列，将 $F(z)$ 的分子分母按照 z 的升幂排列，则

$$F(z)=\frac{z+z^2}{1-2z+z^2}$$

进行长除，得

$$\begin{array}{r l}
 & z+3z^2+5z^3+\cdots \\
1-2z+z^2 \big) & z+z^2 \\
 & \underline{1-2z^2+z^3} \\
 & \quad 3z^2-z^3 \\
 & \quad \underline{3z^2-6z^3+3z^4} \\
 & \qquad 5z^3-3z^4 \\
 & \qquad \underline{5z^3-10z^4+5z^2} \\
 & \qquad\quad 7z^4-5z^2 \\
 & \qquad\quad \vdots
\end{array}$$

所以

$$F(z)=z+3z^2+5z^3+\cdots=\sum_{k=-\infty}^{-1}-(2k+1)z^{-k}$$

故原序列为

$$f(k)=-(2k+1)\varepsilon(-k-1)$$

通常情况下，如果只要求序列 $f(k)$ 的前几个值，则用长除法比较方便。长除法的缺点在于不易求得 $f(k)$ 的闭合形式。

7.3.2 部分分式展开法

一般情况下，$F(z)$是 z 的有理分式，且可以表示成

$$F(z)=\frac{N(z)}{D(z)}=\frac{b_m z^m+b_{m-1}z^{m-1}+\cdots+b_1 z+b_0}{a_n z^n+a_{n-1}z^{n-1}+\cdots+a_1 z+a_0} \tag{7.44}$$

式中，$a_n, a_{n-1}, \cdots, a_1, a_0$和 $b_m, b_{m-1}, \cdots, b_1, b_0$均为实系数；$n$ 和 m 为正整数；$D(z)$为特征多项式，$D(z)=0$ 为特征方程，其根称为 $F(z)$的特征根，也称为 $F(z)$的极点。

当 $m \leqslant n$ 时，可以直接利用部分分式展开的方法求 Z 反变换。若 $m>n$，则 $F(z)$为假分式，在将 $F(z)$展开为部分分式之前，需要用多项式长除法将 $F(z)$分解为多项式和真分式之和，即

$$F(z)=\frac{N(z)}{D(z)}=B_0+B_1 z+\cdots+B_{m-n}z^{m-n}+\frac{Q(z)}{D(z)} \tag{7.45}$$

令 $B(z)=B_0+B_1 z+\cdots+B_{m-n}z^{m-n}$，它是 z 的有理多项式，其 Z 反变换为单位序列 $\delta(k)$及其移位，即

$$\mathscr{Z}^{-1}[B(z)]=B_0\delta(k)+B_1\delta(k+1)+\cdots+B_{m-n}\delta(k+m-n) \tag{7.46}$$

所以只要确定$\frac{Q(z)}{D(z)}$的反变换即可，而$\frac{Q(z)}{D(z)}$的反变换可以利用部分分式展开法得到。

下面来讨论当 $m \leqslant n$ 时，利用部分分式展开法求 Z 反变换的过程。

利用部分分式展开的方法求 Z 反变换与拉普拉斯反变换类似。但由于 Z 反变换的主要形式为$\frac{z}{z-z_i}$、$\frac{z}{(z-z_i)^2}$等，其分母上都有 z，为了保证 $F(z)$分解后能得到这样的标准形式，通常先将$\frac{F(z)}{z}$展开为部分分式之和，再乘以 z，然后根据 Z 变换的收敛域求得原序列 $f(k)$。

下面根据 $F(z)$极点的不同类型，将$\frac{F(z)}{z}$展开成下述三种情况。

1. $F(z)$的极点均为互不相同的单实极点

若 $F(z)$仅含有互不相同的单实极点 $z_1, z_2, \cdots, z_n$，且不等于 0，则$\frac{F(z)}{z}$可以展开为

$$\frac{F(z)}{z}=\frac{K_0}{z}+\frac{K_1}{z-z_1}+\cdots+\frac{K_n}{z-z_n}=\sum_{i=0}^{n}\frac{K_i}{z-z_i} \tag{7.47}$$

式中，$z_0=0$，K_i为待定系数，且其计算式为

$$K_i=(z-z_i)\frac{F(z)}{z}\bigg|_{z=z_i} \tag{7.48}$$

将求得的各系数代入式(7.47)，得

$$F(z)=K_0+\sum_{i=1}^{n}\frac{K_i z}{z-z_i}$$

根据给定的收敛域，由基本的 Z 变换对，对 $F(z)$进行反变换，即可得到 $f(k)$的表达式。

例 7.15　已知

$$F(z)=\frac{z^2}{(z-2)\left(z-\frac{1}{2}\right)}$$

收敛域分别为

（1） $|z|>2$

（2） $|z|<\frac{1}{2}$

（3） $\frac{1}{2}<|z|<2$

试求其对应的原序列 $f(k)$。

解　将 $F(z)$ 除以 z 得

$$\frac{F(z)}{z}=\frac{z^2}{z(z-2)\left(z-\frac{1}{2}\right)}=\frac{z}{(z-2)\left(z-\frac{1}{2}\right)}$$

上式展成部分分式之和

$$\frac{F(z)}{z}=\frac{K_1}{z-2}+\frac{K_2}{z-\frac{1}{2}}$$

$$K_1=(z-2)\frac{F(z)}{z}\bigg|_{z=2}=\frac{4}{3}$$

$$K_2=\left(z-\frac{1}{2}\right)\frac{F(z)}{z}\bigg|_{z=\frac{1}{2}}=-\frac{1}{3}$$

所以

$$F(z)=\frac{4}{3}\ \frac{z}{z-2}-\frac{1}{3}\ \frac{z}{z-\frac{1}{2}}$$

（1） 由于 $F(z)$ 的收敛域为 $|z|>2$，即半径为 2 的圆外，故 $f(k)$ 为因果序列，所以

$$f(k)=\left[\frac{4}{3}\cdot 2^k-\frac{1}{3}\left(\frac{1}{2}\right)^k\right]\varepsilon(k)$$

（2） 由于 $F(z)$ 的收敛域为 $|z|<1/2$，即半径为 1/2 的圆内，故 $f(k)$ 为反因果序列，所以

$$f(k)=\left[-\frac{4}{3}\cdot 2^k+\frac{1}{3}\left(\frac{1}{2}\right)^k\right]\varepsilon(-k-1)$$

（3） 由于 $F(z)$ 的收敛域为 $1/2<|z|<2$ 的圆环，故 $f(k)$ 为双边序列，由序列的展开式不难看出，第一项为反因果序列（$|z|<2$），第二项为因果序列（$|z|>1/2$），分别求其对应的 Z 反变换，得

$$f(k)=-\frac{4}{3}\cdot 2^k\varepsilon(-k-1)-\frac{1}{3}\left(\frac{1}{2}\right)^k\varepsilon(k)$$

2. $F(z)$ 的极点中含有共轭复数极点且无重极点

若 $F(z)$ 含有一对共轭单极点 $z_{1,2}=a\pm \mathrm{j}b=r\mathrm{e}^{\pm\mathrm{j}\beta}$，则 $\frac{F(z)}{z}$ 可以展开为

$$\frac{F(z)}{z}=\frac{K_0}{z}+\frac{K_1}{z-z_1}+\frac{K_2}{z-z_2}\tag{7.49}$$

式中，K_0、K_1、K_2 的计算式与式(7.48)相同。与拉普拉斯反变换相同，由于 z_1 与 z_2 为共轭复数，因而 K_1、K_2 互为共轭复数，因此，若设 $K_1=|K_1|\mathrm{e}^{\mathrm{j}\theta}$，则 $K_2=|K_1|\mathrm{e}^{-\mathrm{j}\theta}$，故 $F(z)$ 可写为

$$F(z)=K_0+\frac{|K_1|\mathrm{e}^{\mathrm{j}\theta}z}{z-r\mathrm{e}^{\mathrm{j}\beta}}+\frac{|K_1|\mathrm{e}^{-\mathrm{j}\theta}z}{z-r\mathrm{e}^{-\mathrm{j}\beta}}\tag{7.50}$$

设 $F_c(z)=\dfrac{|K_1|e^{j\theta}z}{z-re^{j\beta}}+\dfrac{|K_1|e^{-j\theta}z}{z-re^{-j\beta}}$，则当 $|z|>r$ 时，$F_c(z)$ 对应的时域序列为

$$
\begin{aligned}
F_c(k)&=\{|K_1|[e^{j\theta}(re^{j\beta})^k+e^{-j\theta}(re^{-j\beta})^k]\}\varepsilon(k)\\
&=\{|K_1|r^k[e^{j(\beta k+\theta)}+e^{-j(\beta k+\theta)}]\}\varepsilon(k)\\
&=2|K_1|r^k\cos(\beta k+\theta)\varepsilon(k)
\end{aligned}
\tag{7.51}
$$

同理可得，当 $|z|<r$ 时，$F_c(z)$ 对应的时域序列为

$$
f_c(k)=-2|K_1|r^k\cos(\beta k+\theta)\varepsilon(-k-1) \tag{7.52}
$$

例 7.16　已知

$$
F(z)=\frac{z^3+6}{(z+1)(z^2+4)}\quad |z|>2
$$

试求其对应的原序列 $f(k)$。

解　将 $F(z)$ 除以 z 得

$$
\frac{F(z)}{z}=\frac{z^3+6}{z(z+1)(z^2+4)}=\frac{z^3+6}{z(z+1)(z-j2)(z+j2)}
$$

上式展成部分分式之和，得

$$
\frac{F(z)}{z}=\frac{K_1}{z}+\frac{K_2}{z+1}+\frac{K_3}{z-j2}+\frac{K_4}{z+j2}
$$

$$
K_1=F(z)\big|_{z=0}=\frac{3}{2}
$$

$$
K_2=(z+1)\frac{F(z)}{z}\bigg|_{z=-1}=-1
$$

$$
K_3=(z-j2)\frac{F(z)}{z}\bigg|_{z=j2}=\frac{\sqrt{5}}{4}e^{j63.4^\circ}
$$

$$
K_4=(z+j2)\frac{F(z)}{z}\bigg|_{z=-j2}=\frac{\sqrt{5}}{4}e^{-j63.4^\circ}
$$

所以

$$
F(z)=\frac{3}{2}-\frac{z}{z+1}+\frac{\frac{\sqrt{5}}{4}e^{j63.4^\circ}\cdot z}{z-2e^{j90^\circ}}+\frac{\frac{\sqrt{5}}{4}e^{-j63.4^\circ}\cdot z}{z-2e^{-j90^\circ}}
$$

由于 $F(z)$ 的收敛域为 $|z|>2$，故 $f(k)$ 为因果序列，所以

$$
f(k)=\frac{3}{2}\delta(k)+\left[-(-1)^k+\frac{\sqrt{5}}{2}\cdot 2^k\cos\left(\frac{k\pi}{2}+63.4^\circ\right)\right]\varepsilon(k)
$$

3. $F(z)$ 的极点中含有重极点

设 $F(z)$ 在 $z=z_1$ 处有 r 阶重极点，其余为互不相同的单极点，则 $\dfrac{F(z)}{z}$ 可以展开为

$$
\frac{F(z)}{z}=\frac{K_0}{z}+\frac{K_{11}}{(z-z_1)^r}+\frac{K_{12}}{(z-z_1)^{r-1}}+\cdots+\frac{K_{1r}}{z-z_1}+\sum_{i=r+1}^{n}\frac{K_i}{z-z_i} \tag{7.53}
$$

式中，K_0、K_i 的计算同式(7.48)；K_{1j} 可以由下式计算得到

$$K_{1j}=\frac{1}{(j-1)!}\frac{\mathrm{d}^{j-1}}{\mathrm{d}z^{j-1}}\left[(z-z_1)^r\frac{F(z)}{z}\right]\bigg|_{z=z_1}\quad j=1,2,3,\cdots,r \tag{7.54}$$

将求出的系数代入式(7.53)，整理得

$$F(z)=K_0+\frac{zK_{11}}{(z-z_1)^r}+\frac{zK_{12}}{(z-z_1)^{r-1}}+\cdots+\frac{zK_{1r}}{z-z_1}+\sum_{i=r+1}^{n}\frac{zK_i}{z-z_i}$$

由表7.1可知，当序列为因果序列时

$$\mathscr{Z}^{-1}\left[\frac{z}{(z-z_1)^r}\right]=\frac{1}{(r-1)!}k(k-1)\cdots(k-r+2)z_1^{k-r+1}\varepsilon(k) \tag{7.55}$$

同样，可以根据表7.1得到其他部分分式的Z反变换序列。

例7.17　已知

$$F(z)=\frac{z^2+z}{(z-1)(z-2)^2}$$

收敛域为$|z|>2$，试求其对应的原序列$f(k)$。

解　将$F(z)$除以z得

$$\frac{F(z)}{z}=\frac{z+1}{(z-1)(z-2)^2}$$

将上式展成部分分式之和，得

$$\frac{F(z)}{z}=\frac{K_{11}}{(z-2)^2}+\frac{K_{12}}{z-2}+\frac{K_2}{z-1}$$

$$K_{11}=(z-2)^2\frac{F(z)}{z}\bigg|_{z=2}=3$$

$$K_{12}=\frac{\mathrm{d}}{\mathrm{d}z}\left[(z-2)^2\frac{F(z)}{z}\right]\bigg|_{z=2}=-2$$

$$K_2=(z-1)\frac{F(z)}{z}\bigg|_{z=1}=2$$

所以

$$F(z)=\frac{3z}{(z-2)^2}+\frac{-2z}{z-2}+\frac{2z}{z-1}$$

由于$F(z)$的收敛域为$|z|>2$，故$f(k)$为因果序列，因而

$$f(k)=\left(\frac{3}{2}k\cdot 2^k-2\cdot 2^k+2\right)\varepsilon(k)=\left[\left(\frac{3}{2}k-2\right)\cdot 2^k+2\right]\varepsilon(k)$$

7.3.3　围线积分法

若已知序列$f(k)$的Z变换为$F(z)$，由复变函数理论，原函数$f(k)$可由以下围线积分给出：

$$f(k)=\frac{1}{2\pi \mathrm{j}}\oint_C F(z)z^{k-1}\mathrm{d}z \tag{7.56}$$

其中，围线C是$F(z)$收敛域内环绕原点的一条逆时针方向的闭合单围线，如图7.3所示。

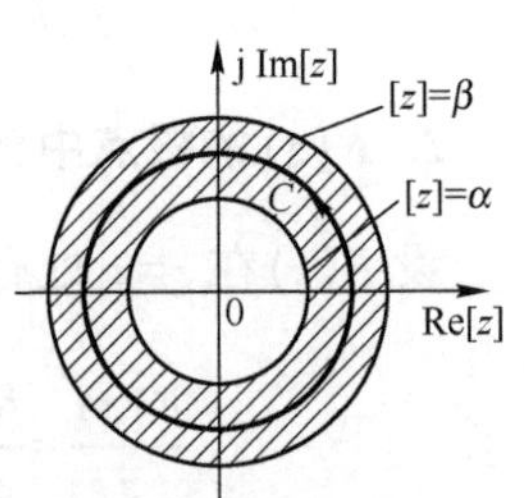

图7.3　围线积分路径

下面由Z变换的定义导出式(7.56)。

已知

$$F(z)=\sum_{k=-\infty}^{\infty}f(k)z^{-k}\quad \alpha<|z|<\beta$$

上式两端同乘 z^{m-1},并在收敛域内进行围线积分,得

$$\oint_C F(z)z^{m-1}=\oint_C\sum_{k=-\infty}^{\infty}f(k)z^{m-1-k}\mathrm{d}z \tag{7.57}$$

交换求和与积分的次序,得

$$\oint_C F(z)z^{m-1}=\sum_{k=-\infty}^{\infty}f(k)\oint_C z^{m-1-k}\mathrm{d}z \tag{7.58}$$

根据复变函数理论中的柯西定理知

$$\oint_C z^{m-1}\mathrm{d}z=\begin{cases}2\pi\mathrm{j} & m=0\\ 0 & m\neq 0\end{cases} \tag{7.59}$$

这样,式(7.58)中等号右边的围线积分只有当 $k=m$ 时值为 $2\pi\mathrm{j}$,而其余的 k 值均为零,故式(7.58)可写为

$$\oint_C F(z)z^{m-1}=2\pi\mathrm{j}f(m)$$

令 $k=m$,则上式可写为

$$f(k)=\frac{1}{2\pi\mathrm{j}}\oint_C F(z)z^{k-1}\mathrm{d}z$$

从而导出 Z 反变换定义式(7.56)。

为了叙述方便,可以将象函数 $F(z)$ 分为两个部分 $F_1(z)$、$F_2(z)$,则 $F(z)$ 可写为

$$F(z)=F_1(z)+F_2(z)\quad \alpha<|z|<\beta \tag{7.60}$$

其中,$F_1(z)$ 的收敛域为 $|z|>\alpha$,对应于因果序列 $f_1(k)$;$F_2(z)$ 的收敛域为 $|z|<\beta$,对应于反因果序列 $f_2(k)$。

对于 $F_1(z)$,其收敛域为 $|z|>\alpha$,它的极点在半径为 $|z|=\alpha$ 的圆上或圆内区域,即围线积分路径 C 的内部。根据复变函数中的留数定理,$f_1(k)$ 等于积分路径 C 内 $F(z)z^{k-1}$ 的极点留数之和,即

$$f(k)=\begin{cases}0 & k<0\\ \dfrac{1}{2\pi\mathrm{j}}\oint_C F(z)z^{k-1}\mathrm{d}z=\sum\limits_{C\text{内极点}}\mathrm{Res}[F(z)z^{k-1}] & k\geqslant 0\end{cases} \tag{7.61}$$

对于 $F_2(z)$,其收敛域为 $|z|<\beta$,它的极点在半径为 $|z|=\beta$ 的圆上或圆外区域,即围线积分路径 C 的外部。根据留数定理,$f_2(k)$ 等于积分路径 C 外部区域 $F(z)z^{k-1}$ 的极点留数之和并取负号,即

$$f(k)=\begin{cases}\dfrac{1}{2\pi\mathrm{j}}\oint_C F(z)z^{k-1}\mathrm{d}z=-\sum\limits_{C\text{外极点}}\mathrm{Res}[F(z)z^{k-1}] & k<0\\ 0 & k\geqslant 0\end{cases} \tag{7.62}$$

归纳上述结果得

$$f(k)=\begin{cases}-\sum\limits_{C\text{外极点}}\mathrm{Res}[F(z)z^{k-1}] & k<0\\ \sum\limits_{C\text{内极点}}\mathrm{Res}[F(z)z^{k-1}] & k\geqslant 0\end{cases} \tag{7.63}$$

$F(z)$为有理式时,$F(z)z^{k-1}$的极点留数计算方法如下:

如果$F(z)z^{k-1}$在$z=z_i$处有一阶极点,则其留数为

$$\text{Res}[F(z)z^{k-1}]\Big|_{z=z_i}=(z-z_i)F(z)z^{k-1}\Big|_{z=z_i} \tag{7.64}$$

如果$F(z)z^{k-1}$在$z=z_i$处有r阶极点,则其留数为

$$\text{Res}[F(z)z^{k-1}]\Big|_{z=z_i}=\frac{1}{(r-1)!}\frac{\mathrm{d}^{r-1}}{\mathrm{d}z^{r-1}}[(z-z_i)^rF(z)z^{k-1}]\Big|_{z=z_i} \tag{7.65}$$

例7.18　已知$F(z)$同例7.15,即

$$F(z)=\frac{z^2}{(z-2)\left(z-\frac{1}{2}\right)}$$

收敛域为$\frac{1}{2}<|z|<2$,用留数法求其对应的原序列$f(k)$。

解　由收敛域可知$F(z)$对应的原序列$f(k)$为双边序列,函数$F(z)z^{k-1}$为

$$F(z)z^{k-1}=\frac{z^{k+1}}{(z-2)\left(z-\frac{1}{2}\right)}$$

积分围线C如图7.4所示。

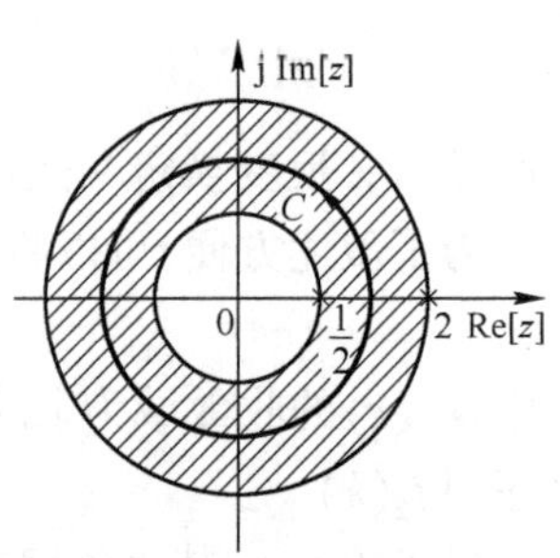

图7.4　例7.18中收敛域及闭合围线

当$k\geqslant 0$时,函数$\dfrac{z^{k+1}}{(z-2)\left(z-\frac{1}{2}\right)}$在围线$C$内部有$z_2=\frac{1}{2}$处的一个极点,由式(7.64)得

$$\begin{aligned}f(k)&=\sum_{C\text{内极点}}\text{Res}[F(z)z^{k-1}]=\text{Res}\left[\frac{z^{k+1}}{(z-2)\left(z-\frac{1}{2}\right)}\right]\Bigg|_{z=\frac{1}{2}}\\&=\left(z-\frac{1}{2}\right)\cdot\frac{z^{k+1}}{(z-2)\left(z-\frac{1}{2}\right)}\Bigg|_{z=\frac{1}{2}}\\&=-\frac{1}{3}\cdot\left(\frac{1}{2}\right)^k\varepsilon(k)\end{aligned}$$

当$k\leqslant -1$时,函数$\dfrac{z^{k+1}}{(z-2)\left(z-\frac{1}{2}\right)}$在围线$C$外部有$z_1=2$处的一阶极点,由式(7.64)得

$$\begin{aligned}f(k)&=-\sum_{C\text{外极点}}\text{Res}[F(z)z^{k-1}]=-\text{Res}\left[\frac{z^{k+1}}{(z-2)\left(z-\frac{1}{2}\right)}\right]\Bigg|_{z=2}\\&=-(z-2)\cdot\frac{z^{k+1}}{(z-2)\left(z-\frac{1}{2}\right)}\Bigg|_{z=2}\\&=-\frac{4}{3}\cdot 2^k\varepsilon(-k-1)\end{aligned}$$

综上可得

$$f(k)=-\frac{4}{3}\cdot 2^{k}\varepsilon(-k-1)-\frac{1}{3}\left(\frac{1}{2}\right)^{k}\varepsilon(k)$$

与例 7.15 所得结果相同。

7.4　Z 变换与拉普拉斯变换的关系

在 7.1 节中，给出了复变量 s 与 z 之间的关系为

$$z=\mathrm{e}^{sT_{\mathrm{s}}} \tag{7.66}$$

或

$$s=\frac{1}{T_{\mathrm{s}}}\ln z$$

式中，T_{s} 为取样周期。

如果将 s 表示为直角坐标的形式，z 表示为极坐标的形式，即

$$s=\sigma+\mathrm{j}\omega$$

$$z=r\mathrm{e}^{\mathrm{j}\theta}$$

将它们代入式(7.66)，可以得到

$$r\mathrm{e}^{\mathrm{j}\theta}=\mathrm{e}^{(\sigma+\mathrm{j}\omega)T_{\mathrm{s}}}=\mathrm{e}^{\sigma T_{\mathrm{s}}}\cdot\mathrm{e}^{\mathrm{j}\omega T_{\mathrm{s}}}$$

故有

$$\begin{cases}r=\mathrm{e}^{\sigma T_{\mathrm{s}}}\\ \theta=\omega T_{\mathrm{s}}=2\pi\dfrac{\omega}{\omega_{\mathrm{s}}}\end{cases} \tag{7.67}$$

由式(7.67)可以看出，s—z 平面有如下的映射关系：

1）s 平面的虚轴($\sigma=0, s=\mathrm{j}\omega$)映射到 z 平面的单位圆上($r=1$)。

2）s 平面的左半平面($\sigma<0$)映射到 z 平面的单位圆的内部($r<1$)，s 平面的右半平面($\sigma>0$)映射到 z 平面的单位圆的外部($r>1$)。

3）s 平面平行于虚轴(σ 为常数)的直线映射到 z 平面上圆心在原点、半径为 r 的圆上。

4）s 平面的实轴($\omega=0, s=\sigma$)映射到 z 平面的正实轴；平行于实轴的直线(ω 为常数)映射到 z 平面上始于原点的辐射线；通过 $\mathrm{j}\dfrac{k\omega_{\mathrm{s}}}{2}$($k=\pm1,\pm3,\cdots$)而平行于实轴的直线映射到 z 平面上的负实轴。

5）由于 $\mathrm{e}^{\mathrm{j}\theta}$ 是以 $\omega_{\mathrm{s}}=\dfrac{2\pi}{T_{\mathrm{s}}}$ 为周期的周期函数，因此 s 平面上沿虚轴移动对应于 z 平面上沿单位圆周期性地旋转，每平移 ω_{s}，沿单位圆转一圈。所以，s 平面到 z 平面的映射关系不是一一对应的，即 z 平面到 s 平面的映射是多值的。在 z 平面上的一点 $z=r\mathrm{e}^{\mathrm{j}\theta}$，映射到 s 平面将是无穷多点，即

$$s=\frac{1}{T_{\mathrm{s}}}\ln z=\frac{1}{T_{\mathrm{s}}}\ln r+\mathrm{j}\frac{\theta+2m\pi}{T_{\mathrm{s}}}\quad m=0,\pm1,\pm2,\cdots \tag{7.68}$$

s—z 平面的映射关系见表 7.3。

表 7.3　s—z 平面的映射关系

s 平面 $s=\sigma+\mathrm{j}\omega$		z 平面 $z=r\mathrm{e}^{\mathrm{j}\theta}$	
虚轴 $\begin{pmatrix}\sigma=0\\ s=\mathrm{j}\omega\end{pmatrix}$	jω 0 σ	j Im[z] 0 1 Re[z]	单位圆 $\begin{pmatrix}r=1\\ \theta\text{ 任意}\end{pmatrix}$
左半平面 ($\sigma<0$)	jω 0 σ	j Im[z] 0 1 Re[z]	单位圆内 $\begin{pmatrix}r<1\\ \theta\text{ 任意}\end{pmatrix}$
右半平面 ($\sigma>0$)	jω 0 σ	j Im[z] 0 1 Re[z]	单位圆外 $\begin{pmatrix}r>1\\ \theta\text{ 任意}\end{pmatrix}$
平行于虚轴的直线 (σ 为常数)	jω 0 σ	j Im[z] 0 Re[z]	圆 $\begin{pmatrix}\sigma>0, r>1\\ \sigma<0, r<1\end{pmatrix}$
实轴 $\begin{pmatrix}\omega=0\\ s=\sigma\end{pmatrix}$	jω 0 σ	j Im[z] 0 1 Re[z]	正实轴 $\begin{pmatrix}\theta=0\\ r\text{ 任意}\end{pmatrix}$
平行于实轴的直线 (ω 为常数)	jω $\mathrm{j}\omega_1$ 0 σ $-\mathrm{j}\omega_2$	j Im[z] $\omega_1 T$ 0 $\omega_2 T$ Re[z]	始于原点的辐射线 $\begin{pmatrix}\theta\text{ 为常数}\\ r\text{ 任意}\end{pmatrix}$
通过 $\mathrm{j}\dfrac{k\omega_s}{2}$ 平行于实轴的直线 ($k=\pm1,\pm3,\cdots$)	jω $\mathrm{j}\dfrac{\omega_s}{2}$ 0 σ $-\mathrm{j}\dfrac{\omega_s}{2}$	j Im[z] 0 Re[z]	负实轴 $\begin{pmatrix}\theta=\pi\\ r\text{ 任意}\end{pmatrix}$

7.5　差分方程的 Z 变换求解

Z 变换是求解线性差分方程的强有力的工具。通过利用 Z 变换的线性和移位性质，可以把描述系统的时域差分方程变换为 z 域的代数方程，简化求解过程；同时，单边 Z 变换将系统的初始状态自然地包含于象函数方程中。因此，既可分别求得零输入响应、零状态响应，也可以一举求得系统的全响应。

设线性时不变系统的激励为 $f(k)$，响应为 $y(k)$，则描述 n 阶离散时间系统的差分方程为

$$\sum_{i=0}^{n} a_{n-i}y(k-i)=\sum_{j=0}^{m} b_{m-j}f(k-j) \tag{7.69}$$

其中 a_{n-i}、b_{m-j} 为常数，且 $a_n=1$。

设系统激励 $f(k)$ 在 $k=0$ 时接入，系统的初始状态为 $y(-1),y(-2),\cdots,y(-k)$，对式(7.69)两边取单边 Z 变换，则由 Z 变换的移位性质可得

$$\sum_{i=0}^{n} a_{n-i}z^{-i}\left[Y(z)+\sum_{l=-i}^{-1} y(l)z^{-l}\right]=\sum_{j=0}^{m} b_{m-j}z^{-j}F(z)$$

式中，$F(z)=\mathscr{Z}[f(k)]$，$Y(z)=\mathscr{Z}[y(k)]$。将上式展开后得

$$\sum_{i=0}^{n} a_{n-i}z^{-i}Y(z)+\sum_{i=0}^{n} a_{n-i}z^{-i}\sum_{l=-i}^{-1} y(l)z^{-l}=\sum_{j=0}^{m} b_{m-j}z^{-j}F(z) \tag{7.70}$$

即

$$Y(z)=\frac{-\sum_{i=0}^{n} a_{n-i}z^{-i}\sum_{l=-i}^{-1} y(l)z^{-l}}{\sum_{i=0}^{n} a_{n-i}z^{-i}}+\frac{\sum_{j=0}^{m} b_{m-j}z^{-j}}{\sum_{i=0}^{n} a_{n-i}z^{-i}}F(z) \tag{7.71}$$

式中，$Y(z)$ 为系统全响应 $y(k)$ 的 z 域表示式。

由式(7.71)可知，第一项仅与系统的初始状态有关，而与激励信号无关，因此它是系统零输入响应 $y_{zi}(k)$ 的 Z 变换表示式，即

$$Y_{zi}(z)=\frac{-\sum_{i=0}^{n} a_{n-i}z^{-i}\sum_{l=-i}^{-1} y(l)z^{-l}}{\sum_{i=0}^{n} a_{n-i}z^{-i}} \tag{7.72}$$

式(7.71)的第二项仅与系统激励信号有关，而与系统的初始状态无关，因此它是系统零状态响应 $y_{zs}(k)$ 的 Z 变换表示式，即

$$Y_{zs}(z)=\frac{\sum_{j=0}^{m} b_{m-j}z^{-j}}{\sum_{i=0}^{n} a_{n-i}z^{-i}}F(z) \tag{7.73}$$

故式(7.71)可写为

$$Y(z)=Y_{zi}(z)+Y_{zs}(z)$$

分别对 $Y_{zi}(z)$、$Y_{zs}(z)$ 和 $Y(z)$ 取 Z 反变换，即可求得系统零输入响应、零状态响应和全响应的时域表达式

$$y_{zi}(k)=\mathscr{Z}^{-1}[Y_{zi}(z)]$$
$$y_{zs}(k)=\mathscr{Z}^{-1}[Y_{zs}(z)]$$
$$y(k)=\mathscr{Z}^{-1}[Y(z)]$$

例 7.19　已知某离散时间系统的差分方程为

$$y(k)-3y(k-1)+2y(k-2)=f(k)+2f(k-1)$$

初始状态为$y(-1)=1,y(-2)=2$,系统激励为$f(k)=(3)^k\varepsilon(k)$,求系统的零输入响应、零状态响应和全响应。

解　对差分方程两边取Z变换得

$$\begin{aligned}&Y(z)-3[z^{-1}Y(z)+y(-1)]+2[z^{-2}Y(z)+y(-2)+z^{-1}y(-1)]\\&=(1+2z^{-1})F(z)\end{aligned}$$

即

$$(1-3z^{-1}+2z^{-2})Y(z)-(3-2z^{-1})y(-1)+2y(-2)=(1+2z^{-1})F(z)$$

所以

$$Y(z)=\frac{(3-2z^{-1})y(-1)-2y(-2)}{1-3z^{-1}+2z^{-2}}+\frac{1+2z^{-1}}{1-3z^{-1}+2z^{-2}}F(z)$$

式中,第一项为零输入响应的z域表示式,第二项为零状态响应的z域表示式,将初始状态及激励的Z变换$F(z)=\dfrac{z}{z-3}$代入,得零输入响应、零状态响应的z域表示式分别为

$$Y_{zi}(z)=\frac{-1-2z^{-1}}{1-3z^{-1}+2z^{-2}}=-\frac{z^2+2z}{z^2-3z+2}$$

$$Y_{zs}(z)=\frac{1+2z^{-1}}{1-3z^{-1}+2z^{-2}}\cdot\frac{z}{z-3}=\frac{z^2+2z}{z^2-3z+2}\cdot\frac{z}{z-3}$$

将$Y_{zi}(z)$、$Y_{zs}(z)$展开成部分分式之和,得

$$\frac{Y_{zi}(z)}{z}=-\frac{z+2}{z^2-3z+2}=\frac{3}{z-1}+\frac{-4}{z-2}$$

$$\frac{Y_{zs}(z)}{z}=\frac{z^2+2z}{z^2-3z+2}\cdot\frac{1}{z-3}=\frac{\frac{3}{2}}{z-1}+\frac{-8}{z-2}+\frac{\frac{15}{2}}{z-3}$$

即

$$Y_{zi}(z)=\frac{3z}{z-1}+\frac{-4z}{z-2}$$

$$Y_{zs}(z)=\frac{\frac{3}{2}z}{z-1}+\frac{-8z}{z-2}+\frac{\frac{15}{2}z}{z-3}$$

对上两式分别取Z反变换,得零输入响应、零状态响应分别为

$$y_{zi}(k)=[3-4(2)^k]\varepsilon(k)$$

$$y_{zs}(k)=\left[\frac{3}{2}-8(2)^k+\frac{15}{2}(3)^k\right]\varepsilon(k)$$

故系统全响应为

$$y(k)=y_{zi}(k)+y_{zs}(k)$$

$$=[3-4(2)^k]\varepsilon(k)+\left[\frac{3}{2}-8(2)^k+\frac{15}{2}(3)^k\right]\varepsilon(k)$$

$$=\left[\frac{9}{2}-12(2)^k+\frac{15}{2}(3)^k\right]\varepsilon(k)$$

例 7.20　已知某离散时间系统的差分方程为

$$y(k+2)+y(k+1)-2y(k)=2f(k+2)+f(k+1)$$

初始状态为 $y(-1)=1,y(-2)=0$,系统激励为 $f(k)=\varepsilon(k)$,求系统的全响应。

解　系统由前向差分方程构成,若直接求取 Z 变换,则需要知道 $y[0]$、$y[1]$ 的值,为了计算方便,先将前向差分方程转换为后向差分方程。

将前向差分方程中的 k 用 $k-2$ 替代,则转换为后向差分方程,即

$$y(k)+y(k-1)-2y(k-2)=2f(k)+f(k-1)$$

对上式两边取 Z 变换得

$$Y(z)+[z^{-1}Y(z)+y(-1)]-2[z^{-2}Y(z)+y(-2)+z^{-1}y(-1)]$$
$$=(2+z^{-1})F(z)$$

即

$$(1+z^{-1}-2z^{-2})Y(z)+(1-2z^{-1})y(-1)-2y(-2)=(2+z^{-1})F(z)$$

所以

$$Y(z)=-\frac{(1-2z^{-1})y(-1)-2y(-2)}{1+z^{-1}-2z^{-2}}+\frac{2+z^{-1}}{1+z^{-1}-2z^{-2}}F(z)$$

将初始状态及激励的 Z 变换 $F(z)=\dfrac{z}{z-1}$ 代入,得系统全响应的 z 域形式为

$$Y(z)=-\frac{1-2z^{-1}}{1+z^{-1}-2z^{-2}}+\frac{2+z^{-1}}{1+z^{-1}-2z^{-2}}\cdot\frac{z}{z-1}$$

$$=-\frac{z^2-2z}{z^2+z-2}+\frac{2z^2+z}{z^2+z-2}\cdot\frac{z}{z-1}$$

将 $Y(z)$ 展开成部分分式之和得

$$\frac{Y(z)}{z}=-\frac{z-2}{z^2+z-2}+\frac{2z^2+z}{z^2+z-2}\cdot\frac{1}{z-1}$$

$$=\frac{\frac{1}{3}}{z-1}+\frac{-\frac{4}{3}}{z+2}+\frac{1}{(z-1)^2}+\frac{\frac{4}{3}}{z-1}+\frac{\frac{2}{3}}{z+2}$$

$$=\frac{\frac{5}{3}}{z-1}+\frac{1}{(z-1)^2}+\frac{-\frac{2}{3}}{z+2}$$

即

$$Y(z)=\frac{\frac{5}{3}z}{z-1}+\frac{z}{(z-1)^2}+\frac{-\frac{2}{3}z}{z+2}$$

对上式取 Z 反变换,得系统全响应为

$$y(k)=\left[\frac{5}{3}+k-\frac{2}{3}(-2)^{k}\right]\varepsilon(k)$$

7.6　系统函数与系统特性

离散时间系统的系统函数 $H(z)$ 是离散系统分析的重要参数。同 $H(s)$ 类似，离散系统函数 $H(z)$ 与系统差分方程有着确定的对应关系，在给定激励的情况下，系统函数决定了系统的零状态响应。除此之外，通过分析系统函数零、极点的分布，还可以了解离散系统的时域响应、频域响应和系统的因果稳定性等诸多特性。

7.6.1　系统函数

如前所述，描述 n 阶离散系统的差分方程一般形式为

$$\sum_{i=0}^{n}a_{n-i}y(k-i)=\sum_{j=0}^{m}b_{m-j}f(k-j)$$

设激励 $f(k)$ 在 $k=0$ 时接入系统，且系统处于零状态，则响应 $y(k)$ 为零状态响应。对上式两边取 Z 变换，并令 $\mathscr{Z}[f(k)]=F(z)$，$\mathscr{Z}[y_{zs}(k)]=Y_{zs}(z)$，由 Z 变换移位性质得

$$\sum_{i=0}^{n}a_{n-i}z^{-i}Y_{zs}(z)=\sum_{j=0}^{m}b_{m-j}z^{-j}F(z)$$

于是有

$$Y_{zs}(z)=\frac{\sum_{j=0}^{m}b_{m-j}z^{-j}}{\sum_{i=0}^{n}a_{n-i}z^{-i}}F(z)=H(z)F(z) \tag{7.74}$$

式中

$$H(z)=\frac{Y_{zs}(z)}{F(z)}=\frac{\sum_{j=0}^{m}b_{m-j}z^{-j}}{\sum_{i=0}^{n}a_{n-i}z^{-i}} \tag{7.75}$$

$H(z)$ 称为离散时间系统的系统函数或传输函数，它定义为系统零状态响应的 Z 变换与激励的 Z 变换之比。由式(7.75)可见，系统函数 $H(z)$ 只与描述系统的差分方程的 a_{n-i}、b_{m-j} 有关，而与激励和系统的初始状态无关。这说明系统函数只与系统本身结构有关，反映了系统固有的特性。由系统差分方程也可以很容易地求出系统函数，反之亦然。

由第 6 章可知，系统的零状态响应等于激励与单位序列响应的卷积和，即

$$y_{zs}(k)=f(k)*h(k)$$

由时域卷积定理，得到

$$Y_{zs}(z)=F(z)\cdot\mathscr{Z}[h(k)]=F(z)\cdot H(z)$$

可以看出，系统函数 $H(z)$ 与单位序列响应 $h(k)$ 是一对 Z 变换。

若系统函数 $H(z)$ 和激励的 Z 变换 $F(z)$ 已知，则由式(7.74)得到系统零状态响应的 Z 变换 $Y_{zs}(z)$，对 $Y_{zs}(z)$ 求 Z 反变换可以得到系统的零状态响应 $y_{zs}(k)$。

例 7.21　已知某离散时间系统的差分方程为

$$y(k)-5y(k-1)+6(k-2)=f(k)-3f(k-2)$$

试求:(1) 该系统的系统函数 $H(z)$ 及单位序列响应 $h(k)$。

(2) 当激励为 $f(k)=\varepsilon(k)$ 时,系统的零状态响应 $y_{zs}(k)$。

解 (1) 由式(7.75),得

$$H(z)=\frac{Y_{zs}(z)}{F(z)}=\frac{1-3z^{-2}}{1-5z^{-1}+6z^{-2}}=\frac{z^2-3}{z^2-5z+6}$$

将上式进行部分分式展开,得

$$\frac{H(z)}{z}=\frac{z^2-3}{z(z-2)(z-3)}=\frac{-\frac{1}{2}}{z}+\frac{-\frac{1}{2}}{z-2}+\frac{2}{z-3}$$

即

$$H(z)=-\frac{1}{2}+\frac{-\frac{1}{2}z}{z-2}+\frac{2z}{z-3}$$

对 $H(z)$ 取 Z 反变换,得单位序列响应为

$$h(k)=-\frac{1}{2}\delta(k)-\frac{1}{2}(2)^k\varepsilon(k)+2(3)^k\varepsilon(k)$$

(2) 由式(7.74)得系统零状态响应为

$$Y_{zs}(z)=F(z)\cdot H(z)$$

将 $F(z)=\frac{z}{z-1}$ 代入上式得

$$Y_{zs}(z)=\frac{z}{z-1}\cdot\frac{z^2-3}{(z-2)(z-3)}$$

将 $\frac{Y_{zs}(z)}{z}$ 进行部分分式展开,得

$$\frac{Y_{zs}(z)}{z}=\frac{1}{z-1}\cdot\frac{z^2-3}{(z-2)(z-3)}=\frac{-1}{z-1}+\frac{-1}{z-2}+\frac{3}{z-3}$$

即

$$Y_{zs}(z)=\frac{-z}{z-1}+\frac{-z}{z-2}+\frac{3z}{z-3}$$

对 $Y_{zs}(z)$ 取 Z 反变换,得系统零状态响应为

$$y_{zs}(k)=[-1-(2)^k+3(3)^k]\varepsilon(k)$$

7.6.2 系统函数的零点与极点

一般来说,一个 n 阶的线性时不变离散系统的系统函数 $H(z)$ 是有理函数,可以表示为 z^{-1} 的有理分式(如式(7.75)),也可以表示为 z 的有理分式,即

$$H(z)=\frac{N(z)}{D(z)}=\frac{b_m z^m+b_{m-1}z^{m-1}+\cdots+b_1 z+b_0}{a_n z^n+a_{n-1}z^{n-1}+\cdots+a_1 z+a_0} \tag{7.76}$$

式中,$a_i(i=0,1,2,\cdots,n)$、$b_j(j=0,1,2,\cdots,m)$ 为实数。将 $N(z)$、$D(z)$ 进行因式分解,则 $H(z)$

可以表示为

$$H(z)=H_0\frac{(z-z_1)(z-z_2)\cdots(z-z_m)}{(z-p_1)(z-p_2)\cdots(z-p_n)}=H_0\frac{\prod_{j=1}^{m}(z-z_j)}{\prod_{i=1}^{n}(z-p_i)} \tag{7.77}$$

式中，$H_0=\frac{b_m}{a_n}$为常数；$z_j(j=1,2,\cdots,m)$是分子多项式$N(z)=0$的根，称为$H(z)$的零点；$p_i(i=1,2,\cdots,n)$是分母多项式$D(z)=0$的根，称为$H(z)$的极点。

零点z_j和极点p_i的值可以是实数、虚数或复数，由于差分方程的系数a_i、b_j均为实数，所以零、极点若为虚数或复数，则必须共轭成对出现。

$H(z)$的零、极点分布有以下几种情况：

1）一阶实零、极点，位于z平面的实轴上。

2）一阶共轭虚零、极点，位于虚轴上并对称于实轴。

3）一阶共轭复零、极点，对称于实轴。

4）二阶和二阶以上的实、虚、复零点和极点，它们具有和一阶极点相同的分布类型。

离散时间系统的系统函数$H(z)$也可以用零、极点分布图来表示，即将系统函数的零、极点绘在z平面上，零点用"○"表示，极点用"×"表示，若是n阶零点或极点，则在相应的零、极点旁标注(n)。例如某离散时间系统函数为

$$H(z)=\frac{z^2(z+1)}{(z+0.6)^2(z-0.4+0.8\text{j})(z-0.4-0.8\text{j})}$$

可以看出，$H(z)$的零点为$z_1=0$（二阶）、$z_2=-1$，极点为$p_{1,2}=-0.6$（二阶）、$p_{3,4}=0.4\pm0.8\text{j}$（共轭极点），对应的零、极点分布图如图7.5所示。

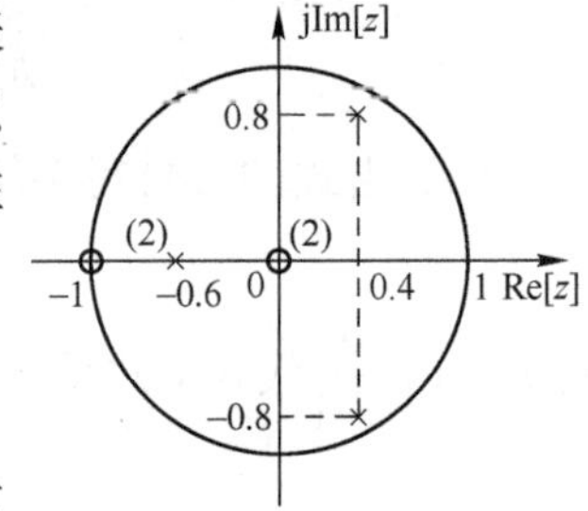

图7.5　零、极点分布图

7.6.3　系统函数的零、极点分布与时域响应特性的关系

同连续系统的系统函数类似，系统函数$H(z)$的极点的性质和分布决定了单位序列响应$h(k)$的形式，而$H(z)$的零点影响了$h(k)$的幅度和相位。同时，由于$D(z)=0$是系统的特征方程，因此，$H(z)$的极点也决定系统的自由响应的形式。下面主要来讨论$H(z)$的极点对$h(k)$的影响。

对于只具有一阶极点的系统函数，若$n>m$，将$H(z)$进行部分分式展开，得

$$H(z)=H_0\frac{\prod_{j=1}^{m}(1-z_jz^{-1})}{\prod_{i=1}^{n}(1-p_iz^{-1})}=\sum_{i=0}^{n}\frac{A_iz}{z-p_i} \tag{7.78}$$

式中，$p_0=0$。

对$H(z)$进行Z反变换，得单位序列响应$h(k)$为

$$\begin{aligned}h(k)&=\mathscr{Z}^{-1}[H(z)]=\mathscr{Z}^{-1}\left[A_0+\sum_{i=1}^{n}\frac{A_iz}{z-p_i}\right]\\&=A_0\delta(k)+\sum_{i=1}^{n}A_ip_i^k\varepsilon(k)\end{aligned} \tag{7.79}$$

这里,极点 p_i 可以是实数,也可以是成对的共轭复数。

由式(7.79)可见,$h(k)$ 的波形特性取决于 $H(z)$ 的极点分布,而其幅度值由 A_i 决定,A_i 取决于 $H(z)$ 的零点分布。也就是说,$H(z)$ 的极点决定了 $h(k)$ 的波形特征,而零点影响了 $h(k)$ 的幅度和相位。

离散时间系统的系统函数 $H(z)$ 的极点,按其在 z 平面的位置可以分为单位圆内、单位圆上和单位圆外三类。下面针对三种情况下的极点分布,分别讨论其对应的单位序列响应 $h(k)$ 的特性。

1. 极点在单位圆内

若单位圆内系统函数有一阶实极点 $p=a$, $|a|<1$,则 $H(z)$ 的分母多项式 $D(z)$ 中含有因子 $(z-a)$,对应的单位序列响应形式为 $Aa^k\varepsilon(k)$;若系统函数有一对共轭极点 $p_{1,2}=r\mathrm{e}^{\pm\mathrm{j}\beta}(|r|<1)$,则 $H(z)$ 的分母多项式中含有因子 $(z^2-2rz\cos\beta+r^2)$,其对应的单位序列响应的形式为 $Ar^k\cos(\beta k+\theta)\cdot\varepsilon(k)$,其中,$A$、$\theta$ 均为常数。由于 $|a|<1$, $|r|<1$,所以响应均按指数衰减,当 $k\to\infty$ 时趋于零。

若单位圆内系统函数有二阶实极点 $p=a$,则 $D(z)$ 中含有因子 $(z-a)^2$,对应的单位序列响应形式为 $Aka^{k-1}\varepsilon(k)$;若系统函数有二阶共轭极点 $p_{1,2}=r\mathrm{e}^{\pm\mathrm{j}\beta}(|r|<1)$,则 $H(z)$ 的分母多项式中含有因子 $(z-r\mathrm{e}^{\mathrm{j}\beta})^2(z-r\mathrm{e}^{-\mathrm{j}\beta})^2$,其对应的单位序列响应的形式为 $Akr^k\cos(\beta k+\theta)\varepsilon(k)$,同样,当 $k\to\infty$ 时 $h(k)$ 趋于零。

若单位圆内有 m 阶重极点时,其对应的单位序列响应 $h(k)$ 也随着 k 的增加而减小,当 $k\to\infty$ 时也趋近于零。

2. 极点在单位圆上

若单位圆上的一阶极点为 $p=1$、$p=-1$ 或 $p_{1,2}=\mathrm{e}^{\pm\mathrm{j}\beta}$,则 $H(z)$ 的分母多项式中含有因子 $(z-1)$、$(z+1)$ 或 $(z^2-2z\cos\beta+1)$,它们对应的时域序列分别为 $\varepsilon(k)$、$(-1)^k\varepsilon(k)$ 或 $A\cos(\beta k+\theta)\varepsilon(k)$,其幅度均不随 k 的变化而变化。

若 $H(z)$ 在单位圆上的极点为 m 重,则其对应的单位序列响应形式为 $A_ik^i\varepsilon(k)$ 或 $A_ik^i\cos(\beta k+\theta_i)\varepsilon(k)$ $(i=0,1,\cdots,m-1)$,它们都随着 k 的增大而增大。

3. 极点在单位圆外

若单位圆外的单极点为 $p=a(|a|>1)$ 或 $p_{1,2}=r\mathrm{e}^{\pm\mathrm{j}\beta}(|r|>1)$,则对应的单位序列响应的形式为 $Aa^k\varepsilon(k)$ 或 $Ar^k\cos(\beta k+\theta)\varepsilon(k)$,由于 $|a|>1$, $|r|>1$,所以响应都随着 k 的增大而增大;若单位圆外有 m 阶重阶点时,其对应的响应 $h(k)$ 也随着 k 的增大而增大。

图 7.6 给出了 $H(z)$ 的极点分布与 $h(k)$ 的关系。

综合以上讨论,可以得到如下结论:

1) 若 $H(z)$ 的极点位于 z 平面的单位圆内部,则其时域响应波形是衰减的指数序列或振荡序列,其对应的单位序列响应满足 $\lim\limits_{k\to\infty}h(k)=0$。

2) 若 $H(z)$ 的极点位于 z 平面的单位圆外,则其时域响应波形是单调增长序列或振荡增长序列,其对应的单位序列响应满足 $\lim\limits_{k\to\infty}h(k)=\infty$ 。

3) 若 $H(z)$ 的极点是位于 z 平面的单位圆上的一阶极点,则其时域响应波形是阶跃序列或等幅振荡序列。

4) 若 $H(z)$ 的极点是位于 z 平面的单位圆上的高阶极点,则其时域响应波形是单调增长序列或振荡增长序列。

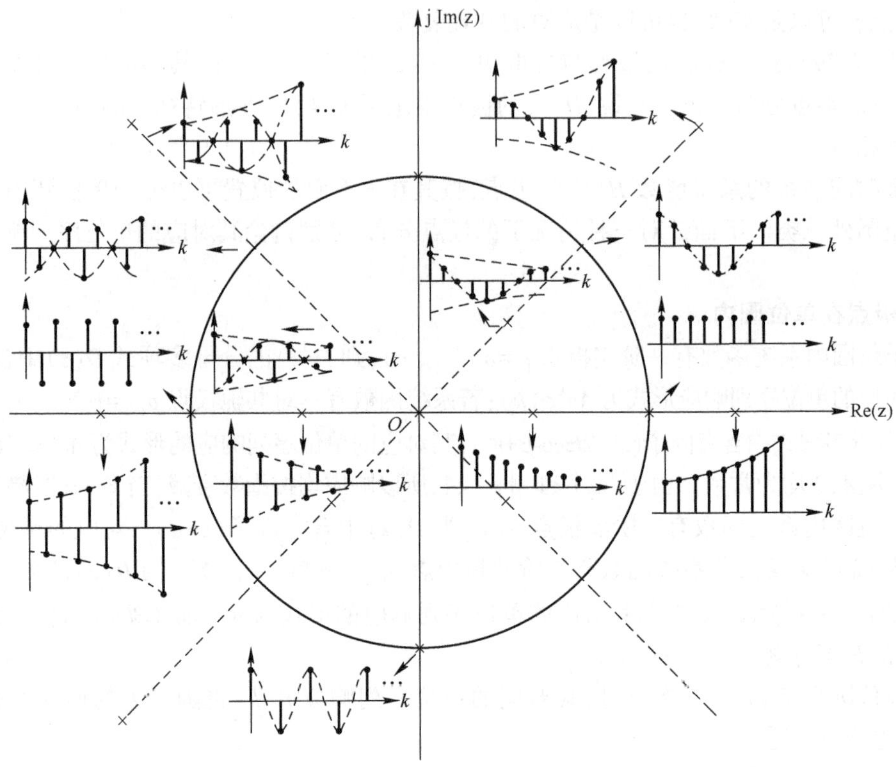

图 7.6　$H(z)$的极点分布与$h(k)$的关系

7.6.4　系统函数与系统的因果、稳定性的关系

6.4 节中已经从时域特性研究了离散时间系统的稳定性和因果性，并且给出了从单位序列响应$h(k)$判断系统是否因果稳定的充要条件，由于系统函数$H(z)$与单位序列响应$h(k)$是一对 Z 变换，因此也可以从系统函数的角度来考察系统的稳定特性和因果特性。

由 6.4 节可知，线性时不变离散时间系统稳定的充分必要条件是单位序列响应绝对可和，即

$$\sum_{k=-\infty}^{\infty} |h(k)| < \infty$$

由 Z 变换的定义和系统函数的定义，可知

$$H(z)=\sum_{k=-\infty}^{\infty} h(k) z^{-k}$$

当$|z|=1$（在z平面的单位圆上）时，对于稳定系统，有

$$H(z)\big|_{z=1} \leqslant \sum_{k=-\infty}^{\infty} |h(k)| \cdot z^{-k}\big|_{z=1} = \sum_{k=-\infty}^{\infty} |h(k)| < \infty$$

上式表明，稳定系统的收敛域应包含单位圆。这是z域系统稳定的充要条件。

下面从$H(z)$的极点分布情况来讨论系统的稳定性问题。

由上节内容可知，$h(k)$的变化规律完全取决于$H(z)$的极点分布，若系统函数$H(z)$的所有极点位于单位圆内部，则对应的响应将随着时间k的增加而逐渐衰减为零，$h(k)$绝对可和，此

时系统稳定;若 $H(z)$ 的所有极点是位于单位圆上的一阶极点,则对应的响应将随着时间 k 的增加而趋于一个非零常数或有界的等幅振荡,此时系统临界稳定;若 $H(z)$ 有极点位于单位圆外部,或在单位圆上有二阶或二阶以上的重极点,则其对应的响应将随着时间 k 的增加而无限制地增长,$h(k)$ 不满足绝对可和,因此系统不稳定。

综上所述,由系统函数 $H(z)$ 的极点分布可以给出系统稳定的如下结论:

1）稳定。若 $H(z)$ 的所有极点位于单位圆内部,则系统稳定。

2）临界稳定。若 $H(z)$ 的所有极点位于单位圆上的一阶极点,则系统为临界稳定。

3）不稳定。若 $H(z)$ 只要有一个极点位于单位圆外,或在单位圆上有二阶或二阶以上的重极点,则系统为不稳定。

需要说明的是,上述稳定的判断结论是对因果系统而言的,即 $h(k)$ 满足 $h(k)=0, k<0$,若系统为非因果系统,即便系统的极点都位于单位圆内部,也不是稳定系统。

若系统为一个因果系统,则单位序列响应为 $h(k)\varepsilon(k)$,由因果序列的收敛域可以知道,因果系统的收敛域为半径为 α 的圆外,且包含 ∞ 点,即 $\alpha<|z|\leqslant\infty$。

因此,可以得到系统因果稳定的充要条件为

$$\begin{cases}\alpha<|z|\leqslant\infty\\ \alpha<1\end{cases} \tag{7.80}$$

由于 $H(z)$ 的收敛域内不能含有极点,所以系统因果稳定的充要条件也可以表示为 $H(z)$ 的所有极点均位于 z 平面的单位圆以内。

例 7.22　求以下差分方程表示因果系统的系统函数,注明收敛域,并说明它是否稳定。

$$y(k)+0.2y(k-1)-0.24y(k-2)=f(k)-f(k-1)$$

解　对方程两边取 Z 变换,得

$$Y(z)+0.2Y(z)z^{-1}-0.24Y(z)z^{-2}=F(z)-F(z)z^{-1}$$

系统函数为

$$H(z)=\frac{Y(z)}{F(z)}=\frac{1-z^{-1}}{1+0.2z^{-1}-0.24z^{-2}}=\frac{z(z-1)}{(z-0.4)(z+0.6)}$$

其极点为 $p_1=0.4, p_2=-0.6$,由题意,系统为因果系统,故其收敛域为 $|z|>0.6$。由于两极点均在单位圆内部,所以系统为稳定系统。

例 7.23　若某线性时不变系统的系统函数为

$$H(z)=\frac{z(z-1)}{(z-0.5)(z-0.8)}$$

试根据 $H(z)$ 的收敛域判断系统的因果稳定性。

解　$H(z)$ 的两个极点 $z_1=0.5$、$z_2=0.8$ 均位于单位圆的内部,其收敛域有三种情况:

1）当收敛域为 $|z|<0.5$ 时,收敛域内不包含 ∞ 点和单位圆,所以系统非因果且不稳定。

2）当收敛域为 $0.5<|z|<0.8$ 时,收敛域内不包含 ∞ 点和单位圆,所以系统非因果且不稳定。

3）当收敛域为 $|z|>0.8$ 时,收敛域内包含 ∞ 点和单位圆,所以系统因果稳定。

由此例题可见,当系统为非因果系统时,$H(z)$ 的极点虽然位于单位圆的内部,但系统仍是不稳定系统。

7.7　离散时间系统的频率响应

与连续时间系统类似,在离散时间系统中经常需要对输入信号的频谱进行处理,因此,有必要研究系统的频率响应问题。在连续时间系统中,系统的频率响应是指系统对不同频率复指数信号或正弦信号激励下的稳态响应特性,用 $H(\mathrm{j}\omega)$ 表示。在离散时间系统中,系统的频率响应是指系统对复指数序列或正弦序列作用下的稳态特性,用 $H(\mathrm{e}^{\mathrm{j}\omega})$ 表示。下面给出离散时间系统的频率响应的定义及系统函数零、极点分布与系统频率响应的关系。

7.7.1　频率响应

设线性时不变系统的单位序列响应为 $h(k)$,则当激励是频率为 ω 的虚指数序列 $f(k)=\mathrm{e}^{\mathrm{j}\omega k}(-\infty<k<\infty)$ 时,其响应(零状态响应)为

$$y(k)=f(k)*h(k)=\sum_{n=-\infty}^{\infty}h(n)\mathrm{e}^{\mathrm{j}\omega(k-n)}=\mathrm{e}^{\mathrm{j}\omega k}\sum_{n=-\infty}^{\infty}h(n)\mathrm{e}^{-\mathrm{j}\omega n}$$

令 $H(\mathrm{e}^{\mathrm{j}\omega})=\sum\limits_{n=-\infty}^{\infty}h(n)\mathrm{e}^{-\mathrm{j}\omega n}$(离散系统的频率响应),则上式可写为

$$y(k)=\mathrm{e}^{\mathrm{j}\omega k}H(\mathrm{e}^{\mathrm{j}\omega}) \tag{7.81}$$

由于激励信号从 $k=-\infty$ 时接入系统,故系统的响应为全响应,而且为稳态响应。式(7.81)表明,离散系统对复指数序列的稳态响应仍然是同频率的复指数序列,但是被 $H(\mathrm{e}^{\mathrm{j}\omega})$ 在 ω 点处的值加权。$H(\mathrm{e}^{\mathrm{j}\omega})$ 是频率 ω 的连续函数,它反映了离散系统在复指数序列激励下的稳态响应随信号频率 ω 变化的情况,因此称为系统的频率响应。

通常 $H(\mathrm{e}^{\mathrm{j}\omega})$ 是复数,一般写成

$$H(\mathrm{e}^{\mathrm{j}\omega})=|H(\mathrm{e}^{\mathrm{j}\omega})|\mathrm{e}^{\mathrm{j}\varphi(\mathrm{j}\omega)} \tag{7.82}$$

式中,$|H(\mathrm{e}^{\mathrm{j}\omega})|$ 为系统的幅频响应;$\varphi(\mathrm{j}\omega)$ 为系统的相位响应。当 $h(k)$ 为实函数时,$|H(\mathrm{e}^{\mathrm{j}\omega})|$ 为 ω 的偶函数,$\varphi(\mathrm{j}\omega)$ 为 ω 的奇函数。由于 $\mathrm{e}^{\mathrm{j}\omega}$ 具有周期性,所以 $H(\mathrm{e}^{\mathrm{j}\omega})$ 也具有周期性,且周期为 2π,这是离散系统频率响应的一个重要特点。

利用欧拉公式和式(7.82)可以得到,当系统激励是频率为 ω_0 的正弦序列时,即

$$f(k)=A\cos(\omega_0k+\theta)\quad -\infty<k<\infty$$

系统的稳态响应为

$$y(k)=A|H(\mathrm{e}^{\mathrm{j}\omega_0})|\cos[\omega_0k+\theta+\varphi(\mathrm{j}\omega_0)] \tag{7.83}$$

式(7.83)表明,离散系统对正弦信号激励下的响应仍为同频率的正弦序列,但被频率响应函数 $H(\mathrm{e}^{\mathrm{j}\omega})$ 在 ω_0 点处加权,其幅度改变了 $|H(\mathrm{e}^{\mathrm{j}\omega_0})|$,而响应的相位为激励的相位与系统相位响应 $\varphi(\mathrm{j}\omega_0)$ 之和。

对于稳定系统,其频率响应 $H(\mathrm{e}^{\mathrm{j}\omega})$ 正是系统函数 $H(z)$ 在单位圆上的值,即

$$H(\mathrm{e}^{\mathrm{j}\omega})=H(z)\big|_{z=\mathrm{e}^{\mathrm{j}\omega}} \tag{7.84}$$

因此,只要把离散时间系统函数 $H(z)$ 中的复变量 z 换成 $\mathrm{e}^{\mathrm{j}\omega}$,即可得到离散时间系统函数的频率特性。

例 7.24　某离散时间系统的模拟框图如图 7.7 所示,试求:

(1) 系统频率响应 $H(\mathrm{e}^{\mathrm{j}\omega})$。

（2）激励为$f(k)=1+\cos\left(\frac{\pi}{3}k\right)+\sin(\pi k)$时，系统的稳态响应。

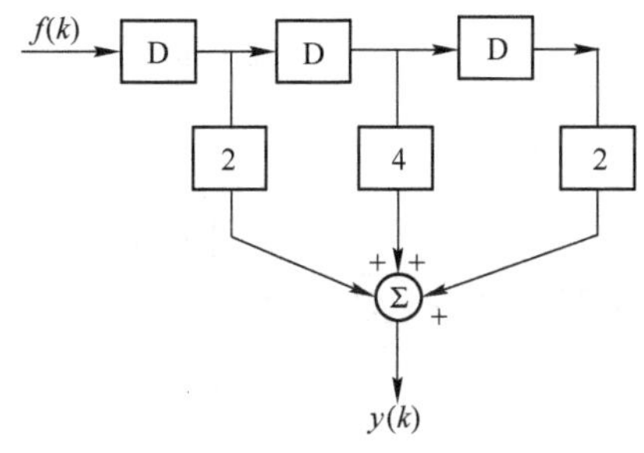

图 7.7　例 7.24 中的系统模拟框图

解　（1）由模拟框图得该离散系统的差分方程为

$$y(k)=2f(k-1)+4f(k-2)+2f(k-3)$$

系统函数为

$$H(z)=2z^{-1}+4z^{-2}+2z^{-3}$$

由式(7.84)可知系统的频率响应为

$$\begin{aligned}H(\mathrm{e}^{\mathrm{j}\omega})&=H(z)\big|_{z=\mathrm{e}^{\mathrm{j}\omega}}=2\mathrm{e}^{-\mathrm{j}\omega}+4\mathrm{e}^{-2\mathrm{j}\omega}+2\mathrm{e}^{-3\mathrm{j}\omega}\\&=2\mathrm{e}^{-2\mathrm{j}\omega}(\mathrm{e}^{\mathrm{j}\omega}+2+\mathrm{e}^{-\mathrm{j}\omega})\\&=4\mathrm{e}^{-2\mathrm{j}\omega}(1+\cos\omega)\end{aligned}\tag{7.85}$$

系统幅频响应为

$$|H(\mathrm{e}^{\mathrm{j}\omega})|=4(1+\cos\omega)$$

系统相频响应为

$$\varphi(\mathrm{j}\omega)=-2\omega$$

（2）当激励为$f(k)=1+\cos\left(\frac{\pi}{3}k\right)+\sin(\pi k)$时，激励中包含直流分量和频率分别为$\omega=\frac{\pi}{3}$和$\omega=\pi$的余弦分量。同连续系统一样，将直流分量看成是频率为$\omega=0$的虚指数信号，则由式(7.85)得

$$H(\mathrm{e}^{\mathrm{j}0})=8\quad H(\mathrm{e}^{\mathrm{j}\frac{\pi}{3}})=6\mathrm{e}^{-\mathrm{j}\frac{2}{3}\pi}\quad H(\mathrm{e}^{\mathrm{j}\pi})=0$$

所以，系统的稳态响应为

$$\begin{aligned}y(k)&=H(\mathrm{e}^{\mathrm{j}0})+|H(\mathrm{e}^{\mathrm{j}\frac{\pi}{3}})|\cos\left[\frac{\pi}{3}k+\varphi\left(\mathrm{j}\frac{\pi}{3}\right)\right]\\&=8+6\cos\left(\frac{\pi}{3}k-\frac{2}{3}\pi\right)\end{aligned}$$

可见，激励经过系统后，三次谐波被滤除。

7.7.2　系统函数零、极点分布与频率响应特性的关系

同连续系统的频率响应特性一样，也可以利用$H(z)$在z平面上的零、极点分布，通过几何方法直观地画出系统的频率响应特性。

若已知线性时不变系统的系统函数为

$$H(z)=H_0\frac{\prod_{j=1}^{m}(z-z_j)}{\prod_{i=1}^{n}(z-p_i)} \tag{7.86}$$

则系统的频率响应为

$$H(\mathrm{e}^{\mathrm{j}\omega})=H(z)\big|_{z=\mathrm{e}^{\mathrm{j}\omega}}=H_0\frac{\prod_{j=1}^{m}(\mathrm{e}^{\mathrm{j}\omega}-z_j)}{\prod_{i=1}^{n}(\mathrm{e}^{\mathrm{j}\omega}-p_i)} \tag{7.87}$$

令

$$\mathrm{e}^{\mathrm{j}\omega}-z_j=A_j\mathrm{e}^{\mathrm{j}\psi_j}$$
$$\mathrm{e}^{\mathrm{j}\omega}-p_i=B_i\mathrm{e}^{\mathrm{j}\theta_i}$$

显然，A_j、ψ_j分别表示z平面上由零点z_j指向单位圆上$\mathrm{e}^{\mathrm{j}\omega}$点的矢量$(\mathrm{e}^{\mathrm{j}\omega}-z_j)$的长度与夹角；$B_i$、$\theta_i$分别表示$z$平面上由极点$p_i$指向单位圆上$\mathrm{e}^{\mathrm{j}\omega}$点的矢量$(\mathrm{e}^{\mathrm{j}\omega}-p_i)$的长度与夹角，如图7.8所示。则系统函数可以写为

$$H(\mathrm{e}^{\mathrm{j}\omega})=H_0\frac{A_1A_2\cdots A_m\mathrm{e}^{\mathrm{j}(\psi_1+\psi_2+\cdots+\psi_m)}}{B_1B_2\cdots B_n\mathrm{e}^{\mathrm{j}(\theta_1+\theta_2+\cdots+\theta_n)}}$$
$$=H_0\frac{\prod_{j=1}^{m}A_j}{\prod_{i=1}^{n}B_i}\mathrm{e}^{\mathrm{j}\left[\sum_{j=1}^{m}\psi_j-\sum_{i=1}^{n}\theta_i\right]}$$

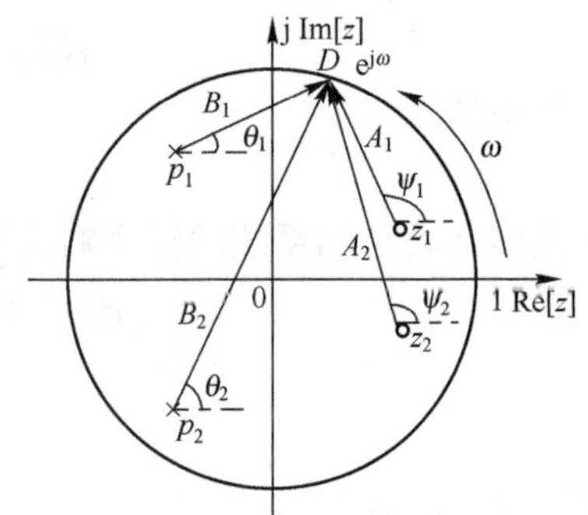

图7.8　频率响应的几何确定法

幅频响应为

$$|H(\mathrm{e}^{\mathrm{j}\omega})|=H_0\frac{\prod_{j=1}^{m}A_j}{\prod_{i=1}^{n}B_i} \tag{7.88}$$

相频响应为

$$\varphi(\omega)=\sum_{j=1}^{m}\psi_j-\sum_{i=1}^{n}\theta_i \tag{7.89}$$

以上分析表明，系统的幅频响应$|H(\mathrm{e}^{\mathrm{j}\omega})|$可以按式(7.88)得到，即系统函数的各零点到单位圆上$\mathrm{e}^{\mathrm{j}\omega}$点矢量长度的乘积除以各极点到单位圆上同一点矢量长度的乘积，再乘以常数H_0。相位响应$\varphi(\omega)$可以按式(7.89)得到，即系统函数各零点到单位圆上$\mathrm{e}^{\mathrm{j}\omega}$点矢量的相角之和减去各极点到单位圆上$\mathrm{e}^{\mathrm{j}\omega}$点矢量相角之和。

单位圆上的D点($\mathrm{e}^{\mathrm{j}\omega}$)不断移动，就可以得到全部的频率响应。由于离散系统的频率响应是周期的，因此只要D点转一周就可以了。不难看出，位于原点处的零、极点至单位圆的距离大小不变，其值为1，故不会影响幅频响应，只影响相频特性。此外，还可以看出，当$\mathrm{e}^{\mathrm{j}\omega}$点旋转到某一极点$p_i$附近时，相应的矢量长度$B_i$的长度变得最短，因而幅频特性在该点处出现峰值，若极点p_i越靠近单位圆，则B_i越短，该点处的幅频响应的峰值越尖锐；若极点p_i落在单位圆上，

则 $B_i=0$,系统幅频响应趋于无穷大。对零点来说其作用与极点正好相反。利用这种直观的几何方法,可以比较方便地由 $H(z)$ 的零、极点位置求出系统的频率响应特性,同时,通过适当地控制零、极点的分布,可以改变系统的频率响应特性,达到预期的要求。

例 7.25　某离散系统的差分方程为

$$y(k)=f(k)+ay(k-1)\qquad |a|<1, a \text{ 为实数}$$

求系统的频率响应,并做出系统的幅频响应和相频响应曲线。

解　对差分方程两边取 Z 变换,得系统函数为

$$H(z)=\frac{Y(z)}{F(z)}=\frac{1}{1-az^{-1}}=\frac{z}{z-a}\qquad |z|>|a|$$

系统频率响应为

$$H(\mathrm{e}^{\mathrm{j}\omega})=H(z)\big|_{z=\mathrm{e}^{\mathrm{j}\omega}}=\frac{1}{1-a\mathrm{e}^{\mathrm{j}\omega}}=\frac{1}{1-a\cos\omega+\mathrm{j}a\sin\omega}$$

幅频响应为

$$|H(\mathrm{e}^{\mathrm{j}\omega})|=\frac{1}{\sqrt{1+a^2-2a\cos\omega}}\tag{7.90}$$

相频响应为

$$\varphi(\omega)=-\arctan\left(\frac{a\sin\omega}{1-a\cos\omega}\right)\tag{7.91}$$

下面根据频率响应的几何方法绘出该系统的频率响应特性。

当 $0<a<1$ 时,系统函数零、极点分布如图 7.9a 所示。当 $\omega=0$ 时,$A=1$,$B=1-a$,系统幅频响应为 $|H(\mathrm{e}^{\mathrm{j}\omega})|=\dfrac{1}{1-a}$;当 ω 从 0 变化到 π 时,$A=1$ 保持不变,B 逐渐增长,所以曲线 $|H(\mathrm{e}^{\mathrm{j}\omega})|$ 衰减;当 $\omega=\pi$ 时,$A=1$,$B=1+a$,系统幅频响应为 $|H(\mathrm{e}^{\mathrm{j}\omega})|=\dfrac{1}{1+a}$;当 ω 从 π 变化到 2π 时,由于幅频响应以 2π 为周期偶对称,所以其曲线与零到 π 区间内相同。由此,可以粗略地画出系统的幅频响应特性,如图 7.9b 所示。

当 $\omega=0$ 时,$\psi=\theta=0$,由式(7.89)得系统相频响应为 $\varphi(\omega)=0$;当 ω 从零变化到 π 时,系统相位 $\varphi(\omega)$ 先逐渐负增长,然后又逐渐变化到零,当 $\omega=\pi$ 时,$\psi=\theta=\pi$,系统相频响应为 $\varphi(\omega)=0$;当 ω 从 π 变化到 2π 时,系统相频响应与零到 π 区间成奇对称。因此,可以粗略地画出系统的相频响应特性,如图 7.9c 所示。

由图 7.9 可以看出,此时系统呈低通特性。

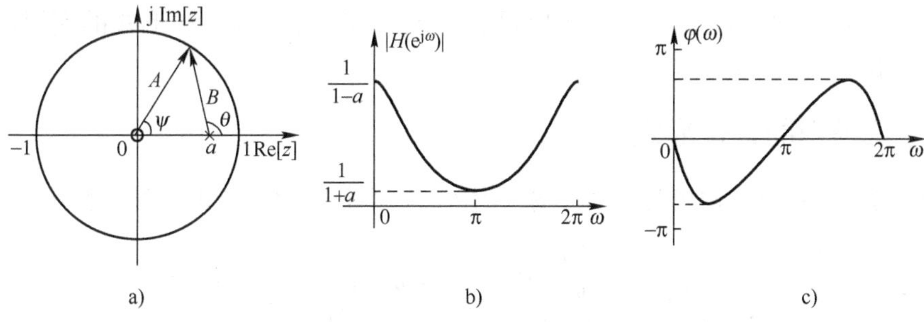

图 7.9　例 7.25 中当 $0<a<1$ 时系统的零、极点分布与频率响应图

同样,可以粗略地画出当$-1<a<0$时,系统的幅频响应和相频响应曲线如图7.10所示,此时系统呈高通特性。

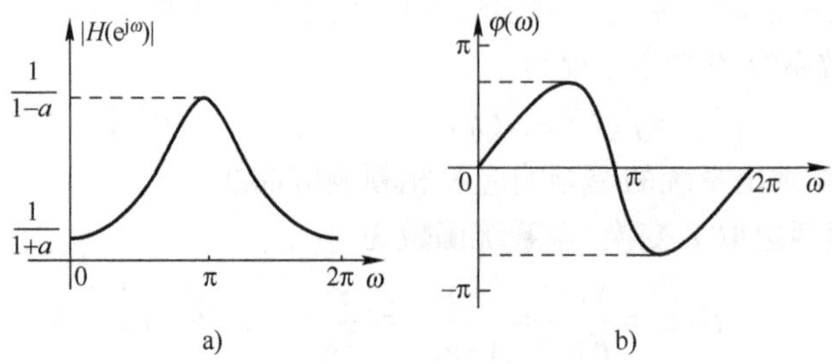

图7.10　例7.25中当$-1<a<0$时系统的频率响应图

7.8　离散时间系统的 z 域模拟

同连续时间系统的模拟类似,离散时间系统的模拟也是用一些基本运算单元模拟原系统,使其与原系统具有相同的数学模型,以便于利用计算机进行模拟实现,从而研究系统参数或输入信号对系统响应的影响,进而选择系统的参数、工作条件。

在本书6.2节中,已经讨论过离散时间系统的时域模拟框图,本节将在 z 域对系统的模拟进行讨论。

7.8.1　基本运算器

离散时间系统的模拟通常是由加法器、数乘器(放大器)和积分器组成,它们在 z 域的模型如图7.11所示。

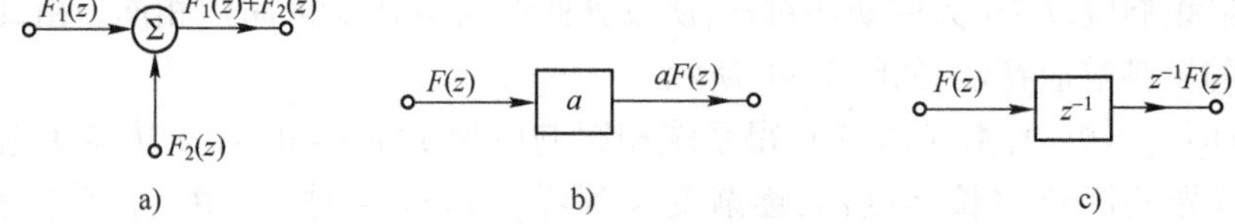

图7.11　离散系统模拟的基本运算单元

a) 加法器　b) 数乘器　c) 积分器

在连续系统中,介绍了对系统函数 $H(s)$ 的模拟,离散系统的模拟与连续系统类似,对同一个系统函数,采用不同的运算方法,也可以得到直接、级联、并联等多种形式的模拟形式,下面分别介绍这几种不同的模拟方法。

7.8.2　系统模拟的直接形式

设线性时不变系统的输出为 $Y(z)$,输入为 $F(z)$,则描述该系统的系统函数为

$$H(z)=\frac{Y(z)}{F(z)}=\frac{\sum_{j=0}^{m} b_{m-j}z^{-j}}{\sum_{i=0}^{n} a_{n-i}z^{-i}}=\frac{b_m+b_{m-1}z^{-1}+\cdots+b_0z^{-m}}{a_n+a_{n-1}z^{-1}+\cdots+a_0z^{-n}}$$

式中，$a_n=1$。通常，因果系统应满足 $m\leqslant n$，为了使分析更具普遍性，令 $m=n$，则系统函数可写为

$$H(z)=\frac{N(z)}{D(z)}=\frac{b_n+b_{n-1}z^{-1}+\cdots+b_0z^{-n}}{1+a_{n-1}z^{-1}+\cdots+a_0z^{-n}} \tag{7.92}$$

比较式(7.92)和式(5.109)可以看出，两系统函数的形式完全相同，只不过将 $H(s)$ 中的 s^{-1} 换为 z^{-1} 即可，因此完全可以按照 $H(s)$ 直接形式模拟类似的方法，得到 $H(z)$ 的直接形式模拟，如图 7.12 所示。

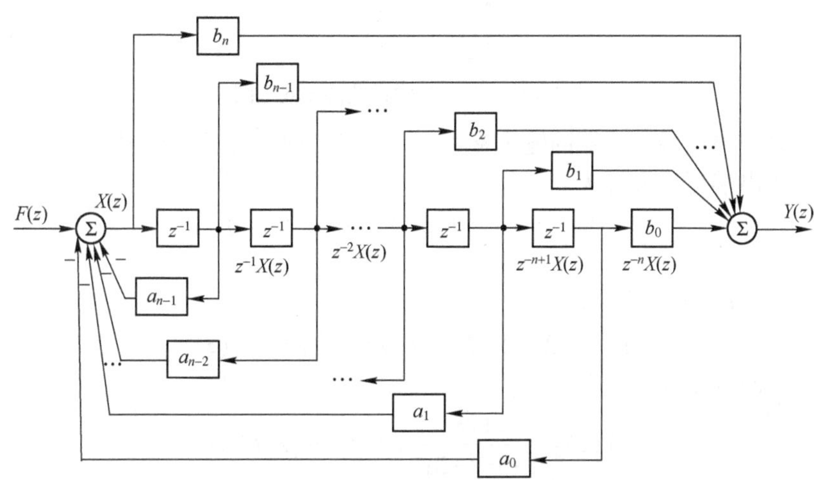

图 7.12　n 阶系统模拟的直接形式

例 7.26　已知某离散系统的系统函数为

$$H(z)=\frac{3z^3-3.5z^2+2.5z}{z^3-0.5z^2+1.5z-0.5}$$

试画出该系统在 z 域中的直接形式系统模拟图。

解　将系统函数改写为

$$H(z)=\frac{3-3.5z^{-1}+2.5z^{-2}}{1-0.5z^{-1}+1.5z^{-2}-0.5z^{-3}}$$

参考图 7.12 可得系统在 z 域的直接形式模拟图，如图 7.13 所示。

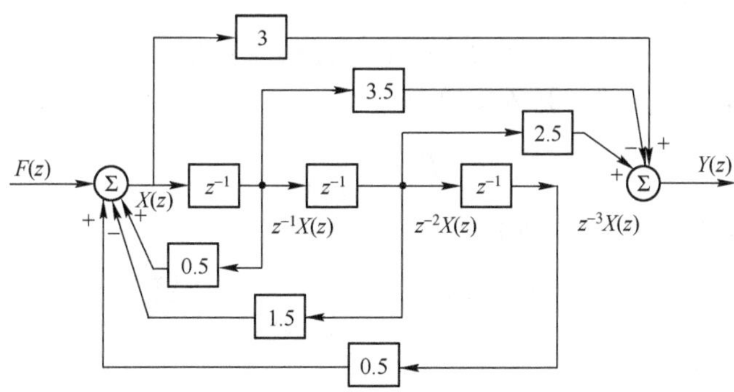

图 7.13　例 7.26 中系统的直接形式模拟图

例 7.27　已知某离散时间系统的 z 域框图如图 7.14 所示。

（1）试求系统函数 $H(z)$ 和单位序列响应 $h(k)$。

（2）写出系统的差分方程。

（3）当激励为 $f(k)=\varepsilon(k)$ 时，求系统的零状态响应。

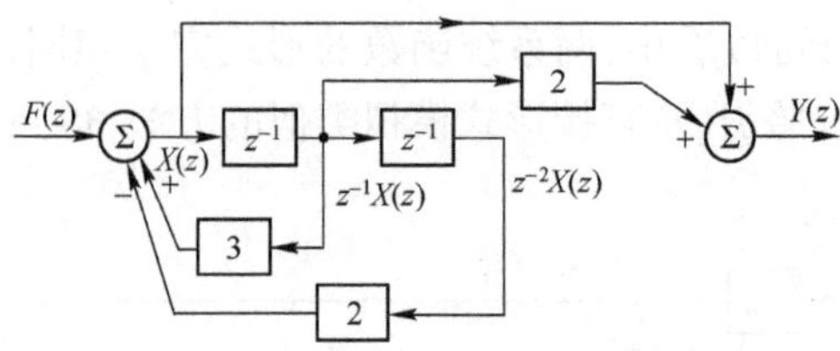

图 7.14　例 7.27 中系统的 z 域框图

解　（1）设图中左端加法器的输出端为 $X(z)$，各延时单元输出信号为 $z^{-1}X(z)$、$z^{-2}X(z)$。则左端加法器输出端可列方程为

$$X(z)=F(z)+3z^{-1}X(z)-2z^{-2}X(z)$$

即

$$F(z)=(1-3z^{-1}+2z^{-2})X(z)$$

由右端加法器的输出端可列方程为

$$Y(z)=X(z)+2z^{-1}X(z)=(1+2z^{-1})X(z)$$

以上两式消去中间变量 $X(z)$，得

$$Y(z)=\frac{1+2z^{-1}}{1-3z^{-1}+2z^{-2}}F(z)=H(z)F(z)$$

所以系统函数为

$$H(z)=\frac{1+2z^{-1}}{1-3z^{-1}+2z^{-2}}=\frac{z^2+2z}{z^2-3z+2}=\frac{-3z}{z-1}+\frac{4z}{z-2}$$

对 $H(z)$ 取 Z 反变换得系统冲激响应为

$$h(k)=(-3+4\cdot 2^k)\varepsilon(k)$$

（2）因为

$$H(z)=\frac{Y(z)}{F(z)}=\frac{1+2z^{-1}}{1-3z^{-1}+2z^{-2}}$$

所以有

$$(1-3z^{-1}+2z^{-2})Y(z)=(1+2z^{-1})F(z)$$

所以系统的差分方程为

$$y(k)-3y(k-1)+2y(k-2)=f(k)+2f(k-1)$$

（3）激励为 $f(k)=\varepsilon(k)$ 时，其 Z 变换为

$$F(z)=\frac{z}{z-1}$$

由系统函数定义，零状态响应的 Z 变换为

$$Y_{zs}(z)=H(z)F(z)=\frac{z^2+2z}{z^2-3z+2}\cdot\frac{z}{z-1}=\frac{z(z^2+2z)}{(z-1)^2(z-2)}$$

将上式进行部分分式展开，得

$$Y_{zs}(z)=\frac{-3z}{(z-1)^2}+\frac{-7z}{z-1}+\frac{8z}{z-2}$$

对 $Y_{zs}(z)$ 求 Z 反变换,得系统零状态响应为

$$y_{zs}(k)=(-3k-7+8\cdot 2^{k})\varepsilon(k)$$

7.8.3　系统模拟的组合形式

同连续时间系统类似,一个复杂的离散系统也可以分解为多个简单子系统组合连接而构成,常见的组合形式同样有级联、并联、混联及反馈形式。这些形式的模拟与连续系统的模拟类似,因此,这里仅对其作简要说明。

1. 级联(串联)形式

图 7.15 表示系统的级联形式,其实现方法是将 $H(z)$ 的 $N(z)$ 和 $D(z)$ 分解为一阶或二阶实系数因子形式,然后将它们分别组成一阶和二阶子系统,即

$$H(z)=H_1(z)H_2(z)\cdots H_n(z) \tag{7.93}$$

对每一个子系统按照图 7.12 所示规律,画出直接形式模拟图,最后将这些子系统级联,即可得到级联形式模拟图。

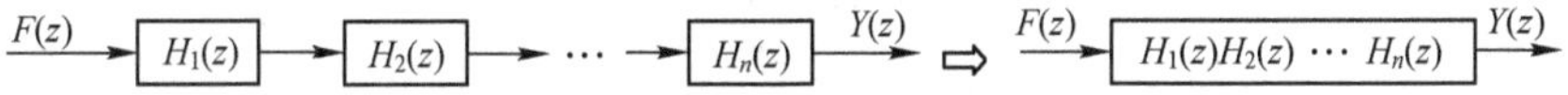

图 7.15　级联(串联)系统框图

2. 并联形式

图 7.16 表示系统的并联形式,其实现方法是将 $H(z)$ 展开为部分分式,形成一阶或二阶子系统的叠加形式,即

$$H(z)=H_1(z)+H_2(z)+\cdots+H_n(z) \tag{7.94}$$

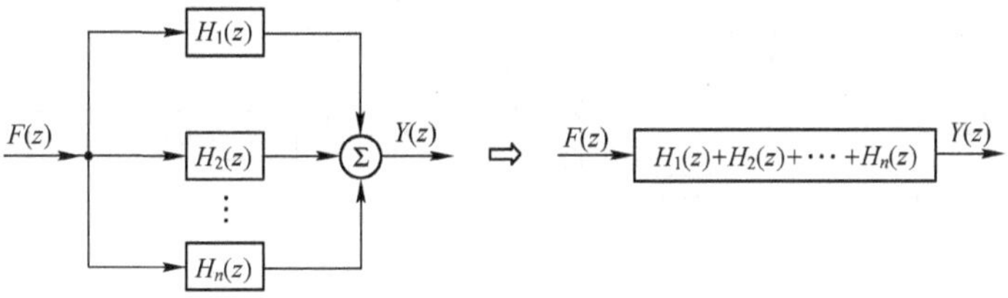

图 7.16　并联系统框图

对每一个子系统按照图 7.12 所示规律,画出直接形式模拟图,最后将这些子系统相加,即可得到并联形式模拟图。

例 7.28　已知某系统的系统函数为

$$H(z)=\frac{3-3.5z^{-1}+2.5z^{-2}}{(1-z^{-1}+z^{-2})(1-0.5z^{-1})}$$

试画出其级联形式、并联形式模拟图。

解　将 $H(z)$ 写为

$$H(z)=\frac{1}{1-0.5z^{-1}}\cdot\frac{3-3.5z^{-1}+2.5z^{-2}}{1-z^{-1}+z^{-2}}=\frac{1-z^{-1}}{1-z^{-1}+z^{-2}}+\frac{2}{1-0.5z^{-1}}$$

由上式可得系统的级联形式、并联形式的模拟图分别如图 7.17a、b 所示。

3. 混联形式

混联系统是由几个子系统的串联或并联混合连接而成,其系统函数要根据具体的系统而定。如图 7.18a 所示系统,其系统函数为

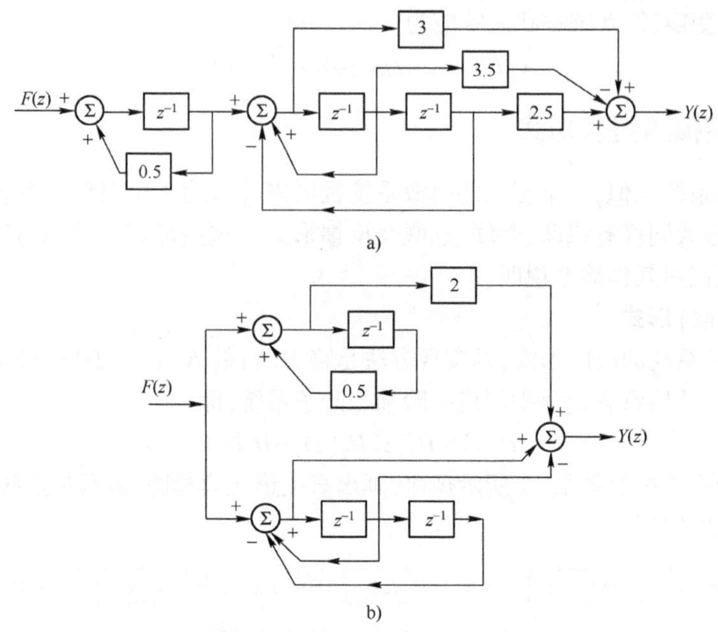

图 7.17 例 7.28 中系统的模拟图
a）级联形式模拟图 b）并联形式模拟图

$$H(z)=H_1(z)+H_2(z)H_3(z) \tag{7.95}$$

如图 7.18b 所示系统，其系统函数为

$$H(z)=[H_1(z)+H_2(z)]H_3(z) \tag{7.96}$$

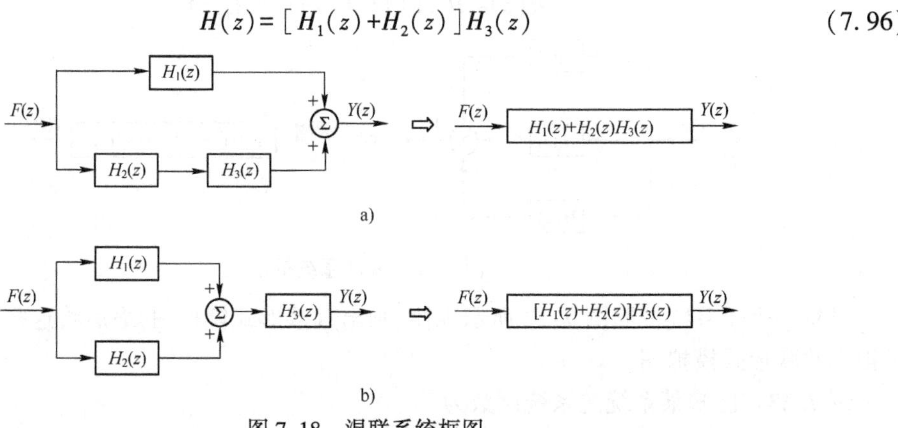

图 7.18 混联系统框图

当各子系统的系统函数已知时，对每一个子系统画出直接形式模拟图，再将这些子系统混联，即可得到总的系统模拟图。

4. 反馈形式

反馈形式如图 7.19 所示。其中，$H_1(z)$为正向通道的系统函数，$H_2(z)$为反馈通道的系统函数。子系统 $H_1(z)$的输出通过 $H_2(z)$反馈到输入端。

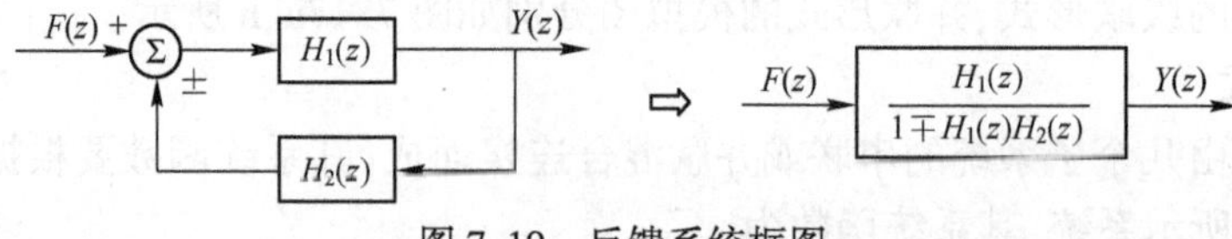

图 7.19 反馈系统框图

图 7.19 所示系统的系统函数为

$$H(z)=\frac{Y(z)}{F(z)}=\frac{H_1(z)}{1\mp H_1(z)H_2(z)} \tag{7.97}$$

例 7.29　图 7.20 所示离散时间系统,其中

$$H_1(z)=\frac{1}{z}\quad H_2(z)=\frac{1}{z+2}\quad H_3(z)=\frac{1}{z-1}$$

试求总系统的系统函数并写出系统的差分方程。

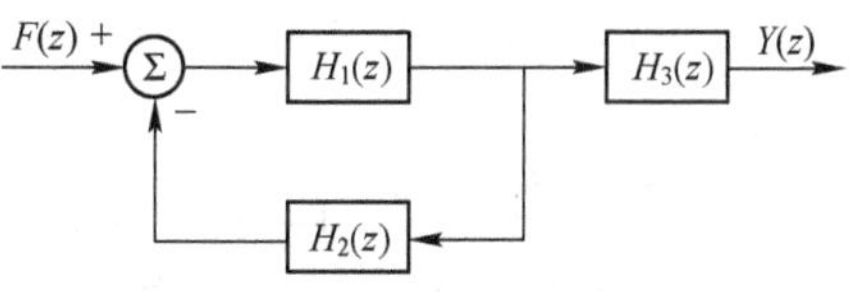

图 7.20　例 7.29 的系统框图

解　由图 7.20 可以看出,总的系统可以看成是子系统 $H_1(z)$、$H_2(z)$ 组成的负反馈系统与子系统$H_3(z)$的级联,因此总的系统函数为

$$H(z)=\frac{H_1(z)}{1+H_1(z)H_2(z)}\cdot H_3(z)=\frac{\frac{1}{z}}{1+\frac{1}{z}\;\frac{1}{z+2}}\cdot\frac{1}{z-1}$$

$$=\frac{z+2}{z^3+z^2-z-1}=\frac{z^{-2}+2z^{-3}}{1+z^{-1}-z^{-2}-z^{-3}}$$

由 $H(z)=\dfrac{z^{-2}+2z^{-3}}{1+z^{-1}-z^{-2}-z^{-3}}$,可得

$$(1+z^{-1}-z^{-2}-z^{-3})Y(z)=(z^{-2}+2z^{-3})F(z)$$

所以系统的差分方程为

$$y(k)+y(k-1)-y(k-2)-y(k-3)=f(k-2)+2f(k-3)$$

7.9　离散时间信号与系统 z 域分析的 MATLAB 实现

离散时间序列的 Z 变换和 Z 反变换可以用 MATLAB 的符号工具箱中的 ztrans 函数和 iztrans 函数分别完成。它们的用法类似于前面连续时间信号与系统分析中介绍过的傅里叶变换和拉普拉斯变换方法。下面举例说明。

例 7.30　求下列离散时间序列的 Z 变换。

(1) $f_1(k)=a^k\varepsilon(k)$

(2) $f_2(k)=a^k\sin\left(\dfrac{k\pi}{2}\right)\varepsilon(k)$

(3) $f_3(k)=\left[\left(\dfrac{1}{2}\right)^k+\left(-\dfrac{1}{3}\right)^k\right]\varepsilon(k)$

解　[MATLAB 程序]

```
fk1=str2sym('a^k');
fz1=ztrans(fk1); fz1=simplify(fz1)
fk2=str2sym('a^k * sin(k * pi/2)');
fz2=ztrans(fk2); fz2=simplify(fz2)
fk3=str2sym('(1/2)^k+(-1/3)^k');
fz3=ztrans(fk3); fz3=simplify(fz3)
```

[程序运行结果]

```
fz1 = -z/(-z+a)
fz2 = z * a/(z^2+a^2)
fz3 = z/(z - 1/2) + z/(z + 1/3)
```

例 7.31 求 $F(z)=\dfrac{1}{1-1.5z^{-1}+0.5z^{-2}}$的 Z 反变换。

解 用 MATLAB 求解 Z 反变换,可以用数值的方法和公式符号的方法,但它们都是求因果序列的单边 Z 变换。求解时需要将 $F(z)$ 表达式变换为 $F(z)=\dfrac{z^2}{z^2-\dfrac{3}{2}z+\dfrac{1}{2}}$的形式。

[MATLAB 程序]

```
Fz=str2sym('z^2/(z^2-3/2 * z+1/2)');                %定义 F(z)表达式
f=iztrans(Fz);f=simplify(f)                          %求 F(z)的 Z 反变换
```

[程序运行结果]

```
f=2-2^(-n)
```

例 7.32 已知离散 LTI 系统的激励信号为 $f(k)=(-1)^k\varepsilon(k)$,单位序列响应 $h(k)=\dfrac{1}{2}(-3)^k\,\varepsilon(k)$,采用 Z 变换分析方法求解系统的零状态响应 $y_{zs}(k)$。

解 [MATLAB 程序]

```
f=str2sym('(-1)^k');
Fz=ztrans(f);
h=str2sym('1/2 * (-3)^k');
Hz=ztrans(h);
Yzs=Fz * Hz;
y=iztrans(Yzs,'k')
```

[程序运行结果]

```
y = (3 * (-3)^k)/4 - (-1)^k/4
```

信号的 z 域表示式通常可用下面的有理多项式表示:

$$F(z)=\frac{b_0+b_1z^{-1}+b_2z^{-2}+b_3z^{-3}+\cdots+b_mz^{-m}}{a_0+a_1z^{-1}+a_2z^{-2}+a_3z^{-3}+\cdots+a_nz^{-n}}=\frac{\mathrm{num}(z)}{\mathrm{den}(z)}$$

为了能从系统的 z 域表达式方便地得到其时域表达式,可以将 $F(z)$ 展开成部分分式之和的形式,再对其进行 Z 反变换。与连续时间系统类似,可以借助于 residuez 函数将上式展开成部分分式的形式:

$$\frac{\mathrm{num}(z)}{\mathrm{den}(z)}=\frac{r(1)}{1-p(1)z^{-1}}+\cdots+\frac{r(n)}{1-p(n)z^{-1}}+k(1)+k(2)z^{-1}+\cdots+k(m-n+1)z^{-(m-n)}$$

例 7.33 试用 MATLAB 将 $F(z)=\dfrac{6}{8+2z^{-1}-4z^{-2}-z^{-3}}$进行部分分式展开。

解　[MATLAB 程序]

```
num=[6];den=[8,2,-4,-1];
sys=tf(num,den);
[r,p,k]=residuez(num,den)
```

[程序运行结果]

```
r=   0.2770
     0.5801
    -0.1071
p=   0.7071
    -0.7071
    -0.2500
k= []
```

由运行结果可以写出 $F(z)$ 的部分分式展开式为

$$F(z)=\frac{0.277}{1-0.7071z^{-1}}+\frac{0.5801}{1+0.7071z^{-1}}-\frac{0.1071}{1+0.25z^{-1}}$$

如果系统函数 $H(z)$ 的有理多项式表示形式为

$$H(z)=\frac{b(1)z^{m}+b(2)z^{m-1}+\cdots+b(m+1)}{a(1)z^{n}+a(2)z^{n-1}+\cdots+a(n+1)}$$

则系统函数的零点和极点可以通过 MATLAB 函数 roots 得到，也可以借助于 tf2zp 函数得到，tf2zp函数的调用形式为

```
[z,p,k]=tf2zp(b,a)
```

其中，b 和 a 分别为 $H(z)$ 分子多项式和分母多项式的系数向量。tf2zp 函数的作用是将系统函数的有理多项式表达式转换为零、极点表达式，即

$$H(z)=K\frac{(z-z(1))(z-z(2))\cdots(z-z(m))}{(z-p(1))(z-p(2))\cdots(z-p(n))}$$

例 7.34　已知离散时间因果系统的系统函数为

$$H(z)=\frac{z^{2}+2z+1}{z^{3}-0.5z^{2}-0.005z^{-1}+0.3}$$

试画出系统的零、极点分布图，求系统的单位序列响应和频率响应，并判断系统是否稳定。

解　根据已知系统函数 $H(z)$，用 zplane 函数可以画出系统的零、极点分布图，其调用方式为 zplane(b,a)。利用 impz 函数（或 dimpulse 函数）和 freqz 函数可以求系统的单位序列响应和频率响应，但需要将 $H(z)$ 改写为

$$H(z)=\frac{z^{-1}+2z^{-2}+z^{-3}}{1-0.5z^{-1}-0.005z^{-2}+0.3z^{-3}}$$

[MATLAB 程序]

```
b=[1 2 1];a=[1 -0.5 -0.005 0.3];
figure(1),zplane(b,a)
num=[0 1 2 1];den=[1 -0.5 -0.005 0.3];
```

```
h=impz(num,den);
figure(2),stem(h)
xlabel('k'),title('单位序列响应')
[H,w]=freqz(num,den);
figure(3),plot(w/pi,abs(H))
xlabel('\omega'),title('系统的幅度响应')
```

[程序运行结果]

运行程序得图7.21所示系统的零、极点分布图。图中,符号"○"表示零点,它旁边的数字表示零点的阶数;符号"×"表示极点;图中的虚线画的是单位圆。由系统的零、极点图可以看出,该因果系统的极点全在单位圆内,故系统是稳定的。

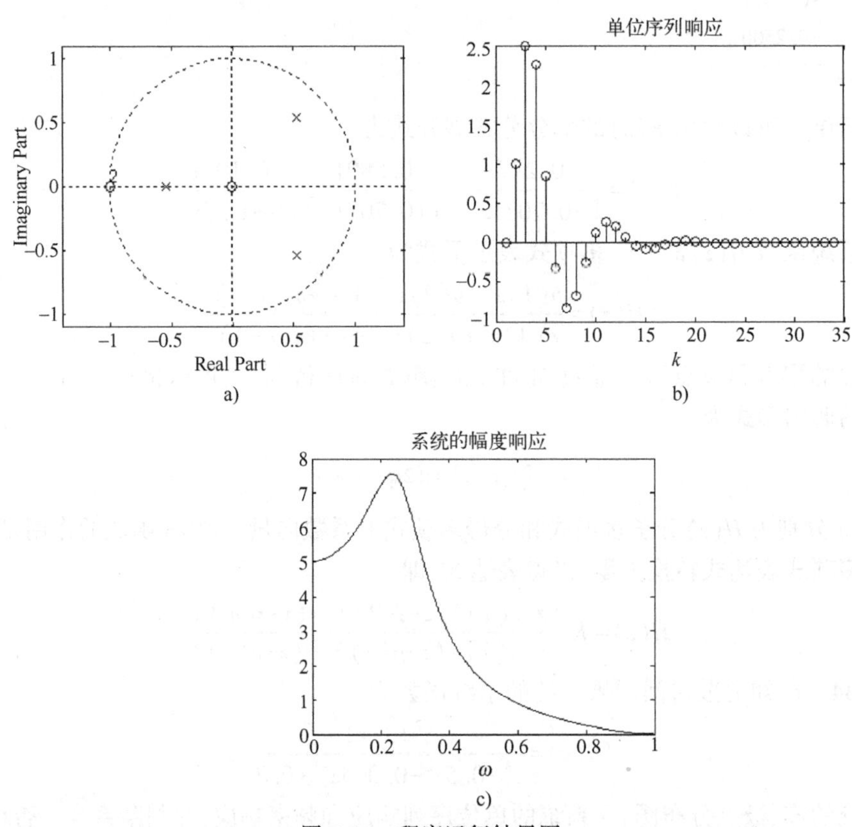

图7.21　程序运行结果图

a) 系统的零、极点分布图　b) 系统的单位序列响应　c) 系统的频率响应

习题7

1. 求下列序列的Z变换,并标明收敛域。

(1) $\left(\frac{1}{2}\right)^k\varepsilon(k)$　　(2) $\left(-\frac{1}{2}\right)^k\varepsilon(k)$

(3) $-\left(\frac{1}{2}\right)^k\varepsilon(-k-1)$　　(4) $\left(\frac{1}{2}\right)^{-k}\varepsilon(k)$

(5) $\left(\frac{1}{2}\right)^{k}\varepsilon(-k)$

(6) $\left(\frac{1}{2}\right)^{k}[\varepsilon(k)-\varepsilon(k-10)]$

(7) $\left(\frac{1}{2}\right)^{k}\varepsilon(k)+\left(\frac{1}{3}\right)^{-k}\varepsilon(k)$

(8) $\sin\left(\frac{k\pi}{2}+\frac{\pi}{4}\right)\varepsilon(k)$

2. 求下列双边序列的 Z 变换,并注明收敛域。

(1) $f(k)=\left(\frac{1}{2}\right)^{|k|}$

(2) $f(k)=\begin{cases}2^{k} & k<0\\ \left(\frac{1}{3}\right)^{k} & k\geqslant 0\end{cases}$

3. 利用 Z 变换的性质求下列序列的 Z 变换。

(1) $f(k)=\frac{1}{2}[1+(-1)^{k}]\varepsilon(k)$

(2) $f(k)=\varepsilon(k)-\varepsilon(k-8)$

(3) $f(k)=k(-1)^{k}\varepsilon(k)$

(4) $f(k)=(k-1)\varepsilon(k-1)$

(5) $f(k)=(k-1)^{2}\varepsilon(k-1)$

(6) $f(k)=\left(\frac{1}{2}\right)^{k}\cos\left(\frac{k\pi}{2}\right)\varepsilon(k)$

4. 利用 Z 变换的性质求下列序列的 Z 变换。

(1) $f(k)=\sum_{n=0}^{k}(-1)^{k}$

(2) $f(k)=\frac{a^{k}}{k+1}\varepsilon(k)$

(3) $f(k)=\frac{a^{k}-b^{k}}{k}\varepsilon(k-1)$

(4) $f(k)=a^{k}\sum_{n=0}^{k}b^{n}$

5. 已知因果序列 $f(k)$ 的 Z 变换式 $F(z)$,试求 $f(k)$ 的初值 $f(0)$、$f(1)$ 和终值 $f(\infty)$。

(1) $F(z)=\frac{z^{2}+z+1}{(z-1)\left(z+\frac{1}{2}\right)}$

(2) $F(z)=\frac{2z^{2}}{\left(z-\frac{1}{2}\right)\left(z+\frac{1}{3}\right)}$

(3) $F(z)=\frac{2z^{2}-3z+1}{z^{2}-4z-5}$

(4) $F(z)=\frac{z^{3}+2z^{2}-z+1}{z^{3}+z^{2}+0.5z}$

6. 求下列 Z 变换对应的原序列 $f(k)$。

(1) $F(z)=5z^{-1}+2z^{-2}+4z^{-5}-z^{-10}$

(2) $F(z)=4z^{2}+2z+1-3z^{-2}$

(3) $F(z)=\frac{z^{4}-1}{z^{4}-z^{3}}$, $|z|>0$

(4) $F(z)=\frac{z+5}{z+2}$, $|z|>2$

7. 用幂级数展开法求下列 Z 变换的原序列 $f(k)$。

(1) $F(z)=\mathrm{e}^{z}$, $|z|<\infty$

(2) $F(z)=\mathrm{e}^{z}+\mathrm{e}^{\frac{1}{z}}$, $0<|z|<\infty$

(3) $F(z)=\ln\left(1+\frac{a}{z}\right)$, $|z|>|a|$

8. 利用部分分式展开法求下列 Z 变换的原序列 $f(k)$。

(1) $F(z)=\frac{1-0.5z^{-1}}{1+0.5z^{-1}}$, $|z|>0.5$

(2) $F(z)=\frac{10z^{2}}{(z-1)(z+1)}$, $|z|>1$

(3) $F(z)=\frac{z^{2}-0.5z}{z^{2}+\frac{3}{4}z+\frac{1}{8}}$, $|z|>\frac{1}{2}$

(4) $F(z)=\frac{z^{2}+2z}{(z^{2}-1)(z+0.5)}$, $|z|>1$

(5) $F(z)=\dfrac{z^2-z}{(z-1)(z^2-z+1)}$, $|z|>1$　　(6) $F(z)=\dfrac{2z^2-3z+1}{z^2-4z-5}$, $|z|>5$

(7) $F(z)=\dfrac{8(z^2-z-1)}{2z^2+5z+2}$, $|z|>2$　　(8) $F(z)=\dfrac{z^2+az}{(z-a)^3}$, $|z|>|a|$

9. 利用留数法求下列 Z 变换的原序列 $f(k)$。

(1) $F(z)=\dfrac{z}{(z-1)^2(z-2)}$, $|z|>2$　　(2) $F(z)=\dfrac{z^2+z}{z^2+2.5z+2}$, $|z|<0.5$

(3) $F(z)=\dfrac{z^2}{6z^2-5z+1}$, $\dfrac{1}{3}<|z|<\dfrac{1}{2}$

10. 用三种 Z 反变换的方法求 $F(z)$ 的原序列 $f(k)$。

$$F(z)=\frac{10z}{z^2-3z+2},\quad |z|>2$$

11. 求 $F(z)=\dfrac{2z^3}{\left(z-\dfrac{1}{2}\right)^2(z-1)}$ 在不同收敛域时的 Z 反变换 $f(k)$。

(1) $|z|>1$　　(2) $|z|<\dfrac{1}{2}$

(3) $\dfrac{1}{2}<|z|<1$

12. 如果序列 $f(k)$ 和 $g(k)$ 的 Z 变换分别为 $F(z)$ 和 $G(z)$，试证：

(1) $[a^kf(k)]*[a^kg(k)]=a^k[f(k)*g(k)]$

(2) $k[f(k)*g(k)]=[kf(k)]*g(k)+f(k)*[kg(k)]$

13. 若已知因果序列 $f(k)\leftrightarrow F(z)$，试求下列序列的 Z 变换。

(1) $\sum\limits_{i=0}^{k}a^if(i)$　　(2) $a^k\sum\limits_{i=0}^{k}f(i)$

14. 试证明实序列的相关定理。

$$\mathscr{Z}\left[\sum_{m=-\infty}^{\infty}f_1(m)f_2(m-k)\right]=F_1(z)F_2\left(\frac{1}{z}\right)$$

其中，$F_1(z)=\mathscr{Z}[f_1(k)]$，$F_2(z)=\mathscr{Z}[f_2(k)]$。

15. 利用卷积定理求下列序列的卷积和 $y(k)=f(k)*h(k)$。

(1) $f(k)=a^k\varepsilon(k)$，$h(k)=\delta(k-1)$

(2) $f(k)=a^k\varepsilon(k)$，$h(k)=\varepsilon(k+1)$

(3) $f(k)=a^k\varepsilon(k)$，$h(k)=b^k\varepsilon(k)$，$a\neq b$

16. 利用 Z 变换分析法求解例 6.12 中齐次差分方程所示系统的零输入响应。

17. 利用 Z 变换分析法求解下列差分方程所示系统的全响应。

(1) $y(k)+2y(k-1)=(k-2)\varepsilon(k)$，$y(0)=1$

(2) $y(k)+3y(k-1)+2y(k-2)=\varepsilon(k)$，$y(-1)=0$，$y(-2)=\dfrac{1}{2}$

(3) $y(k)+2y(k-1)+y(k-2)=\dfrac{4}{3}\cdot3^k\varepsilon(k)$，$y(-1)=0$，$y(0)=\dfrac{4}{3}$

18. 利用 Z 变换分析法求解下列差分方程所描述系统的系统函数和单位序列响应。

(1) $y(k)+y(k-1)+\frac{1}{4}y(k-2)=f(k)$

(2) $y(k)-y(k-2)=f(k)$

(3) $y(k)-y(k-1)+\frac{1}{4}y(k-2)=2f(k-1)+f(k+2)$

19. 某线性时不变系统在阶跃信号 $\varepsilon(k)$ 激励下产生的阶跃响应为 $y_s(k)=\left(\frac{1}{2}\right)^k\varepsilon(k)$，试求：

(1) 该系统的系统函数 $H(z)$ 和单位序列响应 $h(k)$。

(2) 在 $f(k)=\left(\frac{1}{3}\right)^k\varepsilon(k)$ 激励下系统的零状态响应 $y_{zs}(k)$。

20. 如题图 7.1 所示系统，试求：

(1) 系统函数 $H(z)$ 和单位序列响应 $h(k)$。

(2) 当激励为 $f(k)=\varepsilon(k)$ 时系统的零状态响应 $y_{zs}(k)$。

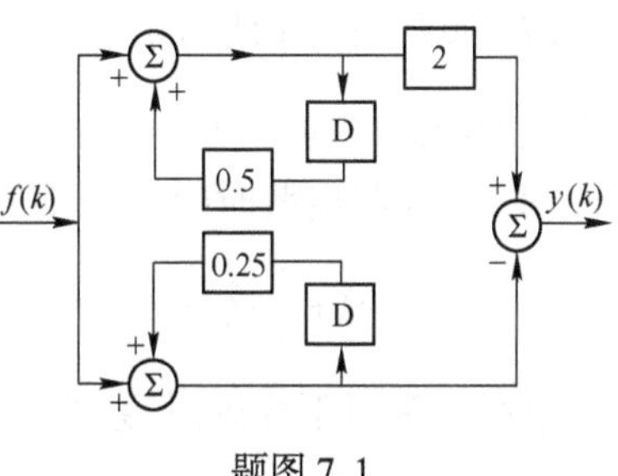

题图 7.1

21. 已知某离散系统的差分方程为

$$y(k)-3y(k-1)+2y(k-2)=f(k-1)-2f(k-2)$$

系统的初始状态为 $y(-1)=-\frac{1}{2}$，$y(-2)=-\frac{3}{4}$，当激励为 $f(k)$ 时，系统的全响应为 $y(k)=2(2^k-1)\varepsilon(k)$，试求激励 $f(k)$。

22. 某离散时间系统的系统函数为 $H(z)=\frac{z+3}{z^2+3z+2}$，试求该系统的单位序列响应 $h(k)$ 和描述该系统的差分方程。

23. 题图 7.2 所示系统是横向滤波器实现时域均衡器的框图，要求激励为

$$f(k)=\frac{1}{4}\delta(k)+\delta(k-1)+\frac{1}{2}\delta(k-2)$$

此时，零状态响应 $y(k)$ 中，$y(0)=1$，$y(1)=y(3)=0$，试确定系数 a、b、c 的值。

24. 某离散时间系统框图如题图 7.3 所示，试求：

(1) 该系统的系统函数 $H(z)$。

(2) a 为何值时，该系统稳定。

(3) 如果 $a=1$，激励为 $f(k)=\delta(k)-\left(\frac{1}{4}\right)^k\varepsilon(k)$，求系统输出响应 $y(k)$。

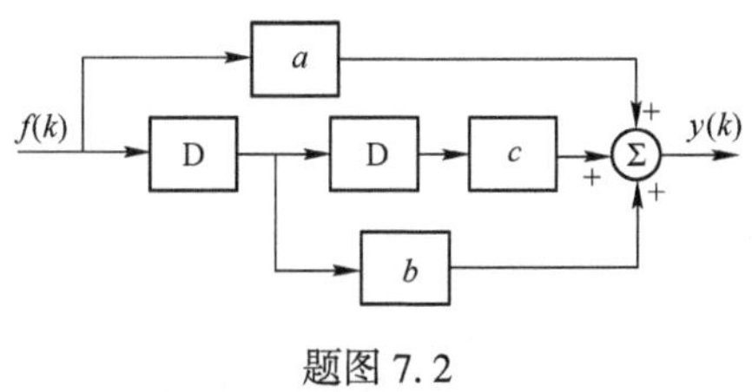

题图 7.2

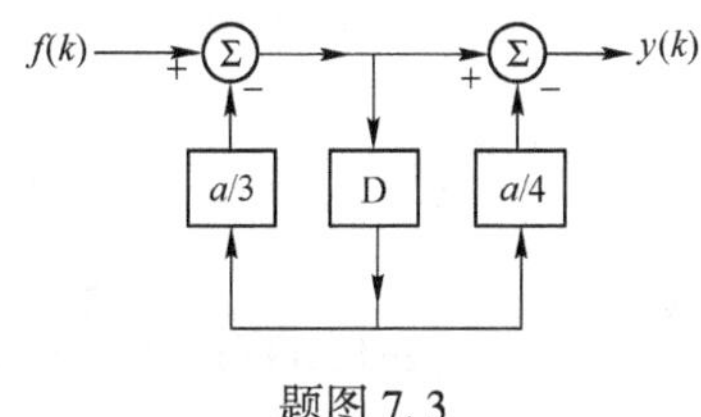

题图 7.3

25. 若已知因果系统的系统函数 $H(z)$ 如下，试判断系统是否稳定。

(1) $H(z)=\dfrac{z+2}{8z^2-2z-2}$　　(2) $H(z)=\dfrac{1-z^{-1}-z^{-2}}{2+5z^{-1}+2z^{-2}}$

(3) $H(z)=\dfrac{3z+4}{2z^2+z-1}$　　(4) $H(z)=\dfrac{1+z^{-1}}{1-z^{-1}+z^{-2}}$

26. 某离散时间系统的系统函数为

(1) $H(z)=\dfrac{z^2+3z+2}{2z^2-(k-1)z+1}$

(2) $H(z)=\dfrac{2z+1}{z^2-z+k}$

为使系统稳定，常数 k 应满足什么条件？

27. 如题图 7.4 所示系统，若激励为 $f(k)=5\cos\left(\dfrac{k\pi}{2}\right)$，求系统的稳态响应 $y_s(k)$。

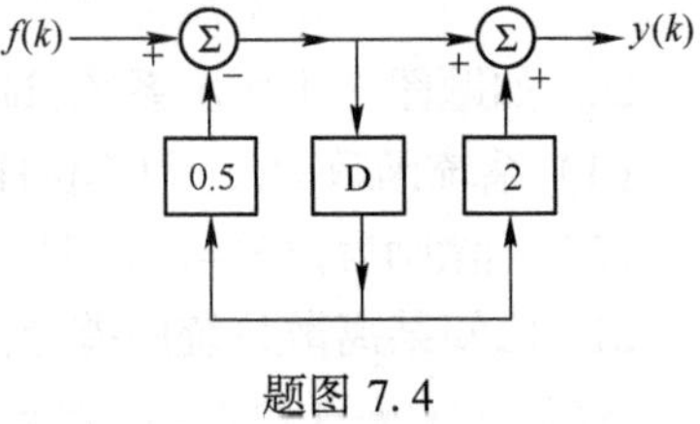

题图 7.4

28. 已知某离散时间系统差分方程为

$$y(k)+\frac{1}{4}y(k-2)=2f(k)-2f(k-1)$$

求激励为以下序列时，系统的稳态响应。

(1) $f(k)=4\cos\left(\dfrac{k\pi}{4}\right)+4\sin\left(\dfrac{k\pi}{2}\right)$　　(2) $f(k)=4\cos\left(\dfrac{k\pi}{2}+\dfrac{\pi}{4}\right)\varepsilon(k)$

29. 已知离散系统的差分方程为

$$y(k)-\frac{3}{4}y(k-1)+\frac{1}{8}y(k-2)=f(k)+\frac{1}{3}f(k-1)$$

(1) 求系统函数 $H(z)$ 和单位序列响应 $h(k)$。

(2) 画出系统函数的零、极点分布图。

(3) 粗略画出该系统的幅频响应曲线。

(4) 画出系统的结构框图。

30. 用计算机对测量的随机数据 $f(k)$ 取平均处理，当收到一个测量数据后，计算机就把这一次的输入数据与前三次的输入数据进行平均，试求这一运算过程的频率响应，并粗略绘出该系统的幅频响应曲线。

31. 已知离散时间系统的系统函数如下，试绘出其直接形式、串联形式和并联形式的模拟框图。

(1) $H(z)=\dfrac{3z^2+3.6z+0.6}{z^2+0.1z-0.2}$

(2) $H(z)=\dfrac{z+3}{(z+1)(z+2)(z+4)}$

(3) $H(z)=\dfrac{(z-1)(z^2-z+1)}{(z-0.5)(z^2-0.6z+0.25)}$

32. 已知离散时间系统的模拟图如题图 7.5 所示，试求其系统函数并写出系统的差分方程。

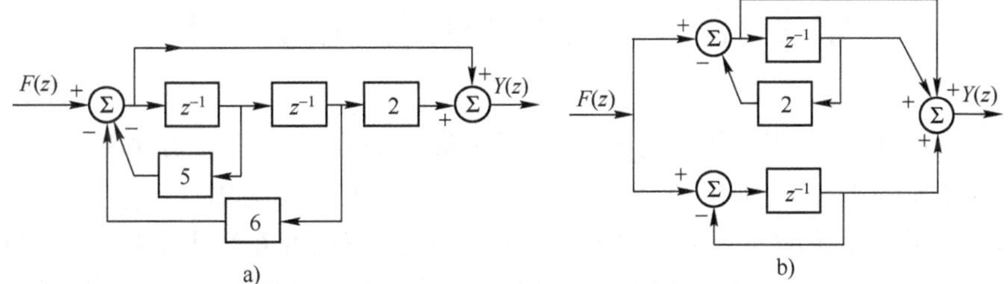

题图 7.5

33. 已知横向数字滤波器的结构如题图 7.6 所示，试以 $M=6$ 为例，完成下列各项：

(1) 写出差分方程。

(2) 求系统函数 $H(z)$ 和单位序列响应 $h(k)$。

(3) 作出系统函数的零、极点图。

(4) 粗略画出该系统的幅频响应曲线。

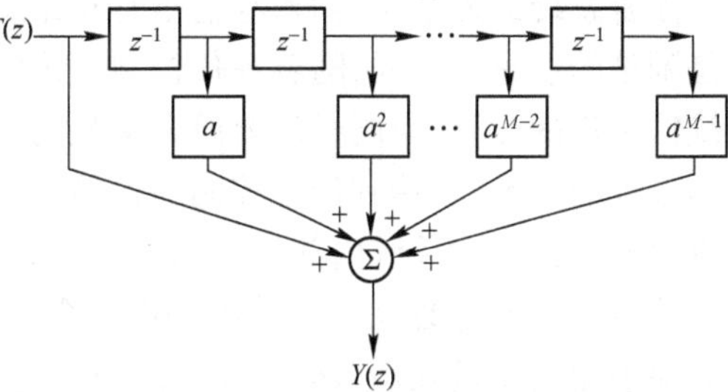

题图 7.6

34. 试用 MATLAB 求解下列离散时间序列的 Z 变换。

(1) $f(k)=(k-3)\varepsilon(k-3)$　　(2) $f(k)=k(k-1)\varepsilon(k)$

(3) $f(k)=\left(\frac{1}{2}\right)^k\cos\left(\frac{k\pi}{2}\right)\varepsilon(k-1)$　　(4) $f(k)=\frac{1}{2}[1+(-1)^k]\varepsilon(k)$

35. 试用 MATLAB 求解下列 Z 变换的原序列。

(1) $F(z)=\frac{z-5}{z+2},\ |z|>2$　　(2) $F(z)=\frac{z^4-1}{z^4-z^3},\ |z|>1$

36. 试用 MATLAB 将 $F(z)=\dfrac{1-0.5z^{-1}}{1+\frac{3}{4}z^{-1}+\frac{1}{8}z^{-2}}$进行部分分式展开。

37. 试用 MATLAB 编程绘制系统函数 $H(z)=\dfrac{1}{1-\frac{3}{4}z^{-1}+\frac{1}{8}z^{-2}}$的零、极点图，求它的单位脉冲响应和频率响应，并判断系统的稳定性。

第 8 章　系统的状态变量分析

在前面的章节中讨论了系统的时域、频域及复频域的分析，其分析方法都是着眼于系统的输入和输出（激励与响应）之间的关系，这种分析系统的方法称为输入-输出法或称端口法。输入-输出法只关心系统的输入端和输出端的有关变量，不研究系统内部的具体变化情况，因而不便于研究与系统内部情况有关的各种问题（如系统的可控制性、可观测性等），对于这种只研究系统输入与输出物理量随时间或随频率变化规律的方法，也称为系统外部描述法。

随着系统的复杂化，输入与输出有时是多个的，这时采用系统外部描述法就比较复杂，甚至是困难的。另一方面，随着现代控制理论的发展，使人们对所控制的系统不再只满足于研究系统输出量的变化，而同时需要研究系统内部的一些变量的变化规律，以便设计系统的结构和控制系统的参数，以达到最优控制的目的。这时系统外部描述法已难以适应要求，需要有一种能有效地获得描述系统内部状态的方法，这就是系统的状态变量分析法。

从数学模型上看，输入-输出法用一个 n 阶微分方程或差分方程来描述系统，方程中的变量只限于输出变量和输入变量两个。而状态变量分析法用一组（n 个）一阶微分方程或差分方程来表征一个 n 阶系统。这为方程中变量的选择带来很大的灵活性，并为从不同的角度反映系统的内部状态提供了可能。因此，状态变量分析法便于研究系统的内部特征及分析多输入-多输出系统，同时便于利用计算机对一阶微分（或差分）方程组进行计算处理。此外，非线性或时变系统也可用状态变量法进行分析。

输入-输出分析法和状态变量分析法都是分析、研究系统特性的基本方法，只是分析的角度不同。一个是从系统外部特性进行分析，而另一个则是对系统内部变量进行分析研究，两种方法互为补充。

本章仅研究线性时不变系统状态方程的建立、求解以及可控制性和可观测性。

8.1　状态方程

8.1.1　状态变量和状态方程

在状态变量分析法中，首先需要选择一组描述系统的关键性变量，这组关键性变量称为描述系统的状态变量。状态变量的选择必须使系统在任意时刻 t 的每一输出都可由系统在 t 时刻的状态变量和输入信号来表达。

为了说明状态变量和状态方程的概念，首先分析图 8.1 所示的包含两个动态元件的二阶系统，输入 $u_s(t)$ 为电压源，输出为 $u_L(t)$。

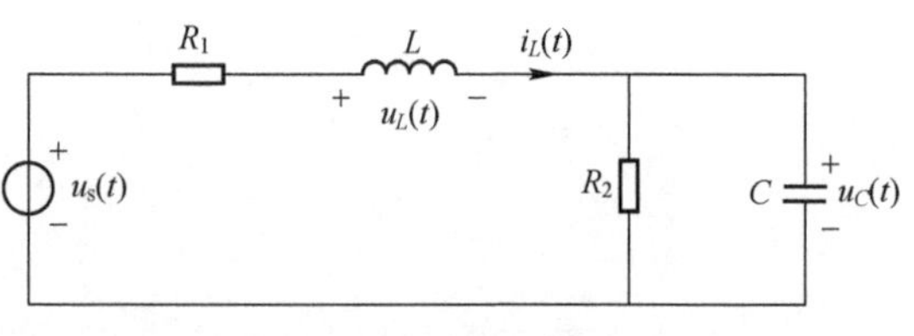

图 8.1　二阶系统电路图

由电路理论可知，电容两端电压和流过电感中的电流是电路的变量，所以可以选 $u_C(t)$、$i_L(t)$ 为状态变量。由于电容电流和电感电压分别为

$$\begin{cases} i_C(t)=C\dfrac{\mathrm{d}u_C(t)}{\mathrm{d}t} \\ u_L(t)=L\dfrac{\mathrm{d}i_L(t)}{\mathrm{d}t} \end{cases} \tag{8.1}$$

则由 KCL(基尔霍夫电流定律)和 KVL(基尔霍夫电压定律)可列出下列方程:

$$\begin{cases} C\dfrac{\mathrm{d}u_C(t)}{\mathrm{d}t}=i_L(t)-\dfrac{u_C(t)}{R_2} \\ L\dfrac{\mathrm{d}i_L(t)}{\mathrm{d}t}=u_s(t)-R_1 i_L(t)-u_C(t) \end{cases} \tag{8.2}$$

整理可得

$$\begin{cases} \dfrac{\mathrm{d}u_C(t)}{\mathrm{d}t}=-\dfrac{1}{CR_2}u_C(t)+\dfrac{1}{C}i_L(t) \\ \dfrac{\mathrm{d}i_L(t)}{\mathrm{d}t}=-\dfrac{1}{L}u_C(t)-\dfrac{R_1}{L}i_L(t)+\dfrac{1}{L}u_s(t) \end{cases} \tag{8.3}$$

当输出为 $u_L(t)$ 时,则有方程

$$u_L(t)=-u_C(t)-R_1 i_L(t)+u_s(t) \tag{8.4}$$

式(8.3)是以 $u_C(t)$ 和 $i_L(t)$ 为变量的一阶微分方程组。对于图 8.1 所示的二阶电路,若已知电容初始电压 $u_C(t_0)$ 和电感初始电流 $i_L(t_0)$(设初始时刻为 $t=t_0$)及 $t\geqslant t_0$ 时的输入 $u_s(t)$,即可完全确定方程组在 $t\geqslant t_0$ 时的解 $u_C(t)$ 和 $i_L(t)$。

式(8.4)是以 $u_C(t)$ 和 $i_L(t)$ 为变量的代数方程组。由式(8.4)可知,任一时刻 $t(t\geqslant t_0)$ 的输出 $u_L(t)$ 可由该时刻的 $u_C(t)$、$i_L(t)$ 及输入 $u_s(t)$ 唯一确定。

这里,$u_C(t_0)$ 和 $i_L(t_0)$ 为该电路在 $t=t_0$ 时刻的状态。由电路理论可知,$u_C(t_0)$ 和 $i_L(t_0)$ 反映了系统的储能情况,是系统过去历史的总结。$u_C(t)$ 和 $i_L(t)$ 为描述系统状态随时间 t 变化的变量,即状态变量。那么,由 $t=t_0$ 时的状态和 $t\geqslant t_0$ 的输入可确定系统在 $t\geqslant t_0$ 时刻的完全响应。

对于一般情况而言,连续动态系统在某一时刻 t_0 的状态,是描述该系统所必需的最少的一组数 $x_1(t_0),x_2(t_0),\cdots,x_n(t_0)$,根据这组数和 $t\geqslant t_0$ 时给定的输入就可以唯一地确定在 $t\geqslant t_0$ 的任一时刻的状态及输出。这组描述系统状态随时间变化所必需的数目最少的一组变量 $x_1(t)$,$x_2(t)$,$\cdots$,$x_n(t)$,就称为系统的状态变量。状态变量在系统某一时刻的值 $x_1(t_0),x_2(t_0),\cdots$,$x_n(t_0)$,称为系统在该时刻的状态。

式(8.3)的一组一阶微分方程称为状态变量方程,简称为状态方程,它描述了系统状态变量自身以及系统输入之间的关系。式(8.4)的代数方程称为输出方程,它描述了系统输出与状态变量和系统输入之间的关系。通常又将状态方程和输出方程总称为状态方程或系统方程。

状态变量的选择并不是唯一的,对于同一个系统,选择不同的状态变量可得出不同的状态方程。但是对于一个 n 阶系统,无论如何选择状态变量,它们的数目都是一定的,都是描述该系统所必需的最少数目的一组变量,其数目等于系统的阶数 n。

以上论述同样适用于离散系统,只要将连续时间变量 t 换为离散变量 k 即可(相应的 t_0 换成 k_0)。

上述关于状态变量和状态方程的基本概念,可以推广到具有多输入、多输出的 n 阶系统。n 阶系统应有 n 个状态变量来描述系统在任意时刻的状态,以这 n 个状态变量做分量构成一个矢量 $\boldsymbol{x}(t)$,称为系统的状态矢量。例如,图 8.1 中的状态变量 $u_C(t)$ 和 $i_L(t)$,可以看作是二维矢量 $\boldsymbol{x}(t)=[x_1(t)\quad x_2(t)]^{\mathrm{T}}$ 的两个分量 $x_1(t)$ 和 $x_2(t)$ 的坐标。状态矢量的所有可能值的集合称为状态空间。在状态空间中,状态矢量端点随时间变化而描出的路径称为状态轨迹。

8.1.2　状态方程的一般形式

设有一个多输入、多输出的 n 阶连续系统,它有 p 个输入 $f_1(t),f_2(t),\cdots,f_p(t)$,$q$ 个输出 $y_1(t),y_2(t),\cdots,y_q(t)$,系统的 n 个状态变量记为 $x_1(t),x_2(t),\cdots,x_n(t)$,则该系统状态方程的一般形式为

$$\begin{cases}\dot{x}_1(t)=g_1(x_1(t),x_2(t),\cdots,x_n(t),f_1(t),f_2(t),\cdots,f_p(t))\\\dot{x}_2(t)=g_2(x_1(t),x_2(t),\cdots,x_n(t),f_1(t),f_2(t),\cdots,f_p(t))\\\quad\vdots\\\dot{x}_n(t)=g_n(x_1(t),x_2(t),\cdots,x_n(t),f_1(t),f_2(t),\cdots,f_p(t))\end{cases}\tag{8.5}$$

式中,$\dot{x}_i(t)=\mathrm{d}x_i(t)/\mathrm{d}t$。

由于在连续时间系统中,状态变量是连续时间函数,因此对于线性的因果系统,在任意时刻,状态变量的一阶导数是状态变量和输入的线性函数,式(8.5)可写为

$$\begin{cases}\dot{x}_1(t)=a_{11}x_1(t)+a_{12}x_2(t)+\cdots+a_{1n}x_n(t)+b_{11}f_1(t)+b_{12}f_2(t)+\cdots+b_{1p}f_p(t)\\\dot{x}_2(t)=a_{21}x_1(t)+a_{22}x_2(t)+\cdots+a_{2n}x_n(t)+b_{21}f_1(t)+b_{22}f_2(t)+\cdots+b_{2p}f_p(t)\\\quad\vdots\\\dot{x}_n(t)=a_{n1}x_1(t)+a_{n2}x_2(t)+\cdots+a_{nn}x_n(t)+b_{n1}f_1(t)+b_{n2}f_2(t)+\cdots+b_{np}f_p(t)\end{cases}\tag{8.6}$$

式中,各系数 a_{ij}、b_{ij} 是由系统参数所决定的,对于线性时不变连续系统它们都是常数,对于线性时变系统它们是时间的函数。

将式(8.6)写成矩阵形式为

$$\begin{bmatrix}\dot{x}_1(t)\\\dot{x}_2(t)\\\vdots\\\dot{x}_n(t)\end{bmatrix}=\begin{bmatrix}a_{11}&a_{12}&\cdots&a_{1n}\\a_{21}&a_{22}&\cdots&a_{2n}\\\vdots&\vdots&&\vdots\\a_{n1}&a_{n2}&\cdots&a_{nn}\end{bmatrix}\begin{bmatrix}x_1(t)\\x_2(t)\\\vdots\\x_n(t)\end{bmatrix}+\begin{bmatrix}b_{11}&b_{12}&\cdots&b_{1p}\\b_{21}&b_{22}&\cdots&b_{2p}\\\vdots&\vdots&&\vdots\\b_{n1}&b_{n2}&\cdots&b_{np}\end{bmatrix}\begin{bmatrix}f_1(t)\\f_2(t)\\\vdots\\f_p(t)\end{bmatrix}\tag{8.7}$$

可简记为

$$\dot{\boldsymbol{x}}(t)=\boldsymbol{A}\boldsymbol{x}(t)+\boldsymbol{B}\boldsymbol{f}(t)\tag{8.8}$$

式中,$\boldsymbol{x}(t)$、$\dot{\boldsymbol{x}}(t)$、$\boldsymbol{f}(t)$ 分别是状态矢量、状态矢量的一阶导数和激励(输入)矢量,$\boldsymbol{A}$、$\boldsymbol{B}$ 是系数矩阵,且有

$$\boldsymbol{x}(t)=[x_1(t)\quad x_2(t)\quad\cdots\quad x_n(t)]^{\mathrm{T}}$$
$$\dot{\boldsymbol{x}}(t)=[\dot{x}_1(t)\quad\dot{x}_2(t)\quad\cdots\quad\dot{x}_n(t)]^{\mathrm{T}}$$
$$\boldsymbol{f}(t)=[f_1(t)\quad f_2(t)\quad\cdots\quad f_p(t)]^{\mathrm{T}}$$

$$A=\begin{bmatrix} a_{11} & a_{12} & \cdots & a_{1n} \\ a_{21} & a_{22} & \cdots & a_{2n} \\ \vdots & \vdots & & \vdots \\ a_{n1} & a_{n2} & \cdots & a_{nn} \end{bmatrix}$$

$$B=\begin{bmatrix} b_{11} & b_{12} & \cdots & b_{1p} \\ b_{21} & b_{22} & \cdots & b_{2p} \\ \vdots & \vdots & & \vdots \\ b_{n1} & b_{n2} & \cdots & b_{np} \end{bmatrix}$$

对于线性时不变系统,$\boldsymbol{A}$、$\boldsymbol{B}$ 都是常量矩阵,其中 $\boldsymbol{A}$ 为 $n\times n$ 方阵,称为系统矩阵;$\boldsymbol{B}$ 为 $n\times p$ 矩阵,称为控制矩阵。

类似地,如果系统有 q 个输出 $y_1(t),y_2(t),\cdots,y_q(t)$,那么,它们中的每一个都是用状态变量和激励表示的代数方程,其矩阵形式可写为

$$\begin{bmatrix} y_1(t) \\ y_2(t) \\ \vdots \\ y_q(t) \end{bmatrix}=\begin{bmatrix} c_{11} & c_{12} & \cdots & c_{1n} \\ c_{21} & c_{22} & \cdots & c_{2n} \\ \vdots & \vdots & & \vdots \\ c_{q1} & c_{q2} & \cdots & c_{qn} \end{bmatrix}\begin{bmatrix} x_1(t) \\ x_2(t) \\ \vdots \\ x_n(t) \end{bmatrix}+\begin{bmatrix} d_{11} & d_{12} & \cdots & d_{1p} \\ d_{21} & d_{22} & \cdots & d_{2p} \\ \vdots & \vdots & & \vdots \\ d_{q1} & d_{q2} & \cdots & d_{qp} \end{bmatrix}\begin{bmatrix} f_1(t) \\ f_2(t) \\ \vdots \\ f_p(t) \end{bmatrix} \tag{8.9}$$

可简记为

$$\boldsymbol{y}(t)=\boldsymbol{Cx}(t)+\boldsymbol{Df}(t) \tag{8.10}$$

式中,$\boldsymbol{y}(t)=[y_1(t)\quad y_2(t)\quad \cdots\quad y_q(t)]^{\mathrm{T}}$是输出矢量,$\boldsymbol{C}$、$\boldsymbol{D}$ 是系数矩阵,且有

$$C=\begin{bmatrix} c_{11} & c_{12} & \cdots & c_{1n} \\ c_{21} & c_{22} & \cdots & c_{2n} \\ \vdots & \vdots & & \vdots \\ c_{q1} & c_{q2} & \cdots & c_{qn} \end{bmatrix}\quad D=\begin{bmatrix} d_{11} & d_{12} & \cdots & d_{1p} \\ d_{21} & d_{22} & \cdots & d_{2p} \\ \vdots & \vdots & & \vdots \\ d_{q1} & d_{q2} & \cdots & d_{qp} \end{bmatrix}$$

对于线性时不变系统,$\boldsymbol{C}$、$\boldsymbol{D}$ 都是常量矩阵,其中 $\boldsymbol{C}$ 为 $q\times n$ 矩阵,称为输出矩阵;$\boldsymbol{D}$ 为 $q\times p$ 矩阵,称为直达矩阵。

式(8.8)和式(8.10)是线性时不变连续系统状态方程和输出方程的一般形式。应用状态方程和输出方程的概念,可以研究许多复杂的工程问题。

类似地,对于线性离散系统,也可以写出系统的状态方程和输出方程的一般形式。

设一个 n 阶多输入-多输出线性离散系统,它的 p 个输入为 $f_1(k),f_2(k),\cdots,f_p(k)$,$q$ 个输出为 $y_1(k),y_2(k),\cdots,y_q(k)$,将系统的 n 个状态变量记为 $x_1(k),x_2(k),\cdots,x_n(k)$,则其状态方程和输出方程可写为

$$\boldsymbol{x}(k+1)=\boldsymbol{Ax}(k)+\boldsymbol{Bf}(k) \tag{8.11}$$

$$\boldsymbol{y}(k)=\boldsymbol{Cx}(k)+\boldsymbol{Df}(k) \tag{8.12}$$

式中,$\boldsymbol{x}(k)$、$\boldsymbol{f}(k)$、$\boldsymbol{y}(k)$分别是状态矢量、输入矢量和输出矢量,且有

$$\boldsymbol{x}(k)=[x_1(k)\quad x_2(k)\quad \cdots\quad x_n(k)]^{\mathrm{T}}$$

$$\boldsymbol{f}(k)=[f_1(k)\quad f_2(k)\quad \cdots\quad f_p(k)]^{\mathrm{T}}$$

$$\boldsymbol{y}(k)=[y_1(k)\quad y_2(k)\quad \cdots\quad y_q(k)]^{\mathrm{T}}$$

$\boldsymbol{A}$、$\boldsymbol{B}$、$\boldsymbol{C}$、$\boldsymbol{D}$ 为系数矩阵,其形式、名称与连续系统方程中相应的系数矩阵相同。对于线性时不变离散系统,它们都是常量矩阵。

如果已知 $k=k_0$ 时的初始状态 $\boldsymbol{x}(k_0)$ 和 $k\geqslant k_0$ 时的输入矢量 $\boldsymbol{f}(k)$,就可以完全地确定出 $k\geqslant k_0$ 时的状态矢量 $\boldsymbol{x}(k)$ 和输出矢量 $\boldsymbol{y}(k)$。

按式(8.8)、式(8.10)或式(8.11)、式(8.12)可画出用状态变量法分析多输入-多输出系统的矩阵框图,如图8.2所示。对于连续或离散系统,其矩阵框图形式相同,只是对于连续系统用积分器 $\int$,积分器输出端的信号为状态矢量 $\boldsymbol{x}(t)$,积分器输入端的信号为状态矢量的一阶导数 $\dot{\boldsymbol{x}}(t)$;而对离散系统用延迟单元D,延迟单元的输出信号为状态矢量 $\boldsymbol{x}(k)$,延迟单元的输入端信号为 $\boldsymbol{x}(k+1)$。

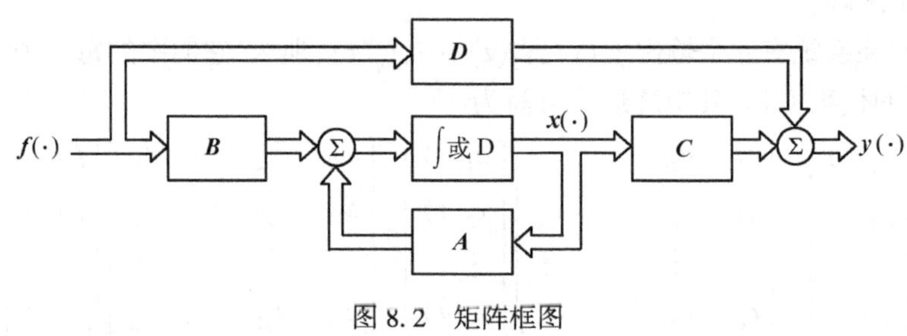

图8.2　矩阵框图

8.2　状态方程的建立

通过前面几章内容的介绍可知,一个系统可以用具体的电路图、模拟框图、数学模型和系统函数进行描述或表示。在本章的概述中又知道,系统还可以用状态方程来描述,那么读者就会自然地问:状态方程能否通过前面的这些描述方法得到呢? 回答是肯定的。一般而言,动态系统(连续的或离散的)的状态方程和输出方程可根据系统的输入-输出方程(微分或差分方程)、系统函数、系统的模拟框图等列出,对于电路,则可直接按电路图列出。本节将介绍一般连续系统和离散系统状态方程的几种建立方法。

8.2.1　连续系统状态方程的建立

建立给定系统的状态方程的方法很多,这些方法大体上可划分为两大类型:直接法与间接法。其中,直接法主要应用于电路分析,而间接法则常见于控制系统研究。下面通过例子简要介绍由电路图建立电路状态方程以及根据系统高阶微分方程、系统模拟框图、系统函数等建立系统状态方程的方法。

1. 由电路图直接建立状态方程

为建立电路的状态方程,首先要选定状态变量。一个实际电路系统一般由电阻、电感和电容所构成,而动态元件(储能元件)电感和电容的电压与电流的伏安关系,正好满足一阶微分关系,很容易满足状态方程的形式,并且它们正好都反映了系统的储能状态。因此,对于线性时不变电路,通常选电容电压和电感电流为状态变量;而对于线性时变电路,常选电容电荷和电感磁链为状态变量。在此主要讨论线性时不变电路。

状态变量的个数应等于系统中独立的动态元件数。必须注意,所选定的状态变量必须是互相独立的(即线性无关)。图 8.3a 是电路中只包含电容的回路,图 8.3b 是只包含电容和电压源的回路。显然,根据 KVL,图 8.3a 中任一电容电压都能由其余两个电容电压表示,因而若选电容电压为状态变量,它们之中只有两个是独立的;对于图 8.3b,由于电压源 u_s 的约束作用,这两个电容上的电压不独立,只能选择其中之一为状态变量。

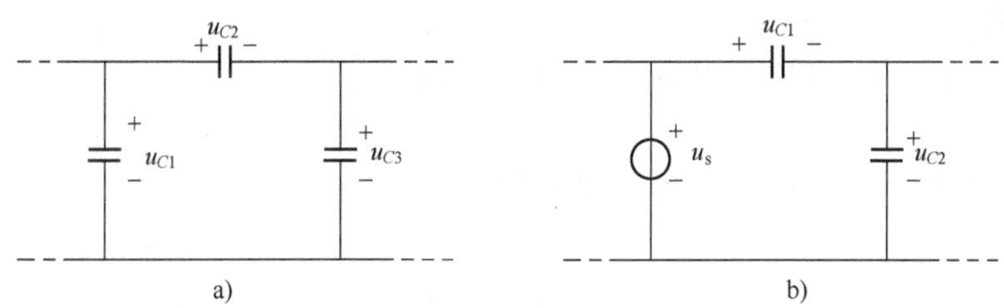

图 8.3　只含电容以及只含电容与电压源互连的回路

图 8.4 所示的是几个电感互连的电路,此时同样要注意它们的独立变量选取规律。按照电路对偶原理容易看出,图 8.4a 中任一电感电流都能由其余两个电流表示,因而若选电感电流为状态变量,则它们中只有两个是独立的;而对于图 8.4b,由于电流源 i_s 的约束作用,两个电感电流中只能选其中之一作为独立的状态变量。

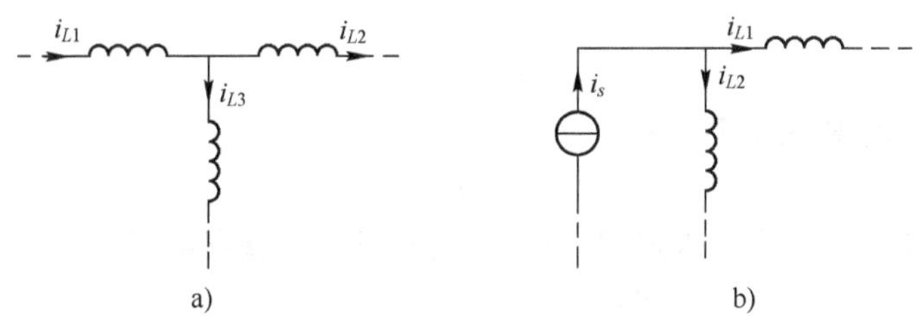

图 8.4　只含电感以及只含电感与电流源互连的节点

在选定状态变量之后,即可利用 KCL 和 KVL 列写电路方程。如果选电容电压 $u_C(t)$、电感电流 $i_L(t)$ 为状态变量,由状态方程的一般形式可知,为使方程中包含 $\mathrm{d}u_C/\mathrm{d}t$ 项,应对接有电容的节点列写 KCL 方程。同样为使方程中包含 $\mathrm{d}i_L/\mathrm{d}t$ 项,应对包含电感的回路列写 KVL 方程。

从电路图中直接列写状态方程的一般步骤如下:

1) 选所有的独立电容电压和电感电流作为状态变量。

2) 利用 KCL 对包含有独立电容的节点列写节点电流方程,写出每一个独立电容电流 $C\dfrac{\mathrm{d}u_C}{\mathrm{d}t}$与其他状态变量和输入量之间的关系式。

3) 利用 KVL 对包含有独立电感的回路列写回路电压方程,写出每一个独立电感电压 $L\dfrac{\mathrm{d}i_L}{\mathrm{d}t}$与其他状态变量和输入量之间的关系式。

4) 若第 2) 步和第 3) 步所得到的 KCL 和 KVL 方程中含有非状态变量,则应利用适当的节点 KCL 方程和回路 KVL 方程将非状态变量消去。

5）将第2）步和第3）步（或第4）步）所得到的关系式整理成标准形式，即得到电路的状态方程。

6）由KCL和KVL写出状态变量和输入量与输出量之间的关系，即得到电路的输出方程。

下面通过两个实例具体介绍状态方程的建立方法。

例8.1　写出图8.5所示电路的状态方程与输出方程，其中u_1、u_2为输出。

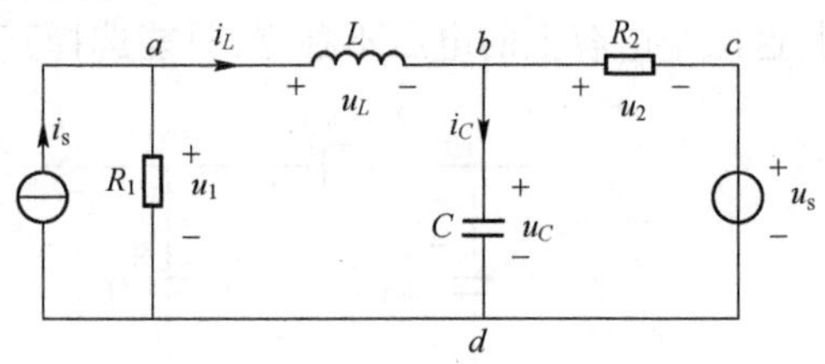

图8.5　例8.1的电路图

解　选电容电压u_C和电感电流i_L为状态变量。

对包含有电容C的节点b列写KCL方程，有

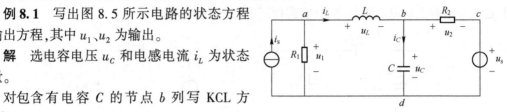

$$C\frac{\mathrm{d}u_C}{\mathrm{d}t}=i_L-\frac{u_2}{R_2} \tag{8.13}$$

对包含有电感L的$abda$回路列写KVL方程，有

$$L\frac{\mathrm{d}i_L}{\mathrm{d}t}=-u_C+u_1 \tag{8.14}$$

在式(8.13)和式(8.14)中，变量u_2、u_1不是所选的状态变量，需要消去。

对节点a列写KCL方程，有

$$\frac{u_1}{R_1}=i_s-i_L \tag{8.15}$$

对回路$bcdb$列写KVL方程，有

$$u_2=u_C-u_s \tag{8.16}$$

将式(8.15)和式(8.16)代入式(8.14)和式(8.13)中，整理得到

$$\begin{cases}\dfrac{\mathrm{d}u_C}{\mathrm{d}t}=-\dfrac{1}{R_2C}u_C+\dfrac{1}{C}i_L+\dfrac{1}{R_2C}u_s\\[2ex]\dfrac{\mathrm{d}i_L}{\mathrm{d}t}=-\dfrac{1}{L}u_C-\dfrac{R_1}{L}i_L+\dfrac{R_1}{L}i_s\end{cases}$$

设$x_1=u_C$，$x_2=i_L$，$y_1=u_1$，$y_2=u_2$，$f_1=u_s$，$f_2=i_s$，则

$$\dot{x}_1=\frac{\mathrm{d}u_C}{\mathrm{d}t}\quad \dot{x}_2=\frac{\mathrm{d}i_L}{\mathrm{d}t}$$

该电路的状态方程为

$$\begin{cases}\dot{x}_1=-\dfrac{1}{R_2C}x_1+\dfrac{1}{C}x_2+\dfrac{1}{R_2C}f_1\\[2ex]\dot{x}_2=-\dfrac{1}{L}x_1-\dfrac{R_1}{L}x_2+\dfrac{R_1}{L}f_2\end{cases}$$

写成状态方程矩阵形式为

$$\begin{bmatrix}\dot{x}_1\\ \dot{x}_2\end{bmatrix}=\begin{bmatrix}-\dfrac{1}{R_2C} & \dfrac{1}{C}\\[2ex] -\dfrac{1}{L} & -\dfrac{R_1}{L}\end{bmatrix}\begin{bmatrix}x_1\\ x_2\end{bmatrix}+\begin{bmatrix}\dfrac{1}{R_2C} & 0\\[2ex] 0 & \dfrac{R_1}{L}\end{bmatrix}\begin{bmatrix}f_1\\ f_2\end{bmatrix}$$

根据式(8.15)和式(8.16)可写出输出方程为

$$\begin{cases} y_1 = -R_1 x_2 + R_1 f_2 \\ y_2 = x_1 - f_1 \end{cases}$$

写成输出方程矩阵形式为

$$\begin{bmatrix} y_1 \\ y_2 \end{bmatrix} = \begin{bmatrix} 0 & -R_1 \\ 1 & 0 \end{bmatrix} \begin{bmatrix} x_1 \\ x_2 \end{bmatrix} + \begin{bmatrix} 0 & R_1 \\ -1 & 0 \end{bmatrix} \begin{bmatrix} f_1 \\ f_2 \end{bmatrix}$$

例 8.2　电路如图 8.6 所示，试写出：

(1) 状态方程。

(2) 以 u_1、i_{C2} 为响应的输出方程。

解　(1) 选电容电压 u_{C1}、u_{C2} 和电感电流 i_L 为状态变量。

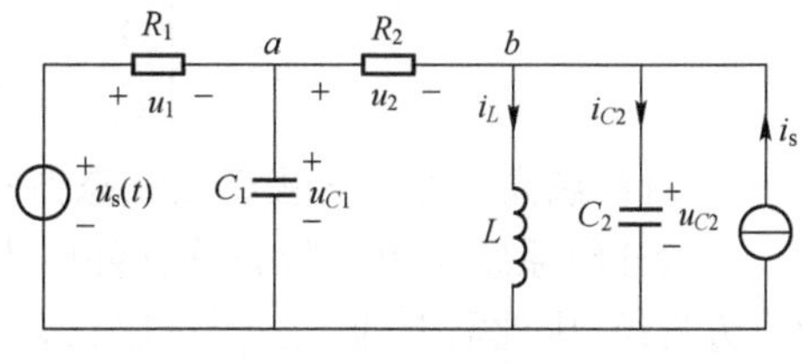

图 8.6　例 8.2 的电路图

对于接有电容 C_1 的节点 a 列写 KCL 方程，有

$$C_1 \frac{\mathrm{d}u_{C1}}{\mathrm{d}t} = \frac{u_1}{R_1} - \frac{u_2}{R_2} \tag{8.17}$$

对于接有电容 C_2 的节点 b 列写 KCL 方程，有

$$C_2 \frac{\mathrm{d}u_{C2}}{\mathrm{d}t} = \frac{u_2}{R_2} - i_L + i_s \tag{8.18}$$

在电感 L 与电容 C_2 所组成的回路中列写 KVL 方程，有

$$L \frac{\mathrm{d}i_L}{\mathrm{d}t} = u_{C2} \tag{8.19}$$

在式(8.17)和式(8.18)中有非状态变量 u 和 u_2，需列写适当的 KVL 方程，将非状态变量消去。根据图 8.6 所示电路的结构，可看出

$$u_1 = u_s - u_{C1} \tag{8.20}$$

$$u_2 = u_{C1} - u_{C2} \tag{8.21}$$

将式(8.20)和式(8.21)代入式(8.17)和式(8.18)中，稍加整理后所得到的方程与式(8.19)一起就可以组成该电路的状态方程为

$$\begin{cases} \dfrac{\mathrm{d}u_{C1}}{\mathrm{d}t} = -\left(\dfrac{1}{C_1R_1} + \dfrac{1}{C_1R_2}\right) u_{C1} + \dfrac{1}{C_1R_2} u_{C2} + \dfrac{1}{C_1R_1} u_s \\ \dfrac{\mathrm{d}u_{C2}}{\mathrm{d}t} = \dfrac{1}{C_2R_2} u_{C1} - \dfrac{1}{C_2R_2} u_{C2} - \dfrac{1}{C_2} i_L + \dfrac{1}{C_2} i_s \\ \dfrac{\mathrm{d}i_L}{\mathrm{d}t} = \dfrac{1}{L} u_{C2} \end{cases}$$

设 $x_1 = u_{C1}$，$x_2 = u_{C2}$，$x_3 = i_L$，$f_1 = u_s$，$f_2 = i_s$，$y_1 = u_1$，$y_2 = i_{C2}$，则该电路的状态方程矩阵形式为

$$\begin{bmatrix} \dot{x}_1 \\ \dot{x}_2 \\ \dot{x}_3 \end{bmatrix} = \begin{bmatrix} -\left(\dfrac{1}{C_1R_1} + \dfrac{1}{C_1R_2}\right) & \dfrac{1}{C_1R_2} & 0 \\ \dfrac{1}{C_2R_2} & -\dfrac{1}{C_2R_2} & -\dfrac{1}{C_2} \\ 0 & \dfrac{1}{L} & 0 \end{bmatrix} \begin{bmatrix} x_1 \\ x_2 \\ x_3 \end{bmatrix} + \begin{bmatrix} \dfrac{1}{C_1R_1} & 0 \\ 0 & \dfrac{1}{C_2} \\ 0 & 0 \end{bmatrix} \begin{bmatrix} f_1 \\ f_2 \end{bmatrix}$$

（2）以 u_1、i_{C2}为响应的输出方程为

$$\begin{cases}u_1=-u_{C1}+u_s\\ i_{C2}=\dfrac{u_{C1}-u_{C2}}{R_2}-i_L+i_s\end{cases}$$

其矩阵形式为

$$\begin{bmatrix}y_1\\ y_2\end{bmatrix}=\begin{bmatrix}-1 & 0 & 0\\ \dfrac{1}{R_2} & -\dfrac{1}{R_2} & -1\end{bmatrix}\begin{bmatrix}x_1\\ x_2\\ x_3\end{bmatrix}+\begin{bmatrix}1 & 0\\ 0 & 1\end{bmatrix}\begin{bmatrix}f_1\\ f_2\end{bmatrix}$$

2. 由系统高阶微分方程建立状态方程

一般连续系统是由 n 阶微分方程描述的，而连续系统的状态方程是状态变量的一阶联立微分方程组，因此需要通过适当选取状态变量，将 n 阶微分方程转化为 n 个一阶微分方程即状态方程。根据微分方程理论，如果已知 n 阶微分方程中输出变量及其各阶导数的初始值，即 $y(0),y'(0),\cdots,y^{(n-1)}(0)$，并已知 $t\geqslant0$ 时的输入 $f(t)$，则微分方程的解就能完全确定，由此可以选取 $y(t),y'(t),\cdots,y^{(n-1)}(t)$ 作为系统的状态变量（还有其他的状态变量选取法，在此不作讨论）。下面举例说明。

例 8.3　有两个线性时不变连续系统，描述它们的微分方程分别为

（1）$y'''(t)+3y''(t)+2y'(t)+4y(t)=f(t)$　　(8.22)

（2）$y'''(t)+3y''(t)+2y'(t)+4y(t)=5f''(t)+2f'(t)+4f(t)$　　(8.23)

分别列出它们的状态方程和输出方程。

解　（1）设状态变量分别为

$$\begin{cases}x_1=y(t)\\ x_2=y'(t)\\ x_3=y''(t)\end{cases}\tag{8.24}$$

则由式(8.22)和式(8.24)可写出系统的状态方程为

$$\begin{aligned}\dot{x}_1&=y'(t)=x_2\\ \dot{x}_2&=y''(t)=x_3\\ \dot{x}_3&=y'''(t)=-4y(t)-2y'(t)-3y''(t)+f(t)\\ &=-4x_1-2x_2-3x_3+f(t)\end{aligned}$$

输出方程为

$$y(t)=x_1$$

将以上得到的状态方程和输出方程写成矩阵形式为

$$\begin{bmatrix}\dot{x}_1\\ \dot{x}_2\\ \dot{x}_3\end{bmatrix}=\begin{bmatrix}0 & 1 & 0\\ 0 & 0 & 1\\ -4 & -2 & -3\end{bmatrix}\begin{bmatrix}x_1\\ x_2\\ x_3\end{bmatrix}+\begin{bmatrix}0\\ 0\\ 1\end{bmatrix}f(t)$$

$$y=\begin{bmatrix}1 & 0 & 0\end{bmatrix}\begin{bmatrix}x_1\\ x_2\\ x_3\end{bmatrix}$$

(2) 对于式(8.23)所描述的系统,为了便于直接从微分方程建立状态方程,需要引用一个辅助函数 $q(t)$,使之满足

$$q'''(t)+3q''(t)+2q'(t)+4q(t)=f(t) \tag{8.25}$$

此时式(8.25)和式(8.22)的微分方程相同。

设状态变量分别为

$$\begin{cases} x_1=q(t) \\ x_2=q'(t) \\ x_3=q''(t) \end{cases} \tag{8.26}$$

根据式(8.25)和式(8.26)可写状态方程

$$\begin{aligned} \dot{x}_1&=q'(t)=x_2 \\ \dot{x}_2&=q''(t)=x_3 \\ \dot{x}_3&=q'''(t)=-4q(t)-2q'(t)-3q''(t)+f(t) \\ &=-4x_1-2x_2-3x_3+f(t) \end{aligned}$$

为得到系统的输出方程,应将系统输出 $y(t)$ 和辅助函数 $q(t)$ 联系起来。根据系统的微分特性,有

$$y(t)=5q''(t)+2q'(t)+4q(t)$$

将式(8.26)代入上式,得出系统的输出方程为

$$y=4x_1+2x_2+5x_3$$

将状态方程和输出方程写成矩阵形式为

$$\begin{bmatrix} \dot{x}_1 \\ \dot{x}_2 \\ \dot{x}_3 \end{bmatrix}=\begin{bmatrix} 0 & 1 & 0 \\ 0 & 0 & 1 \\ -4 & -2 & -3 \end{bmatrix}\begin{bmatrix} x_1 \\ x_2 \\ x_3 \end{bmatrix}+\begin{bmatrix} 0 \\ 0 \\ 1 \end{bmatrix}f(t)$$

$$y=\begin{bmatrix} 4 & 2 & 5 \end{bmatrix}\begin{bmatrix} x_1 \\ x_2 \\ x_3 \end{bmatrix}$$

可见,式(8.22)所示的方程中不含输入 $f(t)$ 的导数项,因此不用设辅助函数 $q(t)$,直接设输出 $y(t)$ 及其各阶导数作为状态变量即可;式(8.23)所示的方程中含有输入 $f(t)$ 的导数项,因此需要设辅助函数 $q(t)$。式(8.22)和式(8.23)所描述的系统,其状态方程完全一致,只是输出方程不同。

n 阶线性时不变连续系统微分方程的一般形式为

$$\begin{aligned} &y^{(n)}(t)+a_{n-1}y^{(n-1)}(t)+\cdots+a_1y'(t)+a_0y(t) \\ &=b_nf^{(n)}(t)+b_{n-1}f^{(n-1)}(t)+\cdots+b_1f'(t)+b_0f(t) \end{aligned} \tag{8.27}$$

为更具一般性,这里设 $y(t)$、$f(t)$ 的最高阶次相同。

为了便于直接从微分方程建立状态方程,引用辅助函数 $q(t)$,使 $q(t)$ 满足

$$q^{(n)}(t)+a_{n-1}q^{(n-1)}(t)+\cdots+a_1q'(t)+a_0q(t)=f(t) \tag{8.28}$$

则式(8.27)和式(8.28)具有相同的状态方程。

设状态变量分别为

$$\begin{cases}x_1=q(t)\\x_2=q'(t)\\ \vdots\\x_n=q^{(n-1)}(t)\end{cases}\tag{8.29}$$

可写出状态方程为

$$\begin{aligned}\dot{x}_1&=q'(t)=x_2\\ \dot{x}_2&=q''(t)=x_3\\ &\vdots\\ \dot{x}_n&=q^{(n)}(t)=-a_0q(t)-a_1q'(t)-\cdots-a_{n-1}q^{(n-1)}(t)+f(t)\\ &=-a_0x_1-a_1x_2-\cdots-a_{n-1}x_n+f(t)\end{aligned}\tag{8.30}$$

根据系统的微分性质可知

$$y(t)=b_nq^{(n)}(t)+b_{n-1}q^{(n-1)}(t)+\cdots+b_1q'(t)+b_0q(t)\tag{8.31}$$

其中

$$q^{(n)}(t)=f(t)-a_0q(t)-a_1q'(t)-\cdots-a_{n-1}q^{(n-1)}(t)\tag{8.32}$$

将式(8.32)代入式(8.31),有

$$\begin{aligned}y(t)&=b_nf(t)-a_0b_nq(t)-a_1b_nq'(t)-\cdots-a_{n-1}b_nq^{(n-1)}(t)+\\&\quad b_{n-1}q^{(n-1)}(t)+\cdots+b_1q'(t)+b_0q(t)\\&=b_nf(t)+(b_0-a_0b_n)q(t)+(b_1-a_1b_n)q'(t)+\cdots+\\&\quad(b_{n-1}-a_{n-1}b_n)q^{(n-1)}(t)\end{aligned}\tag{8.33}$$

将式(8.29)代入式(8.33),可得系统的输出方程为

$$y(t)=(b_0-a_0b_n)x_1+(b_1-a_1b_n)x_2+\cdots+(b_{n-1}-a_{n-1}b_n)x_n+b_nf(t)\tag{8.34}$$

将式(8.30)的状态方程和式(8.34)的输出方程写成矩阵形式为

$$\begin{bmatrix}\dot{x}_1\\ \dot{x}_2\\ \vdots\\ \dot{x}_{n-1}\\ \dot{x}_n\end{bmatrix}=\begin{bmatrix}0&1&0&\cdots&0\\0&0&1&\cdots&0\\ \vdots&\vdots&\vdots&&\vdots\\0&0&0&\cdots&1\\-a_0&-a_1&-a_2&\cdots&-a_{n-1}\end{bmatrix}\begin{bmatrix}x_1\\x_2\\ \vdots\\x_{n-1}\\x_n\end{bmatrix}+\begin{bmatrix}0\\0\\ \vdots\\0\\1\end{bmatrix}f(t)\tag{8.35}$$

$$y(t)=\begin{bmatrix}(b_0-a_0b_n)&(b_1-a_1b_n)&\cdots&(b_{n-1}-a_{n-1}b_n)\end{bmatrix}\begin{bmatrix}x_1\\x_2\\ \vdots\\x_n\end{bmatrix}+b_nf(t)\tag{8.36}$$

由此可见,对式(8.27)的不同输入情况,系统的 **A**、**B** 矩阵是相同的,**C**、**D** 矩阵有可能不同。

3. 由系统模拟框图建立状态方程

由模拟框图直接建立状态方程是一种比较直观和简单的方法,其一般规则是:

1) 选取积分器的输出(或微分器的输入)作为状态变量。

2) 围绕加法器列写状态方程和输出方程。

系统模拟框图有直接、级联和并联三种基本形式,由这三种形式的模拟框图可分别得到规

范形式、级联形式和并联形式的状态方程。下面举例说明。

例 8.4　已知一个线性时不变连续系统的直接形式、级联形式、并联形式的模拟框图分别如图 8.7a、b、c 所示,试写出三种形式下的状态方程和输出方程。

解　(1) 直接形式。

图 8.7a 为该系统直接形式的模拟框图。选三个积分器的输出为系统的状态变量 x_1、x_2、x_3,则有

$$\begin{cases}\dot{x}_1=x_2\\ \dot{x}_2=x_3\\ \dot{x}_3=-24x_1-26x_2-9x_3+f(t)\end{cases}$$

系统的输出方程为

$$y=10x_1+4x_2$$

将状态方程和输出方程写成矩阵形式为

$$\begin{bmatrix}\dot{x}_1\\ \dot{x}_2\\ \dot{x}_3\end{bmatrix}=\begin{bmatrix}0&1&0\\0&0&1\\-24&-26&-9\end{bmatrix}\begin{bmatrix}x_1\\x_2\\x_3\end{bmatrix}+\begin{bmatrix}0\\0\\1\end{bmatrix}f(t)$$

$$y=\begin{bmatrix}10&4&0\end{bmatrix}\begin{bmatrix}x_1\\x_2\\x_3\end{bmatrix}$$

(2) 级联形式。

系统级联形式的模拟框图如图 8.7b 所示。选三个积分器的输出为状态变量 x_1、x_2、x_3,则有

$$\begin{cases}\dot{x}_1=-2x_1+f(t)\\ \dot{x}_2=2x_1-3x_2\\ \dot{x}_3=5x_2+2\dot{x}_2-4x_3=4x_1-x_2-4x_3\end{cases}$$

系统的输出方程为

$$y=x_3$$

将状态方程和输出方程写成矩阵形式为

$$\begin{bmatrix}\dot{x}_1\\ \dot{x}_2\\ \dot{x}_3\end{bmatrix}=\begin{bmatrix}-2&0&0\\2&-3&0\\4&-1&4\end{bmatrix}\begin{bmatrix}x_1\\x_2\\x_3\end{bmatrix}+\begin{bmatrix}1\\0\\0\end{bmatrix}f(t)$$

$$y=\begin{bmatrix}0&0&1\end{bmatrix}\begin{bmatrix}x_1\\x_2\\x_3\end{bmatrix}$$

(3) 并联形式。

系统并联形式的模拟框图如图 8.7c 所示。选三个积分器的输出为状态变量 x_1、x_2、x_3,则有

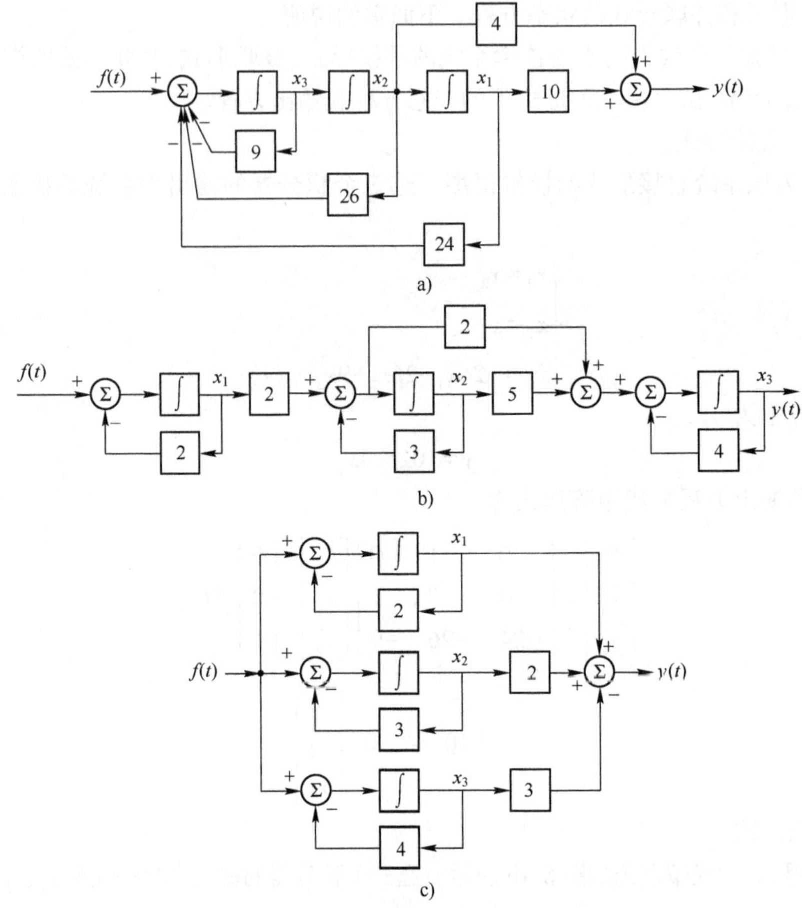

图 8.7　例 8.4 系统的三种模拟框图

a）直接型模拟框图　b）级联型模拟框图　c）并联型模拟框图

$$
\begin{cases}
\dot{x}_1=-2x_1+f(t)\\
\dot{x}_2=-3x_2+f(t)\\
\dot{x}_3=-4x_3+f(t)
\end{cases}
$$

系统的输出方程为

$$y=x_1+2x_2-3x_3$$

将状态方程和输出方程写成矩阵形式为

$$
\begin{bmatrix}\dot{x}_1\\ \dot{x}_2\\ \dot{x}_3\end{bmatrix}=\begin{bmatrix}-2&0&0\\0&-3&0\\0&0&-4\end{bmatrix}\begin{bmatrix}x_1\\x_2\\x_3\end{bmatrix}+\begin{bmatrix}1\\1\\1\end{bmatrix}f(t)
$$

$$
y=\begin{bmatrix}1&2&-3\end{bmatrix}\begin{bmatrix}x_1\\x_2\\x_3\end{bmatrix}
$$

由以上三个模拟框图可得系统函数为

$$H(s)=\frac{4s+10}{s^3+9s^2+26s+24}=\left(\frac{2}{s+2}\right)\left(\frac{2s+5}{s+3}\right)\left(\frac{1}{s+4}\right)$$
$$=\frac{1}{s+2}+\frac{2}{s+3}-\frac{3}{s+4}$$

由此例可见，对于同一个系统，由于实现方法（如直接形式、级联形式、并联形式的结构等）的不同，其模拟框图结构也不相同，因而所选的状态变量也将不同，其状态方程和输出方程也不相同。虽然这些状态方程和输出方程的形式不同，但它们的特征根、特征方程是相同的，它们所描述的输入和输出关系是等价的。注意，并联形式的状态方程中的 $\boldsymbol{A}$ 矩阵是一对角阵，其对角线元素就是特征根。

可将上例的方法推广到一般的情况，对于一般的 n 阶系统的系统函数有

$$\begin{aligned}H(s)&=\frac{b_m s^m+b_{m-1}s^{m-1}+\cdots+b_1 s+b_0}{s^n+a_{n-1}s^{n-1}+\cdots+a_1 s+a_0}\\&=\frac{K_1}{s-p_1}+\frac{K_2}{s-p_2}+\cdots+\frac{K_n}{s-p_n}\quad n>m\end{aligned}\tag{8.37}$$

由式(8.37)可分别画出系统直接形式和并联形式的模拟框图，如图 8.8a、b 所示。

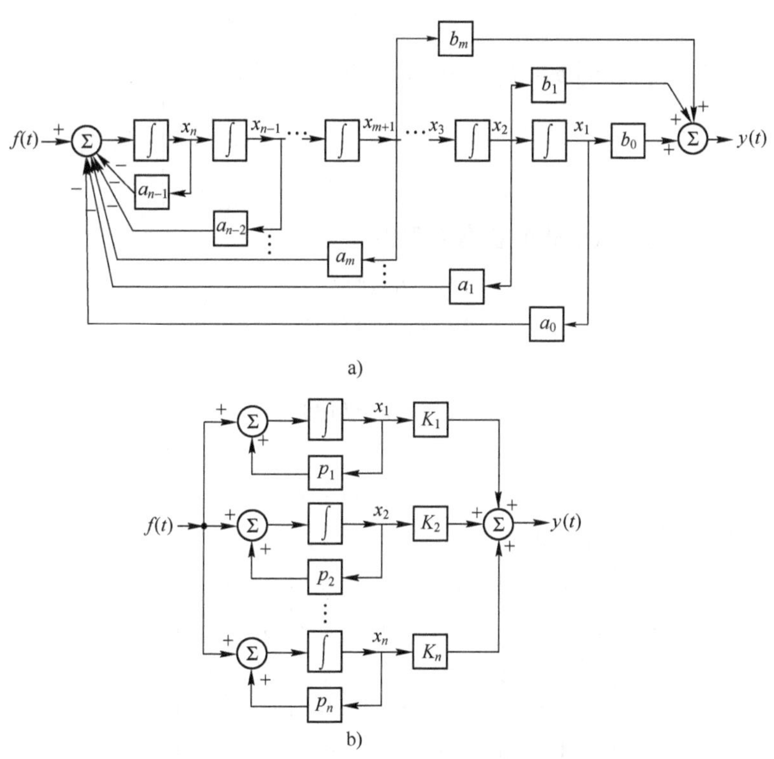

图 8.8　n 阶线性时不变系统的模拟框图

a）直接型模拟框图　b）并联型模拟框图

选择 n 个积分器的输出 $x_1,x_2,\cdots,x_n$ 为状态变量，则由图 8.8a 可得系统规范形式的状态方程为

$$\begin{cases}\dot{x}_1=x_2\\ \dot{x}_2=x_3\\ \quad\vdots\\ \dot{x}_{n-1}=x_n\\ \dot{x}_n=-a_0x_1-a_1x_2-\cdots-a_{n-2}x_{n-1}-a_{n-1}x_n+f(t)\end{cases} \tag{8.38}$$

系统的输出方程为

$$y=b_0x_1+b_1x_2+\cdots+b_mx_m \tag{8.39}$$

将状态方程和输出方程写成矩阵形式为

$$\begin{bmatrix}\dot{x}_1\\ \dot{x}_2\\ \vdots\\ \dot{x}_{n-1}\\ \dot{x}_n\end{bmatrix}=\begin{bmatrix}0 & 1 & 0 & \cdots & 0\\ 0 & 0 & 1 & \cdots & 0\\ \vdots & \vdots & \vdots & & \vdots\\ 0 & 0 & 0 & \cdots & 1\\ -a_0 & -a_1 & -a_2 & \cdots & -a_{n-1}\end{bmatrix}\begin{bmatrix}x_1\\ x_2\\ \vdots\\ x_{n-1}\\ x_n\end{bmatrix}+\begin{bmatrix}0\\ 0\\ \vdots\\ 0\\ 1\end{bmatrix}f(t) \tag{8.40}$$

$$y=[b_0 \quad b_1 \quad \cdots \quad b_m \quad 0 \quad \cdots \quad 0]\begin{bmatrix}x_1\\ x_2\\ \vdots\\ x_{m+1}\\ x_{m+2}\\ \vdots\\ x_n\end{bmatrix} \tag{8.41}$$

由图8.8b可得系统并联形式的状态方程为

$$\begin{cases}\dot{x}_1=p_1x_1+f(t)\\ \dot{x}_2=p_2x_2+f(t)\\ \quad\vdots\\ \dot{x}_n=p_nx_n+f(t)\end{cases} \tag{8.42}$$

系统的输出方程为

$$y=K_1x_1+K_2x_2+\cdots+K_nx_n \tag{8.43}$$

将状态方程和输出方程写成矩阵形式为

$$\begin{bmatrix}\dot{x}_1\\ \dot{x}_2\\ \vdots\\ \dot{x}_{n-1}\\ \dot{x}_n\end{bmatrix}=\begin{bmatrix}p_1 & 0 & \cdots & 0 & 0\\ 0 & p_2 & \cdots & 0 & 0\\ \vdots & \vdots & & \vdots & \vdots\\ 0 & 0 & \cdots & p_{n-1} & 0\\ 0 & 0 & \cdots & 0 & p_n\end{bmatrix}\begin{bmatrix}x_1\\ x_2\\ \vdots\\ x_{n-1}\\ x_n\end{bmatrix}+\begin{bmatrix}1\\ 1\\ \vdots\\ 1\\ 1\end{bmatrix}f(t) \tag{8.44}$$

$$y=[K_1 \quad K_2 \quad \cdots \quad K_{n-1} \quad K_n]\begin{bmatrix}x_1\\ x_2\\ \vdots\\ x_{n-1}\\ x_n\end{bmatrix} \tag{8.45}$$

4. 由系统函数建立状态方程

对于同一个系统可以用不同方式进行描述,不同描述方式之间可以进行相互转换。因此,可以利用前面的结论,由系统函数得出状态方程:一种方法是先从系统函数 $H(s)$ 画出系统模拟框图,然后建立状态方程;另一种方法是先将系统函数 $H(s)$ 转化为系统高阶微分方程,再建立状态方程。

例 8.5　已知系统函数为 $H(s)=\dfrac{4s+10}{s^3+9s^2+26s+24}$,列写系统的状态方程和输出方程。

解　(1) 由 $H(s)$ 可直接写出系统的微分方程为

$$y'''(t)+9y''(t)+26y'(t)+24y(t)=4f'(t)+10f(t)$$

由前面介绍的由微分方程建立状态方程的方法,可以直接写出系统的状态方程和输出方程为

$$\begin{bmatrix}\dot{x}_1\\ \dot{x}_2\\ \dot{x}_3\end{bmatrix}=\begin{bmatrix}0 & 1 & 0\\ 0 & 0 & 1\\ -24 & -26 & -9\end{bmatrix}\begin{bmatrix}x_1\\ x_2\\ x_3\end{bmatrix}+\begin{bmatrix}0\\ 0\\ 1\end{bmatrix}f(t)$$

$$y=\begin{bmatrix}10 & 4 & 0\end{bmatrix}\begin{bmatrix}x_1\\ x_2\\ x_3\end{bmatrix}$$

(2) 由 $H(s)$ 画出系统的模拟框图,再由模拟框图建立状态方程的方法,可以写出系统的状态方程和输出方程。

此例中的系统函数与例 8.4 中的系统函数完全相同,因此可参见例 8.4 中的状态方程和输出方程的建立过程。

如果已知描述系统的微分方程或者系统函数 $H(s)$,一种较为直观的建立状态方程的途径是从微分方程或者系统函数 $H(s)$ 画出对应的系统模拟框图,然后再从框图中建立系统的状态方程和输出方程。

例 8.6　已知一个二输入-二输出系统由下列微分方程组来描述:

$$\begin{cases}y_1'(t)+2y_2(t)=f_1(t)\\ y_2''(t)+y_1'(t)+y_2'(t)+3y_1(t)=f_2(t)\end{cases}$$

列写其状态方程和输出方程。

解　将原方程组改写为

$$\begin{cases}y_1'(t)=-2y_2(t)+f_1(t)\\ y_2''(t)=-y_1'(t)-y_2'(t)-3y_1(t)+f_2(t)\end{cases}$$

按上式画出框图如图 8.9 所示。

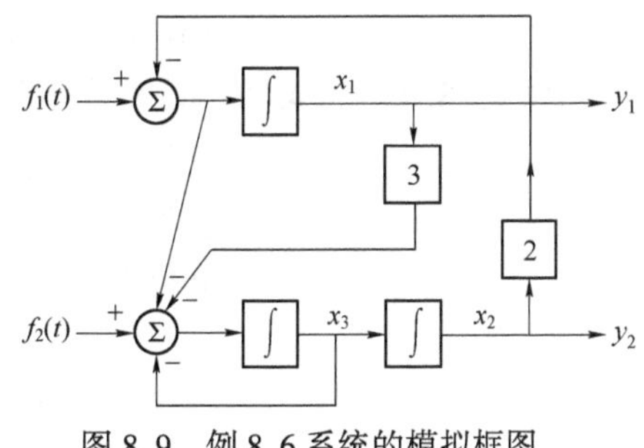

图 8.9　例 8.6 系统的模拟框图

选各积分器的输出为状态变量,分别记为 x_1、x_2、x_3,则由图 8.9 可得状态方程和输出方程为

$$\begin{cases}\dot{x}_1=-2x_2+f_1(t)\\ \dot{x}_2=x_3\\ \dot{x}_3=-3x_1+2x_2-x_3-f_1(t)+f_2(t)\end{cases}$$

$$\begin{cases}y_1=x_1\\ y_2=x_2\end{cases}$$

将状态方程和输出方程写成矩阵形式为

$$\begin{bmatrix}\dot{x}_1\\\dot{x}_2\\\dot{x}_3\end{bmatrix}=\begin{bmatrix}0&-2&0\\0&0&1\\-3&2&-1\end{bmatrix}\begin{bmatrix}x_1\\x_2\\x_3\end{bmatrix}+\begin{bmatrix}1&0\\0&0\\-1&1\end{bmatrix}\begin{bmatrix}f_1(t)\\f_2(t)\end{bmatrix}$$

$$\begin{bmatrix}y_1\\y_2\end{bmatrix}=\begin{bmatrix}1&0&0\\0&1&0\end{bmatrix}\begin{bmatrix}x_1\\x_2\\x_3\end{bmatrix}$$

8.2.2　离散系统状态方程的建立

离散系统状态方程的建立方法与连续系统相类似。下面结合具体实例来说明由差分方程、系统模拟框图和系统函数建立离散系统状态方程的方法。

1. 由差分方程建立状态方程

由差分方程列写状态方程和输出方程的方法与由微分方程列写状态方程和输出方程的方法相似。即通过适当选取状态变量，把描述离散系统的输入输出关系的 n 阶差分方程转换为一阶差分方程组，从而得到离散系统的状态方程。

例 8.7　有两个线性时不变离散时间系统，描述它们的差分方程为

(1) $y(k)+3y(k-1)+2y(k-2)+4y(k-3)=f(k)$　(8.46)

(2) $y(k)+3y(k-1)+2y(k-2)+4y(k-3)=5f(k-1)+2f(k-2)+4f(k-3)$　(8.47)

分别列出系统的状态方程和输出方程。

解　(1) 根据差分方程理论，当已知初始状态 $y(-3)$、$y(-2)$、$y(-1)$ 及 $k\geqslant0$ 时的$f(k)$，就可以完全确定系统未来的状态。因此选取状态变量如下：

$$\begin{cases}x_1(k)=y(k-3)\\x_2(k)=y(k-2)\\x_3(k)=y(k-1)\end{cases}\tag{8.48}$$

由式(8.46)和式(8.48)可写出状态方程为

$$\begin{cases}x_1(k+1)=y(k-2)=x_2(k)\\x_2(k+1)=y(k-1)=x_3(k)\\x_3(k+1)=y(k)\\\qquad=-4y(k-3)-2y(k-2)-3y(k-1)+f(k)\\\qquad=-4x_1(k)-2x_2(k)-3x_3(k)+f(k)\end{cases}\tag{8.49}$$

系统的输出方程为

$$y(k)=x_3(k+1)=-4x_1(k)-2x_2(k)-3x_3(k)+f(k)\tag{8.50}$$

将式(8.49)和式(8.50)写成矩阵形式为

$$\begin{bmatrix}x_1(k+1)\\x_2(k+1)\\x_3(k+1)\end{bmatrix}=\begin{bmatrix}0&1&0\\0&0&1\\-4&-2&-3\end{bmatrix}\begin{bmatrix}x_1(k)\\x_2(k)\\x_3(k)\end{bmatrix}+\begin{bmatrix}0\\0\\1\end{bmatrix}f(k)\tag{8.51}$$

$$y(k)=\begin{bmatrix}-4&-2&-3\end{bmatrix}\begin{bmatrix}x_1(k)\\x_2(k)\\x_3(k)\end{bmatrix}+f(k)\tag{8.52}$$

(2) 对于式(8.47)描述的系统,与连续系统一样,需要引用一个辅助函数 $q(k)$,使之满足

$$q(k)+3q(k-1)+2q(k-2)+4q(k-3)=f(k) \tag{8.53}$$

式(8.53)与式(8.46)的差分方程相同,选状态变量如下:

$$\begin{cases} x_1(k)=q(k-3) \\ x_2(k)=q(k-2) \\ x_3(k)=q(k-1) \end{cases} \tag{8.54}$$

根据式(8.53)和式(8.54)可写出状态方程为

$$\begin{cases} x_1(k+1)=q(k-2)=x_2(k) \\ x_2(k+1)=q(k-1)=x_3(k) \\ x_3(k+1)=q(k) \\ \qquad\qquad =-4q(k-3)-2q(k-2)-3q(k-1)+f(k) \\ \qquad\qquad =-4x_1(k)-2x_2(k)-3x_3(k)+f(k) \end{cases} \tag{8.55}$$

将系统的输出 $y(k)$ 与辅助函数 $q(k)$ 联系起来,根据系统的差分特性,可得输出方程为

$$y(k)=5q(k-1)+2q(k-2)+4q(k-3) \tag{8.56}$$

将式(8.54)代入式(8.56)得

$$y(k)=4x_1(k)+2x_2(k)+5x_3(k) \tag{8.57}$$

将式(8.55)和式(8.57)写成矩阵形式为

$$\begin{bmatrix} x_1(k+1) \\ x_2(k+1) \\ x_3(k+1) \end{bmatrix}=\begin{bmatrix} 0 & 1 & 0 \\ 0 & 0 & 1 \\ -4 & -2 & -3 \end{bmatrix}\begin{bmatrix} x_1(k) \\ x_2(k) \\ x_3(k) \end{bmatrix}+\begin{bmatrix} 0 \\ 0 \\ 1 \end{bmatrix}f(k) \tag{8.58}$$

$$y(k)=[4 \quad 2 \quad 5]\begin{bmatrix} x_1(k) \\ x_2(k) \\ x_3(k) \end{bmatrix} \tag{8.59}$$

2. 由系统模拟框图建立状态方程

由离散系统的框图建立状态方程的一般规则是:

1) 选取延时器(即 D)的输出作为状态变量。

2) 围绕加法器列写状态方程和输出方程。

例 8.8　图 8.10 是一个二输入-二输出的离散系统框图,试列写出系统的状态方程和输出方程。

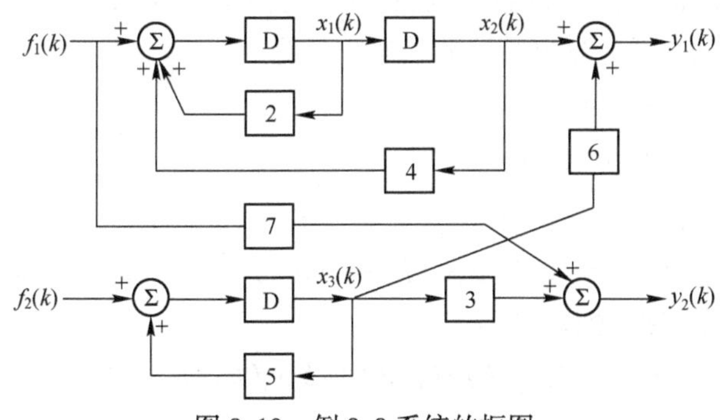

图 8.10　例 8.8 系统的框图

解　该系统有三个延时器,分别选取其输出 $x_1(k)$、$x_2(k)$、$x_3(k)$ 为状态变量,如图 8.10 所示。由左端加法器列写状态方程为

$$\begin{cases} x_1(k+1)=2x_1(k)+4x_2(k)+f_1(k) \\ x_2(k+1)=x_1(k) \\ x_3(k+1)=5x_3(k)+f_2(k) \end{cases}$$

对右端加法器列写输出方程为

$$y_1(k)=x_2(k)+6x_3(k)$$
$$y_2(k)=3x_3(k)+7f_1(k)$$

将状态方程和输出方程写成矩阵形式为

$$\begin{bmatrix} x_1(k+1) \\ x_2(k+1) \\ x_3(k+1) \end{bmatrix}=\begin{bmatrix} 2 & 4 & 0 \\ 1 & 0 & 0 \\ 0 & 0 & 5 \end{bmatrix}\begin{bmatrix} x_1(k) \\ x_2(k) \\ x_3(k) \end{bmatrix}+\begin{bmatrix} 1 & 0 \\ 0 & 0 \\ 0 & 1 \end{bmatrix}\begin{bmatrix} f_1(k) \\ f_2(k) \end{bmatrix}$$

$$\begin{bmatrix} y_1(k) \\ y_2(k) \end{bmatrix}=\begin{bmatrix} 0 & 1 & 6 \\ 0 & 0 & 3 \end{bmatrix}\begin{bmatrix} x_1(k) \\ x_2(k) \\ x_3(k) \end{bmatrix}+\begin{bmatrix} 0 & 0 \\ 7 & 0 \end{bmatrix}\begin{bmatrix} f_1(k) \\ f_2(k) \end{bmatrix}$$

例 8.9　已知一个四阶离散系统的模拟框图如图 8.11 所示,试建立其状态方程和输出方程。

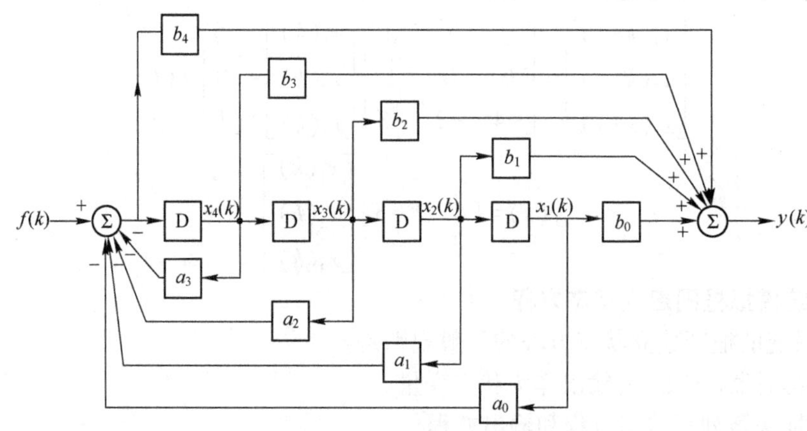

图 8.11　例 8.9 系统的框图

解　选择延迟器的输出为状态变量,从右到左分别取为 $x_1(k)$、$x_2(k)$、$x_3(k)$ 和 $x_4(k)$,如图 8.11 所示。由图 8.11 可列写出系统的状态方程为

$$\begin{cases} x_1(k+1)=x_2(k) \\ x_2(k+1)=x_3(k) \\ x_3(k+1)=x_4(k) \\ x_4(k+1)=f(k)-a_0x_1(k)-a_1x_2(k)-a_2x_3(k)-a_3x_4(k) \end{cases}$$

对右端加法器可列写系统的输出方程为

$$\begin{aligned} y(k)=&b_0x_1(k)+b_1x_2(k)+b_2x_3(k)+b_3x_4(k)+ \\ &b_4[f(k)-a_0x_1(k)-a_1x_2(k)-a_2x_3(k)-a_3x_4(k)] \end{aligned}$$

将状态方程和输出方程写成矩阵形式为

$$\begin{cases}\boldsymbol{x}(k+1)=\begin{bmatrix}0&1&0&0\\0&0&1&0\\0&0&0&1\\-a_0&-a_1&-a_2&-a_3\end{bmatrix}\boldsymbol{x}(k)+\begin{bmatrix}0\\0\\0\\1\end{bmatrix}f(k)\\ y(k)=\begin{bmatrix}b_0-b_4a_0 & b_1-b_4a_1 & b_2-b_4a_2 & b_3-b_4a_3\end{bmatrix}\boldsymbol{x}(k)+b_4f(k)\end{cases}$$

3. 由系统函数建立状态方程

与连续系统建立状态方程的方法类似,若已知离散系统的系统函数 $H(z)$,可以有两种方法来建立状态方程:

1) 把 $H(z)$ 转换为差分方程,由差分方程建立状态方程。

2) 由 $H(z)$ 画出系统模拟框图,再由其框图建立系统的状态方程。

第 2)种方法更为简单而直观。

例 8.10　已知一个离散系统的系统函数为

$$H(z)=\frac{8z^2-5z+9}{z^3+4z^2-2z+6}$$

试写出该系统的状态方程和输出方程。

解　把给出的 $H(z)$ 改写为如下形式:

$$H(z)=\frac{8z^{-1}-5z^{-2}+9z^{-3}}{1+4z^{-1}-2z^{-2}+6z^{-3}}$$

根据 $H(z)$,则可得到图 8.12 所示的系统框图。采用例 8.9 所述方法可写出系统状态方程的矩阵表示式为

$$\begin{bmatrix}x_1(k+1)\\x_2(k+1)\\x_3(k+1)\end{bmatrix}=\begin{bmatrix}0&1&0\\0&0&1\\-6&2&-4\end{bmatrix}\begin{bmatrix}x_1(k)\\x_2(k)\\x_3(k)\end{bmatrix}+\begin{bmatrix}0\\0\\1\end{bmatrix}f(k)$$

输出方程的矩阵表示式为

$$y(k)=\begin{bmatrix}9 & -5 & 8\end{bmatrix}\begin{bmatrix}x_1(k)\\x_2(k)\\x_3(k)\end{bmatrix}$$

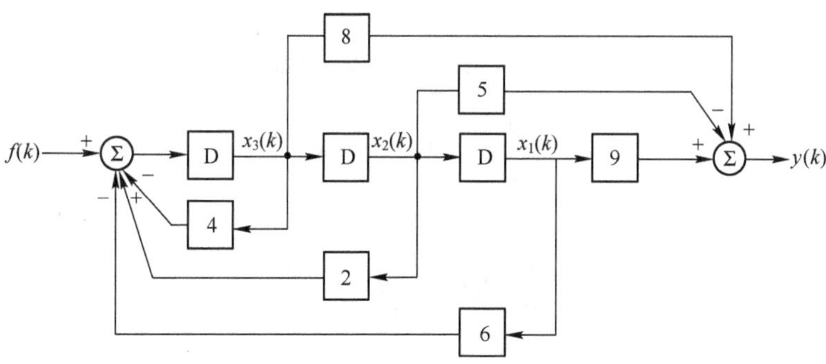

图 8.12　例 8.10 系统的框图

8.3 状态方程的求解

8.3.1 连续系统状态方程的求解

连续系统状态方程的一般形式为

$$\begin{cases}\dot{\boldsymbol{x}}(t)=\boldsymbol{A}\boldsymbol{x}(t)+\boldsymbol{B}\boldsymbol{f}(t) & (8.60)\\ \boldsymbol{y}(t)=\boldsymbol{C}\boldsymbol{x}(t)+\boldsymbol{D}\boldsymbol{f}(t) & (8.61)\end{cases}$$

式中，$\boldsymbol{x}(t)=[x_1(t) \quad x_2(t) \quad \cdots \quad x_n(t)]^{\mathrm{T}}$是状态矢量；$\boldsymbol{f}(t)=[f_1(t) \quad f_2(t) \quad \cdots \quad f_p(t)]^{\mathrm{T}}$是输入矢量；$\boldsymbol{y}(t)=[y_1(t) \quad y_2(t) \quad \cdots \quad y_q(t)]^{\mathrm{T}}$是输出矢量；$\boldsymbol{A}_{n\times n}$、$\boldsymbol{B}_{n\times p}$、$\boldsymbol{C}_{q\times n}$、$\boldsymbol{D}_{q\times p}$是系数矩阵，对于线性时不变连续系统，它们都是常量矩阵。

连续系统状态方程的求解有时域法和变换域法两种方法。

1. 用时域法求解连续系统的状态方程

对于线性时不变连续系统，式(8.60)表示一组常系数一阶微分方程，称之为常系数线性矢量微分方程组。

为求出系统状态方程解的一般表示式，定义矩阵指数 $\mathrm{e}^{\boldsymbol{A}t}$为

$$\mathrm{e}^{\boldsymbol{A}t} \overset{\text{def}}{=} \boldsymbol{I}+\boldsymbol{A}t+\frac{1}{2!}\boldsymbol{A}^2t^2+\cdots+\frac{1}{k!}\boldsymbol{A}^kt^k+\cdots=\sum_{k=0}^{\infty}\frac{1}{k!}\boldsymbol{A}^kt^k \tag{8.62}$$

式中，$\boldsymbol{I}$是 $n\times n$ 的单位矩阵；$\boldsymbol{A}$ 为 $n\times n$ 方阵；$\mathrm{e}^{\boldsymbol{A}t}$也是一个 $n\times n$ 方阵。由矩阵指数 $\mathrm{e}^{\boldsymbol{A}t}$的定义式(8.62)易证得，对任意实数 t 和 τ 有

$$\mathrm{e}^{\boldsymbol{A}(t+\tau)}=\mathrm{e}^{\boldsymbol{A}t}\mathrm{e}^{\boldsymbol{A}\tau} \tag{8.63}$$

取 $\tau=-t$，则由式(8.63)得

$$\mathrm{e}^{\boldsymbol{A}t}\mathrm{e}^{-\boldsymbol{A}t}=\mathrm{e}^{\boldsymbol{A}(t-t)}=\mathrm{e}^0=\boldsymbol{I} \tag{8.64}$$

式(8.64)表明，矩阵 $\mathrm{e}^{\boldsymbol{A}t}$是可逆的，$\mathrm{e}^{\boldsymbol{A}t}$的逆矩阵为 $\mathrm{e}^{-\boldsymbol{A}t}$。对矩阵函数的求导定义为对矩阵函数中的每一个元素求导，由式(8.62)可得矩阵指数 $\mathrm{e}^{\boldsymbol{A}t}$的导数为

$$\begin{aligned}\frac{\mathrm{d}}{\mathrm{d}t}\mathrm{e}^{\boldsymbol{A}t}&=\boldsymbol{A}+\boldsymbol{A}^2t+\frac{1}{2!}\boldsymbol{A}^3t^2+\frac{1}{3!}\boldsymbol{A}^4t^3+\cdots\\&=\boldsymbol{A}\left(\boldsymbol{I}+\boldsymbol{A}t+\frac{1}{2!}\boldsymbol{A}^2t^2+\frac{1}{3!}\boldsymbol{A}^3t^3+\cdots\right)\\&=\left(\boldsymbol{I}+\boldsymbol{A}t+\frac{1}{2!}\boldsymbol{A}^2t^2+\frac{1}{3!}\boldsymbol{A}^3t^3+\cdots\right)\boldsymbol{A}\end{aligned}$$

$$\frac{\mathrm{d}}{\mathrm{d}t}\mathrm{e}^{\boldsymbol{A}t}=\boldsymbol{A}\mathrm{e}^{\boldsymbol{A}t}=\mathrm{e}^{\boldsymbol{A}t}\boldsymbol{A} \tag{8.65}$$

由矩阵函数的求导公式：

$$\frac{\mathrm{d}}{\mathrm{d}t}(\boldsymbol{P}\boldsymbol{Q})=\frac{\mathrm{d}\boldsymbol{P}}{\mathrm{d}t}\boldsymbol{Q}+\boldsymbol{P}\frac{\mathrm{d}\boldsymbol{Q}}{\mathrm{d}t} \tag{8.66}$$

得到

$$\frac{\mathrm{d}}{\mathrm{d}t}(\mathrm{c}^{-\boldsymbol{A}t}\boldsymbol{x}(t))=\left(\frac{\mathrm{d}}{\mathrm{d}t}\mathrm{e}^{-\boldsymbol{A}t}\right)\boldsymbol{x}(t)+\mathrm{e}^{-\boldsymbol{A}t}\dot{\boldsymbol{x}}(t)=-\mathrm{e}^{-\boldsymbol{A}t}\boldsymbol{A}\boldsymbol{x}(t)+\mathrm{e}^{-\boldsymbol{A}t}\dot{\boldsymbol{x}}(t) \tag{8.67}$$

将式(8.60)两边乘以 e^{-At},并移项可得

$$e^{-At}\dot{\boldsymbol{x}}(t)-e^{-At}\boldsymbol{A}\boldsymbol{x}(t)=e^{-At}\boldsymbol{B}\boldsymbol{f}(t) \tag{8.68}$$

比较式(8.67)和式(8.68)得

$$\frac{d}{dt}(e^{-At}\boldsymbol{x}(t))=e^{-At}\boldsymbol{B}\boldsymbol{f}(t) \tag{8.69}$$

对式(8.69)两边从 0_- 到 t 积分,得

$$e^{-At}\boldsymbol{x}(t)-\boldsymbol{x}(0_-)=\int_{0_-}^{t}e^{-A\tau}\boldsymbol{B}\boldsymbol{f}(\tau)d\tau$$

再将上式两边同乘以矩阵指数 e^{At},并利用式(8.64),得状态方程的一般解为

$$\boldsymbol{x}(t)=e^{At}\boldsymbol{x}(0_-)+\int_{0_-}^{t}e^{-A(t-\tau)}\boldsymbol{B}\boldsymbol{f}(\tau)d\tau \tag{8.70}$$

式中,$\boldsymbol{x}(0_-)$是 $t=0_-$ 时的状态矢量,即初始状态矢量。

将式(8.70)代入式(8.61),得系统的输出矢量为

$$\begin{aligned}\boldsymbol{y}(t)&=\boldsymbol{C}\boldsymbol{x}(t)+\boldsymbol{D}\boldsymbol{f}(t)\\&=\boldsymbol{C}e^{At}\boldsymbol{x}(0_-)+\int_{0-}^{t}\boldsymbol{C}e^{A(t-\tau)}\boldsymbol{B}\boldsymbol{f}(\tau)d\tau+\boldsymbol{D}\boldsymbol{f}(t)\end{aligned} \tag{8.71}$$

无论是状态方程的解还是输出方程的解,都由两部分相加组成:第一部分是零输入解,是由系统的初始状态 $\boldsymbol{x}(0_-)$引起的响应;第二部分是零状态解,是由激励信号 $\boldsymbol{f}(t)$引起的响应。两部分的变化规律都与矩阵 e^{At}有关,因此,e^{At}在系统的状态变量分析中起着重要的作用。在系统理论分析中,将矩阵指数函数 e^{At}称为状态转移矩阵,用 $\boldsymbol{\phi}(t)$表示,即

$$\boldsymbol{\phi}(t)=e^{At}\quad t\geqslant 0 \tag{8.72}$$

根据指数函数的性质,不难证明状态转移矩阵有以下重要性质:

(1) $\boldsymbol{\phi}(0)=\boldsymbol{I}$

(2) $\boldsymbol{\phi}(t-t_0)=\boldsymbol{\phi}(t-t_1)\boldsymbol{\phi}(t_1-t_0)$

(3) $\boldsymbol{\phi}^{-1}(t-t_0)=\boldsymbol{\phi}(t_0-t)$

(4) $\boldsymbol{\phi}^{-1}(t)=\boldsymbol{\phi}(-t)$

由于引入 $\boldsymbol{\phi}(t)$,式(8.70)和式(8.71)可改写为

$$\boldsymbol{x}(t)=\boldsymbol{\phi}(t)\boldsymbol{x}(0_-)+\int_{0_-}^{t}\boldsymbol{\phi}(t-\tau)\boldsymbol{B}\boldsymbol{f}(\tau)d\tau \tag{8.73}$$

$$\boldsymbol{y}(t)=\boldsymbol{C}\boldsymbol{\phi}(t)\boldsymbol{x}(0_-)+\int_{0_-}^{t}\boldsymbol{C}\boldsymbol{\phi}(t-\tau)\boldsymbol{B}\boldsymbol{f}(\tau)d\tau+\boldsymbol{D}\boldsymbol{f}(t) \tag{8.74}$$

由式(8.70)和式(8.73)可见,当输入 $\boldsymbol{f}(t)$为零时,状态矢量的零输入解为

$$\boldsymbol{x}_{zi}(t)=e^{At}\boldsymbol{x}(0_-)=\boldsymbol{\phi}(t)\boldsymbol{x}(0_-)=\boldsymbol{\phi}(t-0_-)\boldsymbol{x}(0_-)$$

由此可以这样理解状态转移矩阵的物理含义:在 $\boldsymbol{\phi}(t-0_-)$作用下,将系统 0_- 时刻的状态 $\boldsymbol{x}(0_-)$转移到当前时刻 t 的状态 $\boldsymbol{x}(t)$。

式(8.73)和式(8.74)表明,若已知系统初始状态 $\boldsymbol{x}(0_-)$和 $t\geqslant 0$ 时的输入 $\boldsymbol{f}(t)$,就可求得系统在任意时刻的状态 $\boldsymbol{x}(t)$和输出 $\boldsymbol{y}(t)$。

例 8.11　某线性时不变连续系统的状态方程和输出方程分别为

$$\begin{bmatrix}\dot{x}_1(t)\\\dot{x}_2(t)\end{bmatrix}=\begin{bmatrix}2&3\\0&-1\end{bmatrix}\begin{bmatrix}x_1(t)\\x_2(t)\end{bmatrix}+\begin{bmatrix}0&1\\1&1\end{bmatrix}\begin{bmatrix}f_1(t)\\f_2(t)\end{bmatrix}$$

$$\begin{bmatrix} y_1(t) \\ y_2(t) \end{bmatrix} = \begin{bmatrix} 1 & 1 \\ 0 & -1 \end{bmatrix} \begin{bmatrix} x_1(t) \\ x_2(t) \end{bmatrix} + \begin{bmatrix} 1 & 0 \\ 1 & 0 \end{bmatrix} \begin{bmatrix} f_1(t) \\ f_2(t) \end{bmatrix}$$

其初始状态和输入分别为

$$\begin{bmatrix} x_1(0_-) \\ x_2(0_-) \end{bmatrix} = \begin{bmatrix} 2 \\ -1 \end{bmatrix} \quad \begin{bmatrix} f_1(t) \\ f_2(t) \end{bmatrix} = \begin{bmatrix} \varepsilon(t) \\ \delta(t) \end{bmatrix}$$

求该系统的状态和输出。

解　(1) 计算状态转移矩阵

$$\boldsymbol{\phi}(t) = \mathrm{e}^{\boldsymbol{A}t}$$

从系统矩阵 $\boldsymbol{A}$ 确定其特征多项式为

$$P(\lambda) = \det(\lambda \boldsymbol{I} - \boldsymbol{A}) = \det \begin{bmatrix} \lambda - 2 & -3 \\ 0 & \lambda + 1 \end{bmatrix} = (\lambda - 2)(\lambda + 1)$$

其特征根为 $\lambda_1 = 2, \lambda_2 = -1$。

用成分矩阵法求 $\mathrm{e}^{\boldsymbol{A}t}$。矩阵指数函数可写为

$$\mathrm{e}^{\boldsymbol{A}t} = \mathrm{e}^{\lambda_1 t} \boldsymbol{E}_1 + \mathrm{e}^{\lambda_2 t} \boldsymbol{E}_2$$

求成分矩阵 $\boldsymbol{E}_1$、$\boldsymbol{E}_2$ 得

$$\boldsymbol{E}_1 = \frac{\boldsymbol{A} - \lambda_2 \boldsymbol{I}}{\lambda_1 - \lambda_2} = \frac{\begin{bmatrix} 2 & 3 \\ 0 & -1 \end{bmatrix} - (-1) \begin{bmatrix} 1 & 0 \\ 0 & 1 \end{bmatrix}}{2 - (-1)} = \begin{bmatrix} 1 & 1 \\ 0 & 0 \end{bmatrix}$$

$$\boldsymbol{E}_2 = \frac{\boldsymbol{A} - \lambda_1 \boldsymbol{I}}{\lambda_2 - \lambda_1} = \frac{\begin{bmatrix} 2 & 3 \\ 0 & -1 \end{bmatrix} - 2 \begin{bmatrix} 1 & 0 \\ 0 & 1 \end{bmatrix}}{-1 - 2} = \begin{bmatrix} 0 & -1 \\ 0 & 1 \end{bmatrix}$$

将它们代入矩阵指数式，得状态转移矩阵为

$$\boldsymbol{\phi}(t) = \mathrm{e}^{\boldsymbol{A}t} = \mathrm{e}^{2t} \begin{bmatrix} 1 & 1 \\ 0 & 0 \end{bmatrix} + \mathrm{e}^{-t} \begin{bmatrix} 0 & -1 \\ 0 & 1 \end{bmatrix} = \begin{bmatrix} \mathrm{e}^{2t} & \mathrm{e}^{2t} - \mathrm{e}^{-t} \\ 0 & \mathrm{e}^{-t} \end{bmatrix}$$

(2) 求状态方程的解

$$\boldsymbol{x}(t) = \boldsymbol{\phi}(t) \boldsymbol{x}(0_-) + \int_{0_-}^{t} \boldsymbol{\phi}(t - \tau) \boldsymbol{B} \boldsymbol{f}(\tau) \mathrm{d}\tau$$

将有关矩阵代入上式得

$$\begin{aligned} \begin{bmatrix} x_1(t) \\ x_2(t) \end{bmatrix} &= \begin{bmatrix} \mathrm{e}^{2t} & \mathrm{e}^{2t} - \mathrm{e}^{-t} \\ 0 & \mathrm{e}^{-t} \end{bmatrix} \begin{bmatrix} 2 \\ -1 \end{bmatrix} + \int_{0_-}^{t} \begin{bmatrix} \mathrm{e}^{2(t-\tau)} & \mathrm{e}^{2(t-\tau)} - \mathrm{e}^{-(t-\tau)} \\ 0 & \mathrm{e}^{-(t-\tau)} \end{bmatrix} \begin{bmatrix} 0 & 1 \\ 1 & 0 \end{bmatrix} \begin{bmatrix} \varepsilon(\tau) \\ \delta(\tau) \end{bmatrix} \mathrm{d}\tau \\ &= \begin{bmatrix} \mathrm{e}^{2t} + \mathrm{e}^{-t} \\ -\mathrm{e}^{-t} \end{bmatrix} + \int_{0_-}^{t} \begin{bmatrix} \mathrm{e}^{2(t-\tau)} - \mathrm{e}^{-(t-\tau)} & \mathrm{e}^{2(t-\tau)} \\ \mathrm{e}^{-(t-\tau)} & 0 \end{bmatrix} \begin{bmatrix} \varepsilon(\tau) \\ \delta(\tau) \end{bmatrix} \mathrm{d}\tau \\ &= \begin{bmatrix} \mathrm{e}^{2t} + \mathrm{e}^{-t} \\ -\mathrm{e}^{-t} \end{bmatrix} + \int_{0_-}^{t} \begin{bmatrix} (\mathrm{e}^{2(t-\tau)} - \mathrm{e}^{-(t-\tau)}) \varepsilon(\tau) + \mathrm{e}^{2(t-\tau)} \delta(\tau) \\ \mathrm{e}^{-(t-\tau)} \varepsilon(\tau) \end{bmatrix} \mathrm{d}\tau \\ &= \underbrace{\begin{bmatrix} \mathrm{e}^{2t} + \mathrm{e}^{-t} \\ -\mathrm{e}^{-t} \end{bmatrix}}_{\text{零输入解}} + \underbrace{\begin{bmatrix} \frac{3}{2}\mathrm{e}^{2t} + \mathrm{e}^{-t} - \frac{3}{2} \\ 1 - \mathrm{e}^{-t} \end{bmatrix}}_{\text{零状态解}} = \underbrace{\begin{bmatrix} \frac{5}{2}\mathrm{e}^{2t} + 2\mathrm{e}^{-t} - \frac{3}{2} \\ 1 - 2\mathrm{e}^{-t} \end{bmatrix}}_{\text{全解}} \quad t \geqslant 0 \end{aligned}$$

(3) 求输出响应。

将 $\boldsymbol{x}(t)$、$\boldsymbol{f}(t)$ 代入输出方程得

$$\begin{bmatrix} y_1(t) \\ y_2(t) \end{bmatrix} = \begin{bmatrix} 1 & 1 \\ 0 & -1 \end{bmatrix} \left\{ \begin{bmatrix} e^{2t}+e^{-t} \\ -e^{-t} \end{bmatrix} + \begin{bmatrix} \frac{3}{2}e^{2t}+e^{-t}-\frac{3}{2} \\ 1-e^{-t} \end{bmatrix} \right\} + \begin{bmatrix} 1 & 0 \\ 1 & 0 \end{bmatrix} \begin{bmatrix} \varepsilon(t) \\ \varepsilon(t) \end{bmatrix}$$

$$= \begin{bmatrix} e^{2t} \\ e^{-t} \end{bmatrix} + \begin{bmatrix} \frac{3}{2}e^{2t}-\frac{1}{2} \\ -1+e^{-t} \end{bmatrix} + \begin{bmatrix} \varepsilon(t) \\ \varepsilon(t) \end{bmatrix}$$

$$= \underbrace{\begin{bmatrix} e^{2t} \\ e^{-t} \end{bmatrix}}_{\text{零输入响应}} + \underbrace{\begin{bmatrix} \frac{3}{2}e^{2t}+\frac{1}{2} \\ e^{-t} \end{bmatrix}}_{\text{零状态响应}} = \underbrace{\begin{bmatrix} \frac{5}{2}e^{2t}+\frac{1}{2} \\ 2e^{-t} \end{bmatrix}}_{\text{全响应}} \quad t \geqslant 0$$

2. 用变换域法求解连续系统的状态方程

利用拉普拉斯变换能方便地求解线性微分方程,因此也能将其用于求解系统的状态方程和输出方程。

对于一个 n 阶线性时不变连续系统,它有 n 个状态变量、p 个输入、q 个输出,其状态方程具有下列一般的形式:

$$\dot{\boldsymbol{x}}(t) = \boldsymbol{A}\boldsymbol{x}(t) + \boldsymbol{B}\boldsymbol{f}(t) \tag{8.75}$$

对式(8.75)两边进行拉普拉斯变换,得

$$s\boldsymbol{X}(s) - \boldsymbol{x}(0_-) = \boldsymbol{A}\boldsymbol{X}(s) + \boldsymbol{B}\boldsymbol{F}(s)$$

经整理得

$$(s\boldsymbol{I}-\boldsymbol{A})\boldsymbol{X}(s) = \boldsymbol{x}(0_-) + \boldsymbol{B}\boldsymbol{F}(s)$$

其中,$\boldsymbol{I}$ 是 $n\times n$ 的单位矩阵。如果 $(s\boldsymbol{I}-\boldsymbol{A})$ 是可逆的,则有

$$\boldsymbol{X}(s) = (s\boldsymbol{I}-\boldsymbol{A})^{-1}\boldsymbol{x}(0_-) + (s\boldsymbol{I}-\boldsymbol{A})^{-1}\boldsymbol{B}\boldsymbol{F}(s) \tag{8.76}$$

式(8.76)是状态矢量 $\boldsymbol{x}(t)$ 的拉普拉斯变换。

输出方程的一般形式为

$$\boldsymbol{y}(t) = \boldsymbol{C}\boldsymbol{x}(t) + \boldsymbol{D}\boldsymbol{f}(t) \tag{8.77}$$

对输出方程两边进行拉普拉斯变换,得

$$\boldsymbol{Y}(s) = \boldsymbol{C}\boldsymbol{X}(s) + \boldsymbol{D}\boldsymbol{F}(s) \tag{8.78}$$

将式(8.76)代入式(8.78),得

$$\begin{aligned} \boldsymbol{Y}(s) &= \boldsymbol{C}[(s\boldsymbol{I}-\boldsymbol{A})^{-1}\boldsymbol{x}(0_-) + (s\boldsymbol{I}-\boldsymbol{A})^{-1}\boldsymbol{B}\boldsymbol{F}(s)] + \boldsymbol{D}\boldsymbol{F}(s) \\ &= \boldsymbol{C}(s\boldsymbol{I}-\boldsymbol{A})^{-1}\boldsymbol{x}(0_-) + [\boldsymbol{C}(s\boldsymbol{I}-\boldsymbol{A})^{-1}\boldsymbol{B}+\boldsymbol{D}]\boldsymbol{F}(s) \end{aligned} \tag{8.79}$$

式(8.79)是输出矢量 $\boldsymbol{y}(t)$ 的拉普拉斯变换。

式(8.76)和式(8.79)都由两部分组成:第一部分是相应零输入响应的拉普拉斯变换,第二部分是相应零状态响应的拉普拉斯变换。

对式(8.76)的第一项进行拉普拉斯反变换,并与式(8.73)的零输入解相比较,考虑到 $x(0_-)$ 是常数矩阵,得

$$\boldsymbol{\phi}(t)\boldsymbol{x}(0_-) = \mathscr{L}^{-1}[(s\boldsymbol{I}-\boldsymbol{A})^{-1}\boldsymbol{x}(0_-)] = \mathscr{L}^{-1}[(s\boldsymbol{I}-\boldsymbol{A})^{-1}]\boldsymbol{x}(0_-)$$

则状态转移矩阵为

$$\boldsymbol{\phi}(t)=\mathrm{e}^{\boldsymbol{A}t}=\mathscr{L}^{-1}[(s\boldsymbol{I}-\boldsymbol{A})^{-1}] \tag{8.80}$$

式(8.80)提供了一个求状态转移矩阵的方法。为了方便,定义

$$\boldsymbol{\Phi}(s)\overset{\text{def}}{=\!=}\mathscr{L}[\boldsymbol{\phi}(t)]=(s\boldsymbol{I}-\boldsymbol{A})^{-1} \tag{8.81}$$

称 $\boldsymbol{\Phi}(s)$ 为预解矩阵,则式(8.76)和式(8.79)可写为

$$\boldsymbol{X}(s)=\boldsymbol{\Phi}(s)\boldsymbol{x}(0_-)+\boldsymbol{\Phi}(s)\boldsymbol{B}\boldsymbol{F}(s) \tag{8.82}$$

$$\boldsymbol{Y}(s)=\boldsymbol{C}\boldsymbol{\Phi}(s)\boldsymbol{x}(0_-)+[\boldsymbol{C}\boldsymbol{\Phi}(s)\boldsymbol{B}+\boldsymbol{D}]\boldsymbol{F}(s) \tag{8.83}$$

取以上两式的拉普拉斯反变换,就可得到时域中的状态矢量解和输出响应。

当 $\boldsymbol{x}(0_-)=0$ 时,由式(8.83)可知,系统的零状态响应的象函数为

$$\boldsymbol{Y}_{zs}(s)=[\boldsymbol{C}\boldsymbol{\Phi}(s)\boldsymbol{B}+\boldsymbol{D}]\boldsymbol{F}(s) \tag{8.84}$$

所以系统函数矩阵或转移函数矩阵 $\boldsymbol{H}(s)$ 为

$$\boldsymbol{H}(s)=\frac{\boldsymbol{Y}_{zs}(s)}{\boldsymbol{F}(s)}=\boldsymbol{C}\boldsymbol{\Phi}(s)\boldsymbol{B}+\boldsymbol{D}=\boldsymbol{C}(s\boldsymbol{I}-\boldsymbol{A})^{-1}\boldsymbol{B}+\boldsymbol{D} \tag{8.85}$$

$\boldsymbol{H}(s)$ 是一个 $q\times p$ 的矩阵。矩阵 $\boldsymbol{H}(s)$ 中的第 i 行第 j 列的元素 $H_{ij}(s)$,是第 i 个输出分量对第 j 个输入分量的转移函数。

例 8.12　试用拉普拉斯变换法重新解例 8.11,并求系统的微分方程。其中

$$\boldsymbol{A}=\begin{bmatrix}2&3\\0&-1\end{bmatrix}\quad \boldsymbol{B}=\begin{bmatrix}0&1\\1&0\end{bmatrix}\quad \boldsymbol{C}=\begin{bmatrix}1&1\\0&-1\end{bmatrix}\quad \boldsymbol{D}=\begin{bmatrix}1&0\\1&0\end{bmatrix}$$

$$\begin{bmatrix}x_1(0_-)\\x_2(0_-)\end{bmatrix}=\begin{bmatrix}2\\-1\end{bmatrix}\quad \begin{bmatrix}f_1(t)\\f_2(t)\end{bmatrix}=\begin{bmatrix}\varepsilon(t)\\\delta(t)\end{bmatrix}$$

解　(1) 求状态方程的解。

计算预解矩阵 $\boldsymbol{\Phi}(s)$。由于

$$s\boldsymbol{I}-\boldsymbol{A}=s\begin{bmatrix}1&0\\0&1\end{bmatrix}-\begin{bmatrix}2&3\\0&-1\end{bmatrix}=\begin{bmatrix}s-2&-3\\0&s+1\end{bmatrix}$$

所以

$$\boldsymbol{\Phi}(s)=(s\boldsymbol{I}-\boldsymbol{A})^{-1}=\begin{bmatrix}s-2&-3\\0&s+1\end{bmatrix}^{-1}$$

$$=\frac{1}{(s-2)(s+1)}\begin{bmatrix}s+1&3\\0&s-2\end{bmatrix}=\begin{bmatrix}\dfrac{1}{s-2}&\dfrac{3}{(s-2)(s+1)}\\0&\dfrac{1}{s+1}\end{bmatrix}$$

将有关矩阵代入式(8.82),可得状态矢量的拉普拉斯变换式:

$$\begin{bmatrix}X_1(s)\\X_2(s)\end{bmatrix}=\boldsymbol{\Phi}(s)\boldsymbol{x}(0_-)+\boldsymbol{\Phi}(s)\boldsymbol{B}\boldsymbol{F}(s)$$

$$=\begin{bmatrix}\dfrac{1}{s-2}&\dfrac{3}{(s-2)(s+1)}\\0&\dfrac{1}{s+1}\end{bmatrix}\begin{bmatrix}2\\-1\end{bmatrix}+\begin{bmatrix}\dfrac{1}{s-2}&\dfrac{3}{(s-2)(s+1)}\\0&\dfrac{1}{s+1}\end{bmatrix}\begin{bmatrix}0&1\\1&0\end{bmatrix}\begin{bmatrix}\dfrac{1}{s}\\1\end{bmatrix}$$

$$=\begin{bmatrix}\dfrac{1}{s-2}+\dfrac{1}{s+1}\\\dfrac{-1}{s+1}\end{bmatrix}+\begin{bmatrix}\dfrac{3}{2(s-2)}+\dfrac{1}{s+1}-\dfrac{3}{2s}\\-\dfrac{1}{s+1}+\dfrac{1}{s}\end{bmatrix}$$

对上式进行拉普拉斯反变换，得系统在时域中的状态矢量解为

$$\begin{bmatrix} x_1(t) \\ x_2(t) \end{bmatrix} = \underbrace{\begin{bmatrix} e^{2t}+e^{-t} \\ e^{-t} \end{bmatrix}}_{\text{零输入解}} + \underbrace{\begin{bmatrix} \frac{3}{2}e^{2t}+e^{-t}-\frac{3}{2} \\ 1-e^{-t} \end{bmatrix}}_{\text{零状态解}}$$

$$= \underbrace{\begin{bmatrix} \frac{5}{2}e^{2t}+2e^{-t}-\frac{3}{2} \\ 1-2e^{-t} \end{bmatrix}}_{\text{全解}} \quad t \geqslant 0$$

(2) 求输出响应。

将有关矩阵及求出的 $\boldsymbol{X}(s)$ 代入式(8.83)中，得输出矢量的拉普拉斯变换式

$$\begin{bmatrix} Y_1(s) \\ Y_2(s) \end{bmatrix} = \boldsymbol{C\Phi}(s)\boldsymbol{x}(0_-)+[\boldsymbol{C\Phi}(s)\boldsymbol{B}+\boldsymbol{D}]\boldsymbol{F}(s)$$

$$= \begin{bmatrix} 1 & 1 \\ 0 & -1 \end{bmatrix} \begin{bmatrix} \frac{1}{s-2} & \frac{3}{(s-2)(s+1)} \\ 0 & \frac{1}{s+1} \end{bmatrix} \begin{bmatrix} 2 \\ -1 \end{bmatrix} +$$

$$\begin{bmatrix} 1 & 1 \\ 0 & -1 \end{bmatrix} \begin{bmatrix} \frac{1}{s-2} & \frac{3}{(s-2)(s+1)} \\ 0 & \frac{1}{s+1} \end{bmatrix} \begin{bmatrix} 0 & 1 \\ 1 & 0 \end{bmatrix} \begin{bmatrix} \frac{1}{s} \\ 1 \end{bmatrix} + \begin{bmatrix} 1 & 0 \\ 1 & 0 \end{bmatrix} \begin{bmatrix} \frac{1}{s} \\ 1 \end{bmatrix}$$

$$= \begin{bmatrix} \frac{1}{s-2} \\ \frac{1}{s+1} \end{bmatrix} + \begin{bmatrix} \frac{3}{2(s-2)}+\frac{1}{2s} \\ \frac{1}{s+1} \end{bmatrix}$$

对上式进行拉普拉斯反变换，得系统在时域中的输出响应为

$$\begin{bmatrix} y_1(t) \\ y_2(t) \end{bmatrix} = \underbrace{\begin{bmatrix} e^{2t} \\ e^{-t} \end{bmatrix}}_{\text{零输入响应}} + \underbrace{\begin{bmatrix} \frac{3}{2}e^{2t}+\frac{1}{2} \\ e^{-t} \end{bmatrix}}_{\text{零状态响应}} = \underbrace{\begin{bmatrix} \frac{5}{2}e^{2t}+\frac{1}{2} \\ 2e^{-t} \end{bmatrix}}_{\text{全响应}} \quad t \geqslant 0$$

将所得结果与例 8.11 相比较，可以看出二者的结果是相同的。在一般情况下，利用变换域方法求解状态方程比较简单。

(3) 求系统的微分方程。

利用式(8.85)，可求系统函数为

$$\boldsymbol{H}(s) = \boldsymbol{C\Phi}(s)\boldsymbol{B}+\boldsymbol{D}$$

$$= \begin{bmatrix} 1 & 1 \\ 0 & -1 \end{bmatrix} \begin{bmatrix} \frac{1}{s-2} & \frac{3}{(s-2)(s+1)} \\ 0 & \frac{1}{s+1} \end{bmatrix} \begin{bmatrix} 0 & 1 \\ 1 & 0 \end{bmatrix} + \begin{bmatrix} 1 & 0 \\ 1 & 0 \end{bmatrix}$$

$$= \begin{bmatrix} \frac{s-1}{s-2} & \frac{1}{s-2} \\ \frac{s}{s+1} & 0 \end{bmatrix}$$

将上式代入式(8.84)中,可求得系统的零状态响应为

$$\begin{bmatrix} Y_{zs1}(s) \\ Y_{zs2}(s) \end{bmatrix} = \begin{bmatrix} \dfrac{s-1}{s-2} & \dfrac{1}{s-2} \\ \dfrac{s}{s+1} & 0 \end{bmatrix} \begin{bmatrix} F_1(s) \\ F_2(s) \end{bmatrix}$$

因此,有

$$\begin{cases} Y_{zs1} = \dfrac{s-1}{s-2}F_1(s) + \dfrac{1}{s-2}F_2(s) \\ Y_{zs2} = \dfrac{s}{s+1}F_1(s) \end{cases}$$

由此可得系统的微分方程为

$$\begin{cases} y_1'(t) - 2y_1(t) = f_1'(t) - f_1(t) + f_2(t) \\ y_2'(t) + y_2(t) = f_1'(t) \end{cases}$$

8.3.2 离散系统状态方程的求解

离散系统状态方程的一般形式为

$$\boldsymbol{x}(k+1) = \boldsymbol{A}\boldsymbol{x}(k) + \boldsymbol{B}\boldsymbol{f}(k) \tag{8.86}$$

$$\boldsymbol{y}(k) = \boldsymbol{C}\boldsymbol{x}(k) + \boldsymbol{D}\boldsymbol{f}(k) \tag{8.87}$$

式中,$\boldsymbol{x}(k) = [x_1(k) \quad x_2(k) \quad \cdots \quad x_n(k)]^{\mathrm{T}}$是状态矢量;$\boldsymbol{f}(k) = [f_1(k) \quad f_2(k) \quad \cdots \quad f_p(k)]^{\mathrm{T}}$是输入矢量;$\boldsymbol{y}(k) = [y_1(k) \quad y_2(k) \quad \cdots \quad y_q(k)]^{\mathrm{T}}$是输出矢量;$\boldsymbol{A}_{n\times n}$、$\boldsymbol{B}_{n\times p}$、$\boldsymbol{C}_{q\times n}$、$\boldsymbol{D}_{q\times p}$是系数矩阵,对于线性时不变离散系统,它们都是常量矩阵。

离散系统状态方程的求解也有时域法和变换域法两种方法。

1. 用时域法求解离散系统的状态方程

式(8.86)是一组一阶差分方程,在给定系统的初始状态$\boldsymbol{x}(k_0)$后,可直接用迭代法得出方程的数值解,这正是用状态方程描述离散系统的优点。设初始时刻$k=k_0=0$,系统的初始状态则为$\boldsymbol{x}(0)$,应用迭代法可以得出系统在$k>0$时的状态为

$$\begin{aligned} \boldsymbol{x}(1) &= \boldsymbol{A}\boldsymbol{x}(0) + \boldsymbol{B}\boldsymbol{f}(0) \\ \boldsymbol{x}(2) &= \boldsymbol{A}\boldsymbol{x}(1) + \boldsymbol{B}\boldsymbol{f}(1) = \boldsymbol{A}^2\boldsymbol{x}(0) + \boldsymbol{A}\boldsymbol{B}\boldsymbol{f}(0) + \boldsymbol{B}\boldsymbol{f}(1) \\ \boldsymbol{x}(3) &= \boldsymbol{A}\boldsymbol{x}(2) + \boldsymbol{B}\boldsymbol{f}(2) = \boldsymbol{A}^3\boldsymbol{x}(0) + \boldsymbol{A}^2\boldsymbol{B}\boldsymbol{f}(0) + \boldsymbol{A}\boldsymbol{B}\boldsymbol{f}(1) + \boldsymbol{B}\boldsymbol{f}(2) \\ &\vdots \\ \boldsymbol{x}(k) &= \boldsymbol{A}\boldsymbol{x}(k-1) + \boldsymbol{B}\boldsymbol{f}(k-1) \\ &= \boldsymbol{A}^k\boldsymbol{x}(0) + \boldsymbol{A}^{k-1}\boldsymbol{B}\boldsymbol{f}(0) + \boldsymbol{A}^{k-2}\boldsymbol{B}\boldsymbol{f}(1) + \cdots + \boldsymbol{B}\boldsymbol{f}(k-1) \end{aligned}$$

可写成

$$\boldsymbol{x}(k) = \boldsymbol{A}^k\boldsymbol{x}(0) + \sum_{n=0}^{k-1} \boldsymbol{A}^{k-1-n}\boldsymbol{B}\boldsymbol{f}(n) \tag{8.88}$$

式(8.88)即为离散系统状态矢量解的一般形式,式中第一项为零输入解,第二项为零状态解。

将式(8.88)代入式(8.87)中,则系统的输出矢量为

$$\boldsymbol{y}(k) = \boldsymbol{C}\boldsymbol{A}^k\boldsymbol{x}(0) + \left[\sum_{n=0}^{k-1} \boldsymbol{C}\boldsymbol{A}^{k-1-n}\boldsymbol{B}\boldsymbol{f}(n) + \boldsymbol{D}\boldsymbol{f}(k)\right] \tag{8.89}$$

其中，第一项为零输入响应，第二项与第三项之和为零状态响应。$\boldsymbol{A}^k$ 称为离散系统的状态转移矩阵，它与连续系统中的 $e^{\boldsymbol{A}t}$ 含义类似，也用符号 $\boldsymbol{\phi}$ 表示，写作 $\boldsymbol{\phi}(k)$

$$\boldsymbol{\phi}(k)=\boldsymbol{A}^k \quad k\geqslant 0 \tag{8.90}$$

$\boldsymbol{\phi}(k)$ 具有类似连续系统中 $\boldsymbol{\phi}(t)$ 的若干性质：如果 $\boldsymbol{A}$ 是非奇异的，则

(1) $\boldsymbol{\phi}(0)=\boldsymbol{I}$

(2) $\boldsymbol{\phi}(k-k_0)=\boldsymbol{\phi}(k-k_1)\boldsymbol{\phi}(k_1-k_0)$

(3) $\boldsymbol{\phi}^{-1}(k-k_0)=\boldsymbol{\phi}(k_0-k)$

利用式(8.90)可将式(8.88)和式(8.89)改写为

$$\boldsymbol{x}(k)=\boldsymbol{\phi}(k)\boldsymbol{x}(0)+\sum_{n=0}^{k-1}\boldsymbol{\phi}(k-1-n)\boldsymbol{B}\boldsymbol{f}(n) \tag{8.91}$$

$$\boldsymbol{y}(k)=\boldsymbol{C}\boldsymbol{\phi}(k)\boldsymbol{x}(0)+\left[\sum_{n=0}^{k-1}\boldsymbol{C}\boldsymbol{\phi}(k-1-n)\boldsymbol{B}\boldsymbol{f}(n)+\boldsymbol{D}\boldsymbol{f}(k)\right] \tag{8.92}$$

用类似于矩阵乘法的运算规则定义两个函数矩阵的卷积积分（请注意，矩阵卷积不满足交换律）。将矩阵相乘中两个元素相乘的符号都用卷积符号替换，如下所示：

$$\begin{bmatrix} f_1 & f_2 \\ f_3 & f_4 \\ f_5 & f_6 \end{bmatrix} * \begin{bmatrix} g_1 & g_2 \\ g_3 & g_4 \end{bmatrix}=\begin{bmatrix} f_1*g_1+f_2*g_3 & f_1*g_2+f_2*g_4 \\ f_3*g_1+f_4*g_3 & f_3*g_2+f_4*g_4 \\ f_5*g_1+f_6*g_3 & f_5*g_2+f_6*g_4 \end{bmatrix} \tag{8.93}$$

如果序列矩阵的卷积和按式(8.93)定义，则式(8.91)和式(8.92)又可以写为

$$\boldsymbol{x}(k)=\boldsymbol{\phi}(k)\boldsymbol{x}(0)+\boldsymbol{\phi}(k-1)\boldsymbol{B}*\boldsymbol{f}(k) \tag{8.94}$$

$$\boldsymbol{y}(k)=\boldsymbol{C}\boldsymbol{\phi}(k)\boldsymbol{x}(0)+[\boldsymbol{C}\boldsymbol{\phi}(k-1)\boldsymbol{B}*\boldsymbol{f}(k)+\boldsymbol{D}\boldsymbol{f}(k)] \tag{8.95}$$

由以上讨论可见，如果已知 $k=0$ 时的初始状态 $\boldsymbol{x}(0)$ 和 $k\geqslant 0$ 的输入 $\boldsymbol{f}(k)$，就能完全地确定 $k\geqslant 0$ 的任意时刻的状态和输出。

例 8.13　已知某离散系统的状态方程和输出方程分别为

$$\begin{bmatrix} x_1(k+1) \\ x_2(k+1) \end{bmatrix}=\begin{bmatrix} 0 & 1 \\ -6 & 5 \end{bmatrix}\begin{bmatrix} x_1(k) \\ x_2(k) \end{bmatrix}+\begin{bmatrix} 0 \\ 1 \end{bmatrix}f(k)$$

$$\begin{bmatrix} y_1(k) \\ y_2(k) \end{bmatrix}=\begin{bmatrix} 1 & 1 \\ 2 & -1 \end{bmatrix}\begin{bmatrix} x_1(k) \\ x_2(k) \end{bmatrix}+\begin{bmatrix} 0 \\ 0 \end{bmatrix}f(k)$$

其初始状态和输入分别为

$$\begin{bmatrix} x_1(0) \\ x_2(0) \end{bmatrix}=\begin{bmatrix} 1 \\ 2 \end{bmatrix} \quad f(k)=\varepsilon(k)$$

试求系统的状态和输出。

解　(1) 计算状态转移矩阵 $\boldsymbol{\phi}(k)=\boldsymbol{A}^k$。

从系统矩阵 $\boldsymbol{A}$ 确定其特征多项式为

$$p(\lambda)=\det(\lambda\boldsymbol{I}-\boldsymbol{A})=\det\begin{bmatrix} \lambda & -1 \\ 6 & \lambda-5 \end{bmatrix}=\lambda^2-5\lambda+6=(\lambda-2)(\lambda-3)$$

由此得到特征根为

$$\lambda_1=2 \quad \lambda_2=3$$

用成分矩阵求 $\boldsymbol{A}^k$，矩阵指数函数可写为

$$\boldsymbol{A}^k=\lambda_1^k\boldsymbol{E}_1+\lambda_2^k\boldsymbol{E}_2$$

求成分矩阵(也称为分量矩阵或投影矩阵)：

$$\boldsymbol{E}_1=\frac{\boldsymbol{A}-\lambda_2\boldsymbol{I}}{\lambda_1-\lambda_2}=\frac{\begin{bmatrix}0&1\\-6&5\end{bmatrix}-3\begin{bmatrix}1&0\\0&1\end{bmatrix}}{2-3}=\begin{bmatrix}3&-1\\6&-2\end{bmatrix}$$

$$\boldsymbol{E}_2=\frac{\boldsymbol{A}-\lambda_1\boldsymbol{I}}{\lambda_2-\lambda_1}=\frac{\begin{bmatrix}0&1\\-6&5\end{bmatrix}-2\begin{bmatrix}1&0\\0&1\end{bmatrix}}{3-2}=\begin{bmatrix}-2&1\\-6&3\end{bmatrix}$$

将它们代入矩阵指数式,得状态转移矩阵为

$$\boldsymbol{\phi}(k)=\boldsymbol{A}^k=2^k\begin{bmatrix}3&-1\\6&-2\end{bmatrix}+3^k\begin{bmatrix}-2&1\\-6&3\end{bmatrix}=\begin{bmatrix}3\cdot2^k-2\cdot3^k&-2^k+3^k\\6\cdot2^k-6\cdot3^k&-2\cdot2^k+3\cdot3^k\end{bmatrix}$$

(2) 求状态方程的解。

$$\boldsymbol{x}(k)=\boldsymbol{\phi}(k)\boldsymbol{x}(0)+\boldsymbol{\phi}(k-1)\boldsymbol{B}*f(k)$$

将有关矩阵代入上式,则可求出状态矢量：

$$\begin{bmatrix}x_1(k)\\x_2(k)\end{bmatrix}=\begin{bmatrix}3\cdot2^k-2\cdot3^k&-2^k+3^k\\6\cdot2^k-6\cdot3^k&-2\cdot2^k+3\cdot3^k\end{bmatrix}\begin{bmatrix}1\\2\end{bmatrix}+$$

$$\begin{bmatrix}3\cdot2^{k-1}-2\cdot3^{k-1}&-2^{k-1}+3^{k-1}\\6\cdot2^{k-1}-6\cdot3^{k-1}&-2\cdot2^{k-1}+3\cdot3^{k-1}\end{bmatrix}\begin{bmatrix}0\\1\end{bmatrix}*f(k)$$

$$=\underbrace{\begin{bmatrix}2^k\\2\cdot2^k\end{bmatrix}}_{\text{零输入解}}+\underbrace{\begin{bmatrix}\frac{1}{2}-2^k+\frac{1}{2}\cdot3^k\\\frac{1}{2}-2\cdot2^k+\frac{3}{2}\cdot3^k\end{bmatrix}}_{\text{零状态解}}=\underbrace{\begin{bmatrix}\frac{1}{2}+\frac{1}{2}\cdot3^k\\\frac{1}{2}+\frac{3}{2}\cdot3^k\end{bmatrix}}_{\text{全解}}\quad k\geqslant0$$

(3) 求输出响应。

$$\boldsymbol{y}(k)=\boldsymbol{C\phi}(k)\boldsymbol{x}(0)+[\boldsymbol{C\phi}(k-1)\boldsymbol{B}*f(k)+\boldsymbol{D}f(k)]$$

将有关矩阵代入上式,则可求出输出响应：

$$\begin{bmatrix}y_1(k)\\y_2(k)\end{bmatrix}=\begin{bmatrix}1&1\\2&-1\end{bmatrix}\begin{bmatrix}3\cdot2^k-2\cdot3^k&-2^k+3^k\\6\cdot2^k-6\cdot3^k&-2\cdot2^k+3\cdot3^k\end{bmatrix}\begin{bmatrix}1\\2\end{bmatrix}+$$

$$\begin{bmatrix}1&1\\2&-1\end{bmatrix}\begin{bmatrix}3\cdot2^{k-1}-2\cdot3^{k-1}&-2^{k-1}+3^{k-1}\\6\cdot2^{k-1}-6\cdot3^{k-1}&-2\cdot2^{k-1}+3\cdot3^{k-1}\end{bmatrix}\begin{bmatrix}0\\1\end{bmatrix}*\boldsymbol{f}(k)$$

$$=\underbrace{\begin{bmatrix}3\cdot2^k\\0\end{bmatrix}}_{\text{零输入响应}}+\underbrace{\begin{bmatrix}1-3\cdot2^k+2\cdot3^k\\\frac{1}{2}-\frac{1}{2}\cdot3^k\end{bmatrix}}_{\text{零状态响应}}=\underbrace{\begin{bmatrix}1+2\cdot3^k\\\frac{1}{2}-\frac{1}{2}\cdot3^k\end{bmatrix}}_{\text{全响应}}\quad k\geqslant0$$

2. 用变换域法求解离散系统的状态方程

对于一个 n 阶线性时不变离散系统,它有 n 个状态变量、p 个输入、q 个输出,其状态方程具有下列一般的形式：

$$\boldsymbol{x}(k+1)=\boldsymbol{A}\boldsymbol{x}(k)+\boldsymbol{B}\boldsymbol{f}(k) \tag{8.96}$$

对上式两边进行 Z 变换得

$$z\boldsymbol{X}(z)-z\boldsymbol{x}(0)=\boldsymbol{A}\boldsymbol{X}(z)+\boldsymbol{B}\boldsymbol{F}(z)$$

经整理得

$$(z\boldsymbol{I}-\boldsymbol{A})\boldsymbol{X}(z)=z\boldsymbol{x}(0)+\boldsymbol{B}\boldsymbol{F}(z)$$

式中，$\boldsymbol{I}$ 是 $n\times n$ 的单位矩阵。如果 $z\boldsymbol{I}-\boldsymbol{A}$ 是可逆的，则有

$$\boldsymbol{X}(z)=(z\boldsymbol{I}-\boldsymbol{A})^{-1}z\boldsymbol{x}(0)+(z\boldsymbol{I}-\boldsymbol{A})^{-1}\boldsymbol{B}\boldsymbol{F}(z) \tag{8.97}$$

式(8.97)是状态矢量 $\boldsymbol{x}(t)$ 的 Z 变换。

输出方程的一般形式为

$$\boldsymbol{y}(t)=\boldsymbol{C}\boldsymbol{x}(t)+\boldsymbol{D}\boldsymbol{f}(t) \tag{8.98}$$

对输出方程两边进行 Z 变换得

$$\boldsymbol{Y}(z)=\boldsymbol{C}\boldsymbol{X}(z)+\boldsymbol{D}\boldsymbol{F}(z) \tag{8.99}$$

将式(8.97)代入式(8.99)，得输出矢量 $\boldsymbol{y}(t)$ 的 Z 变换，即

$$\begin{aligned}\boldsymbol{Y}(z)&=\boldsymbol{C}[(z\boldsymbol{I}-\boldsymbol{A})^{-1}z\boldsymbol{x}(0)+(z\boldsymbol{I}-\boldsymbol{A})^{-1}\boldsymbol{B}\boldsymbol{F}(z)]+\boldsymbol{D}\boldsymbol{F}(z)\\&=\boldsymbol{C}(z\boldsymbol{I}-\boldsymbol{A})^{-1}z\boldsymbol{x}(0)+[\boldsymbol{C}(z\boldsymbol{I}-\boldsymbol{A})^{-1}\boldsymbol{B}+\boldsymbol{D}]\boldsymbol{F}(z)\end{aligned} \tag{8.100}$$

式(8.97)和式(8.100)都由两部分组成，第一部分是相应零输入解的 Z 变换，第二部分是相应零状态解的 Z 变换。

对式(8.97)进行 Z 反变换，并与式(8.94)的零输入解相比较，考虑到 $\boldsymbol{x}(0)$ 是常数矩阵，得

$$\boldsymbol{\phi}(k)z(0)=\mathscr{Z}^{-1}[(z\boldsymbol{I}-\boldsymbol{A})^{-1}z\boldsymbol{x}(0)]=\mathscr{Z}^{-1}[(z\boldsymbol{I}-\boldsymbol{A})^{-1}z]\boldsymbol{x}(0)$$

则状态转移矩阵为

$$\boldsymbol{\phi}(k)=\boldsymbol{A}^{k}=\mathscr{Z}^{-1}[(z\boldsymbol{I}-\boldsymbol{A})^{-1}z] \tag{8.101}$$

式(8.101)提供了一个求状态转移矩阵的方法。为了方便，定义

$$\boldsymbol{\Phi}(z)=\mathscr{Z}[\boldsymbol{\phi}(k)]=(z\boldsymbol{I}-\boldsymbol{A})^{-1}z \tag{8.102}$$

称 $\boldsymbol{\Phi}(z)$ 为预解矩阵，则式(8.97)和式(8.100)可写为

$$\boldsymbol{X}(z)=\boldsymbol{\Phi}(z)\boldsymbol{x}(0)+z^{-1}\boldsymbol{\Phi}(z)\boldsymbol{B}\boldsymbol{F}(z) \tag{8.103}$$

$$\boldsymbol{Y}(z)=\boldsymbol{C}\boldsymbol{\Phi}(z)\boldsymbol{x}(0)+[\boldsymbol{C}z^{-1}\boldsymbol{\Phi}(z)\boldsymbol{B}+\boldsymbol{D}]\boldsymbol{F}(z) \tag{8.104}$$

取以上两式的 Z 反变换，就可得到时域中的状态矢量解和输出响应。

当 $\boldsymbol{x}(0)=0$ 时，由式(8.104)可知系统的零状态响应的象函数为

$$\boldsymbol{Y}_{zs}(z)=[\boldsymbol{C}z^{-1}\boldsymbol{\Phi}(z)\boldsymbol{B}+\boldsymbol{D}]\boldsymbol{F}(z) \tag{8.105}$$

所以系统函数矩阵或转移函数矩阵 $\boldsymbol{H}(s)$ 为

$$\boldsymbol{H}(z)=\frac{\boldsymbol{Y}_{zs}(z)}{\boldsymbol{F}(z)}=\boldsymbol{C}z^{-1}\boldsymbol{\Phi}(z)\boldsymbol{B}+\boldsymbol{D} \tag{8.106}$$

$\boldsymbol{H}(z)$ 是一个 $q\times p$ 的矩阵。矩阵 $\boldsymbol{H}(z)$ 中的第 i 行第 j 列的元素 $H_{ij}(z)$，是第 i 个输出分量对第 j 个输入分量的转移函数。

例 8.14　试用变换域法重新求解例 8.13，并求状态转移矩阵 $\boldsymbol{\phi}(k)$ 以及描述该系统输入

输出关系的差分方程。其中

$$\boldsymbol{A}=\begin{bmatrix}0 & 1\\ -6 & 5\end{bmatrix}\quad \boldsymbol{B}=\begin{bmatrix}0\\ 1\end{bmatrix}\quad \boldsymbol{C}=\begin{bmatrix}1 & 1\\ 2 & -1\end{bmatrix}\quad \boldsymbol{D}=\begin{bmatrix}0\\ 0\end{bmatrix}$$

$$\begin{bmatrix}x_1(0)\\ x_2(0)\end{bmatrix}=\begin{bmatrix}1\\ 2\end{bmatrix}\quad f(k)=\varepsilon(k)$$

解 (1) 计算预解矩阵 $\boldsymbol{\Phi}(z)$ 和状态转移矩阵 $\boldsymbol{\phi}(k)$。

由于

$$z\boldsymbol{I}-\boldsymbol{A}=z\begin{bmatrix}1 & 0\\ 0 & 1\end{bmatrix}-\begin{bmatrix}0 & 1\\ -6 & 5\end{bmatrix}=\begin{bmatrix}z & -1\\ 6 & z-5\end{bmatrix}$$

所以预解矩阵 $\boldsymbol{\Phi}(z)$ 为

$$\boldsymbol{\Phi}(z)=(z\boldsymbol{I}-\boldsymbol{A})^{-1}z=\begin{bmatrix}2 & -1\\ 6 & z-5\end{bmatrix}^{-1}z=\frac{1}{(z-2)(z-3)}\begin{bmatrix}z-5 & 1\\ -6 & z\end{bmatrix}z$$

$$=\begin{bmatrix}\dfrac{z^2-5z}{(z-2)(z-3)} & \dfrac{z}{(z-2)(z-3)}\\ \dfrac{-6z}{(z-2)(z-3)} & \dfrac{z^2}{(z-2)(z-3)}\end{bmatrix}$$

$$=\begin{bmatrix}\dfrac{3z}{z-2}-\dfrac{2z}{z-3} & \dfrac{-z}{z-2}+\dfrac{z}{z-3}\\ \dfrac{6z}{z-2}-\dfrac{6z}{z-3} & \dfrac{-2z}{z-2}+\dfrac{3z}{z-3}\end{bmatrix}$$

故状态转移矩阵 $\boldsymbol{\phi}(k)$ 为

$$\boldsymbol{\phi}(k)=\begin{bmatrix}3\cdot 2^k-2\cdot 3^k & -2^k+3^k\\ 6\cdot 2^k-6\cdot 3^k & -2\cdot 2^k+3\cdot 3^k\end{bmatrix}$$

(2) 求状态方程的解。

将有关矩阵代入式(8.103)中,可得状态矢量的Z变换式:

$$\begin{bmatrix}X_1(z)\\ X_2(z)\end{bmatrix}=\boldsymbol{\Phi}(z)\boldsymbol{x}(0)+z^{-1}\boldsymbol{\Phi}(z)\boldsymbol{B}\boldsymbol{F}(z)$$

$$=\begin{bmatrix}\dfrac{3z}{z-2}-\dfrac{2z}{z-3} & \dfrac{-z}{z-2}+\dfrac{z}{z-3}\\ \dfrac{6z}{z-2}-\dfrac{6z}{z-3} & \dfrac{-2z}{z-2}+\dfrac{3z}{z-3}\end{bmatrix}\begin{bmatrix}1\\ 2\end{bmatrix}$$

$$+z^{-1}\begin{bmatrix}\dfrac{3z}{z-2}-\dfrac{2z}{z-3} & \dfrac{-z}{z-2}+\dfrac{z}{z-3}\\ \dfrac{6z}{z-2}-\dfrac{6z}{z-3} & \dfrac{-2z}{z-2}+\dfrac{3z}{z-3}\end{bmatrix}\begin{bmatrix}0\\ 1\end{bmatrix}\frac{z}{z-1}$$

$$=\begin{bmatrix}\dfrac{z}{z-2}\\ \dfrac{2z}{z-2}\end{bmatrix}+\begin{bmatrix}\dfrac{z/2}{z-1}-\dfrac{z}{z-2}+\dfrac{z/2}{z-3}\\ \dfrac{z/2}{z-1}-\dfrac{2z}{z-2}+\dfrac{3z/2}{z-3}\end{bmatrix}$$

对上式进行 Z 反变换，得系统在时域中的状态矢量解为

$$\begin{bmatrix} x_1(k) \\ x_2(k) \end{bmatrix} = \underbrace{\begin{bmatrix} 2^k \\ 2 \cdot 2^k \end{bmatrix}}_{\text{零输入解}} + \underbrace{\begin{bmatrix} \frac{1}{2} - 2^k + \frac{1}{2} \cdot 3^k \\ \frac{1}{2} - 2 \cdot 2^k + \frac{3}{2} \cdot 3^k \end{bmatrix}}_{\text{零状态解}} = \underbrace{\begin{bmatrix} \frac{1}{2} + \frac{1}{2} \cdot 3^k \\ \frac{1}{2} + \frac{3}{2} \cdot 3^k \end{bmatrix}}_{\text{全解}} \quad k \geqslant 0$$

（3）求输出响应。

将有关矩阵及求出的 $\boldsymbol{X}(z)$ 代入式(8.104)中，可得输出矢量的 Z 变换式：

$$\begin{bmatrix} Y_1(z) \\ Y_2(z) \end{bmatrix} = \boldsymbol{C\Phi}(z)\boldsymbol{x}(0) + [\boldsymbol{C}z^{-1}\boldsymbol{\Phi}(z)\boldsymbol{B}+\boldsymbol{D}]F(z)$$

$$= \begin{bmatrix} 1 & 1 \\ 2 & -1 \end{bmatrix} \begin{bmatrix} \frac{3z}{z-2} - \frac{2z}{z-3} & \frac{-z}{z-2} + \frac{z}{z-3} \\ \frac{6z}{z-2} - \frac{6z}{z-3} & \frac{-2z}{z-2} + \frac{3z}{z-3} \end{bmatrix} \begin{bmatrix} 1 \\ 2 \end{bmatrix} +$$

$$\left(\begin{bmatrix} 1 & 1 \\ 2 & -1 \end{bmatrix} z^{-1} \begin{bmatrix} \frac{3z}{z-2} - \frac{2z}{z-3} & \frac{-z}{z-2} + \frac{z}{z-3} \\ \frac{6z}{z-2} - \frac{6z}{z-3} & \frac{-2z}{z-2} + \frac{3z}{z-3} \end{bmatrix} \begin{bmatrix} 0 \\ 1 \end{bmatrix} + \begin{bmatrix} 0 \\ 0 \end{bmatrix} \right) \frac{z}{z-1}$$

$$= \begin{bmatrix} \frac{3z}{z-2} \\ 0 \end{bmatrix} + \begin{bmatrix} \frac{z}{z-1} - \frac{3z}{z-2} + \frac{2z}{z-3} \\ \frac{z/2}{z-1} - \frac{z/2}{z-3} \end{bmatrix}$$

对上式进行 Z 反变换，得系统在时域中的输出响应为

$$\begin{bmatrix} y_1(k) \\ y_2(k) \end{bmatrix} = \underbrace{\begin{bmatrix} 3 \cdot 2^k \\ 0 \end{bmatrix}}_{\text{零输入响应}} + \underbrace{\begin{bmatrix} 1 - 3 \cdot 2^k + 2 \cdot 3^k \\ \frac{1}{2} - \frac{1}{2} \cdot 3^k \end{bmatrix}}_{\text{零状态响应}} = \underbrace{\begin{bmatrix} 1 + 2 \cdot 3^k \\ \frac{1}{2} - \frac{1}{2} \cdot 3^k \end{bmatrix}}_{\text{全响应}} \quad k \geqslant 0$$

（4）求系统的差分方程。

利用式(8.106)，可求系统函数为

$$\boldsymbol{H}(z) = \boldsymbol{C}z^{-1}\boldsymbol{\Phi}(z)\boldsymbol{B}+\boldsymbol{D}$$

$$= \begin{bmatrix} 1 & 1 \\ 2 & -1 \end{bmatrix} z^{-1} \begin{bmatrix} \frac{3z}{z-2} - \frac{2z}{z-3} & \frac{-z}{z-2} + \frac{z}{z-3} \\ \frac{6z}{z-2} - \frac{6z}{z-3} & \frac{-2z}{z-2} + \frac{3z}{z-3} \end{bmatrix} \begin{bmatrix} 0 \\ 1 \end{bmatrix}$$

$$= \begin{bmatrix} \frac{-3}{z-2} + \frac{4}{z-3} \\ -\frac{1}{z-3} \end{bmatrix} = \begin{bmatrix} \frac{z+1}{z^2-5z+6} \\ -\frac{1}{z-3} \end{bmatrix}$$

将上式代入式(8.105)中，可求得系统的零状态响应为

$$\begin{bmatrix} Y_{zs1}(z) \\ Y_{zs2}(z) \end{bmatrix} = \begin{bmatrix} \dfrac{z+1}{z^2-5z+6} \\ \dfrac{-1}{z-3} \end{bmatrix} F(z)$$

因此,有

$$\begin{cases} Y_{zs1}(z) = \dfrac{z+1}{z^2-5z+6}F(z) \\ Y_{zs2}(z) = \dfrac{-1}{z-3}F(z) \end{cases}$$

由此可得系统的差分方程为

$$\begin{cases} y_1(k)-5y_1(k-1)+6y_1(k-2)=f(k-1)+f(k-2) \\ y_2(k)-3y_2(k-1)=-f(k-1) \end{cases}$$

8.4 系统的可控制性与可观测性

8.4.1 状态矢量的线性变换

由于描述同一线性系统的状态变量可以有多种选择方案,所以对同一个系统可以列出许多不同的状态方程。由于这些不同的状态方程描述的是同一线性系统,因而这些状态矢量之间存在着线性的关系。也就是说,同一个系统在状态空间中取不同的基底,当状态矢量用不同基底表示时,具有不同的形式。这些不同表示形式的状态矢量之间存在着线性变换关系,这种线性变换有助于简化系统分析。

设 $x_1(t), x_2(t), \cdots, x_n(t)$ 和 $w_1(t), w_2(t), \cdots, w_n(t)$ 是描述同一系统的两组状态变量。根据线性空间不同基底的变换关系,一组状态矢量 $\boldsymbol{w}(t)$ 的各分量可由另一组状态矢量 $\boldsymbol{x}(t)$ 的各分量的线性组合来表示,即

$$\begin{cases} w_1(t)=p_{11}x_1(t)+p_{12}x_2(t)+\cdots+p_{1n}x_n(t) \\ w_2(t)=p_{21}x_1(t)+p_{22}x_x(t)+\cdots+p_{2n}x_n(t) \\ \quad\vdots \\ w_n(t)=p_{n1}x_1(t)+p_{n2}x_2(t)+\cdots+p_{nn}x_n(t) \end{cases} \tag{8.107}$$

定义状态矢量

$$\boldsymbol{x}(t)=[x_1(t) \quad x_2(t) \quad \cdots \quad x_n(t)]^{\mathrm{T}}$$
$$\boldsymbol{w}(t)=[w_1(t) \quad w_2(t) \quad \cdots \quad w_n(t)]^{\mathrm{T}}$$

则式(8.107)可用矩阵表示为

$$\boldsymbol{w}(t)=\boldsymbol{P}\boldsymbol{x}(t) \tag{8.108}$$

其中

$$\boldsymbol{P}=\begin{bmatrix} p_{11} & p_{12} & \cdots & p_{1n} \\ p_{21} & p_{22} & \cdots & p_{2n} \\ \vdots & \vdots & & \vdots \\ p_{n1} & p_{n2} & \cdots & p_{nn} \end{bmatrix}$$

当式(8.107)中的 n 个方程是线性独立的，即其中的任何一个方程不能表示为其他$n-1$个方程的线性组合时，矩阵 $\boldsymbol{P}$ 是可逆的，所以由式(8.108)可得

$$\boldsymbol{x}(t)=\boldsymbol{P}^{-1}\boldsymbol{w}(t) \tag{8.109}$$

式(8.107)说明，状态矢量 $\boldsymbol{x}(t)$ 经过线性变换，成为新的状态矢量 $\boldsymbol{w}(t)$。假如经过线性变换使 $\boldsymbol{x}(t)$ 变成 $\boldsymbol{w}(t)$，那么状态方程就要相应地改变。设由状态矢量 $\boldsymbol{x}(t)$ 描述的状态方程和输出方程为

$$\begin{cases}\dot{\boldsymbol{x}}(t)=\boldsymbol{A}\boldsymbol{x}(t)+\boldsymbol{B}\boldsymbol{f}(t) & (8.110)\\ \boldsymbol{y}(t)=\boldsymbol{C}\boldsymbol{x}(t)+\boldsymbol{D}\boldsymbol{f}(t) & (8.111)\end{cases}$$

由式(8.109)有

$$\dot{\boldsymbol{x}}(t)=\boldsymbol{P}^{-1}\dot{\boldsymbol{w}}(t) \tag{8.112}$$

将式(8.109)和式(8.112)代入式(8.110)和式(8.111)中，得

$$\begin{cases}\boldsymbol{P}^{-1}\dot{\boldsymbol{w}}(t)=\boldsymbol{A}\boldsymbol{P}^{-1}\boldsymbol{w}(t)+\boldsymbol{B}\boldsymbol{f}(t)\\ \boldsymbol{y}(t)=\boldsymbol{C}\boldsymbol{P}^{-1}\boldsymbol{w}(t)+\boldsymbol{D}\boldsymbol{f}(t)\end{cases}$$

于是，用新的状态矢量 $\boldsymbol{w}(t)$ 描述的状态方程为

$$\begin{cases}\dot{\boldsymbol{w}}(t)=\boldsymbol{P}\boldsymbol{A}\boldsymbol{P}^{-1}\boldsymbol{w}(t)+\boldsymbol{P}\boldsymbol{B}\boldsymbol{f}(t)=\overline{\boldsymbol{A}}\boldsymbol{w}(t)+\overline{\boldsymbol{B}}\boldsymbol{f}(t) & (8.113)\\ \boldsymbol{y}(t)=\boldsymbol{C}\boldsymbol{P}^{-1}\boldsymbol{w}(t)+\boldsymbol{D}\boldsymbol{f}(t)=\overline{\boldsymbol{C}}\boldsymbol{w}(t)+\overline{\boldsymbol{D}}\boldsymbol{f}(t) & (8.114)\end{cases}$$

其中，$\overline{\boldsymbol{A}}$、$\overline{\boldsymbol{B}}$、$\overline{\boldsymbol{C}}$、$\overline{\boldsymbol{D}}$是在新状态变量下的系数矩阵，它们与原来的 $\boldsymbol{A}$、$\boldsymbol{B}$、$\boldsymbol{C}$、$\boldsymbol{D}$ 矩阵的关系为

$$\begin{cases}\overline{\boldsymbol{A}}=\boldsymbol{P}\boldsymbol{A}\boldsymbol{P}^{-1}\\ \overline{\boldsymbol{B}}=\boldsymbol{P}\boldsymbol{B}\\ \overline{\boldsymbol{C}}=\boldsymbol{C}\boldsymbol{P}^{-1}\\ \overline{\boldsymbol{D}}=\boldsymbol{D}\end{cases} \tag{8.115}$$

从式(8.115)可见，经过式(8.109)线性变换而得到的新状态变量下的系数矩阵$\overline{\boldsymbol{A}}$，与原系数矩阵 $\boldsymbol{A}$ 为相似矩阵，因此它们具有相同的特征多项式和特征根。

例 8.15　给定系统的状态方程为

$$\begin{bmatrix}\dot{x}_1(t)\\ \dot{x}_2(t)\end{bmatrix}=\begin{bmatrix}2 & 0\\ -1 & -4\end{bmatrix}\begin{bmatrix}x_1(t)\\ x_2(t)\end{bmatrix}+\begin{bmatrix}2\\ 1\end{bmatrix}f(t)$$

求状态变量 $\boldsymbol{x}(t)$ 与 $\boldsymbol{w}(t)$ 存在以下线性变换时，系统的状态方程。

$$\begin{bmatrix}w_1(t)\\ w_2(t)\end{bmatrix}=\begin{bmatrix}3 & 1\\ 5 & 2\end{bmatrix}\begin{bmatrix}x_1(t)\\ x_2(t)\end{bmatrix} \tag{8.116}$$

解　由式(8.115)，可得

$$\begin{aligned}\overline{\boldsymbol{A}}=\boldsymbol{P}\boldsymbol{A}\boldsymbol{P}^{-1}&=\begin{bmatrix}3 & 1\\ 5 & 2\end{bmatrix}\begin{bmatrix}2 & 0\\ -1 & -4\end{bmatrix}\begin{bmatrix}3 & 1\\ 5 & 2\end{bmatrix}^{-1}\\ &=\begin{bmatrix}3 & 1\\ 5 & 2\end{bmatrix}\begin{bmatrix}2 & 0\\ -1 & -4\end{bmatrix}\begin{bmatrix}2 & -1\\ -5 & 3\end{bmatrix}=\begin{bmatrix}30 & -17\\ 56 & -32\end{bmatrix}\end{aligned}$$

$$\overline{\boldsymbol{B}}=\boldsymbol{P}\boldsymbol{B}=\begin{bmatrix}3 & 1\\ 5 & 2\end{bmatrix}\begin{bmatrix}2\\ 1\end{bmatrix}=\begin{bmatrix}7\\ 12\end{bmatrix}$$

线性变换后的状态方程为

$$\begin{bmatrix}\dot{w}_1(t)\\ \dot{w}_2(t)\end{bmatrix}=\begin{bmatrix}30 & -17\\ 56 & -32\end{bmatrix}\begin{bmatrix}w_1(t)\\ w_2(t)\end{bmatrix}+\begin{bmatrix}7\\ 12\end{bmatrix}f(t)$$

这就是状态矢量 $\boldsymbol{w}(t)$ 的状态方程。求解此方程需要知道系统的初始状态 $\boldsymbol{w}(0_-)$，这可由原始给定的状态 $\boldsymbol{x}(0_-)$ 通过式(8.116)获得。

从本质上讲，状态方程是描述系统的一种方法，而系统函数是描述系统的另一种方法。由于系统函数只描述了系统的外部特性，因此，无论怎样选取系统内部的状态变量，都不影响系统的物理本质，系统函数都应该相同，现证明如下。

由式(8.85)可知，用状态矢量 $\boldsymbol{w}(t)$ 描述系统时的系统函数矩阵为

$$\overline{\boldsymbol{H}}(s)=\overline{\boldsymbol{C}}(s\boldsymbol{I}-\overline{\boldsymbol{A}})^{-1}\overline{\boldsymbol{B}}+\overline{\boldsymbol{D}}$$

将式(8.115)代入上式，得

$$\begin{aligned}\overline{\boldsymbol{H}}(s)&=\boldsymbol{CP}^{-1}(s\boldsymbol{I}-\boldsymbol{PAP}^{-1})^{-1}\boldsymbol{PB}+\boldsymbol{D}\\&=\boldsymbol{CP}^{-1}[\boldsymbol{P}(s\boldsymbol{I}-\boldsymbol{A})\boldsymbol{P}^{-1}]^{-1}\boldsymbol{PB}+\boldsymbol{D}\\&=\boldsymbol{CP}^{-1}[\boldsymbol{P}(s\boldsymbol{I}-\boldsymbol{A})^{-1}\boldsymbol{P}^{-1}]\boldsymbol{PB}+\boldsymbol{D}\\&=\boldsymbol{C}(s\boldsymbol{I}-\boldsymbol{A})^{-1}\boldsymbol{B}+\boldsymbol{D}=\boldsymbol{H}(s)\end{aligned}\tag{8.117}$$

上面以连续系统为例说明状态矢量线性变换的特性，结论同样适用于离散系统。

当矩阵 $\boldsymbol{A}$ 是对角阵时，状态方程的结构显得特别简洁，状态变量之间相互独立，这种简洁的结构有利于进一步研究系统的特性。当矩阵 $\boldsymbol{A}$ 不是对角阵时，可利用线性变换将其对角化。

设矩阵 $\boldsymbol{A}$ 有 n 个互不相同的特征值 $\lambda_1,\lambda_2,\cdots,\lambda_n$，即当 $k\neq l$ 时，有 $\lambda_k\neq\lambda_l$。由特征值构成的对角矩阵 $\overline{\boldsymbol{A}}$ 定义为

$$\overline{\boldsymbol{A}}\overset{\text{def}}{=}\begin{bmatrix}\lambda_1 & 0 & \cdots & 0\\ 0 & \lambda_2 & \cdots & 0\\ \vdots & \vdots & & \vdots\\ 0 & 0 & \cdots & \lambda_n\end{bmatrix}$$

特征值 λ_k 对应的特征矢量为 $\boldsymbol{q}_k$，即

$$\boldsymbol{A}\boldsymbol{q}_k=\lambda_k\boldsymbol{q}_k\tag{8.118}$$

定义 $n\times n$ 的方阵 $\boldsymbol{Q}$ 为

$$\boldsymbol{Q}=[q_1\quad q_2\quad\cdots\quad q_n]$$

由分块阵的乘法公式及式(8.118)可得

$$\begin{aligned}\boldsymbol{AQ}&=\boldsymbol{A}[q_1\quad q_2\quad\cdots\quad q_n]\\&=[\boldsymbol{A}q_1\quad\boldsymbol{A}q_2\quad\cdots\quad\boldsymbol{A}q_n]\\&=[\lambda_1q_1\quad\lambda_2q_2\quad\cdots\quad\lambda_nq_n]\\&=[q_1\quad q_2\quad\cdots\quad q_n]\begin{bmatrix}\lambda_1 & 0 & \cdots & 0\\ 0 & \lambda_2 & \cdots & 0\\ \vdots & \vdots & & \vdots\\ 0 & 0 & \cdots & \lambda_n\end{bmatrix}=\boldsymbol{Q}\overline{\boldsymbol{A}}\end{aligned}$$

所以

$$Q^{-1}AQ=\overline{A} \tag{8.119}$$

取线性变换的矩阵 $P=Q^{-1}$，即

$$w(t)=Px(t)=Q^{-1}x(t)$$

则由式(8.113)线性变换后的状态方程为

$$\dot{w}(t)=Q^{-1}AQw(t)+Q^{-1}Bf(t)=\overline{A}w(t)+\overline{B}f(t) \tag{8.120}$$

其中

$$\overline{B}=Q^{-1}B=PB \tag{8.121}$$

例 8.16　已知系统的状态方程为

$$\begin{bmatrix}\dot{x}_1(t)\\ \dot{x}_2(t)\end{bmatrix}=\begin{bmatrix}0 & 1\\ -2 & 3\end{bmatrix}\begin{bmatrix}x_1(t)\\ x_2(t)\end{bmatrix}+\begin{bmatrix}2\\ -3\end{bmatrix}f(t)$$

试将矩阵 A 对角化，并写出相应的状态方程。

解　首先计算矩阵 A 的特征值，即

$$\det(sI-A)=\det\begin{bmatrix}\lambda & -1\\ 2 & \lambda-3\end{bmatrix}=\lambda^2-3\lambda+2=(\lambda-1)(\lambda-2)$$

其特征值为

$$\lambda_1=1\quad \lambda_2=2$$

设对应于特征值 $\lambda_1=1$ 的特征矢量为

$$q_1=\begin{bmatrix}q_{11}\\ q_{21}\end{bmatrix}$$

则特征矢量 q_1满足方程

$$Aq_1=\lambda_1 q_1$$

即

$$\begin{bmatrix}0 & 1\\ -2 & 3\end{bmatrix}\begin{bmatrix}q_{11}\\ q_{21}\end{bmatrix}=\begin{bmatrix}q_{11}\\ q_{21}\end{bmatrix}$$

属于 $\lambda_1=1$ 的特征矢量是多解的，其中之一可表示为

$$q_1=\begin{bmatrix}1\\ 1\end{bmatrix}$$

类似地，设对应于特征值 $\lambda_2=2$ 的特征矢量为

$$q_2=\begin{bmatrix}q_{12}\\ q_{22}\end{bmatrix}$$

则特征矢量 q_2满足方程

$$Aq_2=\lambda_2 q_2$$

即

$$\begin{bmatrix}0 & 1\\ -2 & 3\end{bmatrix}\begin{bmatrix}q_{12}\\ q_{22}\end{bmatrix}=2\begin{bmatrix}q_{12}\\ q_{22}\end{bmatrix}$$

属于 $\lambda_2=2$ 的一个特征矢量为

$$q_2=\begin{bmatrix}1\\2\end{bmatrix}$$

由此构成变换阵 Q 为

$$Q=\begin{bmatrix}1&1\\1&2\end{bmatrix}$$

$$Q^{-1}=\begin{bmatrix}1&1\\1&2\end{bmatrix}^{-1}=\begin{bmatrix}2&-1\\-1&1\end{bmatrix}$$

根据式(8.119)和式(8.121),可计算得到$\overline{A}$和$\overline{B}$,即

$$\overline{A}=Q^{-1}AQ=\begin{bmatrix}2&-1\\-1&1\end{bmatrix}\begin{bmatrix}0&1\\-2&3\end{bmatrix}\begin{bmatrix}1&1\\1&2\end{bmatrix}=\begin{bmatrix}1&0\\0&2\end{bmatrix}$$

$$\overline{B}=Q^{-1}B=\begin{bmatrix}2&-1\\-1&1\end{bmatrix}\begin{bmatrix}2\\-3\end{bmatrix}=\begin{bmatrix}7\\-5\end{bmatrix}$$

则变换后的状态方程为

$$\begin{bmatrix}\dot{w}_1(t)\\\dot{w}_2(t)\end{bmatrix}=\begin{bmatrix}1&0\\0&2\end{bmatrix}\begin{bmatrix}w_1(t)\\w_2(t)\end{bmatrix}+\begin{bmatrix}7\\-5\end{bmatrix}f(t)$$

由此可见,矩阵对角化后的状态方程是由 n 个独立的一阶微分方程组成,每个微分方程可以单独求解。图 8.13a 画出了原始状态方程的模拟框图,图 8.13b 画出了对角化后的状态方程模拟框图,由图 8.13b 可看到状态变量 $\omega_1(t)$ 和 $\omega_2(t)$ 是相互独立的。

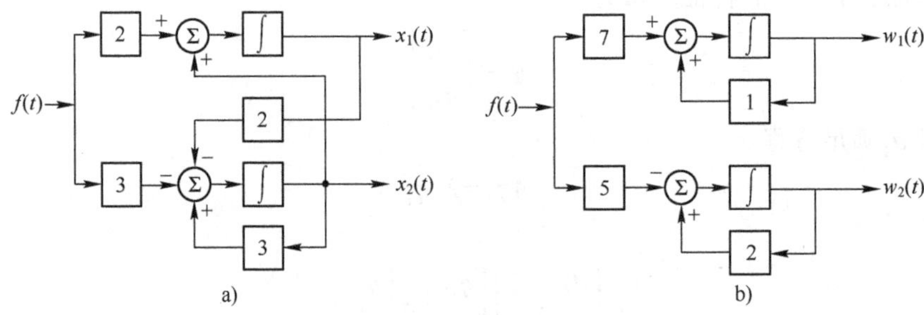

图 8.13　例 8.16 的两种模拟框图

8.4.2　系统的可控制性

系统的可控制性也称为能控制性,简称可控性或能控性。所谓可控制性,是指输入对系统内部状态的控制能力。可控制性被定义为:当系统用状态方程描述时,给定系统的任意初始状态,可以找到容许的输入量(即控制矢量),在有限时间之内把系统的所有状态引向状态空间的原点(即零状态),如果可以做到这一点,则称系统是完全可控制的;如果只有对部分状态变量可以做到这一点,则称系统是不完全可控制的。

在上述定义中,如果改成存在容许的输入量,能在有限时间之内把系统的所有状态从状态空间的原点引向任意的预先指定的状态,则称为系统的可达性。对于线性时不变系统而言,系统的可达性和可控性是等同的。

下面通过一个例子来说明。

例 8.17　已知某系统的模拟框图及状态变量如图 8.14 所示。试求系统的状态方程,并

讨论输入 $f(t)$ 对各状态变量的控制情况。

解　根据图 8.14 所示的系统模拟框图,可得系统的状态方程为

$$\begin{cases}\dot{x}_1=-4x_1+f(t)\\ \dot{x}_2=-3x_2+f(t)\\ \dot{x}_3=-x_3\end{cases}$$

将上式写成矩阵形式为

$$\begin{bmatrix}\dot{x}_1\\ \dot{x}_2\\ \dot{x}_3\end{bmatrix}=\begin{bmatrix}-4&0&0\\0&-3&0\\0&0&-1\end{bmatrix}\begin{bmatrix}x_1\\x_2\\x_3\end{bmatrix}+\begin{bmatrix}1\\1\\0\end{bmatrix}f(t)$$

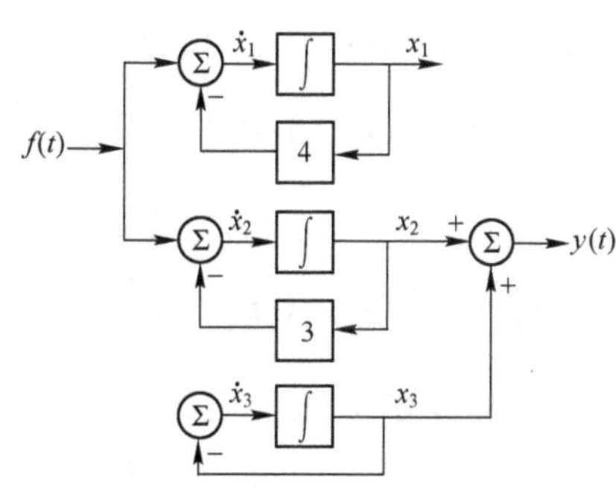

图 8.14　例 8.17 系统的模拟框图

从图 8.14 中可以看到,$x_1(t)$ 和 $x_2(t)$ 受输入 $f(t)$ 的控制,$x_3(t)$ 不受输入 $f(t)$ 的控制,所以整个系统是不完全可控制的。除了由系统模拟框图可以分析系统的可控性外,还可以由系统的 $\boldsymbol{A}$、$\boldsymbol{B}$ 参数矩阵来讨论系统的可控性。由于图 8.14 所示并联形式下的矩阵 $\boldsymbol{A}$ 是对角阵,各状态变量相互独立,相互之间没有联系。当 $x_1(t)$ 和 $x_2(t)$ 受输入 $f(t)$ 作用影响时,在矩阵 $\boldsymbol{B}$ 中对应元素不为零;而当 $x_3(t)$ 不受输入 $f(t)$ 作用影响时,在矩阵 $\boldsymbol{B}$ 中对应元素为零。因此,当矩阵 $\boldsymbol{A}$ 是对角矩阵时,矩阵 $\boldsymbol{B}$ 的零元素表明有不可控制的状态变量。

如果状态方程中系统矩阵 $\boldsymbol{A}$ 不是对角阵,则可通过变换矩阵 $\boldsymbol{P}$ 将它化为对角阵,这时控制矩阵 $\boldsymbol{B}$ 化为 $\overline{\boldsymbol{B}}=\boldsymbol{PB}$。因此,可以得出结论:对于单一输入系统,若状态方程中系统矩阵 $\boldsymbol{A}$ 的特征值都互不相同,则系统可控制的充要条件是 $\overline{\boldsymbol{B}}=\boldsymbol{PB}$ 中没有零元素;对于多输入系统,状态变量 x_i 不必受所有输入的控制,只要受某一个或某几个输入控制,它就是可控的,因此多输入系统可控的充要条件是 $\overline{\boldsymbol{B}}=\boldsymbol{PB}$ 中没有任何一行元素全部为零。

对于特征根具有重根的情况,矩阵 $\boldsymbol{A}$ 将化为约当规范型。利用矩阵 $\boldsymbol{A}$ 的约当规范型进行系统可控性判别的方法是:若矩阵 $\boldsymbol{A}$ 为约当规范型,而且每个相异的特征值仅有一个约当块与之相对应,矩阵 $\boldsymbol{B}$ 与每个约当块最后一行相应的那些行不含元素全部为零,则系统完全可控。

更一般地,判断 n 阶线性时不变系统是否可控,可利用秩判据,即将矩阵 $\boldsymbol{A}$、$\boldsymbol{B}$ 组成可控性矩阵:

$$\boldsymbol{M}=[\boldsymbol{B}\quad \boldsymbol{AB}\quad \boldsymbol{A}^2\boldsymbol{B}\quad \cdots\quad \boldsymbol{A}^{n-1}\boldsymbol{B}] \tag{8.122}$$

系统可控的充要条件是 $\boldsymbol{M}$ 满秩,即

$$\operatorname{rank}\boldsymbol{M}=\operatorname{rank}[\boldsymbol{B}\quad \boldsymbol{AB}\quad \boldsymbol{A}^2\boldsymbol{B}\quad \cdots\quad \boldsymbol{A}^{n-1}\boldsymbol{B}]=n \tag{8.123}$$

式(8.122)和式(8.123)不仅对连续系统适用,对离散系统也适用。

例 8.18　判断下列给定系统的可控性。

(1) $\begin{bmatrix}\dot{x}_1\\ \dot{x}_2\end{bmatrix}=\begin{bmatrix}0&1\\-2&-4\end{bmatrix}\begin{bmatrix}x_1\\x_2\end{bmatrix}+\begin{bmatrix}0\\2\end{bmatrix}f(t)$

(2) $\begin{bmatrix}\dot{x}_1\\ \dot{x}_2\end{bmatrix}=\begin{bmatrix}2&2\\0&-2\end{bmatrix}\begin{bmatrix}x_1\\x_2\end{bmatrix}+\begin{bmatrix}1\\0\end{bmatrix}f(t)$

(3) $\begin{bmatrix} x_1(k+1) \\ x_2(k+2) \end{bmatrix} = \begin{bmatrix} 0 & 1 \\ -1 & 0 \end{bmatrix} \begin{bmatrix} x_1(k) \\ x_2(k) \end{bmatrix} + \begin{bmatrix} 1 \\ 2 \end{bmatrix} f(k)$

解　利用式(8.122)和式(8.123)来对以上三种情况进行系统可控性判定。

(1) $\boldsymbol{M}_1 = [\boldsymbol{B}_1 \quad \boldsymbol{A}_1\boldsymbol{B}_1] = \begin{bmatrix} 0 & 2 \\ 2 & -8 \end{bmatrix}$

$\text{rank}\boldsymbol{M}_1 = 2$，因而系统是完全可控的。

(2) $\boldsymbol{M}_2 = [\boldsymbol{B}_2 \quad \boldsymbol{A}_2\boldsymbol{B}_2] = \begin{bmatrix} 1 & 2 \\ 0 & 0 \end{bmatrix}$

$\text{rank}\boldsymbol{M}_2 = 1$，因而系统是不完全可控的。

(3) $\boldsymbol{M}_3 = [\boldsymbol{B}_3 \quad \boldsymbol{A}_3\boldsymbol{B}_3] = \begin{bmatrix} 1 & 2 \\ 2 & -1 \end{bmatrix}$

$\text{rank}\boldsymbol{M}_3 = 2$，因而系统是完全可控的。

例 8.19　有一连续系统，其状态方程为

$$\begin{bmatrix} \dot{x}_1(t) \\ \dot{x}_2(t) \end{bmatrix} = \begin{bmatrix} 0 & 1 \\ -2 & 3 \end{bmatrix} \begin{bmatrix} x_1(t) \\ x_2(t) \end{bmatrix} + \begin{bmatrix} 2 \\ -3 \end{bmatrix} f(t)$$

判断该系统是否可控。

解　先将此系统矩阵 $\boldsymbol{A}$ 线性变换为对角矩阵$\overline{\boldsymbol{A}}$，然后利用变换矩阵 $\boldsymbol{P}$ 将矩阵 $\boldsymbol{B}$ 线性变换为$\overline{\boldsymbol{B}} = \boldsymbol{Q}^{-1}\boldsymbol{B}$，观察$\overline{\boldsymbol{B}}$矩阵中有无零元素，从而判断该系统是否完全可控。

利用例 8.16 的计算结果，可知该系统变换后的状态方程矩阵形式为

$$\begin{bmatrix} \dot{w}_1(t) \\ \dot{w}_2(t) \end{bmatrix} = \begin{bmatrix} 1 & 0 \\ 0 & 2 \end{bmatrix} \begin{bmatrix} w_1(t) \\ w_2(t) \end{bmatrix} + \begin{bmatrix} 7 \\ -5 \end{bmatrix} f(t)$$

从上述矩阵方程形式中可以看到，当矩阵$\overline{\boldsymbol{A}}$为对角阵形式时，其控制矩阵$\overline{\boldsymbol{B}}$中没有零元素，因此该系统是完全可控的。

或者利用秩判据来判断该系统的可控性。因为

$$\text{rank}\boldsymbol{M} = \text{rank}[\boldsymbol{B} \quad \boldsymbol{AB}] = \text{rank}\begin{bmatrix} 2 & -3 \\ -3 & -13 \end{bmatrix} = 2$$

所以该系统是完全可控的。

8.4.3　系统的可观测性

系统的可观测性也称为能观测性，简称可观性或能观性。所谓系统的可观测性，是指由系统的输出量来确定系统状态的能力。可观测性被定义为：当系统用状态方程描述时，在给定输入(控制)后，能在有限时间间隔内($0<t<t_1$)，根据系统的输出唯一地确定系统的所有初始状态，则称系统是完全可观测的；如果只能确定部分初始状态，则称系统是不完全可观测的。

例 8.20　对于例 8.17 所描述的系统模拟框图，试写出系统的输出方程，并讨论由输出观测各状态变量的情况。

解　根据图 8.14 所示的系统模拟框图，可得系统的输出方程为

$$y(t) = x_2 + x_3$$

将上式写成矩阵形式为

$$y(t)=\begin{bmatrix}0 & 1 & 1\end{bmatrix}\begin{bmatrix}x_1\\x_2\\x_3\end{bmatrix}$$

从图 8.14 中可以看到，$x_2(t)$ 和 $x_3(t)$ 可以由输出 $y(t)$ 观测到其变化，而 $x_1(t)$ 不能由输出 $y(t)$ 观测到其变化，所以整个系统是不完全可观测的。除了由系统模拟框图可以分析系统的可观性外，还可以由系统的 $\boldsymbol{A}$、$\boldsymbol{C}$ 参数矩阵来讨论系统的可观性。由于图 8.14 所示并联形式下的矩阵 $\boldsymbol{A}$ 是对角阵，各状态变量相互独立，相互之间没有联系。当 $x_2(t)$ 和 $x_3(t)$ 可以由输出 $y(t)$ 观测其变化时，在矩阵 $\boldsymbol{C}$ 中对应元素不为零，而当 $x_1(t)$ 不能被输出 $y(t)$ 观测到其变化时，在矩阵 $\boldsymbol{C}$ 中对应元素为零。因此，当矩阵 $\boldsymbol{A}$ 是对角矩阵时，矩阵 $\boldsymbol{C}$ 的零元素表明有不可观测的状态变量。

如果状态方程中系统矩阵 $\boldsymbol{A}$ 不是对角阵，则可通过变换矩阵 $\boldsymbol{P}$ 将它化为对角阵，这时输出矩阵 $\boldsymbol{C}$ 化为 $\overline{\boldsymbol{C}}=\boldsymbol{C}\boldsymbol{P}^{-1}$。因此，可以得出结论：对于单一输出系统，若状态方程中系统矩阵 $\boldsymbol{A}$ 的特征值都互不相同，则系统可观测的充分必要条件是 $\overline{\boldsymbol{C}}=\boldsymbol{C}\boldsymbol{P}^{-1}$ 中没有零元素；对于多输出系统，状态变量 x_i 不必受所有输出所观测，只要受某一个或某几个输出观测，它就是可观的。因此多输出系统可观的充要条件是 $\overline{\boldsymbol{C}}=\boldsymbol{C}\boldsymbol{P}^{-1}$ 中没有任何一列元素全部为零。

对于特征值具有重根的情况，矩阵 $\boldsymbol{A}$ 将化为约当规范型。利用矩阵 $\boldsymbol{A}$ 的约当规范型进行系统可观性判别的方法是：若矩阵 $\boldsymbol{A}$ 为约当规范型，而且每个相异的特征值仅有一个约当块与之相对应，矩阵 $\boldsymbol{C}$ 与每个约当块第一列相应的那些列不含元素全部为零，则系统完全可观。

更一般地，判断 n 阶线性时不变系统是否可观，可利用秩判据，即将矩阵 $\boldsymbol{A}$、$\boldsymbol{C}$ 组成可观性矩阵

$$\boldsymbol{N}=\begin{bmatrix}\boldsymbol{C}\\\boldsymbol{C}\boldsymbol{A}\\\boldsymbol{C}\boldsymbol{A}^2\\\vdots\\\boldsymbol{C}\boldsymbol{A}^{n-1}\end{bmatrix}\tag{8.124}$$

系统可观的充要条件是 $\boldsymbol{N}$ 满秩，即

$$\operatorname{rank}\boldsymbol{N}=\operatorname{rank}\begin{bmatrix}\boldsymbol{C} & \boldsymbol{C}\boldsymbol{A} & \boldsymbol{C}\boldsymbol{A}^2 & \cdots & \boldsymbol{C}\boldsymbol{A}^{n-1}\end{bmatrix}^{\mathrm{T}}=n\tag{8.125}$$

式(8.124)和式(8.125)不仅对连续系统适用，对离散系统也适用。

例 8.21　判断下列给定系统的可观性。

(1) $$\begin{bmatrix}\dot{x}_1\\\dot{x}_2\end{bmatrix}=\begin{bmatrix}0 & 1\\-2 & -4\end{bmatrix}\begin{bmatrix}x_1\\x_2\end{bmatrix}+\begin{bmatrix}0\\2\end{bmatrix}f(t)$$

$$y=\begin{bmatrix}0 & 1\end{bmatrix}\begin{bmatrix}x_1\\x_2\end{bmatrix}$$

(2) $$\begin{bmatrix}\dot{x}_1\\\dot{x}_2\end{bmatrix}=\begin{bmatrix}2 & 2\\0 & -2\end{bmatrix}\begin{bmatrix}x_1\\x_2\end{bmatrix}+\begin{bmatrix}1\\0\end{bmatrix}f(t)$$

$$y=\begin{bmatrix}0 & 1\end{bmatrix}\begin{bmatrix}x_1\\x_2\end{bmatrix}$$

(3) $\begin{bmatrix} x_1(k+1) \\ x_2(k+1) \end{bmatrix} = \begin{bmatrix} 0 & 1 \\ -1 & 0 \end{bmatrix} \begin{bmatrix} x_1(k) \\ x_2(k) \end{bmatrix} + \begin{bmatrix} 1 \\ 2 \end{bmatrix} f(k)$

$y(k) = [0 \quad 1] \begin{bmatrix} x_1(k) \\ x_2(k) \end{bmatrix}$

解 (1)

$$\boldsymbol{N}_1 = \begin{bmatrix} \boldsymbol{C}_1 \\ \boldsymbol{C}_1\boldsymbol{A}_1 \end{bmatrix} = \begin{bmatrix} 0 & 1 \\ -2 & -4 \end{bmatrix}$$

$\text{rank}\boldsymbol{N}_1 = 2$，因此系统是完全可观的。

(2)

$$\boldsymbol{N}_2 = \begin{bmatrix} \boldsymbol{C}_2 \\ \boldsymbol{C}_2\boldsymbol{A}_2 \end{bmatrix} = \begin{bmatrix} 0 & 1 \\ 0 & -2 \end{bmatrix}$$

$\text{rank}\boldsymbol{N}_2 = 1$，因此系统是不完全可观的。

(3)

$$\boldsymbol{N}_3 = \begin{bmatrix} \boldsymbol{C}_3 \\ \boldsymbol{C}_3\boldsymbol{A}_3 \end{bmatrix} = \begin{bmatrix} 0 & 1 \\ -1 & 0 \end{bmatrix}$$

$\text{rank}\boldsymbol{N}_3 = 2$，因此系统是完全可观的。

8.4.4　系统的可控性和可观性与系统函数的关系

系统函数 $H(s)$ 在系统分析中应用广泛，在单输入-单输出情况下，系统函数 $H(s)$ 与状态系数矩阵的关系为

$$\boldsymbol{H}(s) = \boldsymbol{C}(s\boldsymbol{I} - \boldsymbol{A})^{-1}\boldsymbol{B} + \boldsymbol{d} \tag{8.126}$$

由前面讨论系统的可控性和可观性可知，在单输入-单输出情况下，当矩阵 $\boldsymbol{A}$ 为对角矩阵时，矩阵 $\boldsymbol{B}$ 中的零元素对应不可控的状态变量，矩阵 $\boldsymbol{C}$ 中的零元素对应不可观的状态变量。但一般所给定的矩阵 $\boldsymbol{A}$ 未必是对角阵，因此可以通过变换矩阵 $\boldsymbol{P}$ 将其化为对角阵。由 8.4.1 节所讲述内容可知，无论怎样选取系统内部的状态变量，都不影响系统的物理本质，系统函数 $\boldsymbol{H}(s)$ 在线性变换下保持不变，即

$$\boldsymbol{H}(s) = \boldsymbol{C}(s\boldsymbol{I} - \boldsymbol{A})^{-1}\boldsymbol{B} + \boldsymbol{d} = \overline{\boldsymbol{C}}(s\boldsymbol{I} - \overline{\boldsymbol{A}})^{-1}\overline{\boldsymbol{B}} + \overline{\boldsymbol{d}} \tag{8.127}$$

式中，$\overline{\boldsymbol{A}}$、$\overline{\boldsymbol{B}}$、$\overline{\boldsymbol{C}}$、$\overline{\boldsymbol{d}}$ 为变换后的系数矩阵。下面通过一个实例讨论系统的可控性和可观性与系统函数的关系。

例 8.22　给定线性时不变系统的状态方程和输出方程为

$$\begin{cases} \begin{bmatrix} \dot{x}_1(t) \\ \dot{x}_2(t) \\ \dot{x}_3(t) \end{bmatrix} = \begin{bmatrix} -1 & 0 & 0 \\ 1 & -4 & 0 \\ 1 & -1 & -3 \end{bmatrix} \begin{bmatrix} x_1(t) \\ x_2(t) \\ x_3(t) \end{bmatrix} + \begin{bmatrix} 1 \\ 0 \\ 0 \end{bmatrix} f(t) \\ y(t) = [1 \quad -1 \quad 1] \begin{bmatrix} x_1(t) \\ x_2(t) \\ x_3(t) \end{bmatrix} \end{cases}$$

(1) 讨论系统的可控性和可观性。

(2) 求可控和可观的状态变量个数。

(3) 求该系统的系统函数。

解 (1) 按系统可控性的秩判据，即判断式(8.122)的 $\boldsymbol{M}$ 是否满秩，为此求 $\boldsymbol{M} = [\boldsymbol{B} \quad \boldsymbol{AB} \quad \boldsymbol{A}^2\boldsymbol{B}]$。

$$\boldsymbol{AB}=\begin{bmatrix}-1&0&0\\1&-4&0\\1&-1&-3\end{bmatrix}\begin{bmatrix}1\\0\\0\end{bmatrix}=\begin{bmatrix}-1\\1\\1\end{bmatrix}$$

$$\boldsymbol{A}^2\boldsymbol{B}=\begin{bmatrix}-1&0&0\\1&-4&0\\1&-1&-3\end{bmatrix}\begin{bmatrix}-1\\1\\1\end{bmatrix}=\begin{bmatrix}1\\-5\\-5\end{bmatrix}$$

将矩阵 $\boldsymbol{B}$ 以及上述所求的结果代入式(8.122)中,得

$$\boldsymbol{M}=[\boldsymbol{B}\quad \boldsymbol{AB}\quad \boldsymbol{A}^2\boldsymbol{B}]=\begin{bmatrix}1&-1&1\\0&1&-5\\0&1&-5\end{bmatrix}$$

由于 $\boldsymbol{M}$ 中的第二行与第三行相同,$\mathrm{rank}\boldsymbol{M}=2\neq3$,所以系统是不完全可控的。

按系统可观性的秩判据,即判断式(8.124)的 $\boldsymbol{N}$ 是否满秩,为此求 $\boldsymbol{N}=[\boldsymbol{C}\quad \boldsymbol{CA}\quad \boldsymbol{CA}^2]^{\mathrm{T}}$。

$$\boldsymbol{CA}=[1\quad -1\quad 1]\begin{bmatrix}-1&0&0\\1&-4&0\\1&-1&-3\end{bmatrix}=[-1\quad 3\quad -3]$$

$$\boldsymbol{CA}^2=[-1\quad 3\quad -3]\begin{bmatrix}-1&0&0\\1&-4&0\\1&-1&-3\end{bmatrix}=[1\quad -9\quad 9]$$

将矩阵 $\boldsymbol{C}$ 以及上述所求的结果代入式(8.124)中,得

$$\boldsymbol{N}=\begin{bmatrix}1&-1&1\\-1&3&-3\\1&-9&9\end{bmatrix}$$

由于 $\boldsymbol{N}$ 中的第二列乘以-1后与第三列相同,$\mathrm{rank}\boldsymbol{N}=2\neq3$,所以系统是不完全可观的。

(2) 为求可控和可观状态变量个数,可以先将原状态方程矩阵变换为对角规范型。由特征矢量求出其对角阵的变换矩阵为

$$\boldsymbol{P}^{-1}=\begin{bmatrix}0&0&3\\0&1&1\\1&1&1\end{bmatrix}\quad \boldsymbol{P}=\begin{bmatrix}0&-1&1\\-\dfrac{1}{3}&1&0\\\dfrac{1}{3}&0&0\end{bmatrix}$$

设新的状态变量为 $\boldsymbol{w}(t)$,则系统的对角化方程为

$$\begin{cases}\dot{\boldsymbol{w}}(t)=\boldsymbol{PAP}^{-1}\boldsymbol{w}(t)+\boldsymbol{PB}f(t)=\overline{\boldsymbol{A}}\boldsymbol{w}(t)+\overline{\boldsymbol{B}}f(t)\\y(t)=\boldsymbol{CP}^{-1}\boldsymbol{w}(t)=\overline{\boldsymbol{C}}\boldsymbol{w}(t)\end{cases}$$

即

$$\begin{cases}\begin{bmatrix}\dot{w}_1(t)\\\dot{w}_2(t)\\\dot{w}_3(t)\end{bmatrix}=\begin{bmatrix}-3&0&0\\0&-4&0\\0&0&-1\end{bmatrix}\begin{bmatrix}\dot{w}_1(t)\\\dot{w}_2(t)\\\dot{w}_3(t)\end{bmatrix}+\begin{bmatrix}0\\-\dfrac{1}{3}\\\dfrac{1}{3}\end{bmatrix}f(t)\\y(t)=[1\quad 0\quad 3]\begin{bmatrix}w_1(t)\\w_2(t)\\w_3(t)\end{bmatrix}\end{cases}$$

此时，$\overline{\boldsymbol{B}}$、$\overline{\boldsymbol{C}}$各有一个零元素，因而其中 $w_2(t)$ 和$w_3(t)$ 两个状态变量是可控的；$w_1(t)$ 和 $w_3(t)$ 两个状态变量是可观的。其系统模拟框图如图 8.15 所示。

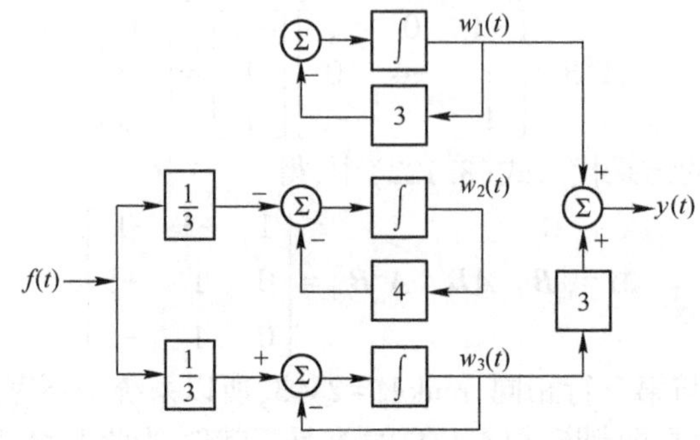

图 8.15　例 8.22 系统经对角化变换后的模拟框图

(3) 求系统函数。

$$\boldsymbol{H}(s)=\boldsymbol{C}(s\boldsymbol{I}-\boldsymbol{A})^{-1}\boldsymbol{B}=\overline{\boldsymbol{C}}(s\boldsymbol{I}-\overline{\boldsymbol{A}})^{-1}\overline{\boldsymbol{B}}$$

$$=[1\quad 0\quad 3]\begin{bmatrix} s+3 & 0 & 0 \\ 0 & s+4 & 0 \\ 0 & 0 & s+1 \end{bmatrix}^{-1}\begin{bmatrix} 0 \\ -\dfrac{1}{3} \\ \dfrac{1}{3} \end{bmatrix}$$

$$=\frac{[1\quad 0\quad 3]\begin{bmatrix} (s+1)(s+4) & 0 & 0 \\ 0 & (s+1)(s+4) & 0 \\ 0 & 0 & (s+3)(s+4) \end{bmatrix}\begin{bmatrix} 0 \\ -\dfrac{1}{3} \\ \dfrac{1}{3} \end{bmatrix}}{(s+1)(s+3)(s+4)}$$

$$=\frac{(s+3)(s+4)}{(s+1)(s+3)(s+4)}=\frac{1}{s+1}$$

通过以上分析可见，当系统具有不可控、不可观的状态变量时，则系统函数的零、极点会有相互抵消的现象，这表明仅用系统函数描述一个系统有时并不全面。系统函数只能描述系统的外部特性，故只能反映系统中可控和可观那部分的运动规律，而不能反映不可控和不可观那部分的运动规律。由图 8.15 可知，在本例中系统函数只描述了系统中既连接输入又连接输出的那部分，所以整个系统的系统函数为 $H(s)=\dfrac{1}{s+1}$。

由于状态方程描述了系统内部状态，所以用状态方程和输出方程来描述一个系统的运动更全面、更详尽。可以证明，如果一个系统既是可控的，又是可观的，则系统的内部描述和外部描述才是等价的。

8.5　系统的状态变量分析的 MATLAB 实现

例 8.23　某系统的微分方程为 $y''(t)+5y'(t)+10y(t)=f'(t)+3f(t)$，试通过 MATLAB 编

程求其状态方程和输出方程。

解　求解微分方程的状态方程和输出方程，可以根据方程写出系统函数，然后通过调用 MATLAB 中的 tf2ss( ) 函数实现。tf2ss( ) 函数可以将系统函数转换为状态空间模型，其调用语法为

$$[A,B,C,D]=\text{tf2ss}(\text{num},\text{den})$$

其中，num 是系统函数的分子多项式系统，den 是系统函数分母多项式系数；返回值 A、B、C、D 是状态空间模型矩阵，A 代表状态转移矩阵，B 为输入矩阵，C 为输出矩阵，D 为传递矩阵。

［MATLAB 程序］

```
[A,B,C,D]=tf2ss([1,3],[1 5 10])
```

［程序运行结果］

```
A=   -5   -10
      1    0
B=    1
      0
C=    1    3
D=    0
```

所以，系统的状态方程为

$$\begin{bmatrix}\dot{\lambda}_1(t)\\ \dot{\lambda}_2(t)\end{bmatrix}=\begin{bmatrix}-5 & -10\\ 1 & 0\end{bmatrix}\begin{bmatrix}\lambda_1(t)\\ \lambda_2(t)\end{bmatrix}+\begin{bmatrix}1\\ 0\end{bmatrix}f(t)$$

输出方程为

$$y(t)=[1\quad 3]\begin{bmatrix}\lambda_1(t)\\ \lambda_2(t)\end{bmatrix}$$

例 8.24　已知系统的状态方程和输出方程为

$$\begin{bmatrix}\dot{\lambda}_1(t)\\ \dot{\lambda}_2(t)\end{bmatrix}=\begin{bmatrix}0 & 1\\ -2 & -3\end{bmatrix}\begin{bmatrix}\lambda_1(t)\\ \lambda_2(t)\end{bmatrix}+\begin{bmatrix}1 & 0\\ 1 & 1\end{bmatrix}\begin{bmatrix}x_1(t)\\ x_2(t)\end{bmatrix}$$

$$\begin{bmatrix}y_1(t)\\ y_2(t)\end{bmatrix}=\begin{bmatrix}1 & 0\\ 1 & 1\\ 0 & 2\end{bmatrix}\begin{bmatrix}\lambda_1(t)\\ \lambda_2(t)\end{bmatrix}+\begin{bmatrix}0 & 0\\ 1 & 0\\ 0 & 1\end{bmatrix}\begin{bmatrix}x_1(t)\\ x_2(t)\end{bmatrix}$$

试求状态转移矩阵 e^{At}、冲激响应矩阵 $\boldsymbol{h}(t)$ 和系统函数矩阵 $\boldsymbol{H}(s)$。

解　求 e^{At} 要用到 MATLAB 符号工具箱中的 expm 函数，它的用法很简单，见下面的 MATLAB 程序。冲激响应矩阵可用公式 $\boldsymbol{h}(t)=\boldsymbol{C}e^{At}\boldsymbol{B}+\boldsymbol{D}\delta(t)$ 实现，再用拉普拉斯反变换就可以求得系统函数矩阵 $\boldsymbol{H}(s)$。

［MATLAB 程序］

```
syms t;
A=[0 1; -2 -3]; B=[1 0; 1 1]; C=[1 0; 1 1; 0.2]; D=[0 0; 1 0; 0 1];
expm(t * A)
```

```
ht=C * expm(t * A) * B+D * sym('Dirac(t)')
Hs=laplace(ht)
```

[程序运行结果]

```
ans=
    [-exp(-2 * t)+2 * exp(-t),exp(-t)-exp(-2 * t)]
    [-2 * exp(-t)+2 * exp(-2 * t),2 * exp(-2 * t)-exp(-t)]
ht=
    [-2 * exp(-2 * t)+3 * exp(-t),exp(-t)-exp(-2 * t)]
    [2 * exp(-2 * t)+Dirac(t),exp(-2 * t)]
    [-6 * exp(-t)+8 * exp(-2 * t),4 * exp(-2 * t)-2 * exp(-t)+dirac(t)]
Hs=
    [-2/(s+2)+3/(1+s),1/(1+s)-1/(s+2)]
    [2/(s+2)+1,1/(s+2)]
    [-6/(1+s)+8/(s+2),4/(s+2)-2/(1+s)+1]
```

例 8.25 已知连续时间系统的状态方程、输出方程、激励信号和系统的起始状态为

$$\begin{bmatrix}\dot{\lambda}_1(t)\\ \dot{\lambda}_2(t)\end{bmatrix}=\begin{bmatrix}-2 & 1\\ -3 & 0\end{bmatrix}\begin{bmatrix}\lambda_1(t)\\ \lambda_2(t)\end{bmatrix}+\begin{bmatrix}0\\ 1\end{bmatrix}\varepsilon(t)$$

$$y(t)=\begin{bmatrix}1 & 1\end{bmatrix}\begin{bmatrix}\lambda_1(t)\\ \lambda_2(t)\end{bmatrix}$$

$$\begin{bmatrix}\lambda_1(0_-)\\ \lambda_2(0_-)\end{bmatrix}=\begin{bmatrix}1\\ 0\end{bmatrix}$$

求系统的零输入响应和零状态响应。

解 利用关系 $\boldsymbol{y}(t)=\boldsymbol{C}\mathrm{e}^{\boldsymbol{A}t}\boldsymbol{\lambda}(0_-)+[\boldsymbol{C}\mathrm{e}^{\boldsymbol{A}t}\boldsymbol{B}+\boldsymbol{D}\delta(t)]\boldsymbol{x}(t)$ 来求解系统的完全响应。其中，第一部分为系统的零输入响应，用时域法求解即可，而表达式中的第二部分为系统的零状态响应，需要借助于拉普拉斯变换。

[MATLAB 程序]

```
syms t;
A=[-2 1; -3 0]; B=[0; 1]; C=[1 1]; D=0; ramda0=[1; 0];
yzir=C * expm(t * A) * ramda0
yzsr=ilaplace(laplace(C * expm(t * A) * B+D * str2sym('dirac(t)')) * laplace(str2sym('heaviside(t)')))
yzir=simplify(yzir,200)
yzsr=simplify(yzsr,50)
```

[程序运行结果]

```
yzir=exp(-t) * (cos(t * 2^(1/2))-2 * 2^(1/2) * sin(t * 2^(1/2)))
yzsr=-exp(-t) * cos(t * 2^(1/2))+1
```

例 8.26　某连续时间系统的状态方程和输出方程分别为

$$\begin{bmatrix}\dot{\lambda}_1(t)\\ \dot{\lambda}_2(t)\end{bmatrix}=\begin{bmatrix}2 & 3\\ 0 & -1\end{bmatrix}\begin{bmatrix}\lambda_1(t)\\ \lambda_2(t)\end{bmatrix}+\begin{bmatrix}0 & 1\\ 1 & 0\end{bmatrix}\begin{bmatrix}f_1(t)\\ f_2(t)\end{bmatrix}$$

$$\begin{bmatrix}y_1(t)\\ y_2(t)\end{bmatrix}=\begin{bmatrix}1 & 1\\ 0 & -1\end{bmatrix}\begin{bmatrix}\lambda_1(t)\\ \lambda_2(t)\end{bmatrix}+\begin{bmatrix}1 & 0\\ 1 & 0\end{bmatrix}\begin{bmatrix}f_1(t)\\ f_2(t)\end{bmatrix}$$

其初始状态和输入分别为

$$\begin{bmatrix}\lambda_1(0_-)\\ \lambda_2(0_-)\end{bmatrix}=\begin{bmatrix}2\\ -1\end{bmatrix},\quad \begin{bmatrix}f_1(t)\\ f_2(t)\end{bmatrix}=\begin{bmatrix}\varepsilon(t)\\ \mathrm{e}^{-3t}\varepsilon(t)\end{bmatrix}$$

求该系统响应的数值解。

解　［MATLAB 程序］

```
A=[2 3;0 -1];B=[0 1;1 0];
C=[1 1;0 -1];D=[1 0;1 0];
x0=[2 -1];
dt=0.01;t=0:dt:2;
f(:,1)=ones(length(t),1);
f(:,2)=exp(-3*t);
sys=ss(A,B,C,D);
y=lsim(sys,f,t,x0);
subplot(211),plot(t,y(:,1))
xlabel('t'),ylabel('y1(t)')
subplot(212),plot(t,y(:,2))
xlabel('t'),ylabel('y2(t)')
```

［程序运行结果］

运行程序得到系统响应的波形如图 8.16 所示。

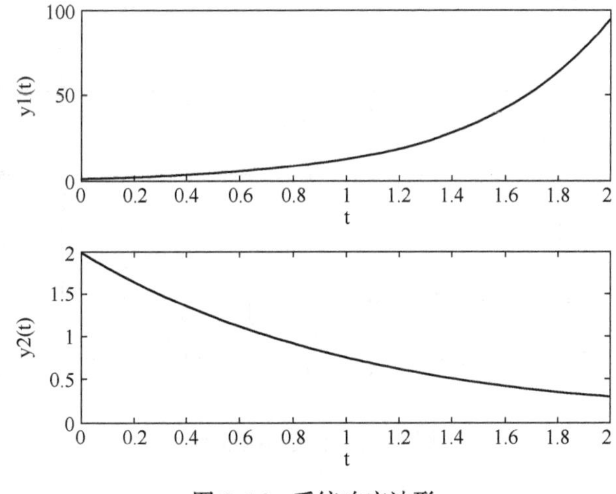

图 8.16　系统响应波形

例 8.27　某离散时间系统的状态方程和输出方程为

$$\begin{bmatrix}\lambda_1(k+1)\\ \lambda_2(k+1)\end{bmatrix}=\begin{bmatrix}0 & 1\\ -3 & 2\end{bmatrix}\begin{bmatrix}\lambda_1(k)\\ \lambda_2(k)\end{bmatrix}+\begin{bmatrix}0\\ 1\end{bmatrix}f(k)$$

$$\begin{bmatrix}y_1(k)\\ y_2(k)\end{bmatrix}=\begin{bmatrix}1 & 1\\ -2 & -1\end{bmatrix}\begin{bmatrix}\lambda_1(k)\\ \lambda_2(k)\end{bmatrix}$$

系统的初始状态和输入分别为

$$\begin{bmatrix}\lambda_1(0)\\ \lambda_2(0)\end{bmatrix}=\begin{bmatrix}1\\ -2\end{bmatrix},\quad f(k)=\varepsilon(k)$$

试求该系统响应的数值解。

解　［MATLAB 程序］

```
A=[2 3;0 -1];B=[0 1;1 0];C=[1 1;0 -1];D=[1 0;1 0];
x0=[2 -1];
dt=0.01;t=0:dt:2;
f(:,1)=ones(length(t),1);
f(:,2)=exp(-3*t);
sys=ss(A,B,C,D);
y=lsim(sys,f,t,x0);
subplot(211),plot(t,y(:,1))
xlabel('t'),ylabel('y1(t)')
subplot(212),plot(t,y(:,2))
xlabel('t'),ylabel('y2(t)')
```

［程序运行结果］

运行程序可得该离散时间系统的响应，结果如图 8.17 所示。

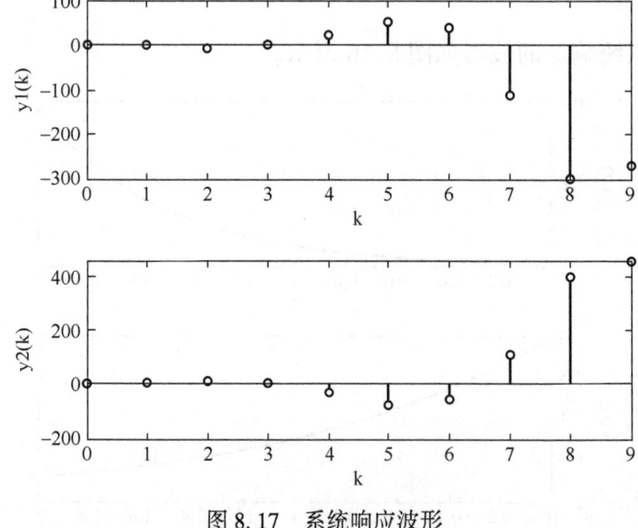

图 8.17　系统响应波形

例 8.28　某线性定常系统如下，判断系统的可控制性和可观测性。

$$\dot{\lambda}(t)=\begin{bmatrix}-3 & 1\\ 1 & -3\end{bmatrix}\lambda(t)+\begin{bmatrix}1 & 1\\ 1 & 1\end{bmatrix}f(t),\quad y(t)=\begin{bmatrix}1 & 1\\ 1 & -1\end{bmatrix}\lambda(t)$$

解　MATALB 提供了生成可控制性判断矩阵函数 ctrb( )和可观测性判断矩阵函数 obsv( )，这两个函数同时适用于连续时间系统和离散时间系统。

ctrb( )函数的调用格式为

(1) Qc=ctrb(A,B)：由系统矩阵 A 和输入矩阵 B 计算可控制性判断矩阵 M。

(2) Qc=ctrb(sys)：计算系统 sys 的可控制性判断矩阵 M。

若 rank(M)的返回值等于状态变量的个数，则系统可控；若 rank(M)的返回值小于状态变量的个数，则系统不可控，且可控状态变量的个数等于 rank(M)。

obsv( )函数的调用格式为

(1) Qo=obsv(A,C)：由系统矩阵 A 和输出矩阵 C 计算可观测性判断矩阵 N。

(2) Qo=obsv(sys)：计算系统 sys 的可观测性判断矩阵 N。

若 rank(N)的返回值等于状态变量的个数，则系统可观测；若 rank(N)的返回值小于状态变量的个数，则系统不可观测，且可观测状态变量的个数等于状态变量的个数。

[MATLAB 程序]

```
A=[-3 1;1 -3];B=[1 1;1 1];C=[1 1;1 -1];D=[0];
cam=ctrb(A,B);
rcam=rank(cam)
oam=obsv(A,C);
roam=rank(oam)
```

[程序运行结果]

```
rcam=   1
roam=   2
```

由此可见，该系统是不可控的，但是可观测的。

习题 8

1. 列写题图 8.1 所示电路的状态方程与输出方程。其中 $y(t)$ 为响应。

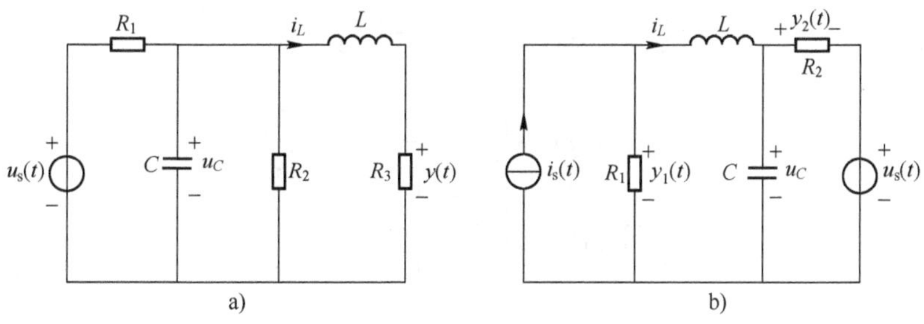

题图 8.1

2. 列写题图 8.2 所示电路的状态方程。

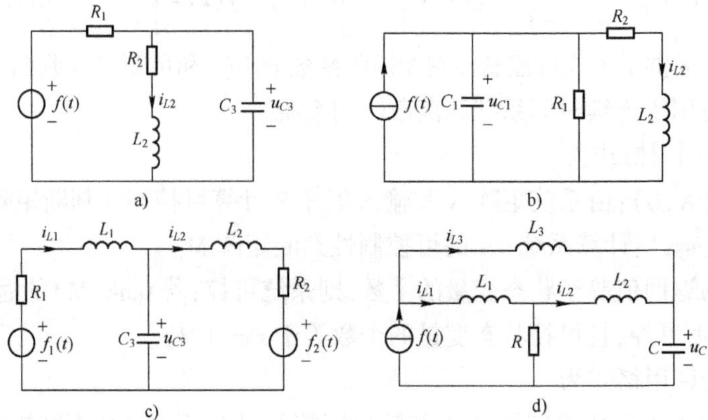

题图 8.2

3. 描述连续系统微分方程如下，写出各系统的状态方程和输出方程。

(1) $y''(t)+4y'(t)+3y(t)=2f'(t)+f(t)$

(2) $y'''(t)+5y''(t)+y'(t)+2y(t)=f(t)$

(3) $y'''(t)+4y''(t)+2y'(t)+y(t)=f''(t)+2f(t)$

4. 写出题图 8.3 所示各系统的状态方程和输出方程。

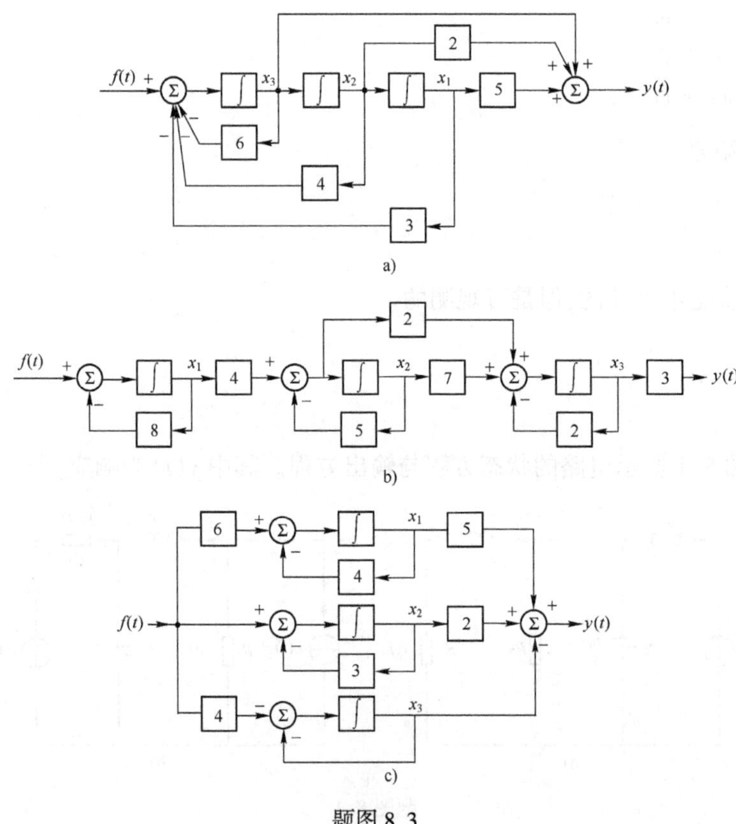

题图 8.3

5. 写出系统函数所描述系统的状态方程和输出方程。

(1) $H(s)=\dfrac{s^2+2s}{(s+1)^2(s+3)}$

(2) $H(s)=\dfrac{5s^2+2}{s^3+2s^2+3s+4}$

6. 已知系统函数 $H(s)=\dfrac{3s+10}{s^2+7s+12}$,试画出三种形式的模拟框图,并列写出相应的状态方程和输出方程。

7. 描述离散系统的差分方程如下,写出各系统的状态方程和输出方程。

(1) $y(k)+4y(k-1)+3y(k-2)=2f(k)$

(2) $y(k)+3y(k-1)+2y(k-2)+y(k-3)=4f(k-1)+2f(k-2)+f(k-3)$

(3) $y(k+2)+3y(k+1)+4y(k)=f(k+1)+4f(k)$

8. 写出题图 8.4 所示各离散系统的状态方程和输出方程。

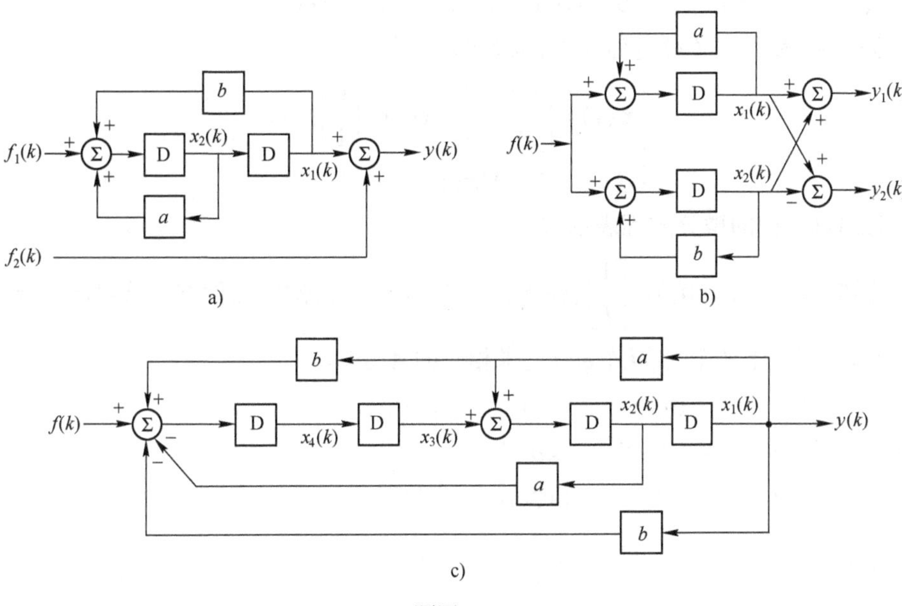

题图 8.4

9. 已知离散系统的系统函数 $H(z)=\dfrac{z}{(z+2)(z+3)}$,试画出三种形式的模拟框图,并列写出相应的状态方程和输出方程。

10. 已知 $\boldsymbol{A}$ 矩阵如下,求状态转移矩阵 $\boldsymbol{\phi}(t)=\mathrm{e}^{\boldsymbol{A}t}$。

(1) $\boldsymbol{A}=\begin{bmatrix}3 & 1\\0 & 3\end{bmatrix}$

(2) $\boldsymbol{A}=\begin{bmatrix}1 & 0 & 0\\0 & 1 & 0\\0 & 1 & 2\end{bmatrix}$

11. 求下列状态方程的解：

(1) $\begin{bmatrix}\dot{x}_1\\ \dot{x}_2\end{bmatrix}=\begin{bmatrix}-3 & -2\\ 2 & 2\end{bmatrix}\begin{bmatrix}x_1\\ x_2\end{bmatrix}+\begin{bmatrix}3\\ 0\end{bmatrix}\begin{bmatrix}f_1(t)\\ f_2(t)\end{bmatrix}$

初始状态 $x_1(0_-)=x_2(0_-)=1$，输入 $f_1(t)=f_2(t)=0$。

(2) $\begin{bmatrix}\dot{x}_1\\ \dot{x}_2\\ \dot{x}_3\end{bmatrix}=\begin{bmatrix}-2 & 0 & 1\\ 0 & -2 & -1\\ \frac{1}{2} & \frac{1}{2} & 0\end{bmatrix}\begin{bmatrix}x_1\\ x_2\\ x_3\end{bmatrix}+\begin{bmatrix}1 & 0\\ 0 & 1\\ 0 & 0\end{bmatrix}\begin{bmatrix}f_1(t)\\ f_2(t)\end{bmatrix}$

初始状态 $x_1(0_-)=x_2(0_-)=0, x_3(0_-)=1$，输入 $f_1(t)=\varepsilon(t), f_2(t)=\delta(t)$。

(3) $\begin{bmatrix}\dot{x}_1\\ \dot{x}_2\end{bmatrix}=\begin{bmatrix}-1 & -1\\ \frac{1}{2} & 0\end{bmatrix}\begin{bmatrix}x_1\\ x_2\end{bmatrix}+\begin{bmatrix}-1 & 1 & 0\\ 0 & 0 & -\frac{1}{2}\end{bmatrix}\begin{bmatrix}f_1(t)\\ f_2(t)\\ f_1'(t)\end{bmatrix}$

初始状态 $x_1(0_-)=x_2(0_-)=0$，输入 $f_1(t)=\varepsilon(t), f_2(t)=\delta(t)$。

12. 已知某一线性时不变连续系统的状态方程为

$$\begin{cases}\dot{\boldsymbol{x}}(t)=\begin{bmatrix}-2 & 1\\ 0 & -1\end{bmatrix}\boldsymbol{x}(t)+\begin{bmatrix}0\\ 1\end{bmatrix}f(t)\\ y(t)=\begin{bmatrix}1 & 0\end{bmatrix}\boldsymbol{x}(t)\end{cases}$$

(1) 写出该系统的微分方程表示式。

(2) 若初始状态为 $x(0_-)=\begin{bmatrix}1\\ 1\end{bmatrix}$，输入信号 $f(t)=\varepsilon(t)$，试用两种方法求解该系统。

13. 已知系统的状态转移矩阵 $\boldsymbol{\phi}(t)$，求相应的 $\boldsymbol{A}$ 矩阵。

(1) $\boldsymbol{\phi}(t)=\begin{bmatrix}e^{-t} & 0 & 0\\ 0 & (1-2t)e^{-2t} & 4te^{-2t}\\ 0 & -te^{-2t} & (1+2t)e^{-2t}\end{bmatrix}$

(2) $\boldsymbol{\phi}(t)=\begin{bmatrix}(1+t)e^{-t} & te^{-t}\\ -te^{-t} & (1-t)e^{-t}\end{bmatrix}$

14. 已知一个线性时不变连续系统在零输入条件下：

当 $\boldsymbol{x}(0_-)=\begin{bmatrix}2\\ 1\end{bmatrix}$ 时，$\boldsymbol{x}(t)=\begin{bmatrix}6e^{-t}-4e^{-2t}\\ -3e^{-t}+4e^{-2t}\end{bmatrix}$；

当 $\boldsymbol{x}(0_-)=\begin{bmatrix}0\\ 1\end{bmatrix}$ 时，$\boldsymbol{x}(t)=\begin{bmatrix}2e^{-t}-2e^{-2t}\\ -e^{-t}+2e^{-2t}\end{bmatrix}$。

(1) 求状态转移矩阵 $\boldsymbol{\phi}(t)$。

(2) 确定相应的 $\boldsymbol{A}$ 矩阵。

15. 已知一个线性时不变连续系统的状态方程为

$$\dot{\boldsymbol{x}}(t)=\begin{bmatrix}0 & 1\\ -1 & -2\end{bmatrix}\boldsymbol{x}(t)+\begin{bmatrix}0 & 1\\ 1 & 0\end{bmatrix}\boldsymbol{f}(t)$$

$$\boldsymbol{y}(t)=\begin{bmatrix}1&2\\-1&1\\1&1\end{bmatrix}\boldsymbol{x}(t)+\begin{bmatrix}0&0\\0&0\\1&1\end{bmatrix}\boldsymbol{f}(t)$$

试求系统的系统函数 $\boldsymbol{H}(s)$ 和冲激响应矩阵 $\boldsymbol{h}(t)$。

16. 系统矩阵方程参数如下,求系统响应。

(1) $\boldsymbol{A}=\begin{bmatrix}-1&0\\1&0\end{bmatrix}$, $\boldsymbol{B}=\begin{bmatrix}1\\1\end{bmatrix}$, $\boldsymbol{C}=\begin{bmatrix}1&0\\0&1\end{bmatrix}$, $\boldsymbol{D}=\begin{bmatrix}1\\0\end{bmatrix}$, $f(t)=\mathrm{e}^{2t}\varepsilon(t)$, $\boldsymbol{x}(0_-)=\begin{bmatrix}1\\1\end{bmatrix}$

(2) $\boldsymbol{A}=\begin{bmatrix}-3&1\\-2&0\end{bmatrix}$, $\boldsymbol{B}=\begin{bmatrix}1\\0\end{bmatrix}$, $\boldsymbol{C}=[0\quad 1]$, $\boldsymbol{D}=0$, $f(t)=\varepsilon(t)$, $\boldsymbol{x}(0_-)=\begin{bmatrix}2\\0\end{bmatrix}$

(3) $\boldsymbol{A}=\begin{bmatrix}-1&0&0\\0&-3&0\\0&0&-2\end{bmatrix}$, $\boldsymbol{B}=\begin{bmatrix}1\\1\\1\end{bmatrix}$, $\boldsymbol{C}=[1\quad 3\quad 1]$, $\boldsymbol{D}=0$, $f(t)=\varepsilon(t)$, $\boldsymbol{x}(0_-)=\begin{bmatrix}1\\2\\1\end{bmatrix}$

17. 已知离散系统中的系统矩阵 $\boldsymbol{A}$ 如下,求状态转移矩阵 $\boldsymbol{\phi}(k)=\boldsymbol{A}^k$。

(1) $\boldsymbol{A}=\begin{bmatrix}\frac{1}{2}&0\\0&\frac{1}{3}\end{bmatrix}$　　　(2) $\boldsymbol{A}=\begin{bmatrix}1&0&0\\0&1&0\\0&1&2\end{bmatrix}$

18. 已知离散系统的状态方程为

$$\begin{bmatrix}x_1(k+1)\\x_2(k+1)\end{bmatrix}=\begin{bmatrix}1&1\\4&1\end{bmatrix}\begin{bmatrix}x_1(k)\\x_2(k)\end{bmatrix}+\begin{bmatrix}0\\1\end{bmatrix}f(k)$$

$$y(k)=x_1(k)$$

初始状态 $\boldsymbol{x}(0)=\begin{bmatrix}1\\1\end{bmatrix}$,$f(k)=\varepsilon(k)$。用两种方法求系统的状态矢量和输出矢量。

19. 已知离散系统的状态方程为

$$\begin{bmatrix}x_1(k+1)\\x_2(k+1)\end{bmatrix}=\begin{bmatrix}\frac{2}{5}&\frac{1}{2}\\0&-\frac{1}{2}\end{bmatrix}\begin{bmatrix}x_1(k)\\x_2(k)\end{bmatrix}+\begin{bmatrix}1\\1\end{bmatrix}f(k)$$

$$\boldsymbol{y}(k)=\begin{bmatrix}\frac{3}{5}&\frac{1}{2}\end{bmatrix}\begin{bmatrix}x_1(k)\\x_2(k)\end{bmatrix}+f(k)$$

求系统函数矩阵 $\boldsymbol{H}(z)$、系统差分方程表示式及对角化后的状态方程表示式。

20. 描述线性时不变系统的状态方程为

$$\begin{bmatrix}\dot{x}_1\\\dot{x}_2\end{bmatrix}=\begin{bmatrix}-1&2\\-1&-4\end{bmatrix}\begin{bmatrix}x_1\\x_2\end{bmatrix}+\begin{bmatrix}1\\1\end{bmatrix}f(t)$$

$$y=[1\quad -1]\begin{bmatrix}x_1\\x_2\end{bmatrix}+f(t)$$

设初始状态 $x_1(0_-)=1$,$x_2(0_-)=-1$,输入 $f(t)=\varepsilon(t)$。

(1) 求状态方程的解和系统的输出。

(2) 若另选一组状态变量 $w_1(t)$ 和 $w_2(t)$,它与原状态变量的关系是

$$\begin{bmatrix} w_1 \\ w_2 \end{bmatrix} = \begin{bmatrix} 1 & 1 \\ -1 & -2 \end{bmatrix} \begin{bmatrix} x_1 \\ x_2 \end{bmatrix}$$

推导出以 $w_1(t)$、$w_2(t)$ 为状态变量的状态方程,求出初始状态 $w_1(0)$ 和 $w_2(0)$。

(3) 求以 $w_1(t)$、$w_2(t)$ 为状态变量的方程解和系统的输出。

21. 已知一连续时间系统的状态方程为

$$\dot{\boldsymbol{x}}(t) = \begin{bmatrix} 5 & 6 \\ -2 & -2 \end{bmatrix} \boldsymbol{x}(t) + \begin{bmatrix} 2 \\ -1 \end{bmatrix} f(t)$$

$$\boldsymbol{y}(t) = [-1 \quad -2]\boldsymbol{x}(t) + f(t)$$

试将系统矩阵 $\boldsymbol{A}$ 变为对角阵,并写出相应的状态方程。

22. 如果线性时不变连续系统的状态方程为

$$\begin{cases} \dot{\boldsymbol{x}}(t) = \boldsymbol{A}\boldsymbol{x}(t) + \boldsymbol{B}f(t) \\ \boldsymbol{y}(t) = \boldsymbol{C}\boldsymbol{x}(t) \end{cases}$$

式中,$\boldsymbol{A} = \begin{bmatrix} 1 & 0 \\ -1 & 2 \end{bmatrix}$,判断下列系统的可控性和可观性。

(1) $\boldsymbol{B} = \begin{bmatrix} 1 \\ 0 \end{bmatrix}$, $\boldsymbol{C} = [0 \quad 1]$

(2) $\boldsymbol{B} = \begin{bmatrix} 1 \\ 0 \end{bmatrix}$, $\boldsymbol{C} = [1 \quad 0]$

(3) $\boldsymbol{B} = \begin{bmatrix} 0 \\ 1 \end{bmatrix}$, $\boldsymbol{C} = [0 \quad 1]$

23. 设一线性时不变连续系统的状态方程为

$$\dot{\boldsymbol{x}}(t) = \begin{bmatrix} -1 & 1 & a_{13} \\ 0 & -2 & 1 \\ 0 & 0 & -3 \end{bmatrix} \boldsymbol{x}(t) + \begin{bmatrix} 0 \\ 0 \\ 1 \end{bmatrix} f(t)$$

$$\boldsymbol{y}(t) = [1 \quad 0 \quad 0]\boldsymbol{x}(t) + f(t)$$

问 a_{13} 为何值时系统是不可控的? a_{13} 为何值时系统是不可观的?

24. 给定线性时不变连续系统的状态方程和输出方程为

$$\dot{\boldsymbol{x}}(t) = \boldsymbol{A}\boldsymbol{x}(t) + \boldsymbol{B}\boldsymbol{f}(t)$$

$$\boldsymbol{y}(t) = \boldsymbol{C}\boldsymbol{x}(t)$$

其中

$$\boldsymbol{A} = \begin{bmatrix} -2 & 2 & -1 \\ 0 & -2 & 0 \\ 1 & -4 & 0 \end{bmatrix} \quad \boldsymbol{B} = \begin{bmatrix} 0 \\ 1 \\ 1 \end{bmatrix} \quad \boldsymbol{C} = [1 \quad 0 \quad 0]$$

(1) 判断该系统的可控性和可观性。

(2) 求系统函数 $\boldsymbol{H}(s)$。

25. 已知线性时不变系统状态方程的系数矩阵为

$$\boldsymbol{A}=\begin{bmatrix}1 & 0 & 0 & 0\\0 & 2 & 0 & 0\\-6 & -2 & 3 & 0\\-3 & -2 & 0 & 4\end{bmatrix}\quad \boldsymbol{B}=\begin{bmatrix}1\\0\\3\\2\end{bmatrix}\quad \boldsymbol{C}=\begin{bmatrix}-4 & -3 & 1 & 1\end{bmatrix}$$

求：(1) 将系数矩阵化为 $\boldsymbol{A}$ 对角线形式。

(2) 判断系统可控性和可观性。

(3) 系统函数 $\boldsymbol{H}(s)$。

参考文献

[1] 郑君里,应启珩,杨为理. 信号与系统[M]. 3版. 北京:高等教育出版社,2011.

[2] OPPENHEIM A V, WILLSKY A S, NAWAB S H. 信号与系统[M]. 2版. 刘树堂,译. 西安:西安交通大学出版社,1998.

[3] 管致中,夏恭恪,孟桥. 信号与线性系统[M]. 5版. 北京:高等教育出版社,2011.

[4] 吴大正,杨林耀,张永瑞,等. 信号与线性系统分析[M]. 5版. 北京:高等教育出版社,2019.

[5] 和卫星,许波. 信号与系统分析[M]. 西安:西安电子科技大学出版社,2007.

[6] HAYKIN S,VEE B V. 信号与系统[M]. 2版. 林铁盛,黄元福,林宁,等译. 北京:电子工业出版社,2013.

[7] 徐天成,谷亚林,钱玲. 信号与系统[M]. 4版. 北京:电子工业出版社,2012.

[8] 徐成波,陶红艳,张莲,等. 信号与系统[M]. 2版. 北京:清华大学出版社,2007.

[9] 段哲民. 信号与系统[M]. 3版. 北京:电子工业出版社,2012.

[10] 陶生潭,郭宝龙,李学武,等. 信号与系统[M]. 4版. 西安:西安电子科技大学出版社,2014.

[11] 陈后金,胡健,薛健. 信号与系统[M]. 3版. 北京:清华大学出版社,2017.

[12] 燕庆明,于凤琴,顾斌杰. 信号与系统教程[M]. 3版. 北京:高等教育出版社,2013.

[13] 吕玉琴,俎云霄,张建明. 信号与系统[M]. 北京:高等教育出版社,2014.

[14] 沈元隆,周井泉. 信号与系统[M].2版. 北京:人民邮电出版社,2009.

[15] 乐正友. 信号与系统[M]. 北京:清华大学出版社,2004.

[16] 程佩青. 数字信号处理教程[M].4版. 北京:清华大学出版社,2013.

[17] 徐守时,谭勇,郭武. 信号与系统:理论、方法和应用[M].3版. 合肥:中国科学技术大学出版社,2018.

[18] 金波,张正炳. 信号与系统分析[M]. 北京:高等教育出版社,2011.

[19] 王文渊. 信号与系统[M]. 北京:清华大学出版社,2008.

[20] 邢丽冬,潘双来. 信号与线性系统[M].3版. 北京:清华大学出版社,2020.

[21] 陈怀琛. 数字信号处理教程:MATLAB 释义与实现[M].3版. 北京:电子工业出版社,2013.

[22] 张小虹. 信号与系统[M].5版. 西安:西安电子科技大学出版社,2022.

[23] 梁虹,普园媛,梁洁. 信号与线性系统分析:基于 MATLAB 的方法与实现[M]. 北京:高等教育出版社,2006.

[24] 甘俊英,胡异丁. 基于 MATLAB 的信号与系统实验指导[M]. 北京:清华大学出版社,2007.

[25] 汤全武,陈晓娟,李德敏. 信号与系统[M]. 北京:高等教育出版社,2011.